Finite Elemente für Ingenieure 1

Springer-Verlag Berlin Heidelberg GmbH

Josef Betten

Finite Elemente für Ingenieure 1

Grundlagen, Matrixmethoden, Elastisches Kontinuum

Zweite, neu bearbeitete und erweiterte Auflage

Springer

Univ.-Prof. Dr.-Ing. habil. Josef Betten
Mathematische Modelle in der Werkstoffkunde
Technische Hochschule Aachen
Augustinerbach 4–22
52064 Aachen
e-mail: betten@mmw.rwth-aachen.de

Additional material to this book can be downloaded from http://extras.springer.com

ISBN 978-3-642-62443-8   ISBN 978-3-642-55536-7 (eBook)
DOI 10.1007/978-3-642-55536-7

Bibliografische Information der Deutschen Bibliothek

Die Deutsche Bibliothek verzeichnet diese Publikation in der Deutschen Nationalbibliografie;
detaillierte bibliografische Daten sind im Internet über http://dnb.ddb.de abrufbar.

http://www.springer.de

© Springer-Verlag Berlin Heidelberg 2003
Originally published by Springer-Verlag Berlin Heidelberg New York in 2003

Einbandgestaltung: design & production, Heidelberg

07/3020/M - 5 4 3 2 1 0

Vorwort zur zweiten Auflage

Die Neuauflage stellt eine wesentliche Erweiterung der ursprünglichen Fassung dar, die sich auf *ebene Probleme* beschränkte.

In der vorliegenden Auflage werden zusätzlich *Tetraederelemente* (Ziffer 4.9), *Hexaederelemente* (Ziffer 4.10) und *Pentaederelemente* (Ziffer 4.11) ausführlich behandelt. Darüber hinaus wird das *isoparametrische Konzept* (Ziffer 4.7) zur Erzeugung *dreidimensionaler Elemente*, die beliebig krummflächig berandet sein können, in Ziffer 4.12 verallgemeinert. Die Güte *isoparametrischer Abbildungen* wird an Beispielen mit Hilfe der L_2 - *Fehlernorm* diskutiert.

Alle bisherigen Kapitel wurden übernommen, allerdings mit teilweise umfangreichen Ergänzungen. Das gilt auch für die Lösungen der bisherigen und neu hinzu gekommenen Übungsaufgaben. Hierbei wurde wieder großer Wert auf die Deutung der Ergebnisse gelegt, damit Studierende lernen, ihre Lösungen kritisch zu betrachten, was häufig in der Praxis nicht genug gepflegt wird.

Meine Lehrveranstaltungen werden nicht nur von „ordentlich" eingeschriebenen Studierenden der RWTH Aachen besucht, sondern auch von ERASMUS-Stipendiat(Inn)en (seit 1995) und seit WS 2000/2001 von Studierenden des Masterstudienganges *Simulation Techniques in Mechanical Engineering*. Für diese Studierenden sind *Kontinuumsmechanik* und *FEM* Pflichtprüfungsfächer. Aufgrund des umfangreichen Stoffangebotes in der vorliegenden Neuauflage werden den Studierenden Prüfungsschwerpunkte bekannt gegeben.

Durch die Neuauflage werden nicht nur Hörer(innen) meiner Lehrveranstaltungen an der RWTH Aachen angesprochen, sondern auch Teilnehmer von Schulungsseminaren, z.B. in ANSYS oder ABAQUS, oder von Weiterbildungsmaßnahmen und Gastvorlesungen ($\rightarrow$ Vorwort zur ersten Auflage), für die das vorliegende Buch grundlegend ist.

Ergänzend zu den Vorlesungen und Übungen in FEM biete ich ein Praktikum zur Einführung in FEM-Programme (ANSYS) für Studierende und Doktoranden an, das mein Mitarbeiter, Herr Dipl.-Ing. U. NAVRATH, im CIP-Pool des Instituts für Werkstoffkunde der RWTH Aachen durchführt. Jedem Teilnehmer steht ein PC zur Verfügung, so dass ein intensives Einarbeiten in FEM-Programme möglich ist ($\rightarrow$ Vorwort zur Erstauflage). Aufgrund der großen Nachfrage muss dieses Praktikum mehrmals wöchentlich durchgeführt werden.

Zur Lösung einiger Übungsaufgaben und zur Herleitung einiger Formeln wird die Software MAPLE V in ihrer neuesten Version, Release 8, verwendet. MAPLE ist ein „mathematisches Formelmanipulations-Programm", mit dem interaktiv gearbeitet werden kann ($\rightarrow$ Vorwort zur ersten Auflage).

Die im Textteil und in den Übungen entwickelten Computerprogramme sind auf einer beigefügten CD-ROM als MAPLE Worksheet und als MAPLE Text gespeichert, die der Anwender für seine Belange mit entsprechenden Änderungen und speziellen Daten einsetzen kann.

Programme, die nicht eindeutig über eine Übungsnummer zu identifizieren sind, wurden mit einem Hinweis auf den Dateinamen, z.B. ⊙ 4.12-3.mws versehen.

Die neueste MAPLE-Version, Release 8, ist lauffähig unter Windows, UNIX und Linux.

Weitere Informationen zum MAPLE Programm sowie eine Demoversion sind im Internet unter http://www.maplesoft.com oder http://www.scientific.de zu finden.

Allen Lesern und Rezensenten, die meine Erstauflage kritisch durchforstet haben, möchte ich für einige Anregungen und Verbesserungsvorschläge danken.

Gedankt sei meinem langjährigen Mitarbeiter, Herrn Dipl.-Ing. U. NAVRATH, der mit unermüdlicher Sorgfalt und großem Geschick die reproduktionsreife Vorlage erstellte. In seinen Händen lag auch die gesamte redaktionelle Koordination, eine Aufgabe, die er wie schon bei der Erstellung meiner früheren Bücher über *Finite-Elemente-Methoden*, *Kontinuumsmechanik* und *Creep Mechanics* mit höchstem Einsatz übernahm. Seine Kompetenz war für mich unverzichtbar. Ihm gilt mein besonderer Dank.

Dem Springer-Verlag, insbesondere Frau E. HESTERMANN-BEYERLE, Frau M. LEMPE, Herrn Dr. D. MERKLE und Herrn Dr. H. RIEDESEL, sei gedankt für die Aufnahme meines Manuskriptes und die verständnisvolle und vorbildliche Zusammenarbeit, die ich auch bei der Drucklegung der ersten Auflage und meiner bisher vom Springer-Verlag herausgegebenen Bücher als angenehm empfand.

Aachen, im Frühjahr 2003   Josef Betten

Vorwort zur ersten Auflage

Seit einigen Jahren halte ich an der RWTH Aachen im Winter- und Sommersemester Vorlesungen und Übungen zur *Finite-Elemente-Methode* (FEM) *für Ingenieure*. Der Umfang dieser Lehrveranstaltungen ist mit V2/Ü2 pro Semester durch Studienpläne festgelegt.

Vorlesungsinhalte und vollständige Lösungen der Übungsaufgaben für beide Semester wurden bisher als "Umdruck" herausgegeben. Nachdem nun eine vierte korrigierte Auflage vergriffen ist, habe ich mich entschlossen, die Vorlesungen mit den vollständig gelösten Übungsaufgaben in zwei Bänden zu veröffentlichen. Das jetzt vorliegende Buch (Band 1) bezieht sich auf das Wintersemester. Die Lehrveranstaltung des Sommersemesters soll im Band 2 erscheinen.

Meine Lehrveranstaltung "Finite-Elemente-Methode für Ingenieure I,II" soll Studierenden ingenieurswissenschaftlicher Fachrichtungen (ab 5. Semester) einen leichten Zugang zur FEM verschaffen und kann somit auch als intensive Vorbereitung auf Studien- und Diplomarbeiten dienen, in denen sehr häufig die FEM als unverzichtbares Hilfsmittel eingesetzt werden muß. Damit entfallen für viele Studien- und Diplomarbeiter(innen) lange Einarbeitungszeiten.

Neben dem Zweck eines Vorlesungsmanuskriptes soll das vorliegende Buch und der folgende zweite Band auch Doktoranden und bereits in der Praxis tätigen Ingenieuren, die zur Behandlung von Problemen der *Strukturmechanik* und der *Kontinuumsmechanik* (*solids* und *fluids*) auf Näherungsverfahren angewiesen sind, einen Einstieg in die FEM verschaffen.

Nach meinen Erfahrungen bevorzugen Studierende ingenieurswissenschaftlicher Fachrichtungen die *induktive Methode*. Aus diesem Grund behandele ich *Variationsrechnung*, *Energiemethoden*, *modifiziertes RITZ-Verfahren*, *Residuenverfahren* und *Nichtlinearitäten* erst im zweiten Band.

Der vorliegende erste Band beginnt mit sehr einfachen finiten Elementen. In Kapitel 3 wird mit Hilfe der *Matrix-Steifigkeitsmethode* bereits eine Fülle von Aufgaben der *Strukturmechanik* gelöst, die sich mit dem mechanischen Verhalten *diskreter Systeme* befaßt. Dazu zählt auch die Berechnung von *Eigenfrequenzen* und *Eigenformen* diskreter Systeme (→*Strukturdynamik)*.

Die Anwendung der FEM auf *kontinuierliche Systeme* (→*Kontinuumsmechanik*) ist wesentlich anspruchsvoller. In Kapitel 4 wird als Möglichkeit, das Gleichgewicht eines Körpers (*Kontinuums*) auszudrücken, das *Prinzip der virtuellen Verschiebungen* benutzt und die *Steifigkeitsmatrix* für linearelastische finite Elemente ermittelt.

Neben *Dreieckselementen höherer Ordnung* werden auch *Viereckselemente* der LAGRANGE- und SERENDIPITY-*Klasse* und *Übergangselemente* ausführlich diskutiert. Darüber hinaus wird die *konforme Abbildung* zur Erzeugung *krummliniger Elemente* eingesetzt.

Die meisten Übungsaufgaben können "von Hand" ohne Hilfsmittel, d.h. unter Klausurbedingungen, gelöst werden. Einige Aufgaben sind bewußt sehr einfach gestellt (und als Klausuraufgaben schon zu leicht), damit der "Neuling" die prinzipielle Vorgehensweise schnell durchblicken kann und nicht hinter einer "black box" steht und auf Ergebnisse wartet, denen er nur mißtrauisch gegenüberstehen kann.

Einige Übungsaufgaben enthalten im Anschluß an die "zu Fuß-Rechnung" einen Computerausdruck. Hierbei wurde die Software "MAPLE V, Release 4" verwendet. MAPLE ist ein "*mathematisches Formelmanipulations-Programm*", mit dem interaktiv gearbeitet werden kann. Mit Hilfe solcher "Formelmanipulations-Systeme" (FMS) ist es möglich, Berechnungen mit unausgewerteten Ausdrücken (*Symbolen*) durchzuführen.

Die sogenannte *Computer-Algebra* ist in den letzten Jahren verstärkt entwickelt worden – MAPLE etwa seit Anfang der 80-er Jahre. Weitere Programme sind MATHCAD (basierend auf MAPLE), MATHEMATICA, MACSYMA, REDUCE und AXIOM, die ebenfalls sehr leistungsstark und anwenderfreundlich sind. Je nach Einsatzgebiet bietet das eine oder andere System mehr oder weniger Vorteile.

Die zusammengestellten Übungsaufgaben sollen den Vorlesungsstoff ergänzen und vertiefen. Es werden auch Übungen aus Aufgabengebieten angeboten, die aus Zeitgründen in den Vorlesungen nicht behandelt werden können. Aus Platzgründen konnten nicht zu jeder Ziffer Übungsaufgaben abgedruckt werden, so daß eine Vielzahl von bereits ausgearbeiteten Aufgaben noch in der Schublade liegen müssen.

Ergänzend zu den Vorlesungen und Übungen in FEM biete ich ein Praktikum "Praktische Einführung in FEM-Programme" für Studierende an, das mein Mitarbeiter, Herr Dipl.-Ing. U. NAVRATH, am Rechenzentrum der RWTH Aachen durchführt. Jedem Teilnehmer steht ein PC zur Verfügung, so daß ein intensives Einarbeiten in FEM-Programme möglich ist. Dem Rechenzentrum der RWTH Aachen sei an dieser Stelle für die Bereitstellung von Schulungsräumen und PCs gedankt. Ohne diese Unterstützung wäre die Durchführung eines solchen Praktikums nicht möglich.

Allen, die mit bestimmten FEM-Programmen in ihrer Berufspraxis arbeiten müssen, wie beispielsweise mit ABAQUS / ADINA / ANSYS / COSMOS / MARC / NASTRAN etc., etc. werden Spezialkurse empfohlen, die man aber erst dann effektiv besuchen kann, wenn man bereits die Grundlagen der FEM beherrscht.

Beispielsweise bietet die Firma CAD-FEM GmbH in Grafing bei München jährlich Schulungsseminare zum FEM-Programm ANSYS an. Als Referenten stehen Mitarbeiter der Firma CAD-FEM, Anwender aus der Industrie und Hochschullehrer zur Verfügung. So führe ich seit einigen Jahren ein Seminar über *viskoelastisches* und *viskoplastisches Verhalten* (*Inelastizität*) verschiedener

Werkstoffe zusammen mit einem Mitarbeiter der Firma CAD-FEM und einem Anwender aus der Glasindustrie durch. Die Erfahrungen, die ich hierbei sammle, kommen auch meinen Lehrveranstaltungen zugute. Aus diesem Grunde bin ich der Firma CAD-FEM dankbar, daß sie mich als Referenten eingeladen hat. Die meisten Kursteilnehmer(innen) sind Anwender(innen) aus der Industrie. Es sind aber auch Studierende und Doktoranden eingeladen, die nur eine geringe Teilnahmegebühr entrichten müssen.

Viele Anwender erwarten von FEM-Programmen Lösungen, die man kritiklos übernehmen kann. Eine Erhöhung der Anzahl der Elemente (*h-Methode*) erhöht den Rechenaufwand und muß nicht immer zu einer gewünschten Verbesserung der Ergebnisse führen, wie ausführlich in Übungsaufgaben (insbesondere des zweiten Bandes) diskutiert wird. Vielfach ist die Erhöhung des Polynomgrades der *shape functions* (*p-Methode*) erfolgreicher, wie an vielen Beispielen gezeigt wird. Schließlich ist auch die *r-Methode* (*repositioning*) ein wirksames Mittel zur Erhöhung der Genauigkeit von FEM-Lösungen. Hierbei bleibt die Anzahl der Elemente, der Knoten und auch der Freiheitsgrade pro Knoten erhalten, während die Knotenpunkte *"optimal"* gegeneinander verschoben werden. Durch derartige Verschiebungen kann eine Netzverfeinerung an Stellen hoher Spannungskonzentration (Kerben, scharfe Übergänge etc.) erzeugt werden, während in weniger kritischen Bereichen das Netz aufgeweitet wird.

Bevor man ein aufwendiges F-E-Programm selbst entwickelt, weil kein geeignetes kommerzielles Programm zur Verfügung steht, sollte man gründlich überlegen, ob nicht andere Verfahren mit geringerem Aufwand zum Ziel führen, insbesondere bei einfachen Randkonturen. Daher werden im Textteil und in Übungsaufgaben die *Finite-Differenzen-Methode* (FDM) und die Methode der *Übertragungsmatrizen* mit der FEM verglichen.

Aufgrund des reichhaltigen Angebotes von kommerziellen F-E-Programmen halten viele Anwender grundlegende Kenntnisse in Mechanik, in Tensorrechnung und in numerischer Mathematik für weniger wichtig. Was nützt jedoch ein aufwendiges Rechenprogramm, wenn das mathematische Modell des Problems fraglich ist?

Leistungsfähige Programme, wie z.B. ABAQUS etc., berücksichtigen neben *physikalischen Nichtlinearitäten* auch *geometrische Nichtlinearitäten*. Somit muß der Anwender solcher FEM-Programme u.a. mit der *Theorie endlicher Verzerrungen* vertraut sein und als mathematisches Hilfsmittel die *Tensorrechnung* einsetzen können.

Im vorliegenden Buch habe ich jedoch weitgehend die Tensornotation nicht verwendet, da Studierende im 5. Semester aufgrund ihres Studienplanes mit der Tensorrechnung noch nicht vertraut sind. An einigen Stellen im Textteil und auch in einigen Übungen habe ich mich jedoch der eleganten und bequemen Tensorrechnung bedient.

Allen Studierenden, die insbesondere zur Prüfungsvorbereitung meine Vorlesungs- und Übungsskripte kritisch durchgearbeitet haben, möchte ich danken. Sie haben durch ihre Kritik und einige Anregungen dazu beigetragen, daß der Band 1 die jetzt vorliegende Form besitzt.

Gedankt sei an dieser Stelle Herrn Dipl.-Ing. U. NAVRATH und Herrn cand.ing. M. WIEHN, die mit unermüdlicher Sorgfalt und großem Geschick die reproduktionsreife Vorlage auf einem PC-486 erstellt haben. Die vielen Skizzen hat Herr T. HÖFS, Auszubildender zum Technischen Zeichner, mit den Programmen Auto-CAD und CorelDraw 5.0 angefertigt. Für seine Unterstützung möchte ich mich bedanken.

Die gesamte redaktionelle Koordination lag in den Händen von Herrn Dipl.-Ing. U. NAVRATH.

Dem Springer-Verlag, insbesondere Herrn Dr. D. MERKLE und Herrn Dr. H. RIEDESEL, sei gedankt für die Aufnahme meiner Manuskripte und die verständnisvolle und vorbildliche Zusammenarbeit, die ich auch bei der Drucklegung meines Buches "Kontinuumsmechanik" im Jahre 1993 als angenehm empfand.

Aachen, im April 1997   Josef Betten

Inhaltsverzeichnis

Band 1

Band 2

1 Einführung

Die *Finite-Elemente-Methode* (FEM) gehört zu den wichtigsten und am häufigsten benutzten numerischen Rechenverfahren. Ursprünglich wurde sie entwickelt zur Lösung von Spannungsproblemen in der *Strukturmechanik*, ist aber sehr bald auf das große Anwendungsgebiet der *Kontinuumsmechanik* ausgedehnt worden.

Die *Strukturmechanik* befasst sich mit dem mechanischen Verhalten *diskreter Systeme* (Fahrzeugzelle, Turbinensatz, Fachwerke, allgemeine Tragwerke, Flugkörper, Mehrkörpersysteme etc.). Sie besitzen eine endliche Anzahl von Freiheitsgraden und Zustandsgrößen. Das Bewegungsverhalten wird i.a. durch gewöhnliche Differentialgleichungen beschrieben.

Hingegen werden in der *Kontinuumsmechanik* (Elasto-, Plasto-, Kriechmechanik, Viskoelastizitäts- und Viskoplastizitätstehorie oder Strömungsmechanik, Wärmeübertragung etc.) *Feldgrößen* betrachtet, d.h., es werden Verschiebungen, Geschwindigkeiten, Spannungen, Verzerrungen etc. in jedem Punkt eines Kontinuums gesucht. Mithin besitzen kontinuierliche Systeme unendlich viele Freiheitsgrade. Die Ermittlung von *Temperatur-, Geschwindigkeits- Spannugsfeldern* etc. spielt eine zentrale Rolle in der *Kontinumsmechanik*

Ingenieure, die mit Problemen der Struktur- oder Kontinuumsmechanik konfrontiert werden, sind auf numerische Lösungsmethoden angewiesen, da häufig nur für sehr spezielle Probleme oder nur unter groben Vereinfachungen und unrealistischen Randbedingungen analytisch geschlossene Lösungen existieren. Seit Anfang dieses Jahrhunderts etwa sind numerische Lösungsverfahren entwickelt worden, die jedoch aufgrund des hohen Rechenaufwandes anfangs nur begrenzt einsetzbar waren. Erst nach 1950 erschienen die ersten (praktisch) brauchbaren Digitalrechner. Durch die Einsatzmöglichkeit leistungsstarker automatischer Rechenanlagen haben die numerischen Verfahren große Bedeutung erlangt.

Im Hinblick auf den zunehmenden Einsatz von Werkstoffen, die sich *nicht linear elastisch* und *nicht isotrop* verhalten oder bei denen große Verformungen auftreten, ist die *Tensorrechnung* ein unverzichtbares Werkzeug zur Entwicklung der theoretischen Grundlagen für die Kontinuumsmechanik, in der auch *nicht-NEWTONsche Fluide* behandelt werden. Eine Anwendung dieser Grundlagen auf ingenieurmäßige Probleme ist jedoch ohne Einsatz numerischer Rechenmethoden kaum noch denkbar. Neben der *physikalischen Nichtlinearität* (nicht-lineare Elastomechanik, Plastomechanik, Kriechmechanik, nicht-lineare Viskoelastizitätstheorie, Viskoplastizitätstheorie etc.) ist auch die *geometrische Nichtlinearität* bei Problemen mit großen Verformungen zu berücksichtigen, wodurch die Lösung noch zusätzlich erschwert wird.

In der Kontinuumsmechanik treten sehr häufig partielle Differentialgleichungen auf, z.B. in der Elastomechanik die *POISSONsche Differentialgleichung* vom elliptischen Typ

$$\Delta\Phi = -2GD \tag{1.1}$$

für die Torsionsfunktion Φ. Diese Dgl. hat nur für einfache Stabquerschnitte (Kreis, Ellipse, gleichseitiges Dreieck) eine analytisch geschlossene Lösung. Also ist man auf numerische Verfahren angewiesen, die in Band 2, Kapitel 7, zur Lösung von (1.1) ausführlich diskutiert werden. Die *Gleitlinientheorie* der Plastomechanik ist vom hyperbolischen Typ. In der Gasdynamik (ebene Strömung) stößt man im Unterschallbereich auf eine liniearisierte elliptische Differentialgleichung, die im Überschallbereich hyperbolisch wird.

Zur Lösung elliptischer und parabolischer Dgln. wird erfolgreich das *Differenzenverfahren* benutzt, während man hyperbolische Dgln. nach dem *Charakteristikenverfahren* löst.

Die Finite-Differenzen-Methode (FDM) basiert auf der klassischen Arbeit von RICHARDSON aus dem Jahre 1910, der jedoch beträchtliche Schwierigkeiten bei der Auflösung algebraischer Gleichungssysteme zu bewältigen hatte. Zur damaligen Zeit bildeten abwechselnde Plus- und Minuszeichen eines der Hauptprobleme. Seine Mitarbeiter wurden im Akkord bezahlt, die schnellsten schafften bei dreistelligen Zahlen durchschnittlich 2000 Rechenoperationen pro Woche, nachdem die Fehler abgezogen waren.

Die Rechengeschwindigkeiten erhöhten sich erheblich, als Anfang der 50er Jahre die ersten gebrauchsfähigen Computer aufkamen, die es gestatteten, Probleme mit vielen diskreten Elementen simultan zu lösen.

Die Finite-Differenzen-Methode kann erfolgreich bei vielen Problemen eingesetzt werden, insbesondere dann, wenn man ein regelmäßiges quadratisches Netz zur Generierung der Gitterpunkte verwenden kann. Bei geometrisch komplizierten Gebieten kann die FDM sehr unhandlich und aufwendig werden. Die Randbedingungen sind schwierig zu erfassen. Einfacher lässt sich dann die FEM einsetzen. In Bild 1.1 sind die F-D- und F-E-Diskretisierungen des Profils einer Turbinenschaufel gegenübergestellt. Man erkennt sehr deutlich die wesentlich bessere Näherung der Randkontur durch Dreieckselemente. Allerdings ist man bei der FDM nicht auf ein regelmäßiges quadratisches Netz mit konstanter Maschenweite angewiesen und hat die Möglichkeit, ein Netz mit variablen Maschenweiten in x- und y-Richtung zu benutzen. Dadurch wird aber der Aufwand stark vergrößert. Das Beispiel in Bild 1.1 soll nicht zur Behauptung führen, dass die FEM immer der FDM vorzuziehen ist. Es gibt auch Probleme, insbesondere bei einfachen Randkonturen, bei denen man vorteilhafter andere Methoden verwendet, wie FDM, *Übertragungsmatrizen, Mehrzielmethode* etc. Das Beispiel soll lediglich zeigen, dass die FEM besonders geeignet ist bei sehr komplizierten Geometrien! Die FEM gestattet somit eine leichtere und bessere Erfassung der Randbedingungen. Der wesentliche Unterschied zwischen FDM und FEM liegt wohl darin, dass bei der FEM die *Approximationen nur physikalischer Natur* sind, d.h., das tatsächliche Kontinuum wird durch ein idealisiertes Netz von Elementen diskretisiert, und für diese Elemente werden kinematisch zulässige Verformungsverteilungen angenommen. Für die weitere mathematische Behandlung sind keine Näherungen mehr erforderlich. Im Gegensatz dazu werden bei der FDM die exakten Gleichungen (Dgln.) des aktuellen physikalischen Systems gelöst durch *approximative mathematische Prozeduren,* nämlich das Ersetzen der Differentialgleichungen durch Differenzengleichungen. Die FEM zeichnet sich durch große Flexibilität aus. Ein wesentliches Merkmal der FEM ist, dass zunächst für jedes Element eine Lösung aufgestellt werden kann (z.B. *Kraft-Verschiebungs-Charakteristik* oder *Steifigkeitscharakteristik*). Danach erfolgt der "Zusammenbau" zur Lösung für die "Gesamtstruktur". Das komplexe Problem zerfällt in die Betrachtung kleinerer und einfacherer Teilprobleme.

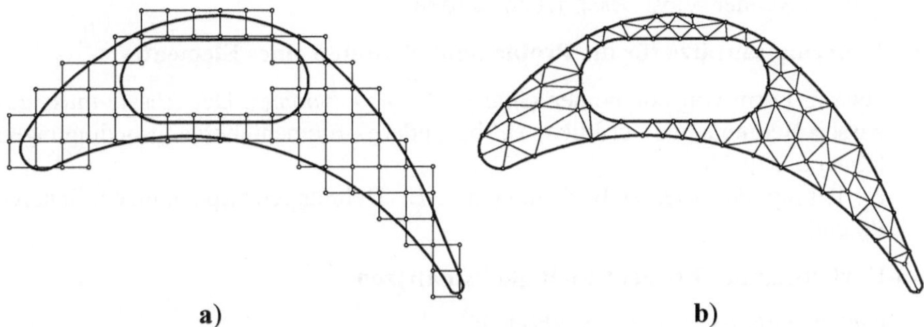

a)   b)

Bild 1.1   Diskretisierung des Profils einer Turbinenschaufel
        a) finite Differenzen,   **b)** finite Elemente

Zur Formulierung der Elementeigenschaften bieten sich 4 Möglichkeiten an:

❑ die direkte Vorgehensweise,

❑ die Variationsmethode (Extremalprinzipien),

❑ die Methode der gewichteten Residuen (z.B. GALERKIN),

❑ die Energiebilanzmethode.

Unabhängig von der Wahl dieser Möglichkeiten geht man bei der F-E-Methode nach folgenden Schritten vor:

1. Diskretisierung des Kontinuums

z.B. Profil einer Turbinenschaufel aufteilen in finite Elemente; dabei spitze Dreiecke und lange schmale Elemente vermeiden; dort, wo große Änderungen (Gradienten) der Problemunbekannten (z.B. Spannungen im Kerbgrund) zu erwarten sind, muss das Netz verfeinert werden.

Knoten sind geeignet durchzunummerieren; davon hängt die Bandbreite der Gesamtsteifigkeitsmatrix ab. Die Bandbreite hat Einfluss auf den Speicherplatzbedarf. Da die Bandbreite von der größten Knotennummerdifferenz innerhalb eines Elementes abhängt, spielt die globale Knotenpunktnummerierung eine wichtige Rolle.

Bemerkung:
Bei modernen Programmsystemen ist die Knotenpunktnummerierung jedoch unbedeutend, da leistungsfähige FE-Programme, wie beispielsweise ANSYS, über Module verfügen, die für die Gleichungsauflösung *intern* eine optimale Nummerierung vornehmen. Um den Aufwand bei der *Diskretisierung* zu verringern, wurden Techniken zur automatischen Netzbildung entwickelt. Dabei wird zunächst die Geometrie des Bauteils beschrieben. Anschließend erfolgt die *Vernetzung* durch das Programm (*indirekte Generierung*). Bei äußerst komplexen Bauteilen (z.B. Motorblock) versagt bisweilen die *automatische Generierung*, so dass man in solchen Fällen noch auf die direkte Generierung angewiesen ist, bei der Knoten und Elemente mit einfachen Kommandos direkt vom Anwender selbst beschrieben werden.

2.) Näherungsansätze für die Problemunbekannten eines Elementes

etwa in Form von Polynomen (*Interpolationspolynome*). Der Ansatz muss gewisse Bedingungen erfüllen, insbesondere Elementübergangsbedingungen (*Kompatibilität*).
Herleitung der Elementbeziehungen, z.B. Dehnungen, Spannungen, inneres Potential.

3.) Herleitung der Element-Steifigkeitsmatrizen

nach den oben erwähnten Methoden;
Prinzip der virtuellen Arbeit, Variationsprinzip (RITZ-Verfahren), GALERKIN-Verfahren.

4.) Zusammensetzen aller Elemente zur Gesamtstruktur

Dies ist eine Routinearbeit, die gewöhnlich vom Computer ausgeführt wird.

5.) Auflösung des Gleichungssystems nach den freien Knotenparametern

etwa durch GAUSS-Elimination / Iterationsverfahren von GAUSS-SEIDEL / Vorelimination / Substrukturtechnik / Front-Methode / GAUSS-JORDAN / CHO-LESKY-Verfahren bei symmetrischen Matrizen.

6.) Elementweise Berechnung der Unbekannten aus den Elementbeziehungen

(z.B. Verschiebungen, Dehnungen, Spannungen, Temperaturen etc).

Erforderlich sind abschließend:

❑ Interpretation der Computer-Ergebnisse.

❑ Kontrollrechnungen (nach Näherungsformeln, überschlägig, Faustformel etc.).

❑ Gleichgewichtskontrollen rechnen und ausdrucken lassen (daraus lässt sich oft die Rechengenauigkeit abschätzen).

❑ Gesamtgleichgewicht prüfen.

❑ Bilder der Verschiebungen (Verformte Struktur).

❑ Spannungsverteilungen zeichnen lassen und prüfen (sind Spannungsspitzen erklärbar?)

❑ Sind die Materialeigenschaften richtig?

❑ Zweitrechnungen mit anderen Programmen von anderen Mitarbeitern durchführen lassen.

❑ Konvergenzbetrachtung

Die FEM hat wohl ihre größte praktische Anwendung auf dem Gebiet der *Elastomechanik* gefunden, da sie zur Lösung elastizitätstheoretischer Probleme (Aerolastik, Luft- und Raumfahrt) entwickelt wurde. Der Ingenieur steht vor der Aufgabe, die Deformationen und die dadurch verursachten Spannungen in Strukturen (*Strukturmechanik*) und Körpern (*Kontinuumsmechanik*) unter dem Einfluss von äußeren Belastungen (mechanische und thermische) zu ermitteln, um damit die Sicherheit der vorliegenden Konstruktion zu überprüfen. Die einfachsten Strukturen sind dabei die *Fachwerke*, bestehend aus Zug- und Druckstäben, die an ihren Enden als gelenkig verbunden angenommen werden.

Bevor die FEM grundlegend behandelt wird, sollen ein paar Anwendungsbeispiele kurz skizziert werden.

1. Beispiel: Abschätzung von π

Durch zwei verschiedene Diskretisierungen des Einheitskreises gemäß Bild 1.2 erhält man eine Eingabelung von π durch eine untere und obere Schranke:

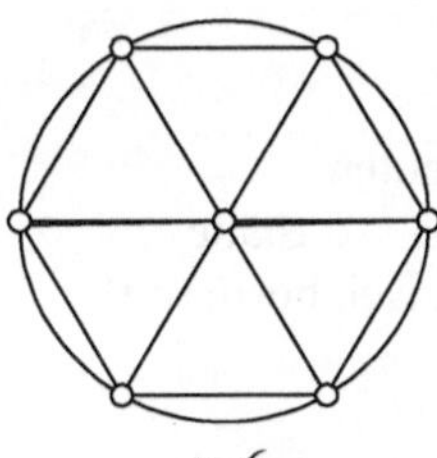

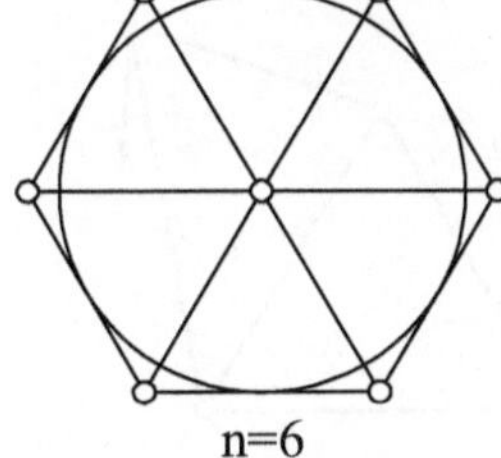

untere und obere Schranke für die Kreisfläche

$$\boxed{\frac{n}{2}\sin\frac{2\pi}{n} \leq \pi \leq n\tan\frac{\pi}{n}}$$

$$\lim_{n\to\infty}\frac{n}{2}\sin\frac{2\pi}{n} = \pi = \lim_{n\to\infty} n\tan\frac{\pi}{n}$$

Bild 1.2 Diskretisierung der Fläche des Einheitskreises mit finiten Dreieckselementen

Tabelle 1.1 Veränderung der oberen bzw. unteren Schranke für die Kreisfäche gemäß Bild 1.2 durch feinere Diskretisierung.

	untere Schranke	obere Schranke
n	$\dfrac{n}{2}\sin\dfrac{2\pi}{n}$	$n\tan\dfrac{\pi}{n}$
4	2	4
5	2.378	3.6327
12	3	3.2154
10^2	3.1395	3.1426
10^3	3.141571983	3.141602982
10^4	3.141592447	3.141592757
10^5	3.141592652	3.141592655
10^6	3.141592654	3.141592654

$$\pi = 3.141592654\ldots$$

2. Beispiel: Ebenes Fachwerk (Drehkrangerüst) (x,y-Ebene)

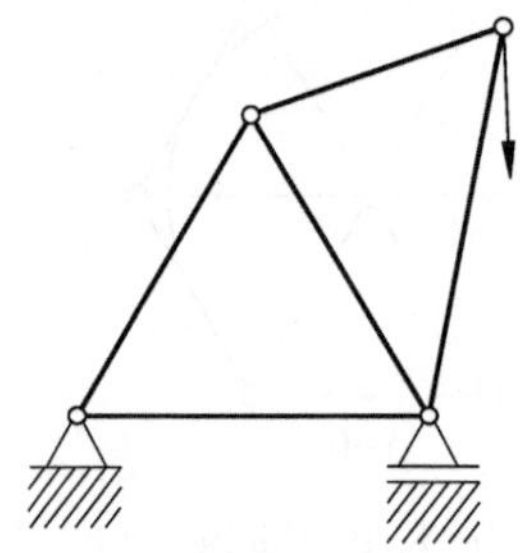

$k = 4$ Knoten
$s = 2k - 3 = 5$ Stäbe
($\rightarrow$ statisch bestimmt)

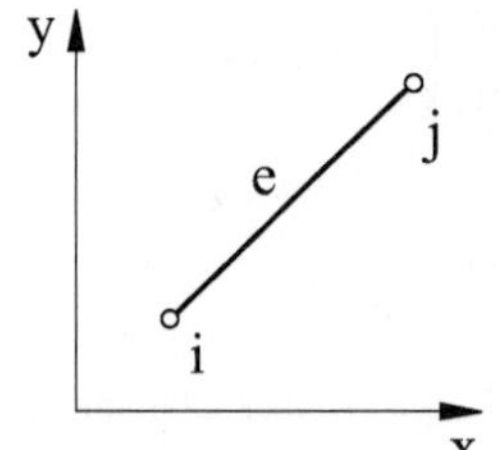

Ein Finites Element e ist hier ein ganzer Zug-Druck-Stab; i,j sind Knoten von e, hier reibungsfreie Gelenke

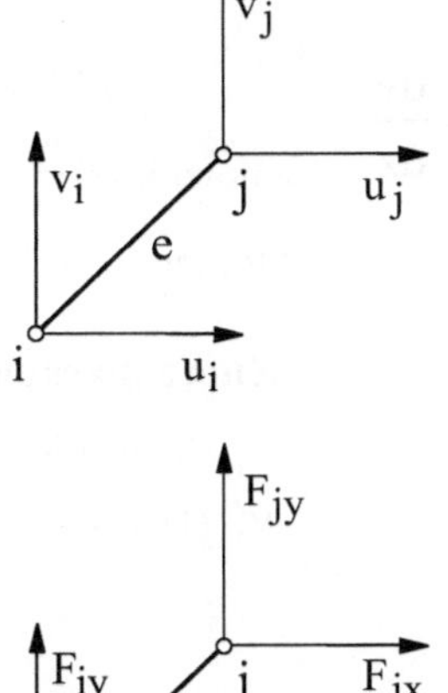

u_i, v_i und u_j, v_j sind skalare Verschiebungen (jeweils in x,y-Richtung) in den Knoten: Knotenparameter. Diese sind hier die eigentlichen Unbekannten des Problems; e hat 4 Freiheitsgrade (FG) der Verschiebung.

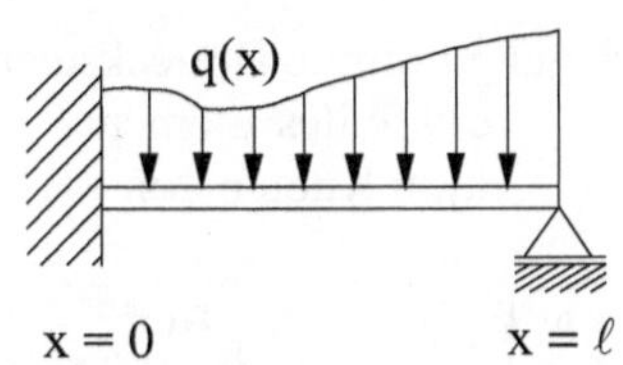

F_{ix}, F_{iy} und F_{jx}, F_{jy} sind skalare Komponenten der äußeren eingeprägten Knotenkräfte; sie sind den Knotenverschiebungen zugeordnet.

Von der Mechanik her ist die FEM eine Erweiterung des *Deformationsgrößenverfahrens* für Fachwerke auf allgemeine Tragsysteme.

Für Fachwerke ist eine Diskretisierung nicht erforderlich. Sie ist durch die Konstruktion gegeben. Somit können **keine** Diskretisierungsfehler entstehen, wie etwa in Bild 1.1.

3. Beispiel: Balkenproblem

DGL: $(EIv'')'' = q(x)$

ges: Durchbiegung $v = v(x)$

Randbed.: $v = 0, \; v' = 0$ für $x = 0$

$v = 0, \; v'' = 0$ für $x = \ell$

Dieses Problem lässt sich für allgemeine EI(x), q(x) nur näherungsweise lösen. Die bekanntesten numerischen Methoden sind:

Differenzenverfahren (DGL → DFG)   ⇒   FDM

GALERKIN-Verfahren
RITZ-Verfahren   ⇒   FEM

Alle diese Methoden sind **direkte Methoden**: Sie führen die Berechnung kontinuierlicher Systeme (∞ viele FG) auf die Berechnung endlich vieler algebraischer Gleichungen zurück.

Balkenelement (ebene Biegung in der x,y-Ebene)

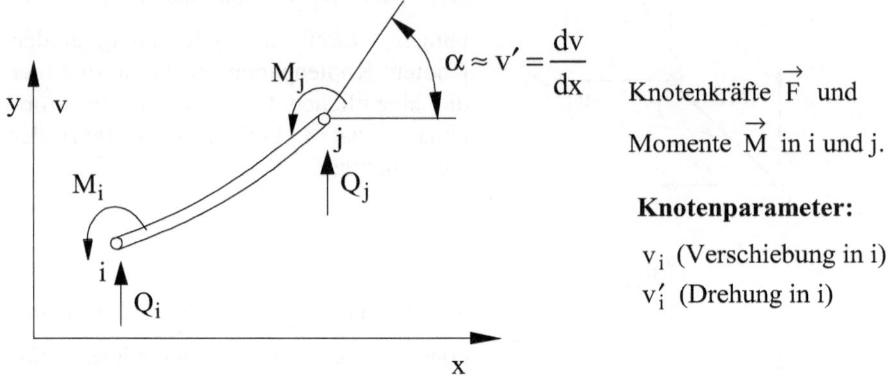

Knotenkräfte $\vec{F}$ und

Momente $\vec{M}$ in i und j.

Knotenparameter:

v_i (Verschiebung in i)

v_i' (Drehung in i)

Als Grundlage zur Formulierung von Balkenelementen dient im Allgemeinen die Balkentheorie ohne Berücksichtigung der Schubdeformationen. Theoretisch könnte die Modellierung des skizzierten Balkens mit nur einem einzigen Element erfolgen. Für die Lösung in den Knotenpunkten würde man exakte Werte erhalten, die Biegelinie v(x) hingegen wäre mit einer großen Ungenauigkeit behaftet, wie die Übungen Ü3.4.4 und Ü7.1.2 zeigen.

Sind für den gegebenen Balken die Schubspannungen von Wichtigkeit, muss die Modellierung des Balkens mit Volumenelementen in mehreren Schichten oder mit Elementansätzen erfolgen, die die Schubdeformation erfassen.

4. Beispiel: Scheibe (ebener Spannungszustand),
Verallgemeinerung des ebenen Fachwerks auf ein ebenes Kontinuum.

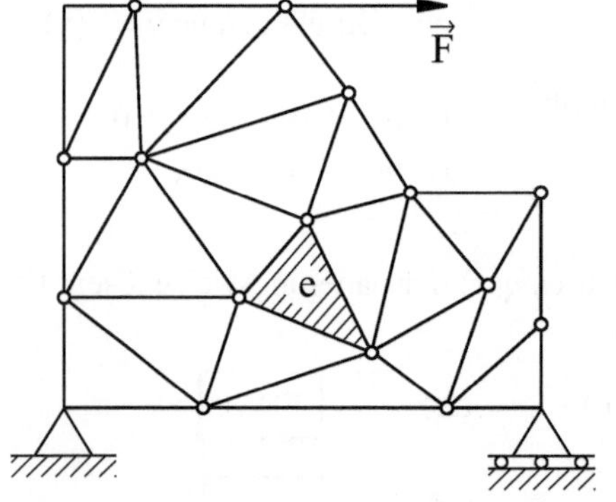

Zerlegung in finite Dreieckselemente
e = finites Element
i,j,m Knoten von e

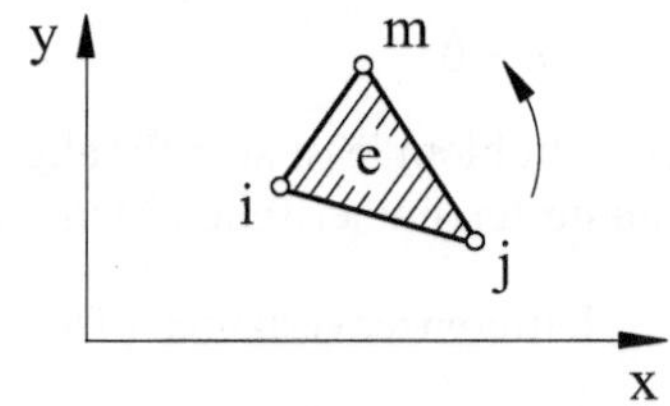

Knotenverschiebungen und Knotenkräfte wie beim ebenen Fachwerk (Beispiel 1); das Element "e" hat 6 Freiheitsgrade (FG) der Verschiebung.

5. Beispiel: Räumliches Kontinuum

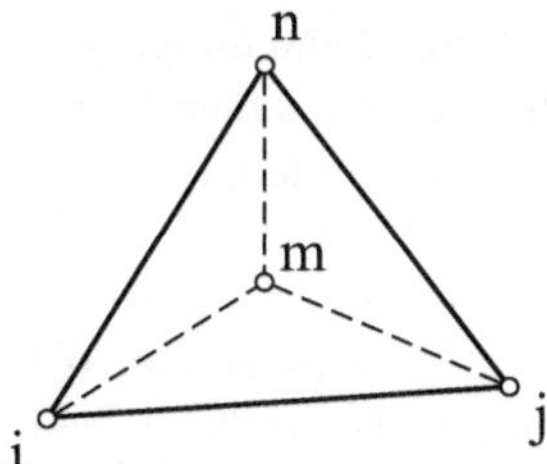

Zerlegung etwa in Tetraeder-Elemente mit vier Knoten i,j,m,n. Verallgemeinerung des ebenen Dreieckselementes auf 3 Dimensionen:

u_i, v_i, w_i sind Knotenverschiebungen im Knoten i, usw.

Ein weiteres Beispiel wäre eine Platte, die im Gegensatz zu einer Scheibe durch Kräfte senkrecht zu ihrer Ebene und häufig auch durch Biegemomente belastet wird. Gesucht sind Biegefläche und innere Spannungen.

In Verallgemeinerung zu Platten und Scheiben sind Schalen *Flächentragwerke* mit gekrümmter Mittelfläche, welche beliebigen Belastungsarten ausgesetzt sein können. Schalenelemente finden ihre weite Anwendung bei Kuppelbauten, im Flugzeugbau und bei Raumfahrtkonstruktionen. Schließlich sei auch die Auslegung von Druckbehältern für einen Kernreaktor erwähnt.

Von großer technischer Bedeutung sind auch Aufgaben der *Strukturdynamik*, die sich mit der Berechnung von *Eigenfrequenzen* und *Eigenschwingungsformen* mechanischer Strukturen befassen. Gefährliche Resonanzerscheinungen müssen aufgeklärt und durch geeignete Maßnahmen vermieden werden. So sind beispielsweise Eigenschwingungen von Turbinenschaufeln oder Eisenbahnwagen zu untersuchen, die in Resonanznähe zu übermäßigen Beanspruchungen der Turbinenschaufeln oder zu Transversalschwingungen von Eisenbahnwagen führen, die für die Fahrgäste sehr lästig sein können. Die Liste der mannigfaltigen Beispiele aus den vielen Arbeitsgebieten der Ingenieure könnte noch beliebig fortgesetzt werden.

Abschließend sei noch auf die Randwert-Integralmethode (RIM) hingewiesen, die neben der FEM in den letzten Jahren an Bedeutung gewonnen hat. Sie wurde bereits im Jahre 1928 von TREFFTZ als Gegenstück zum RITZschen Verfahren vorgeschlagen. Aber erst Anfang der 70er Jahre fand dieses Verfahren Interesse in der Kontinuumsmechanik, ausgelöst durch Arbeiten von CRUSE, RIZZO und BUTTERFIELD.

Zur geschichtlichen Entwicklung der FEM sollten noch ein paar Arbeiten erwähnt werden, ohne den Anspruch auf Vollständigkeit erheben zu wollen. Bereits 1943 hat COURANT bei der Lösung von Gleichgewichts- und Schwingungsproblemen mittels Variationsmethoden eine Diskretisierung des elastischen Kontinuums durch Dreieckselemente vorgeschlagen. Erstmals wurden Probleme der Elastizitätstheorie ersatzweise wie Fachwerke von HRENIKOFF (1941) und Mc HENRY (1943) behandelt. Es konnten bereits Scheiben-, Platten- und auch Schalenprobleme näherungsweise gelöst werden. Als Anfang der 50er Jahre die ersten gebrauchsfähigen Computer aufkamen, setzte auch die Entwicklung der *Matrixmethoden der Elastostatik* zur Berechnung komplizierter Konstruktionen ein. Es entstanden verschiedene Rechenverfahren zur Lösung hochgradig statisch unbestimmter Aufgaben der Elastomechanik. Zu erwähnen sind u.a. Arbeiten von ARGYRIS aus den Jahren 1960 und 1963, in denen die *Matrix-Verschiebungs-* und *Matrix-Kraftmethoden* zu leistungsfähigen allgemeinen Berechnungsverfahren für die Statik und Dynamik im Flugzeugbau ausgebaut wurden. Gleichzeitig wurden diese Verfahren auch auf *diskretisierte* Kontinua angewandt. Hierbei wurde der Begriff "*Finite Elemente*" erstmals wohl in Arbeiten von TURNER, CLOUGH, MARTIN, TOPP (1956) und CLOUGH (1960) benutzt. Wesentliche Impulse zur Weiterentwicklung der FEM wurden von ZIENKIEWICZ (1965, 1967, 1970, 1984), ODEN(1972), ARGYRIS (1970), BATHE (1976, 1986) und H.R SCHWARZ(1980, 1984) gegeben, um nur einige Autoren zu nennen.

Jährlich erscheint eine Vielzahl von FEM Büchern und Zeitschriftenaufsätze, in denen weitere Entwicklungen diskutiert werden. Als Zeitschriften seien "Intern. J. Num. Meth. Eng.", "Comp. Meth. Appl. Mech. Eng.", "Numerische Mathem." und viele ingenieurwissenschaftl. Zeitschriften (ZAMM, Ing.-Arch.,Archive of Applied Mechanics, Acta Mechanica,...) genannt. Von größter Bedeutung ist der wissenschaftliche Austausch auf internationalen Kongressen, der wesentlich zur Weiterentwicklung der FEM beiträgt, z.B. "Computational Plasticity, Models, Software and Applications" in Barcelona, Spain, oder: "Conferences on Computer Aided Assessment and Control-Localized Damage", veranstaltet vom "Computational Mechanics Institute" in Southampton, UK, oder "Mathematical and Computer Modelling in Science and Technology", USA, oder: "International Conferences on Industrial and Applied Mathematics", USA, oder: "Jahrestagungen der Gesellschaft für Angewandte Mathematik und Mechanik", GAMM-Tagungen.

2 Matrixmethoden

Die Matrixmethoden der Elastostatik zur Berechnung komplizierter Konstruktionen können als Ausgangspunkt für Anwendungen der FEM betrachtet werden. Zu erwähnen sind in diesem Zusammenhang Arbeiten von AGYRIS (1957), PESTEL/ LECKIE (1963) und PRZEMIENIECKI (1968), um nur einige zu nennen.

Bei der Behandlung komplizierter Strukturen ergeben sich umfangreiche Gleichungssysteme, häufig mit Hunderten oder Tausenden von Unbekannten, die man in *Tensor-* oder *Matrixform* sehr kompakt darstellen kann. Darüber hinaus sind diese Darstellungen besonders gut geeignet für die numerische Behandlung in elektronischen Rechenanlagen. Bei einfachen Problemen, die im Rahmen dieser Vorlesung der besseren Übersicht wegen behandelt werden sollen, scheinen die Matrixmethoden im Vergleich zu den klassischen Methoden auf den ersten Blick sehr umständlich zu sein. Für Konstruktionen in der Luft- und Raumfahrt, im Schiffbau oder auch im Fahrzeugbau sind sie jedoch unverzichtbar und leicht zu handhaben, wenn leistungsfähige Computer und entsprechende Software zur Verfügung stehen.

Man unterscheidet *Kraftmethoden* (statische Methoden), die auf einer direkten Ermittlung der statisch unbestimmten Kräfte beruhen, und *Verschiebungsmethoden* (kinematische Methoden), die als unbekannte Größen die Verschiebungen betrachten.

Bereits 1827 hat NAVIER betont, dass statisch unbestimmte Probleme lösbar sind, wenn man die Verschiebungen als Unbekannte betrachtet, nicht jedoch die Kräfte.

Bei dieser Betrachtungsweise steht stets dieselbe Anzahl von Gleichungen wie Unbekannte zur Verfügung. Allerdings ergeben sich schon bei einfachen Konstruktionen umfangreiche Gleichungssysteme, so dass dieser Lösungsweg erst nach Vorhandensein leistungsfähiger Computer benutzt werden konnte.

Am Beispiel des *NAVIERschen Problems* (Bild 2.1) soll der Unterschied zwischen Kraft- und Verschiebungsmethode kurz erläutert werden:

Im Knotenpunkt ⑥, allgemein (s + 1), sind s = 5 Stäbe gelenkig verbunden. Die anderen Stabenden sind in den Gelenken 1 bis s = 5 mit einer festen Unterlage verknüpft. Das Problem ist (s - 2)-fach statisch unbestimmt; das Beispiel in Bild 2.1 mit 5 Stäben ist also 3-fach statisch unbestimmt.

Beim *Kraftgrößenverfahren* geht man von den Gleichgewichtsbedingungen für den Punkt ⑥ in x- und y-Richtung aus, die 2 Gleichungen für die 5 unbekannten Stabkräfte $S_1, S_2, ..., S_5$ liefern:

$$F_x = \sum_{i=1}^{5} S_i \cos\alpha_i \ , \qquad F_y = \sum_{i=1}^{5} S_i \sin\alpha_i \ . \tag{2.1a,b}$$

Es fehlen noch drei weitere Bestimmungsgleichungen, die man aus dem Satz von MENABREA, einem Sonderfall des zweiten Satzes von CASTIGLIANO, zur Bestimmung statisch unbestimmter Auflagerkräfte bei linear-elastischen Systemen gewinnt.

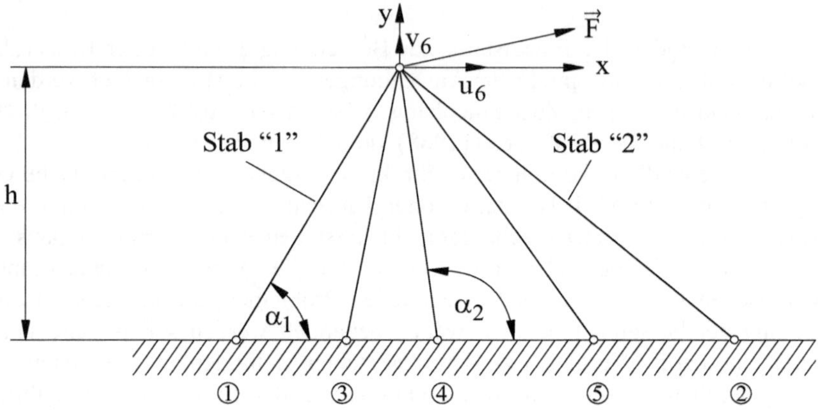

Bild 2.1 Statisch unbestimmtes System (NAVIERsches Problem)

In Bild 2.1 wird das Teilsystem, bestehend aus den Stäben "1" und "2", als *statisch bestimmtes Hauptsystem* betrachtet. Die statisch unbestimmten Auflagerreaktionen (Kräfte oder Momente) X_i erhält man gemäß

$$\partial U/\partial X_i = 0 \qquad \text{mit } i=3,4,5 \ . \tag{2.2}$$

Darin ist

$$U = \frac{1}{2AE}\left(S_1^2 \ell_1 + S_2^2 \ell_2 + \sum_{i=3}^{5} X_i^2 \ell_i \right) \tag{2.3}$$

die Formänderungsenergie des gesamten Stabsystems. Hierbei wird vereinfachend vorausgesetzt, dass alle Stäbe gleiche Querschnittsfläche A und gleichen E-Modul haben. In (2.3) müssen die Stabkräfte S_1 und S_2 des "Hauptsystems" noch durch die äußeren Kräfte und die statisch unbestimmten Kräfte ausgedrückt werden. Somit kann bei einer großen Anzahl von Stäben die Auflösung des aus (2.1) bis (2.3) gewonnenen Gleichungssystems sehr unhandlich werden.

Nachdem man die Stabkräfte bestimmt hat, kann man im nächsten Rechenschritt die Verschiebungen u_6, v_6 des Lastangriffspunktes 6 nach dem zweiten Satz von CASTIGLIANO gemäß

$$u_6 = \partial U/\partial F_x \quad \text{und} \quad v_6 = \partial U/\partial F_y \qquad (2.4a,b)$$

ermitteln.

Bei der *Verschiebungsmethode* geht man folgendermaßen vor. Die Verformung des Systems in Bild 2.1 ist durch die vorerst unbekannten Verschiebungen u_6, v_6 eindeutig bestimmt. Die Verlängerung $\Delta\ell_i$, $i = 1,2, ..., 5$, des i-ten Stabes kann bei nicht zu großen Verformungen gemäß

$$\Delta\ell_i = u_6 \cos\alpha_i + v_6 \sin\alpha_i \qquad (2.5)$$

durch die noch unbekannten Verschiebungen u_6, v_6 ausgedrückt werden (Bild 2.2).

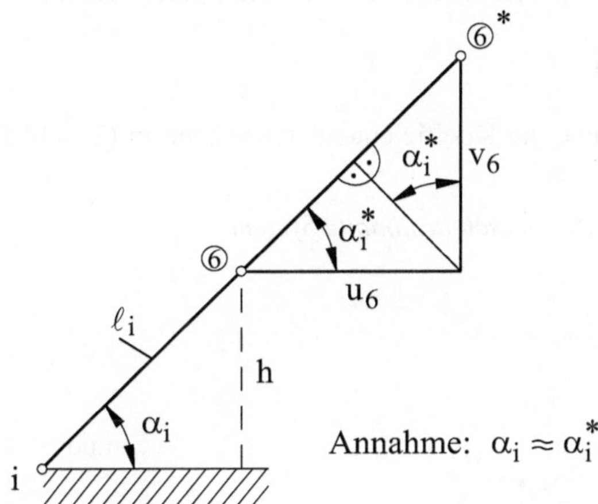

Bild 2.2 Verschiebungen u_6, v_6

Unter Annahme des HOOKEschen Gesetzes $\sigma = E\varepsilon = E\dfrac{\Delta\ell}{\ell}$ ergeben sich die Stabkräfte mit (2.5) zu:

$$S_i = AE\,\frac{\Delta\ell_i}{\ell_i} = \frac{AE}{h}\left(u_6 \cos\alpha_i + v_6 \sin\alpha_i\right)\sin\alpha_i, \qquad (2.6)$$

so dass man mit den Gleichgewichtsbedingungen (2.1 a,b) das lineare Gleichungssystem

$$u_6\sum_{i=1}^{5} \sin\alpha_i \cos^2\alpha_i + v_6\sum_{i=1}^{5} \sin^2\alpha_i \cos\alpha_i = \frac{h}{AE}F_x \qquad (2.7a)$$

$$u_6\sum_{i=1}^{5} \sin^2\alpha_i \cos\alpha_i + v_6\sum_{i=1}^{5} \sin^3\alpha_i = \frac{h}{AE}F_y \qquad (2.7b)$$

für die unbekannten Verschiebungen u_6, v_6 erhält, die man anschließend in (2.6) zur Bestimmung der Stabkräfte einsetzt.

Für das NAVIERsche Problem (Bild 2.1), das man beispielsweise auch mit dem Prinzip der virtuellen Arbeit lösen kann, ist die *Verschiebungsmethode* wesentlich einfacher als die *Kraftmethode*, da man bei beliebig vielen Stäben immer nur zwei lineare Gleichungen mit zwei Unbekannten aufzulösen hat. Dies kann nicht für alle Stabprobleme allgemein festgestellt werden. Bisweilen kann auch die Kraftmethode vorteilhaft eingesetzt werden. Wesentlich für die Verschiebungsmethode ist jedoch, dass in der Anwendung kein Unterschied zwischen statisch bestimmten und statisch unbestimmten Aufgaben besteht. Die Verschiebungsmethode, die man auch als *Steifigkeitsmethode* bezeichnet, wird heute bevorzugt benutzt. Daher soll auch im Folgenden die *Steifigkeitsmethode* verwendet werden.

Übungsaufgaben

2.1.1 Man bestimme die Koeffizientendeterminante in (2.7a,b) und die Verschiebungen (u,v)

a) für das skizzierte *statisch bestimmte System*

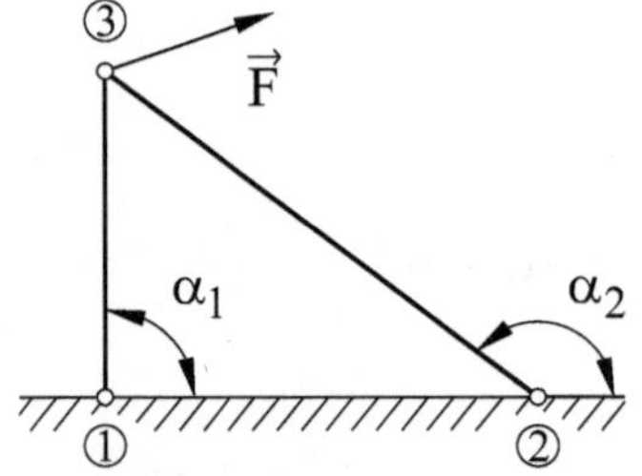

mit $\alpha_1 = \pi/2$

und $\alpha_2 = \langle \pi/2, \pi \rangle$,

b) für das skizzierte *statisch unbestimmte System*

mit $\alpha_1 = \pi/4$; $\alpha_2 = 3\pi/4$; $\alpha_3 = \pi/2$.

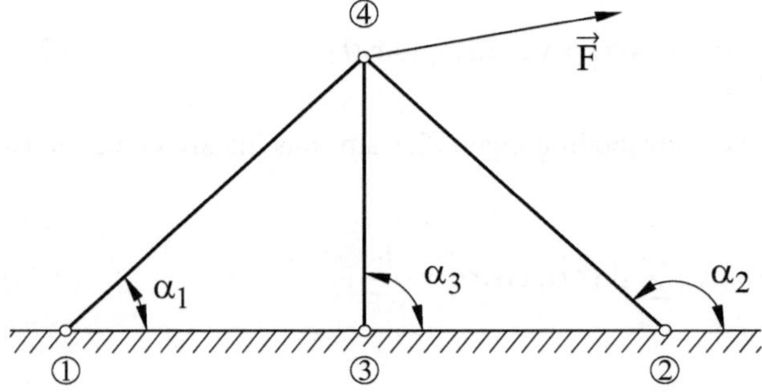

3 Matrix-Steifigkeitsmethode

In Bild 3.1 ist eine einfache elastische Feder dargestellt, die der Beziehung (*Federcharakteristik*)

$$F = k\delta \tag{3.1}$$

gehorcht.

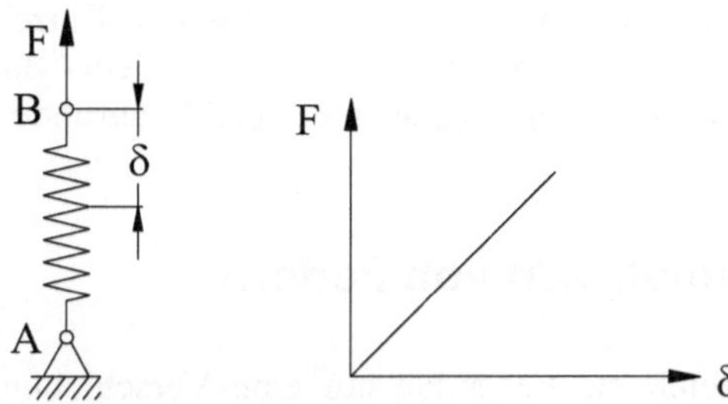

Bild 3.1 Einfache elastische Feder und Federcharakteristik

Darin sind

$$\delta = \frac{1}{k}F \tag{3.2}$$

die Auslenkung der Feder infolge der Kraft F und k die Federkonstante, die allein ausreicht, um die einfache Struktur (Feder) zu charakterisieren. Die Federkonstante k ist ein Maß für die *Steifigkeit*, während der Kehrwert 1/k die *Nachgiebigkeit* des Federelementes ausdrückt.

Bei einer komplizierteren Struktur, wie beispielsweise der in Bild 3.2 dargestellte statisch unbestimmte Rahmen, will man die Verschiebungen in den *Knoten* B, C, D, E und die Stabkräfte ermitteln.

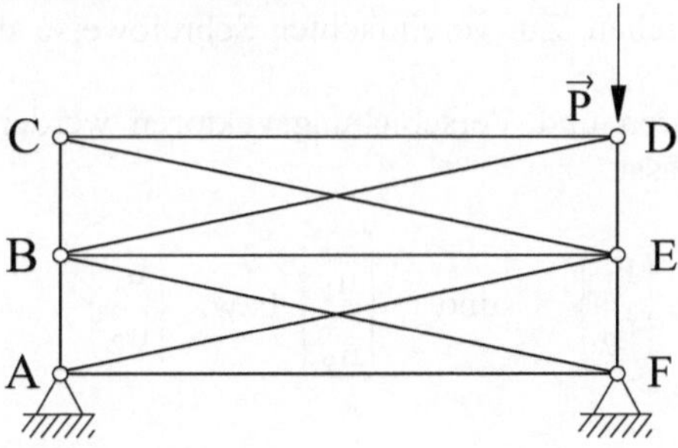

Bild 3.2 Statisch unbestimmter Rahmen

Man versucht, Gleichung (3.1) zu verallgemeinern gemäß der kompakten Matrix-Darstellung

$$\boxed{\{F\} = [K]\{\delta\}} \quad . \tag{3.3}$$

Darin sind $\{F\}$ und $\{\delta\}$ Spaltenmatrizen, deren Elemente sämtliche Knotenkräfte und sämtliche Knotenverschiebungen sind. Die Größe $[K]$ stellt die *Steifigkeitsmatrix* der kompletten Struktur dar. Die *Steifigkeitsbeziehung* (3.3) bildet die Grundlage der *Matrix-Verschiebungsmethode (Steifigkeitsmethode)*. Die Hauptaufgabe besteht darin, die Steifigkeitsmatrix für die vorliegende Gesamtstruktur aufzustellen. Danach erfolgt die Lösung des betreffenden Problems (Ermittlung sämtlicher Knotenkräfte und Knotenverschiebungen durch numerische Rechenoperationen). Für eine elastische Struktur (z.B. in der Luft- und Raumfahrt, Aeroelastik) wird die *Gesamtsteifigkeitsmatrix* stets aus den Einzelsteifigkeitsmatrizen der einzelnen Bestandteile (Stäbe, Balken etc.) nach dem "Baukastenprinzip" zusammengebastelt. Dieses Prinzip liegt auch der FEM zugrunde.

3.1 Steifigkeitsmatrizen von Federn

Die in Bild 3.1 gezeichnete Feder hat nur eine Verschiebungsmöglichkeit, ihre Längenänderung δ. Man betrachte die Feder losgelöst von ihrer Fessel A als Teilelement einer Struktur (Bild 3.3).

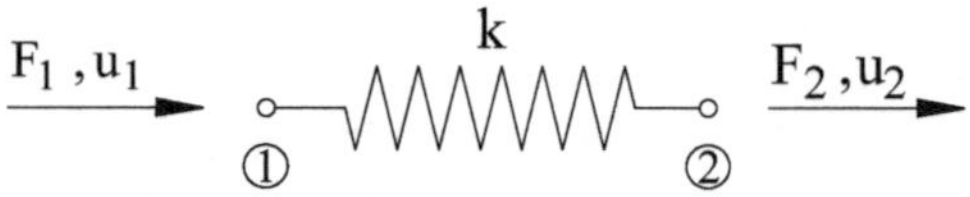

Bild 3.3 Federelement

Das Federelement besitzt zwei Knoten (1,2), in denen zwei Kräfte (F_1, F_2) angreifen, so dass zwei Verschiebungen (u_1, u_2) stattfinden. Korrekterweise müsste man diese Kräfte durch $\vec{F_1}, \vec{F_2}$ und die entsprechenden Verschiebungen durch $\vec{u_1}, \vec{u_2}$ als Vektoren kennzeichnen. Die Indizes 1 und 2 sind Marken, die sich auf die Knotennummern beziehen. Zur vereinfachten Schreibweise sind die Pfeile weggelassen.

Beide Kraftvektoren und Verschiebungsvektoren werden als Elemente einer Spaltenmatrix aufgefasst:

$$\begin{Bmatrix} \vec{F_1} \\ \vec{F_2} \end{Bmatrix} \quad \text{bzw.} \quad \begin{Bmatrix} F_1 \\ F_2 \end{Bmatrix} \quad \text{und} \quad \begin{Bmatrix} \vec{u_1} \\ \vec{u_2} \end{Bmatrix} \quad \text{bzw.} \quad \begin{Bmatrix} u_1 \\ u_2 \end{Bmatrix} \quad .$$

Die Steifigkeitsmatrix ist somit eine quadratische 2x2 Matrix, und die allgemeine Beziehung (3.3) nimmt die spezielle Form

$$\left\{ \begin{array}{c} F_1 \\ F_2 \end{array} \right\} = \left[\begin{array}{cc} k_{11} & k_{12} \\ k_{21} & k_{22} \end{array} \right] \left\{ \begin{array}{c} u_1 \\ u_2 \end{array} \right\} \tag{3.4}$$

an. Zur Ermittlung der *Steifigkeitsmatrix* $[K^e] = [k_{ij}]$ des Federelementes kann man systematisch wie folgt vorgehen. Zuerst wird Knoten ② festgehalten und nur ① bewegt (Bild 3.4a).

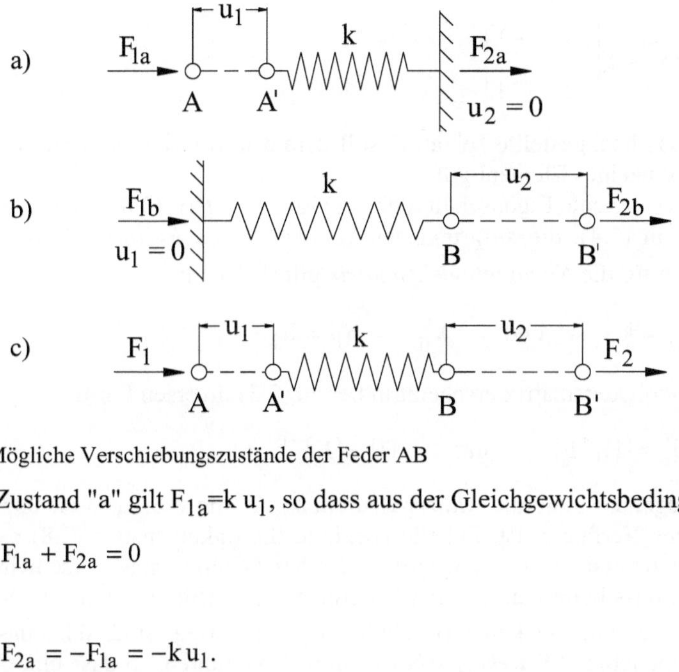

Bild 3.4 Mögliche Verschiebungszustände der Feder AB

Für den Zustand "a" gilt $F_{1a}=k\,u_1$, so dass aus der Gleichgewichtsbedingung

$$F_{1a} + F_{2a} = 0 \tag{3.5}$$

folgt:

$$F_{2a} = -F_{1a} = -k\,u_1. \tag{3.6a}$$

Es kann festgehalten werden, dass die Stetigkeit der Verschiebung automatisch gegeben ist für dieses einfache Beispiel.

Im Zustand "b" wird der Knotenpunkt A festgehalten und nur der Knoten B bewegt (Bild 3.4b). Dann erhält man analog (3.6a) die Beziehung

$$F_{2b} = k\,u_2 = -F_{1b}. \tag{3.6b}$$

Den allgemeinen Zustand (Bild 3.4c) erhält man aus der Kombination von "a" und "b" durch *Superposition*:

$$\left. \begin{array}{ll} \text{Gesamtkraft im Knoten 1:} & \quad F_1 = F_{1a} + F_{1b} \\ \text{Gesamtkraft im Knoten 2:} & \quad F_2 = F_{2a} + F_{2b} \end{array} \right\} . \tag{3.6c}$$

Mit den Beziehungen (3.6 a, b) erhält man aus (3.6 c) das Ergebnis:

$$\left.\begin{array}{l} F_1 = k\,u_1 - k\,u_2 \\ F_2 = -k\,u_1 + k\,u_2 \end{array}\right\} \quad, \tag{3.7*}$$

das man auch in der Matrix-Form (3.3) bzw. (3.4) schreiben kann:

$$\left\{\begin{array}{c} F_1 \\ F_2 \end{array}\right\} = k \begin{bmatrix} 1 & -1 \\ -1 & 1 \end{bmatrix} \left\{\begin{array}{c} u_1 \\ u_2 \end{array}\right\}. \tag{3.7}$$

Die *Steifigkeitsmatrix* $[K^e]$ für das Federelement (Bild 3.3) ist somit durch

$$\left[K^e\right] = k \begin{bmatrix} 1 & -1 \\ -1 & 1 \end{bmatrix} \tag{3.8}$$

gegeben. Das hochgestellte "e" an K soll darauf hinweisen, dass die Matrix (3.8) nur für ein einzelnes Element gilt.

Eine wesentliche Eigenschaft der *Steifigkeitsmatrix* (3.8) ist die Symmetrie $k_{12} = k_{21}$ in (3.4), die aufgrund des *MAXWELLschen Reziprozitätstheorems* allgemein auch für die *Nachgiebigkeitsmatrix* gilt (Ü3.1.1):

$$k_{ij} = k_{ji} \qquad \text{und} \qquad k_{ij}^{(-1)} = h_{ij} = h_{ji}. \tag{3.9a,b}$$

Die Nachgiebigkeitsmatrix erscheint in der zu (3.3) inversen Form

$$\{\delta\} = [H]\,\{F\} \qquad \text{mit} \qquad [H] \equiv [K]^{-1}, \tag{3.10}$$

die grundlegend ist für die *Matrix-Kraftmethode*, die ein zur Verschiebungsmethode *duales* Verfahren ist. Für die spezielle Steifigkeitsmatrix (3.8) existiert jedoch keine Inversion; sie ist *singulär*, da ihre Determinante verschwindet. Dies liegt daran, dass beim betrachteten Federelement in Bild 3.3 den Verschiebungen der Knoten ① und ② keine Beschränkungen auferlegt sind, d.h., das Element kann noch beliebige "*Starrkörperbewegungen*" ausführen, so dass eine Auflösung der Beziehung (3.4) nach den Verschiebungen u_1, u_2 nicht eindeutig möglich sein kann. Erst unter Vorgabe von Auflager- und Randbedingungen wird eine "*Starrkörperbewegung*" verhindert, so dass dann eine Inversion möglich ist. Einige Beispiele hierzu werden noch später im Text und auch in Übungen erläutert.

Zunächst sollen zwei Federn mit unterschiedlichen Federkonstanten k_a, k_b hintereinandergeschaltet (Bild 3.5a) und für dieses kombinierte System die *Gesamtsteifigkeitsmatrix* aufgestellt werden.

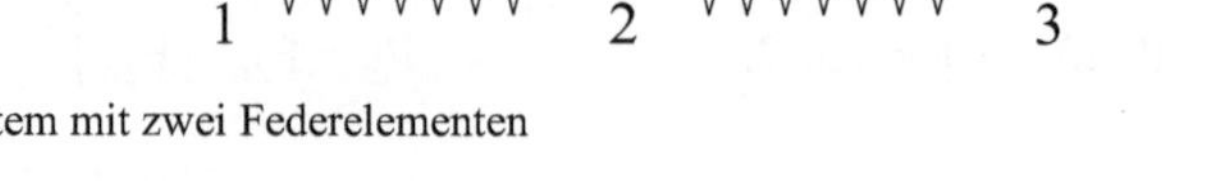

Bild 3.5a System mit zwei Federelementen

Man geht ähnlich vor wie in Bild 3.4 und setzt zunächst $u_2 = u_3 = 0$, während der Knoten **1** verschiebbar sei (Bild 3.5b/I).

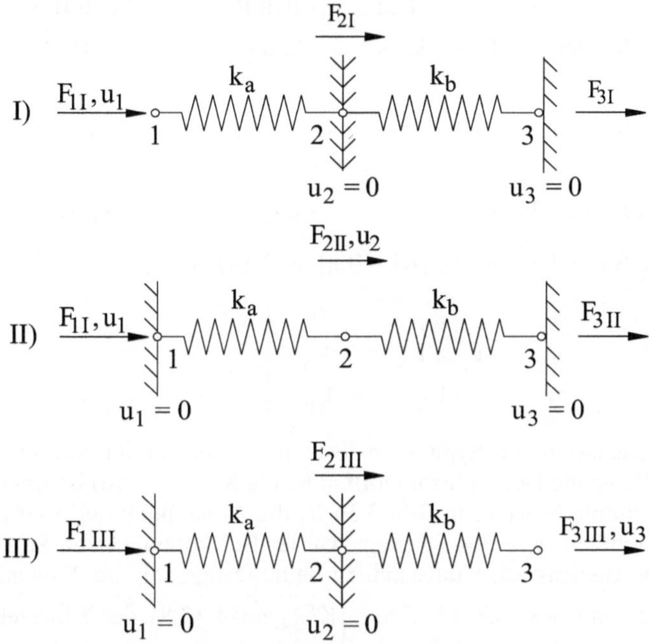

Bild 3.5b Mögliche Verschiebungszustände des Systems in Bild 3.5a

Für den ersten Fall (Bild 3.5b/I) erhält man:

$$F_{1I} = k_a u_1 \quad , \quad F_{2I} = -F_{1I} \quad , \quad F_{3I} = 0 \, . \qquad (3.11a,b,c)$$

Aufgrund der *Kompatibilität* werden im zweiten Fall (Bild 3.5b/II) beide Federn gleich stark verformt, so dass man erhält:

$$F_{2II} = \left(k_a + k_b \right) u_2 \, . \qquad (3.12b)$$

Aus Gleichgewichtsbedingungen, für beide Federn getrennt, folgt:

$$F_{1II} = -k_a u_2 \quad \text{und} \quad F_{3II} = -k_b u_2 \, . \qquad (3.12a,c)$$

Im dritten Fall (Bild 3.5b/III) gilt:

$$F_{1III} = 0 \quad , \quad F_{2III} = -F_{3III} \quad , \quad F_{3III} = k_b u_3 \, . \qquad (3.13a,b,c)$$

Das *Gesamtsystem* (Bild 3.5a) kann analog (3.4) gemäß

$$\begin{Bmatrix} F_1 \\ F_2 \\ F_3 \end{Bmatrix} = \begin{bmatrix} k_{11} & k_{12} & k_{13} \\ k_{21} & k_{22} & k_{23} \\ k_{31} & k_{32} & k_{33} \end{bmatrix} \begin{Bmatrix} u_1 \\ u_2 \\ u_3 \end{Bmatrix} \qquad (3.14)$$

dargestellt werden. Aufgrund des linear-elastischen Verhaltens können die Teillösungen (3.11) bis (3.13) superponiert werden:

$$
\begin{aligned}
&\qquad\qquad\qquad\qquad\text{Fall I}\qquad\text{Fall II}\qquad\qquad\text{Fall III}\\
&\text{Gesamtkraft Knoten 1:}\quad F_1 = k_a u_1 \quad - \quad k_a u_2 \qquad\qquad\quad 0\\[2mm]
&\text{Gesamtkraft Knoten 2:}\quad F_2 = -k_a u_1 \quad + (k_a + k_b)\,u_2 \quad - k_b u_3\\[2mm]
&\text{Gesamtkraft Knoten 3:}\quad F_3 = 0 \qquad - \quad k_b u_2 \qquad\qquad +k_b u_3
\end{aligned}
\qquad (3.15)
$$

Damit ist die Steifigkeitsmatrix $[K] = [k_{ij}]$ in (3.14) bestimmt:

$$
[K] =
\begin{bmatrix}
k_a & -k_a & 0\\
-k_a & k_a + k_b & -k_b\\
0 & -k_b & k_b
\end{bmatrix}.
\qquad (3.16)
$$

Man stellt wiederum die Symmetrie fest, die allgemein für Steifigkeitsmatrizen gilt. Ebenfalls ist die Determinante **null**, d.h., die Matrix (3.16) ist *singulär*.

Für das simple Beispiel in Bild 3.5a ist die Aufstellung der Steifigkeitsmatrix (3.16) sehr einfach, wie oben gezeigt wurde. Bei komplizierten Strukturen kann die obige Vorgehensweise umständlich sein. Daher soll im Folgenden gezeigt werden, wie man aus den Matrizen $\left[K^e\right]$ gemäß (3.8) der Einzelelemente auf schnellerem Wege die *Gesamtmatrix* $[K]$ zusammenbauen kann.

Zunächst schreibt man für jedes Element des in Bild 3.5a dargestellten Systems die zu (3.7) analoge Beziehung auf (mit $k \equiv k_a$ und $k \equiv k_b$):

$$
\begin{array}{cc}
\text{Element } \mathbf{a} & \text{Element } \mathbf{b}\\[2mm]
\begin{Bmatrix} F_1\\ F_2 \end{Bmatrix} =
\begin{bmatrix} k_a & -k_a\\ -k_a & k_a \end{bmatrix}
\begin{Bmatrix} u_1\\ u_2 \end{Bmatrix}
& \text{und} \quad
\begin{Bmatrix} F_2\\ F_3 \end{Bmatrix} =
\begin{bmatrix} k_b & -k_b\\ -k_b & k_b \end{bmatrix}
\begin{Bmatrix} u_2\\ u_3 \end{Bmatrix}.
\end{array}
\qquad (3.17\text{a,b})
$$

Die Matrizen $\left[K^e\right]$ in (3.17 a,b) sind zwar derselben Ordnung, verknüpfen aber verschiedene Sätze von Kräften und Verschiebungen, nämlich $\left(F_1, F_2; u_1, u_2\right)$ in (3.17a) und $\left(F_2, F_3; u_2, u_3\right)$ in (3.17b). Daher werden die Beziehungen (3.17a,b) folgendermaßen geschrieben:

$$
\begin{array}{cc}
\text{Element } \mathbf{a} & \text{Element } \mathbf{b}\\[2mm]
\begin{Bmatrix} F_1\\ F_2\\ F_3 \end{Bmatrix} =
\begin{bmatrix} k_a & -k_a & 0\\ -k_a & k_a & 0\\ 0 & 0 & 0 \end{bmatrix}
\begin{Bmatrix} u_1\\ u_2\\ u_3 \end{Bmatrix}
& \text{und} \quad
\begin{Bmatrix} F_1\\ F_2\\ F_3 \end{Bmatrix} =
\begin{bmatrix} 0 & 0 & 0\\ 0 & k_b & -k_b\\ 0 & -k_b & k_b \end{bmatrix}
\begin{Bmatrix} u_1\\ u_2\\ u_3 \end{Bmatrix}.
\end{array}
\qquad (3.18\text{a,b})
$$

Jetzt können beide Anteile unmittelbar addiert (superponiert) werden:

Gesamtsystem

$$\begin{Bmatrix} F_1 \\ F_2 \\ F_3 \end{Bmatrix} = \begin{bmatrix} k_a & -k_a & 0 \\ -k_a & (k_a + k_b) & -k_b \\ 0 & -k_b & k_b \end{bmatrix} \begin{Bmatrix} u_1 \\ u_2 \\ u_3 \end{Bmatrix}. \tag{3.19}$$

Die *Gesamtmatrix* $[K] = \left[K_a^e\right] + \left[K_b^e\right]$ in (3.19) ist natürlich identisch (3.16). Die Herleitungen unterscheiden sich dadurch, dass man auf dem Wege zu (3.16) die Verschiebungen der Struktur *"knotenweise"* betrachtet und auf dem Wege zu (3.19) *"elementweise"*.

Die *Gesamtsteifigkeitsmatrix* in (3.19) kann direkt aufgestellt werden (*direkte Methode*), wenn man folgende Regeln beachtet:

I   Ein Term auf der Hauptdiagonalen (k_{ii} oder k_{jj}) setzt sich aus der Summe der direkten Steifigkeiten aller Elemente zusammen, die im Knoten i oder j verbunden sind.

II   Ein Term in der i-ten Zeile und j-ten Spalte (k_{ij}) setzt sich zusammen aus der Summe der indirekten Steifigkeiten relativ zu den Knoten i und j aller Elemente, die die Knoten i und j miteinander verbinden.

Im obigen simplen Beispiel (Bild 3.5a) besteht jeder Term, der nicht auf der Hauptdiagonalen der Matrix [K] in (3.19) steht, nur aus einer Federkonstanten (k_a, k_b oder 0), da ja jedes Knotenpaar nur durch ein Element verbunden ist. In Übungsaufgaben (z.B. Ü3.1.3, Ü3.1.5, Ü3.1.10 etc.) werden Beispiele behandelt, in denen die Regel **II** deutlicher wird. Den Term $k_{22} = k_a + k_b$ in (3.19) erhält man nach Regel **I**, da im Knoten ② beide Elemente verbunden sind.

Die *Gesamtsteifigkeitsmatrix* (3.16) in (3.19) ist *singulär*, wie oben bereits vermerkt, da den Knotenverschiebungen u_1, u_2, u_3 des Systems (Bild 3.5a) keinerlei Beschränkungen auferlegt wurden. Somit ist die Auflösung von (3.19) nach den Verschiebungen erst dann möglich, wenn vorgegebene Randbedingungen berücksichtigt werden. Beispielsweise sei $u_1 = 0$ als Randbedingung angenommen, d.h., der Knoten ① liege fest. Dann kann (3.19) in der folgenden Form geschrieben werden:

$$\begin{Bmatrix} F_1 \\ \hline F_2 \\ F_3 \end{Bmatrix} = \left[\begin{array}{c:cc} k_a & -k_a & 0 \\ \hdashline -k_a & (k_a + k_b) & -k_b \\ 0 & -k_b & k_b \end{array} \right] \begin{Bmatrix} u_1 = 0 \\ \hline u_2 = ? \\ u_3 = ? \end{Bmatrix}. \tag{3.20}$$

Diese Gleichung enthält eine unbekannte Reaktionskraft F_1 und zwei unbekannte Verschiebungen u_2 und u_3, während F_2 und F_3 bekannte Belastungen sind. Aus (3.20) erhält man:

$$\{F_1\} = k_a\{u_1 = 0\} + \begin{bmatrix} -k_a & 0 \end{bmatrix} \begin{Bmatrix} u_2 \\ u_3 \end{Bmatrix} \qquad (3.21a^*)$$

$$\begin{Bmatrix} F_2 \\ F_3 \end{Bmatrix} = \begin{bmatrix} -k_a \\ 0 \end{bmatrix} \{u_1 = 0\} + \begin{bmatrix} (k_a + k_b) & -k_b \\ -k_b & k_b \end{bmatrix} \begin{Bmatrix} u_2 \\ u_3 \end{Bmatrix} \qquad (3.21b^*)$$

oder wegen $u_1 = 0$:

$$\{F_1\} = \begin{bmatrix} -k_a & 0 \end{bmatrix} \begin{Bmatrix} u_2 \\ u_3 \end{Bmatrix} \qquad (3.21a)$$

$$\begin{Bmatrix} F_2 \\ F_3 \end{Bmatrix} = \begin{bmatrix} (k_a + k_b) & -k_b \\ -k_b & k_b \end{bmatrix} \begin{Bmatrix} u_2 \\ u_3 \end{Bmatrix} . \qquad (3.21b)$$

Die letzte Gl. (3.21b) erhält man direkt aus (3.20), indem man in (3.20) einfach die Zeile und Spalte weglässt, die zu $u_1 = 0$ gehört, wie durch gestrichelte Linien angedeutet. Die Matrix in (3.21b) ist nicht singulär. Man erhält:

$$u_2 = \frac{(F_2 + F_3)}{k_a} \qquad , \qquad u_3 = \frac{F_2}{k_a} + F_3 \frac{k_a + k_b}{k_a k_b} . \qquad (3.22a,b)$$

Mit (3.21a) folgt schließlich die Reaktionskraft:

$$F_1 = -(F_2 + F_3). \qquad (3.23)$$

Aus den ermittelten Verschiebungen erhält man schließlich die inneren Kräfte in den einzelnen Federelementen des Systems gemäß

$$P_a = k_a(u_2 - u_1) \qquad \text{und} \qquad P_b = k_b(u_3 - u_2) \qquad (3.24a,b)$$

bzw. mit der Randbedingung $u_1 = 0$ und den daraus folgenden Verschiebungen (3.22a,b) gemäß

$$P_a = F_2 + F_3 \qquad \text{und} \qquad P_b = F_3. \qquad (3.25a,b)$$

Die einzelnen Schritte zum Auffinden der Unbekannten (3.22a,b) und (3.23) sind in Tabelle 3.1 zusammengefasst.

Zur allgemeinen formelmäßigen Darstellung der Rechenschritte 2, 3 und 4 in Tabelle 3.1 seien die unbekannten Reaktionskräfte mit $\{F_r\}$, die äußeren vorgegebenen Kräfte mit $\{F_a\}$ und die entsprechenden Verschiebungen mit $\{\delta_r\}$, $\{\delta_a\}$ bezeichnet. Dann kann in der grundlegenden Matrixdarstellung (Standardform) (3.3) durch Umsortieren eine Matrizenaufteilung gemäß

$$\begin{Bmatrix} \{F_r\} \\ \hline \{F_a\} \end{Bmatrix} = \begin{bmatrix} [K_{rr}] & \vdots & [K_{ra}] \\ \hline [K_{ar}] & \vdots & [K_{aa}] \end{bmatrix} \begin{Bmatrix} \{\delta_r\} \\ \hline \{\delta_a\} \end{Bmatrix} \qquad (3.26)$$

vorgenommen werden, wie durch gestrichelte Linien angedeutet. Daraus liest man unmittelbar die beiden Gleichungssysteme

$$\{F_r\} = [K_{rr}]\{\delta_r\} + [K_{ra}]\{\delta_a\} \qquad (3.27a)$$

$$\{F_a\} = [K_{ar}]\{\delta_r\} + [K_{aa}]\{\delta_a\} \qquad (3.27b)$$

ab. Speziell für das System in Bild 3.5a wird (3.27a) konkret zu (3.21a*), und (3.27b) wird konkret zu (3.21b*). Die Matrizen $[K_{rr}], [K_{ra}], [K_{ar}], [K_{aa}]$ in (3.26) und (3.27a,b) sind Untermatrizen der *Gesamtsteifigkeitsmatrix* $[K]$ in (3.3).Matrizen, deren Elemente selbst wieder Matrizen sind, nennt man auch *Übermatrizen* oder *Blockmatrizen* oder auch *Kästchenmatrizen*. Zu beachten ist, dass für die Untermatrizen im Allgemeinen $K_{ra} \neq K_{ar}$ gilt, da sie meistens Rechteckmatrizen sind; es stimmen wohl die transponierten und gespiegelten *Submatrizen* überein, $[K_{ar}] = [K_{ra}]^t$, wie auch im Beispiel (3.20) deutlich wird: $[K_{ra}] = [-k_a \quad 0]$.

Tabelle 3.1 Die einzelnen Rechenschritte der Matrix-Steifigkeitsmethode

Schritt	Rechenschritte
1	Aufstellen der einzelnen Elementsteifigkeitsmatrizen $[K^e]$
2	Gesamtsteifigkeitsmatrix [K] aufstellen
3	Einsetzen der Randbedingungen
4	Auflösung des Gleichungssystems (3.20) nach den unbekannten Verschiebungen, anschließend Ermittlung der unbekannten Reaktionskräfte
5	Ermittlung der (inneren) Elementkräfte (3.25a,b)

Multipliziert man die Matrizengleichung (3.27b) von links auf beiden Seiten mit der Inversen $[K_{aa}]^{-1}$, so erhält man unmittelbar die unbekannten Knotenverschiebungen aus der Matrizengleichung

$$\{\delta_a\} = [K_{aa}]^{-1}\left(\{F_a\} - [K_{ar}]\{\delta_r\}\right), \qquad (3.28)$$

während man durch Einsetzen von (3.28) in (3.27a) die gesuchten Reaktionskräfte ermittelt:

$$\{F_r\} = [K_{ra}][K_{aa}]^{-1}\{F_a\} + \left([K_{rr}] - [K_{ra}][K_{aa}]^{-1}[K_{ar}]\right)\{\delta_r\}. \qquad (3.29)$$

Für die speziellen Auflagerbedingungen $\{\delta_r\} = \{0\}$ vereinfachen sich die Matrizengleichungen (3.28) und (3.29) zu:

$$\{\delta_a\} = [K_{aa}]^{-1}\{F_a\} \equiv [K_{red}]^{-1}\{F_a\} \tag{3.30}$$

und zu:

$$\{F_r\} = [K_{ra}]\{\delta_a\} = [K_{ra}][K_{aa}]^{-1}\{F_a\}. \tag{3.31}$$

Wie in (3.30) angedeutet, nennt man die *Untermatrix* $[K_{aa}]$ auch *reduzierte Steifigkeitsmatrix* $[K_{red}]$. Sie ist immer *symmetrisch* und *invertierbar* (nicht singulär). Letztere Eigenschaft ist für die Lösung (3.28) und (3.29) grundlegend.

Zur Lösung von umfangreichen linearen Gleichungssystemen wie z.B. hier bei der FEM-Methode werden meistens die *Eliminationsverfahren* von GAUSS (GAUSSscher *Algorithmus*), von GAUSS-JORDAN und bei symmetrischen Matrizen von CHOLESKY sowie das *Iterationsverfahren* von GAUSS-SEIDEL angewandt. Das CHOLESKY-Verfahren zeichnet sich durch eine bemerkenswerte *Stabilität* aus und ist am besten geeignet zur Lösung von Gleichungssystemen [A] {X} = {R} mit symmetrischen, positiv definiten *Bandmatrizen*.

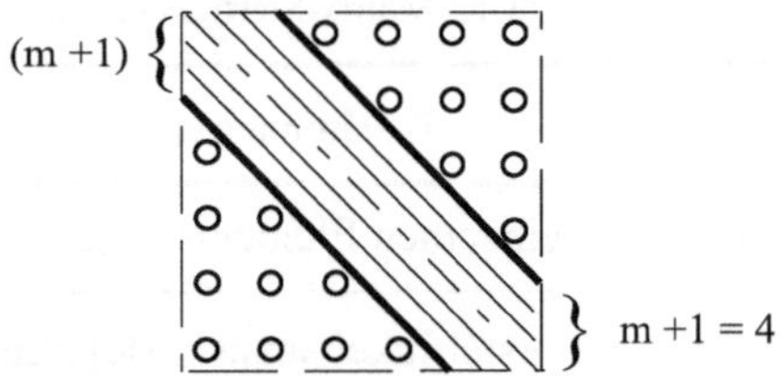

Bild 3.6 Bandmatrix mit m = 3 Nebendiagonalen

Die bei FE-Rechnungen vorkommenden Steifigkeitsmatrizen sind gewöhnlich *positiv definit* und *symmetrisch* und haben darüber hinaus auch *Bandstruktur* (Bild 3.6), wobei meist das Band auch nur schwach besetzt ist, d.h. viele Nullelemente enthält. Die *Bandbreite* ergibt sich zu B = 2m + 1, wobei m die Zahl der besetzten Nebendiagonalen ist. Die Diagonalmatrix hat wegen m = 0 die Bandbreite B = 1, während eine vollbesetzte n×n Matrix eine Bandbreite von B = 2n − 1 besitzt. Bisweilen wird auch m als Bandbreite bezeichnet oder auch m + 1 als halbe Bandbreite.

Im Hinblick auf Rechenzeit und Speicherplatzbedarf ist die *Bandstruktur* sehr vorteilhaft. Diesen Vorteil besitzen Nachgiebigkeitsmatrizen (3.9b) im Allgemeinen nicht. Daher wird häufig die *Matrix-Steifigkeitsmethode* bevorzugt eingesetzt gegenüber der *Matrix-Kraftmethode*.

Satz: Sind die Eigenwerte der symmetrischen Matrix [A] nur positiv, dann ist die quadratische Form $\{x\}^t[A]\{x\}$ für alle $\{x\} \neq \{0\}$ stets positiv. Eine solche Form nennt man *positiv definit* [BETTEN, 1987, 2001].

Abschließend sei vermerkt, dass die *Matrix-Steifigkeitsmethode* mit dem *GAUSSschen Ausgleichsprinzip* in Einklang gebracht werden kann, wie in Ü3.1.30 erläutert.

Übungsaufgaben

3.1.1 Man beweise das *MAXWELLsche Reziprozitätstheorem*, das für die FEM von grundlegender Bedeutung ist.

3.1.2 Gegeben ist das im nachstehenden Bild dargestellte System aus 3 linearen Federn mit den Konstanten $k_a = 12$ kN/cm, $k_b = 18$ kN/cm, $k_c = 15$ kN/cm.

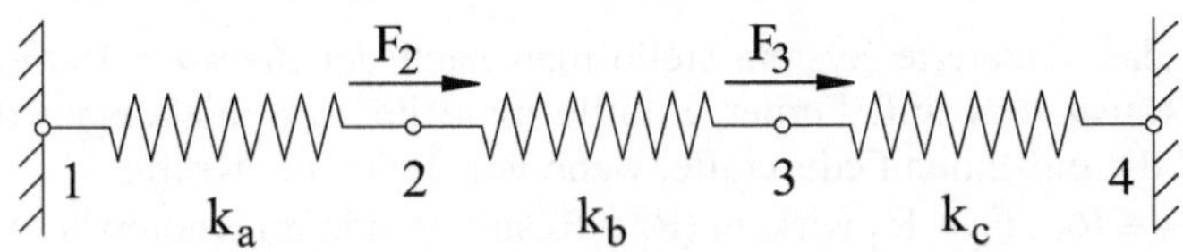

Das System werde in den Knoten ② und ③ durch die Kräfte $F_2 = 10$ kN und $F_3 = 20$ kN belastet. Gesucht sind die Verschiebungen u_2 und u_3 der Knoten ② und ③ und die Reaktionskräfte F_1 und F_4. Man führe den Rechengang zunächst allgemein ohne Zahlenwerte durch. Randbedingungen : $u_1 = u_4 = 0$.

3.1.3 Gegeben ist das im Bild dargestellte System

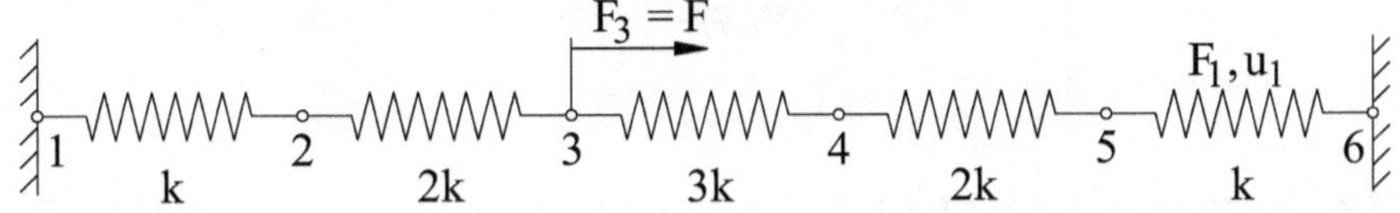

a) Man stelle **direkt** die Steifigkeitsbeziehung $\{F\} = [K]\{\delta\}$ für das Gesamtsystem auf.

b) Man ermittle die unbekannten Verschiebungen u_2, u_3, u_4, u_5 aus dem reduzierten Gleichungssystem und anschließend die Reaktionskräfte F_1, F_6.

c) Welche Ergebnisse erhält man, wenn die Randbedingungen $F = 0$ und $u_6 = u$ lauten?

d) Man gebe die Nachgiebigkeitsmatrix $[H_{red}] = [K_{red}]^{-1}$ in der inversen reduzierten Form $\{\delta_{unbek.}\} = [H_{red}]\{F_{bekannt}\}$ an.

e) Welchen Rang und welche Bandbreite hat die Steifigkeitsmatrix?

3.1.4 Eine Feder befinde sich im gespannten Zustand (aktuelle Verschiebungen u_1, u_2) im Gleichgewicht (Skizze).

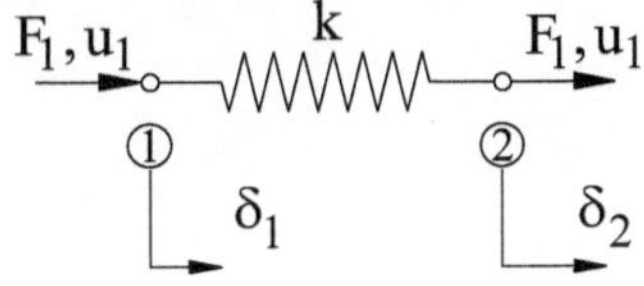

Die *virtuellen Verschiebungen* δ_1, δ_2 erfolgen aus der Gleichgewichtslage heraus !

Es sind fiktive differentiell kleine Verschiebungen, die mit der geometrischen Konfiguration vereinbar sein müssen. Sie müssen auch mit den geometrischen Randbedingungen der Struktur oder des Körpers verträglich sein, d.h.: an Stellen, wo Oberflächenverschiebungen vorgegeben sind, können keine virtuellen Verschiebungen angesetzt werden. Während der virtuellen Verschiebungen werden alle Kräfte und Spannungen als konstant angenommen.

Aufgabe: Unter Benutzung des *Prinzips der virtuellen Verschiebungen* stelle man die *Steifigkeitsmatrix* auf.

3.1.5 Für das skizzierte System stelle man nach der *direkten Methode* die *Gesamtsteifigkeitsmatrix* auf. Ferner ermittle man die Verschiebungen der Koppelpunkte und die einzelnen Federkräfte, wenn von außen die Kräfte $F_2 \equiv R_2$, $F_3 \equiv R_3$, $F_4 \equiv R_4$ wirken. (R_i = Resultierende im Knoten "i".)

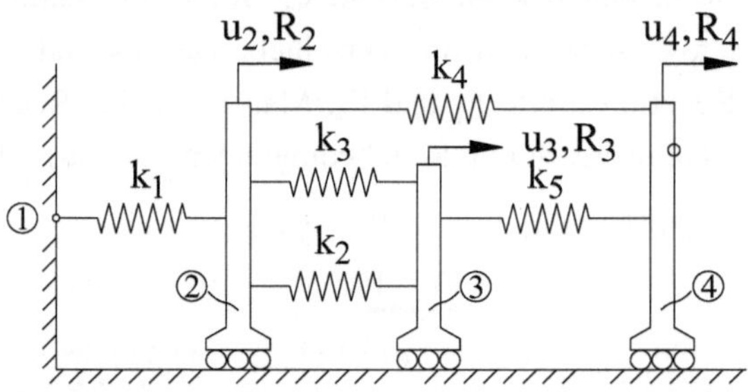

3.1.6 Im System der **Ü3.1.5** habe die Feder k_1 die im Folgenden Bild skizzierte nichtlineare Federkennlinie.

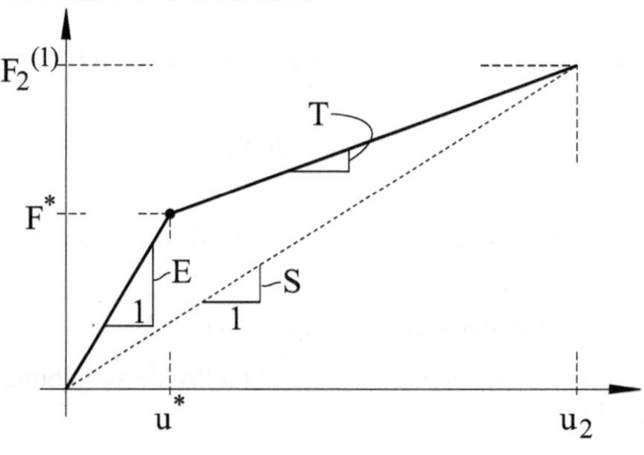

T = Tangentenmodul
S = Sekantenmodul
E = E-Modul

Die *Steifigkeitsmatrix* in Ü3.1.5 ist entsprechend zu modifizieren.

3.1.7   Gegeben sei eine homogene Schicht der Breite d und der Fläche A gemäß folgender Skizze.

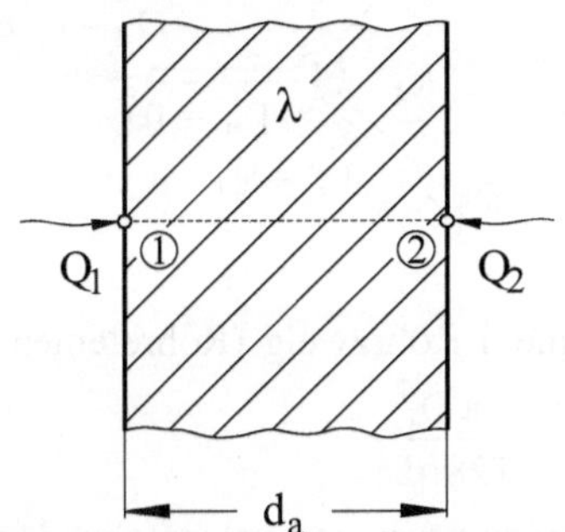

λ = Wärmeleitzahl

$\lambda/d = k$ = Wärmedurchgangszahl

Q_1 , Q_2 = Wärmemenge pro Zeiteinheit, Wärmestrom in das Element hinein.

Gesucht ist die "*Wärmeleitmatrix*" [λ].

3.1.8   Gegeben sei eine Wand aus zwei homogenen Schichten a und b. Die Umgebungstemperaturen seien T_1 und T_5. Die Wärmeübergangszahlen seien α_1 und α_5, während die Wärmedurchgangszahlen durch k_a und k_b gegeben sind.

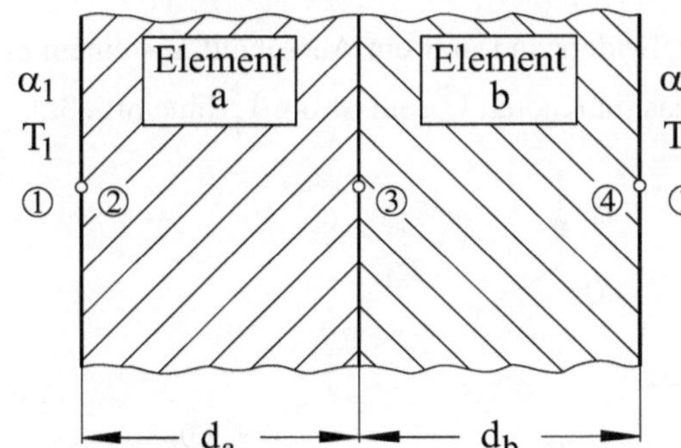

$$k_a = \frac{\lambda_a}{d_a} \; ;$$

$$k_b = \frac{\lambda_b}{d_b}$$

λ = Wärmeleitzahl

Man formuliere den *thermischen Gleichgewichtszustand* und gebe ein analoges Federsystem an.

3.1.9   Man stelle die laminare Rohrströmung in einem geraden Rohr der Länge L und vom Durchmesser D durch eine Matrizengleichung dar.

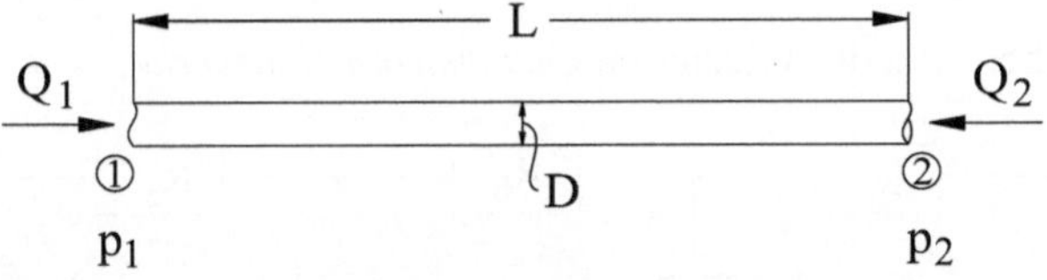

3.1.10   Gegeben sei das skizzierte hydraulische Netzwerk. Die Teilvolumenströme in den einzelnen Verzweigungen seien gemäß $q_i = k_i \, \Delta p_j$ darstellbar (Δp_j = Druckgefälle (in Strömungsrichtung) vom Knoten j aus betrachtet).

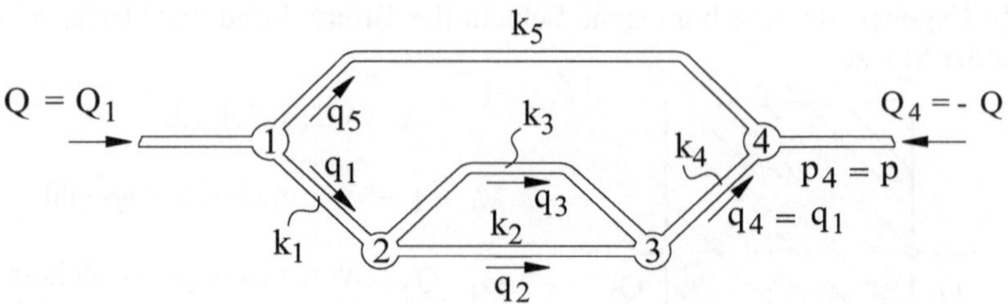

Falls das HAGEN-POISEUILLEsche Gesetz in einem Rohrzweig (Rohrelement) angewendet werden kann, gilt (Ü3.1.9) :

$$k_i = \frac{\pi D_i^4}{128 \eta L_i} \, .$$

Die Einflüsse der *Rohrkrümmungen* und *Rohrneigungen* sind entsprechend in den k_i zu berücksichtigen.

Aufgabe: Man stelle die Matrixgleichung des Netzwerkes nach der *direkten Methode* auf und überprüfe die *Kontinuität* in den einzelnen *Knotenpunkten*. Gesucht sind ferner die "*Knotenvariablen*" $p_1 , ... , p_4$, die als Zustandsgrößen ("*Knotendrücke*") aufgefasst werden.

3.1.11   In der Skizze sind ein Einzelwiderstand und ein Ausschnitt aus einem *elektrischen Netzwerk* dargestellt, in das im Knoten ① ein Strom I_1^* hineinfließt.

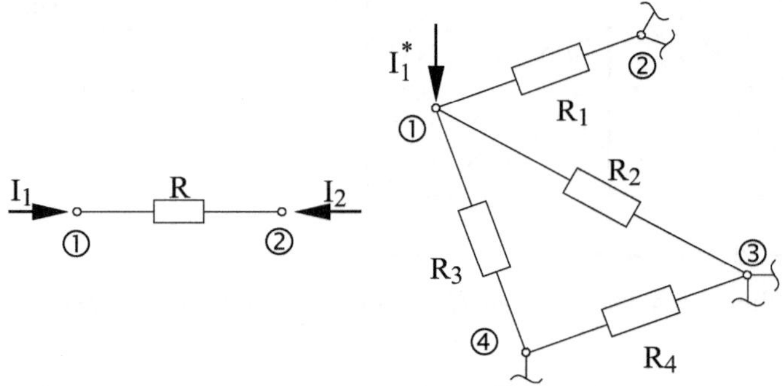

Aufgabe: Man erläutere, wie man die *Matrixverschiebungsmethode* auf derartige *Netzwerke* anwenden kann.

3.1.12   Gegeben sind die skizzierten *Gleichstrom-Netzwerke*.

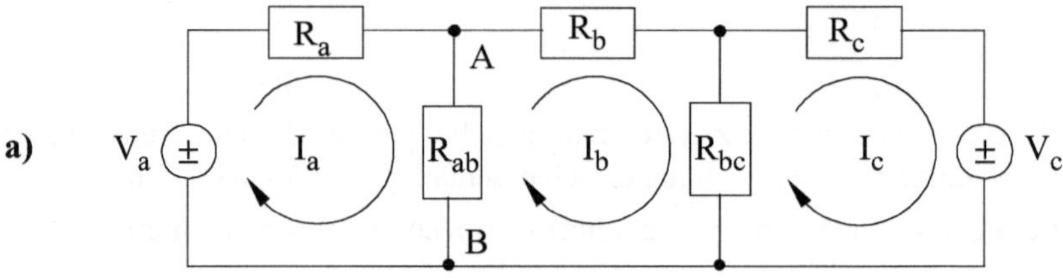

b)

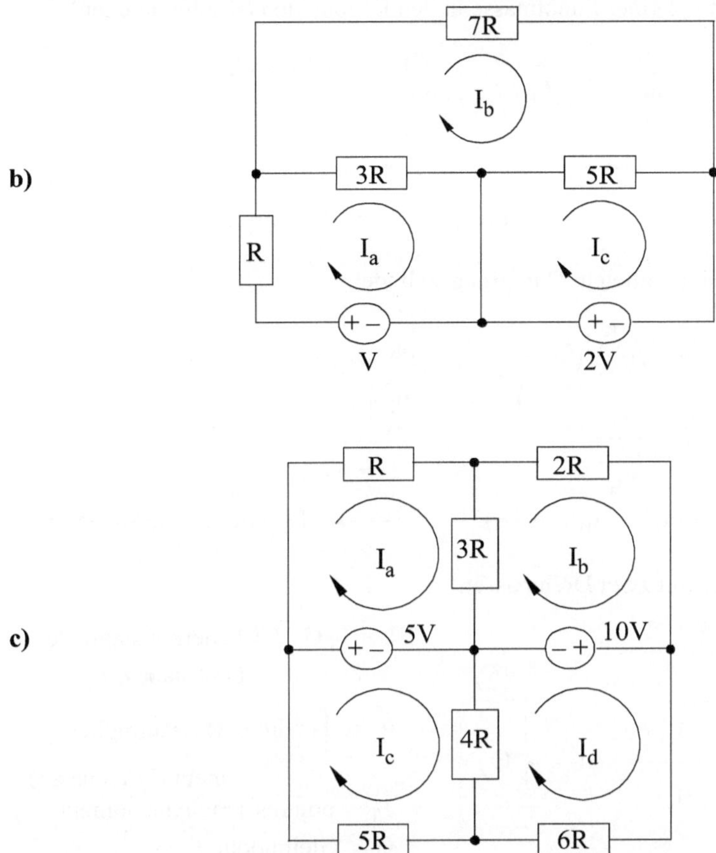

Aufgabe: Gesucht sind die *Maschenströme* und die *Zweigströme*.

3.1.13   Für das skizzierte System stelle man nach der direkten Methode die Gesamtsteifigkeitsmatrix auf. Ferner ermittle man die Verschiebungen der Knotenpunkte und überprüfe die Gleichgewichtsbedingungen in den einzelnen Knoten.

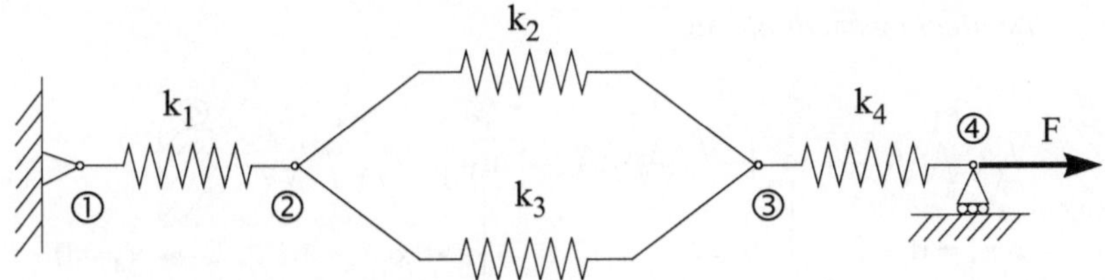

3.1.14   Man erläutere, wie man die *Matrixverschiebungsmethode* auf *Schwingungsprobleme* anwenden kann. Dazu diskutiere man einzelne Elemente.

a) Einzelfeder mit je einer Punktmasse in den Endpunkten (Knotenpunkten)

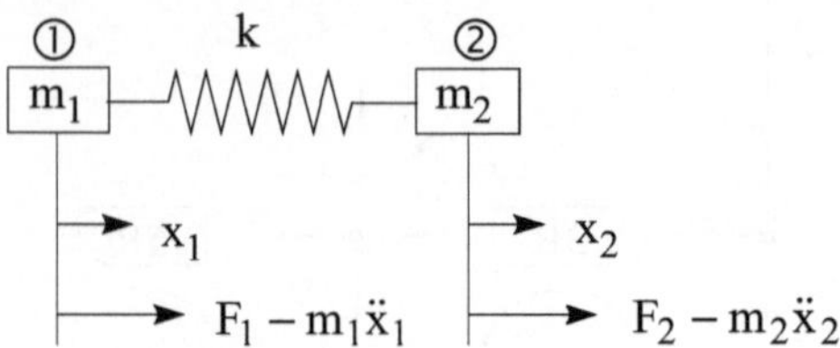

b) Einzelfeder mit parallelem Dämpfungszylinder

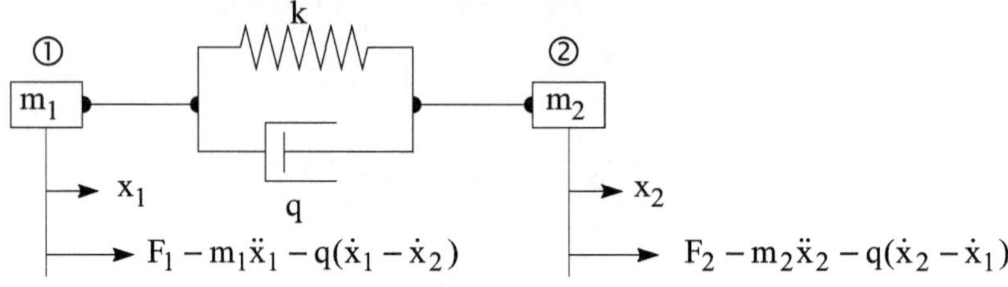

c) Drehschwinger mit zwei Drehmassen

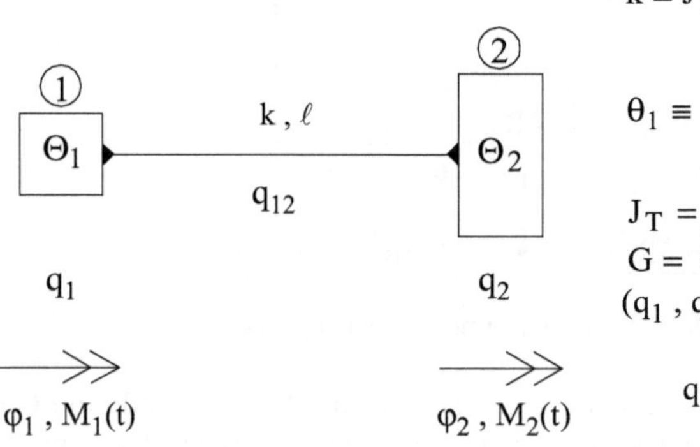

$k \equiv J_T G / \ell \stackrel{\wedge}{=}$ Federkonstante des Drehstabes,

$\theta_1 \equiv \int r^2 dm \stackrel{\wedge}{=}$ Massenträgheitsmoment (Drehmasse)

J_T = polares Trägheitsmoment

G = Gleitmodul

(q_1 , q_2) = Dämpfung gegenüber der Umgebung

q_{12} = Dämpfung zwischen den Drehungen

3.1.15   Man wende auf den skizzierten "*Punktschwinger*" (masselose Federn) die *Matrixverschiebungsmethode* an.

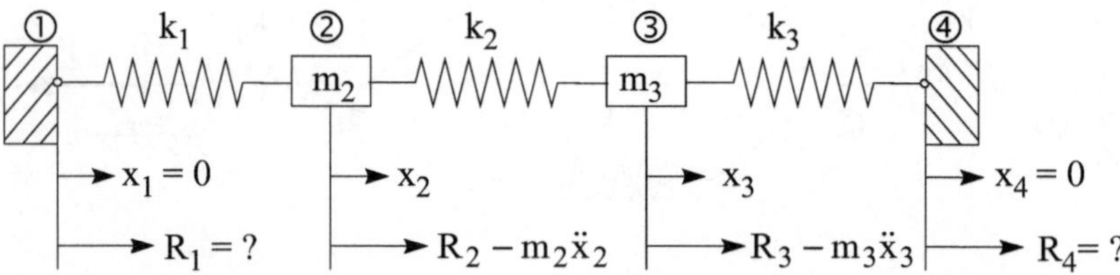

Ferner ermittle man die *Eigenfrequenzen* und die *Eigenformen*. Die Erregerkräfte (Störkräfte) $F_2 = R_2$, $F_3 = R_3$ seien NULL.

3.1.16 Man wende auf das skizzierte gedämpfte Schwingungssystem mit äußeren Erregern $F_2(t)$, ... , $F_4(t)$ die *direkte Matrizenmethode* an.

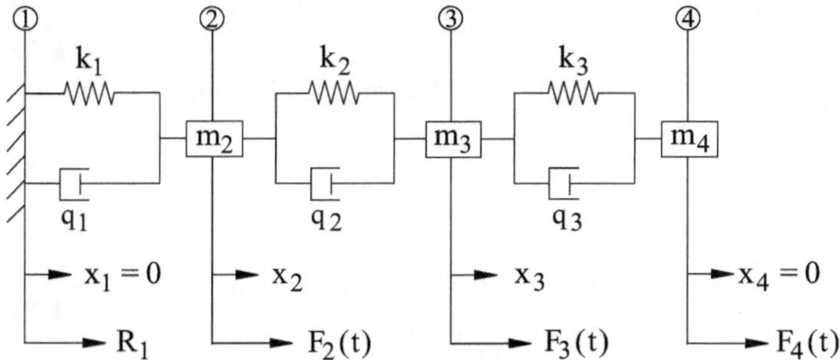

3.1.17 In dieser Übung soll ein *instationärer Schwingungsvorgang* (Regelungstechnik: Einheitssprung-, Rampen- und Impulsfunktion) behandelt werden. Dazu als Beispiel: Ein fahrender Zug gegen ein Hindernis, wodurch eine Impulsfunktion (Kraftimpuls) gemäß Skizze entstehen möge.

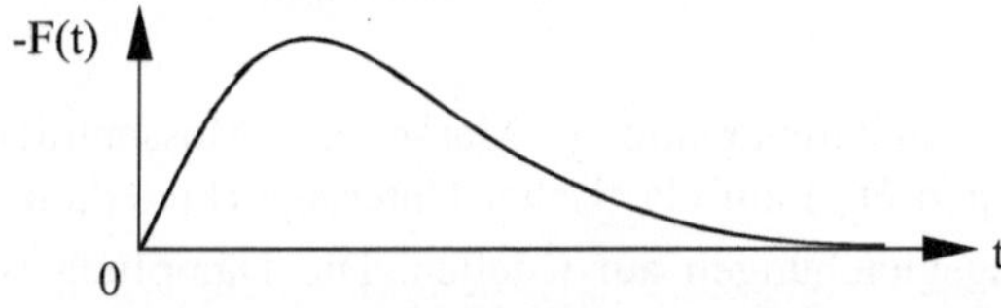

Der Zug mit gleich schweren Waggons (Masse m) ist in nachstehender Skizze dargestellt.

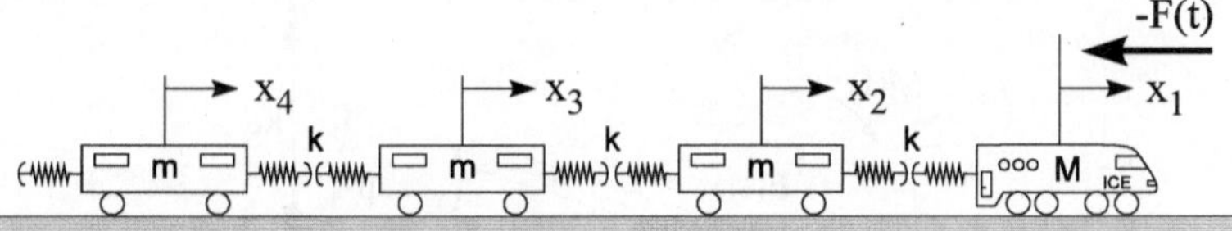

Gesucht ist die Bewegungsgleichung.

3.1.18
Man stelle die Bewegungsgleichungen für den Zweimassenschwinger mit *Wegerregung* auf, den man als mechanisches Modell eines einachsigen Fahrzeuges auf welliger Fahrbahn auffassen kann. Gesucht ist das Dgl.-System.

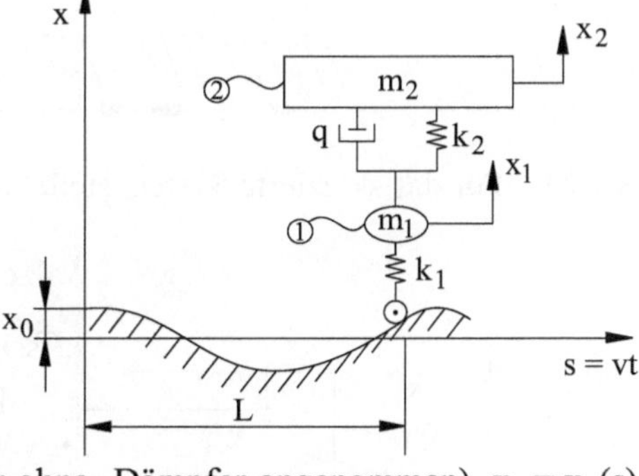

m_2 = Fahrzeugmasse

v = Fahrzeuggeschw.

(q, k_2) = Feder-Dämpfer-Bein

m_1 = Radmasse, k_1 = Reifenfeder (hier ohne Dämpfer angenommen), $x_F = x_F(s)$ ist die Fahrbahnwelligkeit, $x_F = x_0 \cos \Omega t$.

3.1.19   Für das skizzierte System gebe man die Bewegungsgleichung in Matrizenform an.

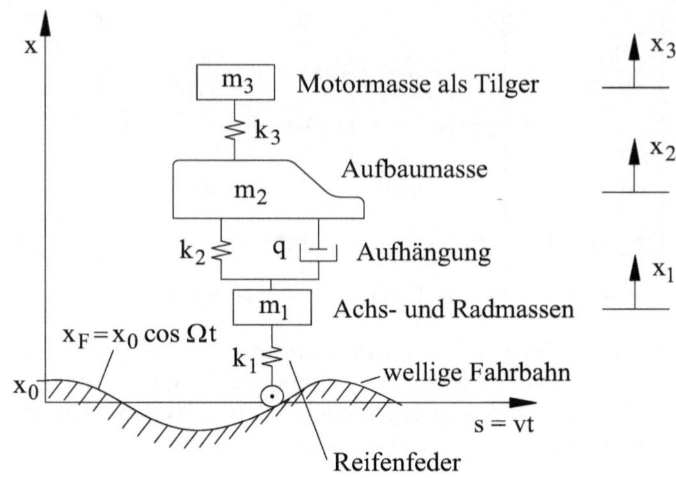

3.1.20   Für die Fundamentplatte (Masse m, Massenträgheitsmoment auf Schwerpunkt bezogen Θ_S) auf elastischer Unterlage (Federkonstanten k_1 und k_2) sind die Bewegungsgleichungen aufzustellen. Die Dämpfung soll vernachlässigt werden.

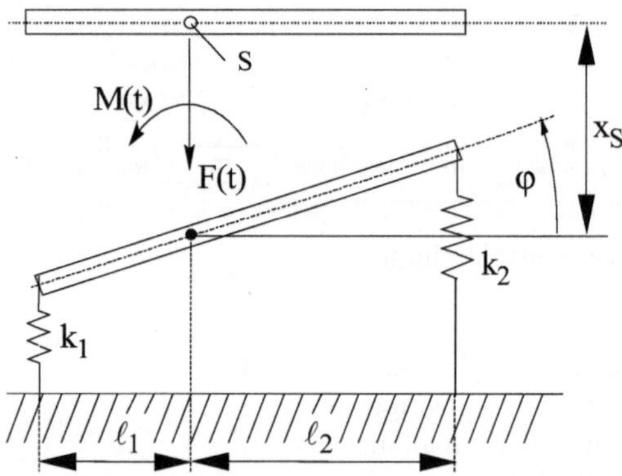

3.1.21   Für das skizzierte System stelle man die Bewegungsgleichung auf:

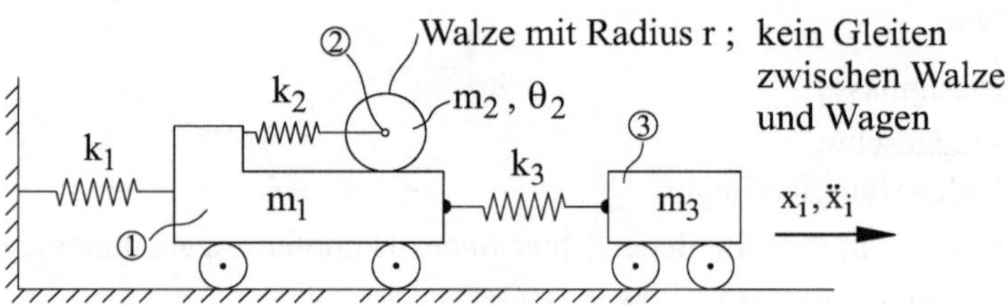

3.1.22 Man ermittle die *Massenmatrix* für ein eindimensionales finites Element mit kontinuierlich verteilter Masse : a) *allgemein*, b) für ein *Stabelement*.

3.1.23 Unter Berücksichtigung eines *quadratischen Verschiebungsansatzes* ermittle man aus der in Ü 3.1.22 hergeleiteten Formel

$$[m] \;=\; \int\limits_V \rho\,[N]^t[N]\,dV$$

die *äquivalente Massenmatrix* für ein *eindimensionales finites Stabelement* (Skizze).

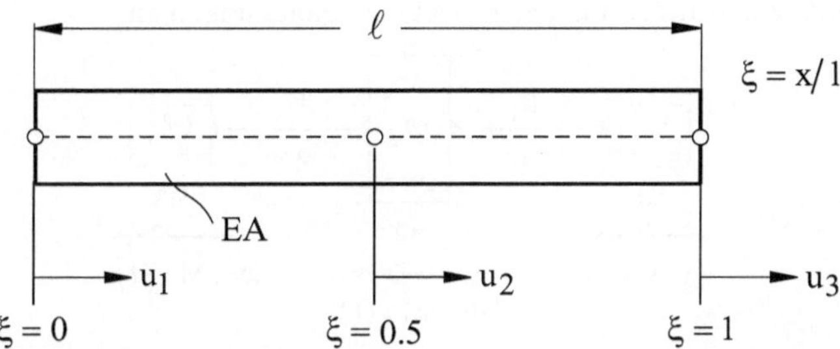

3.1.24 Unter Berücksichtigung eines *kubischen Verschiebungsansatzes* ermittle man analog Ü 3.1.23 die *äquivalente Massenmatrix* für ein eindimensionales finites Stabelement (Skizze).

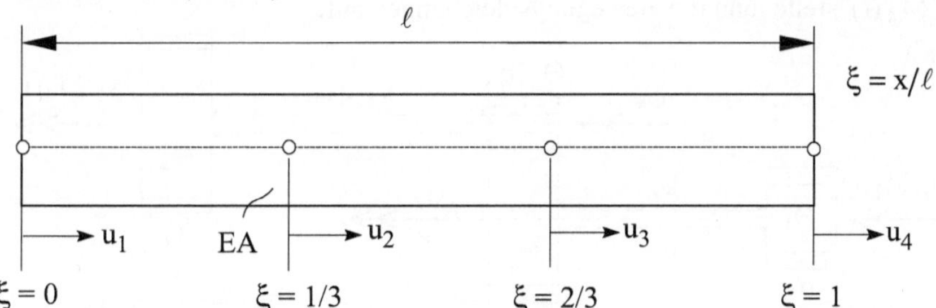

3.1.25 Man wähle einen *kubischen Verschiebungsansatz* unter HERMITEscher *Interpolationsbedingung* und ermittle analog Ü 3.1.24 die *äquivalente Massenmatrix* für eine eindimensionales finites Stabelement.

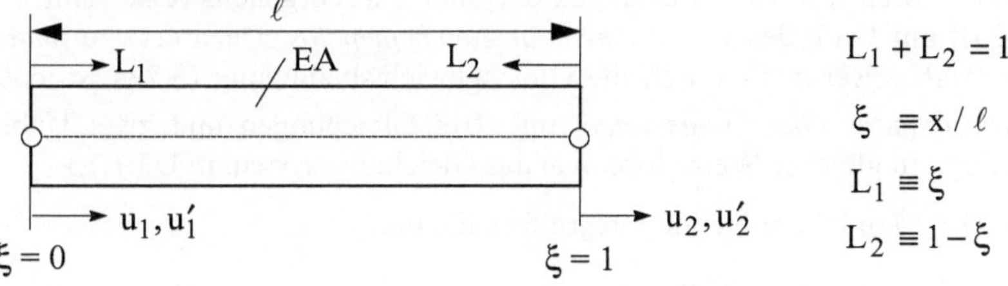

3.1.26 Durch geeignete Substitution führe man die Bewegungsgleichung des Ein-Massen-Schwingers auf eine Matrizendifferentialgleichung 1.Ordnung zurück, die man mit Hilfe einer Matrizenfunktion löse. Dabei beachte man das HAMILTON-CAYLEY*sche Theorem.*

3.1.27 Für ein eindimensionales finites Stabelement ermittle man
  a) die Formfunktionen $N_i\,(i=1,2,...,n)$ beliebigen Grades n-1 und

  b) daraus speziell die *linearen, quadratischen* und *kubischen* Funktionen.
  c) Man gebe ein Beispiel an, das nicht zur *LAGRANGEschen Klasse* gehört.

3.1.28 Man wende auf die skizzierte *Drehschwingerkette* die *Matrixverschiebungsmethode* zur Aufstellung der Bewegungsgleichungen an.

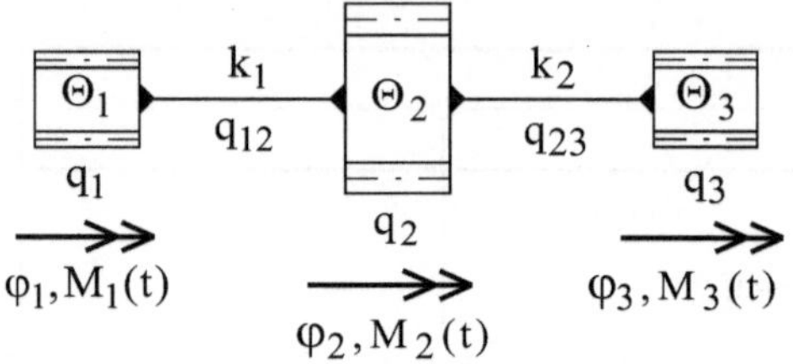

Die Bezeichnungen sind in der Lösung Ü3.1.14 erklärt.

3.1.29 Für das skizzierte *Zahnradgetriebe* mit den Erregermomenten $M_1(t)$ und $M_4(t)$ stelle man die Bewegungsgleichungen auf.

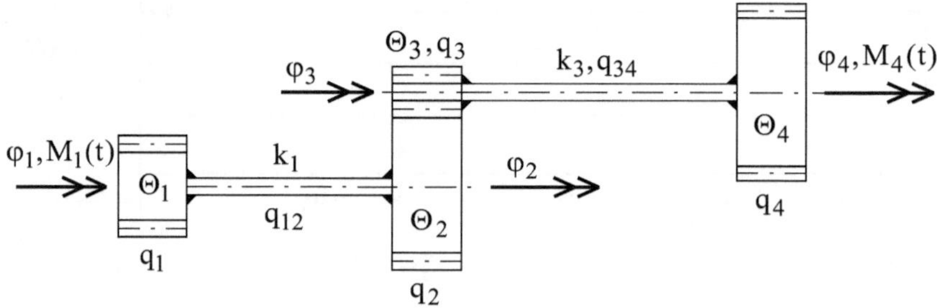

Dazu reduziere man das Getriebe auf eine *Drehschwingerkette* als Ersatzmodell, die in Ü 3.1.28 behandelt wird.

3.1.30 Man löse (3.20) entgegen der üblichen Vorgehensweise [Gln. (3.21) bis (3.23)] mit Hilfe des *GAUSSschen Ausgleichsprinzips*. Dazu ersetze man *a priori* die *Reaktionskraft* F_1 durch die Gleichgewichtsbedingung (3.23), so dass ein *überbestimmtes Gleichungssystem* mit **drei** Gleichungen und zwei Unbekannten vorliegt. In gleicher Weise löse man das Gleichungssystem in Ü3.1.13.

3.1.31 Man leite folgende Integralformeln her.

a) $\displaystyle\int_0^1 L_1^p L_2^q \, d\xi = \frac{p!\,q!}{(p+q+1)!}$,   (eindimensionaler Stab)

$$L_1 = \xi \,, L_2 = 1-\xi \,; \quad L_1+L_2 = 1 \quad \text{oder} \quad L_1 = \ell_1/\ell \,; L_2 = \ell_2/\ell$$

b) $\quad \displaystyle\iint_{A_\Delta} L_1^p L_2^q L_3^r \, dA = 2A_\Delta \frac{p!\,q!\,r!}{(p+q+r+2)!}$ Dreieckselement (zweidimensional)

$$L_1 = A_1/A_\Delta \,, \ldots \,, L_3 = A_3/A_\Delta \,; \; L_1+L_2+L_3 = 1 \qquad \text{Flächen-/Dreieckskoordinaten}$$

c) $\quad \displaystyle\iiint_V L_1^p L_2^q L_3^r L_4^s \, dV = 6V \frac{p!\,q!\,r!\,s!}{(p+q+r+s+3)!}$

Tetraederelement (dreidimensional)
Tetraederkoordinaten

$$L_i = V_i/V \,; \quad L_1+L_2+L_3+L_4 = 1$$

3.2 Steifigkeitsmatrizen für Stabelemente

Um die *Matrix-Steifigkeitsmethode* auf Fachwerke anwenden zu können, muss zunächst ein Stabelement betrachtet werden, das zu einer Raumachse (z.B. x-Achse eines rechtwinklig kartesischen Koordinatensystems) beliebig orientiert sein kann (Bild 3.7).

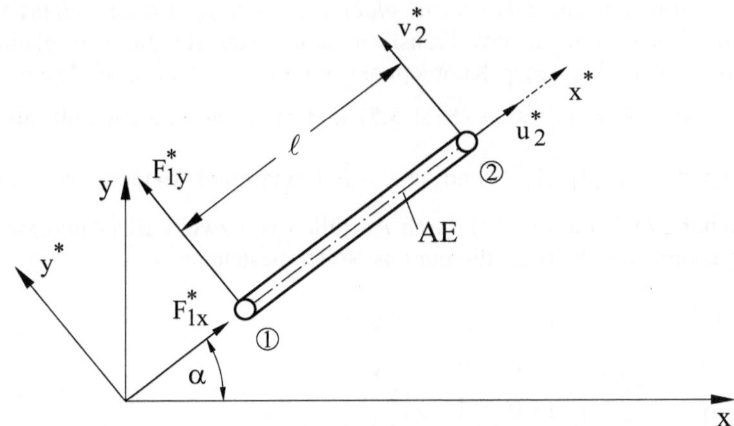

Bild 3.7   Stabelement im lokalen (x*, y*) und globalen (x,y) Koordinatensystem

Zur einfacheren Behandlung nimmt man an, dass die Stäbe eines Fachwerks in ihren Endpunkten (Knoten) durch reibungsfreie Gelenke miteinander verbunden sind und dass die äußeren Kräfte nur in diesen Knotenpunkten angreifen.

Wie beim Federelement (Bild 3.3) gilt auch hier analog (3.7) unter Beachtung, dass die x*-Achse mit der Stabachse zusammenfällt, die Beziehung

$$\begin{Bmatrix} F_{1x}^* \\ F_{2x}^* \end{Bmatrix} = k^* \begin{bmatrix} 1 & -1 \\ -1 & 1 \end{bmatrix} \begin{Bmatrix} u_1^* \\ u_2^* \end{Bmatrix}. \tag{3.32}$$

Die Federkonstante k* des Stabes erhält man, wenn man beispielsweise $u_2^* = 0$ als Randbedingung annimmt. Dann ist F_{2x}^* eine Reaktionskraft, während $F_{1x}^* = k^* u_1^*$ als äußere Kraft die Verschiebung u_1^* bewirkt. Bezieht man diese Stabverlängerung auf die Stablänge, so ergibt sich die Dehnung $\varepsilon = u_1^* / \ell$. Das HOOKEsche Gesetz führt auf die Spannung $\sigma = E\varepsilon$, die man andererseits auch aus der äußeren Kraft F_{1x}^* und der Stabquerschnittsfläche A gemäß $\sigma = F_{1x}^* / A$ ermitteln kann. Mithin erhält man:

$$E\varepsilon = \underline{E u_1^* / \ell} = F_{1x}^* / A = \underline{k^* u_1^* / A} \Rightarrow \boxed{k^* = AE / \ell} \, , \tag{3.33}$$

so dass analog (3.8) die *Steifigkeitsmatrix* für das *Stabelement* lautet:

$$\left[K^{e*} \right] = \frac{AE}{\ell} \begin{bmatrix} 1 & -1 \\ -1 & 1 \end{bmatrix} . \tag{3.34}$$

Darin soll der Stern andeuten, dass sich die Steifigkeitsmatrix auf die *lokalen Koordinaten* des Stabelementes bezieht.

Um die *Gesamtsteifigkeitsmatrix* eines Fachwerks aufstellen zu können, muss eine Transformation von *lokalen* auf *globale Koordinaten* durchgeführt werden. Dazu muss ein entsprechendes Transformationsgesetz für die Steifigkeitsmatrix gefunden werden. Da jeder Knotenpunkt im ebenen Fall zwei Freiheitsgrade $\left(u_1^*, v_1^* \text{ und } u_2^*, v_2^* \right)$ besitzt (Bild 3.7) und in jedem Knotenpunkt auch zwei Kraftkomponenten $\left(F_{1x}^*, F_{1y}^* \text{ und } F_{2x}^*, F_{2y}^* \right)$ angreifen können, muss zunächst die Beziehung (3.32) mit (3.33) durch Auffüllen von zwei Zeilen- und zwei Spaltenvektoren erweitert werden, die nur aus Nullen bestehen:

$$\begin{Bmatrix} F_{1x}^* \\ F_{1y}^* \\ F_{2x}^* \\ F_{2y}^* \end{Bmatrix} = \frac{AE}{\ell} \begin{bmatrix} 1 & 0 & -1 & 0 \\ 0 & 0 & 0 & 0 \\ -1 & 0 & 1 & 0 \\ 0 & 0 & 0 & 0 \end{bmatrix} \begin{Bmatrix} u_1^* \\ v_1^* \\ u_2^* \\ v_2^* \end{Bmatrix} . \tag{3.35}$$

Hierin kommt zum Ausdruck, dass $F_{1y}^* = F_{2y}^* = 0$ ist, da ja vom Gelenkstab nur Längskräfte aufgenommen werden können. Befindet sich der Stab im Tragwerk (Stabverband), so können auf die Knoten infolge der Nachbarstäbe oder äußerer Kräfte Komponenten in Richtung y* auftreten.

In Bild 3.8 sind die auf den Knoten ① wirkenden Kraftkomponenten bezüglich des *lokalen* bzw. *globalen Koordinatensystems* eingezeichnet.

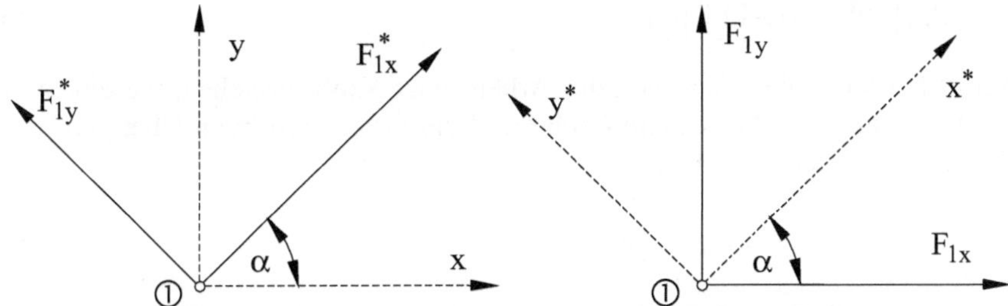

Bild 3.8   Kraftkomponenten auf Knoten ① wirkend bezüglich des lokalen und globalen
Koordinatensystems

Dem Bild 3.8 entnimmt man die Beziehungen:

$$F_{1x}^* = F_{1x}\cos\alpha + F_{1y}\sin\alpha \quad \text{und} \quad F_{1y}^* = -F_{1x}\sin\alpha + F_{1y}\cos\alpha. \qquad (3.36a,b)$$

Für den Knotenpunkt ② erhält man analoge Beziehungen, indem man in (3.36a,b)
an allen Stellen den Index "1" durch "2" ersetzt. Somit erhält man schließlich für
die Transformation der Kraftkomponenten die Matrizengleichung

$$\begin{Bmatrix} F_{1x}^* \\ F_{1y}^* \\ F_{2x}^* \\ F_{2y}^* \end{Bmatrix} = \begin{bmatrix} \cos\alpha & \sin\alpha & 0 & 0 \\ -\sin\alpha & \cos\alpha & 0 & 0 \\ 0 & 0 & \cos\alpha & \sin\alpha \\ 0 & 0 & -\sin\alpha & \cos\alpha \end{bmatrix} \begin{Bmatrix} F_{1x} \\ F_{1y} \\ F_{2x} \\ F_{2y} \end{Bmatrix}, \qquad (3.37a)$$

die man symbolisch auch gemäß

$$\left\{F^*\right\} = [T]\{F\} \qquad (3.37b)$$

ausdrücken kann, wobei [T] die *Transformationsmatrix* bedeutet. Dieselbe Matrix
wird bei der entsprechenden Umrechnung für die Knotenpunktsverschiebungen
benutzt:

$$\left\{\delta^*\right\} = [T]\{\delta\}. \qquad (3.38)$$

Sie ist eine *orthonormierte Matrix* (meistens *orthogonale Matrix* genannt), da ihre
Zeilenvektoren (und auch ihre Spaltenvektoren) die Länge **eins** besitzen und
paarweise orthogonal sind. Für derartige Matrizen, die ausführlicher von
BETTEN (1987) diskutiert werden, gilt, dass ihre Inverse mit ihrer Transponierten
übereinstimmt:

$$[T]^{-1} = [T]^t. \qquad (3.39)$$

Diese Eigenschaft kann man unmittelbar aus den *Orthonormierungsbedingungen*

$$[T][T]^t = [1] = [T]^t[T] \tag{3.40}$$

ablesen. Man kann aber auch von der Arbeit einer Kraft ausgehen, die eine Verschiebung verursacht. Als skalare Größe darf sie ihren Wert beim Übergang vom lokalen zum globalen Koordinatensystem nicht ändern:

$$W := \left\{F^*\right\}^t \left\{\delta^*\right\} = \{F\}^t \{\delta\}. \tag{3.41}$$

Setzt man darin die Transformationen (3.37b) und (3.38) ein, so erhält man:

$$([T]\{F\})^t [T]\{\delta\} = \{F\}^t \{\delta\}. \tag{3.42}$$

Für die Behandlung transponierter Matrizenprodukte ist folgende Regel grundlegend:

Das transponierte Produkt zweier Matrizen ist gleich dem Produkt der Transponierten beider Matrizen, aber in umgekehrter Reihenfolge.

Demnach gilt:

$$([T]\{F\})^t = \{F\}^t [T]^t, \tag{3.43}$$

so dass (3.42) übergeht in die Beziehung

$$\{F\}^t [T]^t [T]\{\delta\} = \{F\}^t \{\delta\}, \tag{3.44}$$

aus der man $[T]^t[T] = [1]$, d.h. (3.40) und schließlich (3.39) folgern kann.

Die Umkehrungen der Transformationen (3.37b) und (3.38) können wegen (3.39) sehr leicht gebildet werden:

$$\{F\} = [T]^{-1}\left\{F^*\right\} = [T]^t \left\{F^*\right\}, \tag{3.45}$$

$$\{\delta\} = [T]^{-1}\left\{\delta^*\right\} = [T]^t \left\{\delta^*\right\}. \tag{3.46}$$

Betrachtet man die grundlegende Matrix-Gleichung (3.3) bzw. ihre Darstellung in lokalen Koordinaten,

$$\left\{F^*\right\} = \left[K^*\right]\left\{\delta^*\right\}, \tag{3.47}$$

so erhält man zunächst als Zwischenergebnis

$$[T]\{F\} = \left[K^*\right][T]\{\delta\} \tag{3.48}$$

und nach Multiplikation von links mit $[T]^{-1} = [T]^t$ die Beziehung

$$\{F\} = [T]^t \left[K^*\right][T]\{\delta\}, \tag{3.49}$$

so dass der Vergleich mit (3.3) schließlich das Ergebnis

$$[K] = [T]^t \left[K^* \right] [T]$$ (3.50a)

liefert. Durch Überschiebungen von links bzw. rechts mit $[T]$ bzw. $[T]^{-1} = [T]^t$ folgert man aus (3.50a) die Umkehrung

$$\left[K^* \right] = [T][K][T]^t$$ (3.50b)

Bemerkung: Rein "formal" erinnert (3.50a,b) an das Transformationsverhalten der Koordinaten eines Tensors zweiter Stufe. Man darf hieraus jedoch nicht den falschen Schluss ziehen, dass $[K]$ ein Tensor ist; denn in den Matrizengleichungen (3.3) bzw. (3.47) enthalten die Spaltenmatrizen $\{F\}$ oder $\{\delta\}$ und damit auch $[K]$ Komponenten aus verschiedenen Kraftgrößen (unterschiedliche Knotenkräfte und Momente) und verschiedenen "Weggrößen" (unterschiedliche Knotenverschiebungen und Verdrehungen).

Der *Tensorbegriff* wird ausführlich u.a. von BETTEN (1987) diskutiert. Wendet man (3.50a) auf die in (3.35) erscheinende Steifigkeitsmatrix,

$$\left[K^{e*} \right] = \frac{AE}{\ell} \begin{bmatrix} 1 & 0 & -1 & 0 \\ 0 & 0 & 0 & 0 \\ -1 & 0 & 1 & 0 \\ 0 & 0 & 0 & 0 \end{bmatrix},$$ (3.51)

an, so findet man mit der in (3.37a) vorkommenden Transformationsmatrix

$$[T] = \begin{bmatrix} \cos\alpha & \sin\alpha & 0 & 0 \\ -\sin\alpha & \cos\alpha & 0 & 0 \\ 0 & 0 & \cos\alpha & \sin\alpha \\ 0 & 0 & -\sin\alpha & \cos\alpha \end{bmatrix}$$ (3.52)

die *Steifigkeitsmatrix* des Stabelementes im *globalen* Koordinatensystem:

$$\left[K^e \right] = \frac{AE}{\ell} \begin{bmatrix} c^2 & cs & -c^2 & -cs \\ cs & s^2 & -cs & -s^2 \\ -c^2 & -cs & c^2 & cs \\ -cs & -s^2 & cs & s^2 \end{bmatrix}.$$ (3.53)

Darin sind die Abkürzungen $c \equiv \cos\alpha$ und $s \equiv \sin\alpha$ eingeführt worden. Man beachte, dass die Beziehungen (3.37b) bis (3.50b) allgemein gelten, während sich (3.51) bis (3.53) auf ein einzelnes Stabelement beziehen, das unter einem Winkel

α zur globalen x-Achse geneigt ist (Bild 3.7). Daher erhält der Kernbuchstabe "K" in (3.51) und (3.53) ein hochgestelltes "e".

Man erkennt, dass die Steifigkeitsmatrix (3.53) *singulär* ist, da die ersten beiden Zeilenvektoren (und auch die ersten beiden Spaltenvektoren) proportional sind. Der Proportionalitätsfaktor ist c/s. Darüber hinaus ist (3.53) symmetrisch und besteht aus vier identischen, symmetrischen *Untermatrizen* (Teilmatrizen), die ebenfalls *singulär* sind:

$$\left[K^e \right] = \frac{AE}{\ell} \left[\begin{array}{c:c} \left[k^e \right] & -\left[k^e \right] \\ \hdashline -\left[k^e \right] & \left[k^e \right] \end{array} \right] \tag{3.54}$$

mit

$$\left[k^e \right] = \begin{bmatrix} c^2 & cs \\ cs & s^2 \end{bmatrix}. \tag{3.55}$$

Die Steifigkeitsmatrix (3.54) hat eine ähnliche Form wie die Steifigkeitsmatrizen (3.8) und (3.34). Der wesentliche Unterschied besteht darin, dass im Gegensatz zu (3.8) und (3.34) die Elemente in (3.54) selbst wieder Matrizen sind, nämlich (3.55), d.h., die Steifigkeitsmatrix eines Stabelementes im globalen Koordinatensystem ist eine *Übermatrix* (*Kästchenmatrix*, *Blockmatrix*). Sie ist wie (3.8) und (3.34) symmetrisch und aufgrund der möglichen Starrkörperbewegungen des Stabes auch *singulär*.

Mit (3.53) bzw. (3.54) lassen sich nach der *Matrix-Steifigkeitsmethode* die *Gesamtsteifigkeitsmatrizen* für beliebige Fachwerke ermitteln. Dazu werden in der nächsten Ziffer und in entsprechenden Übungen Beispiele diskutiert und durchgerechnet.

Übungsaufgaben

3.2.1 Man wende die *Matrixverschiebungsmethode* auf den skizzierten Stab an.

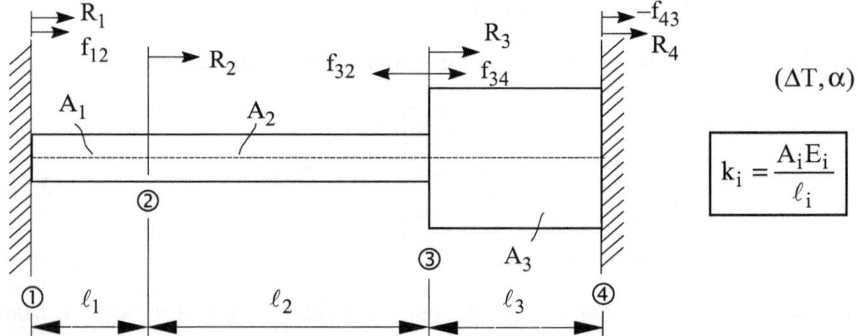

Neben den äußeren Kräften soll auch eine Temperaturänderung erfolgen. Dadurch treten in den Knotenpunkten folgende zusätzlichen Kräfte auf:

$$f_{12} = A_1 \sigma_T = A_1 E \alpha \Delta T; \quad f_{21} = -f_{12} = f_{23}; \quad f_{32} = A_2 E \alpha \Delta T;$$
$$f_{34} = A_3 E \alpha \Delta T. \text{ E-Module: } (E1 = E2 = E3 = E).$$

3.2.2 Ein Stab werde durch eine gleichmäßig verteilte Last q_0 = konst. in Längsrichtung belastet (Skizze).

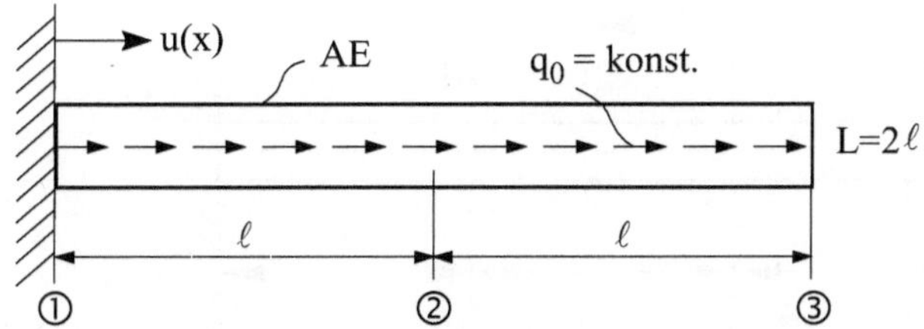

a) Man ermittle den exakten Verlauf $u = u(x)$ der Verschiebung unter Voraussetzung linear-elastischen Werkstoffverhaltens.

b) Unter der Annahme, dass die äußeren Ersatzknotenkräfte (*äquivalente Ersatzlasten*) in den gekennzeichneten Knotenpunkten durch

$$F_1 = q_0 \ell/2, \quad F_2 = q_0 \ell, \quad F_3 = q_0 \ell/2$$

ausgedrückt werden können, ermittle man nach der *direkten Steifigkeitsmethode* die Verschiebungen u_2, u_3 und vergleiche sie mit den exakten Werten.

c) Man ermittle die Spannungsverteilungen.

3.2.3 Der skizzierte Stab werde gemäß $\boxed{q = q_0\, x/L}$ in Längsrichtung belastet.

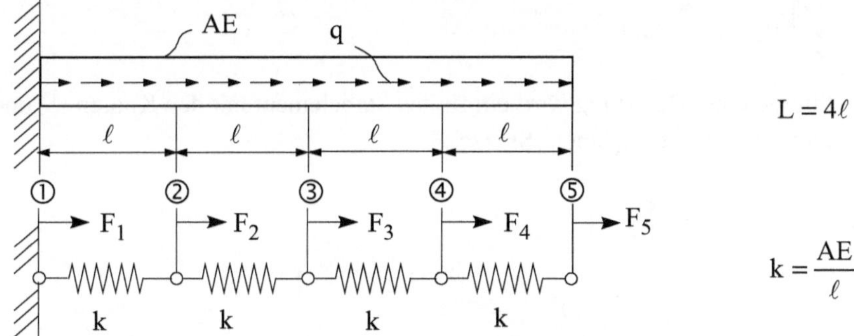

Den Stab unterteile man in 4 Elemente (Skizze) und nehme die "*äquivalenten*" *Ersatzknotenkräfte* nach folgendem Schema an :

$$F_1 = \int_0^{\ell/2} q\,dx = \tfrac{1}{128} q_0 L; \quad F_2 = \int_{\ell/2}^{3\ell/2} q\,dx = \tfrac{1}{16} q_0 L;$$

$$F_3 = \int_{3\ell/2}^{5\ell/2} q\,dx = \tfrac{1}{8} q_0 L; \quad F_4 = \int_{5\ell/2}^{7\ell/2} q\,dx = \tfrac{3}{16} q_0 L; \quad F_5 = \int_{7\ell/2}^{4\ell} q\,dx = \tfrac{15}{128} q_0 L.$$

Man ermittle die *Knotenverschiebungen* und vergleiche sie mit den exakten Werten. Der Werkstoff sei linearelastisch. Ferner seien die Verformungen klein, so dass man auch *geometrische Linearität* annehmen kann.

3.2.4 Gegeben sei das skizzierte System.

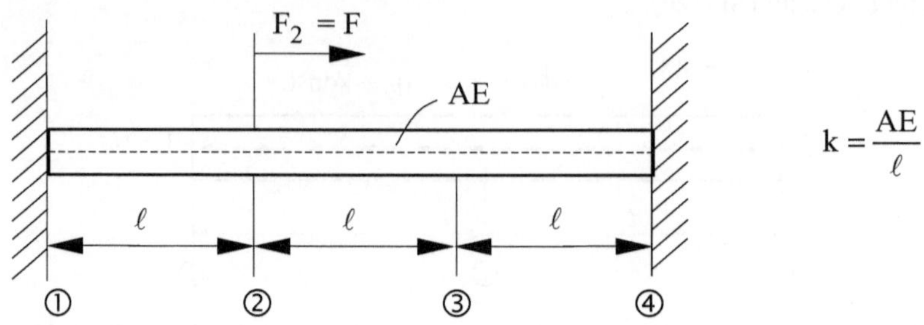

Gesucht sind die *Knotenverschiebungen* u_2 , u_3, die *Spannungen* in den einzelnen Elementen und die *Reaktionskräfte* R_1 , R_4.

3.2.5 Man diskutiere den Einfluss der *geometrischen Nichtlinearität* auf die *Federsteifigkeit* eines Zugstabes (Bild F 1.5, S.-373- aus [BETTEN, 2001]).

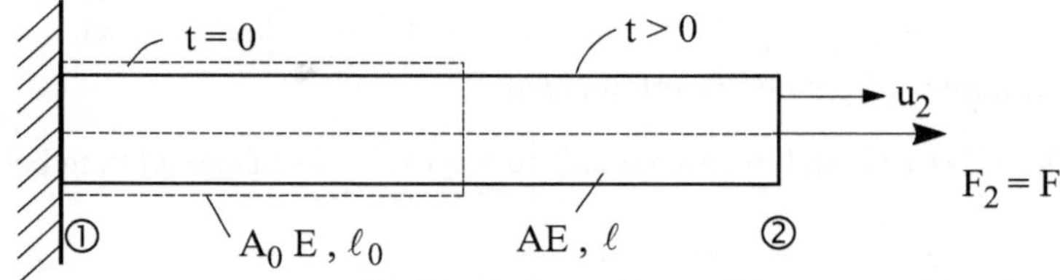

3.2.6 Infolge einer Belastung wird ein finites Stabelement mit den Knoten ① und ② die Lage ①*– ②*einnehmen (Skizze).

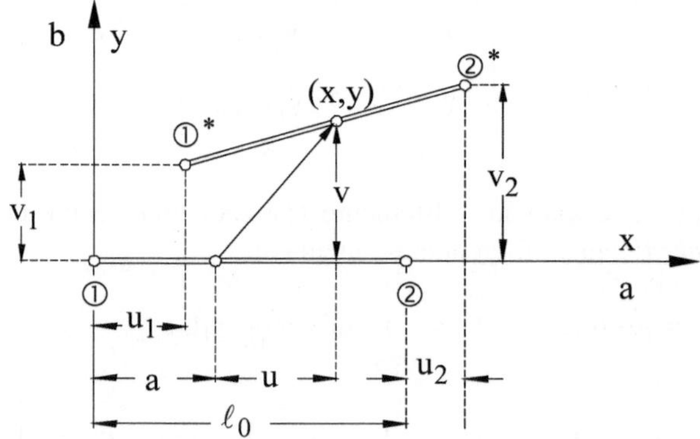

In der Skizze sind (a,b) die Koordinaten eines Punktes in der Anfangskonfiguration (*LAGRANGE Koordinaten*). Dieser Punkt erleidet eine Verschiebung (u,v) und nimmt die Lage (x,y) ein.

a) Man drücke die Verschiebung (u,v) durch die Knotenverschiebungen aus.
b) Man ermittle die Verzerrungen

$$\lambda_a = \frac{\partial u}{\partial a} + \frac{1}{2}\left[\left(\frac{\partial u}{\partial a}\right)^2 + \left(\frac{\partial v}{\partial a}\right)^2\right] \tag{1}$$

und

$$\lambda_b = \frac{\partial v}{\partial b} + \frac{1}{2}\left[\left(\frac{\partial u}{\partial b}\right)^2 + \left(\frac{\partial v}{\partial b}\right)^2\right] \tag{2}$$

die analog zu Ü3.2.5 die *geometrischen Nichtlinearitäten* berücksichtigen.

3.2.7 Ein Stab mit der *Längssteifigkeit* EA werde durch eine Streckenlast q = q(x) belastet (Skizze).

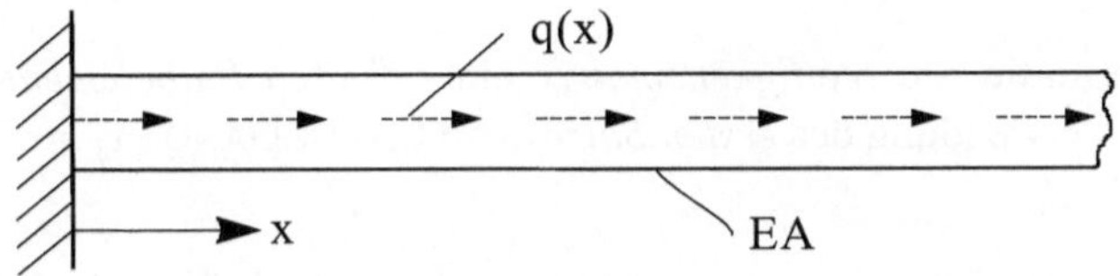

Zur Ermittlung der Verschiebung benutze man die *Finite-Differenzen-Methode* (FDM) und die *Finite-Elemente-Methode* (FEM) und vergleiche beide Ergebnisse.

3.2.8 Man stelle die *Bewegungsgleichungen* eines einseitig eingespannten schwingenden linearelastischen Stabes nach folgenden Methoden auf :
    a) *Finite-Differenzen-Methode* (FDM)
    b) *Lumped-Mass-Methode* (Mehrkörper-System)
    c) *Finite-Elemente-Methode* (FEM)

3.2.9 Man ermittle die *Eigenfrequenzen* eines einseitig eingespannten Stabes (Dichte ρ , Querschnittsfläche A , Länge L) aus linear-elastischem, isotropem Material (Elastizitätsmodul E)
    a) nach der *Lumped-Mass-Methode* (LMM),
    b) nach der *Finite-Elemente-Methode* (FEM).
    c) Die Ergebnisse vergleiche man mit den exakten Werten.

3.2.10 Man diskutiere die *isoparametrische Formulierung* des Verschiebungszustandes in einem Stabelement (Skizze).

In der Skizze sind x , y die *globalen Koordinaten*, während ξ mit $-1 \leq \xi \leq 1$ die *natürliche Koordinate* des Stabes darstellt. Der Zusammenhang ist gemäß

$$x = \tfrac{1}{2}(1-\xi)\,x_1 + \tfrac{1}{2}(1+\xi)\,x_2 \equiv \sum_{i=1}^{2} N_i x_i$$

gegeben. Darin werden

$$N_1 \equiv \tfrac{1}{2}(1-\xi) \quad \text{und} \quad N_2 \equiv \tfrac{1}{2}(1+\xi)$$

als Interpolationsfunktionen oder Formfunktionen gedeutet.

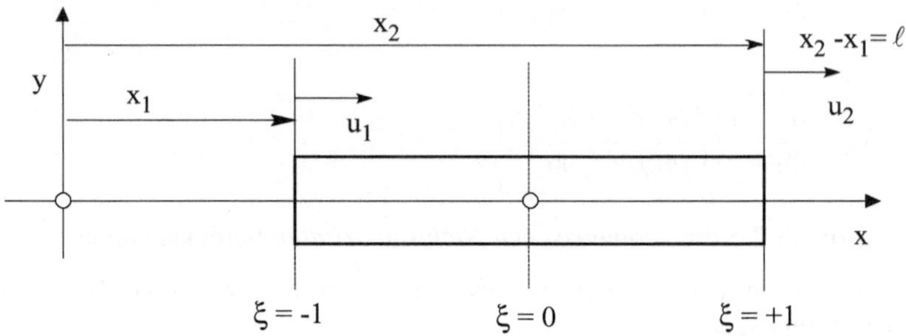

3.2.11 Man ermittle die *Steifigkeitsmatrix* eines finiten *Stabelementes* mit zwei Knoten unter Verwendung des *ersten Satzes* von Castigliano ($F_i = \partial U / \partial u_i$).

3.2.12 Unter Berücksichtigung eines *quadratischen Verschiebungsansatzes* ermittle man die *Steifigkeitsmatrix* eines *finiten Stabelementes*.

Hinweis : Analog Ü 3.2.11 verwende man den *ersten Satz* von Castigliano.

3.2.13 Unter Berücksichtigung eines *kubischen Verschiebungsansatzes* ermittle man die *Steifigkeitsmatrix* eines *finiten Stabelementes*.

3.2.14 Unter Berücksichtigung eines *quadratischen Verschiebungsansatzes* ermittle man die *Eigenfrequenzen* eines einseitig eingespannten Stabes (Dichte ρ , Querschnittsfläche A , Länge L) aus linear-elastischem, isotropem Material (Elastizitätsmodul E).

Die Ergebnisse vergleiche man mit den exakten Werten und den Werten, die man auf der Basis eines *linearen Verschiebungsansatzes* gefunden hat (Ü3.2.9).

3.2.15 Unter Berücksichtigung eines *kubischen Verschiebungsansatzes* ermittle man die *Eigenfrequenzen* eines einseitig eingespannten Stabes (Dichte ρ , Querschnitt A , Länge L) aus linear-elastischem, isotropem Material (Elastizitätsmodul E).

Die Ergebnisse vergleiche man mit den exakten Werten und den Werten, die man auf der Basis eines *linearen* (Ü3.2.9) und *quadratischen* (Ü3.2.14) *Verschiebungsansatzes* gefunden hat.

3.3 Steifigkeitsmatrizen für Fachwerke

An einem einfachen Beispiel (Bild 3.9) soll im Folgenden die Anwendung der *Matrix-Steifigkeitsmethode* auf *ebene Fachwerke* demonstriert werden.

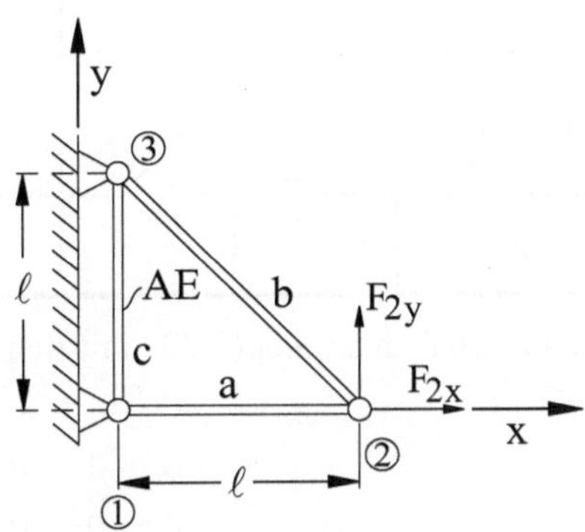

Bild 3.9 Ebenes Fachwerk

Alle drei Stäbe im Bild 3.9 sollen dieselbe Querschnittsfläche A und denselben E-Modul besitzen. Die Lagerung ist einfach statisch unbestimmt; es sind 4 unbekannte Reaktionen $\left(F_{1x}, F_{1y}, F_{3x}, F_{3y}\right)$ in Abhängigkeit der eingeprägten Kräfte F_{2x}, F_{2y} zu bestimmen:

$$\{F\} = \left\{F_{1x} = ?, F_{1y} = ?;\ F_{2x},\ \ F_{2y};\ \ \ F_{3x} = ?, F_{3y} = ?\right\}^{t}. \tag{3.56}$$

Sämtliche Knotenverschiebungen lassen sich durch die Spaltenmatrix $\{\delta\}$ zusammenfassen, wobei

$$\{\delta\} = \left\{u_1 = 0,\ v_1 = 0;\ \ u_2 = ?,\ v_2 = ?;\ \ u_3 = 0,\ v_3 = 0\right\}^{t}. \tag{3.57}$$

Die Steifigkeitsmatrix $\left[K^{e}\right]$ für ein typisches Stabelement im globalen Koordinatensystem (x,y) ist durch (3.53) gegeben. In Tabelle 3.2 sind die c- und s-Werte für die einzelnen Stäbe a,b,c des Gesamtsystems (Bild 3.9) zusammengestellt.

Beim Übergang vom Winkel α zum Winkel $(\alpha+\pi)$ ändern sowohl $c = \cos\alpha$ als auch $s = \sin\alpha$ ihre Vorzeichen. Da in der Steifigkeitsmatrix (3.53) jedoch nur die Größen c^2, s^2 und cs vorkommen, spielt ein solcher Vorzeichenwechsel keine Rolle. Das bedeutet für Stabelement b: es ist gleichgültig, ob man den Winkel $\alpha = 3\pi/4$ im Knotenpunkt ② oder den Winkel $\alpha = 7\pi/4$ im Knotenpunkt ③ benutzt.

Tabelle 3.2 Richtungen der einzelnen Stäbe in Bild 3.9

Stab-element	Neigung α zur x-Achse	$c \equiv \cos\alpha$	$s \equiv \sin\alpha$
a	0	1	0
b	$\frac{3}{4}\pi$ bzw. $\frac{7}{4}\pi$	$-\dfrac{1}{\sqrt{2}}$ bzw. $+\dfrac{1}{\sqrt{2}}$	$+\dfrac{1}{\sqrt{2}}$ bzw. $-\dfrac{1}{\sqrt{2}}$
c	$\pi/2$	0	1

Für die einzelnen Stäbe erhält man aus (3.53) mit den Werten der obigen Tabelle die Elementmatrizen:

$$\textbf{Stabelement a:} \quad \left[K_a^e\right] = \frac{AE}{\ell}\begin{bmatrix} 1 & 0 & -1 & 0 \\ 0 & 0 & 0 & 0 \\ -1 & 0 & 1 & 0 \\ 0 & 0 & 0 & 0 \end{bmatrix}, \qquad (3.58a)$$

$$\textbf{Stabelement b:} \quad \left[K_b^e\right] = \frac{\sqrt{2}AE}{4\ell}\begin{bmatrix} 1 & -1 & -1 & 1 \\ -1 & 1 & 1 & -1 \\ -1 & 1 & 1 & -1 \\ 1 & -1 & -1 & 1 \end{bmatrix}, \qquad (3.58b)$$

$$\textbf{Stabelement c:} \quad \left[K_c^e\right] = \frac{AE}{\ell}\begin{bmatrix} 0 & 0 & 0 & 0 \\ 0 & 1 & 0 & -1 \\ 0 & 0 & 0 & 0 \\ 0 & -1 & 0 & 1 \end{bmatrix}. \qquad (3.58c)$$

Man beachte, dass sich der Vorfaktor in (3.58b) gegenüber denen in (3.58a,c) unterscheidet aufgrund der unterschiedlichen Stablängen.

Da das Fachwerk im Bild 3.9 aus drei Knoten mit jeweils 2 Kraftkomponenten besteht, ist die Gesamtsteifigkeitsmatrix eine 6 × 6 - Matrix. Daher füllt man die Elementsteifigkeitsmatrizen (3.58a,b,c) mit NULL-Zeilen und NULL-Spalten zu 6 × 6 - Matrizen auf, bevor man die Addition zur Gesamtmatrix vornimmt. Man erkennt in den erweiterten Matrizen (3.59a,b,c), dass die Zeilen und Spalten mit lauter Nullen aufgefüllt sind, die sich auf einen Knotenpunkt beziehen, der nicht zum jeweiligen Stabelement gehört.

Die *Gesamtsteifigkeitsmatrix* für das in Bild 3.9 dargestellte *ebene Fachwerk* erhält man jetzt durch einfache Addition der drei Einzelmatrizen (3.59a,b,c). Zu beachten ist noch, dass die Vorfaktoren nicht alle gleich sind.

$$\left[K_a^e \right] \equiv \left[K_{1-2}^e \right] = \frac{AE}{\ell} \begin{array}{cccccc} u_1 & v_1 & u_2 & v_2 & u_3 & v_3 \end{array} \begin{bmatrix} 1 & 0 & -1 & 0 & 0 & 0 \\ 0 & 0 & 0 & 0 & 0 & 0 \\ -1 & 0 & 1 & 0 & 0 & 0 \\ 0 & 0 & 0 & 0 & 0 & 0 \\ 0 & 0 & 0 & 0 & 0 & 0 \\ 0 & 0 & 0 & 0 & 0 & 0 \end{bmatrix} \tag{3.59a}$$

$$\left[K_b^e \right] \equiv \left[K_{2-3}^e \right] = \frac{\sqrt{2}\,AE}{4\ell} \begin{array}{cccccc} u_1 & v_1 & u_2 & v_2 & u_3 & v_3 \end{array} \begin{bmatrix} 0 & 0 & 0 & 0 & 0 & 0 \\ 0 & 0 & 0 & 0 & 0 & 0 \\ 0 & 0 & 1 & -1 & -1 & 1 \\ 0 & 0 & -1 & 1 & 1 & -1 \\ 0 & 0 & -1 & 1 & 1 & -1 \\ 0 & 0 & 1 & -1 & -1 & 1 \end{bmatrix} \tag{3.59b}$$

$$\left[K_c^e \right] \equiv \left[K_{1-3}^e \right] = \frac{AE}{\ell} \begin{array}{cccccc} u_1 & v_1 & u_2 & v_2 & u_3 & v_3 \end{array} \begin{bmatrix} 0 & 0 & 0 & 0 & 0 & 0 \\ 0 & 1 & 0 & 0 & 0 & -1 \\ 0 & 0 & 0 & 0 & 0 & 0 \\ 0 & 0 & 0 & 0 & 0 & 0 \\ 0 & 0 & 0 & 0 & 0 & 0 \\ 0 & -1 & 0 & 0 & 0 & 1 \end{bmatrix} \tag{3.59c}$$

Das Gleichungssystem (3.3) nimmt wegen (3.56) und (3.57) folgende Form an:

$$\begin{Bmatrix} F_{1x} \\ F_{1y} \\ F_{2x} \\ F_{2y} \\ F_{3x} \\ F_{3y} \end{Bmatrix} = \frac{AE}{\ell} \begin{bmatrix} 1 & 0 & -1 & 0 & 0 & 0 \\ 0 & 1 & 0 & 0 & 0 & -1 \\ -1 & 0 & 1+\sqrt{2}/4 & -\sqrt{2}/4 & -\sqrt{2}/4 & \sqrt{2}/4 \\ 0 & 0 & -\sqrt{2}/4 & \sqrt{2}/4 & \sqrt{2}/4 & -\sqrt{2}/4 \\ 0 & 0 & -\sqrt{2}/4 & \sqrt{2}/4 & \sqrt{2}/4 & -\sqrt{2}/4 \\ 0 & -1 & \sqrt{2}/4 & -\sqrt{2}/4 & -\sqrt{2}/4 & 1+\sqrt{2}/4 \end{bmatrix} \begin{Bmatrix} u_1 = 0 \\ v_1 = 0 \\ u_2 = ? \\ v_2 = ? \\ u_3 = 0 \\ v_3 = 0 \end{Bmatrix} \tag{3.60}$$

Die *Gesamtsteifigkeitsmatrix* [K] in (3.60) ist symmetrisch und auch *singulär*, da der vierte Spaltenvektor mit dem fünften übereinstimmt; ebenso stimmt auch der vierte Zeilenvektor mit dem fünften Zeilenvektor überein. Die Singularität rührt von der Starrkörperbewegung her, die das Fachwerk durchführen kann, wenn es von den Fesseln in den Knoten ① und ② befreit ist. Unter Berücksichtigung der Randbedingungen ($u_1 = v_1 = 0$ und $u_3 = v_3 = 0$), die in (3.60) angedeutet werden, erhält man die *reduzierte Matrizengleichung*

$$\begin{Bmatrix} F_{2x} \\ F_{2y} \end{Bmatrix} = \frac{AE}{\ell} \begin{bmatrix} 1+\sqrt{2}/4 & -\sqrt{2}/4 \\ -\sqrt{2}/4 & \sqrt{2}/4 \end{bmatrix} \begin{Bmatrix} u_2 \\ v_2 \end{Bmatrix} . \tag{3.61}$$

Darin ist die *reduzierte Matrix* $[K_{red}]$ symmetrisch und darüber hinaus auch *regulär*, so dass eine Invertierung, d.h. Auflösung nach den unbekannten Knotenpunktverschiebungen u_2, v_2 möglich ist:

$$\begin{Bmatrix} u_2 \\ v_2 \end{Bmatrix} = \frac{\ell}{AE} \begin{bmatrix} 1 & 1 \\ 1 & 1+2\sqrt{2} \end{bmatrix} \begin{Bmatrix} F_{2x} \\ F_{2y} \end{Bmatrix} . \tag{3.62}$$

Die reduzierte Matrix in (3.61) liest man direkt aus der Gesamtsteifigkeitsmatrix in (3.60) ab, indem man alle Zeilen und Spalten streicht, die mit den NULL-Verschiebungen korrespondieren, d.h., in (3.60) sind die erste, zweite, fünfte und sechste Zeile und auch Spalte zu streichen. Mit den gemäß (3.62) ermittelten Verschiebungen erhält man aus (3.60) die unbekannten Reaktionskräfte:

$$\begin{Bmatrix} F_{1x} \\ F_{1y} \\ F_{3x} \\ F_{3y} \end{Bmatrix} = \begin{bmatrix} -1 & 0 \\ 0 & 0 \\ -\sqrt{2}/4 & \sqrt{2}/4 \\ \sqrt{2}/4 & -\sqrt{2}/4 \end{bmatrix} \begin{bmatrix} 1 & 1 \\ 1 & 1+2\sqrt{2} \end{bmatrix} \begin{Bmatrix} F_{2x} \\ F_{2y} \end{Bmatrix} \tag{3.63a}$$

$$\begin{Bmatrix} F_{1x} \\ F_{1y} \\ F_{3x} \\ F_{3y} \end{Bmatrix} = \begin{bmatrix} -1 & -1 \\ 0 & 0 \\ 0 & 1 \\ 0 & -1 \end{bmatrix} \begin{Bmatrix} F_{2x} \\ F_{2y} \end{Bmatrix} = \begin{Bmatrix} -\left(F_{2x}+F_{2y}\right) \\ 0 \\ F_{2y} \\ -F_{2y} \end{Bmatrix} . \tag{3.63b}$$

Die Stabkraft $S_{1\div2}$ eines Stabes, der um den Winkel α zur x-Achse geneigt ist (Bild 3.7), kann gemäß

$$S_{1\div2} = \frac{AE}{\ell}\left(u_2^* - u_1^*\right) \tag{3.64}$$

ermittelt werden. Darin können die ("lokalen") Verschiebungen u_1^*, u_2^* analog (3.36a) durch die ("globalen") Verschiebungen u_1, u_2, v_1, v_2 ausgedrückt werden:

$$u_1^* = u_1 \cos\alpha + v_1 \sin\alpha \equiv \{\cos\alpha \quad \sin\alpha\} \begin{Bmatrix} u_1 \\ v_1 \end{Bmatrix} , \tag{3.65a}$$

$$u_2^* = u_2 \cos\alpha + v_2 \sin\alpha \equiv \{\cos\alpha \quad \sin\alpha\} \begin{Bmatrix} u_2 \\ v_2 \end{Bmatrix} . \tag{3.65b}$$

Somit erhält man:

$$S_{1\div 2} = \frac{AE}{\ell}\{\cos\alpha \quad \sin\alpha\} \begin{Bmatrix} (u_2 - u_1) \\ (v_2 - v_1) \end{Bmatrix} . \tag{3.66}$$

Für die einzelnen Stäbe des in Bild 3.9 dargestellten Systems ermittelt man unter Berücksichtigung von (3.62), Tabelle 3.2 und der Randbedingungen $u_1 = v_1 = u_3 = v_3 = 0$ die Stabkräfte:

$$S_a = \frac{AE}{\ell}\{1 \quad 0\} \begin{Bmatrix} u_2 \\ v_2 \end{Bmatrix} = \frac{AE}{\ell} u_2 = F_{2x} + F_{2y}, \tag{3.67a}$$

$$S_b = \frac{AE}{\sqrt{2}\,\ell}\left\{-\frac{1}{\sqrt{2}} \quad \frac{1}{\sqrt{2}}\right\} \begin{Bmatrix} (u_2 - u_3) \\ (v_2 - v_3) \end{Bmatrix} = -\sqrt{2}\,F_{2y}, \tag{3.67b}$$

$$S_c = \frac{AE}{\ell}\{0 \quad 1\} \begin{Bmatrix} (u_3 - u_1) \\ (v_3 - v_1) \end{Bmatrix} = 0. \tag{3.67c}$$

Man beachte, dass in der Formel (3.66) die richtige Stablänge eingesetzt wird. Somit muss man für den Stab "b" seine Länge $\sqrt{2}\,\ell$ in (3.67b) einsetzen.

Zur Erläuterung der *Matrix-Steifigkeitsmethode* wurde bewusst ein sehr einfaches Beispiel gemäß Bild 3.9 gewählt. Weitere Beispiele werden in den Übungen behandelt.

Für ein beliebiges Fachwerk (Bild 3.10) kann die *Gesamtsteifigkeitsmatrix* analog unter Beachtung von (3.53) aufgebaut werden.

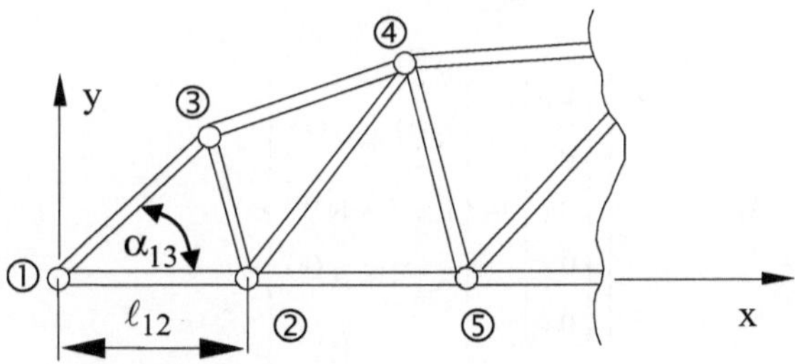

Bild 3.10 Allgemeines ebenes Fachwerk

Die Addition zur *Gesamtsteifigkeitsmatrix* erfolgt analog (3.59a,b,c), (3.60) nach folgendem Schema:

$$
[K] = \begin{bmatrix} [K_{11}] & [K_{12}] & & \\ [K_{21}] & [K_{22}] & [K_{23}] & \\ & [K_{32}] & [K_{33}] & \\ & & & \ddots \end{bmatrix}
\qquad \begin{array}{c} u_1\ v_1 \quad u_2\ v_2 \quad u_3\ v_3 \quad \cdots \end{array}
\tag{3.68}
$$

Darin setzt sich z.B. $[K_{22}]$ aus den *Elementsteifigkeitsmatrizen* der Stäbe $2 \div 1,\ 2 \div 3,\ 2 \div 4,\ 2 \div 5$ zusammen.

Die Zusammensetzung der *Gesamtsteifigkeitsmatrix* einer Struktur kann sehr durchsichtig an einem glatten Zugstab demonstriert werden, der in Bild 3.11 in vier finite Elemente unterteilt ist, so dass fünf Knoten zu betrachten sind.

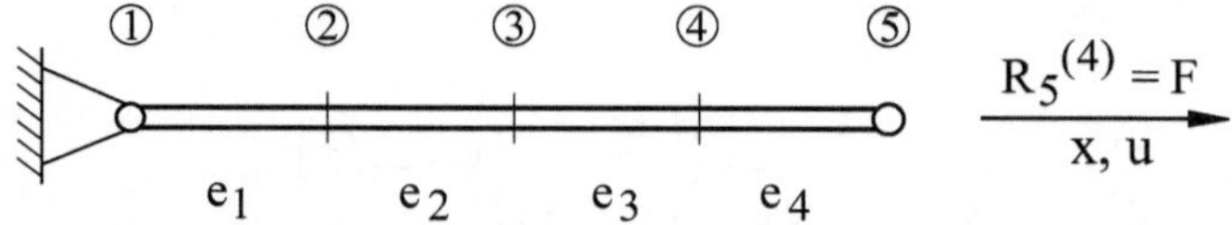

Bild 3.11 Zugstab, aufgeteilt in vier finite Elemente

Die Knotenverschiebungen eines Elementes mit den Knoten i und j sind durch $\{\delta^e\}^t = \{u_i, u_j\}$ gekennzeichnet. Das Gleichgewicht am Element e kann folgendermaßen ausgedrückt werden:

$$
\left[k^e\right]\left\{\delta^e\right\} = \left\{R^e\right\}
\qquad
\begin{cases}
k_{ii}^{(e)} u_i + k_{ij}^{(e)} u_j = R_i^{(e)} \\[2mm]
k_{ji}^{(e)} u_i + k_{jj}^{(e)} u_j = R_j^{(e)}
\end{cases}
\tag{3.69}
$$

Das *"Struktur-Gleichgewicht"* ergibt sich dann zu:

$$
\begin{bmatrix} & & & \\ & & K & \\ & & & \end{bmatrix}
\begin{Bmatrix} u_1 \\ u_2 \\ u_3 \\ u_4 \\ u_5 \end{Bmatrix}
=
\begin{Bmatrix}
R_1^{(1)} \\
R_2^{(1)} + R_2^{(2)} \\
R_3^{(2)} + R_3^{(3)} \\
R_4^{(3)} + R_4^{(4)} \\
R_5^{(4)}
\end{Bmatrix}
\tag{3.70a}
$$

mit

$$[K] = \begin{bmatrix} \begin{matrix} k_{11}^{(1)} & k_{12}^{(1)} \\ k_{21}^{(1)} & \left(k_{22}^{(1)}\right) \end{matrix} + \begin{matrix} k_{22}^{(2)} \\ k_{32}^{(2)} \end{matrix} & & 0 & & \\ & \left(k_{33}^{(2)}\right) + k_{33}^{(3)} & & \\ & & & \\ 0 & & & \end{bmatrix}.$$

Diese Beziehung kann auch gemäß

$$[K]\{\delta\} = \{F\} \tag{3.70b}$$

ausgedrückt werden. Man erkennt sehr deutlich die *Bandstruktur* der *Gesamtsteifigkeitsmatrix* [K]. Beispielsweise sei die Gesamtlänge des Stabes $L = 4\ell$, wobei jedes Element gleich lang sein soll. Außerdem sei AE für alle Elemente gleich. Dann erhält man aus (3.70a) mit $k \equiv 4AE/L$ die Matrizengleichung:

$$k \begin{bmatrix} 1 & -1 & & & \\ -1 & 2 & -1 & & O \\ & -1 & 2 & -1 & \\ & & -1 & 2 & -1 \\ O & & & -1 & 1 \end{bmatrix} \begin{Bmatrix} u_1 = 0 \\ u_2 \\ u_3 \\ u_4 \\ u_5 \end{Bmatrix} = \begin{Bmatrix} F_1 = ? \\ F_2 \\ F_3 \\ F_4 \\ F \end{Bmatrix}. \tag{3.71}$$

Daraus entnimmt man 5 Gleichungen für die 5 Unbekannten u_2, u_3, u_4, u_5, F_1:

$$\left. \begin{aligned} F_1 &= -k\,u_2 \\ F_2 &= 2k\,u_2 - k\,u_3 \\ F_3 &= -k\,u_2 + 2k\,u_3 - k\,u_4 \\ F_4 &= -k\,u_3 + 2k\,u_4 - k\,u_5 \\ F_5 &= -k\,u_4 + k\,u_5 \equiv F \end{aligned} \right\} \quad \Rightarrow \quad \sum F_i = 0. \tag{3.72}$$

Aufgrund des Kräftegleichgewichts verschwindet die Summe aller Kräfte: $F_1 + F_2 + F_3 + F_4 + F = 0$. Für den Stab in Bild 3.11 gilt $F_2 = F_3 = F_4 = 0$, so dass damit aus (3.72) folgt:

$$u_3 = 2u_2 \quad , \quad u_4 = 3u_2 \quad , \quad u_5 = 4u_2 \tag{3.73}$$

und somit:

$$F = -3ku_2 + 4ku_2 = ku_2 = -F_1 \tag{3.74a}$$

oder:

$$F = \frac{k}{4} u_5 = \frac{AE}{L} u_5 \quad \Rightarrow u_5 = \frac{L}{AE} F. \qquad (3.74b)$$

Die Lösung (3.73) ist mit der exakten Lösung $u(x) = \dfrac{F}{AE} x$ vereinbar.

Wie oben bereits erwähnt, haben Steifigkeitsmatrizen Bandstruktur und sind symmetrisch. Die Bandbreite hängt ab von der Knotennummerierung. Für den Zugstab ist es naheliegend, eine Knotennummerierung gemäß Bild 3.11 vorzunehmen. Das führt auch auf eine Steifigkeitsmatrix in (3.70a) bzw. (3.71) mit schmaler Bandbreite. In Bild 3.12 ist zur Demonstration mal eine völlig unzweckmäßige Knotennummerierung gewählt.

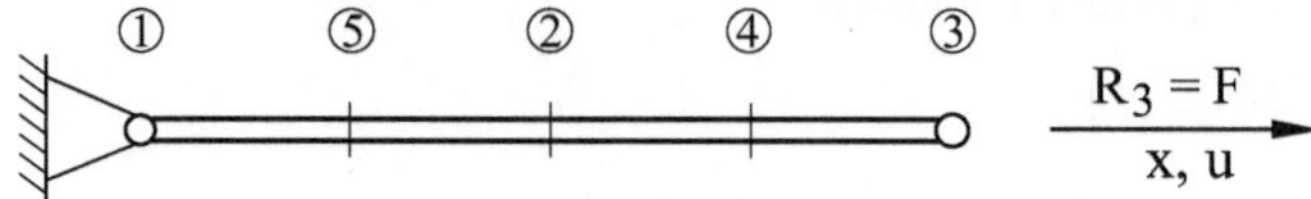

Bild 3.12 Zugstab; willkürliche Knotennummerierung

Gegenüber (3.71) erhält man jetzt die Darstellung

$$k \begin{bmatrix} 1 & 0 & 0 & 0 & -1 \\ 0 & 2 & 0 & -1 & -1 \\ 0 & 0 & 1 & -1 & 0 \\ 0 & -1 & -1 & 2 & 0 \\ -1 & -1 & 0 & 0 & 2 \end{bmatrix} \begin{Bmatrix} u_1 = 0 \\ u_2 \\ u_3 \\ u_4 \\ u_5 \end{Bmatrix} = \begin{Bmatrix} F_1 = ? \\ F_2 \\ F_3 \equiv F \\ F_4 \\ F_5 \end{Bmatrix} \qquad (3.75)$$

mit der Auflösung

$$\left. \begin{aligned} F_1 &= -k\,u_5 \\ F_2 &= 2k\,u_2 - k\,u_4 - k u_5 \\ F_3 \equiv F &= k\,u_3 - k\,u_4 \\ F_4 &= -k\,u_2 - k\,u_3 + 2k\,u_4 \\ F_5 &= -k\,u_2 + 2k\,u_5 \end{aligned} \right\} \quad \Rightarrow \quad \sum F_i = 0. \qquad (3.76)$$

Die Knotennummerierungen in den Bildern 3.11 und 3.12 unterscheiden sich gemäß nachstehender Tabelle.

Knotennummerierung					
Bild 3.11	1	2	3	4	5
Bild 3.12	1	5	2	4	3

Mit dieser Umnummerierung ist die Steifigkeitsmatrix in (3.71) entsprechend umzusortieren, woraus die Steifigkeitsmatrix in (3.75) entsteht. Dabei ist zu beachten, dass z.B. alle Elemente der Zeile bzw. Spalte ② jetzt in der Zeile bzw. Spalte ⑤ einzusortieren sind, und zwar in der Zeilenzuordnung, die man ebenfalls vorstehender Tabelle entnimmt. Darüber hinaus sind auch die Kräfte und Verschiebungen entsprechend umzubenennen: $F_1 \rightarrow F_1$, $F_2 \rightarrow F_5$, ..., $F_5 \rightarrow F_3$ und $u_1 \rightarrow u_1$, $u_2 \rightarrow u_5$, ...,$u_5 \rightarrow u_3$, so dass (3.72) und (3.76) in gleicher Weise entsprechen.

Man erkennt beim Vergleich von (3.71) mit (3.75), dass durch eine vernünftige Knotennummerierung eine optimale (geringe) Bandbreite erzielt werden kann. Wie dieses kleine Beispiel zeigen soll, hängt die Bandbreite von der größten Knotennummerdifferenz innerhalb eines Elementes ab. In Bild 3.11 ist diese Differenz eins, während in Bild 3.12 die größte Differenz vier ist.

Noch deutlicher wird der Unterschied in der Gegenüberstellung gemäß Bild 3.13a,b. Die Knotennummerierung nach Bild 3.13a führt wieder auf eine optimale Bandstruktur analog (3.70a) bzw. (3.71) mit drei besetzten Diagonalen in der Gesamtsteifigkeitsmatrix, während Bild 3.13b die ungünstigste Nummerierung darstellt und analog (3.75) auf eine Gesamtsteifigkeitsmatrix führt, die in allen Diagonalen besetzt ist.

Bild 3.13 Knotenpunktnummerierung für einen Zugstab; **a)** optimal, **b)** am ungünstigsten, wobei n eine gerade Zahl ist.

Die Bandbreite ist für die numerische Behandlung der Gesamtsteifigkeitsbeziehung im Hinblick auf Speicherplatzbedarf und Rechenzeit der zur Verfügung stehenden Rechenanlage von großer Bedeutung. Daher ist immer eine optimale Knotenpunktnummerierung anzustreben, was bei komplizierten Problemen häufig nicht einfach ist. Allerdings sind Rechenprogramme entwickelt worden, die diese Arbeit übernehmen können (Bemerkung auf Seite 4).

Die Zahl m+1, die gemäß Bild 3.6 die Bandbreite festlegt und gleich der halben Anzahl der besetzten Nebendiagonalen plus der Hauptdiagonalen ist, ergibt sich gemäß

$$m+1 = f(\Delta+1). \tag{3.77}$$

Darin sind f die Freiheitsgrade eines Knotens und Δ die größte Knotennummerdifferenz innerhalb eines Elementes.

Somit ergibt sich bei einer Knotennummerierung gemäß Bild 3.11 eine Zahl m+1 = 1*(1+1) = 2 und gemäß Bild 3.12 eine Zahl m+1 = 1*(4+1) = 5. Eine andere Gegenüberstellung verdeutlicht Bild 3.14.

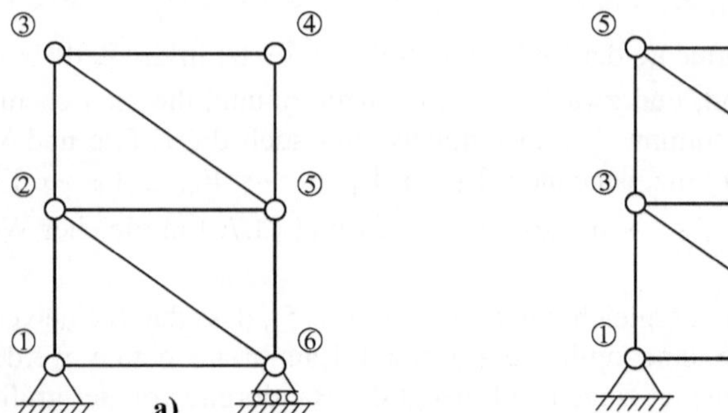

Bild 3.14 Knotennummerierungen für ein ebenes Fachwerk **a)** ungünstig, **b)** optimal

Die in Bild 3.14a gewählte Nummerierung ist ungünstig und führt wegen f = 2 und Δ = 5 nach (3.77) auf eine Anzahl von m+1 = 12. Demgegenüber erhält man bei einer Knotenpunktnummerierung gemäß Bild 3.14b wegen f = 2 und Δ = 2 eine Anzahl von m + 1 = 6. Zweckmäßigerweise beginnt man bei derartigen Fachwerken mit der Reihe, die die wenigsten Knoten aufweist, von links nach rechts bzw. von oben nach unten. Danach nummeriert man die nächst folgende Reihe fortlaufend in gleicher Weise, wie in Bild 3.15 angedeutet.

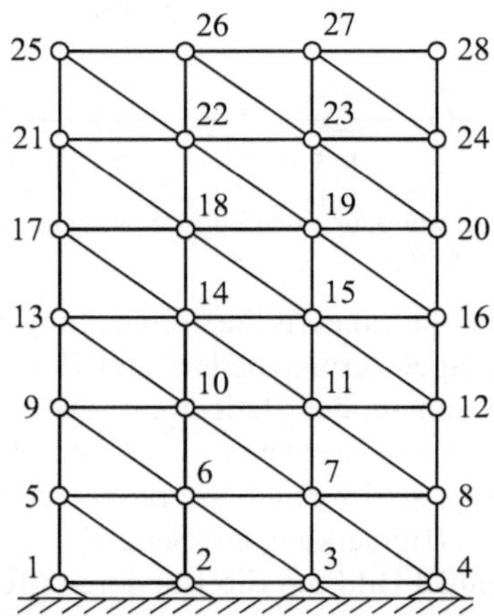

Bild 3.15 Optimale Knotenpunktnummerierung für ein ebenes Fachwerk

Die in Bild 3.15 gewählte Knotenpunktnummerierung ergibt nach Formel (3.77) mit f = 2 und Δ = 4 eine Anzahl von m + 1 = 10 oder wegen B = 2m + 1 eine Bandbreite von B = 19. Insgesamt sind also 19 Diagonale (einschließlich Hauptdiagonale) besetzt. Die Steifigkeitsmatrix ist eine 56 × 56 symmetrische Matrix, da 28 Knoten mit je zwei Freiheitsgraden existieren. Noch deutlicher wird der Unterschied in der Gegenüberstellung nach Bild 3.16.

Die in Bild 3.16a gewählte Knotenpunktnummerierung ergibt nach Formel (3.77) mit f = 2 und Δ = n eine Anzahl von m+1 = 2(n+1) oder wegen B = 2m+1 eine Bandbreite von B = 4n+3, d.h., die Bandbreite wächst mit n. Demgegenüber resultiert aus einer Knotenpunktnummerierung gemäß Bild 3.16b wegen $f = 2$ und $\Delta = 3$ eine Bandbreite von $B = 15$, d.h., die Bandbreite ist bei der optimalen Bandbreite von n unabhängig. Für $n = 3$, d.h. für 9 Knoten, sind beide Bandbreiten identisch. Dann ist das Fachwerk auch quadratisch. Da jeder Knoten zwei Freiheitsgrade besitzt, ist die Gesamtsteifigkeitsmatrix eine $6n \times 6n$ symmetrische Matrix.

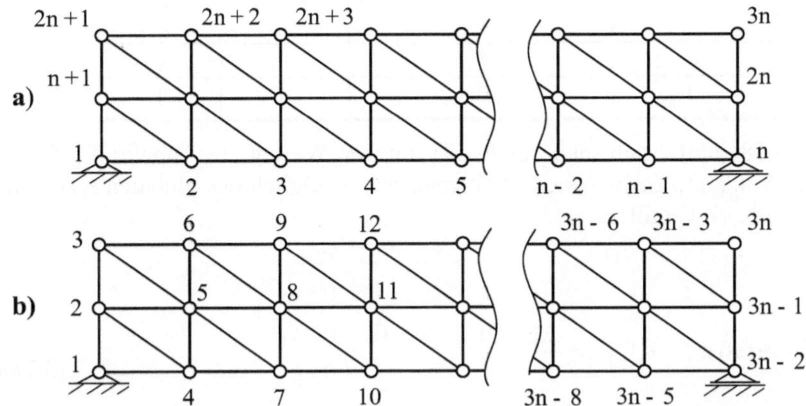

Bild 3.16 Knotennummerierung für ein ebenes Fachwerk a) ungünstig, b) optimal

Obige Beispiele und auch entsprechende Übungen zeigen, dass die *Matrix-Steifigkeitsmethode* sowohl auf statisch bestimmte als auch auf statisch unbestimmte Fachwerke erfolgreich angewendet werden kann. Darüber hinaus können auch *Ausnahmefachwerke* oder *Mechanismen*, die ein Getriebe darstellen, behandelt werden.

Die statische Unbrauchbarkeit (keine *Tragfähigkeit*) kommt dadurch zum Ausdruck, dass das Gesamtgleichungssystem $[K]\,\{\delta\} = \{F\}$ auch nach Einführung geeigneter Auflagerbedingungen nicht lösbar ist, d.h., auch die *reduzierte Steifigkeitsmatrix* $[K_{red}]$ ist *singulär*. Dies soll an einem einfachen Beispiel (Bild 3.17) verdeutlicht werden.

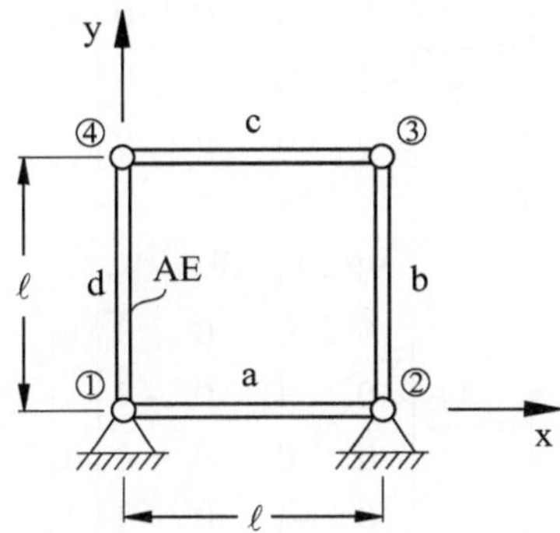

Bild 3.17 Statisch unbrauchbares Fachwerk

Analog Tabelle 3.2 entnimmt man die c- und s-Werte für das in Bild 3.17 dargestellte System der Tabelle 3.3.

Tabelle 3.3 Richtungen der einzelnen Stäbe in Bild 3.17

Stabelement	Neigung zur x-Achse	$c = \cos\alpha$	$s = \sin\alpha$
a	0	1	0
b	$\pi/2$	0	1
c	π	-1	0
d	$\pi/2$	0	1

Analog (3.58a,b,c) erhält man aus (3.53) mit den Werten aus Tabelle 3.3 für die
einzelnen Stäbe die Elementsteifigkeitsmatrizen bezüglich des globalen Koordinatensystems (x,y) wie folgt:

Stab a:
$$\left[K_{1-2}^{e}\right] = \frac{AE}{\ell}
\begin{array}{cccc}
u_1 & v_1 & u_2 & v_2
\end{array}
\begin{bmatrix}
1 & 0 & -1 & 0 \\
0 & 0 & 0 & 0 \\
-1 & 0 & 1 & 0 \\
0 & 0 & 0 & 0
\end{bmatrix}
\begin{array}{l}
u_1 \\ v_1 \\ u_2 \\ v_2
\end{array}
\tag{3.78a}$$

Stab b:
$$\left[K_{3-2}^{e}\right] = \frac{AE}{\ell}
\begin{array}{cccc}
u_2 & v_2 & u_3 & v_3
\end{array}
\begin{bmatrix}
0 & 0 & 0 & 0 \\
0 & 1 & 0 & -1 \\
0 & 0 & 0 & 0 \\
0 & -1 & 0 & 1
\end{bmatrix}
\begin{array}{l}
u_2 \\ v_2 \\ u_3 \\ v_3
\end{array}
\tag{3.78b}$$

Stab c :
$$\left[K_{4-3}^{e}\right] = \frac{AE}{\ell}
\begin{array}{cccc}
u_3 & v_3 & u_4 & v_4
\end{array}
\begin{bmatrix}
1 & 0 & -1 & 0 \\
0 & 0 & 0 & 0 \\
-1 & 0 & 1 & 0 \\
0 & 0 & 0 & 0
\end{bmatrix}
\begin{array}{l}
u_3 \\ v_3 \\ u_4 \\ v_4
\end{array}
\tag{3.78c}$$

Stab d :
$$\left[K_{1-4}^{e}\right] = \frac{AE}{\ell}
\begin{array}{cccc}
u_1 & v_1 & u_4 & v_4
\end{array}
\begin{bmatrix}
0 & 0 & 0 & 0 \\
0 & 1 & 0 & -1 \\
0 & 0 & 0 & 0 \\
0 & -1 & 0 & 1
\end{bmatrix}
\begin{array}{l}
u_1 \\ v_1 \\ u_4 \\ v_4
\end{array}
\tag{3.78d}$$

Da das Fachwerk in Bild 3.17 insgesamt vier Knoten mit je zwei Freiheitsgraden $(u_i, v_i; i=1,2,3,4)$ besitzt, ist die *Gesamtsteifigkeitsmatrix* [K] eine 8×8 Matrix:

$$[K] = \frac{AE}{\ell} \begin{bmatrix} 1 & 0 & -1 & 0 & 0 & 0 & 0 & 0 \\ 0 & 1 & 0 & 0 & 0 & 0 & 0 & -1 \\ -1 & 0 & 1 & 0 & 0 & 0 & 0 & 0 \\ 0 & 0 & 0 & 1 & 0 & -1 & 0 & 0 \\ 0 & 0 & 0 & 0 & 1 & 0 & -1 & 0 \\ 0 & 0 & 0 & -1 & 0 & 1 & 0 & 0 \\ 0 & 0 & 0 & 0 & -1 & 0 & 1 & 0 \\ 0 & -1 & 0 & 0 & 0 & 0 & 0 & 1 \end{bmatrix} \begin{matrix} u_1 \\ v_1 \\ u_2 \\ v_2 \\ u_3 \\ v_3 \\ u_4 \\ v_4 \end{matrix} \qquad (3.79)$$

In diese Matrix werden die Einzelmatrizen (3.78a,b,c,d) entsprechend der angedeuteten Zuordnungen einsortiert. Matrizenelemente, die dabei auf ein und denselben Platz fallen werden addiert, so dass (3.79) entsteht. Falls die Knoten ① und ② unbeweglich sind $(u_1 = v_1 = u_2 = v_2 = 0)$, wie in Bild 3.17 angedeutet, erhält man zur Ermittlung der unbekannten Knotenverschiebungen (u_3, v_3, u_4, v_4) die reduzierte Matrixgleichung

$$\begin{Bmatrix} F_{3x} \\ F_{3y} \\ F_{4x} \\ F_{4y} \end{Bmatrix} = \frac{AE}{\ell} \begin{bmatrix} 1 & 0 & -1 & 0 \\ 0 & 1 & 0 & 0 \\ -1 & 0 & 1 & 0 \\ 0 & 0 & 0 & 1 \end{bmatrix} \begin{Bmatrix} u_3 \\ v_3 \\ u_4 \\ v_4 \end{Bmatrix}. \qquad (3.80)$$

Diese Matrizengleichung kann **nicht** nach den unbekannten Verschiebungen aufgelöst werden, da die *reduzierte Steifigkeitsmatrix* $[K_{red}]$ *singulär* ist. Das bedeutet, dass das Fachwerk in Bild 3.17 "Starrkörperbewegungen" (in ③ und ④) ausführen kann. Es ist also nicht tragfähig, *"kinematisch instabil"* und stellt einen *Mechanismus* (Getriebe) dar. Dieses kleine Beispiel zeigt, dass die Matrix-Steifigkeitsmethode auch Aufschluss über die *kinematische Instabilität* eines Fachwerks gibt. Durch einen zusätzlichen Diagonalstab kann die Stabilität gesichert werden (Ü3.3.1).

Übungsaufgaben

3.3.1 In Ziffer 3.3 wird ein statisch unbrauchbares Fachwerk (Bild 3.17) diskutiert. Durch Ergänzung eines Diagonalstabes, der die Knotenpunkte ② ÷ ④ verbindet, wird das Fachwerk tragfähig, was mit Hilfe der *Matrix-Steifigkeitsmethode* zu zeigen ist.

3.3.2 **a)** Mit Hilfe der *Matrix-Steifigkeitsmethode* zeige man, dass das skizzierte ebene Fachwerk *nicht tragfähig* ist.

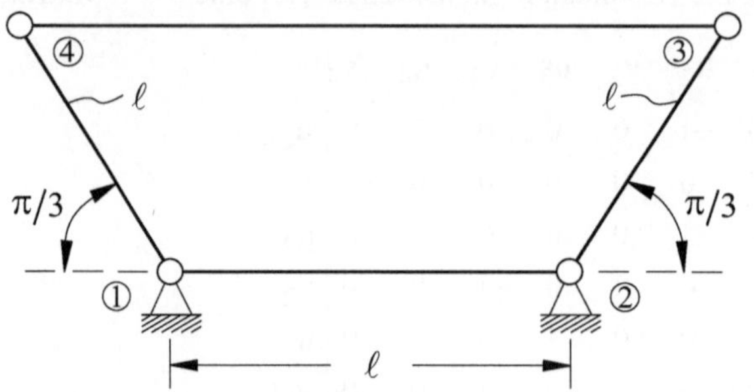

Alle Stäbe haben die-
selbe *Dehnsteifigkeit*
AE.

b) Durch Ergänzung eines Diagonalstabes, der die Knotenpunkte ② ÷ ④ verbindet, wird das Fachwerk *tragfähig*, was mit Hilfe der *Matrix-Steifigkeitsmethode* zu zeigen ist.

3.3.3   In dem skizzierten ebenen Fachwerk ermittle man die *Knotenverschiebungen* und die *Reaktionskräfte*. Zur Kontrolle überprüfe man die Gleichgewichtsbedingungen.

Alle Stäbe haben dieselbe Länge ℓ und dieselbe *Dehnsteifigkeit*.

$$\cos (\pi/3) = \frac{\ell/2}{\ell} = \frac{1}{2}$$

$$\sin (\pi/3) = \sqrt{1 - \cos^2 (\pi/3)} = \frac{1}{2}\sqrt{3}$$

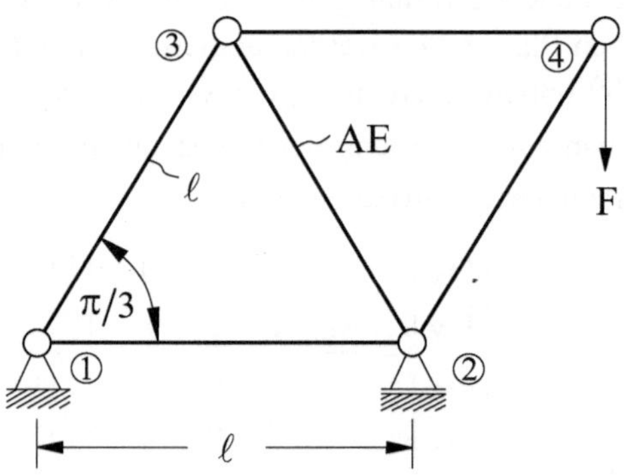

3.3.4   Für das skizzierte *ebene Fachwerk* stelle man die *Steifigkeitsmatrix* auf.

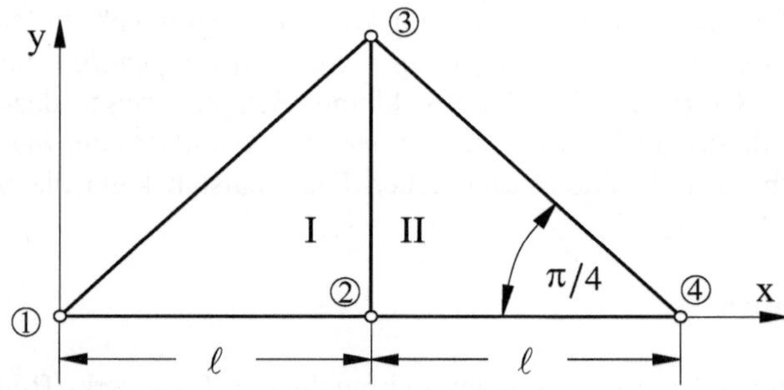

Alle Stäbe besitzen die gleiche *Dehnsteifigkeit* AE.

3.3.5   Für das skizzierte ebene Fachwerk stelle man die Steifigkeitsmatrix auf.

Ferner ermittle man die *Knoten-verschiebungen* und die *Stabkräf-te*. Alle Stäbe besitzen die gleiche *Dehnsteifigkeit*. Zur Kontrolle ü-berprüfe man die *Gleich-gewichtsbedingungen*.

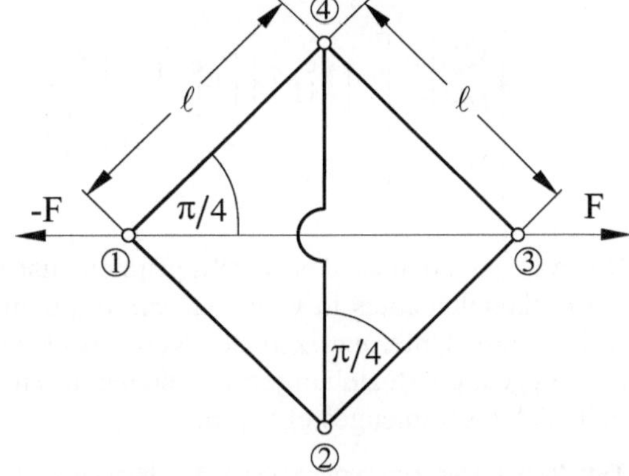

3.4 Steifigkeitsmatrizen für Biegebalken

In Bild 3.18 ist ein geradliniges Balkenelement der Länge ℓ mit konstanter Biege-steifigkeit EI dargestellt.

In den Knotenpunkten ① und ② greifen je eine Querkraft und ein Moment an, die man allgemein als *"verallgemeinerte Knotenkräfte"* bezeichnet:

$$\left\{ F_1^e \right\} = \left\{ \begin{matrix} Q_1 \\ M_1 \end{matrix} \right\} \quad \text{und} \quad \left\{ F_2^e \right\} = \left\{ \begin{matrix} Q_2 \\ M_2 \end{matrix} \right\} . \tag{3.81a,b}$$

Infolge dieser Belastungen werden *"verallgemeinerte Knotenpunktsverschiebun-gen"*, d.h. Verschiebungen v quer zur Balkenachse und Verdrehungen φ hervorge-rufen:

$$\left\{ \delta_1 \right\} = \left\{ \begin{matrix} v_1 \\ \varphi_1 \end{matrix} \right\} \quad \text{und} \quad \left\{ \delta_2 \right\} = \left\{ \begin{matrix} v_2 \\ \varphi_2 \end{matrix} \right\} . \tag{3.82a,b}$$

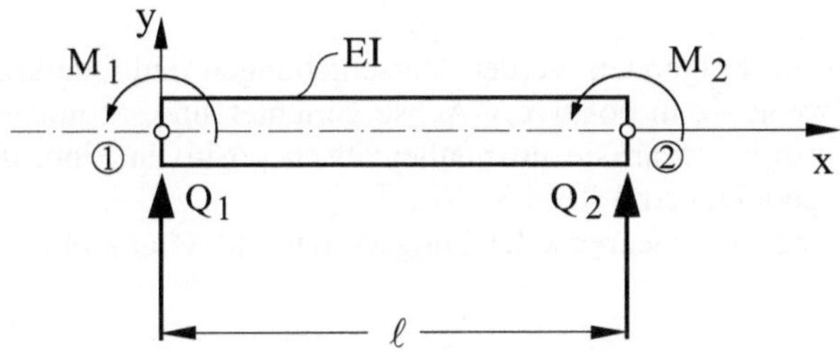

Bild 3.18 Balkenelement mit zwei Knoten

Somit ergibt sich etwa analog (3.3) bzw. (3.35) eine *Steifigkeitsbeziehung* für das *Balkenelement* gemäß

$$\begin{Bmatrix} Q_1 \\ M_1 \\ \hline Q_2 \\ M_2 \end{Bmatrix} = \left[\begin{array}{c|c} \left[k_{11}^e \right] & \left[k_{12}^e \right] \\ \hline \left[k_{21}^e \right] & \left[k_{22}^e \right] \end{array} \right] \begin{Bmatrix} v_1 \\ \varphi_1 \\ v_2 \\ \varphi_2 \end{Bmatrix} . \tag{3.83}$$

Darin ist angedeutet, dass die Steifigkeitsmatrix $[K^{e*}]$ des in Bild 3.18 dargestellten Balkenelementes in vier *Untermatrizen* aufgeteilt werden kann. Im Folgenden sollen diese Untermatrizen der Reihe nach aufgestellt werden. Dazu werden die grundlegenden Beziehungen der elementaren Biegetheorie verwendet, die in Tabelle 3.4 zusammengestellt sind.

Tabelle 3.4 Durchbiegungen und Verdrehungen am Ende eines Kragbalkens

Belastung	Durchbiegung	Verdrehwinkel
ℓ Q	$v = Q\ell^3 / 3EI$	$\varphi = Q\ell^2 / 2EI$
M	$v = M\ell^2 / 2EI$	$\varphi = M\ell / EI$

Wie beim Federelement (Bild 3.3 und Bild 3.4) werden die möglichen Verschiebungszustände des Balkenelementes (Bild 3.18) zunächst getrennt betrachtet. Nimmt man an, dass der Balken im Knoten ① fest eingespannt ist ($v_1 = \varphi_1 = 0$), dann erfährt der Knoten ② infolge einer Querkraft Q_2 und eines Momentes M_2 nach der elementaren Biegetheorie (Tabelle 3.4) eine Verschiebung v_2 und eine Verdrehung φ_2 gemäß:

$$v_2 = \frac{Q_2 \, \ell^3}{3EI} + \frac{M_2 \ell^2}{2EI} \quad \text{und} \quad \varphi_2 = \frac{Q_2 \, \ell^2}{2EI} + \frac{M_2 \ell}{EI}. \tag{3.84a,b}$$

Darin und auch im Folgenden werden Verschiebungen und Querkräfte als positiv angenommen, wenn sie in positive y-Achse gerichtet sind. Momente und Verdrehungen seien positiv, wenn sie im mathematisch positiven Sinn, d.h. gegen den Uhrzeigersinn, gerichtet sind (Bild 3.19).

Die Auflösung des linearen Gleichungssystems (3.84a,b) führt auf die Matrizengleichung

$$\begin{Bmatrix} Q_2 \\ M_2 \end{Bmatrix} = \frac{2EI}{\ell^3} \begin{bmatrix} 6 & -3\ell \\ -3\ell & 2\ell^2 \end{bmatrix} \begin{Bmatrix} v_2 \\ \varphi_2 \end{Bmatrix} \equiv \left[k_{22}^e \right] \begin{Bmatrix} v_2 \\ \varphi_2 \end{Bmatrix} . \tag{3.85}$$

Damit ist die Untermatrix $\left[k_{22}^{e}\right]$ in (3.83) bestimmt.

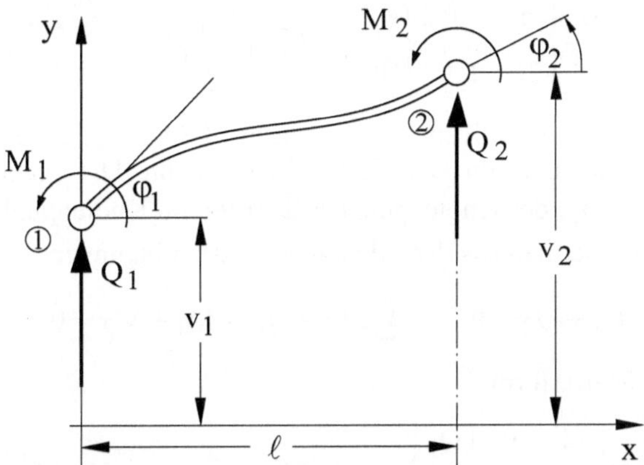

Bild 3.19 "Generalisierte Kräfte" und "generalisierte Verschiebungen" in den Knotenpunkten eines Balkenelementes

Die generalisierten Verschiebungen des Knotenpunktes, ② d.h. v_2, φ_2 , rufen im Knotenpunkt ① Reaktionen (Q_1, M_1) hervor, die man aus den Gleichge-wichtsbedingungen

$$\sum Q = Q_1 + Q_2 = 0 \quad , \quad \sum M = Q_2 \ell + M_1 + M_2 = 0 \tag{3.86a,b}$$

gewinnen kann, wenn man darin Q_2 und M_2 gemäß (3.85) ersetzt. Zunächst kann (3.86a,b) in Matrixform geschrieben werden:

$$\begin{Bmatrix} Q_1 \\ M_1 \end{Bmatrix} = \begin{bmatrix} -1 & 0 \\ -\ell & -1 \end{bmatrix} \begin{Bmatrix} Q_2 \\ M_2 \end{Bmatrix}, \tag{3.87}$$

so dass mit (3.85) das Ergebnis

$$\begin{Bmatrix} Q_1 \\ M_1 \end{Bmatrix} = \frac{2EI}{\ell^3} \begin{bmatrix} -6 & 3\ell \\ -3\ell & \ell^2 \end{bmatrix} \begin{Bmatrix} v_2 \\ \varphi_2 \end{Bmatrix} \equiv \left[k_{12}^{e}\right] \begin{Bmatrix} v_2 \\ \varphi_2 \end{Bmatrix} \tag{3.88}$$

folgt.

Zur Ermittlung der *Untermatrix* $\left[k_{11}^{e}\right]$ wird das Balkenelement im Knoten-punkt ② fest eingespannt. Dann erhält man analog (3.84a,b) das Gleichungssys-tem

$$v_1 = \frac{Q_1 \ell^3}{3EI} - \frac{M_1 \ell^2}{2EI} \quad , \quad \varphi_1 = -\frac{Q_1 \ell^2}{2EI} + \frac{M_1 \ell}{EI}, \tag{3.89a,b}$$

das man nach Q_1, M_1 auflösen kann. Das Ergebnis kann analog (3.85) in Matrixform dargestellt werden:

$$\begin{Bmatrix} Q_1 \\ M_1 \end{Bmatrix} = \frac{2EI}{\ell^3} \begin{bmatrix} 6 & 3\ell \\ 3\ell & 2\ell^2 \end{bmatrix} \begin{Bmatrix} v_1 \\ \varphi_1 \end{Bmatrix} \equiv \begin{bmatrix} k_{11}^e \end{bmatrix} \begin{Bmatrix} v_1 \\ \varphi_1 \end{Bmatrix}. \tag{3.90}$$

Zu beachten sind die negativen Vorzeichen in (3.89a,b) gegenüber (3.84a,b), die man aber leicht anhand von Bild 3.19 erklären kann. Die *"generalisierten Verschiebungen"* (v_1,φ_1) des Knotenpunktes ① rufen im Knotenpunkt ② Reaktionen (Q_2, M_2) hervor, die man aus den Gleichgewichtsbedingungen

$$\sum Q = Q_1 + Q_2 = 0 \quad , \quad \sum M = -Q_1\ell + M_1 + M_2 = 0 \tag{3.91a,b}$$

bzw. aus deren Matrixform

$$\begin{Bmatrix} Q_2 \\ M_2 \end{Bmatrix} = \begin{bmatrix} -1 & 0 \\ \ell & -1 \end{bmatrix} \begin{Bmatrix} Q_1 \\ M_1 \end{Bmatrix} \tag{3.92}$$

durch Einsetzen von (3.90) erhalten kann:

$$\begin{Bmatrix} Q_2 \\ M_2 \end{Bmatrix} = \frac{2EI}{\ell^3} \begin{bmatrix} -6 & -3\ell \\ 3\ell & \ell^2 \end{bmatrix} \begin{Bmatrix} v_1 \\ \varphi_1 \end{Bmatrix} \equiv \begin{bmatrix} k_{21}^e \end{bmatrix} \begin{Bmatrix} v_1 \\ \varphi_1 \end{Bmatrix}. \tag{3.93}$$

Man erkennt, dass (3.92) die Inversion von (3.87) ist, so dass man auch auf die Gleichgewichtsbedingung (3.91b) hätte verzichten können. Vergleicht man die Ergebnisse (3.88) und (3.93) miteinander, so stellt man fest:

$$\begin{bmatrix} k_{21}^e \end{bmatrix} = \begin{bmatrix} k_{12}^e \end{bmatrix}^t. \tag{3.94}$$

Die *Steifigkeitsmatrix* des *Balkenelements* in (3.83) setzt sich schließlich aus den Teilergebnissen (3.85), (3.88), (3.90) und (3.93) zusammen:

$$\begin{bmatrix} K^{e*} \end{bmatrix} = \frac{2EI}{\ell^3} \begin{matrix} \begin{matrix} v_1 & \varphi_1 & v_2 & \varphi_2 \end{matrix} \\ \begin{bmatrix} 6 & 3\ell & -6 & 3\ell \\ 3\ell & 2\ell^2 & -3\ell & \ell^2 \\ -6 & -3\ell & 6 & -3\ell \\ 3\ell & \ell^2 & -3\ell & 2\ell^2 \end{bmatrix} \end{matrix}. \tag{3.95}$$

Diese Matrix ist wieder *symmetrisch* und darüber hinaus auch *singulär*, da eine beliebige Starrkörperverschiebung (v_1,v_2) weder die Kräfte (Q_1, Q_2) noch die Momente (M_1, M_2) in den Knotenpunkten beeinflusst. Die erste (v_1) und dritte (v_2) Spalte (bzw. Zeile) unterscheiden sich nur durch einen konstanten Faktor (-1), so dass die Determinante verschwindet. Im Gegensatz dazu sind die Untermatrizen in (3.83) **nicht** *singulär*, da die Teillösungen (3.85), (3.88) bzw. (3.90), (3.93) die Randbedingungen $\left(v_1 = \varphi_1 = 0\right)$ bzw. $\left(v_2 = \varphi_2 = 0\right)$ berücksichtigen. Die Elemente der Steifigkeitsmatrix (3.95) sind die sogenannten *Steifigkeitseinflusszahlen* (Federkonstanten) des Biegebalkens. Der Einfluss von Normalkräften wird in der Übung 3.4.1 betrachtet.

Im Folgenden soll ein Balkenelement betrachtet werden, das analog Bild 3.7 unter einem Winkel α zur globalen x-Achse geneigt ist. In den Bildern 3.18 und 3.19 ist $\alpha = 0$, so dass die lokalen (x^*, y^*) und globalen (x,y) Koordinaten zusammenfallen. Die Steifigkeitsmatrix (3.95) bezieht sich auf die lokalen Koordinaten (x^*,y^*) des Balkenelementes, das in die globale x-Achse $(\alpha = 0)$ gelegt wurde. Für eine allgemeine Lage $\left(\alpha \neq 0\right)$ muss man zusätzlich noch Verschiebungen u_1^* und u_2^* berücksichtigen, die Komponenten u_1, v_1 und u_2, v_2 besitzen. Die Momente M_1, M_2 und damit auch die Verdrehungen $\left(\varphi_1,\varphi_2\right)$ werden von α nicht beeinflusst. Mithin ist die "lokale" Steifigkeitsmatrix (3.95) durch zwei Zeilen und zwei Spalten zu erweitern, die nur Nullen enthalten:

$$
\left[K^{e*}\right] = \frac{2EI}{\ell^3}
\begin{matrix}
& u_1^* & v_1^* & \varphi_1^* & u_2^* & v_2^* & \varphi_2^* & \\
\begin{bmatrix}
0 & 0 & 0 & 0 & 0 & 0 \\
0 & 6 & 3\ell & 0 & -6 & 3\ell \\
0 & 3\ell & 2\ell^2 & 0 & -3\ell & \ell^2 \\
0 & 0 & 0 & 0 & 0 & 0 \\
0 & -6 & -3\ell & 0 & 6 & -3\ell \\
0 & 3\ell & \ell^2 & 0 & -3\ell & 2\ell^2
\end{bmatrix}
&
\begin{matrix}
u_1^* \\
v_1^* \\
\varphi_1^* \equiv \varphi_1 \\
u_2^* \\
v_2^* \\
\varphi_2^* \equiv \varphi_2
\end{matrix}
\end{matrix}
\qquad (3.95^*)
$$

Die Transformationsmatrix (3.52) muss ebenfalls erweitert werden, da im Gegensatz zu (3.37a) beim Balkenelement in jedem Knotenpunkt zu den zwei Kraftkomponenten noch ein Moment hinzukommt; somit sind also sechs *generalisierte Kräfte* zu betrachten, was auf eine 6×6 Matrix führt:

$$
[T] =
\begin{bmatrix}
c & s & 0 & 0 & 0 & 0 \\
-s & c & 0 & 0 & 0 & 0 \\
0 & 0 & 1 & 0 & 0 & 0 \\
0 & 0 & 0 & c & s & 0 \\
0 & 0 & 0 & -s & c & 0 \\
0 & 0 & 0 & 0 & 0 & 1
\end{bmatrix}. \qquad (3.96)
$$

Darin sind wieder die Abkürzungen $c \equiv \cos\alpha$ und $s \equiv \sin\alpha$ verwendet. Wie durch gestrichelte Linien in (3.96) angedeutet, treten die dritte Zeile (Spalte) und sechste Zeile (Spalte) zusätzlich gegenüber (3.52) auf. Diese Zeilen und Spalten sind vom Neigungswinkel α unabhängig, da die Knotenmomente M_1 und M_2 im lokalen (x^*, y^*) und globalen (x,y) Koordinatensystem gleich sind und somit durch die Transformation nicht beeinflusst werden dürfen.

Analog (3.50a) verwendet man die Transformation

$$\left[K^e \right] = [T]^t \left[K^{e*} \right] [T] \tag{3.97}$$

und erhält mit (3.95*) und (3.96) analog zu (3.53) die *Steifigkeitsmatrix* des *Balkenelementes* im *globalen Koordinatensystem*:

$$
\left[K^e \right] = \frac{2EI}{\ell^3}
\begin{bmatrix}
6s^2 & -6cs & -3\ell s & -6s^2 & 6cs & -3\ell s \\
-6cs & 6c^2 & 3\ell c & 6cs & -6c^2 & 3\ell c \\
-3\ell s & 3\ell c & 2\ell^2 & 3\ell s & -3\ell c & \ell^2 \\
-6s^2 & 6cs & 3\ell s & 6s^2 & -6cs & 3\ell s \\
6cs & -6c^2 & -3\ell c & -6cs & 6c^2 & -3\ell c \\
-3\ell s & 3\ell c & \ell^2 & 3\ell s & -3\ell c & 2\ell^2
\end{bmatrix}
\begin{matrix} u_1 \\ v_1 \\ \varphi_1 \\ u_2 \\ v_2 \\ \varphi_2 \end{matrix}
\tag{3.98}
$$

Analog (3.83) erhält man damit die *Steifigkeitsbeziehung*:

$$
\begin{Bmatrix} Q_{1x} \\ Q_{1y} \\ M_1 \\ Q_{2x} \\ Q_{2y} \\ M_2 \end{Bmatrix}
=
\begin{bmatrix}
\left[k_{11}^e \right] & \left[k_{12}^e \right] \\
\left[k_{21}^e \right] & \left[k_{22}^e \right]
\end{bmatrix}
\begin{Bmatrix} u_1 \\ v_1 \\ \varphi_1 \\ u_2 \\ v_2 \\ \varphi_2 \end{Bmatrix}
\tag{3.99}
$$

mit den *Untermatrizen*

$$
\left[k_{11}^e \right] = \frac{2EI}{\ell^3}
\begin{bmatrix}
6s^2 & -6cs & -3\ell s \\
-6cs & 6c^2 & 3\ell c \\
-3\ell s & 3\ell c & 2\ell^2
\end{bmatrix}
\tag{3.100}
$$

$$
\left[k_{12}^e \right] = \frac{2EI}{\ell^3}
\begin{bmatrix}
-6s^2 & 6cs & -3\ell s \\
6cs & -6c^2 & 3\ell c \\
3\ell s & -3\ell c & \ell^2
\end{bmatrix}
\tag{3.101}
$$

$$\left[k_{21}^{e}\right] = \frac{2EI}{\ell^3}\begin{bmatrix} -6s^2 & 6cs & 3\ell s \\ 6cs & -6c^2 & -3\ell c \\ -3\ell s & 3\ell c & \ell^2 \end{bmatrix} \qquad (3.102)$$

$$\left[k_{22}^{e}\right] = \frac{2EI}{\ell^3}\begin{bmatrix} 6s^2 & -6cs & 3\ell s \\ -6cs & 6c^2 & -3\ell c \\ 3\ell s & -3\ell c & 2\ell^2 \end{bmatrix}. \qquad (3.103)$$

Analog (3.94) gilt auch für (3.101) und (3.102)

$$\left[k_{21}^{e}\right] = \left[k_{12}^{e}\right]^{t}. \qquad (3.104)$$

Darüber hinaus reduzieren sich die Untermatrizen (3.100) bis (3.103) für $\alpha = 0$, d.h. $c = 1$ und $s = 0$ zu (3.85), (3.88), (3.90) und (3.93).

Für die Beanspruchung des in Bild 3.18 dargestellten Balkenelementes sind die Querkraft $Q(x)$ und der Momentenverlauf $M = M(x)$ maßgeblich, die man aus den Gleichgewichtsbedingungen gewinnt:

$$Q_1 + Q(x) = 0 \quad , \quad M_1 + M(x) - Q_1 x = 0. \qquad (3.105a,b)$$

Die Querkraft Q_1 und das Moment M_1 im Knoten ① erhält man aus (3.83) unter Berücksichtigung der Untermatrizen $\left[k_{11}^{e}\right]$ und $\left[k_{12}^{e}\right]$ aus (3.90) und (3.88):

$$Q_1 = \frac{2EI}{\ell^3}\left(6v_1 + 3\ell\varphi_1 - 6v_2 + 3\ell\varphi_2\right) \qquad (3.106a)$$

$$M_1 = \frac{2EI}{\ell^3}\left(3\ell v_1 + 2\ell^2\varphi_1 - 3\ell v_2 + \ell^2\varphi_2\right). \qquad (3.106b)$$

Damit kann (3.105a,b) in der Matrixform

$$\begin{Bmatrix} Q(x) \\ M(x) \end{Bmatrix} = \frac{2EI}{\ell^3}[S]\begin{Bmatrix} v_1 \\ \varphi_1 \\ v_2 \\ \varphi_2 \end{Bmatrix} \qquad (3.107)$$

ausgedrückt werden, wenn man die Matrix

$$[S] = \begin{bmatrix} -6 & -3\ell & 6 & -3\ell \\ (6x - 3\ell) & \left(3\ell x - 2\ell^2\right) & (3\ell - 6x) & \left(3\ell x - \ell^2\right) \end{bmatrix} \qquad (3.108)$$

einführt.

In Bild 3.18 und den anschließenden Ausführungen wurde nur ein einzelnes Balkenelement betrachtet. Im Folgenden sei ein zusammengesetzter Balken mit zwei Elementen und somit drei Knoten gegeben (Bild 3.20).

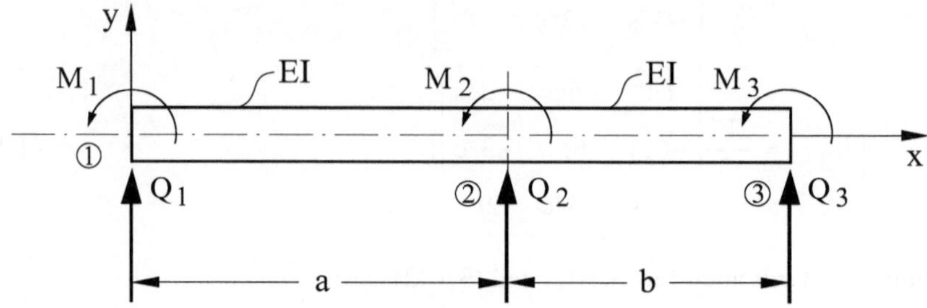

Bild 3.20 Balken mit konstanter Biegesteifigkeit, aufgeteilt in zwei finite Elemente "a" und "b"

Die *Elementsteifigkeitsmatrizen* für die einzelnen Balkenelemente in Bild 3.20 können unmittelbar von (3.95) übernommen werden.

Allerdings ist es im Hinblick auf das Zusammenfügen zur Gesamtmatrix zweckmäßig, die Matrix (3.95) auf eine 6×6 Matrix zu erweitern, da für den Balken in Bild 3.20 aufgrund der drei Knoten sechs Freiheitsgrade vorzusehen (zu "reservieren") sind. Mithin ergeben sich die einzelnen *Elementsteifigkeitsmatrizen* zu:

$$\left[K_a^e \right] = \frac{2EI}{a^3} \begin{bmatrix} 6 & 3a & -6 & 3a & 0 & 0 \\ 3a & 2a^2 & -3a & a^2 & 0 & 0 \\ -6 & -3a & 6 & -3a & 0 & 0 \\ 3a & a^2 & -3a & 2a^2 & 0 & 0 \\ 0 & 0 & 0 & 0 & 0 & 0 \\ 0 & 0 & 0 & 0 & 0 & 0 \end{bmatrix}, \tag{3.109a}$$

$$\left[K_b^e \right] = \frac{2EI}{b^3} \begin{bmatrix} v_1 & \varphi_1 & v_2 & \varphi_2 & v_3 & \varphi_3 \\ 0 & 0 & 0 & 0 & 0 & 0 \\ 0 & 0 & 0 & 0 & 0 & 0 \\ 0 & 0 & 6 & 3b & -6 & 3b \\ 0 & 0 & 3b & 2b^2 & -3b & b^2 \\ 0 & 0 & -6 & -3b & 6 & -3b \\ 0 & 0 & 3b & b^2 & -3b & 2b^2 \end{bmatrix}. \tag{3.109b}$$

Durch Addition von (3.109a) und (3.109b) erhält man unmittelbar die *Gesamtsteifigkeitsmatrix*:

$$
[K] = 2EI
\begin{array}{cccccc}
v_1 & \varphi_1 & v_2 & \varphi_2 & v_3 & \varphi_3 \\
\end{array}
$$

$$
[K] = 2EI
\begin{bmatrix}
\dfrac{6}{a^3} & \dfrac{3}{a^2} & -\dfrac{6}{a^3} & \dfrac{3}{a^2} & 0 & 0 \\[2mm]
\dfrac{3}{a^2} & \dfrac{2}{a} & -\dfrac{3}{a^2} & \dfrac{1}{a} & 0 & 0 \\[2mm]
-\dfrac{6}{a^3} & -\dfrac{3}{a^2} & \dfrac{6}{a^3}+\dfrac{6}{b^3} & \dfrac{3}{b^2}-\dfrac{3}{a^2} & -\dfrac{6}{b^3} & \dfrac{3}{b^2} \\[2mm]
\dfrac{3}{a^2} & \dfrac{1}{a} & \dfrac{3}{b^2}-\dfrac{3}{a^2} & \dfrac{2}{a}+\dfrac{2}{b} & -\dfrac{3}{b^2} & \dfrac{1}{b} \\[2mm]
0 & 0 & -\dfrac{6}{b^3} & -\dfrac{3}{b^2} & \dfrac{6}{b^3} & -\dfrac{3}{b^2} \\[2mm]
0 & 0 & \dfrac{3}{b^2} & \dfrac{1}{b} & -\dfrac{3}{b^2} & \dfrac{2}{b}
\end{bmatrix} . \tag{3.110}
$$

Man kann diese Matrix verwenden für Balkenprobleme, bei denen sich eine Aufteilung des Balkens in zwei Balkenelemente der Länge a und b anbietet und bei denen drei Knotenpunkte zu beachten sind. Dazu sei im Folgenden ein Beispiel diskutiert (Bild 3.21).

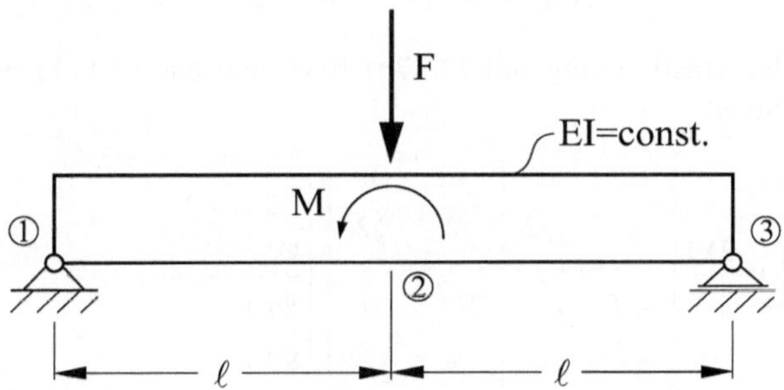

Bild 3.21 Statisch bestimmt gelagerter Balken; Belastung durch Einzellast F und Einzelmoment M in Balkenmitte

Die Randbedingungen ($v_1 = v_3 = 0$; $M_1 = M_3 = 0$) und die äußeren Belastungen ($Q_2 = -F$, $M_2 = M$) gehen aus Bild 3.21 hervor. Weiterhin sei $a = b = \ell$. Gesucht sind die Auflagerreaktionen Q_1, Q_3, die Verschiebung v_2 und die Verdrehungen $\varphi_1, \varphi_2, \varphi_3$. Es ist zweckmäßig, eine Umsortierung und Aufteilung der Matrix (3.110) vorzunehmen, so dass man analog (3.26) schreiben kann:

$$\begin{Bmatrix} Q_1 = ? \\ Q_3 = ? \\ \hline Q_2 = -F \\ M_2 = M \\ M_1 = 0 \\ M_3 = 0 \end{Bmatrix} = \begin{bmatrix} \begin{bmatrix} K_{rr} \end{bmatrix} & \vdots & \begin{bmatrix} K_{ra} \end{bmatrix} \\ \cdots & \vdots & \cdots \\ \begin{bmatrix} K_{ar} \end{bmatrix} & \vdots & \begin{bmatrix} K_{aa} \end{bmatrix} \end{bmatrix} \begin{Bmatrix} v_1 = 0 \\ v_3 = 0 \\ \hline v_2 = ? \\ \varphi_2 = ? \\ \varphi_1 = ? \\ \varphi_3 = ? \end{Bmatrix}. \tag{3.111}$$

Die für diese Anordnung umsortierte Gesamtsteifigkeitsmatrix geht aus (3.110) für $a = b = \ell$ hervor:

$$[K] = \frac{2EI}{\ell^3} \begin{array}{c} \begin{array}{cccccc} v_1 & v_3 & v_2 & \varphi_2 & \varphi_1 & \varphi_3 \end{array} \\ \begin{bmatrix} 6 & 0 & -6 & 3\ell & 3\ell & 0 \\ 0 & 6 & -6 & -3\ell & 0 & -3\ell \\ -6 & -6 & 12 & 0 & -3\ell & 3\ell \\ 3\ell & -3\ell & 0 & 4\ell^2 & \ell^2 & \ell^2 \\ 3\ell & 0 & -3\ell & \ell^2 & 2\ell^2 & 0 \\ 0 & -3\ell & 3\ell & \ell^2 & 0 & 2\ell^2 \end{bmatrix} \begin{array}{c} v_1 \\ v_3 \\ v_2 \\ \varphi_2 \\ \varphi_1 \\ \varphi_3 \end{array} \end{array}. \tag{3.112}$$

In formaler Übereinstimmung mit (3.27b) liest man aus (3.111) mit (3.112) die Matrizengleichung

$$\begin{Bmatrix} -F \\ M \\ \hline 0 \\ 0 \end{Bmatrix} = \frac{2EI}{\ell^3} \begin{bmatrix} 12 & 0 & -3\ell & 3\ell \\ 0 & 4\ell^2 & \ell^2 & \ell^2 \\ \hline -3\ell & \ell^2 & 2\ell^2 & 0 \\ 3\ell & \ell^2 & 0 & 2\ell^2 \end{bmatrix} \begin{Bmatrix} v_2 \\ \varphi_2 \\ \hline \varphi_1 \\ \varphi_3 \end{Bmatrix} \tag{3.113}$$

ab, die man auch folgendermaßen aufspalten kann:

$$\begin{Bmatrix} -F \\ M \end{Bmatrix} = \frac{2EI}{\ell^3} \begin{bmatrix} 12 & 0 \\ 0 & 4\ell^2 \end{bmatrix} \begin{Bmatrix} v_2 \\ \varphi_2 \end{Bmatrix} + \frac{2EI}{\ell^3} \begin{bmatrix} -3\ell & 3\ell \\ \ell^2 & \ell^2 \end{bmatrix} \begin{Bmatrix} \varphi_1 \\ \varphi_3 \end{Bmatrix}, \tag{3.114a}$$

$$\begin{Bmatrix} 0 \\ 0 \end{Bmatrix} = \frac{2EI}{\ell^3} \begin{bmatrix} -3\ell & \ell^2 \\ 3\ell & \ell^2 \end{bmatrix} \begin{Bmatrix} v_2 \\ \varphi_2 \end{Bmatrix} + \frac{2EI}{\ell^3} \begin{bmatrix} 2\ell^2 & 0 \\ 0 & 2\ell^2 \end{bmatrix} \begin{Bmatrix} \varphi_1 \\ \varphi_3 \end{Bmatrix}. \tag{3.114b}$$

In (3.114b) kann die Matrix vor $\begin{Bmatrix} \varphi_1 \\ \varphi_3 \end{Bmatrix}$ leicht invertiert werden, da sie Diagonalgestalt besitzt:

$$\begin{bmatrix} 2\ell^2 & 0 \\ 0 & 2\ell^2 \end{bmatrix}^{-1} = \begin{bmatrix} 1/2\ell^2 & 0 \\ 0 & 1/2\ell^2 \end{bmatrix}. \tag{3.115}$$

Multipliziert man (3.114b) von links mit (3.115), so erhält man die Auflösung:

$$\begin{Bmatrix} \varphi_1 \\ \varphi_3 \end{Bmatrix} = -\frac{1}{2}\begin{bmatrix} -3/\ell & 1 \\ 3/\ell & 1 \end{bmatrix}\begin{Bmatrix} v_2 \\ \varphi_2 \end{Bmatrix} \tag{3.116}$$

und damit aus (3.114a):

$$\begin{Bmatrix} -F \\ M \end{Bmatrix} = \frac{2EI}{\ell^3}\begin{bmatrix} 12 & 0 \\ 0 & 4\ell^2 \end{bmatrix}\begin{Bmatrix} v_2 \\ \varphi_2 \end{Bmatrix} - \frac{2EI}{\ell^3}\begin{bmatrix} -3\ell & 3\ell \\ \ell^2 & \ell^2 \end{bmatrix}\begin{bmatrix} -3/2\ell & 1/2 \\ 3/2\ell & 1/2 \end{bmatrix}\begin{Bmatrix} v_2 \\ \varphi_2 \end{Bmatrix},$$

$$\begin{Bmatrix} -F \\ M \end{Bmatrix} = \frac{2EI}{\ell^3}\begin{bmatrix} 3 & 0 \\ 0 & 3\ell^2 \end{bmatrix}\begin{Bmatrix} v_2 \\ \varphi_2 \end{Bmatrix}. \tag{3.117}$$

Durch Inversion erhält man daraus die unbekannte Verschiebung v_2 und Verdrehung φ_2 :

$$\begin{Bmatrix} v_2 \\ \varphi_2 \end{Bmatrix} = \frac{1}{6EI}\begin{bmatrix} \ell^3 & 0 \\ 0 & \ell \end{bmatrix}\begin{Bmatrix} -F \\ M \end{Bmatrix}. \tag{3.118}$$

Mit diesem Ergebnis erhält man die weiteren Unbekannten φ_1 und φ_3 aus (3.116) zu:

$$\begin{Bmatrix} \varphi_1 \\ \varphi_3 \end{Bmatrix} = \frac{\ell}{12EI}\begin{bmatrix} 3\ell & -1 \\ -3\ell & -1 \end{bmatrix}\begin{Bmatrix} -F \\ M \end{Bmatrix}. \tag{3.119}$$

Mit (3.118) und (3.119) sind alle unbekannten *"generalisierten Knotenpunktverschiebungen"* in (3.111) ermittelt, so dass man jetzt aus (3.111) unmittelbar die Reaktionskräfte in formaler Übereinstimmung mit (3.27a) bestimmen kann:

$$\begin{Bmatrix} Q_1 \\ Q_3 \end{Bmatrix} = \frac{2EI}{\ell^3}\left[\begin{array}{cc:cc} -6 & 3\ell & 3\ell & 0 \\ -6 & -3\ell & 0 & -3\ell \end{array}\right]\begin{Bmatrix} v_2 \\ \varphi_2 \\ \varphi_1 \\ \varphi_3 \end{Bmatrix}. \tag{3.120}$$

Diese Gleichung lässt sich folgendermaßen aufspalten:

$$\begin{Bmatrix} Q_1 \\ Q_3 \end{Bmatrix} = \frac{2EI}{\ell^3}\begin{bmatrix} -6 & 3\ell \\ -6 & -3\ell \end{bmatrix}\begin{Bmatrix} v_2 \\ \varphi_2 \end{Bmatrix} + \frac{2EI}{\ell^3}\begin{bmatrix} 3\ell & 0 \\ 0 & -3\ell \end{bmatrix}\begin{Bmatrix} \varphi_1 \\ \varphi_3 \end{Bmatrix}, \tag{3.120*}$$

so dass man durch Einsetzen von (3.118) und (3.119) unmittelbar das gesuchte Ergebnis erhält:

$$\begin{Bmatrix} Q_1 \\ Q_3 \end{Bmatrix} = \begin{bmatrix} -2 & 1/\ell \\ -2 & -1/\ell \end{bmatrix} \begin{Bmatrix} -F \\ M \end{Bmatrix} + \begin{bmatrix} 3/2 & -1/2\ell \\ 3/2 & 1/2\ell \end{bmatrix} \begin{Bmatrix} -F \\ M \end{Bmatrix}$$

$$\begin{Bmatrix} Q_1 \\ Q_3 \end{Bmatrix} = \frac{1}{2}\begin{bmatrix} -1 & 1/\ell \\ -1 & -1/\ell \end{bmatrix} \begin{Bmatrix} -F \\ M \end{Bmatrix} \tag{3.121}$$

oder ausmultipliziert:

$$Q_1 = (F + M/\ell)/2 \quad , \quad Q_3 = (F - M/\ell)/2. \tag{3.121*a,b}$$

Weitere Beispiele dieser Art und auch statisch unbestimmte Balken werden in den Übungen diskutiert. Ferner werden auch Balkenelemente unter dem Einfluss von Normalkräften betrachtet (Ü 3.4.1/Ü 3.4.2).

Bisher wurde vereinfachend angenommen, dass die äußeren Lasten (Kräfte und Momente) nur in Knotenpunkten angreifen. Man kann jedoch auch Balken behandeln, die durch Lastverteilungen zwischen den Knotenpunkten belastet werden, indem man diese Belastungen durch statisch gleichwertige Zusatzkräfte und Zusatzmomente in den Knotenpunkten ersetzt. Die Steifigkeitsbeziehung für den Balken ist dann allgemein gemäß

$$\{F\} = [K]\{\delta\} + \{F_0\} \tag{3.122}$$

anzusetzen. Darin ist $\{F_0\}$ die Spaltenmatrix der "verallgemeinerten" zusätzlichen Knotenpunktkräfte.

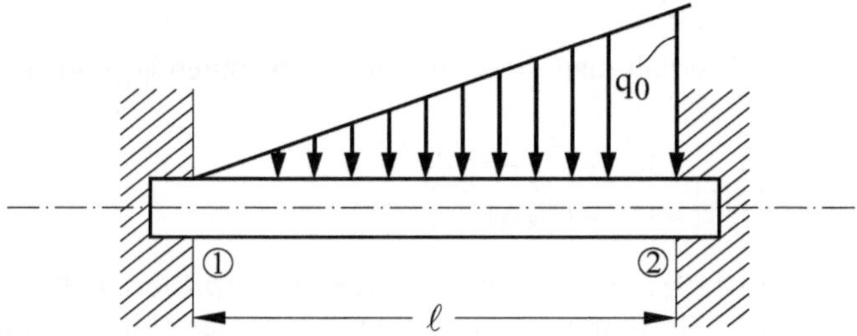

Bild 3.22 Beidseitig eingespannter Balken mit Dreieckslast

Man erhält diese *äquivalenten Ersatzlasten*, indem man das Balkenelement (zwischen zwei Knoten) als beidseitig eingespannten Balken betrachtet und die Kräfte an den Einspannungen und die Einspannmomente nach der Biegetheorie ermittelt. Für den beidseitig eingespannten Balken mit Dreieckslast (Bild 3.22) erhält man beispielsweise (Dubbel) die Auflagerkräfte

$$Q_{01} = \frac{3}{20}q_0\ell \quad , \quad Q_{02} = \frac{7}{20}q_0\ell \tag{3.123a,b}$$

und die Einspannmomente

$$M_{01} = \frac{1}{30}q_0\ell^2 \quad , \quad M_{02} = -\frac{1}{20}q_0\ell^2 \, , \tag{3.123c,d}$$

so dass in (3.122) die zusätzliche Matrix

$$\{F_0\}^t = \{Q_{01} \quad M_{01} \quad Q_{02} \quad M_{02}\} \tag{3.124}$$

zu berücksichtigen wäre. Die zusätzlichen Knotenkräfte (3.123a,b) und Knotenmomente (3.123c,d) können als *energie-äquivalente Knotenbelastungen* gedeutet werden (Ü3.4.3, Ü3.4.4 und Ü7.1.2 in Band 2). Die oben und in den Übungen diskutierten Beispiele sind sehr einfach und sollen den Grundgedanken der *Matrix-Steifigkeitsmethode* verdeutlichen. Diese einfachen Beispiele können nach herkömmlichen Verfahren der Festigkeitslehre meistens weniger aufwendig behandelt werden. Die *Matrix-Steifigkeitsmethode* wird erst dann wesentlich vorteilhafter, wenn kompliziertere Balkenprobleme, die auch noch hochgradig statisch unbestimmt sind, gelöst werden müssen.

Analog zum Zug-Druck-Stab wird das Tragverhalten eines Torsionsstabes (*Torsionsstabelement*) durch die Steifigkeitsbeziehung

$$\frac{GI_t}{\ell} \begin{bmatrix} 1 & -1 \\ -1 & 1 \end{bmatrix} \begin{Bmatrix} \varphi_1 \\ \varphi_2 \end{Bmatrix} = \begin{Bmatrix} M_1 \\ M_2 \end{Bmatrix}$$

charakterisiert. Darin ist GI_t die "*Drillsteifigkeit*".

Übungsaufgaben

3.4.1 Für das skizzierte Balkenelement erweitere man die in Kapitel 3.4 hergeleitete *Steifigkeitsmatrix* (3.95) unter Berücksichtigung von *Normalkräften* im *lokalen* und *globalen* Koordinatensystem.

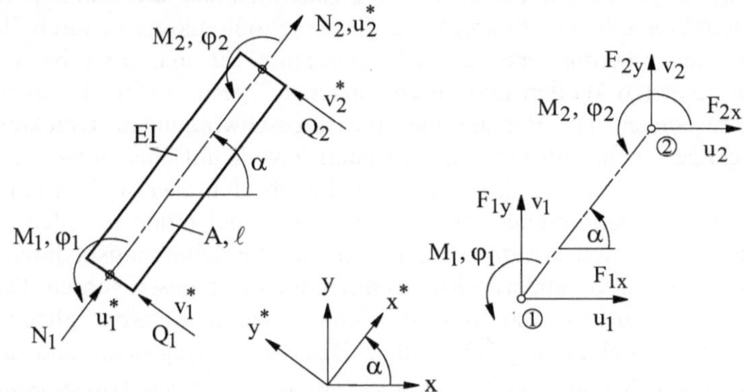

3.4.2 Zwei Balkenelemente werden durch ein Gelenk gekoppelt (Skizze). Man stelle die *Steifigkeitsbeziehung* auf.

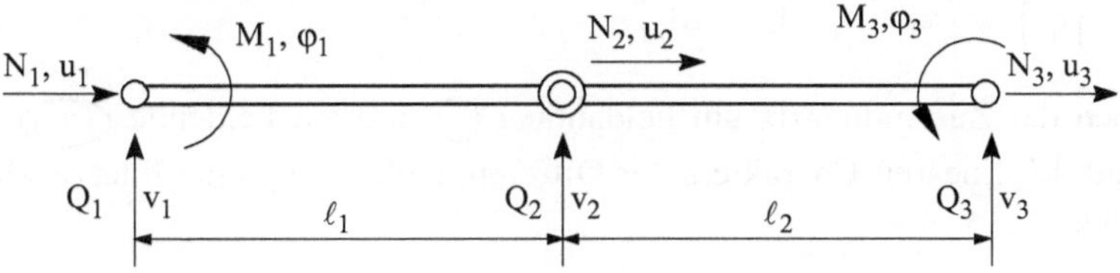

3.4.3 Ein finites Balkenelement der Länge ℓ werde durch eine Lastverteilung $q = q(x)$ zwischen den Knotenpunkten ① und ② belastet. Man ermittle allgemein die *energie-äquivalenten Knotenbelastungen*.

3.4.4 Ein Kragbalken werde durch eine Dreieckslast $q(x) = q_0 x/\ell$ belastet (Skizze).

Man betrachte den gesamten Balken als Einzelelement $(\ell \equiv L)$ und ermittle

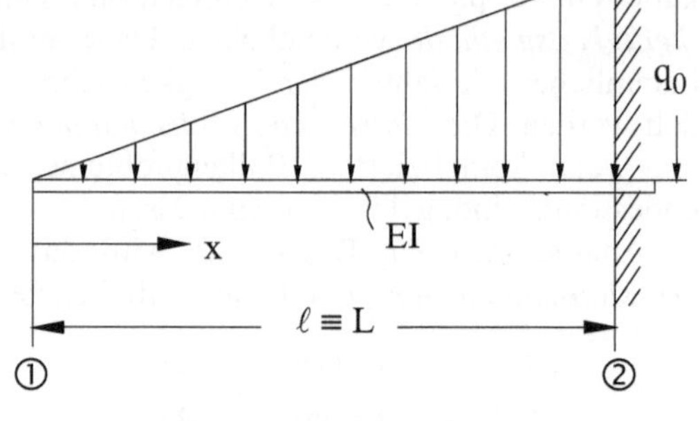

a) die *äquivalenten Knotenbelastungen*,
b) die *Durchbiegung* und die *Neigung* des freien Balkenendes,
c) die *Biegelinie* $v = v(x)$ mit Hilfe der HERMITEschen *Formfunktionen*,
d) die *Biegelinie*, wenn der Balken in $x = 0$ durch ein *Loslager* zusätzlich abgestützt wird.

3.5 Vergleich Steifigkeits- und Übertragungsmatrix

Zur Lösung einiger elastomechanischer Aufgaben hat sich die Methode der *Übertragungsmatrizen* sehr gut bewährt. Zu diesem Problemkreis gehören "kettenförmig" miteinander verbundene elastische Elemente, die man etwa bei Durchlaufträgern, abgesetzten Wellen und geschichteten Körpern vorfindet, um nur einige Beispiele zu nennen. Die Behandlung von Biegeschwingungen, Knickungen oder Durchbiegungen mehrfeldriger Balken basiert jeweils auf einer *linearen Differentialgleichung 4. Ordnung*, die sich im Falle abschnittsweise konstanter Querschnittsdaten in geschlossener Form lösen lässt. Dabei treten in jedem Abschnitt (*Feld*) vier Integrationskonstanten auf, die an die Übergangsbedingungen der Feldgrenzen und an die äußeren Randbedingungen angepasst werden. Dazu wählt man die Lösungsfunktion so, dass die Konstanten unmittelbar gleich den *Zustandsgrößen* am Feldanfang ① werden. Diese Zustandsgrößen sind die Durchbiegung (v_i), die Neigung (φ_i), die Querkraft (Q_i) und das Biegemoment (M_i). Man kann sie zu einer "Zustandsmatrix" zusammenfassen:

$$\left\{ r_i \right\}^t = \left\{ v_i \quad \varphi_i \quad Q_i \quad M_i \right\}. \tag{3.125}$$

Zwischen der Zustandmatrix am Feldanfang ⓘ und am Feldende ⓘ₊₁ besteht aufgrund des linearen Charakters der Differentialgleichung eine lineare Matrizengleichung

$$\{r_{i+1}\} = [f_i]\{r_i\}.$$ (3.126)

Die am Feldanfang herrschenden Feldgrößen kann man als Eingangsgrößen und die entsprechenden Feldgrößen am Feldende als Ausgangsgrößen ansehen, so dass die verknüpfende Matrix $[f_i]$ sinnvollerweise als *"Übertragungsmatrix"* bezeichnet werden kann. Sie bezieht sich auf ein Balkenfeld und wird daher auch *Feldmatrix* genannt. Die Übertragungsmatrix für eine Punktmasse oder Stützfeder wird als *Punktmatrix* bezeichnet.

Die Hintereinanderschaltung einzelner Felder zum Gesamtbalken entspricht einer Multiplikation der einzelnen Feldmatrizen (und evtl. Punktmatrizen) zu einer gesamten *Übertragungsmatrix,* die den Balkenanfang und das Balkenende miteinander verknüpft. An den Balkenenden sind durch die Randbedingungen des Gesamtsystems je zwei der Zustandsgrößen gegeben. Man beginnt die Rechnung am Balkenanfang mit den beiden dort auftretenden unbekannten Zustandsgrößen und zieht die Rechnung durch alle Balkenabschnitte (Felder) durch bis zum Balkenende, was auf die fortgesetzte Multiplikation zweier Zustandsmatrizen mit den Übertragungsmatrizen hinausläuft. Am Balkenende erhält man aus den zwei restlichen Randbedingungen zwei Bedingungsgleichungen zur Berechnung der beiden Unbekannten. Treten auch noch innere Randbedingungen auf, wie etwa Zwischenstützen oder Gerbergelenke, so lässt sich durch die zusätzliche Bedingung (v = 0 oder M = 0) eine der beiden mitgeführten Unbekannten durch die andere ausdrücken. An ihre Stelle tritt jedoch eine neue zweite Unbekannte auf, nämlich die Lagerkraft der Zwischenstütze oder die Winkeländerung beim Gerbergelenk. Durch eine solche Konstantenreduktion bleibt auch bei statisch unbestimmten Aufgaben beliebig hohen Grades die Anzahl der Unbekannten immer gleich zwei.

Zum Vergleich des *Übertragungsmatrizenverfahrens* mit der *FE-Methode* greife man aus dem "kettenförmigen" Balkenverband ein Element mit den Knotenpunkten ⓘ und ⓘ⁺❶ heraus. Dieses Element ist jeweils nur mit dem vorhergehenden und nachfolgenden Nachbarelement verbunden. Die hierbei auftretenden Übergangsbedingungen in den Zustandsgrößen werden durch die Multiplikation der entsprechenden Feldmatrizen automatisch erfüllt.

Analog (3.126) gilt

$$\{r_i\} = [f_{i-1}]\{r_{i-1}\},$$ (3.127)

so dass die "Verkettung" mit (3.126) auf

$$\{r_{i+1}\} = [f_i][f_{i-1}]\{r_{i-1}\}$$ (3.128)

führt etc.

Im Folgenden soll an einem einfachen Beispiel (Bild 3.23) ein Zusammenhang zwischen der *Steifigkeits-* und *Übertragungsmatrix* aufgedeckt werden. Dazu werden zunächst die *Zustandsgrößen* (3.125) am *Feldende* (i=2) durch die entsprechenden Größen am *Feldanfang* (i=1) ausgedrückt. Man erhält diese Zusammenhänge und damit die Matrizengleichung (3.126) aus Bild 3.23 in Verbindung mit den Gleichgewichtsbedingungen (3.86a,b).

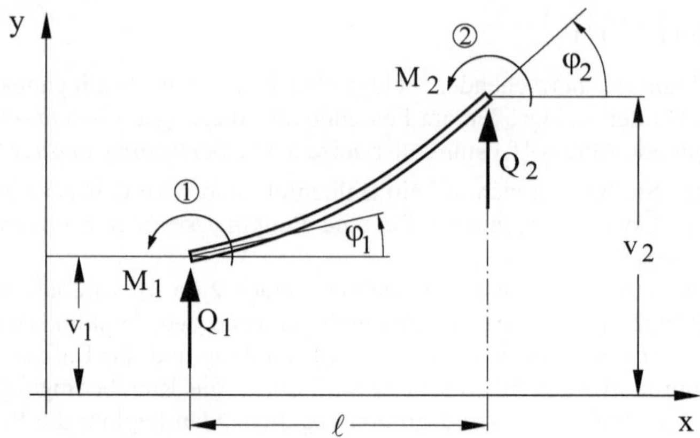

Bild 3.23 Einzelfeld eines Biegebalkens (wie Bild 3.19)

Die Verschiebung v_2 setzt sich aus *vier* Anteilen zusammen, die man Bild 3.23 entnehmen kann und die sich wegen $\ell \tan \varphi_1 \approx \ell \varphi_1$ und mit Tabelle 3.4 folgendermaßen ergeben:

$$v_2 = v_1 + \ell \varphi_1 + \frac{\ell^3}{3EI} Q_2 + \frac{\ell^2}{2EI} M_2 \,.$$

Darin berücksichtigen die ersten beiden Terme auf der rechten Seite den Einfluss von Knoten ①, während die letzten beiden Terme infolge der Belastung im Knoten ② entstehen. In Verbindung mit (3.86a,b) erhält man:

$$v_2 = v_1 + \ell \varphi_1 + \frac{\ell^3}{6EI} Q_1 - \frac{\ell^2}{2EI} M_1 \,. \tag{3.129a}$$

Die Verdrehung φ_2 im Knotenpunkt ② setzt sich aus *drei* Anteilen zusammen, die man ebenfalls Bild 3.23 unmittelbar entnehmen kann, wenn man Tabelle 3.4 berücksichtigt:

$$\varphi_2 = \varphi_1 + \frac{\ell^2}{2EI} Q_2 + \frac{\ell}{EI} M_2 \,.$$

In Verbindung mit den Gleichgewichtsbedingungen (3.86a,b) erhält man schließlich:

$$\varphi_2 = \varphi_1 + \frac{\ell^2}{2EI} Q_1 - \frac{\ell}{EI} M_1 \,. \tag{3.129b}$$

Die Gleichgewichtsbedingungen (3.86a,b) lassen sich gemäß

$$Q_2 = -Q_1 \,, \qquad M_2 = \ell Q_1 - M_1 \tag{3.129c,d}$$

ausdrücken, so dass man mit (3.129a,b,c,d) ein Gleichungssystem gewonnen hat, das man in der Matrizengleichung (3.126), d.h. gemäß

$$\left\{\begin{array}{c} v_2 \\ \varphi_2 \\ \hline Q_2 \\ M_2 \end{array}\right\} = \left[\begin{array}{c:c} \left[f_{11}^e\right] & \left[f_{12}^e\right] \\ \hdashline \left[f_{21}^e\right] & \left[f_{22}^e\right] \end{array}\right] \left\{\begin{array}{c} v_1 \\ \varphi_1 \\ \hline Q_1 \\ M_1 \end{array}\right\} \tag{3.130}$$

zusammenfassen kann. Darin ist

$$\left[f^e\right] = \left[\begin{array}{c:c} \left[f_{11}^e\right] & \left[f_{12}^e\right] \\ \hdashline \left[f_{21}^e\right] & \left[f_{22}^e\right] \end{array}\right] = \left[\begin{array}{cc:cc} 1 & \ell & \ell^3/6EI & -\ell^2/2EI \\ 0 & 1 & \ell^2/2EI & -\ell/EI \\ \hdashline 0 & 0 & -1 & 0 \\ 0 & 0 & \ell & -1 \end{array}\right] \tag{3.131}$$

die gesuchte *Übertragungsmatrix* eines *Einzelfeldes* (Balkenelementes), die im Gegensatz zu (3.95) **nicht** *symmetrisch* ist. Darüber hinaus ist sie auch **nicht** *singulär,* da ihre Determinante den Wert **eins** besitzt.

Analog (3.129a,b,c,d) erhält man die Umkehrung

$$v_1 = v_2 - \ell\varphi_2 + \frac{\ell^3}{6EI}Q_2 + \frac{\ell^2}{2EI}M_2, \quad \varphi_1 = \varphi_2 - \frac{\ell^2}{2EI}Q_2 - \frac{\ell}{EI}M_2 , \quad \text{(3.132a,b)}$$

$$Q_1 = -Q_2 , \qquad M_1 = -\ell Q_2 - M_2 , \tag{3.132c,d}$$

die man in Matrixform gemäß

$$\left\{\begin{array}{c} v_1 \\ \varphi_1 \\ Q_1 \\ M_1 \end{array}\right\} = \left[f^e\right]^{-1} \left\{\begin{array}{c} v_2 \\ \varphi_2 \\ Q_2 \\ M_2 \end{array}\right\} \tag{3.133}$$

darstellen kann. Die zu (3.131) inverse Matrix entnimmt man den Beziehungen (3.132a,b,c,d) im Vergleich mit (3.133):

$$\left[f^e\right]^{-1} = \left[\begin{array}{cccc} 1 & -\ell & \ell^3/6EI & \ell^2/2EI \\ 0 & 1 & -\ell^2/2EI & -\ell/EI \\ 0 & 0 & -1 & 0 \\ 0 & 0 & -\ell & -1 \end{array}\right] . \tag{3.134}$$

Man kann (3.134) auch unmittelbar aus (3.131) mit Hilfe eines "*mathematischen Formelmanipulations-Programms*" gewinnen, z.B. mit der Software *MAPLE V*, Release 8, das häufiger auch in den Übungen benutzt wird. Mit Hilfe eines solchen Programms ist es möglich, Berechnungen mit unausgewerteten Ausdrücken (Symbolen) durchzuführen ($\rightarrow$ *Computeralgebra*). Zur Überprüfung der Richtigkeit von (3.134) stellt man fest: $[f^e][f^e]^{-1}=[1]$.

Die Matrizengleichung (3.130) kann man folgendermaßen aufspalten:

$$\begin{Bmatrix} v_2 \\ \varphi_2 \end{Bmatrix} = \begin{bmatrix} f^e_{11} \end{bmatrix} \begin{Bmatrix} v_1 \\ \varphi_1 \end{Bmatrix} + \begin{bmatrix} f^e_{12} \end{bmatrix} \begin{Bmatrix} Q_1 \\ M_1 \end{Bmatrix}, \tag{3.135a}$$

$$\begin{Bmatrix} Q_2 \\ M_2 \end{Bmatrix} = \begin{bmatrix} f^e_{21} \end{bmatrix} \begin{Bmatrix} v_1 \\ \varphi_1 \end{Bmatrix} + \begin{bmatrix} f^e_{22} \end{bmatrix} \begin{Bmatrix} Q_1 \\ M_1 \end{Bmatrix}. \tag{3.135b}$$

Multipliziert man (3.135a) von links mit $\begin{bmatrix} f^e_{12} \end{bmatrix}^{-1}$, so folgt:

$$\begin{Bmatrix} Q_1 \\ M_1 \end{Bmatrix} = -\begin{bmatrix} f^e_{12} \end{bmatrix}^{-1} \begin{bmatrix} f^e_{11} \end{bmatrix} \begin{Bmatrix} v_1 \\ \varphi_1 \end{Bmatrix} + \begin{bmatrix} f^e_{12} \end{bmatrix}^{-1} \begin{Bmatrix} v_2 \\ \varphi_2 \end{Bmatrix} \tag{3.136}$$

und damit aus (3.135b):

$$\begin{Bmatrix} Q_2 \\ M_2 \end{Bmatrix} = \left[\begin{bmatrix} f^e_{21} \end{bmatrix} - \begin{bmatrix} f^e_{22} \end{bmatrix} \begin{bmatrix} f^e_{12} \end{bmatrix}^{-1} \begin{bmatrix} f^e_{11} \end{bmatrix} \right] \begin{Bmatrix} v_1 \\ \varphi_1 \end{Bmatrix} + \begin{bmatrix} f^e_{22} \end{bmatrix} \begin{bmatrix} f^e_{12} \end{bmatrix}^{-1} \begin{Bmatrix} v_2 \\ \varphi_2 \end{Bmatrix}. \tag{3.137}$$

Die beiden Gleichungen (3.136) und (3.137) können zu einer Gleichung zusammengefasst werden:

$$\begin{Bmatrix} Q_1 \\ M_1 \\ \hline Q_2 \\ M_2 \end{Bmatrix} = \left[\begin{array}{c|c} -\begin{bmatrix} f^e_{12} \end{bmatrix}^{-1} \begin{bmatrix} f^e_{11} \end{bmatrix} & \begin{bmatrix} f^e_{12} \end{bmatrix}^{-1} \\ \hline \begin{bmatrix} f^e_{21} \end{bmatrix} - \begin{bmatrix} f^e_{22} \end{bmatrix} \begin{bmatrix} f^e_{12} \end{bmatrix}^{-1} \begin{bmatrix} f^e_{11} \end{bmatrix} & \begin{bmatrix} f^e_{22} \end{bmatrix} \begin{bmatrix} f^e_{12} \end{bmatrix}^{-1} \end{array} \right] \begin{Bmatrix} v_1 \\ \varphi_1 \\ v_2 \\ \varphi_2 \end{Bmatrix}. \tag{3.138}$$

Ein formaler Vergleich von (3.138) mit (3.83) führt auf folgende Zusammenhänge zwischen den *Untermatrizen* einer *Steifigkeitsmatrix* und den *Untermatrizen* einer *Übertragungsmatrix*:

$$\begin{bmatrix} k^e_{11} \end{bmatrix} = -\begin{bmatrix} f^e_{12} \end{bmatrix}^{-1} \begin{bmatrix} f^e_{11} \end{bmatrix} \quad , \qquad \begin{bmatrix} k^e_{12} \end{bmatrix} = \begin{bmatrix} f^e_{12} \end{bmatrix}^{-1}, \tag{3.139a,b}$$

$$\begin{bmatrix} k^e_{21} \end{bmatrix} = \begin{bmatrix} f^e_{21} \end{bmatrix} - \begin{bmatrix} f^e_{22} \end{bmatrix} \begin{bmatrix} f^e_{12} \end{bmatrix}^{-1} \begin{bmatrix} f^e_{11} \end{bmatrix} \quad , \quad \begin{bmatrix} k^e_{22} \end{bmatrix} = \begin{bmatrix} f^e_{22} \end{bmatrix} \begin{bmatrix} f^e_{12} \end{bmatrix}^{-1}. \tag{3.139c,d}$$

Umgekehrt können auch die Untermatrizen der Übertragungsmatrix (3.131) durch die Untermatrizen der Steifigkeitsmatrix (3.95) in (3.83) ausgedrückt werden. Zur

Aufstellung dieser Zusammenhänge kann man zunächst (3.88) von links mit $\left[k_{12}^e\right]^{-1}$ multiplizieren, so dass man das Teilergebnis

$$\left\{\begin{array}{c} v_2 \\ \varphi_2 \end{array}\right\} = \left[k_{12}^e\right]^{-1} \left\{\begin{array}{c} Q_1 \\ M_1 \end{array}\right\} \tag{3.140}$$

erhält. Dies ist der Anteil, den der Knoten ② erfährt, wenn man annimmt, dass der Knoten ① fest eingespannt ist $(v_1 = \varphi_1 = 0)$. Das Teilergebnis (3.140) ist in (3.130) enthalten, und man liest daraus ab:

$$\left[f_{12}^e\right] = \left[k_{12}^e\right]^{-1} . \tag{3.141b}$$

Dieses Ergebnis folgt natürlich unmittelbar aus (3.139b) durch Inversion.
Setzt man (3.139b) in (3.139a) ein, so folgt das Zwischenergebnis $\left[k_{11}^e\right] = -\left[k_{12}^e\right]\left[f_{11}^e\right]$, und nach Multiplikation von links mit $\left[k_{12}^e\right]^{-1}$ findet man den Zusammenhang

$$\left[f_{11}^e\right] = -\left[k_{12}^e\right]^{-1}\left[k_{11}^e\right]. \tag{3.141a}$$

Um $\left[f_{22}^e\right]$ zu finden, braucht man nur (3.139d) von rechts mit $\left[k_{12}^e\right]^{-1}$ zu multiplizieren, nachdem man zuvor (3.139b) in (3.139d) eingesetzt hat:

$$\left[f_{22}^e\right] = \left[k_{22}^e\right]\left[k_{12}^e\right]^{-1} . \tag{3.141d}$$

Schließlich setzt man der Reihe nach die Beziehungen (3.141d), (3.139b) und (3.141a) in (3.139c) ein und erhält somit

$$\left[f_{21}^e\right] = \left[k_{21}^e\right] - \left[k_{22}^e\right]\left[k_{12}^e\right]^{-1}\left[k_{11}^e\right]. \tag{3.141c}$$

Man erkennt, dass durch Vertauschen der Rollen von $[k^e]$ und $[f^e]$ die Beziehungen (3.139a,b,c,d) in die Beziehungen (3.141a,b,c,d) übergehen und umgekehrt. Man kann sagen: (3.141a,b,c,d) ist eine *"duale Form"* von (3.139a,b,c,d) und umgekehrt. Mit den Ergebnissen (3.141a,b,c,d) kann (3.130) gemäß

$$\left\{\begin{array}{c} v_2 \\ \varphi_2 \\ \hline Q_2 \\ M_2 \end{array}\right\} = \left[\begin{array}{c|c} -\left[k_{12}^e\right]^{-1}\left[k_{11}^e\right] & \left[k_{12}^e\right]^{-1} \\ \hline \left[k_{21}^e\right] - \left[k_{22}^e\right]\left[k_{12}^e\right]^{-1}\left[k_{11}^e\right] & \left[k_{22}^e\right]\left[k_{12}^e\right]^{-1} \end{array}\right] \left\{\begin{array}{c} v_1 \\ \varphi_1 \\ \hline Q_1 \\ M_2 \end{array}\right\} \tag{3.142}$$

dargestellt werden.

Vergleicht man (3.83) bzw. (3.138) mit (3.130) bzw. (3.142), so erkennt man sehr deutlich den wesentlichen Unterschied zwischen *Matrix-Steifigkeitsmethode* und *Übertragungsverfahren*:

In einer *Steifigkeitsbeziehung* für ein Element, wie beispielsweise (3.83), werden "*generalisierte Kräfte*" beider Knoten (Q_1, M_1, Q_2, M_2) durch die *Steifigkeitsmatrix* $[K^e]$ mit den "*generalisierten Verschiebungen*" beider Knoten $(v_1, \varphi_1, v_2, \varphi_2)$ verknüpft. Im Gegensatz dazu vermittelt die *Übertragungsmatrix* eines einzelnen Elementes $[f^e]$, wie beispielsweise (3.131), den Übergang der *Zustandsgrößen* am Feldanfang $(v_1, \varphi_1, Q_1, M_1)$ zu den entsprechenden Größen am Feldende $(v_2, \varphi_2, Q_2, M_2)$.

Bemerkungen: Zur Durchführung des obigen Vergleichs mussten in Bild 3.23 die Richtungen der Kräfte und Momente übereinstimmend mit Bild 3.19 gewählt werden. Das führt auf die *Übertragungsmatrix* (3.131). Wendet man diese jedoch auf ein verkettetes System an, so muss man darauf achten, dass die Eingangsgrößen zum folgenden Element die richtigen Vorzeichen erhalten. Man kann auch eine entsprechende Transformationsmatrix in (3.128) zwischenschalten. Vorteilhafter ist, entgegen Bild 3.23 folgende Vorzeichenregel zu verwenden: Die in den Knotenpunkten jeweils vom Nachbarelement auf das betrachtete Balkenelement wirkenden Belastungen sind positive Vektoren, wenn sie an einem positiven (negativen) Schnittufer in positive (negative) Richtungen weisen. Andernfalls sind sie negativ. In den Übungen werden hierzu Beispiele gezeigt, z.B. in Ü3.5.4.

Übertragungsverfahren werden häufig in der Strukturmechanik benutzt. Bei einem einläufigen Schwinger mit Fußpunkterregung wird diese als "*Eingangssignal*" x aufgefasst, während die schwingende Koordinate das "*Ausgangssignal*" y bedeutet. Schaltet man nun n solcher Blöcke derart hintereinander, dass der Eingang E_k des k-ten Schwingers gleich dem Ausgang A_{k-1} des (k-1)-ten ist, so erhält man einen n-läufigen Verband (*Schwingerkette*). Mit $x_{(k)}$ als Eingangs- und $y_{(k)}$ als Ausgangssignal des k-ten Schwingers gilt die "*Verkettungsbedingung*"

$$y_{(k-1)} = x_{(k)}. \tag{3.143}$$

Damit diese Bedingungen rechnerisch vorteilhaft ausgenutzt werden können, fordert man zudem "*Rückwirkungsfreiheit*", d.h., der Eingang x eines jeden Blockes soll den Ausgang y zusammen mit gewissen Anfangswerten eindeutig festlegen, unabhängig davon, ob weitere Blöcke nachgeschaltet sind.

Allgemeiner hat man es mit ν-wertigen Ketten $(\nu \geq 1)$ zu tun, bei denen jeder Block ν Eingangssignale $x_1, ..., x_\nu$ und ν rückwirkungsfreie Ausgangssignale $y_1, ..., y_\nu$ besitzt.

Man fasst sie zu Spaltenvektoren $\vec{x}, \vec{y}$ zusammen und fordert:

$$\vec{y}_{(k-1)} = \vec{x}_{(k)}. \tag{3.144}$$

Neben diesen Eingangs- und Ausgangsvektoren betrachtet man auch deren

LAPLACE-Transformierte und bezeichnet sie als *"Zustandsvektoren"* $\vec{z}$.
Wegen

$$\vec{z}_{(k+1)} = U_{(k)} \, \vec{z}_{(k)} \tag{3.145}$$

erhält man für das Gesamtsystem (Eingang "E", Ausgang "A"):

$$\vec{z}_A = M \, \vec{z}_E. \tag{3.146}$$

Darin ist

$$M = U_n U_{(n-1)} \cdots U_{(1)} \tag{3.147}$$

die *Gesamtübertragungsfunktion*, während $U_{(k)}$ *Übertragungsmatrizen der einzelnen Blöcke* darstellen.

Eine wichtige Gruppe von Bauteilen im Behälter- und Apparatebau sowie bei Strömungsmaschinen oder bei Flugkörpern sind *Rotationsschalen* mit beliebig veränderlicher *Meridiankontur*. Die Beanspruchung derartiger Schalengebilde kann nur näherungsweise berechnet werden. Ein möglicher Lösungsweg besteht darin, sich die Schale aus einzelnen Rotationsschalenelementen (*"Stufenkörpern"*) zusammengesetzt zu denken. Als *"Zustandsgrößen"* sind bei solchen Aufgaben die Schnittgrößen, Verschiebungen und Biegewinkel anzusehen, die wiederum in einem *Zustandsvektor* zusammengefasst werden, wie bereits oben erläutert.

Aus der Verträglichkeitsbedingung, dass an der gemeinsamen Schnittstelle zweier Stufenkörper gleiche Kräfte und Momente übertragen werden und gleiche Verformungen vorliegen müssen, folgt schließlich die Übertragungsprozedur zwischen den Rändern. Man erhält ähnlich wie oben ein lineares Gleichungssystem.

Dieses Verfahren ist in der Praxis bereits häufig mit Erfolg benutzt worden und hat sich wegen seiner guten Handhabbarkeit und der zuverlässigen Ergebnisse bewährt. Um eine hinreichend gute *Konvergenz der Zustandsgrößen* zu erreichen, muss jedoch eine möglichst feine Unterteilung gewählt werden. Auch die *numerische Stabilität* muss sorgfältig überprüft werden, eine Schwierigkeit, die bei Übertragungsverfahren immer auftreten kann.

Übungsaufgaben:

3.5.1 Man stelle die *Übertragungsmatrix* für folgende Elemente auf :
a) eine Einzelfeder,
b) eine Einzelmasse,
c) ein einfaches Feder-Masse-System.
Unter **c)** ermittle man auch die *Eigenkreisfrequenz* ω.

d) Man wende die Ergebnisse auf einen *Drehschwinger* an.

3.5.2   In einer schwingenden *biegeelastischen Struktur* befinde sich

a) eine *Punktmasse* m , **b**) eine *Masse* m *mit Drehträgheit* Θ ,

c) eine *translatorische Einzelfeder* k , **d**) eine *Drehfeder* k^* .
Man ermittle die entsprechenden *Übertragungsmatrizen* (*Punktmatrizen*).

3.5.3   Für das aus zwei Blöcken (*Feder-Dämpfer-Element* und *Masse-Element*)
zusammengesetzte System (Skizze) ermittle man die *Übertragungsmatrix*.

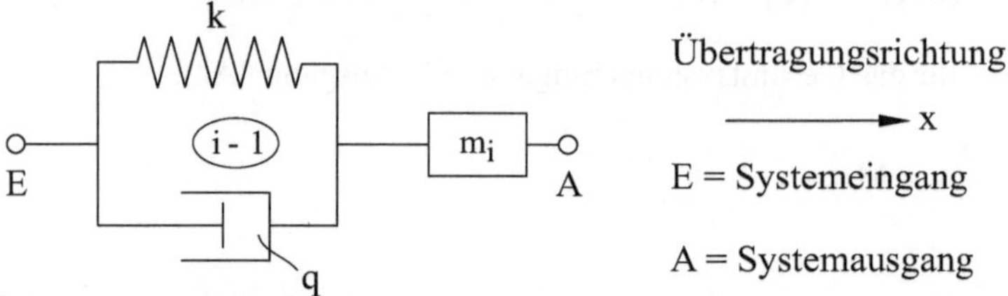

a) Die *Übertragungsrichtung* sei x.
b) Wie lautet das Ergebnis, wenn die *Übertragungsrichtung* umgekehrt wird ?
c) Man ermittle die *Eigenkreisfrequenz* ω , wenn das System links vom Feder-
Dämpfer-Element fest eingespannt ist.

3.5.4   Für eine masselose *Blattfeder* der Länge ℓ mit *Punktmasse* (Skizze)

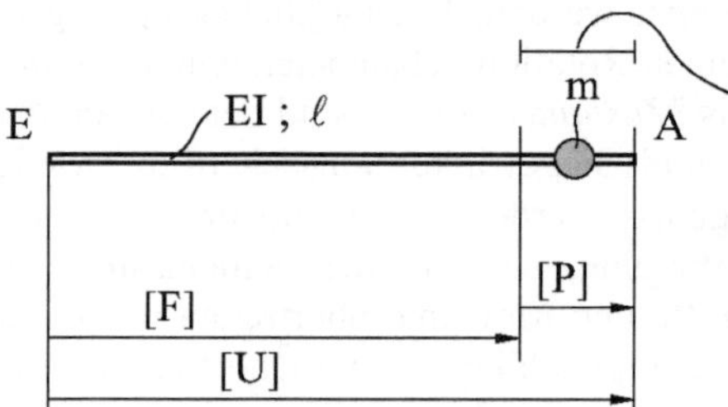

Dieser Abstand müsste ei-
gentlich sehr klein sein: unmittelbar links und rechts
von (m).
   Die Masse befindet sich in
Wirklichkeit am Ende A.

ermittle man:

a) die *Übertragungsmatrix* [U] = [P] [F] ,

b) die *Biegeeigenfrequenz* ω unter verschiedenen Randbedingungen am Eintritt E
und Austritt A , die man aus nachstehender Tabelle entnehmen kann.

Symbol	Randbedingung	Zustandsvektor $\{z\}$
	$w = \psi = 0$ fest eingespannt	$\{0 \quad 0 \quad M \quad Q\}^t$

	$w = M = 0$ gelenkig gelagert	$\{0 \quad -\psi \quad 0 \quad Q\}^t$
	$\psi = Q = 0$ querkraftfrei	$\{-w \quad 0 \quad M \quad 0\}^t$
	$M = Q = 0$ frei	$\{-w \quad -\psi \quad 0 \quad 0\}^t$

3.5.5 Man benutze das HAMILTON-CAYLEY*sche Theorem* und ermittle die *Übertragungsmatrix* (*Feldmatrix*) für ein "statisches" Balkenfeld (Skizze).

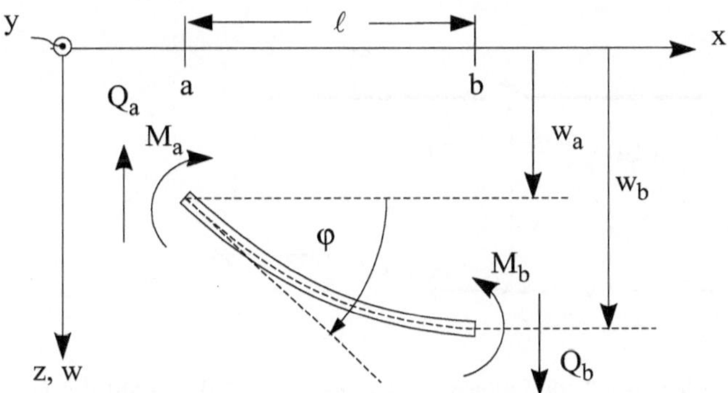

3.5.6 In Erweiterung von Ü 3.5.5 ermittle man für das *harmonisch schwingende Balkenfeld* konstanter *Biegesteifigkeit* EI und konstanter *Massenbelegung* $\mu = m/\ell$ mit und ohne *Drehträgheit* $\vartheta = \Theta / \ell$ die *Übertragungsmatrix*.

3.5.7   Man gehe von der Differentialgleichung

$$\boxed{(EIw'')'' + \mu\ddot{w} = 0}$$

aus, die nur die *translatorische Trägheit* der Balkenmasse ($\mu \equiv m/\ell \neq 0$) enthält (SZABO, 1977), und stelle die *Übertragungsmatrix* eines transversal schwingenden *Balkenfeldes* der Länge ℓ auf.

Ferner ermittle man die *Biegeeigenkreisfrequenz*, wenn der Balken an einem Ende fest eingespannt und am anderen frei ist.

3.5.8   An einem harmonisch schwingenden Biegebalken ist ein *Feder-Masse-Element* aufgehängt (Skizze).

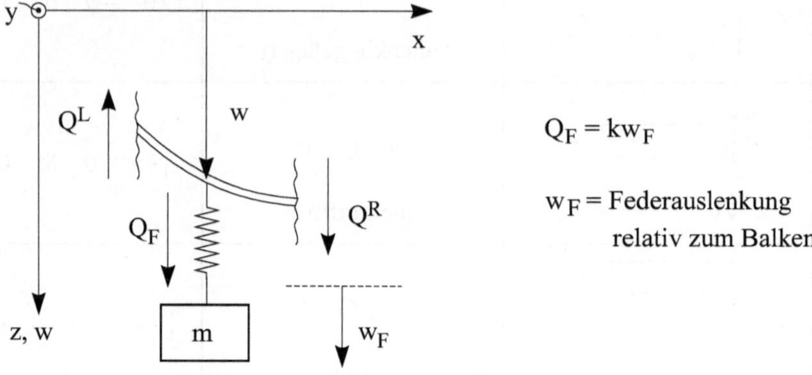

Man ermittle die *Punktmatrix*.

3.5.9   Für das skizzierte System ermittle man die *Übertragungsmatrix* und die *Eigenkreisfrequenz*. Die Balkenteile seien masselos.

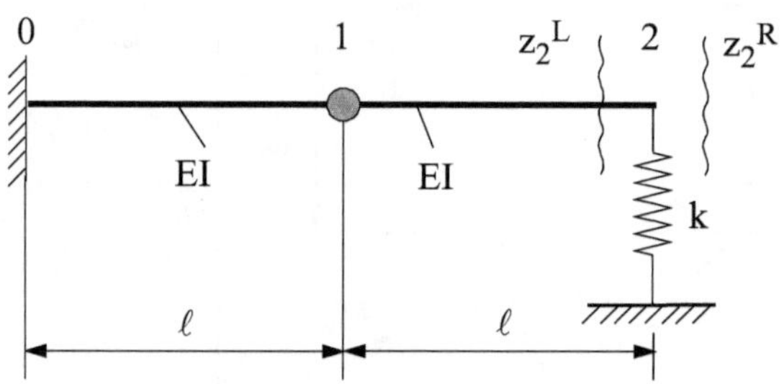

3.5.10   Für den skizzierten (masselosen) Balken ermittle man die *Übertragungs-matrix* und die *Biegeeigenfrequenz*.

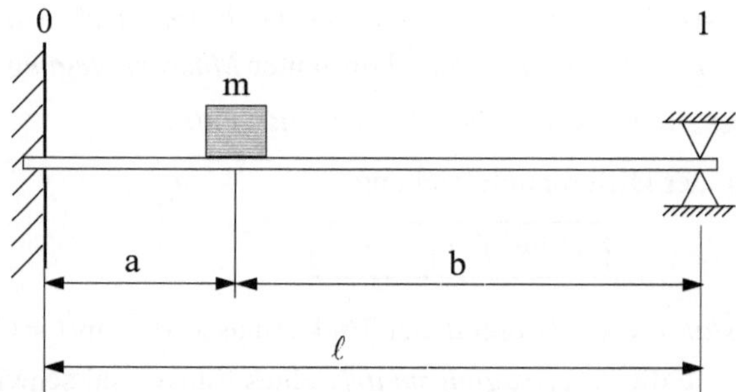

3.6 Inhomogene Randbedingungen

Bei *homogenen Randbedingungen* kann die *reduzierte Matrizengleichung* bequem gefunden werden, wie beispielsweise in (3.20) oder in (3.60) angedeutet. Bei *inhomogenen Randbedingungen* kann man nach folgendem Schema vorgehen. Gegeben sei die Matrixgleichung

$$\begin{bmatrix} K_{11} & K_{12} & K_{13} & K_{14} & K_{15} & K_{16} & K_{17} \\ K_{21} & K_{22} & K_{23} & K_{24} & K_{25} & K_{26} & K_{27} \\ K_{31} & K_{32} & K_{33} & K_{34} & K_{35} & K_{36} & K_{37} \\ K_{41} & K_{42} & K_{43} & K_{44} & K_{45} & K_{46} & K_{47} \\ K_{51} & K_{52} & K_{53} & K_{54} & K_{55} & K_{56} & K_{57} \\ K_{61} & K_{62} & K_{63} & K_{64} & K_{65} & K_{66} & K_{67} \\ K_{71} & K_{72} & K_{73} & K_{74} & K_{75} & K_{76} & K_{77} \end{bmatrix} \begin{Bmatrix} u_1 \\ u_2 \\ u_3 \\ u_4 \\ u_5 \\ u_6 \\ u_7 \end{Bmatrix} = \begin{Bmatrix} F_1 \\ F_2 \\ F_3 \\ F_4 \\ F_5 \\ F_6 \\ F_7 \end{Bmatrix} . \tag{3.148}$$

Darin können die *inhomogenen Randbedingungen*

$$u_2 = a \quad , \quad u_4 = b \quad \text{und} \quad u_6 = c \tag{3.149a,b,c}$$

folgendermaßen eingebaut werden:

$$\begin{bmatrix} K_{11} & 0 & K_{13} & 0 & K_{15} & 0 & K_{17} \\ 0 & 1 & 0 & 0 & 0 & 0 & 0 \\ K_{31} & 0 & K_{33} & 0 & K_{35} & 0 & K_{37} \\ 0 & 0 & 0 & 1 & 0 & 0 & 0 \\ K_{51} & 0 & K_{53} & 0 & K_{55} & 0 & K_{57} \\ 0 & 0 & 0 & 0 & 0 & 1 & 0 \\ K_{71} & 0 & K_{73} & 0 & K_{75} & 0 & K_{77} \end{bmatrix} \begin{Bmatrix} u_1 \\ u_2 \\ u_3 \\ u_4 \\ u_5 \\ u_6 \\ u_7 \end{Bmatrix} = \begin{Bmatrix} F_1 - aK_{12} - bK_{14} - cK_{16} \\ a \\ F_3 - aK_{32} - bK_{34} - cK_{36} \\ b \\ F_5 - aK_{52} - bK_{54} - cK_{56} \\ c \\ F_7 - aK_{72} - bK_{74} - cK_{76} \end{Bmatrix} \tag{3.150}$$

so dass man schließlich die gesuchte *reduzierte Matrizengleichung*

$$\begin{bmatrix} K_{11} & K_{13} & K_{15} & K_{17} \\ K_{31} & K_{33} & K_{35} & K_{37} \\ K_{51} & K_{53} & K_{55} & K_{57} \\ K_{71} & K_{73} & K_{75} & K_{77} \end{bmatrix} \begin{Bmatrix} u_1 \\ u_3 \\ u_5 \\ u_7 \end{Bmatrix} = \begin{Bmatrix} F_1 - aK_{12} - bK_{14} - cK_{16} \\ F_3 - aK_{32} - bK_{34} - cK_{36} \\ F_5 - aK_{52} - bK_{54} - cK_{56} \\ F_7 - aK_{72} - bK_{74} - cK_{76} \end{Bmatrix} \tag{3.151}$$

erhält, aus der man die unbekannten *Knotenwerte* u_1, u_3, u_5 und u_7 bestimmen kann.

4 Elastisches Kontinuum

Die im Kapitel 3 behandelte *Matrix-Steifigkeitsmethode* kann ausgedehnt werden auf ein *Kontinuum*, das beispielsweise elastisch oder auch plastisch beansprucht wird. Die groben Rechenschritte sind sehr ähnlich. Es ergeben sich wohl ein paar wesentliche Unterschiede. Während beim Fachwerk oder einer aus Federn, Zug-Druck-Stäben, Torsionsstäben und Biegebalken zusammengesetzten Struktur eine Aufteilung in Finite Elemente bereits durch die Konstruktion vorgegeben ist, muss beim Kontinuum zu Beginn der Rechnung erst eine dem Problem angepasste *Diskretisierung* vorgenommen werden. Hierauf wurde bereits in der Einführung hingewiesen (*Elementraster*) und in Bild 1.1 eine Diskretisierung des Profils einer Turbinenschaufel gezeigt. Ein anderes Beispiel ist die kreisförmig gelochte Scheibe (Bild 4.1).

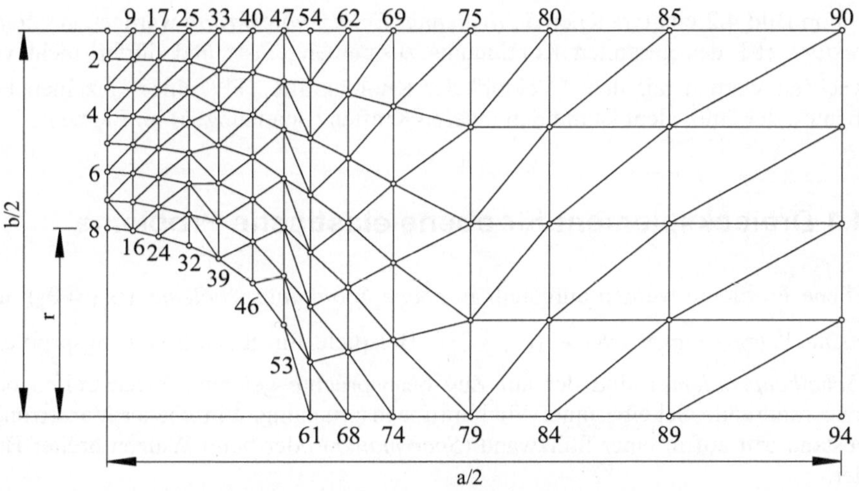

Bild 4.1 Elementraster für eine kreisförmig gelochte Scheibe mit 149 Elementen und 94 Knoten

Ein weiterer wesentlicher Unterschied wird im Folgenden bei der Herleitung der *Elementsteifigkeitsmatrix* deutlich, die auf der Basis des *Prinzips der virtuellen Arbeit* oder unter Berücksichtigung eines *elastischen Potentials* (*elastische Formänderungsenergiedichte*) im Allgemeinen auf einen Integralausdruck führt. Hierin gehen die Stoffeigenschaften des Kontinuums und auch der *Verschiebungsansatz* ein. Letzterer ist ein Näherungsansatz für die Problemunbekannten im Innern eines Finiten Elementes, etwa in Form eines Polynoms (*Interpolationspolynom*).

Eine weitere Annahme besteht darin, dass an einem Dreieckselement nur in den Knoten Kräfte angreifen, so dass alle am Element angreifenden Kräfte (bekannte äußere Kräfte, unbekannte Lagerreaktionen und auch unbekannte Schnittgrößen längs der Dreiecksseiten) durch drei *statisch äquivalente Einzelkräfte* (Ü 3.4.3, Ü 3.4.4) in den Knoten ersetzt werden müssen (Bild 3.22, Bild 4.2).

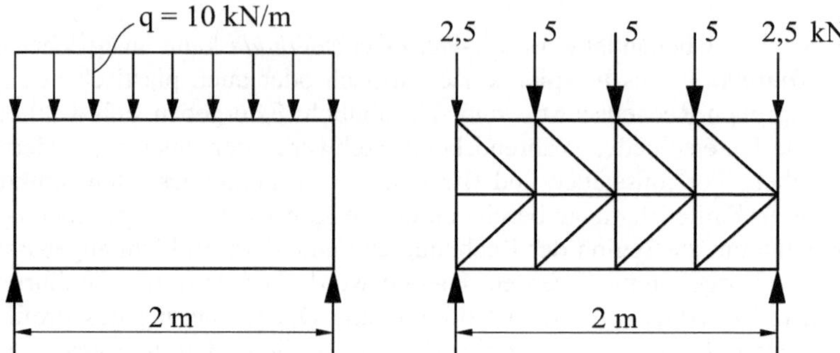

Bild 4.2 Aktuelle Belastung und statisch äquivalente Einzelkräfte in Elementknoten

Die in Bild 4.2 eingetragenen *äquivalenten Ersatzknotenkräfte* werden zum "*Lastvektor*" {F} des gesamten Kontinuums zusammengefasst und dürfen nicht verwechselt werden mit dem "Vektor" der Knotenkräfte {F^e} eines einzelnen Elementes, der äquivalent ist mit den inneren Kräften (Spannungen) im Element.

4.1 Dreieckselement für ebene elastische Probleme

Ebene Probleme werden aufgeteilt in *ebene Spannungsprobleme* ($\sigma_{j3} = 0_j$) und *ebene Verzerrungsprobleme* ($\varepsilon_{j3} = 0_j$). Beispiele für ebene Spannungsprobleme (*Scheibenprobleme*) sind der auf Zug beanspruchte gelochte Blechstreifen oder eine rotierende Scheibe unter Fliehkraftbeanspruchung. Ein ebener Verzerrungszustand tritt auf in einer Stützwand (*Sperrmauer*) oder beim Walzen breiter Bänder.

Im Folgenden soll die Steifigkeitsmatrix für ein Dreieckselement [K^e] unter Berücksichtigung linear elastischen Verhaltens bei ebenem Spannungs- oder ebenem Verzerrungszustand aufgestellt werden. Dazu sind folgende Schritte erforderlich:

Schritt I: Wahl geeigneter Koordinaten und Bezeichnungen (Notation)

Es wird ein rechtwinklig kartesisches Koordinatensystem benutzt. Darin haben die drei Knoten ①, ②, ③ die Koordinaten (x_1, y_1), ..., (x_3, y_3). Bei ebenen Problemen hat das Dreieckselement je Knoten zwei Freiheitsgrade. Die *Knotenverschiebungen* und *Knotenkräfte* sind in Bild 4.3 eingetragen.

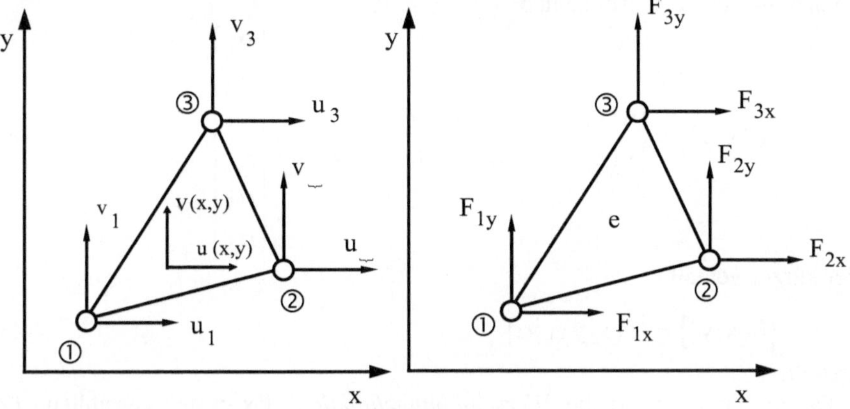

Bild 4.3 Knotenverschiebungen und Knotenkräfte

Sämtliche Knotenverschiebungen und Knotenkräfte können in Spaltenmatrizen zusammengefasst werden:

$$\{\delta^e\} = \left\{ \begin{array}{c} \{\delta_1\} \\ \hline \{\delta_2\} \\ \hline \{\delta_3\} \end{array} \right\} = \left\{ \begin{array}{c} u_1 \\ v_1 \\ u_2 \\ v_2 \\ u_3 \\ v_3 \end{array} \right\} \quad , \quad \{F^e\} = \left\{ \begin{array}{c} \{F_1\} \\ \hline \{F_2\} \\ \hline \{F_3\} \end{array} \right\} = \left\{ \begin{array}{c} F_{1x} \\ F_{1y} \\ F_{2x} \\ F_{2y} \\ F_{3x} \\ F_{3y} \end{array} \right\} . \tag{4.1a,b}$$

Da jeder Spaltenvektor (4.1a,b) sechs Koordinaten besitzt, ist die Steifigkeitsmatrix $[K^e]$ des ebenen Dreieckselementes eine 6×6 Matrix. Die *Steifigkeitsbeziehung* für das Dreieckselement ergibt sich damit zu

$$\boxed{\{F^e\} = [K^e]\{\delta^e\}} \tag{4.2}$$

Schritt II: Wahl des Verschiebungsansatzes

Gesucht sind die Verschiebungen in jedem Punkt innerhalb eines Elementes:

$$u = u(x,y) \quad , \quad v = v(x,y), \tag{4.3a,b}$$

die durch die Knotenverschiebungen $\{\delta^e\}$ ausgedrückt werden sollen. Da das Dreieckselement in Bild 4.3 drei Knotenpunkte besitzt, liegen sechs Freiheitsgrade gemäß (4.1a) vor, so dass ein *linearer Verschiebungsansatz* mit sechs Ansatzfreiwerten $(\alpha_1, \alpha_2, ..., \alpha_6)$ gewählt werden kann:

$$u = u(x,y) = \alpha_1 + \alpha_2 x + \alpha_3 y , \tag{4.4a}$$

$$v = v(x, y) = \alpha_4 + \alpha_5 x + \alpha_6 y, \tag{4.4b}$$

den man in Matrizenform gemäß

$$\{\delta(x,y)\} = \begin{Bmatrix} u(x,y) \\ v(x,y) \end{Bmatrix} = \begin{bmatrix} 1 & x & y & 0 & 0 & 0 \\ 0 & 0 & 0 & 1 & x & y \end{bmatrix} \begin{Bmatrix} \alpha_1 \\ \alpha_2 \\ \alpha_3 \\ \alpha_4 \\ \alpha_5 \\ \alpha_6 \end{Bmatrix} \tag{4.5}$$

oder kürzer gemäß

$$\{\delta(x,y)\} = \big[f(x,y) \big] \{\alpha\} \tag{4.5*}$$

darstellt.

Darin charakterisiert die "*Verschiebungsfunktion*" f(x,y) den gewählten "*Verschiebungsansatz*" (4.4) bzw. (4.5). Der Verschiebungsansatz muss so gewählt werden, dass benachbarte Elemente vor, während und nach der Verformung fugenlos zusammenpassen. Sie dürfen nicht auseinander klaffen, so dass Lücken entstehen. Der Zusammenhang muss gewahrt bleiben (*Kontinuum, Kompatibiltät*). Wesentlich ist auch, dass im Innern des Elementes keine Verzerrungen auftreten dürfen, wenn sich das Dreieckselement wie eine starre Scheibe in der Ebene bewegt. Schließlich müssen beide Gleichungen (4.3a,b) vom selben mathematischen Typ sein, da der Werkstoff geometrisch isotrop ist ("*geometrische Invarianz*"); andernfalls tritt in x- und y-Richtung auch bei (materiell) isotropen Werkstoffen unterschiedliches Spannungs-Dehnungsverhalten auf. Der lineare Ansatz (4.4a,b) bzw. (4.5) erfüllt diese Voraussetzungen. Da man die Koordinaten des Verzerrungstenors durch Ableiten der Koordinaten des Verschiebungsvektors nach den Ortskoordinaten (x,y) erhält, sind die Ansatzfreiwerte α_1, α_4 in (4.4a,b) verantwortlich für eine *Translationbewegung* des Dreieckselementes, während die Ansatzfreiwerte α_2, α_3, α_5, α_6 in die *Verzerrungen* eingehen. Eine starre *Rotation* würde sich aus (4.4a,b) zu $\omega_{xy} = (\alpha_3 - \alpha_5)/2$ ergeben. In diesem Zusammenhang sei auf die Übungen (Ü1.11.3 / Ü1.11.4 / Ü1.11.5 [BETTEN, 2001]) hingewiesen. Aufgrund des linearen Charakters des Ansatzes (4.4a,b) erhält man im Innern des Dreieckselementes ein konstantes Verzerrungsfeld und damit auch ein konstantes Spannungsfeld. Verbesserungen erhält man durch Verschiebungsansätze höherer Ordnung. Dann müssen beim Dreieckselement neben den drei Eckpunkten noch weitere Knotenpunkte vorgesehen werden. Darauf soll in Ziffer 4.2 näher eingegangen werden.

Schritt III: Ermittlung der Formfunktionsmatrix [N]
(shape function / Interpolationsfunktion)

Die *Formfunktionsmatrix* [N] verknüpft die **zwei** Verschiebungen (4.3a,b) innerhalb eines Elementes mit den **sechs** Knotenverschiebungen (4.1a) gemäß

$$\boxed{\{\delta(x,y)\} = [N]\{\delta^e\}}\,. \tag{4.6}$$

Mithin ist [N] eine 2×6 Matrix. Man erhält sie folgendermaßen. Zunächst setzt man in (4.5) der Reihe nach die Koordinaten (x_1,y_1), ..., (x_3,y_3) der drei Knotenpunkte $(k = 1,2,3)$ ein:

$$\{\delta_k\} = \begin{bmatrix} 1 & x_k & y_k & 0 & 0 & 0 \\ 0 & 0 & 0 & 1 & x_k & y_k \end{bmatrix}\{\alpha\}\,. \tag{4.7}$$

Mit (4.1a) folgt dann insgesamt:

$$\{\delta^e\} = \left\{\begin{array}{c} \{\delta_1\} \\ \hline \{\delta_2\} \\ \hline \{\delta_3\} \end{array}\right\} = \begin{bmatrix} 1 & x_1 & y_1 & 0 & 0 & 0 \\ 0 & 0 & 0 & 1 & x_1 & y_1 \\ 1 & x_2 & y_2 & 0 & 0 & 0 \\ 0 & 0 & 0 & 1 & x_2 & y_2 \\ 1 & x_3 & y_3 & 0 & 0 & 0 \\ 0 & 0 & 0 & 1 & x_3 & y_3 \end{bmatrix} \begin{Bmatrix} \alpha_1 \\ \alpha_2 \\ \alpha_3 \\ \alpha_4 \\ \alpha_5 \\ \alpha_6 \end{Bmatrix} \tag{4.8}$$

oder kürzer

$$\{\delta^e\} = [A]\{\alpha\}\,. \tag{4.8*}$$

Darin ist die Matrix [A] bekannt. Sie enthält gemäß (4.8) die Koordinaten (x_k,y_k) der drei Knotenpunkte $(k = 1,2,3)$. Die Inversion von (4.8*) führt auf

$$\{\alpha\} = [A]^{-1}\{\delta^e\}, \tag{4.9}$$

so dass damit (4.5*) übergeht in die Beziehung

$$\{\delta(x,y)\} = [f(x,y)][A]^{-1}\{\delta^e\}\,. \tag{4.10}$$

Der Vergleich mit (4.6) liefert das gesuchte Ergebnis:

$$[N] = [f(x,y)][A]^{-1} = \begin{bmatrix} 1 & x & y & 0 & 0 & 0 \\ 0 & 0 & 0 & 1 & x & y \end{bmatrix}[A]^{-1}\,. \tag{4.11}$$

Für die weitere Rechnung ist es zweckmäßiger, die Beziehung (4.8) umzuordnen, und zwar so, dass in $\{\delta^e\}$ zuerst alle Verschiebungen in x-Richtung aufgelistet werden und anschließend alle Verschiebungen in y-Richtung. Dann erhält man anstelle von (4.8):

$$\left\{\delta^e\right\} = \left\{\begin{array}{c} u_1 \\ u_2 \\ u_3 \\ \hline v_1 \\ v_2 \\ v_3 \end{array}\right\} = \left[\begin{array}{ccc|ccc} 1 & x_1 & y_1 & 0 & 0 & 0 \\ 1 & x_2 & y_2 & 0 & 0 & 0 \\ 1 & x_3 & y_3 & 0 & 0 & 0 \\ \hline 0 & 0 & 0 & 1 & x_1 & y_1 \\ 0 & 0 & 0 & 1 & x_2 & y_2 \\ 0 & 0 & 0 & 1 & x_3 & y_3 \end{array}\right] \left\{\begin{array}{c} \alpha_1 \\ \alpha_2 \\ \alpha_3 \\ \hline \alpha_4 \\ \alpha_5 \\ \alpha_6 \end{array}\right\} \tag{4.12}$$

oder kürzer:

$$\left\{\delta^e\right\} = [A]\{\alpha\} \tag{4.12*}$$

Man beachte: In (4.8*) und (4.12*) wurden dieselben Bezeichnungen $\{\delta^e\}$ für die linke Seite und $[A]$ für die verknüpfende Matrix gewählt. Die Beziehungen (4.9) bis (4.11) gelten formal auch für (4.12).

Die Matrix $[A]$ in (4.12) ist *quasidiagonal* von der Struktur $\{3,3\}$. Sie kann in vier 3×3 Blöcke unterteilt werden:

$$[A] \equiv \left[\begin{array}{c|c} [M] & [0] \\ \hline [0] & [M] \end{array}\right] \quad \text{mit} \quad [M] = \left[\begin{array}{ccc} 1 & x_1 & y_1 \\ 1 & x_2 & y_2 \\ 1 & x_3 & y_3 \end{array}\right], \tag{4.13}$$

so dass man (4.12) auch gemäß

$$\left\{\begin{array}{c} u_1 \\ u_2 \\ u_3 \end{array}\right\} = [M]\left\{\begin{array}{c} \alpha_1 \\ \alpha_2 \\ \alpha_3 \end{array}\right\}, \qquad \left\{\begin{array}{c} v_1 \\ v_2 \\ v_3 \end{array}\right\} = [M]\left\{\begin{array}{c} \alpha_4 \\ \alpha_5 \\ \alpha_6 \end{array}\right\} \tag{4.14a,b}$$

aufspalten kann. Durch Inversion erhält man daraus die Ansatzfreiwerte $\{\alpha\}$. Dazu muss die Matrix $[M]$ invertiert werden (Ü 4.1.1):

$$[M]^{-1} = \frac{1}{2A_\Delta}\left[\begin{array}{ccc} x_2y_3 - x_3y_2 & x_3y_1 - x_1y_3 & x_1y_2 - x_2y_1 \\ y_2 - y_3 & y_3 - y_1 & y_1 - y_2 \\ x_3 - x_2 & x_1 - x_3 & x_2 - x_1 \end{array}\right]. \tag{4.15}$$

Darin ist

$$A_\Delta = \frac{1}{2}\left|\begin{array}{ccc} 1 & x_1 & y_1 \\ 1 & x_2 & y_2 \\ 1 & x_3 & y_3 \end{array}\right| \tag{4.16}$$

der Flächeninhalt des finiten Dreieckselementes mit den Eckpunkten (x_1,y_1), ..., (x_3,y_3).

Setzt man die Inversion von (4.14a,b) unter Berücksichtigung von (4.15) in (4.5) ein, so erhält man die Verschiebungen an einer beliebigen Stelle (x,y) innerhalb des finiten Dreieckselementes zu:

$$u(x,y) = \begin{bmatrix} 1 & x & y \end{bmatrix} [M]^{-1} \begin{Bmatrix} u_1 \\ u_2 \\ u_3 \end{Bmatrix} \tag{4.17a}$$

$$v(x,y) = \begin{bmatrix} 1 & x & y \end{bmatrix} [M]^{-1} \begin{Bmatrix} v_1 \\ v_2 \\ v_3 \end{Bmatrix} \tag{4.17b}$$

mit dem Zeilenvektor

$$\begin{bmatrix} 1 & x & y \end{bmatrix} [M]^{-1} = \frac{1}{2A_\Delta} \begin{Bmatrix} (x_2 y_3 - x_3 y_2) + & (y_2 - y_3)x + & (x_3 - x_2)y \\ (x_3 y_1 - x_1 y_3) + & (y_3 - y_1)x + & (x_1 - x_3)y \\ (x_1 y_2 - x_2 y_1) + & (y_1 - y_2)x + & (x_2 - x_1)y \end{Bmatrix}^t . \tag{4.18}$$

Dieser Zeilenvektor kann auch folgendermaßen ausgedrückt werden:

$$\begin{bmatrix} 1 & x & y \end{bmatrix} [M]^{-1} = \frac{1}{2A_\Delta} \begin{Bmatrix} a_1 + b_1 x + c_1 y \\ a_2 + b_2 x + c_2 y \\ a_3 + b_3 x + c_3 y \end{Bmatrix}^t , \tag{4.18*}$$

wenn man die Abkürzungen

$$a_i = e_{ijk} x_j y_k , \quad b_i = e_{ijk} y_j z_k , \quad c_i = e_{ijk} z_j x_k \tag{4.19a,b,c}$$

mit i = 1,2,3 benutzt. Darin ist e_{ijk} das *LEVI-CIVITAsche Permutationssymbol*, auch *e-System* genannt, das durch folgende Eigenschaften charakterisiert ist:

$$e_{ijk} = \begin{cases} 1, & \text{wenn ijk eine gerade Permutation der Zahlen 1,2,3 ist;} \\ -1, & \text{wenn ijk eine ungerade Permutation der Zahlen 1,2,3 ist;} \\ 0, & \text{wenn ijk keine Permutation der Zahlen 1,2,3 darstellt,} \\ & \text{d.h., wenn mindestens zwei Indizes gleich sind.} \end{cases} \tag{4.20}$$

In (4.19a,b,c) wird die *EINSTEINsche Summationsvereinbarung* benutzt, nach der über paarweise auftretende Indizes zu summieren ist. Weiterhin gilt $z_1 = z_2 = z_3 = 1$. Mit den Abkürzungen (4.19a,b,c) kann (4.17a,b) auch gemäß

$$\boxed{u(x,y) = \frac{1}{2A_\Delta} (a_i + b_i x + c_i y) u_i} \tag{4.21a}$$

$$\boxed{v(x,y) = \frac{1}{2A_\Delta}(a_i + b_i x + c_i y)v_i}$$ (4.21b)

ausgedrückt werden, wenn man wiederum von der *EINSTEINschen Summationsvereinbarung* Gebrauch macht. In Matrizenschreibweise kann (4.21a,b) folgendermaßen zusammengefasst werden:

$$\begin{Bmatrix} u(x,y) \\ v(x,y) \end{Bmatrix} = \begin{bmatrix} N_1 & N_2 & N_3 & 0 & 0 & 0 \\ 0 & 0 & 0 & N_1 & N_2 & N_3 \end{bmatrix} \begin{Bmatrix} u_1 \\ u_2 \\ u_3 \\ v_1 \\ v_2 \\ v_3 \end{Bmatrix}$$ (4.21*)

oder auch in anderer Auflistung mit $\{\delta_i\} \equiv \begin{Bmatrix} u_i \\ v_i \end{Bmatrix}$ wie in (4.6) und (4.8):

$$\begin{Bmatrix} u(x,y) \\ v(x,y) \end{Bmatrix} = \begin{bmatrix} N_1 & 0 & N_2 & 0 & N_3 & 0 \\ 0 & N_1 & 0 & N_2 & 0 & N_3 \end{bmatrix} \begin{Bmatrix} u_1 \\ v_1 \\ u_2 \\ v_2 \\ u_3 \\ v_3 \end{Bmatrix}.$$ (4.21**)

Darin wird die 2×6 Rechteckmatrix

$$\begin{bmatrix} N_1 & 0 & N_2 & 0 & N_3 & 0 \\ 0 & N_1 & 0 & N_2 & 0 & N_3 \end{bmatrix} \equiv \begin{bmatrix} [N_1] & [N_2] & [N_3] \end{bmatrix} \equiv [N]$$ (4.22)

als *Formfunktionsmatrix* bezeichnet, die aus den *Untermatrizen*

$$\boxed{[N_i] \equiv \frac{a_i + b_i x + c_i y}{2A_\Delta} \begin{bmatrix} 1 & 0 \\ 0 & 1 \end{bmatrix}} \quad , \quad i = 1,2,3,$$ (4.23)

besteht.

Die Formfunktionen

$$N_i = N_i(x,y) = \frac{1}{2A_\Delta}(a_i + b_i x + c_i y)$$ (4.24)

nehmen in den Knotenpunkten (x_i, y_i) die Werte **null** oder **eins** an, wie man durch Einsetzen von (4.19a,b,c) in (4.24) unter Berücksichtigung von (4.16) unmittelbar erkennt, d.h., die Formfunktionen besitzen die *Interpolationseigenschaft*

$$N_i = N_i\left(x_k, y_k\right) = \begin{cases} 1 & \text{für} \quad i = k = 1,2,3 \\ 0 & \text{für} \quad i \neq k. \end{cases} \tag{4.25}$$

Längs der Dreiecksseiten verändern sich die N_i und somit wegen (4.6) auch die Verschiebungen linear, wie in Bild 4.4 anschaulich dargestellt.

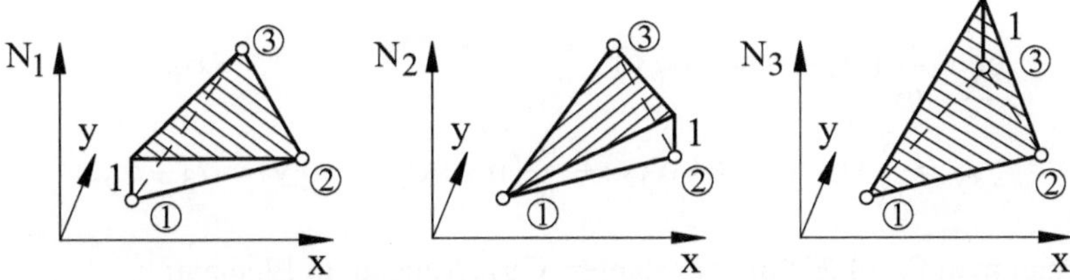

Bild 4.4 Lineare Formfunktionen $N_i(x,y)$ für das finite Dreieckselement

Man erkennt in Bild 4.4, dass die Verschiebungen längs einer Elementseite nur von den Verschiebungen der Endpunkte der betreffenden Seite abhängen. Dadurch ist die Verträglichkeit der Verschiebungen an zwei Nachbarelementen mit gemeinsamer Berührlinie (Grenzlinie) a priori gewährleistet.

In Ziffer 4.3 wird gezeigt, wie man durch Verwendung von "*natürlichen Dreieckskoordinaten*" (Flächenkoordinaten für Dreiecke) den Verschiebungsansatz (4.21a,b) einfacher formulieren kann.

Schritt IV: Aufstellung einer Beziehung zwischen den Verzerrungen im Element $\{\varepsilon(x,y)\}$ und den Knotenverschiebungen $\{\delta^e\}$

Die Koordinaten des *klassischen Verzerrungstenors* ermittelt man gemäß

$$\varepsilon_{ij} = \left(u_{i,j} + u_{j,i}\right)/2 \tag{4.26}$$

aus den Koordinaten des Verschiebungsvektors. Darin wird die übliche Abkürzung $u_{i,j} \equiv \partial u_i/\partial x_j$ verwendet. Für ebene Probleme (ebene Spannung oder ebene Verzerrung) sind nur die drei Koordinaten $\varepsilon_{11} \equiv \varepsilon_x$, $\varepsilon_{22} \equiv \varepsilon_y$, $\varepsilon_{12} \equiv \varepsilon_{xy} = \gamma_{xy}/2$ **wesentlich**, die man in einer Spaltenmatrix zusammenfassen kann:

$$\{\varepsilon(x,y)\} = \begin{Bmatrix} \varepsilon_x \\ \varepsilon_y \\ \gamma_{xy} \end{Bmatrix}. \tag{4.27}$$

Darin sind ε_x, ε_y Dehnungen (Stauchungen), während man γ_{xy} als Gleitung interpretieren kann [BETTEN, 2001]. Man erhält diese Größen aus den Verschiebungen $u_1 \equiv u$, $u_2 \equiv v$ nach der Rechenvorschrift (4.26) zu:

$$\varepsilon_x = \frac{\partial u}{\partial x} \quad , \quad \varepsilon_y = \frac{\partial v}{\partial y} \quad , \quad \gamma_{xy} = \frac{\partial u}{\partial y} + \frac{\partial v}{\partial x}. \tag{4.28a,b,c}$$

Ersetzt man darin die Verschiebungen durch die bilinearen Ansätze (4.4a,b),

$$\varepsilon_x = \frac{\partial}{\partial x}(\alpha_1 + \alpha_2 x + \alpha_3 y) \qquad\qquad = \alpha_2$$

$$\varepsilon_y = \frac{\partial}{\partial y}(\alpha_4 + \alpha_5 x + \alpha_6 y) \qquad\qquad = \alpha_6$$

$$\gamma_{xy} = \frac{\partial}{\partial y}(\alpha_1 + \alpha_2 x + \alpha_3 y) + \frac{\partial}{\partial x}(\alpha_4 + \alpha_5 x + \alpha_6 y) = \alpha_3 + \alpha_5,$$

so erhält man für (4.27) die konstanten Verzerrungen im Element:

$$\{\varepsilon(x,y)\} = \begin{Bmatrix} \varepsilon_x \\ \varepsilon_y \\ \gamma_{xy} \end{Bmatrix} = \begin{Bmatrix} \alpha_2 \\ \alpha_6 \\ \alpha_3 + \alpha_5 \end{Bmatrix} \tag{4.29a}$$

oder in der Schreibweise:

$$\{\varepsilon(x,y)\} = \begin{Bmatrix} \varepsilon_x \\ \varepsilon_y \\ \gamma_{xy} \end{Bmatrix} = \begin{bmatrix} 0 & 1 & 0 & 0 & 0 & 0 \\ 0 & 0 & 0 & 0 & 0 & 1 \\ 0 & 0 & 1 & 0 & 1 & 0 \end{bmatrix} \begin{Bmatrix} \alpha_1 \\ \alpha_2 \\ \alpha_3 \\ \alpha_4 \\ \alpha_5 \\ \alpha_6 \end{Bmatrix} \tag{4.29b}$$

bzw. einfach

$$\{\varepsilon(x,y)\} = [C]\{\alpha\}. \tag{4.29c}$$

Darin kann die Spaltenmatrix $\{\alpha\}$ gemäß (4.9) durch die *Knotenverschiebungen* $\{\delta^e\}$ ausgedrückt werden:

$$\boxed{\{\varepsilon(x,y)\} = [C][A]^{-1}\{\delta^e\}} \tag{4.30a}$$

bzw.

$$\boxed{\{\varepsilon(x,y)\} = [B]\{\delta^e\}} \tag{4.30b}$$

Zur Ermittlung der Matrix

$$[B] = [C][A]^{-1} \tag{4.31}$$

muss die Matrix [A] in (4.8) invertiert werden, was sehr umständlich ist, wenn man kein *mathematisches Formelmanipulations-Programm*, wie etwa MAPLE V, zur Verfügung hat. Daher ist es zweckmäßiger, eine Umordnung vorzunehmen, d.h. von (4.12) auszugehen und (4.29b) gemäß

$$
\begin{Bmatrix} \varepsilon_x \\ \varepsilon_y \\ \gamma_{xy} \end{Bmatrix} =
\begin{bmatrix} 0 & 1 & 0 \\ 0 & 0 & 0 \\ 0 & 0 & 1 \end{bmatrix}
\begin{Bmatrix} \alpha_1 \\ \alpha_2 \\ \alpha_3 \end{Bmatrix} +
\begin{bmatrix} 0 & 0 & 0 \\ 0 & 0 & 1 \\ 0 & 1 & 0 \end{bmatrix}
\begin{Bmatrix} \alpha_4 \\ \alpha_5 \\ \alpha_6 \end{Bmatrix}
\tag{4.32}
$$

aufzuteilen. Darin setzt man dann die leicht zu bildenden Inversionen von (4.14a,b) ein:

$$
\begin{Bmatrix} \varepsilon_x \\ \varepsilon_y \\ \gamma_{xy} \end{Bmatrix} =
\begin{bmatrix} 0 & 1 & 0 \\ 0 & 0 & 0 \\ 0 & 0 & 1 \end{bmatrix}
[M]^{-1}
\begin{Bmatrix} u_1 \\ u_2 \\ u_3 \end{Bmatrix} +
\begin{bmatrix} 0 & 0 & 0 \\ 0 & 0 & 1 \\ 0 & 1 & 0 \end{bmatrix}
[M]^{-1}
\begin{Bmatrix} v_1 \\ v_2 \\ v_3 \end{Bmatrix} .
\tag{4.33}
$$

Mit (4.15) erhält man darin die Matrizen:

$$
\begin{bmatrix} 0 & 1 & 0 \\ 0 & 0 & 0 \\ 0 & 0 & 1 \end{bmatrix}
[M]^{-1} = \frac{1}{2A_\Delta}
\begin{bmatrix}
y_2 - y_3 & y_3 - y_1 & y_1 - y_2 \\
0 & 0 & 0 \\
x_3 - x_2 & x_1 - x_3 & x_2 - x_1
\end{bmatrix}
\tag{4.34a}
$$

$$
\begin{bmatrix} 0 & 0 & 0 \\ 0 & 0 & 1 \\ 0 & 1 & 0 \end{bmatrix}
[M]^{-1} = \frac{1}{2A_\Delta}
\begin{bmatrix}
0 & 0 & 0 \\
x_3 - x_2 & x_1 - x_3 & x_2 - x_1 \\
y_2 - y_3 & y_3 - y_1 & y_1 - y_2
\end{bmatrix} .
\tag{4.34b}
$$

Setzt man diese Ergebnisse in (4.33) ein, so erhält man nach Addition:

$$
\begin{Bmatrix} \varepsilon_x \\ \varepsilon_y \\ \gamma_{xy} \end{Bmatrix} =
\frac{1}{2A_\Delta}
\begin{bmatrix}
y_2 - y_3 & y_3 - y_1 & y_1 - y_2 & 0 & 0 & 0 \\
0 & 0 & 0 & x_3 - x_2 & x_1 - x_3 & x_2 - x_1 \\
x_3 - x_2 & x_1 - x_3 & x_2 - x_1 & y_2 - y_3 & y_3 - y_1 & y_1 - y_2
\end{bmatrix}
\begin{Bmatrix} u_1 \\ u_2 \\ u_3 \\ v_1 \\ v_2 \\ v_3 \end{Bmatrix} .
\tag{4.35a}
$$

oder alternativ durch Umordnen:

$$
\begin{Bmatrix} \varepsilon_x \\ \varepsilon_y \\ \gamma_{xy} \end{Bmatrix} =
\frac{1}{2A_\Delta}
\begin{bmatrix}
y_2 - y_3 & 0 & y_3 - y_1 & 0 & y_1 - y_2 & 0 \\
0 & x_3 - x_2 & 0 & x_1 - x_3 & 0 & x_2 - x_1 \\
x_3 - x_2 & y_2 - y_3 & x_1 - x_3 & y_3 - y_1 & x_2 - x_1 & y_1 - y_2
\end{bmatrix}
\begin{Bmatrix} u_1 \\ v_1 \\ u_2 \\ v_2 \\ u_3 \\ v_3 \end{Bmatrix} .
\tag{4.35b}
$$

Somit findet man *zwei* Versionen für die Matrix [B], nämlich

$$[B] = \frac{1}{2A_\Delta} \begin{bmatrix} y_2 - y_3 & y_3 - y_1 & y_1 - y_2 & 0 & 0 & 0 \\ 0 & 0 & 0 & x_3 - x_2 & x_1 - x_3 & x_2 - x_1 \\ x_3 - x_2 & x_1 - x_3 & x_2 - x_1 & y_2 - y_3 & y_3 - y_1 & y_1 - y_2 \end{bmatrix} \qquad (4.36a)$$

oder alternativ

$$[B] = \frac{1}{2A_\Delta} \begin{bmatrix} y_2 - y_3 & 0 & y_3 - y_1 & 0 & y_1 - y_2 & 0 \\ 0 & x_3 - x_2 & 0 & x_1 - x_3 & 0 & x_2 - x_1 \\ x_3 - x_2 & y_2 - y_3 & x_1 - x_3 & y_3 - y_1 & x_2 - x_1 & y_1 - y_2 \end{bmatrix}, \qquad (4.36b)$$

je nachdem, ob man in (4.30b) die Spaltenmatrix $\left\{\delta^e\right\}$ gemäß (4.12) oder gemäß (4.8), d.h. gemäß

$$\left\{\delta^e\right\} \equiv \begin{Bmatrix} u_1 \\ u_2 \\ u_3 \\ v_1 \\ v_2 \\ v_3 \end{Bmatrix} \qquad \text{oder gemäß} \qquad \left\{\delta^e\right\} \equiv \begin{Bmatrix} u_1 \\ v_1 \\ u_2 \\ v_2 \\ u_3 \\ v_3 \end{Bmatrix} \qquad (4.37a,b)$$

anordnet!

Die Matrix [B] in (4.30b) mit dem Ergebnis (4.36a,b) kann man auch "direkter" (einfacher) herleiten. Dazu drückt man die Verschiebungen (4.21a,b) mit (4.24) gemäß

$$u(x,y) = N_i u_i \equiv N_1 u_1 + N_2 u_2 + N_3 u_3 \qquad (4.38a)$$

$$v(x,y) = N_i v_i \equiv N_1 v_1 + N_2 v_2 + N_3 v_3 \qquad (4.38b)$$

aus und erhält damit die Verzerrungen (4.28a,b,c) zu

$$\varepsilon_x = \frac{\partial u}{\partial x} = \frac{\partial N_i}{\partial x} u_i = \frac{1}{2A_\Delta} b_i u_i, \qquad (4.39a)$$

$$\varepsilon_y = \frac{\partial v}{\partial y} = \frac{\partial N_i}{\partial y} v_i = \frac{1}{2A_\Delta} c_i v_i, \qquad (4.39b)$$

$$\gamma_{xy} = \frac{\partial u}{\partial y} + \frac{\partial v}{\partial x} = \frac{\partial N_i}{\partial y} u_i + \frac{\partial N_i}{\partial x} v_i = \frac{1}{2A_\Delta}(c_i u_i + b_i v_i). \tag{4.39c}$$

In (4.38a) bis (4.39c) ist die Summationsvereinbarung berücksichtigt. Das Ergebnis (4.39a-c) kann folgendermaßen in Matrizenschreibweise ausgedrückt werden:

$$\begin{Bmatrix} \varepsilon_x \\ \varepsilon_y \\ \gamma_{xy} \end{Bmatrix} = \frac{1}{2A_\Delta} \begin{bmatrix} b_1 & b_2 & b_3 & 0 & 0 & 0 \\ 0 & 0 & 0 & c_1 & c_2 & c_3 \\ c_1 & c_2 & c_3 & b_1 & b_2 & b_3 \end{bmatrix} \begin{Bmatrix} u_1 \\ u_2 \\ u_3 \\ v_1 \\ v_2 \\ v_3 \end{Bmatrix} \tag{4.40a}$$

oder alternativ in anderer Auflistung:

$$\begin{Bmatrix} \varepsilon_x \\ \varepsilon_y \\ \gamma_{xy} \end{Bmatrix} = \frac{1}{2A_\Delta} \begin{bmatrix} b_1 & 0 & b_2 & 0 & b_3 & 0 \\ 0 & c_1 & 0 & c_2 & 0 & c_3 \\ c_1 & b_1 & c_2 & b_2 & c_3 & b_3 \end{bmatrix} \begin{Bmatrix} u_1 \\ v_1 \\ u_2 \\ v_2 \\ u_3 \\ v_3 \end{Bmatrix}. \tag{4.40b}$$

Daraus kann man die beiden Versionen der Matrix [B] ablesen, nämlich

$$[B] = \frac{1}{2A_\Delta} \begin{bmatrix} b_1 & b_2 & b_3 & 0 & 0 & 0 \\ 0 & 0 & 0 & c_1 & c_2 & c_3 \\ c_1 & c_2 & c_3 & b_1 & b_2 & b_3 \end{bmatrix} \tag{4.41a}$$

oder alternativ

$$[B] = \frac{1}{2A_\Delta} \begin{bmatrix} b_1 & 0 & b_2 & 0 & b_3 & 0 \\ 0 & c_1 & 0 & c_2 & 0 & c_3 \\ c_1 & b_1 & c_2 & b_2 & c_3 & b_3 \end{bmatrix}. \tag{4.41b}$$

In der Literatur wird meistens die zweite Version (4.41b) benutzt. Setzt man in (4.41a,b) die durch (4.19b,c) definierten Größen b_i und c_i, d.h.

$$\left. \begin{aligned} b_1 = y_2 - y_3 \quad &, \quad b_2 = y_3 - y_1 \quad , \quad b_3 = y_1 - y_2, \\ c_1 = x_3 - x_2 \quad &, \quad c_2 = x_1 - x_3 \quad , \quad c_3 = x_2 - x_1, \end{aligned} \right\} \tag{4.42}$$

ein, so erhält man unmittelbar (4.36a,b).

Schritt V: Ermittlung des Spannungsfeldes im Element $\{\sigma(x,y)\}$ als Funktion von den Knotenverschiebungen $\{\delta^e\}$

Analog (4.27) sind bei ebenen elastischen Problemen 3 Spannungskoordinaten **wesentlich**, nämlich 2 Normalspannungen und 1 Schubspannung:

ebene Spannung:

$$\sigma_x \neq 0 \quad , \quad \sigma_y \neq 0 \quad , \quad \tau_{xy} \neq 0, \quad \text{alle anderen null alle anderen } \mathbf{null}$$

ebene Verzerrung:

$$\sigma_x \neq 0 \quad , \quad \sigma_y \neq 0 \quad , \quad \sigma_z = \nu\left(\sigma_x + \sigma_y\right),$$

$$\tau_{xy} \neq 0 \quad , \quad \tau_{yz} = \tau_{zx} = 0.$$

Somit betrachten wir im Folgenden analog (4.27) die Spaltenmatrix:

$$\{\sigma(x,y)\} = \left\{\begin{array}{c} \sigma_x \\ \sigma_y \\ \tau_{xy} \end{array}\right\}. \tag{4.43}$$

Zur weiteren Rechnung benötigen wir *Stoffgleichungen*, z.B. die Stoffgleichungen der *linearen Elastizitätstheorie*

$$\sigma_{ij} = E_{ijk\ell}\varepsilon_{k\ell}, \tag{4.44}$$

die im isotropen Sonderfall durch die Beziehungen

$$\boxed{\sigma_{ij} = \frac{E}{1+\nu}\left(\varepsilon_{ij} + \frac{\nu}{1-2\nu}\varepsilon_{kk}\delta_{ij}\right)}, \tag{4.45a}$$

$$\boxed{\varepsilon_{ij} = \frac{1+\nu}{E}\left(\sigma_{ij} - \frac{\nu}{1+\nu}\sigma_{kk}\delta_{ij}\right)}, \tag{4.45b}$$

gegeben sind [BETTEN, 2001]. Darin sind E der *Elastizitätsmodul* und ν die *elastische Querzahl*. Zu beachten ist in (4.44) und (4.45a,b) die *EINSTEINsche Summationsvereinbarung*. Bei ebenen Spannungsproblemen $\left(\sigma_{3j} = 0_j\right)$ erhält man aus (4.45b) das lineare Gleichungssystem

$$\varepsilon_x \equiv \varepsilon_{11} = \frac{1}{E}(\sigma_{11} - \nu\sigma_{22}) \equiv \frac{1}{E}\left(\sigma_x - \nu\sigma_y\right),$$

$$\varepsilon_y \equiv \varepsilon_{22} = \frac{1}{E}(\sigma_{22} - \nu\sigma_{11}) \equiv \frac{1}{E}\left(\sigma_y - \nu\sigma_x\right),$$

$$\gamma_{xy} = 2\varepsilon_{xy} = 2\varepsilon_{12} = \frac{2(1+\nu)}{E}\sigma_{12} \equiv \frac{2(1+\nu)}{E}\tau_{xy} \equiv \frac{1}{G}\tau_{xy},$$

mit der Auflösung nach den Spannungen

$$\sigma_x = \frac{E}{1-\nu^2}\left(\varepsilon_x + \nu\varepsilon_y\right), \quad \sigma_y = \frac{E}{1-\nu^2}\left(\nu\varepsilon_x + \varepsilon_y\right), \quad \tau_{xy} = \frac{E}{2(1+\nu)}\gamma_{xy},$$

die man durch folgende Matrix-Form ausdrücken kann:

$$\{\sigma(x,y)\} = \begin{Bmatrix} \sigma_x \\ \sigma_y \\ \tau_{xy} \end{Bmatrix} = \frac{E}{1-\nu^2} \begin{bmatrix} 1 & \nu & 0 \\ \nu & 1 & 0 \\ 0 & 0 & \dfrac{1-\nu}{2} \end{bmatrix} \begin{Bmatrix} \varepsilon_x \\ \varepsilon_y \\ \gamma_{xy} \end{Bmatrix}. \tag{4.46a}$$

Bei *ebenen Verzerrungsproblemen* $\left(\varepsilon_{3j} = 0_j\right)$ erhält man aus (4.45a) das lineare Gleichungssystem

$$\sigma_x = \frac{E}{(1+\nu)(1-2\nu)}\left[(1-\nu)\varepsilon_x + \nu\varepsilon_y\right],$$

$$\sigma_y = \frac{E}{(1+\nu)(1-2\nu)}\left[\nu\varepsilon_x + (1-\nu)\varepsilon_y\right],$$

$$\tau_{xy} = \frac{E}{(1+\nu)}\varepsilon_{xy} = \frac{E}{2(1+\nu)}\gamma_{xy},$$

das man durch die Matrix-Form

$$\{\sigma(x,y)\} = \begin{Bmatrix} \sigma_x \\ \sigma_y \\ \tau_{xy} \end{Bmatrix} = \frac{E}{(1+\nu)(1-2\nu)} \begin{bmatrix} 1-\nu & \nu & 0 \\ \nu & 1-\nu & 0 \\ 0 & 0 & \dfrac{1-2\nu}{2} \end{bmatrix} \begin{Bmatrix} \varepsilon_x \\ \varepsilon_y \\ \gamma_{xy} \end{Bmatrix}. \tag{4.46b}$$

darstellen kann. Beide Beziehungen (4.46a,b) können allgemein gemäß

$$\boxed{\{\sigma(x,y)\} = [D]\{\varepsilon(x,y)\}} \tag{4.47}$$

zusammengefasst werden. Der Unterschied liegt in der *"Stoffmatrix"* [D]:

$$\textbf{ebene Spannung:} \quad [D] = \frac{E}{1-\nu^2} \begin{bmatrix} 1 & \nu & 0 \\ \nu & 1 & 0 \\ 0 & 0 & \dfrac{1-\nu}{2} \end{bmatrix}, \tag{4.48a}$$

$$\textbf{ebene Verzerrung:} \quad [D] = \frac{E}{(1+\nu)(1-2\nu)} \begin{bmatrix} 1-\nu & \nu & 0 \\ \nu & 1-\nu & 0 \\ 0 & 0 & \dfrac{1-2\nu}{2} \end{bmatrix}. \tag{4.48b}$$

Man kann auch folgende Schreibweise wählen:

$$[D] = \begin{bmatrix} d_{11} & d_{12} & 0 \\ d_{21} & d_{22} & 0 \\ 0 & 0 & d_{33} \end{bmatrix} \tag{4.49}$$

mit der Unterscheidung:

ebene Spannung:
$$\left. \begin{array}{l} d_{11} = d_{22} = E/(1-v^2) \\ d_{12} = d_{21} = vE/(1-v^2) \\ d_{33} = E/2(1+v) \end{array} \right\}, \tag{4.50a}$$

ebene Verzerrung:
$$\left. \begin{array}{l} d_{11} = d_{22} = (1-v)E/(1+v)(1-2v) \\ d_{12} = d_{21} = vE/(1+v)(1-2v) \\ d_{33} = E/2(1+v) \end{array} \right\}. \tag{4.50b}$$

Die Spannungen im finiten Element können auch durch die *Knotenverschiebungen* $\{\delta^e\}$ ausgedrückt werden. Dazu setzt man die Beziehung (4.30b) in (4.47) ein und erhält:

$$\boxed{\{\sigma(x,y)\} = [D][B]\{\delta^e\}}. \tag{4.51a}$$

Analog (4.30b) kann man (4.51a) auch durch

$$\boxed{\{\sigma(x,y)\} = [H]\{\delta^e\}} \tag{4.51b}$$

ausdrücken, wobei man analog (4.31) das Matrizenprodukt

$$[H] := [D][B] \tag{4.52}$$

einführt. Explizit ist dieses Matrizenprodukt durch

$$[H] = \frac{1}{2A_\Delta} \begin{bmatrix} d_{11}b_1 & d_{12}c_1 & d_{11}b_2 & d_{12}c_2 & d_{11}b_3 & d_{12}c_3 \\ d_{21}b_1 & d_{22}c_1 & d_{21}b_2 & d_{22}c_2 & d_{21}b_3 & d_{22}c_3 \\ d_{33}c_1 & d_{33}b_1 & d_{33}c_2 & d_{33}b_2 & d_{33}c_3 & d_{33}b_3 \end{bmatrix} \tag{4.53}$$

gegeben, wobei die Matrix [D] gemäß (4.49) berücksichtigt wurde und für die Matrix [B] die Version (4.41b) gewählt wurde.

Schritt VI: Ermittlung der Steifigkeitsmatrix [K^e] für das Dreieckselement

Analog (3.3) kann auch für das Dreieckselement eine *Steifigkeitsbeziehung*

$$\{F^e\} = [K^e]\{\delta^e\} \tag{4.2}$$

aufgestellt werden. Zur Ermittlung der Steifigkeitsmatrix $[K^e]$ in (4.2) wird das Spannungsfeld (4.51a) im Dreieckselement zunächst durch *statisch äquivalente Knotenkräfte* $\{F^e\}$ ersetzt. Man findet diese unter Benutzung des *Prinzips der virtuellen Verschiebungen*, das eine äquivalente Möglichkeit bietet, das Gleichgewicht eines Körpers auszudrücken. Nach diesem Prinzip gilt für einen im Gleichgewicht befindlichen Körper folgender **Satz:**

> **Für *virtuelle* Verschiebungen, die auf einen im Gleichgewicht befindlichen Körper einwirken, ist die gesamte innere virtuelle Arbeit gleich der gesamten äußeren virtuellen Arbeit.**

Unter *virtueller Verschiebung* versteht man: 1. eine gedachte, 2. differentiell kleine und 3. mit der geometrischen Konfiguration vereinbare (mögliche) Verschiebung. Der letzte Punkt bedeutet, dass die Kompatibilität gewahrt sein muss und die *wesentlichen Randbedingungen* nicht verletzt sein dürfen. Ausführlicher wird das Prinzip der virtuellen Verschiebungen in Ziffer 6.2 (Band 2) behandelt.

Im Folgenden wird dieses Prinzip auf das Dreieckselement angewendet. *Virtuelle Verschiebungen* werden üblicherweise durch das Variationszeichen δ ausgedrückt, z.B. δu, δv. Da jedoch dieses Zeichen bereits für die *aktuellen Knotenverschiebungen* $\{\delta^e\}$ in (4.2) verwendet wurde, soll der *virtuelle Charakter* der Knotenverschiebungen durch eine Tilde verdeutlicht werden:

$$\left\{\tilde{\delta}^e\right\} = \left\{\begin{array}{c} \{\tilde{\delta}_1\} \\ \hline \{\tilde{\delta}_2\} \\ \hline \{\tilde{\delta}_3\} \end{array}\right\} = \left\{\begin{array}{c} \delta u_1 \\ \delta v_1 \\ \hline \delta u_2 \\ \delta v_2 \\ \hline \delta u_3 \\ \delta v_3 \end{array}\right\} \quad \text{und} \quad \{\delta\varepsilon(x,y)\} = \left\{\begin{array}{c} \delta\varepsilon_x \\ \delta\varepsilon_y \\ \delta\gamma_{xy} \end{array}\right\}. \qquad (4.54\text{a,b})$$

Die *äußere virtuelle Arbeit,* die durch die äquivalenten Knotenkräfte (4.1b) verrichtet wird, ist:

$$\delta W_{\text{außen}} = \left\{\tilde{\delta}_1\right\}^t \{F_1\} + \left\{\tilde{\delta}_2\right\}^t \{F_2\} + \left\{\tilde{\delta}_3\right\}^t \{F_3\} \qquad (4.55\text{a})$$

$$\delta W_{\text{außen}} = \left\{\tilde{\delta}^e\right\}^t \left\{F^e\right\}. \qquad (4.55\text{b})$$

Durch die *virtuellen Knotenverschiebungen* werden im Dreieckselement *virtuelle Verzerrungen* $\{\delta\varepsilon(x,y)\}$ dort hervorgerufen, wo die *aktuellen Spannungen* $\{\sigma(x,y)\}$ wirken. Somit wird an einem Volumenelement dV im Innern des finiten Dreieckselementes die innere virtuelle Arbeits*dichte*

$$\delta\overline{W}_{\text{innen}} = \left\{\delta\varepsilon(x,y)\right\}^t \left\{\sigma(x,y)\right\} \qquad (4.56)$$

entstehen. Die gesamte *innere virtuelle Arbeit* ist dann:

$$\delta W_{innen} = \int_V \delta \overline{W}_{innen} dV = \int_V \{\delta\varepsilon(x,y)\}^t \{\sigma(x,y)\} dV. \qquad (4.57)$$

Der Zusammenhang (4.30b) gilt auch für virtuelle Knotenverschiebungen und die dadurch hervorgerufenen virtuellen Verzerrungen,

$$\{\delta\varepsilon(x,y)\} = [B]\{\tilde{\delta}^e\}, \qquad (4.58)$$

so dass man wegen

$$\{\delta\varepsilon(x,y)\}^t = \left\{[B]\{\tilde{\delta}^e\}\right\}^t = \{\tilde{\delta}^e\}^t [B]^t \qquad (4.59)$$

und unter Berücksichtigung von (4.51a) die *innere virtuelle Arbeit* (4.57) durch

$$\delta W_{innen} = \int_V \{\tilde{\delta}^e\}^t [B]^t [D][B]\{\delta^e\} dV \qquad (4.60a)$$

ausdrücken kann. Da sich die Integration über das Dreiecksvolumen erstreckt, dV = dxdydz, kann man die *virtuellen* und *aktuellen Knotenverschiebungen* außerhalb des Integrals setzen:

$$\delta W_{innen} = \{\tilde{\delta}^e\}^t \int_V [B]^t [D][B] dV \{\delta^e\} . \qquad (4.60b)$$

Nach dem *Prinzip der virtuellen Verschiebungen* müssen die virtuellen Arbeiten (4.55) und (4.60b) im Gleichgewichtszustand gleich sein, $\delta W_{außen} = \delta W_{innen}$, so dass im Vergleich mit (4.2) die *Steifigkeitsmatrix* für das finite Element zu

$$\boxed{\left[K^e\right] = \int_V [B]^t [D][B] dV} \qquad (4.61)$$

folgt.

Für eine Scheibe (ebener Spannungszustand) konstanter Dicke s gilt dV = s dxdy. Dann vereinfacht sich das Volumenintegral (4.61) zu einem Flächenintegral über die Dreiecksfläche A_Δ:

$$\boxed{\left[K^e\right] = s \int_{A_\Delta} [B]^t [D][B] dx\, dy} . \qquad (4.62)$$

Bei ebenem Verzerrungszustand ist s = 1 zu setzen. In die *Steifigkeitsmatrix* (4.61) bzw. (4.62) gehen die *elastischen Eigenschaften* (4.48a,b) und der *Verschiebungsansatz* (4.21a,b), (4.38a,b), ausgedrückt durch (4.41a,b), ein. Wählt man einen linearen Verschiebungsansatz (4.4a,b) bzw. lineare Formfunktionen (4.24), dann sind die Dehnungen (4.39a,b,c) bzw. die [B]-Matrix (4.41) im finiten Element konstant, so dass sich für diesen Sonderfall eine weitere Vereinfachung für die *Steifigkeitsmatrix* ergibt:

$$\left[K^e\right] = sA_\Delta [B]^t [D][B] \ .$$
(4.63)

Mit (4.53) und der Transponierten von (4.41b) ermittelt man die Steifigkeitsmatrix (4.63) zu:

$$\left[K^e\right] = \frac{s}{4A_\Delta}\left[\quad\text{siehe}\quad S.-104-\quad\right].$$
(4.64)

Man erkennt, dass die Steifigkeitsmatrix $[K^e]$ des finiten Elementes symmetrisch ist. Bei ebenem Spannungszustand ersetzt man in (4.64) die d_{ij} durch (4.50a), während man bei ebenem Verzerrungszustand die Werte (4.50b) einsetzen muss. Die b_i und c_i ermittelt man nach (4.42) aus den Koordinaten der drei Knotenpunkte des finiten Dreieckselementes (Übung 4.1.2 und 4.1.3).

$$\left[K^e\right] = \frac{s}{4A_\Delta}\begin{bmatrix}
d_{11}b_1^2 + d_{33}c_1^2 & (d_{12}+d_{33})b_1c_1 & d_{11}b_1b_2 + d_{33}c_1c_2 & d_{12}b_1c_2 + d_{33}b_2c_1 & d_{11}b_1b_3 + d_{33}c_1c_3 & d_{12}b_1c_3 + d_{33}b_3c_1 \\
 & d_{22}c_1^2 + d_{33}b_1^2 & d_{21}b_2c_1 + d_{33}b_1c_2 & d_{22}c_1c_2 + d_{33}b_1b_2 & d_{21}b_3c_1 + d_{33}b_1c_3 & d_{22}c_1c_3 + d_{33}b_1b_3 \\
 & & d_{11}b_2^2 + d_{33}c_2^2 & (d_{12}+d_{33})b_2c_2 & d_{11}b_2b_3 + d_{33}c_2c_3 & d_{12}b_2c_3 + d_{33}b_3c_2 \\
 & & & d_{22}c_2^2 + d_{33}b_2^2 & d_{21}b_3c_2 + d_{33}b_2c_3 & d_{22}c_2c_3 + d_{33}b_2b_3 \\
 & \text{symmetrisch} & & & d_{11}b_3^2 + d_{33}c_2^3 & (d_{12}+d_{33})b_3c_3 \\
 & & & & & d_{22}c_3^2 + d_{33}b_3^2
\end{bmatrix}$$

$$(4.64)$$

Schritt VII: Ermittlung der Gesamtsteifigkeitsmatrix [K] und des Spannungsfeldes

Die Addition zur *Gesamtsteifigkeitsmatrix* [K] aus den *Elementsteifigkeitsmatrizen* (4.2) erfolgt wie beim Fachwerk, d.h. analog (3.59a,b,c), (3.60) nach dem Schema (3.68). Ein kleines Beispiel (Bild 4.5) diene zur weiteren Erläuterung.

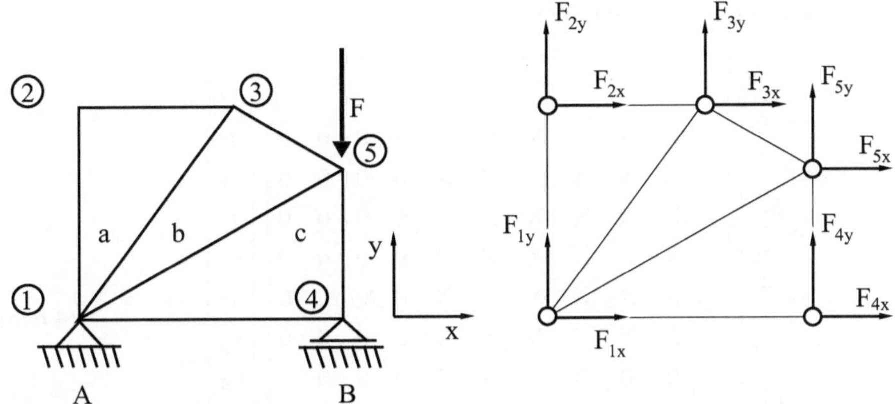

Bild 4.5   Gesamtsystem (Scheibe), aufgeteilt in drei Dreieckselemente (linkes Bild),
mit insgesamt fünf Knoten (rechtes Bild)

Im linken Teil des Bildes 4.5 ist die Scheibe in drei finite Elemente a,b,c aufgeteilt. Rechts im Bild ist das System in allen Lagern freigeschnitten und an allen Knoten mit Knotenkräften versehen. Die Knotenkräfte sind wie im Bild 4.3 gekennzeichnet, d.h., der erste Index gibt den Knoten an, der zweite die Richtung.

Aus den Steifigkeitsmatrizen $\left[K_a^e\right], \left[K_b^e\right], \left[K_c^e\right]$, die man gemäß (4.61) bzw. (4.64) für die einzelnen Elemente ermittelt hat, bildet man die *Gesamtsteifigkeitsmatrix* [K] des Systems. Damit erhält man analog (3.60) in Erweiterung von (4.2) die Beziehung

$$\boxed{\{F\} = [K]\{\delta\}}$$
(4.65)

für das Gesamtsystem. Darin sind noch nicht die Randbedingungen, die aus dem Lageplan (Bild 4.5 links) zu entnehmen sind, berücksichtigt, so dass die Spaltenvektoren $\{F\}$ und $\{\delta\}$ zunächst allgemein durch

$$\{F\} = \left\{F_{1x} \quad F_{1y} \quad \cdots \quad \cdots \quad F_{nx} \quad F_{ny}\right\}^t$$
(4.66a)

$$\{\delta\} = \left\{u_1 \quad v_1 \quad \cdots \quad \cdots \quad u_n \quad v_n\right\}^t$$
(4.66b)

ausgedrückt werden. Da im Beispiel nach Bild 4.5 fünf Knoten mit jeweils zwei Verschiebungen und zwei Knotenkräften vorhanden sind, muss die gesuchte Steifigkeitsmatrix [K] in (4.65) eine 10×10 Matrix sein, während die Steifigkeitsmatrizen der einzelnen Elemente analog (4.64) von der Größe 6×6 sind. Diese werden durch Hinzufügen entsprechender Nullzeilen und Nullspalten auf die Größe der Gesamtsteifigkeitsmatrix gebracht. Somit ergeben sich aus den einzelnen finiten Elementen a, b, c des Systems (Bild 4.5) folgende Einzelbeiträge:

a) Element a mit den Knoten ①, ②, ③

$$
\begin{Bmatrix} F_{1x}^{(a)} \\ F_{1y}^{(a)} \\ F_{2x}^{(a)} \\ F_{2y}^{(a)} \\ F_{3x}^{(a)} \\ F_{3y}^{(a)} \\ 0 \\ 0 \\ 0 \\ 0 \end{Bmatrix} =
\begin{bmatrix}
X & X & X & X & X & X & 0 & 0 & 0 & 0 \\
X & X & X & X & X & X & 0 & 0 & 0 & 0 \\
X & X & X & X & X & X & 0 & 0 & 0 & 0 \\
X & X & X & X & X & X & 0 & 0 & 0 & 0 \\
X & X & X & X & X & X & 0 & 0 & 0 & 0 \\
X & X & X & X & X & X & 0 & 0 & 0 & 0 \\
0 & 0 & 0 & 0 & 0 & 0 & 0 & 0 & 0 & 0 \\
0 & 0 & 0 & 0 & 0 & 0 & 0 & 0 & 0 & 0 \\
0 & 0 & 0 & 0 & 0 & 0 & 0 & 0 & 0 & 0 \\
0 & 0 & 0 & 0 & 0 & 0 & 0 & 0 & 0 & 0
\end{bmatrix}
\begin{Bmatrix} u_1 \\ v_1 \\ u_2 \\ v_2 \\ u_3 \\ v_3 \\ u_4 \\ v_4 \\ u_5 \\ v_5 \end{Bmatrix}
\qquad (4.67a)
$$

b) Element b mit den Knoten ①, ③, ⑤

$$
\begin{Bmatrix} F_{1x}^{(b)} \\ F_{1y}^{(b)} \\ 0 \\ 0 \\ F_{3x}^{(b)} \\ F_{3y}^{(b)} \\ 0 \\ 0 \\ F_{5x}^{(b)} \\ F_{5y}^{(b)} \end{Bmatrix} =
\begin{bmatrix}
X & X & 0 & 0 & X & X & 0 & 0 & X & X \\
X & X & 0 & 0 & X & X & 0 & 0 & X & X \\
0 & 0 & 0 & 0 & 0 & 0 & 0 & 0 & 0 & 0 \\
0 & 0 & 0 & 0 & 0 & 0 & 0 & 0 & 0 & 0 \\
X & X & 0 & 0 & X & X & 0 & 0 & X & X \\
X & X & 0 & 0 & X & X & 0 & 0 & X & X \\
0 & 0 & 0 & 0 & 0 & 0 & 0 & 0 & 0 & 0 \\
0 & 0 & 0 & 0 & 0 & 0 & 0 & 0 & 0 & 0 \\
X & X & 0 & 0 & X & X & 0 & 0 & X & X \\
X & X & 0 & 0 & X & X & 0 & 0 & X & X
\end{bmatrix}
\begin{Bmatrix} u_1 \\ v_1 \\ u_2 \\ v_2 \\ u_3 \\ v_3 \\ u_4 \\ v_4 \\ u_5 \\ v_5 \end{Bmatrix}
\qquad (4.67b)
$$

c) Element c mit den Knoten ①, ④, ⑤

$$
\begin{Bmatrix}
F_{1x}^{(c)} \\
F_{1y}^{(c)} \\
0 \\
0 \\
0 \\
0 \\
F_{4x}^{(c)} \\
F_{4y}^{(c)} \\
F_{5x}^{(c)} \\
F_{5y}^{(c)}
\end{Bmatrix}
=
\begin{bmatrix}
X & X & 0 & 0 & 0 & 0 & X & X & X & X \\
X & X & 0 & 0 & 0 & 0 & X & X & X & X \\
0 & 0 & 0 & 0 & 0 & 0 & 0 & 0 & 0 & 0 \\
0 & 0 & 0 & 0 & 0 & 0 & 0 & 0 & 0 & 0 \\
0 & 0 & 0 & 0 & 0 & 0 & 0 & 0 & 0 & 0 \\
0 & 0 & 0 & 0 & 0 & 0 & 0 & 0 & 0 & 0 \\
X & X & 0 & 0 & 0 & 0 & X & X & X & X \\
X & X & 0 & 0 & 0 & 0 & X & X & X & X \\
X & X & 0 & 0 & 0 & 0 & X & X & X & X \\
X & X & 0 & 0 & 0 & 0 & X & X & X & X
\end{bmatrix}
\begin{Bmatrix}
u_1 \\
v_1 \\
u_2 \\
v_2 \\
u_3 \\
v_3 \\
u_4 \\
v_4 \\
u_5 \\
v_5
\end{Bmatrix}
\qquad (4.67c)
$$

Aus (4.67a,b,c) kann man die erweiterten Steifigkeitsmatrizen $\left[K_a^e\right], \left[K_b^e\right],$ $\left[K_c^e\right]$ der einzelnen finiten Elemente a, b, c ablesen. Diese Matrizen enthalten je 36 von **null** verschiedene Elemente, die durch das Zeichen "X" gekennzeichnet sind.

Zu beachten sind die Gleichgewichtsbedingungen für alle freigeschnittenen Knoten. Beispielsweise gelten für den Knotenpunkt①, in dem die finiten Elemente a, b, c zusammenstoßen, die Gleichgewichtsbedingungen:

$$
F_{1x}^{(a)} + F_{1x}^{(b)} + F_{1x}^{(c)} = F_{1x} \equiv R_{1x}, \qquad (4.68a)
$$

$$
F_{1y}^{(a)} + F_{1y}^{(b)} + F_{1y}^{(c)} = F_{1y} \equiv R_{1y}. \qquad (4.68b)
$$

Entsprechend gilt für Knoten ③:

$$
F_{3x}^{(a)} + F_{3x}^{(b)} = F_{3x} \equiv R_{3x}, \qquad (4.69a)
$$

$$
F_{3y}^{(a)} + F_{3y}^{(b)} = F_{3y} \equiv R_{3y}, \qquad (4.69b)
$$

oder allgemein:

$$
\sum_{e} \left\{ F_k^e \right\} = \{R_k\} \quad \text{mit} \quad k = 1, 2, \dots, n. \qquad (4.70)
$$

Summiert wird über alle am Knotenpunkt k zusammenhängende finite Elemente e. Die rechten Seiten R_{1x}, R_{1y} in (4.68a,b) oder R_{3x}, R_{3y} in (4.69a,b) sind die Komponenten der am Knoten ① oder am Knoten ③ wirkenden äußeren Lasten.

Aus den Gleichgewichtsbedingungen (4.68a,b), (4.69a,b) oder (4.70) für alle freigeschnittenen Knoten folgert man das Bildungsgesetz für die gesuchte *Gesamtsteifigkeitsmatrix* [K] in (4.65), die sich einfach als **Summe der erweiterten Steifigkeitsmatrizen aller finiten Elemente des Systems** ergibt. Diese Vorgehensweise deckt sich mit der Bildung der Gesamtsteifigkeitsmatrix in (3.60) für das *Fachwerk* nach Bild 3.9 aus den erweiterten Matrizen (3.59a,b,c) der einzelnen Stabelemente.

Die *Gesamtsteifigkeitsmatrix* [K] in (4.65) ist symmetrisch und auch *singulär* ähnlich wie die Gesamtsteifigkeitsmatrix in (3.60). Die Singularität rührt von der *Starrkörperbewegung* her, die die Scheibe in Bild 4.5 durchführen kann, wenn sie von den Fesseln in den Knoten ① und ④ befreit ist. Durch Einsetzen der Randbedingungen kann jedoch (4.65) nach {δ} aufgelöst werden, und zwar in gleicher Weise, wie das im Anschluss an Gl. (3.60) Schritt für Schritt durchgeführt wurde. Damit die Starrkörperbewegung ausgeschaltet wird, muss eine Mindestzahl von Knotenverschiebungen ausgeschaltet werden, die sich aus der Zahl der *Starrkörperfreiheitsgrade* des gesamten Systems ergibt. Bei einer ebenen Scheibe sind somit *drei* Knotenverschiebungen zu verhindern. Für die Scheibe in Bild 4.5 ist die Spaltenmatrix {δ} in (4.65) durch

$$\{\delta\} = \left\{ 0 \quad 0 \quad u_2 \quad v_2 \quad u_3 \quad v_3 \quad u_4 \quad 0 \quad u_5 \quad v_5 \right\}^t \tag{4.71a}$$

gegeben, während die Spaltenmatrix {F} aufgrund der Auflagerbedingungen und der vorgegebenen äußeren Belastung durch

$$\{F\} = \left\{ A_x \quad A_y \quad 0 \quad 0 \quad 0 \quad 0 \quad 0 \quad B_y \quad 0 \quad -F \right\}^t \tag{4.71b}$$

gekennzeichnet ist. Man stellt fest durch Gegenüberstellung von (4.71a,b), dass in der Zeilenmatrix (4.71b) die Elemente auf den Plätzen unbekannt sind, auf denen die Elemente der Zeilenmatrix (4.71a) vorgegeben sind und umgekehrt. In (4.71a) sind sieben unbekannte Verschiebungen und in (4.71b) drei unbekannte Lagerkräfte A_x, A_y, B_y enthalten, insgesamt sind also zehn unbekannte Größen zu bestimmen. Das Gleichungssystem (4.65) besteht aus zehn Gleichungen und besitzt aufgrund der verhinderten Starrkörperbewegung eine *eindeutige Lösung*. Mit den Knotenverschiebungen aus (4.71a) für jeweils drei Knoten ①, ②, ③ oder ①, ③, ⑤ oder ①, ④, ⑤ können aus (4.30b) die Verzerrungen in den einzelnen Elementen a, b, c und aus (4.47) die entsprechenden Spannungen bestimmt werden. Damit ist das *Scheibenproblem* nach der Finite-Elemente-Methode näherungsweise gelöst.

Es muss noch betont werden, dass aufgrund des *linearen Verschiebungsansatzes* (4.4a,b) bzw. (4.21a,b) die Verzerrungen (4.29a,b,c) bzw. (4.40a,b) in den einzelnen finiten Elementen konstant sind. Das gilt auch für die Spannungen aufgrund des HOOKEschen Gesetzes. Somit gehen die Spannungen im Allgemeinen nicht stetig auf das Nachbarelement über. Mithin können für das Gesamtsystem die Spannungen nur in diskreten Punkten angegeben werden, z.B. in den Schwerpunkten der einzelnen Elemente.

Für die Ingenieurpraxis liegt eine weitere Aufgabe darin, aus den ermittelten Spannungen und Verformungen eine Aussage über den Beanspruchungszustand im Werkstoff zu gewinnen. Dazu dienen *Anstrengungshypothesen*, die je nach Werkstoffeigenschaften entsprechend ausgewählt werden müssen [BETTEN, 2001]. Für duktiles Werkstoffverhalten wird bei Isotropie häufig die *Gestaltänderungsenergiehypothese* eingesetzt.

Zum Abschluss dieser Ziffer sei noch ein Beispiel für die Balkenbiegung skizziert. In Bild 4.6 ist ein beidseitig gestützter Balken mit schmalem Rechteckquerschnitt gezeichnet, der durch eine gleichmäßig verteilte Streckenlast q belastet wird.

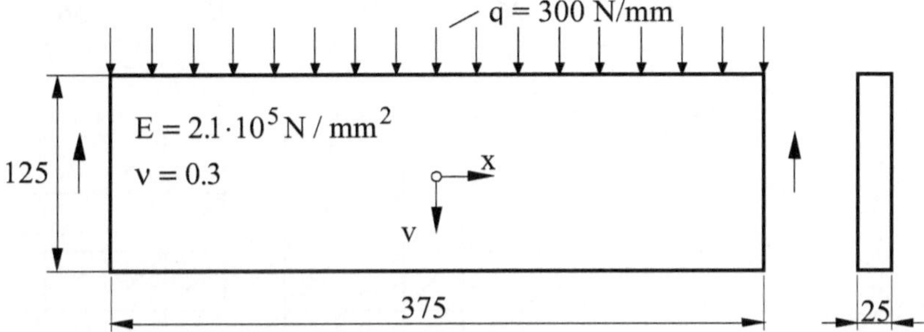

Bild 4.6 Balken mit gleichmäßig verteilter Streckenlast

Nach TIMOSHENKO und GOODIER (1951) ergibt sich die Durchbiegung der Mittellinie zu

$$v = d - \frac{qL^4}{64EI}\left[1+\left(\frac{8}{5}+v\right)\lambda^2 - \frac{1}{6}\xi^2\right]\xi^2 \qquad (4.72)$$

mit der Abkürzung

$$d \equiv \frac{5qL^4}{384EI}\left[1+\frac{6}{5}\left(\frac{8}{5}+v\right)\lambda^2\right]. \qquad (4.73)$$

Darin sind L die Balkenlänge, $\lambda = H/L$ das Verhältnis von Balkenhöhe zur Balkenlänge, EI die Biegesteifigkeit, $\xi = \frac{x}{L/2}, v$ die Querkontraktionszahl. Der Faktor vor der eckigen Klammer in (4.73) ist die maximale Durchbiegung in Balkenmitte ($\xi = 0$), die sich nach der *elementaren Balkentheorie* mit $\lambda = 0$ ergibt, die ein Ebenbleiben der Balkenquerschnitte annimmt. Der zweite Term in (4.73) stellt eine Korrektur dar, die den *Querkrafteinfluss* auf die Durchbiegung (*effect of shearing force*) berücksichtigt. Dieser Einfluss ist für kleine Werte von $\lambda = H/L$ vernachlässigbar. Die geschlossene Lösung (4.72), (4.73) nach TIMOSHENKO und

GOODIER und die elementare Lösung sollen mit der Näherungslösung nach der
FE-Methode verglichen werden. In Bild 4.7 sind dazu drei Diskretisierungs-
vorschläge gemacht.

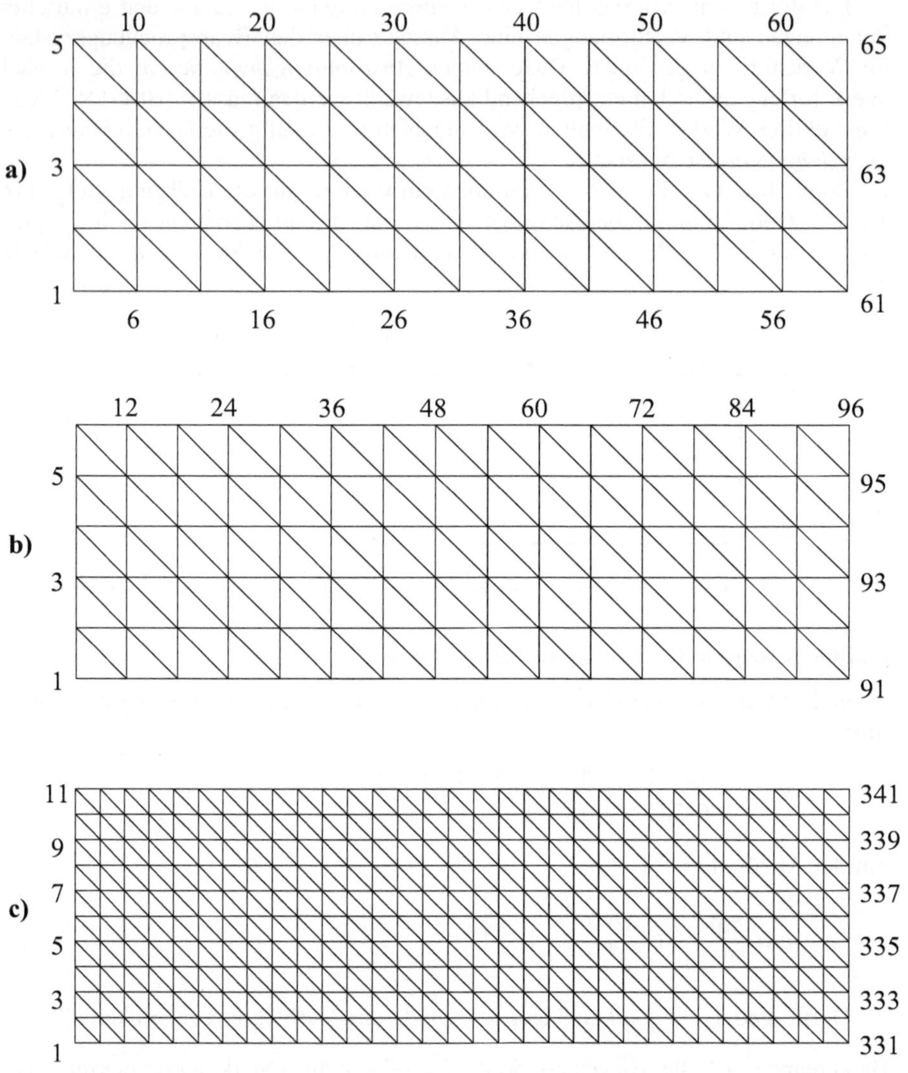

Bild 4.7   Diskretisierung des Biegebalkens   **a)** 65 Knoten, 96 Elemente
b) 96 Knoten, 150 Elemente   **c)** 341 Knoten, 600 Elemente

Die Ergebnisse der *Finite-Elemente-Rechnung* sind in Bild 4.8 mit *der elementaren Lösung* und der *elastizitätstheoretischen Lösung* verglichen. Die elementare
Balkentheorie liefert zu kleine Durchbiegungen (*untere Schranke*). Mit einer Verfeinerung des F-E-Netzes nähert sich die numerische F-E-Lösung der elastizitätstheoretischen Lösung (Bild 4.8).

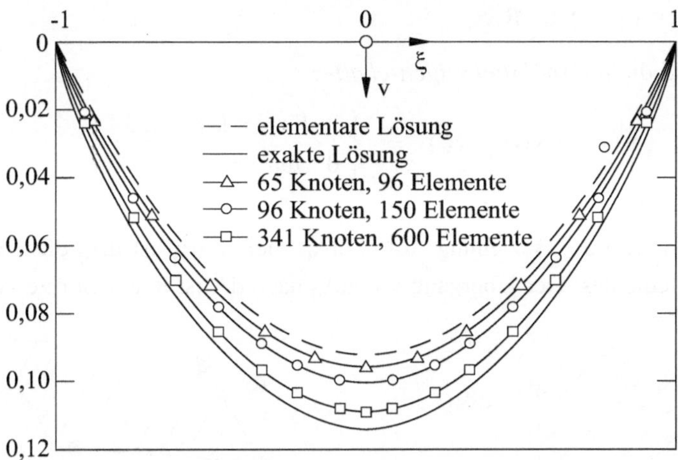

Bild 4.8 Biegelinien des beidseitig gestützten Balkens mit gleichmäßig verteilter Streckenlast

Zur Diskretisierung des Biegebalkens wurden in Bild 4.7 *lineare Dreieckselemente* verwendet, da bisher nur solche diskutiert wurden (Bild 4.4). Dreieckselemente mit *linearem Verschiebungsansatz* werden aufgrund ihrer ansatzbedingten hohen Steifigkeit jedoch von vielen Anwendern seltener eingesetzt. Bevorzugt werden Dreieckselemente mit *quadratischen* oder *höhergradigen Formfunktionen* (Ziffer 4.2. und Ziffer 4.3) oder Rechteckelemente (Ziffer 4.4 bis Ziffer 4.8) verwendet. Bisweilen können *lineare Dreieckselemente* auch bei aufwendigen Diskretisierungen zu unbrauchbaren Ergebnissen führen, wie am Ende der Ziffer 4.8 ausführlicher erläutert wird.

Im vorliegenden Fall (Bild 4.8) liefert die FE-Rechnung aufgrund der gewählten linearen Verschiebungsansätze zu geringe Durchbiegungen, d.h., man liegt auf der „unsicheren" Seite.

Übungsaufgaben

4.1.1 Man invertiere die Matrix $[M] := \begin{bmatrix} 1 & x_1 & y_1 \\ 1 & x_2 & y_2 \\ 1 & x_3 & y_3 \end{bmatrix}$ (4.13) und zeige, dass ihre

Determinante mit dem doppelten Flächeninhalt des finiten Dreiecks übereinstimmt, das die Eckpunkte (x_1,y_1), ... ,(x_3,y_3) besitzt.

4.1.2 Man ermittle die *Formfunktionen* N_i in

$$u(x,y) = N_1 u_1 + N_2 u_2 + N_3 u_3 \equiv N_i u_i \tag{4.38a}$$

für ein "*lineares Dreieckselement*" (Summationsvereinbarung beachten).

4.1.3 Man ermittle die *linearen Formfunktionen* N_i , i = 1,2,3 , indem man von dem Ansatz

$$N_i = P_i + Q_i x + R_i y$$

ausgeht und die *Interpolationseigenschaften*

$$N_i(x_k, y_k) \;=\; \begin{cases} 1 & \text{für } i = k = 1, 2, 3 \\ 0 & \text{für } i \neq k \end{cases}$$

berücksichtigt.

4.1.4 Man leite die Beziehung $dA = J dA_0$ her. Darin ist dA_0 die Fläche eines Rechteckelementes. Der Übergang von dA_0 nach dA ist in der Skizze veranschaulicht.

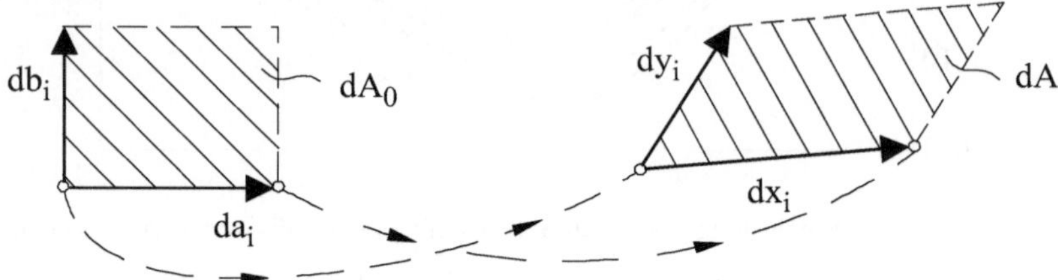

Die Flächenelemente liegen in der 1 – 2 – Ebene.

4.1.5 Man leite die Beziehung $dA = J dA_0$ her. Darin sind dA und dA_0 die Flächeninhalte zweier infinitesimaler Parallelogramme (Skizze).

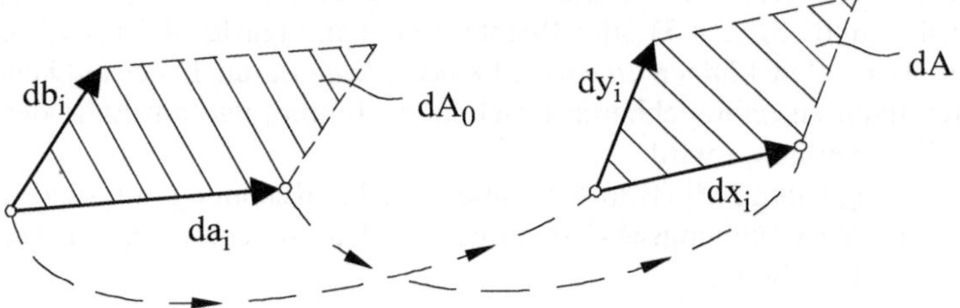

Die Flächenelemente liegen in der 1 – 2 – Ebene.

4.1.6 Ein finites Element in einer Scheibe der konstanten Dicke $s = 0,5$ cm (*ebener Spannungszustand*) habe die Knotenpunkte ($x_1 = 0$, $y_1 = 0$), ($x_2 = 4$ cm, $y_2 = 0$) und ($x_3 = 2$ cm, $y_3 = 3$ cm). Die Scheibe verhalte sich *linearelastisch* ($E = 21 \cdot 10^6$ N/cm^2, $\nu = 0,3$). Man setze *lineare Formfunktionen* voraus und ermittle die *Steifigkeitsmatrix* des finiten Elementes.

4.2 Verschiebungsansätze höherer Ordnung

Die Vergleiche in Bild 4.8 zeigen sehr deutlich, dass durch Verfeinerung des Finite-Elemente-Netzes eine größere Genauigkeit erreicht werden kann. In vielen Fällen konvergiert die F-E-Näherung gegen die exakte Lösung. Aufgrund der begrenzten Speicherkapazität einer vorhandenen Rechenanlage ist eine Netzverfeinerung jedoch nicht unbeschränkt möglich.

Neben einer *Netzverfeinerung* kann auch eine *Erhöhung der Zahl der Freiheitsgrade* des finiten Elementes zu einer Verbesserung der numerischen Rechenergebnisse führen. Die Zahl der Freiheitsgrade kann dadurch erhöht werden, dass man neben den Eckknotenpunkten zusätzlich noch Zwischenknotenpunkte auf den Elementrändern vorgibt. Es besteht auch die Möglichkeit, zu den Knotenverschiebungen auch deren Ableitungen als zusätzliche *"Knotenparameter"* zu betrachten. Mit der Erhöhung der Zahl der Freiheitsgrade wächst auch der Grad der Polynome für die Verschiebungsansätze. Man spricht dann auch von *"Elementen höherer Ordnung"*. Aus Bild 4.9 können die Polynomterme (*PASCALsches Dreieck*) je nach Knotenzahl entnommen werden.

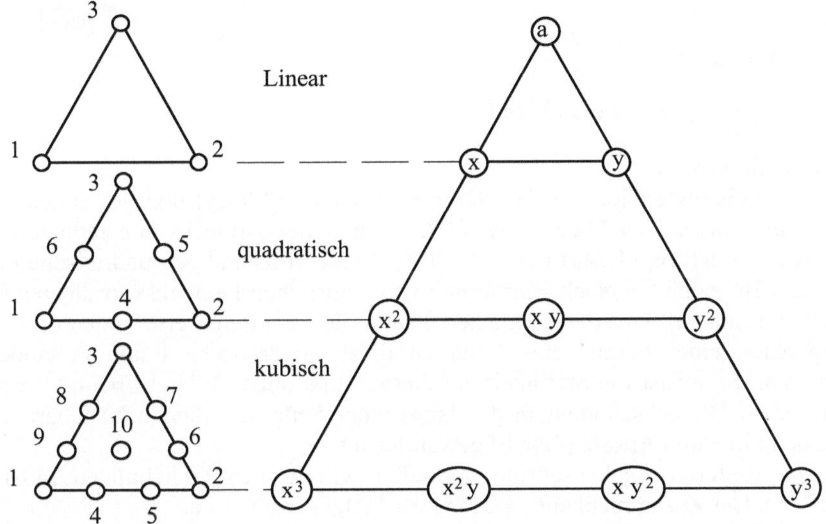

Bild 4.9 Lineares, quadratisches und kubisches Dreieckselement

Man erkennt: Die Anzahl der vorgesehenen Knotenpunkte (linkes Bild) stimmt mit der Anzahl der Polynomterme (rechtes Bild, *PASCALsches Dreieck*) überein. Zwischen der Anzahl der Knotenpunkte (n) und dem Polynomgrad (p) besteht der Zusammenhang:

$$n = (p+1)(p+2)/2.$$

Im Folgenden sollen die bisherigen Rechnungen, die auf den *linearen Ansätzen* (4.4a,b) basieren, für *quadratische* und *kubische Ansätze* erweitert werden.

4.2.1 Quadratischer Verschiebungsansatz

In Erweiterung von (4.4a,b) enthält ein vollständiger *quadratischer Verschiebungsansatz*

$$u = u(x,y) = \alpha_1 + \alpha_2 x + \alpha_3 y + \alpha_4 x^2 + \alpha_5 xy + \alpha_6 y^2 \tag{4.74a}$$

$$v = v(x,y) = \alpha_7 + \alpha_8 x + \alpha_9 y + \alpha_{10} x^2 + \alpha_{11} xy + \alpha_{12} y^2 \tag{4.74b}$$

insgesamt 2 mal 6 Ansatzfreiwerte $(\alpha_1, \alpha_2, ..., \alpha_{12})$. Er wird durch die Werte von u und v in sechs Knotenpunkten (Bild 4.9) eindeutig festgelegt. Als Knotenpunkte werden dabei die drei Eckpunkte und die drei Seitenmittelpunkte mit der Nummerierung gemäß Bild 4.9 benutzt. Analog (4.5) kann (4.74a,b) in der Matrixform

$$\{\delta(x,y)\} = \begin{Bmatrix} u(x,y) \\ v(x,y) \end{Bmatrix} = \begin{bmatrix} 1 & x & y & x^2 & xy & y^2 & 0 & 0 & 0 & 0 & 0 & 0 \\ 0 & 0 & 0 & 0 & 0 & 0 & 1 & x & y & x^2 & xy & y^2 \end{bmatrix} \begin{Bmatrix} \alpha_1 \\ \alpha_2 \\ \vdots \\ \alpha_{12} \end{Bmatrix} \tag{4.75}$$

oder kürzer gemäß

$$\{\delta(x,y)\} = \big[f(x,y)\big]\{\alpha\} \tag{4.75*}$$

dargestellt werden.

Darin charakterisiert die *"Verschiebungsfunktion"* f(x,y) den gewählten *"Verschiebungsansatz"* (4.74a,b) bzw. (4.75). Auf jeder Dreiecksseite reduziert sich die Ansatzfunktion (4.74a) bzw. (4.74b) auf eine vollständige quadratische Funktion der Bogenlänge. Nach Einführung von natürlichen Dreieckskoordinaten (Flächenkoordinaten) wird das deutlicher! Durch die Funktionswerte in den drei Knotenpunkten einer betrachteten Seite ist diese quadratische Funktion eindeutig bestimmt. Somit ist die Stetigkeit der Ansatzfunktionen (4.74a,b) beim Übergang von einem Dreieckselement in das längs einer Seite anstoßende Nachbardreieck wie beim linearen Ansatz (4.4a,b) gewährleistet.

Die weiteren Rechenschritte verlaufen wie in den Gleichungen (4.6) bis (4.21**). Der Zusammenhang (4.21**) wird jetzt erweitert auf

$$\begin{Bmatrix} u(x,y) \\ v(x,y) \end{Bmatrix} = \begin{bmatrix} N_1 & 0 & \cdots & N_6 & 0 \\ 0 & N_1 & \cdots & 0 & N_6 \end{bmatrix} \begin{Bmatrix} u_1 \\ v_1 \\ \vdots \\ u_6 \\ v_6 \end{Bmatrix} \tag{4.76}$$

mit sechs Formfunktionen N_i, i = 1,2,...,6, die in Erweiterung von (4.24) von der Form

$$N_i = N_i(x,y) = P_i + Q_i x + R_i y + S_i x^2 + T_i xy + U_i y^2 \tag{4.77}$$

sind und die Interpolationseigenschaft (4.25) mit der Erweiterung auf i=k=1,2,...,6 besitzen.

Für das *quadratische Dreieckselement* mit sechs Knoten sind zwei Typen von quadratischen Formfunktionen zu unterscheiden, die in Bild 4.10 skizziert sind.

In (4.77) setzt man für i = 3 die Interpolationseigenschaften

$$N_3 = N_3(x_k, y_k) = \begin{cases} 1 & \text{für} \quad k = 3 \\ 0 & \text{für} \quad k \neq 3 \end{cases} \tag{4.78}$$

ein und erhält ein lineares Gleichungssystem zur Bestimmung der sechs Koeffizienten P_3, Q_3, R_3, S_3, T_3, U_3, womit die Formfunktion $N_3 = N_3(x,y)$ bestimmt ist. Das Ergebnis lautet:

$$2A_\Delta^2 N_3 = a_1(a_1 - A_\Delta) + (2a_1 - A_\Delta)(b_1 x + c_1 y) +$$

$$+ b_1^2 x^2 + 2b_1 c_1 xy + c_1^2 y^2 \ . \tag{4.79}$$

Die Funktionen N_1 und N_2 erhält man daraus durch zyklische Vertauschung.

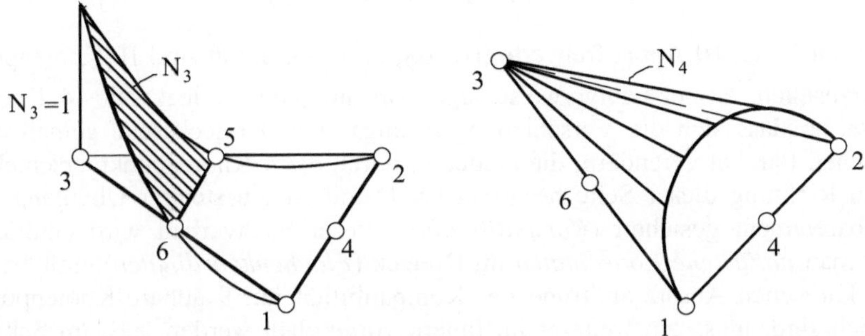

Bild 4.10 Quadratische Formfunktionen N_3 und N_4

Zur Ermittlung von $N_4 = N_4(x,y)$ setzt man für i = 4 in (4.77) die *Interpolationseigenschaften*

$$N_4 = N_4(x_k, y_k) = \begin{cases} 1 & \text{für} \quad k = 4 \\ 0 & \text{für} \quad k \neq 4 \end{cases} \tag{4.80}$$

ein und erhält ein lineares Gleichungssystem zur Bestimmung der sechs Koeffizienten P_4, Q_4, R_4, S_4, T_4, U_4 , womit die *Formfunktion* $N_4 = N_4(x,y)$ gegeben ist. Das Ergebnis lautet:

$$A_\Delta^2 N_4 = a_3 a_1 + (a_3 b_1 + a_1 b_3) x + (a_3 c_1 + a_1 c_3) y +$$

$$+ b_3 b_1 x^2 + (b_3 c_1 + b_1 c_3) xy + c_3 c_1 y^2 \tag{4.81}$$

Die Formfunktionen N_5 und N_6 erhält man daraus durch zyklische Vertauschung der Indizes. Die Größen a_i, b_i, c_i in (4.79) und (4.81) sind durch (4.19a,b,c) definiert.

4.2.2 Kubischer Verschiebungsansatz

In Erweiterung von (4.74a,b) enthält ein vollständiger *kubischer Verschiebungsansatz*

$$u = u(x,y) = \alpha_1 + \alpha_2 x + \alpha_3 y + \alpha_4 x^2 + \alpha_5 xy + \alpha_6 y^2 + \\ + \alpha_7 x^3 + \alpha_8 x^2 y + \alpha_9 xy^2 + \alpha_{10} y^3 \qquad (4.82a)$$

$$v = v(x,y) = \alpha_{11} + \alpha_{12} x + \alpha_{13} y + \alpha_{14} x^2 + \alpha_{15} xy + \alpha_{16} y^2 + \\ + \alpha_{17} x^3 + \alpha_{18} x^2 y + \alpha_{19} xy^2 + \alpha_{20} y^3 \qquad (4.82b)$$

insgesamt 2 mal 10 Ansatzfreiwerte (α_1, α_2, ..., α_{20}). Somit sind 10 Knotenpunkte vorzusehen. Zweckmäßigerweise legt man auf jede Dreiecksseite 4 Knotenpunkte, so dass sich die Verschiebungen längs einer Dreiecksseite gemäß einer kubischen Parabel verändern, die eindeutig durch die 4 Knotenpunktverschiebungen in Richtung dieser Seite bestimmt ist. Damit ist ein stetiger Übergang zum Nachbarelement gesichert (*Kompatibilität*). Dieser Sachverhalt wird deutlicher, wenn man *natürliche Koordinaten* im Dreieck (*Flächenkoordinaten*) einführt. Da beim kubischen Ansatz aufgrund der Kompatibilität nur 9 äußere Knotenpunkte möglich sind, muss ein weiterer im Innern vorgesehen werden, z.B. im Schwerpunkt des Dreiecks (Bild 4.9).

Die Formulierung der Formfunktionen N_i in rechtwinkligen kartesischen Koordinaten (x,y) ist bei Verschiebungsansätzen höherer Ordnung sehr unhandlich, wie beispielsweise aus (4.79) und (4.81) hervorgeht. Daher werden in der nächsten Ziffer *natürliche Dreieckskoordinaten* eingeführt, wodurch die formale Darstellung und damit auch die numerische Berechnung von *Formfunktionen* für das *finite Dreieck* wesentlich vereinfacht wird.

4.3 Natürliche Koordinaten im finiten Dreieckselement

Die Lage eines Punktes P(x,y) in einem Dreieck kann eindeutig festgelegt werden durch die sogenannten *natürlichen Dreieckskoordinaten* (*Flächenkoordinaten*)

$$L_1 = A_1/A_\Delta \quad , \quad L_2 = A_2/A_\Delta \quad , \quad L_3 = A_3/A_\Delta . \qquad (4.83)$$

Darin sind A_1, A_2, A_3 die in Bild 4.11 eingetragenen Teilflächen und A_Δ die Gesamtfläche des gegebenen Dreiecks, so dass zusätzlich gilt:

$$L_1 + L_2 + L_3 = 1 . \qquad (4.84)$$

Wegen (4.84) sind die Flächenkoordinaten (4.83) nicht voneinander unabhängig, so dass zwei Koordinaten genügen, um die Lage eines Punktes P(x,y) eindeutig zu bestimmen.

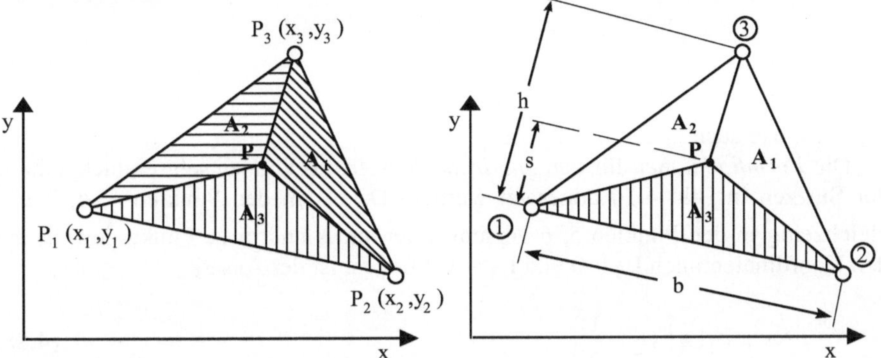

Bild 4.11 Natürliche Dreieckskoordinaten

Die drei Knotenpunkte des Dreiecks sind durch die natürlichen Koordinaten

$$P_1(1,0,0), \quad P_2(0,1,0), \quad P_3(0,0,1)$$

charakterisiert, wie aus Bild 4.11 hervorgeht. Ferner liest man ab:

$$\left.\begin{array}{l} A_3 = bs/2 \\ A_\Delta = bh/2 \end{array}\right\} \Rightarrow \boxed{\; L_3 := \frac{A_3}{A_\Delta} = \frac{s}{h} \;}. \tag{4.85}$$

Mithin stellen Koordinaten L_3 = const. Linien dar, die zur Dreiecksseite parallel verlaufen, die dem Knotenpunkt ③ gegenüber liegt. Die Linie L_3 = 0 fällt mit der Dreieckskante zusammen, während L_3 = 1 durch den Knotenpunkt ③ verläuft (Bild 4.12). Mit Hilfe der *Flächenkoordinaten* können die *Formfunktionen* sehr einfach ermittelt werden.

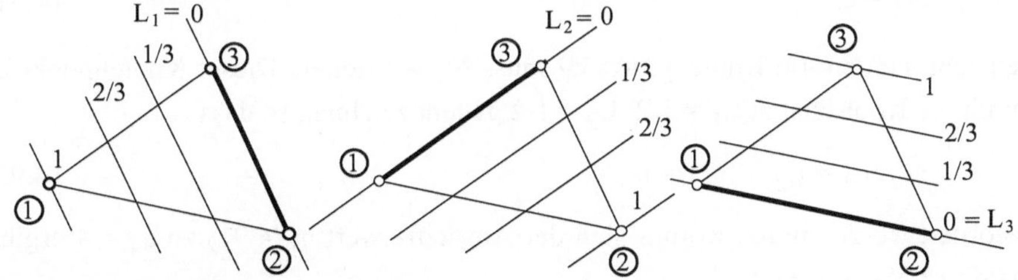

Bild 4.12 Koordinatenlinien L_i = konst.

So erhält man beispielsweise für das *lineare Dreieck* nach Ü4.3.2 die Formfunktionen in (4.38a,b) zu:

$$N_1 = L_1, \quad N_2 = L_2, \quad N_3 = L_3. \tag{4.86a,b,c}$$

Damit ist auch eine *isoparametrische Formulierung* (Ü3.2.10)

$$u(x,y) = \sum_{i=1}^{3} N_i u_i \,, \quad v(x,y) = \sum_{i=1}^{3} N_i v_i \,, \qquad\qquad (4.38a,b)$$

$$x = \sum_{i=1}^{3} L_i x_i \,, \qquad y = \sum_{i=1}^{3} L_i y_i \,, \qquad\qquad (4.87a,b)$$

gegeben, wie auch in Ü4.3.1 erläutert.

Die *Formfunktionen* für den *quadratischen Ansatz* können sehr einfach anhand der Skizzen in Bild 4.10 angesetzt werden. Da N_3 in den Punkten 1, 4, 2 und gleichzeitig in den Punkten 5, 6 verschwinden muss und diese Punkte jeweils auf den Koordinatenlinien $L_3 = 0$ und $L_3 = 1/2$ liegen, ist der Ansatz

$$N_3 = c_3 L_3 \left(L_3 - \frac{1}{2} \right) \qquad\qquad (4.88)$$

geeignet. Darin erhält man den Ansatzfreiwert c_3 unter Berücksichtigung der Interpolationseigenschaft (4.78), d.h., es muss ferner gelten:

$$N_3(L_3 = 1) = 1. \qquad\qquad (4.89)$$

Somit kann $c_3 = 2$ gefolgert werden, so dass schließlich

$$N_3 = L_3 (2L_3-1) \qquad\qquad (4.90)$$

gilt. Die *Formfunktionen* N_1 und N_2 ergeben sich daraus durch zyklische Vertauschung.

Der zweite "typische Vertreter" ist die *Formfunktion* N_4 in Bild 4.10. Auf der Seite, die durch $L_2 = 0$ charakterisiert wird, liegen die Punkte 1, 6, 3, während auf $L_1 = 0$ die Punkte 2, 5, 3 liegen. Mithin muss für N_4 der Ansatz

$$N_4 = c_4 L_1 L_2 \qquad\qquad (4.91)$$

gemacht werden. Im Knotenpunkt ④ muss $N_4 = 1$ gelten. Dieser Knotenpunkt ist durch die Koordinaten $L_1 = 1/2$, $L_2 = 1/2$ gekennzeichnet, so dass

$$N_4 (L_1 = L_2 = 1/2) = 1 \qquad\qquad (4.92)$$

gefordert werden muss, woraus sich der Ansatzfreiwert in (4.91) zu $c_4 = 4$ ergibt. Damit ist N_4 bestimmt:

$$N_4 = 4L_1 L_2. \qquad\qquad (4.93)$$

Die *Formfunktionen* N_5 und N_6 erhält man daraus wieder durch zyklische Vertauschung. Insgesamt ergeben sich folgende *quadratische Formfunktionen*:

$$N_1 = L_1 \left(2L_1 - 1\right), \quad N_2 = L_2 \left(2L_2 - 1\right), \quad N_3 = L_3 \left(2L_3 - 1\right), \qquad (4.94\text{a,b,c})$$

$$N_4 = 4L_1 L_2, \qquad\qquad N_5 = 4L_2 L_3, \qquad\qquad N_6 = 4L_3 L_1. \qquad (4.94\text{d,e,f})$$

Für das *kubische Dreieckselement* mit 10 Knotenpunkten (Bild 4.9) muss die Formfunktion N_1 in den Punkten 4,9 und 5,8 und 2,6,7,3 verschwinden. Diese Punkte liegen jeweils auf den Koordinatenlinien $L_1 = 2/3$, $L_1 = 1/3$ und $L_1 = 0$, wenn man die Zwischenknotenpunkte so legt, dass die Dreiecksseiten in gleiche Abschnitte geteilt werden. Somit wird man ansetzen:

$$N_1 = c_1 \left(L_1 - \frac{2}{3}\right)\left(L_1 - \frac{1}{3}\right) L_1 = \frac{c_1}{9}\left(3L_1 - 2\right)\left(3L_1 - 1\right)L_1. \qquad (4.95)$$

Im Knotenpunkt ① , der durch $L_1 = 1$ gekennzeichnet ist, muss

$$N_1 \left(L_1 = 1\right) = 1 \qquad (4.96)$$

gelten, so dass sich der Ansatzfreiwert c_1 zu $c_1 = 9/2$ ergibt. Damit ist N_1 bestimmt:

$$N_1 = \frac{1}{2} L_1 \left(3L_1 - 1\right)\left(3L_1 - 2\right). \qquad (4.97)$$

Die *Formfunktionen* N_2 und N_3 erhält man wieder durch zyklische Vertauschung.

Als weitere "typische Vertreter" sind die Formfunktionen anzusehen, die in den Zwischenknotenpunkten auf den Dreiecksseiten jeweils den Wert **eins** annehmen, wie beispielsweise N_4 und N_5. Die *Formfunktion* N_4 muss also eine kubische Parabel sein, die durch die vier Punkte 1,4,5,2 bestimmt wird, d.h., sie muss zunächst in den Punkten P_1 ($L_1 = 1$), bzw. P_1 ($L_2 = 0$), und P_5 ($L_1 = 1/3$) und P_2 ($L_2 = 1$), bzw. P_2 ($L_1 = 0$) verschwinden, was man durch den Ansatz

$$N_4 = c_4 L_1 L_2 \left(L_1 - \frac{1}{3}\right) = \frac{c_4}{3} L_1 L_2 \left(3L_1 - 1\right) \qquad (4.98)$$

unmittelbar erreicht. Im Knotenpunkt ④ , der durch $L_1 = 2/3$ und $L_2 = 1/3$ bestimmt ist, muss die Formfunktion N_4 den Wert **eins** annehmen:

$$N_4 \left(L_1 = \frac{2}{3}, L_2 = \frac{1}{3}\right) = 1, \qquad (4.99)$$

so dass sich der Ansatzfreiwert c_4 in (4.98) zu $c_4 = 27/2$ ergibt. Damit ist N_4 ermittelt:

$$N_4 = \frac{9}{2} L_1 L_2 \left(3L_1 - 1\right). \qquad (4.100\text{a})$$

In gleicher Weise bestimmt man N_5 zu:

$$N_5 = \frac{9}{2} L_2 L_1 (3L_2 - 1).$$

(4.101a)

Man erkennt, dass N_4 und N_5 sehr ähnlich sind: Durch Vertauschen der Rollen von L_1 und L_2 geht aus N_4 die *Formfunktion* N_5 hervor und umgekehrt. Für jede Dreiecksseite erhält man ein solches Paar, d.h., durch zyklische Vertauschung der Indizes erhält man aus (4.100a) die *Formfunktionen* N_6 und N_8 zu:

$$N_6 = \frac{9}{2} L_2 L_3 (3L_2 - 1) \quad \text{und} \quad N_8 = \frac{9}{2} L_3 L_1 (3L_3 - 1).$$

(4.100b,c)

Ebenso erhält man aus (4.101a) die *Formfunktionen* N_7 und N_9 zu:

$$N_7 = \frac{9}{2} L_3 L_2 (3L_3 - 1) \quad \text{und} \quad N_9 = \frac{9}{2} L_1 L_3 (3L_1 - 1).$$

(4.101b,c)

Schließlich muss noch die Formfunktion N_{10} ermittelt werden, die in allen äußeren Knotenpunkten verschwinden muss. Diese Forderung kann durch einen Ansatz

$$N_{10} = c_{10} L_1 L_2 L_3$$

(4.102)

a priori erfüllt werden; denn die Dreiecksseiten, auf denen alle äußeren Knotenpunkte liegen, sind durch $L_1 = 0$, $L_2 = 0$ und $L_3 = 0$ gekennzeichnet. Legt man den zehnten Knotenpunkt in den Schwerpunkt, der durch $L_1 = 1/3$, $L_2 = 1/3$, $L_3 = 1/3$ festgelegt ist, so erhält man aus der Forderung

$$N_{10} \left(L_1 = L_2 = L_3 = \frac{1}{3} \right) = 1$$

den Ansatzfreiwert c_{10} in (4.102) zu $c_{10} = 27$ und damit schließlich:

$$N_{10} = 27 L_1 L_2 L_3.$$

(4.103)

Zur besseren Übersicht sind die ermittelten *Formfunktionen* in Tabelle 4.1. zusammengefasst.

Zum Abschluss dieser Ziffer soll auf mögliche *Kombinationen* von *Dreiecks-* und *Viereckselementen* hingewiesen werden. So kann beispielsweise ein lineares Dreieck unter Wahrung der Stetigkeit mit einem Parallelogrammelement kombiniert werden. Um das zu zeigen, bilde man ein Dreieck in allgemeiner Lage auf das *Einheitsdreieck* und ein Parallelogramm auf das *Einheitsquadrat* ab. Dazu benutzt man die lineare Transformation

$$x = x_1 + (x_2 - x_1)\xi + (x_3 - x_1)\eta \equiv N_1 x_1 + N_2 x_2 + N_3 x_3,$$

(4.104a)

$$y = y_1 + (y_2 - y_1)\xi + (y_3 - y_1)\eta \equiv N_1 y_1 + N_2 y_2 + N_3 y_3,$$

(4.104b)

die ein Dreieck mit den Eckpunkten $P_1(x_1,y_1)$, $P_2(x_2,y_2)$, $P_3(x_3,y_3)$ eindeutig auf das gleichschenklige, rechtwinklige Einheitsdreieck mit der Kathetenlänge **eins** abbildet (Bild 4.13).

Tabelle 4.1 Übersicht; Ansatz / Formfunktionen

Ansatz	Formfunktionen N_i (L_1,L_2,L_3)	Gl.
linear	$N_1 = L_1 \qquad N_2 = L_2 \qquad N_3 = L_3$	(4.86)
quadratisch	$N_1 = L_1(2L_1-1),\ N_2 = L_2(2L_2-1),\ N_3 = L_3(2L_3-1)$ $N_4 = 4L_1L_2 \qquad N_5 = 4L_2L_3 \qquad N_6 = 4L_3L_1$	(4.94)
kubisch	$N_i = \dfrac{1}{2}L_i(3L_i-1)(3L_i-2)\ ,\quad i=1,2,3;$ $N_{2(i+1)} = \dfrac{9}{2}L_iL_k(3L_i-1)\ ,\quad i=1,2,3;$ $k = 2i+1-i!$ $N_{2i+3} = \dfrac{9}{2}L_kL_i(3L_k-1)\ ,\quad i=1,2,3;$ $k = 2i+1-i!$ $N_{10} = 27L_1L_2L_3$	(4.97) (4.100) (4.101) (4.103)

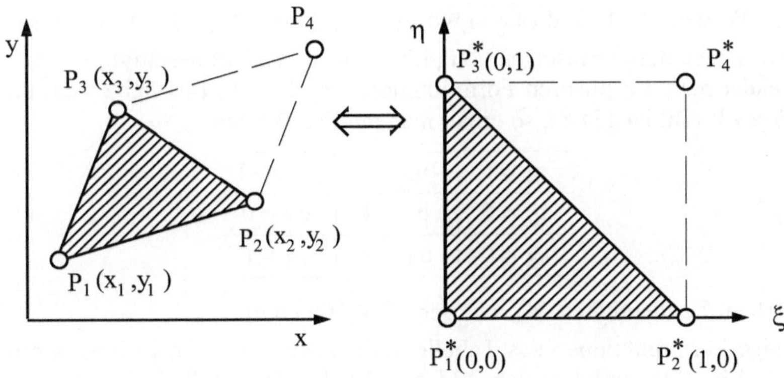

Bild 4.13 Abbildung eines allgemeinen Dreiecks auf das Einheitsdreieck

Die JACOBIsche Determinante

$$J = \begin{vmatrix} \partial x/\partial\xi & \partial x/\partial\eta \\ \partial y/\partial\xi & \partial y/\partial\eta \end{vmatrix} = \begin{vmatrix} (x_2 - x_1) & (x_3 - x_1) \\ (y_2 - y_1) & (y_3 - y_1) \end{vmatrix} \left. \begin{array}{c} \\ \\ \\ \end{array} \right\}$$
$$J = (x_2 - x_1)(y_3 - y_1) - (x_3 - x_1)(y_2 - y_1) \equiv 2A_\Delta \quad (4.104c)$$

der Transformation (4.104a,b) stimmt mit dem doppelten Flächeninhalt des Ausgangsdreiecks überein (Ü4.1.1).

Ergänzt man das Ausgangsdreieck in Bild 4.13 über die Seite P_2P_3 zu einem Parallelogramm, wie in Bild 4.13 durch gestrichelte Linien angedeutet, so wird dieses Parallelogramm vermöge derselben linearen Transformation (4.104a,b) auf das Einheitsquadrat abgebildet. Die JACOBIsche in (4.104c) stimmt mit der Fläche des Ausgangsparallelogramms überein.

Für das Einheitsdreieck bestehen zwischen den Flächenkoordinaten L_1, L_2, L_3 und den kartesischen Koordinaten ξ, η sehr einfache Beziehungen. Aus Bild 4.13 liest man unmittelbar ab:

$$L_2 = \xi \quad \text{und} \quad L_3 = \eta; \quad (4.105b,c)$$

wegen $L_1 + L_2 + L_3 = 1$ folgt damit:

$$L_1 = 1 - \xi - \eta. \quad (4.105a)$$

Die linearen Formfunktionen sind gemäß

$$N_1 = N_1(\xi,\eta) = 1 - \xi - \eta \equiv L_1, \quad (4.106a)$$

$$N_2 = N_2(\xi,\eta) = \xi \qquad \equiv L_2, \quad (4.106b)$$

$$N_3 = N_3(\xi,\eta) = \eta \qquad \equiv L_3 \quad (4.106c)$$

darstellbar und stimmen, in natürlichen Koordinaten ausgedrückt, mit (4.86a,b,c) überein. Wegen (4.84) und (4.86a,b,c) gilt: $N_1 + N_2 + N_3 = 1$. Dieser Zusammenhang wird auch durch Einsetzen von (4.24) mit (4.19a,b,c) bestätigt.

Wendet man die linearen Formfunktionen (4.24) mit (4.19a,b,c) auf das *Einheitsdreieck* (Bild 4.13) an, so erhält man mit den Werten

$a_1 = 1$	$b_1 = -1$	$c_1 = -1$
$a_2 = 0$	$b_2 = 1$	$c_2 = 0$
$a_3 = 0$	$b_3 = 0$	$c_3 = 1$

unmittelbar die Identitäten $N_i = L_i$ gemäß (4.106a,b,c).

Einige Formfunktionen aus Tabelle 4.1 sind für das Einheitsdreieck mit Hilfe der MAPLE -3D-Graphik in den Bildern 4.14a,b,c dargestellt

```
> N[1]:=1-xi-eta;
```

$$N_1 := 1 - \xi - \eta$$

```
> plot3d(N[1],xi=0..1,eta=0..1-xi,axes=boxed,orientation=[-130,60],
   style=wireframe,color=black,scaling=constrained,tickmarks=[3,3,3]);
```

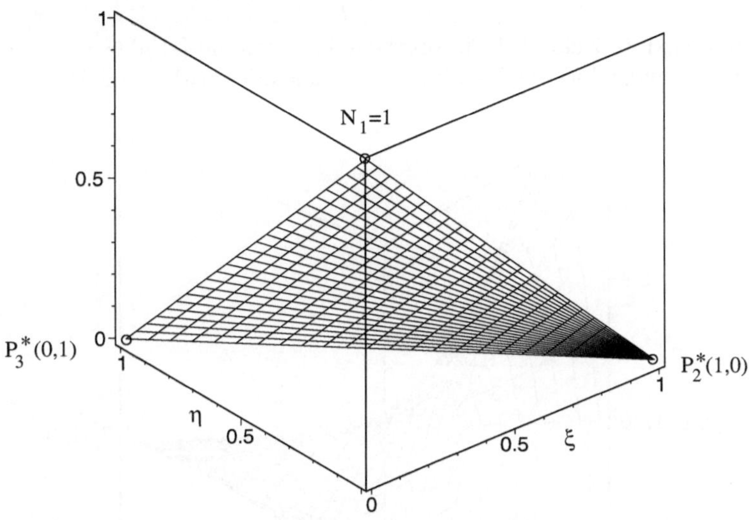

Bild 4.14a Lineare Formfunktion N_1 für das Einheitsdreieck

```
> N[4]:=4*(1-xi-eta)*xi;
```

$$N_4 := 4\,(1 - \xi - \eta)\,\xi$$

```
> plot3d(N[4],xi=0..1,eta=0..1-xi,axes=boxed,orientation=[-130,60],
   style=wireframe,color=black,scaling=constrained,tickmarks=[3,3,3]);
```

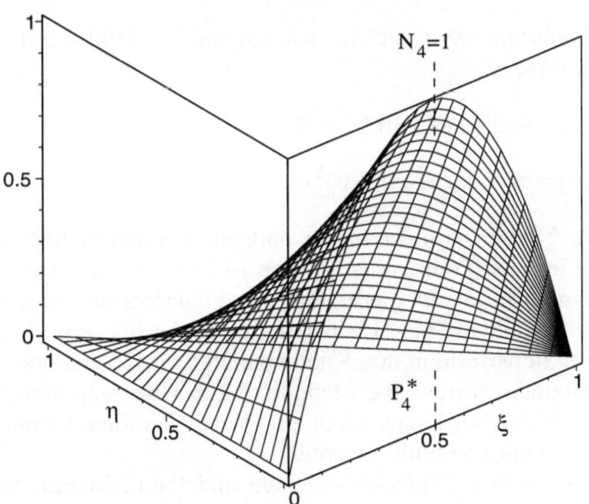

Bild 4.14b Quadratische Formfunktion N_4 für das Einheitsdreieck

> N[8]:=(9/2)*(1-xi-eta)*eta*(3*eta-1);

$$N_8 := \frac{9\,(1-\xi-\eta)\,\eta\,(3\,\eta-1)}{2}$$

> plot3d(N[8],xi=0..1,eta=0..1-xi,axes=boxed,orientation=[-130,60],
  style=wireframe,color=black,scaling=constrained,tickmarks=[3,3,3]);

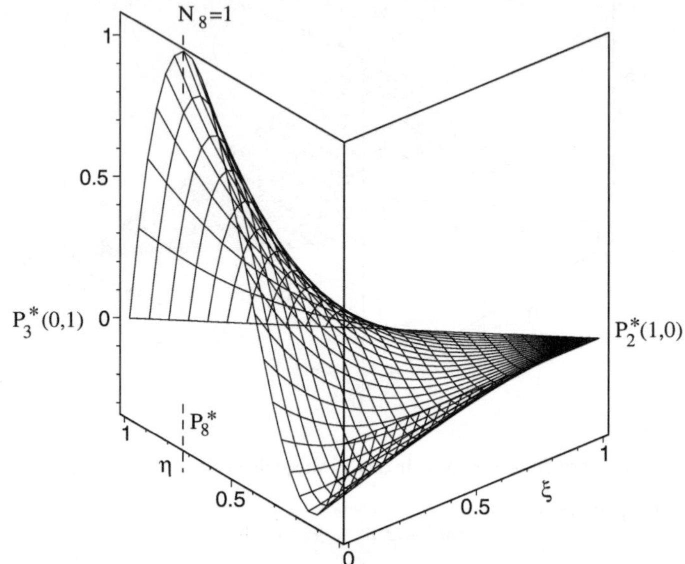

Bild 4.14c Kubische Formfunktion N_8 für das Einheitsdreieck

Für das *Einheitsquadrat* mit vier Knotenpunkten (Bild 4.13) benötigt man einen *bilinearen Ansatz*

$$u(\xi,\eta) = c_1 + c_2\xi + c_3\eta + c_4\xi\eta, \tag{4.107a}$$

$$v(\xi,\eta) = c_5 + c_6\xi + c_7\eta + c_8\xi\eta, \tag{4.107b}$$

der bei festem ξ bzw. η linear in der anderen Veränderlichen ist. Setzt man in (4.107a,b) die inverse Transformation von (4.104a,b) ein, so wird man ein vollständiges Polynom in x und y erhalten. Der Funktionsverlauf auf den Parallelogrammseiten wird jedoch linear bleiben aufgrund der linearen Substitution. Mithin werden die Funktionswerte in den Knotenpunkten einer Seite den linearen Verlauf eindeutig bestimmen, woraus die Stetigkeit beim Übergang zum Nachbarelement gewährleistet ist. Darüber hinaus kann ein solches Parallelogramm mit einem linearen Dreieckselement kombiniert werden.

Zur Kombination von Dreieckselementen und Parallelogrammen höherer Ordnung können ähnliche Überlegungen angestellt werden. Somit ist ein *quadratisches Dreieckselement* kombinierbar mit einem Parallelogramm, bei dem auf jeder

Seitenmitte noch ein zusätzlicher Knotenpunkt vorgesehen ist und somit durch ein unvollständiges Polynom dritten Grades gekennzeichnet ist:

$$u(\xi,\eta) = c_1 + c_2\xi + c_3\eta + c_4\xi^2 + c_5\xi\eta + c_6\eta^2 + c_7\xi^2\eta + c_8\xi\eta^2 \qquad (4.108)$$

[$v(\xi,\eta)$ ist entsprechend]. Dieser Ansatz gehört zur *SERENDIPITY-Klasse*, benannt nach dem Märchen "Die drei Prinzen von SERENDIP" von Horace WALPOLE.

Ebenso ist ein Parallelogramm mit einem neunten Knotenpunkt im Innern mit dem quadratischen Dreieckselement kombinierbar. Im Parallelogramm kann dann ein *biquadratischer Ansatz*

$$u(\xi,\eta) = c_1 + c_2\xi + c_3\eta + c_4\xi^2 + c_5\xi\eta + c_6\eta^2 +$$
$$+ c_7\xi^2\eta + c_8\xi\eta^2 + c_9\xi^2\eta^2 \qquad (4.109)$$

$\left[v(\xi,\eta)\right.$ entsprechend$\left.\right]$ gemacht werden, der zur *LAGRANGE-Klasse* gehört. Er kann als Produkt eines quadratischen Polynoms in ξ und eines quadratischen Polynoms in η angesehen werden und ist ein unvollständiges Polynom vierten Grades. Die Interpolationsaufgabe kann mit Hilfe von *LAGRANGE-Polynomen* gelöst werden, so dass die Bezeichnung *LAGRANGE-Element* sinnvoll ist. In Bild 4.15 sind die kombinierbaren Elemente skizziert. Für das Element in Bild 4.15e ist ein *unvollständiges Polynom vierten Grades* und für das Element in Bild 4.15f ein *bikubisches Polynom* zu wählen. Letzteres ist zwar auch *unvollständig*, aber *symmetrisch* in ξ und η.

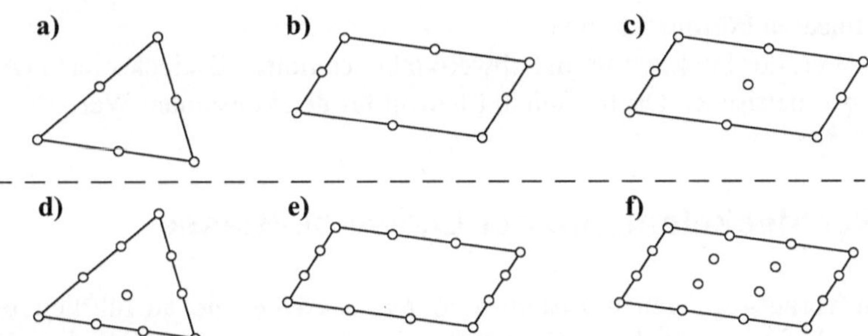

Bild 4.15 Kombinierbare finite Elemente: **a)** Dreieck mit quadratischem Ansatz, **b)** Parallelogramm der SERENDIPITY-Klasse, **c)** Parallelogramm der LAGRANGE-Klasse, **d)** Dreieck mit kubischem Ansatz, **e)** Parallelogramm der *SERENDIPITY-Klasse*, **f)** Parallelogramm der *LAGRANGE-Klasse*

Schließlich sind auch krummlinige Elemente zu kombinieren, zum Beispiel in Randnähe, wie in den Ziffern 4.7 und 4.8 ausführlich erläutert wird.

Zur Ermittlung von *Steifigkeitsmatrizen* sind im Allgemeinen Integrationen über ein finites Dreieck oder Viereck erforderlich. Je nach gewählten *Formfunktionen* können diese Integrationen sehr schwerfällig sein. Zur Vereinfachung kann mit Hilfe der Flächenkoordinaten (4.83) und (4.105a,b,c) das *Einheitsdreieck* als finites Element betrachtet werden, wie ausführlich in Ü7.1.6 für *quadratische* und in Ü7.1.7 für *kubische Formfunktionen* am Beispiel der *POISSONschen Differentialgleichung* (1.1) zur Lösung des *Torsionsproblems* diskutiert wird.

Übungsaufgaben

4.3.1   Man ermittle einen Zusammenhang zwischen den *natürlichen Dreieckskoordinaten* und den *rechtwinkligen kartesischen Koordinaten*. Ferner zeige man, dass für das "lineare Dreieckselement" die natürlichen Koordinaten mit den Formfunktionen übereinstimmen.

4.3.2   Aus der *LAGRANGEschen Interpolationsformel*

$$N_i(\xi) = \frac{(\xi - \xi_1)(\xi - \xi_2) \cdots (\xi - \xi_{i-1})(\xi - \xi_{i+1}) \cdots (\xi - \xi_n)}{(\xi_i - \xi_1)(\xi_i - \xi_2) \cdots (\xi_i - \xi_{i-1})(\xi_i - \xi_{i+1}) \cdots (\xi_i - \xi_n)} \tag{1}$$

ermittle man für ein finites Dreieckselement

a) die *linearen*, **b)** die *quadratischen* und **c)** die *kubischen Formfunktionen*

in Abhängigkeit von den Flächenkoordinaten L_1, L_2, L_3.

4.3.3   Es sei $\Phi = \Phi(x,y)$ eine skalarwertige Funktion (z.B. die *Torsionsfunktion* eines elastischen Stabes), die in den Knotenpunkten eines linearen finiten Dreieckselementes die Werte $\Phi_1 = 4$, $\Phi_2 = 3$, $\Phi_3 = 5$ besitzt. Die Knotenpunkte seien durch die Koordinaten ($x_1 = 0$, $y_1 = 0$), ($x_2 = 4$, $y_2 = 1$) und ($x_3 = 3$, $y_3 = 5$) bestimmt. Man ermittle :

a) die linearen Formfunktionen,
b) den Wert der Funktion Φ im Schwerpunkt des finiten Dreieckselementes,
c) den geometrischen Ort im finiten Element für den konstanten Wert $\Phi = 4,5$.

4.4 Rechteckelemente der LAGRANGE-Klasse

In den vorausgegangenen Ziffern sind *Dreieckselemente* ausführlich behandelt worden. Auf *Rechteckelemente* oder *Parallelogramme* wird lediglich in Bild 4.15 im Zusammenhang mit möglichen Kopplungen an Dreieckselemente hingewiesen. Daher soll im Folgenden auf *Rechteckelemente* näher eingegangen werden.

Analog zur *LAGRANGE-Klasse* der Dreieckselemente (*PASCALsches Dreieck* / Bild 4.9 / Ü4.3.2) können Polynomansätze der LAGRANGE-Klasse für finite *Viereckselemente* aus einem "*PASCALschen Rechteck*" gewonnen werden (Bild 4.16).

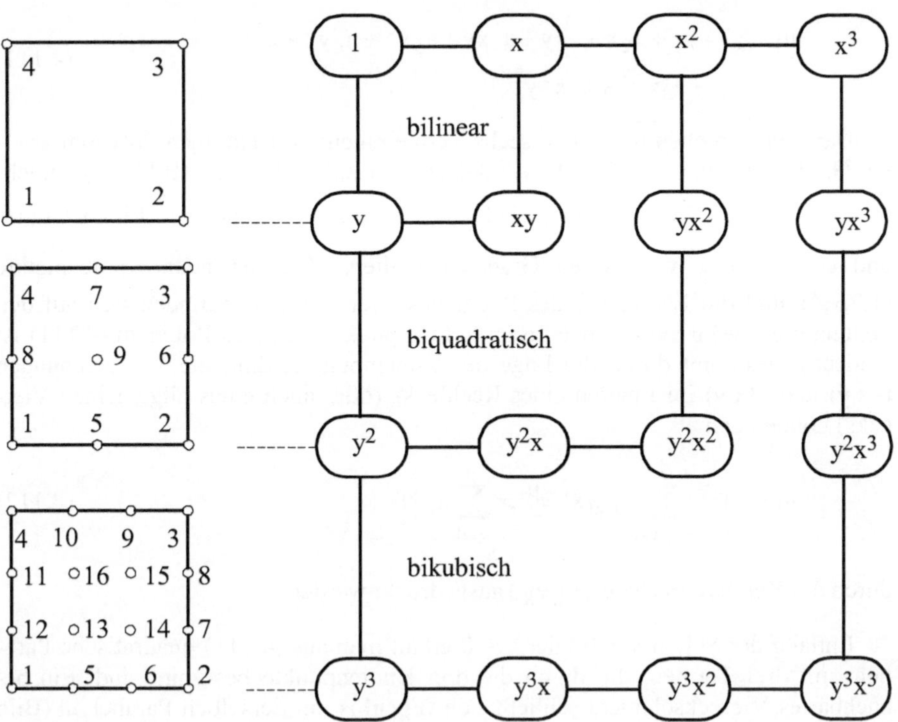

Bild 4.16 Bilineares, biquadratisches und bikubisches Rechteck der *LAGRANGE-Klasse*

Man erkennt: Die Anzahl der vorgesehenen Knotenpunkte (links in Bild 4.16) stimmt mit der Anzahl der Polynomterme (rechts in Bild 4.16) überein. Zwischen der Anzahl der Knotenpunkte (n) und dem Polynomgrad (p) in x bzw. in y besteht der Zusammenhang:

$$n = (1+p)^2 \quad \text{mit} \quad p = 0,1,2,3,\ldots$$

Für $p = 0$ betrachtet man ein Rechteckelement mit **einem** Knoten, der im Schwerpunkt liegt. Die Verschiebungen (u,v) sind dann konstant im gesamten Element.

Analog zu (4.4a) ist ein *bilinearer Verschiebungsansatz* durch

$$u = u(x, y) = a_1 + a_2 x + a_3 y + a_4 xy \tag{4.110}$$

gegeben. Entsprechend ist v(x,y) anzusetzen. Um Schreibarbeit zu sparen, soll im Folgenden jeweils nur u(x,y) aufgeführt werden.

Ein *quadratisches Rechteckelement* hat **neun** Knoten, und somit erhält ein *biquadratischer Verschiebungsansatz* gemäß Bild 4.16 **neun** Polynomterme:

$$u(x,y) = a_1 + a_2x + a_3y + a_4xy + a_5x^2 + a_6y^2 + a_7x^2y + $$
$$+ a_8xy^2 + a_9x^2y^2 .$$

$$(4.111)$$

Darin entsprechen die ersten sechs Terme einem vollständigen Polynom zweiten Grades, das man gemäß (4.74a) dem *PASCALschen Dreieck* (Bild 4.9) entnehmen kann. Zusätzlich sind in (4.111) zwei Terme x^2y und xy^2 dritten Grades und ein Term x^2y^2 vierten Grades enthalten. Vier der neun Knotenpunkte (1,2,3,4) sind die Eckpunkte des Rechtecks, vier (5,6,7,8) befinden sich auf den Seitenmitten, während der neunte im Schwerpunkt liegt. Das Polynom (4.111) ist eindeutig bestimmt durch die Lage der Knotenpunkte, d.h., die Verschiebungen $u(x,y)$ und $v(x,y)$ im Inneren eines Rechtecks (oder auch eines allgemeinen Vierecks) können gemäß

$$u(x,y) = \sum_{\lambda,\mu=0}^{2} \varphi_{\lambda\mu} x^\lambda y^\mu := \sum_{k=1}^{9} u_k N_k$$

$$(4.112)$$

durch die *Knotenvariablen* $(u_k v_k)$ ausgedrückt werden.

Entlang der Seiten $x = 0$ oder $y = 0$ erhält man aus (4.111) quadratische Parabeln mit drei Termen, die durch die drei Knotenpunkte bestimmt sind. Ein benachbartes Viereckselement schließt sich **fugenlos** mit derselben Parabel an (Bild 4.15).

Für *kubische Viereckselemente* gelten ähnliche Überlegungen. Eine Verallgemeinerung von (4.112) für Viereckselemente p-ter Ordnung mit n Knotenpunkten ist durch

$$\boxed{u(x,y) = \sum_{\lambda,\mu=0}^{p} \varphi_{\lambda\mu} x^\lambda y^\mu := \sum_{k=1}^{n} u_k N_k}$$

$$(4.113)$$

gegeben. Darin gilt der Zusammenhang $n = (1+p)^2$, wie bereits oben erwähnt. Die *Formfunktionen* N_k können durch Einsetzen der Knotenpunkte mit den entsprechenden Knotenvariablen $u(x_k, y_k) = u_k$ ermittelt werden.

Die Formulierung der *Formfunktionen* N_k in *globalen Koordinaten* (x,y) bei Verschiebungsansätzen höherer Ordnung für ein allgemeines Viereck ist sehr umständlich. Daher wird man zweckmäßigerweise in Analogie zum Dreieckselement (Ziffer 4.3) *natürliche Koordinaten* (ξ,η) einführen. Dazu benutzt man die *bilineare Transformation*

$$x = a_1 + a_2\xi + a_3\eta + a_4\xi\eta ,$$

$$(4.114a)$$

$$y = b_1 + b_2\xi + b_3\eta + b_4\xi\eta ,$$

$$(4.114b)$$

die ein allgemeines Viereck auf ein *Master-Quadrat* $-1 \le (\xi, \eta) \le 1$ abbildet (Bild 4.17).

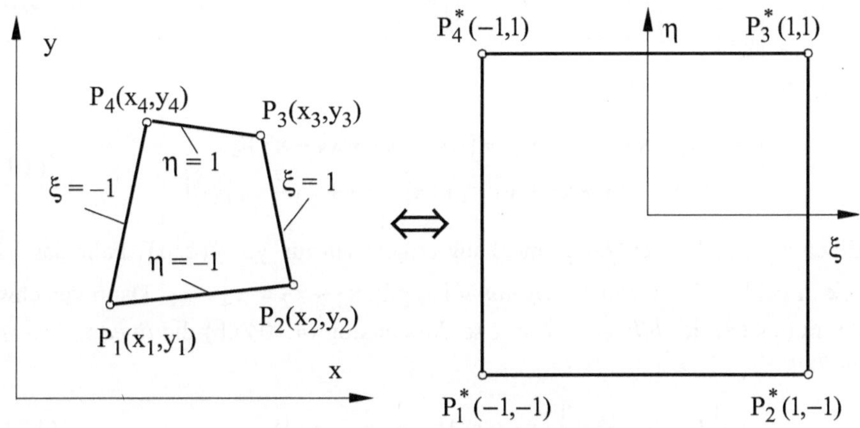

Bild 4.17 Abbildung eines allgemeinen Vierecks auf ein *Master-Quadrat*

Entlang $\xi(\eta = \pm 1)$ und $\eta(\xi = \pm 1)$ variieren x und y linear. Die Koeffizienten a_i und b_i in (4.114a,b) erhält man durch Einsetzen der Knotenkoordinaten:

$$\left.\begin{array}{l} \xi = -1 \\ \eta = -1 \end{array}\right\} \Rightarrow \left\{\begin{array}{l} x = x_1 \\ y = y_1 \end{array}\right\} \Rightarrow \left\{\begin{array}{l} x_1 = a_1 - a_2 - a_3 + a_4 \\ y_1 = b_1 - b_2 - b_3 + b_4 \end{array}\right. \tag{4.115a}$$

$$\left.\begin{array}{l} \xi = 1 \\ \eta = -1 \end{array}\right\} \Rightarrow \left\{\begin{array}{l} x = x_2 \\ y = y_2 \end{array}\right\} \Rightarrow \left\{\begin{array}{l} x_2 = a_1 + a_2 - a_3 - a_4 \\ y_2 = b_1 + b_2 - b_3 - b_4 \end{array}\right. \tag{4.115b}$$

$$\left.\begin{array}{l} \xi = 1 \\ \eta = 1 \end{array}\right\} \Rightarrow \left\{\begin{array}{l} x = x_3 \\ y = y_3 \end{array}\right\} \Rightarrow \left\{\begin{array}{l} x_3 = a_1 + a_2 + a_3 + a_4 \\ y_3 = b_1 + b_2 + b_3 + b_4 \end{array}\right. \tag{4.115c}$$

$$\left.\begin{array}{l} \xi = -1 \\ \eta = 1 \end{array}\right\} \Rightarrow \left\{\begin{array}{l} x = x_4 \\ y = y_4 \end{array}\right\} \Rightarrow \left\{\begin{array}{l} x_4 = a_1 - a_2 + a_3 - a_4 \\ y_4 = b_1 - b_2 + b_3 - b_4 \end{array}\right. \tag{4.115d}$$

Diese Zusammenhänge können in Matrixform folgendermaßen zusammengefasst werden:

$$\left\{\begin{array}{c} x_1 \\ x_2 \\ x_3 \\ x_4 \end{array}\right\} = \left[\begin{array}{cccc} 1 & -1 & -1 & 1 \\ 1 & 1 & -1 & -1 \\ 1 & 1 & 1 & 1 \\ 1 & -1 & 1 & -1 \end{array}\right] \left\{\begin{array}{c} a_1 \\ a_2 \\ a_3 \\ a_4 \end{array}\right\}, \tag{4.116}$$

woraus durch Inversion die Lösung

$$\begin{Bmatrix} a_1 \\ a_2 \\ a_3 \\ a_4 \end{Bmatrix} = \frac{1}{4} \begin{bmatrix} 1 & 1 & 1 & 1 \\ -1 & 1 & 1 & -1 \\ -1 & -1 & 1 & 1 \\ 1 & -1 & 1 & -1 \end{bmatrix} \begin{Bmatrix} x_1 \\ x_2 \\ x_3 \\ x_4 \end{Bmatrix} \tag{4.117}$$

folgt, die man in (4.114a) einsetzt:

$$\begin{aligned} x = \big[&(x_1 + x_2 + x_3 + x_4) + (-x_1 + x_2 + x_3 - x_4)\xi \\ &+ (-x_1 - x_2 + x_3 + x_4)\eta + (x_1 - x_2 + x_3 - x_4)\xi\eta \big]. \end{aligned} \tag{4.118}$$

Einen entsprechenden Zusammenhang erhält man für $y = y(\xi,\eta)$. Falls das Viereck in Bild 4.17 ein *Parallelogramm* ist, gilt: $x_3 - x_2 = x_4 - x_1$. Dann verschwindet in (4.118) der *bilineare Term*, so dass analog (4.104a,b) die *lineare Transformation*

$$x = \frac{1}{2}(x_2 + x_4) + \frac{1}{2}(x_2 - x_1)\xi + \frac{1}{2}(x_4 - x_1)\eta \tag{4.119a}$$

$$y = \frac{1}{2}(y_2 + y_4) + \frac{1}{2}(y_2 - y_1)\xi + \frac{1}{2}(y_4 - y_1)\eta \tag{4.119b}$$

entsteht.

Die *bilineare Transformation* (4.118) kann auf die Form

$$x = \sum_{k=1}^{4} x_k M_k(\xi,\eta), \qquad\qquad y = \sum_{k=1}^{4} y_k M_k(\xi,\eta) \tag{4.120a,b}$$

gebracht werden, wenn man die *Interpolationsfunktionen*

$$M_1(\xi,\eta) := \frac{1}{4}(1 - \xi - \eta + \xi\eta), \quad M_2(\xi,\eta) := \frac{1}{4}(1 + \xi - \eta - \xi\eta), \tag{4.121a,b}$$

$$M_3(\xi,\eta) := \frac{1}{4}(1 + \xi + \eta + \xi\eta), \quad M_4(\xi,\eta) := \frac{1}{4}(1 - \xi + \eta - \xi\eta), \tag{4.121c,d}$$

mit den Eigenschaften

$$M_k(\xi_i,\eta_i) = \delta_{ik} \tag{4.122}$$

einführt. Darin sind (ξ_i,η_i) die Koordinaten der vier Knotenpunkte P_i^* des *Master-Quadrates* (Bild 4.17). Damit die Abbildung (4.120a,b) *umkehrbar eindeutig* ist, darf die *JACOBIsche Determinante*

$$J := \begin{vmatrix} \partial x/\partial\xi & \partial y/\partial\xi \\ \partial x/\partial\eta & \partial y/\partial\eta \end{vmatrix} = \frac{\partial x}{\partial\xi}\frac{\partial y}{\partial\eta} - \frac{\partial x}{\partial\eta}\frac{\partial y}{\partial\xi} \tag{4.123}$$

an keiner Stelle verschwinden. Wegen (4.121a,b,c,d) können innerhalb eines Vierecks Bereiche existieren, in denen die *JAKOBIsche Determinante* verschwindet, so dass derartige Vierecke als finite Elemente nicht zulässig sind (Ziffer 4.7).

Für Parallelogramme ergibt sich die *JAKOBIsche Determinante* (4.123) mit (4.119a,b) und im Vergleich mit (4.104c) zu

$$J = \frac{1}{4}\left[(x_2 - x_1)(y_4 - y_1) - (x_4 - x_1)(y_2 - y_1)\right] = \frac{1}{4}A \; . \tag{4.124}$$

Darin ist A der Flächeninhalt des Parallelogramms (Ü4.1.1).

Falls die *Interpolationsfunktionen* (*mapping functions*) $M_k(\xi,\eta)$ in der Abbildung (4.120a,b) mit den *Formfunktionen* (*shape functions*) $N_k(\xi,\eta)$ in (4.113) übereinstimmen, liegt ein *isoparametrisches finites Element* vor analog zu (4.38a,b), (4.87a,b) und Ü3.2.10. Auf die *isoparametrische Formulierung* für Viereckelemente wird in Ziffer 4.7 näher eingegangen.

Die zweidimensionalen *Formfunktionen* $N_k(\xi,\eta)$ in (4.113) gewinnt man systematisch durch Multiplikation der eindimensionalen *LAGRANGEschen Interpolationsfunktionen*

$$f_i(\xi) = \frac{(\xi-\xi_1)\,(\xi-\xi_2)\,\cdots\,(\xi-\xi_{i-1})\,(\xi-\xi_{i+1})\,\cdots\,(\xi-\xi_n)}{(\xi_i-\xi_1)(\xi_i-\xi_2)\,\cdots\,(\xi_i-\xi_{i-1})(\xi_i-\xi_{i+1})\,\cdots\,(\xi_i-\xi_n)} \tag{4.125a}$$

$$g_i(\eta) = \frac{(\eta-\eta_1)\,(\eta-\eta_2)\,\cdots(\eta-\eta_{i-1})\,(\eta-\eta_{i+1})\,\cdots(\eta-\eta_n)}{(\eta_i-\eta_1)(\eta_i-\eta_2)\cdots(\eta_i-\eta_{i-1})(\eta_i-\eta_{i+1})\cdots(\eta_i-\eta_n)} \tag{4.125b}$$

miteinander. Dazu seien im Folgenden einige Beispiele aufgelistet.

1) Bilineares Master-Quadrat (p=1,n=4)

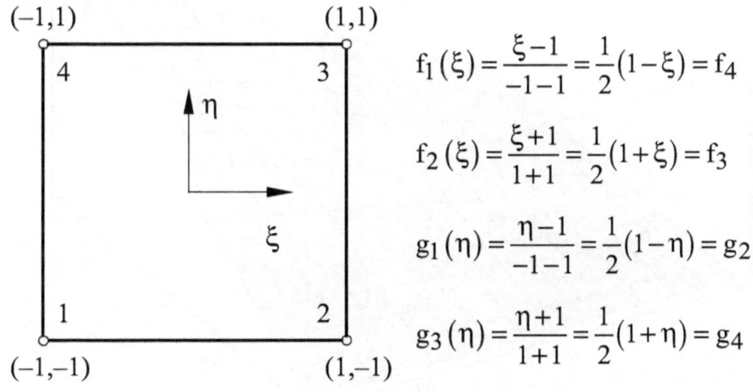

$$f_1(\xi) = \frac{\xi-1}{-1-1} = \frac{1}{2}(1-\xi) = f_4$$

$$f_2(\xi) = \frac{\xi+1}{1+1} = \frac{1}{2}(1+\xi) = f_3$$

$$g_1(\eta) = \frac{\eta-1}{-1-1} = \frac{1}{2}(1-\eta) = g_2$$

$$g_3(\eta) = \frac{\eta+1}{1+1} = \frac{1}{2}(1+\eta) = g_4$$

Hieraus ermittelt man die *Formfunktionen*

$$N_1(\xi,\eta) = f_1(\xi)\,g_1(\eta) = \frac{1}{4}(1-\xi)(1-\eta)\ , \tag{4.126a}$$

$$N_2(\xi,\eta) = f_2(\xi)\,g_2(\eta) = \frac{1}{4}(1+\xi)(1-\eta)\ , \tag{4.126b}$$

$$N_3(\xi,\eta) = f_3(\xi)\,g_3(\eta) = \frac{1}{4}(1+\xi)(1+\eta)\ , \tag{4.126c}$$

$$N_4(\xi,\eta) = f_4(\xi)\,g_4(\eta) = \frac{1}{4}(1-\xi)(1+\eta) \tag{4.126d}$$

des *bilinearen Masterquadrates*, die mit den *Interpolationsfunktionen* $M_k(\xi,\eta)$ gemäß (4.121a,b,c,d) übereinstimmen und die man in der Form

$$\boxed{N_i(\xi,\eta) = \frac{1}{4}(1+\xi_i\,\xi)(1+\eta_i\,\eta)} \tag{4.127}$$

zusammenfassen kann. Als Beispiel ist die *Formfunktion* $N_3(\xi,\eta)$ in Bild 4.18 mit Hilfe der MAPLE-3D-Grafik dargestellt.

>N[3]:=(xi,eta)->(1+xi)(1+eta)/4;*
>plot3d(N[3],-1..1,-1..1,grid=[15,15], axes=boxed, scaling=constrained,
> style=patch,orientation=[-60,60]);

$$N_3 := (\xi,\eta) \to \frac{1}{4}(1+\xi)(1+\eta)$$

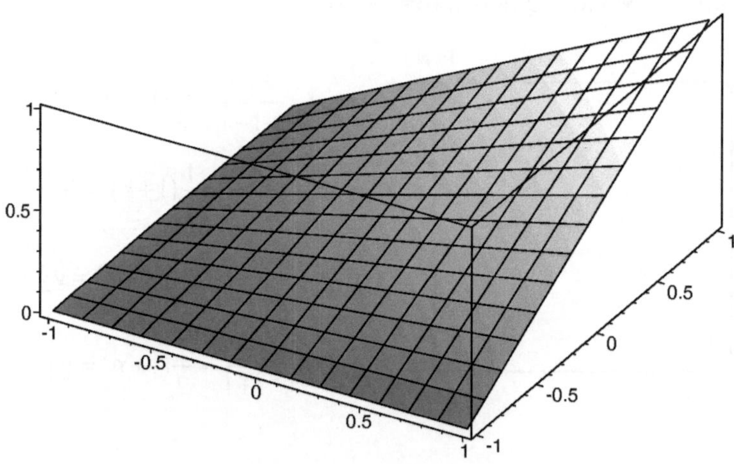

Bild 4.18 *Bilineare Formfunktion* $N_3(\xi,\eta)$ gemäß (4.126c)

2) Biquadratisches Master-Quadrat (p=2,n=9)

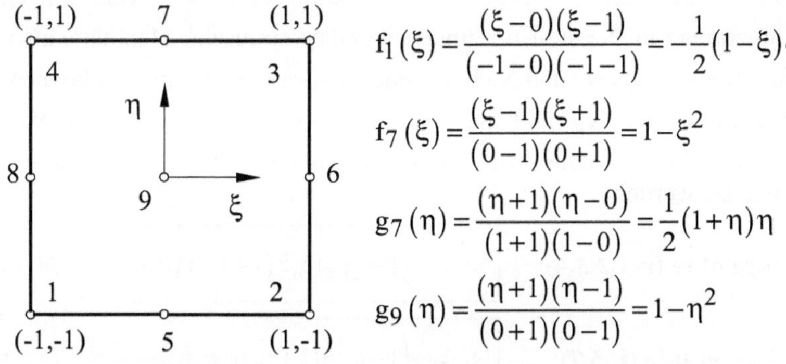

$$f_1(\xi) = \frac{(\xi-0)(\xi-1)}{(-1-0)(-1-1)} = -\frac{1}{2}(1-\xi)\xi$$

$$f_7(\xi) = \frac{(\xi-1)(\xi+1)}{(0-1)(0+1)} = 1-\xi^2$$

$$g_7(\eta) = \frac{(\eta+1)(\eta-0)}{(1+1)(1-0)} = \frac{1}{2}(1+\eta)\eta$$

$$g_9(\eta) = \frac{(\eta+1)(\eta-1)}{(0+1)(0-1)} = 1-\eta^2$$

Daraus ergibt sich beispielsweise die *Formfunktion* N_7 zu

$$N_7(\xi,\eta) = f_7(\xi)\,g_7(\eta) = \frac{1}{2}\left(1-\xi^2\right)(1+\eta)\eta \,, \tag{4.128a}$$

die man auch unmittelbar gemäß

$$N_7(\xi,\eta) = c_7\,(\xi+1)(\xi-1)\eta(\eta+1) \tag{4.128b}$$

ansetzen kann; denn damit verschwindet N_7 in allen Punkten, die auf den Geraden $\xi+1=0$, $\xi-1=0$, $\eta=0$ und $\eta+1=0$ liegen. Die Konstante c_7 muss so bestimmt werden, dass die *Interpolationsbedingung* $N_7(0,1)=1$ erfüllt wird. Das führt auf $c_7 = -1/2$, so dass (4.128b) in (4.128a) übergeht. Auf diese Weise oder umständlicher mit Hilfe der *LAGRANGEschen Funktionen* (4.125a,b) können alle *Formfunktionen* $N_k(\xi,\eta)$ ermittelt werden:

$$N_1 = \frac{1}{4}(1-\xi)(1-\eta)\xi\eta\,, \qquad N_2 = -\frac{1}{4}(1+\xi)(1-\eta)\xi\eta\,, \tag{4.129a,b}$$

$$N_3 = \frac{1}{4}(1+\xi)(1+\eta)\xi\eta\,, \qquad N_4 = -\frac{1}{4}(1-\xi)(1+\eta)\xi\eta\,, \tag{4.129c,d}$$

$$N_5 = -\frac{1}{2}\left(1-\xi^2\right)(1-\eta)\eta\,, \qquad N_6 = \frac{1}{2}(1+\xi)\xi\left(1-\eta^2\right)\,, \tag{4.129e,f}$$

$$N_7 = \frac{1}{2}\left(1-\xi^2\right)(1+\eta)\eta\,, \qquad N_8 = -\frac{1}{2}(1-\xi)\xi\left(1-\eta^2\right)\,, \tag{4.129g,h}$$

$$N_9 = \left(1-\xi^2\right)\left(1-\eta^2\right)\,. \tag{4.129i}$$

Aus obiger Skizze kann man folgern, dass N_3 aus N_1 durch Vertauschen von ξ und η hervorgeht. Ebenso geht aus N_2 die Formfunktion N_4 hervor. Weiterhin erhält man N_8, indem man in N_5 die Koordinaten ξ und η vertauscht. Man hätte also nur die Formfunktionen N_1, N_5 und N_9 bestimmen müssen; denn aus N_1 können die Formfunktionen N_2, N_3, N_4 und aus N_5 die Formfunktionen N_6, N_7, N_8 gefolgert werden. Mithin können die *Formfunktionen* (4.129a÷i) folgendermaßen zusammengefasst werden:

$$\textbf{Eckpunkte (i=1,2,3,4):} \qquad \boxed{N_i = \frac{1}{4}(1+\xi_i\xi)\xi_i\xi(1+\eta_i\eta)\eta_i\eta} \qquad (4.130a)$$

$$\textbf{Seitenpunkte (i=5,7):} \qquad \boxed{N_i = \frac{1}{2}\left(1-\xi^2\right)(1+\eta_i\eta)\eta_i\eta} \qquad (4.130b)$$

$$\textbf{Seitenpunkte (i=6,8):} \qquad \boxed{N_i = \frac{1}{2}\left(1-\eta^2\right)(1+\xi_i\xi)\xi_i\xi} \qquad (4.130c)$$

$$\textbf{Schwerpunkt (i=9):} \qquad \boxed{N_9 = \left(1-\xi^2\right)\left(1-\eta^2\right)} \qquad (4.130d)$$

Als Beispiele sind die *Formfunktionen* N_3, N_7 und N_9 mit Hilfe der MAPLE-3D-Grafik in den Bildern 4.19a,b,c dargestellt.

```
>N[3]:=(xi,eta)->(1+xi)*(1+eta)*xi*eta/4; plot3d(N[3],-1..1,-1..1,grid=[15,15],
>axes=boxed, scaling=constrained, style=patch,orientation=[-60,60]);
```

$$N_3 := (\xi,\eta) \rightarrow \frac{1}{4}(1+\xi)(1+\eta)\,\xi\,\eta$$

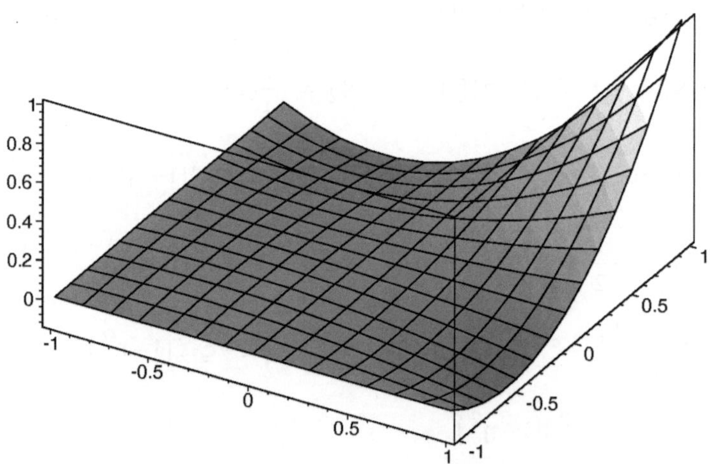

Bild 4.19a *Biquadratische Formfunktion* der *LAGRANGE-Klasse* $N_3(\xi,\eta)$ gemäß (4.129c) bzw. (4.130a)

>N[7]:=(xi,eta)->(1-xi^2)*(1+eta)*eta/2; plot3d(N[7],-1..1,-1..1,grid=[20,20],
>axes=boxed, scaling=constrained,style=patch);

$$N_7 := (\xi, \eta) \to \frac{1}{2}\left(1 - \xi^2\right)(1 + \eta)\,\eta$$

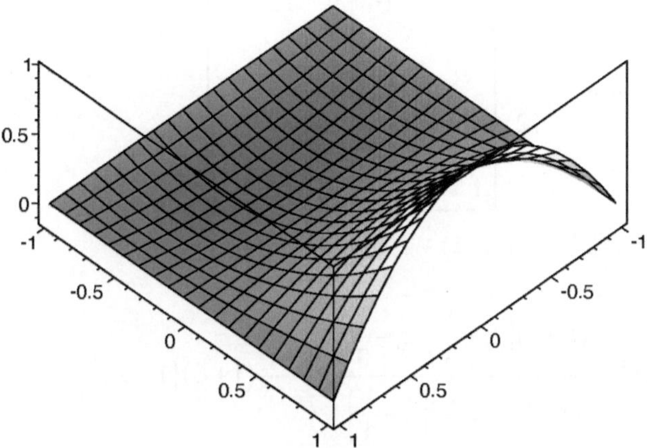

Bild 4.19b *Biquadratische Formfunktion* der *LAGRANGE-Klasse* $N_7\left(\xi,\eta\right)$ gemäß (4.129g) bzw. (4.130b)

>N[9]:=(xi,eta) -> (1-xi^2)*(1-eta^2);
>plot3d(N[9],-1..1,-1..1,grid=[15,15],axes=boxed,scaling=constrained,
>style=patch,orientation=[-60,60]);

$$N_9 := (\xi, \eta) \to \left(1 - \xi^2\right)\left(1 - \eta^2\right)$$

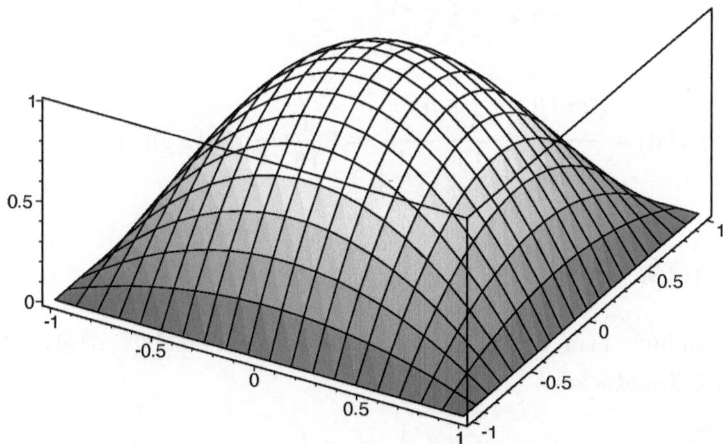

Bild 4.19c *Biquadratische Formfunktion* der *LAGRANGE-Klasse* $N_9\left(\xi,\eta\right)$ gemäß (4.129i) bzw. (4.130d) (*"bubble function"*)

3) Bikubisches Master-Quadrat (p=3,n=16)

$$f_3\left(\xi\right) = \frac{\left(\xi+1\right)\left(\xi+\dfrac{1}{3}\right)\left(\xi-\dfrac{1}{3}\right)}{\left(1+1\right)\left(1+\dfrac{1}{3}\right)\left(1-\dfrac{1}{3}\right)} = -\frac{1}{16}\left(1+\xi\right)\left(1-9\xi^2\right)$$

$$g_3\left(\eta\right) = \frac{\left(\eta+1\right)\left(\eta+\dfrac{1}{3}\right)\left(\eta-\dfrac{1}{3}\right)}{\left(1+1\right)\left(1+\dfrac{1}{3}\right)\left(1-\dfrac{1}{3}\right)} = -\frac{1}{16}\left(1+\eta\right)\left(1-9\eta^2\right)$$

$$f_9\left(\xi\right) = \frac{\left(\xi+1\right)\left(\xi+\dfrac{1}{3}\right)\left(\xi-1\right)}{\left(\dfrac{1}{3}+1\right)\left(\dfrac{1}{3}+\dfrac{1}{3}\right)\left(\dfrac{1}{3}-1\right)} = \frac{9}{16}\left(1+3\xi\right)\left(1-\xi^2\right)$$

$$g_9\left(\eta\right) = \frac{\left(\eta+1\right)\left(\eta-\dfrac{1}{3}\right)\left(\eta+\dfrac{1}{3}\right)}{\left(1+1\right)\left(1-\dfrac{1}{3}\right)\left(1+\dfrac{1}{3}\right)} = -\frac{1}{16}\left(1+\eta\right)\left(1-9\eta^2\right)$$

$$f_{15}\left(\xi\right) = f_9\left(\xi\right)\,, \qquad g_{15}\left(\eta\right) = \frac{9}{16}\left(1+3\eta\right)\left(1-\eta^2\right)\;.$$

Daraus ermittelt man beispielsweise die Formfunktion $N_3\left(\xi,\eta\right)$ als "Repräsentant" der *Eckpunkte* zu:

$$N_3\left(\xi,\eta\right) = f_3\left(\xi\right)g_3\left(\eta\right) = \frac{1}{256}\left(1+\xi\right)\left(1-9\xi^2\right)\left(1+\eta\right)\left(1-9\eta^2\right)$$

und somit insgesamt:

Eckpunkte (i = 1 bis 4):

$$\boxed{N_i\left(\xi,\eta\right)=\frac{1}{256}(1+\xi_i\xi)\left(1-9\xi^2\right)(1+\eta_i\eta)\left(1-9\eta^2\right)}$$ (4.131a)

Als "Repräsentant" für die *Seitenpunkte* $(\xi=\pm1/3,\eta=\pm1)$ können die *Formfunktion*

$$N_9\left(\xi,\eta\right)=f_9\left(\xi\right)g_9\left(\eta\right)=\frac{9}{256}(1+3\xi)\left(1-\xi^2\right)(1+\eta)\left(9\eta^2-1\right)$$

und für die *Seitenpunkte* $(\xi=\pm1,\eta=\pm1/3)$ die *Formfunktion*

$$N_8\left(\xi,\eta\right)=f_8\left(\xi\right)g_8\left(\eta\right)=\frac{9}{256}(1+\xi)\left(9\xi^2-1\right)(1+3\eta)\left(1-\eta^2\right)$$

angesehen werden. **Man erkennt:** Durch Vertauschen von ξ und η geht N_8 in N_9 über und umgekehrt. Insgesamt gilt:

Seitenpunkte (i=5,6,9,10 und k=7,8,11,12):

$$\boxed{N_i\left(\xi,\eta\right)=\frac{9}{256}(1+9\xi_i\xi)\left(1-\xi^2\right)(1+\eta_i\eta)\left(9\eta^2-1\right)}$$ (4.131b)

$$\boxed{N_k\left(\xi,\eta\right)=\frac{9}{256}(1+\xi_k\xi)\left(9\xi^2-1\right)(1+9\eta_k\eta)\left(1-\eta^2\right)}$$ (4.131c)

Als "Repräsentant" für die inneren Punkte $(\xi=\pm1/3,\eta=\pm1/3)$ kann die *Formfunktion*

$$N_{15}\left(\xi,\eta\right)=f_{15}\left(\xi\right)g_{15}\left(\eta\right)=\frac{81}{256}(1+3\xi)\left(1-\xi^2\right)(1+3\eta)\left(1-\eta^2\right)$$

herangezogen werden. Ersetzt man darin 3ξ durch $3\xi_i\cdot3\xi$ und 3η durch $3\eta_i\cdot3\eta$, um allen Vorzeichen $(\xi=\pm1/3$ und $\eta=\pm1/3)$ gerecht zu werden, so erhält man insgesamt:

Innere Punkte (i=13 bis 16) :

$$\boxed{N_i\left(\xi,\eta\right)=\frac{81}{256}(1+9\xi_i\xi)\left(1-\xi^2\right)(1+9\eta_i\eta)\left(1-\eta^2\right)}$$ (4.131d)

In den Bildern 4.20a,b,c sind die *Formfunktionen* $N_3\left(\xi,\eta\right)$, $N_{11}\left(\xi,\eta\right)$ und $N_{14}\left(\xi,\eta\right)$ mit Hilfe der MAPLE-3D-Grafik dargestellt.

```
>N[3]:=(xi,eta)->(1+xi)*(1-9*xi^2)*(1+eta)*(1-9*eta^2)/256;
>plot3d(N[3],-1..1,-1..1,grid=[15,15], axes=boxed, scaling=constrained,
```

>style=patch,orientation=[-60,60]);

$$N_3 := (\xi, \eta) \rightarrow \frac{1}{256}\,(1+\xi)\left(1-9\,\xi^2\right)(1+\eta)\left(1-9\,\eta^2\right)$$

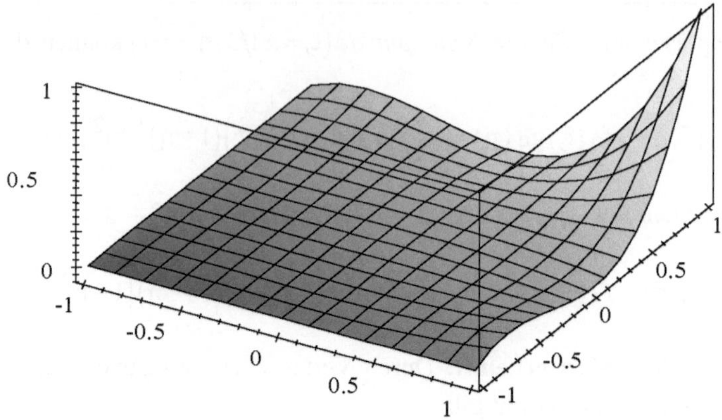

Bild 4.20a *Bikubische Formfunktion* der *LAGRANGE-Klasse* $N_3\left(\xi,\eta\right)$ gemäß (4.131a)

>N[11]:=(xi,eta) -> 9(1-xi)*(9*xi^2-1)*(1+3*eta)*(1-eta^2)/256; plot3d(N[11],*
>-1..1,-1..1,grid=[20,20],axes=boxed,scaling=constrained,style=patch);

$$N_{11} := (\xi, \eta) \rightarrow \frac{9}{256}\,(1-\xi)\left(9\,\xi^2-1\right)(1+3\,\eta)\left(1-\eta^2\right)$$

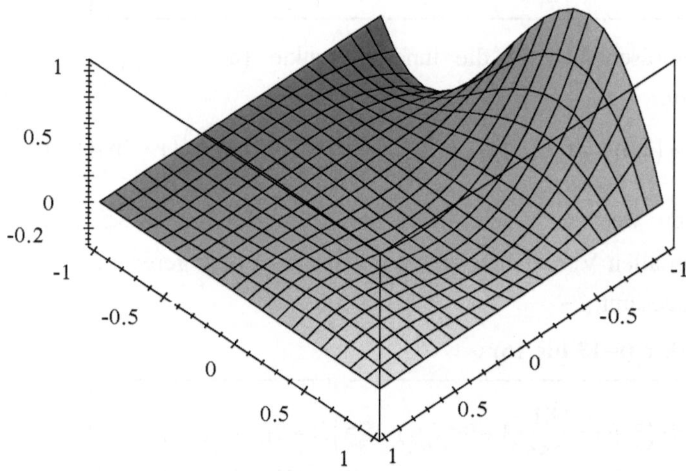

Bild 4.20b *Bikubische Formfunktion* der *LAGRANGE-Klasse* $N_{11}\left(\xi,\eta\right)$ gemäß (4.131c)

>N[14]:=(xi,eta)->81(1+3*xi)*(1-xi^2)*(1-3*eta)*(1-eta^2)/256; plot3d(N[14]*
>, -1..1,-1..1, grid=[20,20], axes=boxed, scaling=constrained,style=patch);

$$N_{14} := (\xi, \eta) \rightarrow \frac{81}{256} (1 + 3\,\xi)\left(1 - \xi^2\right)(1 - 3\,\eta)\left(1 - \eta^2\right)$$

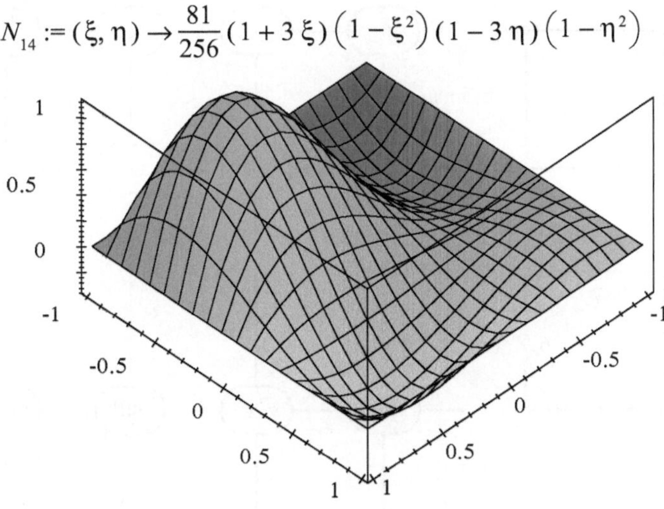

Bild 4.20c Bikubische Formfunktion der LAGRANGE-Klasse $N_{14}(\xi, \eta)$ gemäß (4.131d)

4.5 Rechteckelemente der SERENDIPITIY-Klasse

Falls Knotenpunkte im Innern von Viereckelementen betrachtet werden müssen, wie etwa bei der Torsion von Rechteckstäben (Ü7.1.10 bis Ü7.1.13 in Band 2), sind *Formfunktionen der LAGRANGE-Klasse* aus Ziffer 4.4 zu verwenden. Zur Erfüllung der *Kompatibilität* bei der Ankopplung benachbarter Elemente (Bild 4.14 und 4.15) leisten *innere Knotenpunkte* keinen Beitrag, so dass sie unter diesem Gesichtspunkt fehlen können (Ü7.1.14 und Ü7.1.15 in Band 2). Derartige Elemente bezeichnet man als *SERENDIPITY-Elemente*, deren *Verschiebungsansätze* durch einfachere Polynome gegeben sind als die entsprechenden Ansätze der *LAGRANGE-Klasse*. Als Beispiel vergleiche man die Polynomansätze (4.108) und (4.109).

Polynomansätze der *SERENDIPITY-Klasse* können im Gegensatz zu Bild 4.16 einem "*PASCALschen Fachwerk*" entnommen werden (Bild 4.21)

Man erkennt: Je nach Polynomgrad p sind n = 4p Knoten erforderlich. Die *LAGRANGEsche Interpolation* benötigt $\Delta n = (p-1)^2$ **mehr** Knoten.

Die Formfunktionen der SERENDIPITY-Klasse können **nicht** durch Produktbildung $N_i(\xi, \eta) = f_i(\xi)\,g_i(\eta)$ aus den eindimensionalen *LAGRANGEschen-Interpolationsfunktionen* (4.125a,b) erzeugt werden.

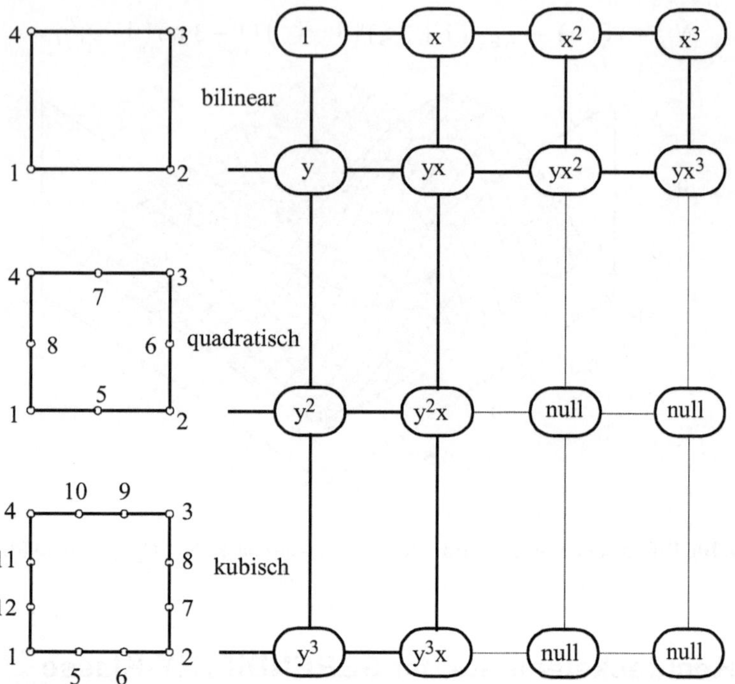

Bild 4.21 Bilineares, quadratisches und kubisches Rechteckelement der *SERENDIPITY-Klasse*

Im Folgenden wird gezeigt, wie man die Formfunktionen unter Beachtung der Interpolationsbedingung

$$N_k\left(\xi_i,\eta_i\right)=\delta_{ik} \tag{4.132}$$

konstruieren kann.

Die *bilinearen Elemente* (p = 1) unterscheiden sich nicht $[\Delta n=(p-1)^2=0]$. Das *quadratische SERENDIPITY-Element* (p = 2) besitzt n = 4p = 8 Knoten (Bild 4.22).

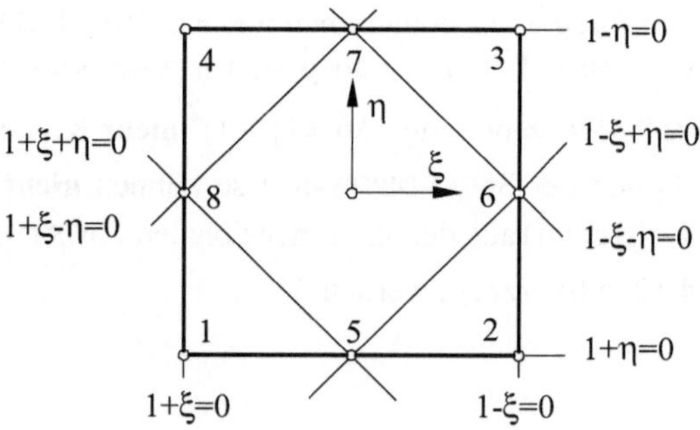

Bild 4.22 Quadratisches *SERENDIPITY-Element* (p = 2)

Als "Repräsentant" für die Eckpunkte $(\xi_i = \pm1, \eta = \pm1)$ kann die Formfunktion $N_3(\xi,\eta)$ betrachtet werden, die in den übrigen Knotenpunkten verschwinden muss. Diese Knotenpunkte liegen auf den beiden Kanten $1+\xi=0$, $1+\eta=0$ und der Geraden $1-\xi-\eta=0$, so dass man

$$N_3(\xi,\eta) = c_3(1+\xi)(1+\eta)(1-\xi-\eta)$$

ansetzen kann. Darin ermittelt man den Ansatzfreiwert c_3 nach (4.132) aus der Forderung $N_3(\xi,\eta) = N_3(1,1) = 1$ zu $c_3 = -1/4$. Somit erhält man Bild 4.23a.

```
>N[3]:=(xi,eta) -> -(1+xi)*(1+eta)*(1-xi-eta)/4;
> plot3d(N[3],-1..1,-1..1, grid = [15,15], axes=boxed, scaling=constrained,
> style=patch, orientation=[-60,60]);
```

$$N_3 := (\xi,\eta) \to -\frac{1}{4}(1+\xi)(1+\eta)(1-\xi-\eta)$$

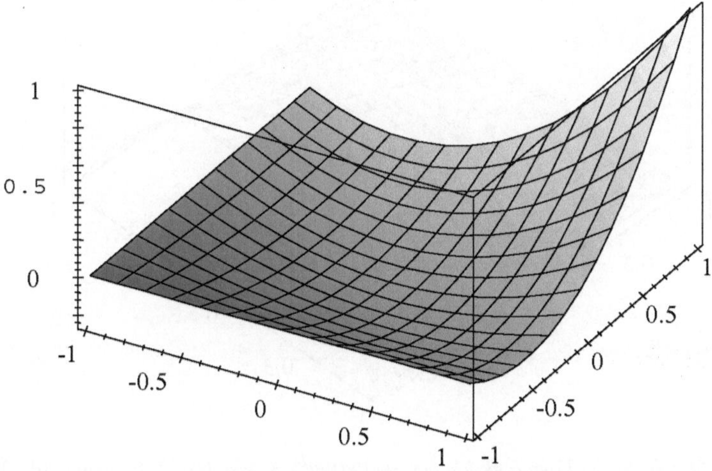

Bild 4.23a *Quadratische Formfunktion* der *SERENDIPITY-Klasse* $N_3(\xi,\eta)$ gemäß (4.133a)

Ersetzt man in der *Formfunktion* $N_3(\xi,\eta)$ die Koordinate ξ durch $\xi_i\xi$ und η durch $\eta_i\eta$, um alle Eckpunkte $(\xi_i = \pm1, \eta_i = \pm1)$ erfassen zu können, so erhält man insgesamt:

Eckpunkte (i=1 bis 4):

$$\boxed{N_i(\xi,\eta) = -\frac{1}{4}(1+\xi_i\xi)(1+\eta_i\eta)(1-\xi_i\xi-\eta_i\eta)} \qquad (4.133a)$$

Als "Repräsentant" für die Seitenpunkte dienen die Formfunktionen $N_6(\xi,\eta)$ und $N_7(\xi,\eta)$, die man unter Berücksichtigung von (4.132) gemäß

$$N_6\left(\xi,\eta\right) = c_6\left(1+\xi\right)\left(1+\eta\right)\left(1-\eta\right) = c_6\left(1+\xi\right)\left(1-\eta^2\right),$$

$$N_7\left(\xi,\eta\right) = c_7\left(1+\xi\right)\left(1-\xi\right)\left(1+\eta\right) = c_7\left(1-\xi^2\right)\left(1+\eta\right)$$

ansetzen kann. Durch vertauschen von ξ und η geht N_7 aus N_6 hervor. Die Ansatzfreiwerte ergeben sich aus (4.132) zu $c_6 = c_7 = 1/2$. Die Formfunktion $N_7(\xi,\eta)$ ist in Bild 4.23b dargestellt.

```
>N[7]:=(xi,eta) -> (1-xi^2)*(1+eta)/2;
>plot3d(N[7],-1..1,-1..1,grid=[15,15],axes=boxed,scaling=constrained,
>style=patch);
```

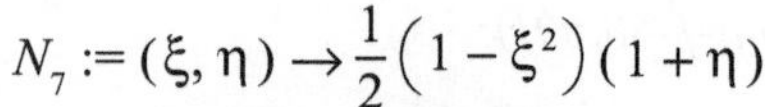

$$N_7 := (\xi, \eta) \rightarrow \frac{1}{2}\left(1 - \xi^2\right)(1 + \eta)$$

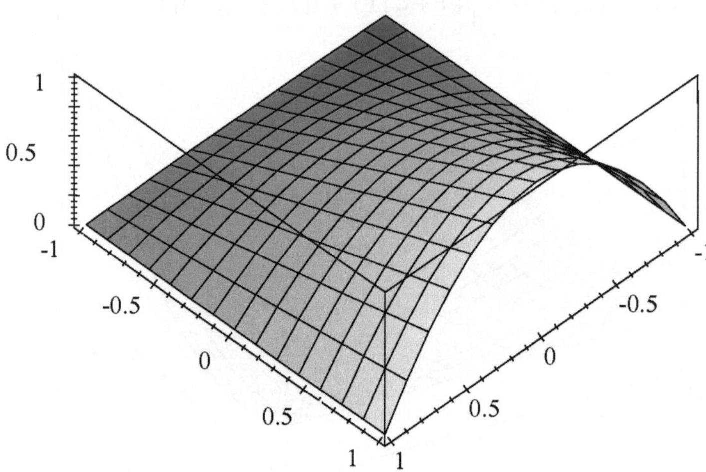

Bild 4.23b *Quadratische Formfunktion* der *SERENDIPITY-Klasse* $N_7\left(\xi,\eta\right)$ gemäß (4.133b)

Ersetzt man in den Formfunktionen $N_6(\xi,\eta)$ und $N_7(\xi,\eta)$ die Koordinate ξ durch $\xi_i\xi$ und η durch $\eta_i\eta$, während ξ^2 und η^2 unverändert bleiben, so erhält man insgesamt:

Seitenpunkte (i=5,7): $\boxed{N_i = \frac{1}{2}\left(1-\xi^2\right)\left(1+\eta_i\eta\right)}$ (4.133b)

Seitenpunkte (i=6,8): $\boxed{N_i = \frac{1}{2}\left(1+\xi_i\xi\right)\left(1-\eta^2\right)}$ (4.133c)

Das *kubische SERENDIPITY-Element* (p = 3) besitzt n = 4 p = 12 Knoten (Bild4.24).

Als "Repräsentant" für die Eckpunkte $\xi = \pm 1, \eta = \pm 1$ kann die Formfunktion

$$N_3 = c_3 (1+\xi)(1+\eta)(4-3\xi-3\eta)(2-3\xi-3\eta)$$

herangezogen werden mit dem Ansatzfreiwert $c_3 = 1/32$, den man aus der Forderung $N_3(1,1) = 1$ bestimmt. Alternativ kann der Ansatz

$$N_3 = C_3 (1+\xi)(1+\eta) R(\xi,\eta)$$

gewählt werden, der in allen Knotenpunkten der beiden Kanten $1+\xi = 0$ und $1+\eta = 0$ verschwindet.

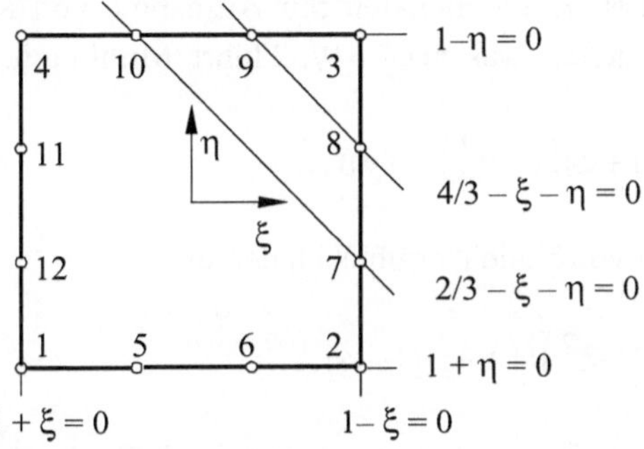

Bild 4.24 *Kubisches SERENDIPITY-Element* (p=3)

Das Polynom $R(\xi,\eta)$ muss in den Knotenpunkten $P_7(1,-1/3)$, $P_8(1,1/3)$, $P_9(1/3,1)$ und $P_{10}(-1/3,1)$ verschwinden. Durch Vertauschen von ξ und η geht P_7 in P_{10} und P_8 in P_9 über. Somit muss das Polynom $R(\xi,\eta)$ eine *symmetrische Funktion* in ξ und η sein. Weiterhin unterscheiden sich die Punkte 7 und 8 nur im Vorzeichen von $\eta = \pm 1/3$, während die Punkte 9 und 10 nur unterschiedliche ξ-Werte besitzen ($\xi = \pm 1/3$), so dass $R(\xi,\eta)$ eine *gerade Funktion* sowohl in ξ als auch in η sein muss. Mithin kann man $R(\xi,\eta) = A + \xi^2 + \eta^2$ wählen. Darin bestimmt man den Ansatzfreiwert A aus der Forderung $R(\xi = 1, \eta = \pm 1/3) = 0$ bzw. aus $R(\xi = \pm 1/3, \eta = 1) = 0$ zu $A = -10/9$. Somit wird

$$N_3 = \frac{C_3}{9}(1+\xi)(1+\eta)\left[9\left(\xi^2+\eta^2\right)-10\right].$$

Aufgrund der Interpolationsbedingung $N_3(1,1) = 1$ ergibt sich die Konstante C_3 zu 9/32, so dass die Formfunktion schließlich auf die Form

$$N_3 = \frac{1}{32}(1+\xi)(1+\eta)\left[9\left(\xi^2+\eta^2\right)-10\right]$$

gebracht werden kann. Ersetzt man darin ξ durch $\xi_i\xi$ und η durch $\eta_i\eta$, um alle Eckpunkte $(\xi_i = \pm 1, \eta_i = \pm 1)$ erfassen zu können, so erhält man insgesamt:

Eckpunkte (i=1 bis 4):
$$\boxed{N_i = \frac{1}{32}(1+\xi_i\xi)(1+\eta_i\eta)\left[9\left(\xi^2+\eta^2\right)-10\right]} \qquad (4.134a)$$

Als "Repräsentant" für die Seitenpunkte können die Formfunktionen N_8 und N_9 gewählt werden. Der Ansatz

$$N_8 = c_8\,(1+\xi)(1-\eta)(1+\eta)(1+3\eta)$$

verschwindet in allen Knotenpunkten mit Ausnahme von Knotenpunkt 8. Darin muss $N_8\,(1,1/3) = 1$ gelten, was zu $c_8 = 9/32$ führt. Mithin gilt:

$$N_8 = \frac{9}{32}(1+\xi)\left(1-\eta^2\right)(1+3\eta)\,.$$

Durch Vertauschen von ξ und η ergibt sich daraus:

$$N_9 = \frac{9}{32}\left(1-\xi^2\right)(1+3\xi)(1+\eta)\,.$$

Ersetzt man ξ durch $\xi_i\xi$ und η durch $\eta_i\eta$ und 3ξ durch $9\xi_i\xi$ und 3η durch $9\eta_i\eta$, während ξ^2 und η^2 unverändert bleiben, so erhält man insgesamt:

Seitenpunkte ($\xi_i = \pm 1, \eta_i = \pm 1/3$, d.h.:i=7,8,11,12):

$$\boxed{N_i = \frac{9}{32}(1+\xi_i\xi)\left(1-\eta^2\right)(1+9\eta_i\eta)} \qquad (4.134b)$$

Seitenpunkte ($\xi_i = \pm 1/3, \eta_i = \pm 1$,d.h.:i=5,6,9,10):

$$\boxed{N_i = \frac{9}{32}\left(1-\xi^2\right)(1+9\xi_i\xi)(1+\eta_i\eta)} \qquad (4.134c)$$

Durch Vertauschen von ξ und η geht (4.134b) in (4.134c) über und umgekehrt.

Als Beispiele sind die *kubischen Formfunktionen* N_3 und N_{11} mit Hilfe der MAPLE-3D-Grafik in den Bildern 4.25a,b dargestellt.

```
>N[3]:=(xi,eta) -> (1+xi)*(1+eta)*(9*(xi^2+eta^2)-10)/32;
>plot3d(N[3],-1..1,-1..1;grid=[15,15],axes=boxed,scaling=constrained,
>style=patch,orientation=[-60,60]);
```

$$N_3 := (\xi, \eta) \to \frac{1}{32}\,(1 + \xi)\,(1 + \eta)\left(9\,\xi^2 + 9\,\eta^2 - 10\right)$$

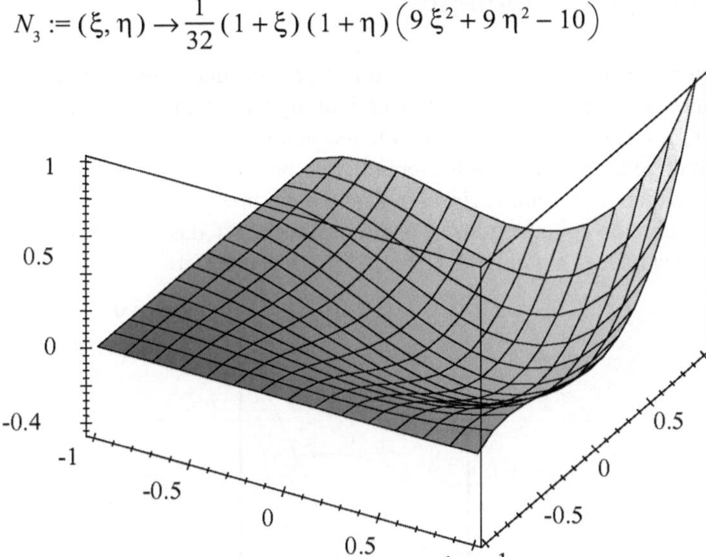

Bild 4.25a *Kubische Formfunktion der SERENDIPITY-Klasse* $N_3\,(\xi,\eta)$ gemäß (4.134a)

>N[11]:=(xi,eta) -> 9(1-xi)*(1-eta^2)*(1+3*eta)/32; plot3d(N[11],-1..1,-1..1,*
>grid = [15,15],axes=boxed,scaling=constrained,style=patch);

$$N_{11} := (\xi, \eta) \to \frac{9}{32}\,(1 - \xi)\left(1 - \eta^2\right)(1 + 3\,\eta)$$

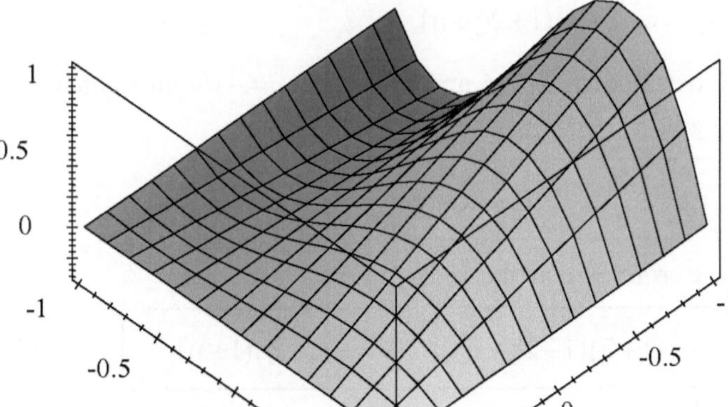

Bild 4.25b *Kubische Formfunktion der SERENDIPITY-Klasse* $N_{11}\,(\xi,\eta)$ gemäß (4.134b)

4.6 Übergangselemente

In obigen Beispielen sind *lineare, quadratische* und *kubische Rechteckelemente* betrachtet worden, die auf allen vier Seiten jeweils dieselbe Anzahl von Knoten besitzen, so dass auch alle vier Nachbarelemente vom selben Typ sein können. Geht man jedoch von einem Bereich mit beispielsweise *linearen Elementen* in einen Bereich mit *quadratischen Elementen* über, so sind *Übergangselemente* erforderlich mit "gemischten" Formfunktionen, so dass die *Kompatibilität* nicht verletzt wird. Dazu ist in Bild 4.26 ein Beispiel skizziert.

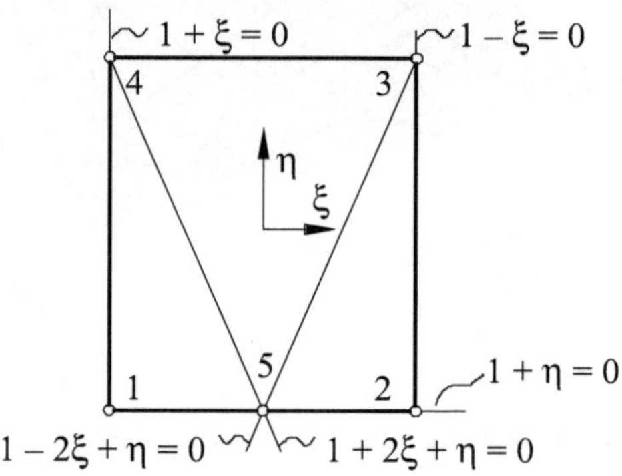

Bild 4.26 *Übergangselement* zwischen einem *linearen* und *quadratischen* Element

Unter Berücksichtigung der in Bild 4.26 eingezeichneten Hilfsgeraden erhält man im Folgenden die einzelnen Formfunktionen $N_k(\xi,\eta)$. Der Ansatz

$$N_1(\xi,\eta) = c_1(1-\xi)(1+2\xi+\eta)$$

verschwindet in den Knoten 2 bis 5 und nimmt für $c_1 = -1/4$ im Knoten 1 den Wert EINS an. Somit gilt:

$$\boxed{N_1(\xi,\eta) = -\frac{1}{4}(1-\xi)(1+2\xi+\eta)} \tag{4.135a}$$

In gleicher Weise ermittelt man die anderen *Formfunktionen*:

$$\begin{array}{|c|c|}
\hline
N_2 = -\dfrac{1}{4}(1+\xi)(1-2\xi+\eta) & N_3 = \dfrac{1}{4}(1+\xi)(1+\eta) \\
\hline
N_4 = \dfrac{1}{4}(1-\xi)(1+\eta) & N_5 = \dfrac{1}{2}\left(1-\xi^2\right)(1-\eta) \\
\hline
\end{array}$$

$$\text{(4.135b,c)}$$
$$\text{(4.135d,e)}$$

Als Beispiel ist N_5 in Bild 4.27 mit Hilfe der MAPLE-3D-Grafik dargestellt.

```
>N[5]:=(xi,eta) -> (1-xi^2)*(1-eta)/2;
```

>plot3d(N[5],-1..1,-1..1,grid=[15,15],axes=boxed,scaling=constrained,
>style=patch,orientation=[-60,60]);

$$N_5 := (\xi, \eta) \to \frac{1}{2}\left(1 - \xi^2\right)(1 - \eta)$$

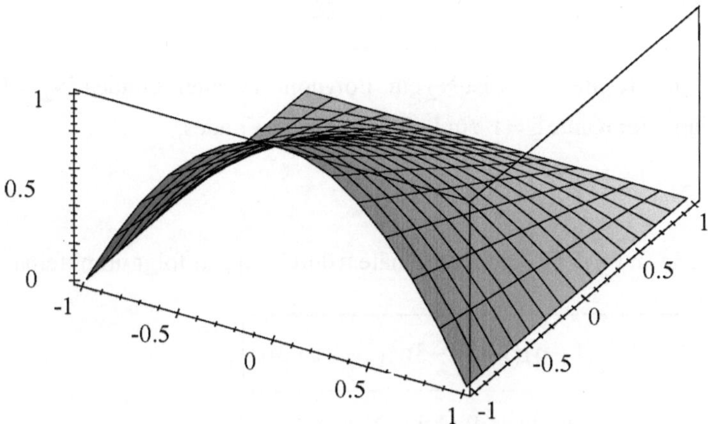

Bild 4.27 *Übergangselement* $N_5(\xi, \eta)$ gemäß (4.135e) der *SERENDIPITY-Klasse* zwischen einem *linearen* und *quadratischen* Element

Ein anderes *Übergangselement* verknüpft *quadratische* und *kubische Elemente* (Bild 4.28).

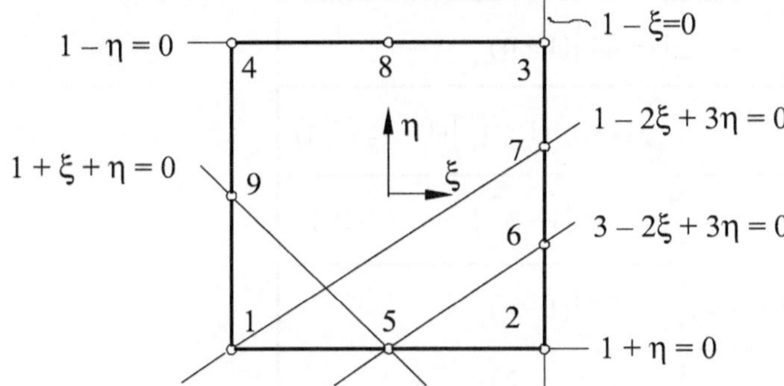

Bild 4.28 *Übergangselement* zwischen einem *quadratischen* und *kubischen Element*

Der Ansatz

$$N_1 = c_1 (1 - \xi)(1 - \eta)(1 + \xi + \eta)$$

verschwindet in den Knoten 2 bis 9. Den Ansatzfreiwert c_1 ermittelt man aus der Interpolationsbedingung $N_1(-1,-1) = 1$ zu $c_1 = -1/4$, so dass man die Formfunktion

$$N_1 = -\frac{1}{4}(1-\xi)(1-\eta)(1+\xi+\eta)$$

(4.136a)

erhält. Entsprechend ermittelt man

$$N_2 = \frac{1}{16}(1-\eta)(1-2\xi+3\eta)(3-2\xi+3\eta)$$

(4.136b)

Entlang der Kante $\eta = -1$ ist N_2 ein Polynom zweiten Grades, $N_2 = (1+\xi)\xi/2$, und entlang der Kante $\xi = 1$ ein Polynom dritten Grades,

$$N_2 = -(1-\eta)\left(1-9\eta^2\right)\Big/16 .$$

Ersetzt man in (4.136b) die Koordinate η durch $-\eta$, so folgt unmittelbar die *Formfunktion*

$$N_3 = \frac{1}{16}(1+\eta)(1-2\xi-3\eta)(3-2\xi+3\eta) .$$

(4.136c)

Ebenso erhält man die Formfunktion N_4 aus N_1 :

$$N_4 = -\frac{1}{4}(1-\xi)(1+\eta)(1+\xi-\eta)$$

(4.136d)

Die restlichen Formfunktionen ergeben sich entsprechend:

$$N_5 = \frac{1}{2}\left(1-\xi^2\right)(1-\eta)$$

(4.136e)

$$N_6 = -\frac{9}{32}(1+\xi)\left(1-\eta^2\right)(1-2\xi+3\eta)$$

(4.136f)

$$N_7 = \frac{9}{32}(1+\xi)\left(1-\eta^2\right)(3-2\xi+3\eta)$$

(4.136g)

$$N_8 = \frac{1}{2}\left(1-\xi^2\right)(1+\eta)$$

(4.136h)

$$N_9 = \frac{1}{2}(1-\xi)\left(1-\eta^2\right)$$

(4.136i)

Als Beispiel ist N_7 in Bild 4.29 mit Hilfe der MAPLE-3D-Grafik dargestellt.

```
>N[7]:=(xi,eta) -> 9*(1+xi)*(1-eta^2)*(3-2*xi+3*eta)/32;
>plot3d(N[7],-1..1,-1..1,grid=[15,15],axes=boxed,scaling=constrained,
>style=patch,orientation=[-60,60]);
```

$$N_7 := (\xi, \eta) \to \frac{9}{32}\,(1+\xi)\left(1-\eta^2\right)(3-2\,\xi+3\,\eta)$$

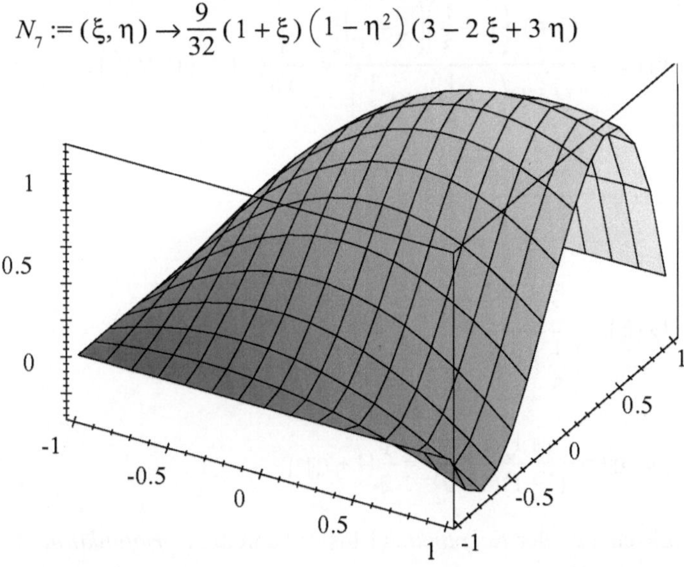

Bild 4.29 *Übergangselement* N_7 gemäß (4.136g) der *SERENDIPITY-KLASSE* zwischen einem *quadratischen* und *kubischen Element*

Die *Übergangselemente* in den Bildern 4.26 bis 4.29 gehören der *SEREN-DIPITY-Klasse* an, da sie keine Knoten im Inneren besitzen. Mit Hilfe der eindimensionalen *LAGRANGEschen-Interpolationsfunktionen* (4.125a,b) von unterschiedlichem Grad in ξ - und η -Richtung (*geometrische Anisotropie*) lassen sich auf einfache Weise *Übergangselemente* konstruieren, die man sinngemäß zur *LAGRANGE-Klasse* zählen kann. Dazu sei im Folgenden ein Beispiel aufgeführt (Bild 4.30).

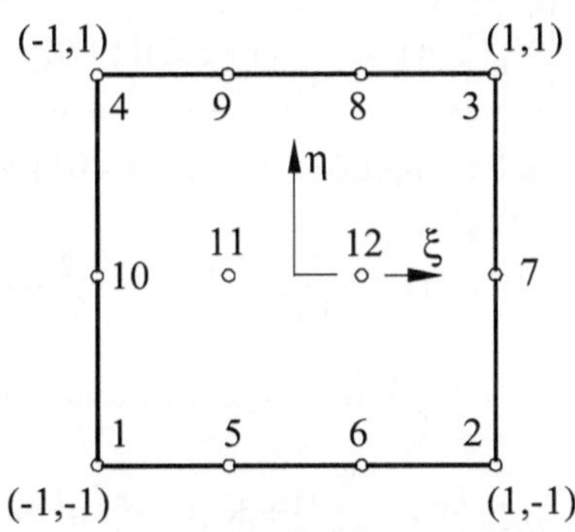

Bild 4.30 Übergangselement der *LAGRANGE-Klasse*

Zur Ermittlung der Formfunktionen $N_i(\xi,\eta)$ werden die folgenden eindimensionalen *LAGRANGEschen*–Interpolationsfunktionen (4.125a,b) benötigt:

$$f_3(\xi) = \frac{(\xi+1)\left(\xi+\frac{1}{3}\right)\left(\xi-\frac{1}{3}\right)}{(1+1)\left(1+\frac{1}{3}\right)\left(1+\frac{1}{3}\right)} = -\frac{1}{16}(1+\xi)\left(1-9\xi^2\right),$$

$$g_3(\eta) = \frac{(\eta+1)(\eta-0)}{(1+1)(1-0)} = \frac{1}{2}(1+\eta)\eta,$$

$$f_8(\xi) = \frac{(\xi+1)\left(\xi+\frac{1}{3}\right)\left(\xi-\frac{1}{3}\right)}{\left(\frac{1}{3}+1\right)\left(\frac{1}{3}+\frac{1}{3}\right)\left(\frac{1}{3}-1\right)} = \frac{9}{16}(1+3\xi)\left(1-\xi^2\right),$$

$$g_8(\eta) = \frac{(\eta+1)(\eta-0)}{(1+1)(1-0)} = \frac{1}{2}(1+\eta)\eta.$$

Als "Repräsentant" der *Eckpunkte* (1 bis 4) kann die *Formfunktion*

$$N_3(\xi,\eta) = f_3(\xi)g_3(\eta) = -\frac{1}{32}(1+\xi)\left(1-9\xi^2\right)(1+\eta)\eta$$

herangezogen werden, die *kubisch* in ξ und *quadratisch* in η ist. Ersetzt man ξ durch $-\xi$ und η durch $-\eta$, so geht N_3 in N_1 über. Ersetzt man ξ durch $-\xi$ und lässt man η unverändert, so geht N_3 in N_4 über. Schließlich erhält man N_2, indem man in N_3 die Koordinate η durch $-\eta$ ersetzt (Spiegelung an der ξ-Achse). Insgesamt gilt:

Eckpunkte (i=1 bis 4): $\boxed{N_i(\xi,\eta) = -\frac{1}{32}(1+\xi_i\xi)\left(1-9\xi^2\right)(1+\eta_i\eta)\eta_i\eta}$ (4.137a)

Als "Repräsentant" für die Seitenpunkte $(\xi = \pm 1, \eta = 0)$ können die *Formfunktion*

$$N_7(\xi,\eta) = f_7(\xi)g_7(\eta) = -\frac{1}{16}(1+\xi)\left(1-9\xi^2\right)\left(1-\eta^2\right)$$

und für die Seitenpunkte $(\xi = \pm 1/3, \eta = \pm 1)$ die *Formfunktion*

$$N_8(\xi,\eta) = f_8(\xi)g_8(\eta) = \frac{9}{32}(1+3\xi)\left(1-\xi^2\right)(1+\eta)\eta$$

betrachtet werden. Durch entsprechende Spiegelung an der ξ- oder η-Achse erhält man weitere Formfunktionen. Insgesamt gilt:

Seitenpunkte (i=5,6,8,9 und k=7,10):

$$N_i\left(\xi,\eta\right)=\frac{9}{32}\left(1+9\xi_i\xi\right)\left(1-\xi^2\right)\left(1+\eta_i\eta\right)\eta_i\eta \qquad\text{(4.137b)}$$

$$N_k\left(\xi,\eta\right)=-\frac{1}{16}\left(1+\xi_k\xi\right)\left(1-9\xi^2\right)\left(1-\eta^2\right) \qquad\text{(4.137c)}$$

Für die inneren Knoten ergeben sich folgende Formfunktionen:

Innere Punkte (i=11 und 12):

$$N_i\left(\xi,\eta\right)=\frac{9}{16}\left(1+9\xi_i\xi\right)\left(1-\xi^2\right)\left(1-\eta^2\right) \qquad\text{(4.137d)}$$

Als Beispiel sind mit Hilfe der MAPLE-3D-Grafik die *Formfunktionen* N_3, N_8, N_7 und N_{12} in den Bildern 4.31a÷d dargestellt. Man erkennt sehr deutlich den *kubischen Grad* in $\xi-Richtung$ und den *quadratischen Grad* in $\eta-Richtung$

$$N_3 := (\xi,\eta) \rightarrow -\frac{1}{32}(1+\xi)\left(1-9\xi^2\right)(1+\eta)\eta$$

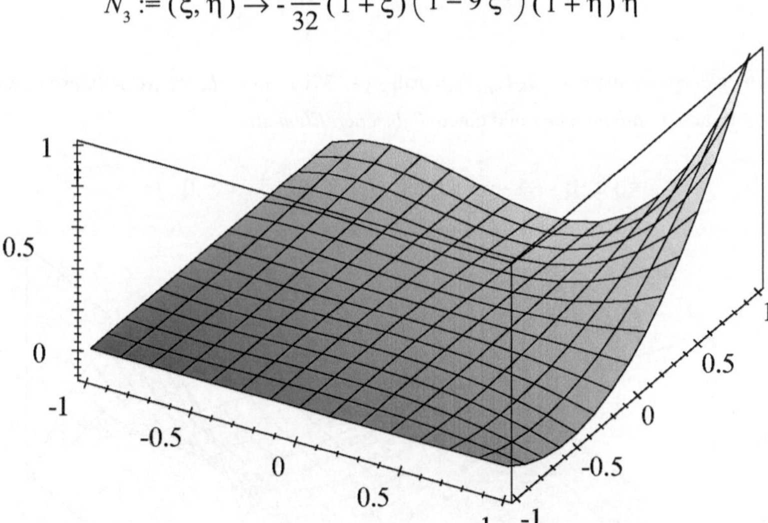

Bild 4.31a   *Übergangselement* $N_3\left(\xi,\eta\right)$ gemäß (4.137a) der *LAGRANGE-Klasse* zwischen einem *quadratischen* und einem *kubischen Element*

$$N_8 := (\xi, \eta) \rightarrow \frac{9}{32}\,(1 + 3\,\xi)\left(1 - \xi^2\right)(1 + \eta)\,\eta$$

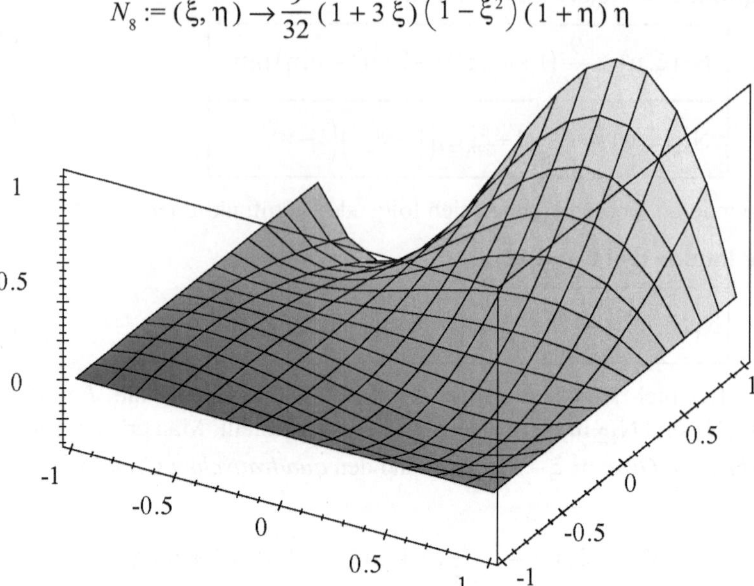

Bild 4.31b *Übergangselement* $N_8\left(\xi, \eta\right)$ gemäß (4.137b) der *LAGRANGE-Klasse* zwischen einem *quadratischen* und einem *kubischen Element*

$$N_7 := (\xi, \eta) \rightarrow -\frac{1}{16}\,(1 + \xi)\left(1 - 9\,\xi^2\right)\left(1 - \eta^2\right)$$

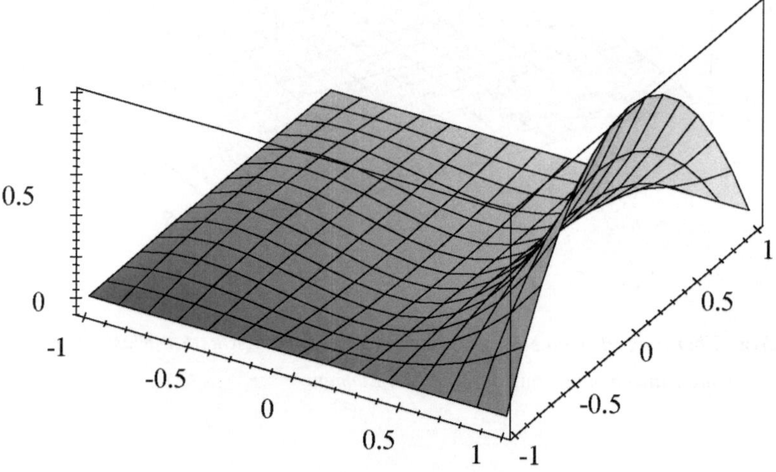

Bild 4.31c Übergangselement $N_7\left(\xi, \eta\right)$ gemäß (4.137c) der LAGRANGE-Klasse zwischen einem quadratischen und einem kubischen Element

$$N_{12} := (\xi, \eta) \to \frac{9}{16}\,(1 + 3\,\xi)\left(1 - \xi^2\right)\left(1 - \eta^2\right)$$

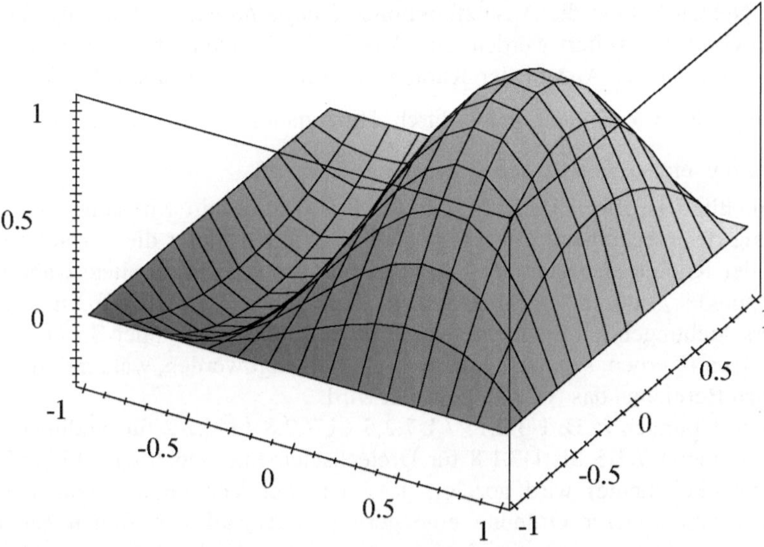

Bild 4.31d *Übergangselement* $N_{12}\,(\xi, \eta)$ gemäß (4.137d) der *LAGRANGE-Klasse* zwischen einem *quadratischen* und einem *kubischen Element*

4.7 Isoparametrische finite Elemente

Die Güte der FEM-Lösung hängt u.a. von der *Netzgenerierung* ab. Man ist bemüht, *adaptive Vernetzungsalgorithmen* zu entwickeln, die ein *FE-Netz* automatisch erstellen und dabei den *Diskretisierungsfehler* in vorgegebenen Schranken halten. Man unterscheidet drei Strategien, die ein *optionales FE-Netz* erzeugen können:

h-Methode	$\Rightarrow$	Erhöhung der Anzahl der Elemente,
p-Methode	$\Rightarrow$	Erhöhung des Polynomgrades der shape functions,
r-Methode	$\Rightarrow$	Verschiebung der Knotenpunkte.

In dieser Reihenfolge werden sie in heutigen FE-Programmen am häufigsten benutzt. In der Bezeichnung *h-Methode* soll zum Ausdruck kommen, dass eine "charakteristische Länge", z.B. eine Kantenlänge des finiten Dreiecks- oder Viereckselementes, variiert wird. Durch die damit verbundene *Netzverfeinerung* entstehen mehr Elemente und Knoten, während die Anzahl der Freiheitsgrade pro Knoten unverändert bleibt.

Weniger Programme verwenden die *p-Methode*, bei der für eine anfangs festgelegte Netzaufteilung die Ansatzfunktionen (*shape functions*) um Polynomterme höheren Grades erweitert werden. Die Anzahl der Elemente bleibt hierbei unverändert, während die Anzahl der Knoten pro Element oder auch die Anzahl der Freiheitsgrade pro Knoten (z.B. durch Hinzunahme von $\partial^2 u / \partial x^2$, $\partial^2 u / \partial y^2$, $\partial^2 u / \partial x \, \partial y$ etc. $\rightarrow$ *HERMITEsche-Polynome*) zunimmt.

Schließlich ist die *r-Methode* (*repositioning*) auch ein wirksames Mittel zur Erhöhung der Genauigkeit von FE-Lösungen. Hierbei bleibt die Anzahl der Elemente, der Knoten und auch der Freiheitsgrade pro Knoten erhalten, während die Knotenpunkte "optimal" gegeneinander verschoben werden. Durch derartige Netzverschiebungen kann eine Netzverfeinerung an Stellen hoher Spannungskonzentrationen (Kerben, scharfe Übergänge etc.) erzeugt werden, während in weniger kritischen Bereichen das Netz aufgeweitet wird.

In den Übungen (z.B. Ü3.2.15 / Ü7.2.5 / Ü7.2.8 / Ü7.2.2 für eindimensionale Elemente oder Ü7.1.5 bis Ü7.1.8 für Dreieckselemente und Ü7.1.10 bis Ü7.1.15 für Rechteckelemente) wird gezeigt, dass man bei Verwendung von Verschiebungsansätzen höherer Ordnung eine geringere Anzahl von finiten Elementen benötigt, um eine gleichwertige Lösung zu erzielen. In den Übungen Ü7.1.5 bis Ü7.1.8 wird gezeigt, dass man mit linearen Elementen nur sehr mühsam oder kaum eine gewünschte Genauigkeit erzielen kann, so dass man auf Elemente höherer Ordnung angewiesen ist. Das erhöht natürlich den Rechenaufwand, den man aber auch durch eine geringere Anzahl von Elementen wieder kompensieren kann. Zur Diskretisierung von geometrisch komplizierten Bauteilen mit einer geringen Anzahl von finiten Elementen reichen häufig einfache Dreiecke und Rechtecke nicht aus. Vielmehr sind krummlinig berandete finite Elemente einzusetzen, um *Diskretisierungsfehler* einzuschränken.

Derartige Elemente können analog (4.120a,b) durch eine Koordinatentransformation

$$x = \sum_{k=1}^{m} x_k M_k(\xi,\eta), \qquad\qquad y = \sum_{k=1}^{m} y_k M_k(\xi,\eta) \qquad (4.138a,b)$$

erzeugt werden, die eine Abbildung des *Master-Quadrates* der $\xi - \eta$ - Ebene mit $-1 \le (\xi,\eta) \le 1$ auf ein verzerrtes Element der globalen x-y-Ebene vermittelt.

Die Verschiebungen innerhalb eines finiten Elementes werden analog (4.38a,b) durch die Ansätze

$$u(x,y) = \sum_{k=1}^{n} u_k N_k(\xi,\eta) \qquad v(x,y) = \sum_{k=1}^{n} v_k N_k(\xi,\eta) \qquad (4.139a,b)$$

ausgedrückt. Falls in (4.138a,b) und (4.139a,b) die Anzahl der betrachteten Knotenpunkte und darüber hinaus die *mapping functions* $M_k(\xi,\eta)$ mit den *shape functions* $N_k(\xi,\eta)$ übereinstimmen, liegt ein *isoparametrisches finites Element* vor:

$$\boxed{M_k(\xi,\eta) = N_k(\xi,\eta) \ \text{mit k=1,2,}\ldots\text{,m} \equiv \text{n}} \qquad (4.140)$$

Man unterscheidet folgende Fälle:

$$m < n \qquad \Rightarrow \qquad \textit{subparametrisches Element,}$$
$$m = n \qquad \Rightarrow \qquad \textit{isoparametrisches Element,}$$
$$m > n \qquad \Rightarrow \qquad \textit{superparametrisches Element.}$$

Das *isoparametrische Konzept* ist sehr hilfreich zur *Netzgenerierung*. Man kann die früher ermittelten *Formfunktionen* $N_k(\xi,\eta)$, die für die Verschiebungen im Innern des Elementes verantwortlich sind, gleichzeitig zur Darstellung der Geometrie verwenden, d.h., sie sind auch verantwortlich für die *Gestalt* eines finiten Elementes. Daher rührt die Bezeichnung "*shape functions*".

Benutzt man beispielsweise die *bilinearen Formfunktionen* (4.126a÷d), so geht die Kante $\xi = 1$ des *Masterquadrates* vermöge der Abbildung (4.138a,b) in die Gerade

$$x(1,\eta) = \sum_{k=1}^{4} x_k N_k(1,\eta) = \frac{1}{2}(x_2 + x_3) - \frac{1}{2}(x_2 - x_3)\eta \qquad (4.141a)$$

$$y(1,\eta) = \sum_{k=1}^{4} y_k N_k(1,\eta) = \frac{1}{2}(y_2 + y_3) - \frac{1}{2}(y_2 - y_3)\eta \qquad (4.141b)$$

der globalen x-y-Ebene über (Bild 4.17). Entsprechend erhält man krummlinige Elemente, wenn man *biquadratische* (4.130a÷d) oder *bikubische* (4.131a÷d) Formfunktionen in (4.138a,b) einsetzt.

Analog zu *krummlinigen Viereckselementen* können mit Hilfe des *isoparametrischen Konzeptes* auch *krummlinige Dreieckselemente* aus dem *Einheitsdreieck* (Bild 4.13) erzeugt werden.

Das *isoparametrische Konzept* [(4.138) bis (4.140)] ist ein Sonderfall der Abbildung

$$x = x(\xi,\eta), \qquad\qquad y = y(\xi,\eta) \qquad (4.142a,b)$$

die ein *Master-Quadrat* der $\xi - \eta -$ Ebene mit $-1 \leq (\xi,\eta) \leq 1$ umkehrbar eindeutig auf ein finites Element der x-y-Ebene abbildet. Dabei kann die Lage eines finiten Elementes in der x-y-Ebene durch die Punkte $P_1(x_1, y_1), \ldots, P_4(x_4, y_4)$ bestimmt werden, d.h., aus dem Gesamtnetz werden einzelne Elemente aus dem *Master-Quadrat* erzeugt (Bild 4.32).

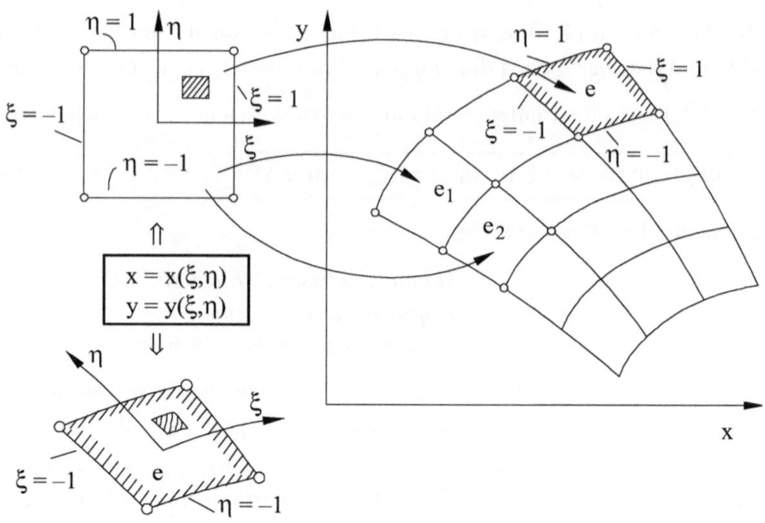

Bild 4.32 Erzeugung eines *krummlinigen Finite-Elemente-Netzes* aus einem *Master-Quadrat*

In obigen Betrachtungen sind nur ebene Elemente gewählt worden. Zur Erzeugung dreidimensionaler Elemente kann man unter Berücksichtigung einer dritten Funktion $z = z(\xi, \eta, \zeta)$ in (4.142) von einem *Master-Würfel* im ξ, η, ζ – Raum mit $-1 \le (\xi, \eta, \zeta) \le 1$ oder auch von einem *Einheitstetraeder* mit $0 \le (\xi, \eta, \zeta) \le 1$ ausgehen. Die Verallgemeinerung des *isoparametrischen Konzeptes* auf *räumliche Elemente* wird ausführlich in Ziffer 4.12 behandelt.

Die in der FEM erforderlichen Differentiationen und Integrationen (z.B. zur Ermittlung der Elementsteifigkeitsmatrix) über krummlinige Dreiecks- oder Viereckselemente in *globalen Koordinaten* (x,y) sind sehr unbequem. Zur Vereinfachung führt man die Operationen im *Einheitsdreieck* oder im *Master-Quadrat* (*finite Referenzelemente*) in *lokalen* (*natürlichen*) *Koordinaten* aus. Dazu sind die Differentiale dx, dy durch $d\xi$ und $d\eta$ auszudrücken. Aufgrund der ebenen Abbildung (4.142a,b) gilt nach der Kettenregel:

$$dx = \frac{\partial x}{\partial \xi} d\xi + \frac{\partial x}{\partial \eta} d\eta \qquad \text{und} \qquad dy = \frac{\partial y}{\partial \xi} d\xi + \frac{\partial y}{\partial \eta} d\eta \qquad (4.143\text{a,b})$$

bzw. in Matrixform:

$$\begin{Bmatrix} dx \\ dy \end{Bmatrix} = \begin{bmatrix} \partial x/\partial \xi & \partial x/\partial \eta \\ \partial y/\partial \xi & \partial y/\partial \eta \end{bmatrix} \begin{Bmatrix} d\xi \\ d\eta \end{Bmatrix} \equiv [J]^t \begin{Bmatrix} d\xi \\ d\eta \end{Bmatrix}. \qquad (4.143\text{c})$$

Darin ist

$$[J]^t := \begin{bmatrix} \partial x/\partial \xi & \partial x/\partial \eta \\ \partial y/\partial \xi & \partial y/\partial \eta \end{bmatrix} \qquad (4.144)$$

die *JACOBIsche Matrix* (*Funktionalmatrix*), deren Determinante (*Funktionaldeterminante*) durch

$$J \equiv \det[J] = \frac{\partial x}{\partial \xi}\frac{\partial y}{\partial \eta} - \frac{\partial x}{\partial \eta}\frac{\partial y}{\partial \xi} \tag{4.145}$$

gegeben ist. Die Matrixgleichung (4.143c) stellt eine lineare Transformation der Linienelemente $d\xi$ und $d\eta$ des *Master-Elementes* (*Referenzelementes*) auf die Linienelemente dx und dy in der "*globalen*" x-y-Ebene dar. Damit die Abbildung (4.142a,b) *umkehrbar eindeutig* ist,

$$\xi = \xi(x,y), \qquad\qquad \eta = \eta(x,y), \tag{4.146a,b}$$

muss auch (4.143c) und damit die *JACOBIsche Matrix* (4.144) invertierbar sein:

$$\left\{\begin{matrix}d\xi\\d\eta\end{matrix}\right\} = \left([J]^{-1}\right)^t \left\{\begin{matrix}dx\\dy\end{matrix}\right\} = \frac{1}{J}\begin{bmatrix}\partial y/\partial\eta & -\partial x/\partial\eta\\-\partial y/\partial\xi & \partial x/\partial\xi\end{bmatrix}\left\{\begin{matrix}dx\\dy\end{matrix}\right\}. \tag{4.147}$$

Als stetige Funktion von ξ und η darf die *JACOBIsche Determinante* $J = J(\xi,\eta)$ im gesamten Referenzelement ihr Vorzeichen **nicht** ändern. Aufgrund des Zusammenhangs

$$dx\,dy = J\,d\xi\,d\eta \tag{4.148}$$

darf J **nur** positiv sein. Mit $J < 0$ ist eine Spiegelung verbunden, d.h., ein *rechtshändiges* x-y-Koordinatensystem geht in ein *linkshändiges* $\xi-\eta-$Koordinatensystem über oder umgekehrt. Der Fall $J = 0$ muss wegen (4.148) ausgeschlossen werden, da ein Flächenelement nicht verschwinden kann. Die Bedingung $J \neq 0$ ist *notwendig* und *hinreichend* für die *Invertierbarkeit* der Abbildung (4.142a,b).

Im Folgenden soll die *Invertierbarkeit* an zwei finiten Elementen untersucht werden (Bild 4.33).

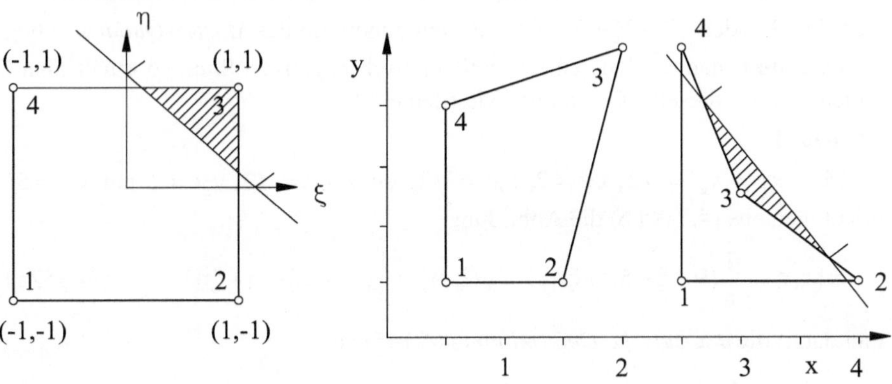

Bild 4.33 *Konvexes* und *konkaves* finites Element

Die in Bild 4.33 dargestellten finiten Elemente seien *bilinear* und *isoparametrisch*. Dann ergibt sich die Abbildung (4.138a,b) mit (4.140) und (4.126a÷d) zu:

$$x(\xi,\eta) = \frac{1}{4}(1-\xi)(1-\eta)x_1 + \frac{1}{4}(1+\xi)(1-\eta)x_2 +$$
$$+ \frac{1}{4}(1+\xi)(1+\eta)x_3 + \frac{1}{4}(1-\xi)(1+\eta)x_4 \ , \tag{4.149a}$$

$$y(\xi,\eta) = \frac{1}{4}(1-\xi)(1-\eta)y_1 + \frac{1}{4}(1+\xi)(1-\eta)y_2 +$$
$$+ \frac{1}{4}(1+\xi)(1+\eta)y_3 + \frac{1}{4}(1-\xi)(1+\eta)y_4 \ . \tag{4.149b}$$

Für die einzelnen Elemente in Bild 4.33 erhält man mit (4.149a,b) die *JACOBIsche Determinante* (4.145), die im gesamten *Referenzbereich* $-1 \le (\xi,\eta) \le 1$ **positiv** sein muss, damit die Abbildung (4.142a,b) *invertierbar* ist und die Koordinatensysteme gleich *orientiert* sind.

Element I

Mit $\ x_1 = x_4 = 1/2, \ x_2 = 3/2, \ x_3 = 2, \ y_1 = y_2 = 1/2, \ y_3 = 5/2$ und $y_4 = 2\ $ erhält man aus (4.149a,b) die Abbildung

$$x(\xi,\eta) = \frac{1}{8}(9+5\xi+\eta+\xi\eta), \quad y(\xi,\eta) = \frac{1}{8}(11+\xi+7\eta+\xi\eta) \tag{4.150a,b}$$

und damit die *JACOBIsche Determinante* (4.145) zu:

$$J = \frac{1}{64}\begin{vmatrix} 5+\eta & 1+\eta \\ 1+\xi & 7+\xi \end{vmatrix} = \frac{1}{32}(17+2\xi+3\eta) > 0 \ . \tag{4.151}$$

Sie ist im gesamten *Referenzbereich* $-1 \le (\xi,\eta) \le 1$ **positiv** und verschwindet entlang der Geraden $17+2\xi+3\eta = 0$, die weit außerhalb des *Master-Quadrates* liegt.

Orientiert man die Knoten im mathematisch negativen Sinn, so erhält man Element I', das dieselbe Gestalt hat wie Element I.

Element I′

Mit $\ x_{1'} = x_{2'} = 1/2, \ x_{3'} = 2, \ x_{4'} = 3/2, \ y_{1'} = y_{4'} = 1/2, \ y_{2'} = 2$ und $\ y_{3'} = 5/2$ erhält man aus (4.149a,b) die Abbildung

$$x(\xi,\eta) = \frac{1}{8}(9+\xi+5\eta+\xi\eta), \quad y(\xi,\eta) = \frac{1}{8}(11+7\xi+\eta+\xi\eta) \tag{4.152a,b}$$

und damit die *JACOBIsche Determinante* (4.145) zu:

$$J = \frac{1}{64}\begin{vmatrix} 1+\eta & 7+\eta \\ 5+\xi & 1+\xi \end{vmatrix} = -\frac{1}{32}(17+3\xi+2\eta) < 0 \ . \tag{4.153}$$

Sie unterscheidet sich von (4.151) durch das Vorzeichen und ist im gesamten Referenzbereich $-1 \le (\xi, \eta) \le 1$ **negativ**. Erst unterhalb der Geraden $17 + 2\xi + 3\eta = 0$, d.h. in einem Gebiet, das weit außerhalb des *Master-Quadrates* liegt, nimmt die *JACOBIsche Determinante* (4.153) positive Werte an.

Element II

Mit $x_1 = x_4 = 5/2$, $x_2 = 4$, $x_3 = 3$, $y_1 = y_2 = 1/2$, $y_3 = 5/4$ und $y_4 = 5/2$ erhält man aus (4.149a,b) die Abbildung

$$x(\xi, \eta) = \frac{1}{4}(12 + 2\xi - \eta - \xi\eta), \quad y(\xi, \eta) = \frac{1}{16}(19 - 5\xi + 11\eta - 5\xi\eta) \quad (4.154a,b)$$

und damit die *JACOBIsche Determinante* (4.145) zu:

$$J = \frac{1}{64}\begin{vmatrix} 2 - \eta & -5(1+\eta) \\ -(1+\xi) & 11 - 5\xi \end{vmatrix} = \frac{1}{64}(17 - 15\xi - 16\eta), \quad (4.155)$$

die entlang der Geraden $17 - 15\xi - 16\eta = 0$ verschwindet und oberhalb dieser Geraden negativ wird. Ihre Achsenabschnitte sind durch $\xi_0 = 17/15 = 1,\overline{133}$ und $\eta_0 = 17/16 = 1,0625$ gegeben (Bild 4.33). Die entsprechenden Punkte in der x-y-Ebene erhält man durch Einsetzen der Wertepaare $P_0(17/15, 0)$ und $Q_0(0, 17/16)$ in die Abbildung (4.154a,b). Daraus ergeben sich die Bildpunkte $P_0^*(107/30, 5/6)$ und $Q_0^*(175/64, 491/256)$ bzw. $P_0^*(3.6, 0.83)$ und $Q_0^*(2.73, 1.92)$. Im schraffierten Bereich **innerhalb** des *Master-Quadrates* ist die *JACOBIsche Determinante* **negativ**. Dieser Bereich wird auf das schraffierte Gebiet der x-y-Ebene abgebildet, das **außerhalb** des finiten Elementes II liegt. Damit ist an dem einfachen Beispiel in Bild 4.33 gezeigt, dass geradlinige Viereckselemente nicht konkav sein dürfen, d.h., innere Winkel dürfen in *FE-Netzen* nicht größer als π sein! Darüber hinaus sollten die Winkel auch nicht zu klein sein, wie aus Bild 4.34 hervorgeht.

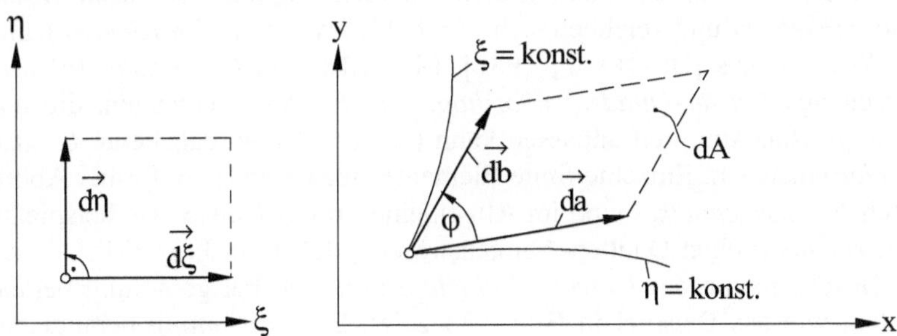

Bild 4.34 Abbildung von *Linienelementvektoren*

Die *Linienelementvektoren* $d\vec{\xi}$ und $d\vec{\eta}$, die von einem Knotenpunkt des *finiten Referenzelementes* ausgehen, werden einer *linearen Vektorabbildung*

$$\{da\} = [F]\{d\xi\}, \qquad \{db\} = [F]\{d\eta\} \qquad (4.156a,b)$$

auf die entsprechenden Linienvektoren $\vec{da}$ und $\vec{db}$ der *aktuellen Konfigurationen* (x-y-Ebene) abgebildet. Darin ist [F] der *Deformationsgradient*, der in der *Theorie endlicher Verzerrungen* eine zentrale Rolle spielt [BETTEN J., 2001]. Er ist ein *Doppelfeldtensor* zweiter Stufe, dessen Determinante mit der *JACOBIschen* übereinstimmt. Den Flächeninhalt dA bestimmt man gemäß

$$dA = J\,d\xi\,d\eta. \qquad (4.157)$$

Andererseits stimmt er mit der Länge des *Bivektors* überein (Ü4.1.1 / Ü4.1.4 / Ü4.1.5), d.h., man ermittelt ihn aus dem Betrag des Kreuzproduktes:

$$dA = |\vec{da}| \cdot |\vec{db}|\,\sin\varphi, \qquad (4.158)$$

so dass die *JACOBIsche Determinante* durch den inneren Winkel φ zwischen zwei Tangenten der Elementränder $\xi = $ konst. und $\eta = $ konst. ausgedrückt werden kann:

$$\boxed{J = |\vec{da}| \cdot |\vec{db}|\,|\sin\varphi/(d\xi\,d\eta)} \qquad (4.159)$$

Bei spitzen Winkeln φ wird die *JACOBIsche Determinante* sehr klein, was zu vermeiden ist!

Falls der Drehsinn (Durchlaufsinn) des Winkels φ zwischen zwei sich schneidenden Kurven $\xi = $ konst. und $\eta=$konst. sich infolge der Abbildung nicht ändert, ist die *JACOBIsche Determinante* positiv, andernfalls negativ ($\varphi < 0$).

Abbildungen, bei denen sowohl die Winkelgröße (hier $\varphi = \pi/2$) als auch der Drehsinn erhalten bleiben, bezeichnet man als *winkeltreu*. Abbildungen, bei denen nur die Größe des Winkels erhalten bleibt, heißen *isogonal*. *Konforme Abbildungen* sind *winkeltreu* und zeichnen sich durch *Maßstabstreue im Kleinen (Ähnlichkeit im Kleinen)* aus [BETTEN J., 1987]. Mit Hilfe von *konformen Abbildungen* lassen sich aus *Master-Quadraten orthogonale FE-Netze* erzeugen, die man an krummlinige Randkonturen anpassen kann (Ziffer 4.8), so daß **keine** *Diskretisierungsfehler* entstehen. Einzelne finite Elemente eines mittels konformer Abbildung erzeugten *Isothermennetzes* sind im Allgemeinen **nicht** *konvex* wie beispielsweise im *Isothermennetz* einer Quellen- Senkenströmung [BETTEN J., 1987].

Die Beschränkung auf *konvexe Gebiete* ergibt sich bei geradlinig berandeten Elementen, wie das Beispiel in Bild 4.33 zeigt. Bei *krummlinig* berandeten Elementen ergeben sich andere Einschränkungen, die gesondert untersucht werden. Dazu dient analog zum Beispiel in Bild 4.33 die Überprüfung der *JACOBIschen*

Determinante, die im gesamten *Master-Quadrat* (*finites Referenzelement*) notwendig und *hinreichend* **positiv** sein muss, damit die *Eindeutigkeit* der Abbildung und die *Orientierung* gewährleistet sind !

Aus der *Invertierbarkeit* ergibt sich eine weitere Eigenschaft einer *zulässigen Koordinatentransformation*, die im Folgenden diskutiert wird. Dazu geht man von der *inversen Abbildung*

$$\xi = \xi(x,y), \qquad\qquad \eta = \eta(x,y) \qquad\qquad (4.146a,b)$$

aus und drückt die Differentiale $d\xi$ und $d\eta$ durch dx und dy aus:

$$d\xi = \frac{\partial\xi}{\partial x}dx + \frac{\partial\xi}{\partial y}dy, \qquad\qquad d\eta = \frac{\partial\eta}{\partial x}dx + \frac{\partial\eta}{\partial y}dy. \qquad (4.160a,b)$$

Diese Zusammenhänge können analog (4.143c) in Matrixform dargestellt werden:

$$\begin{Bmatrix} d\xi \\ d\eta \end{Bmatrix} = \begin{bmatrix} \partial\xi/\partial x & \partial\xi/\partial y \\ \partial\eta/\partial x & \partial\eta/\partial y \end{bmatrix} \begin{Bmatrix} dx \\ dy \end{Bmatrix} \equiv \left[J^{(-1)} \right]^t \begin{Bmatrix} dx \\ dy \end{Bmatrix}. \qquad (4.160c)$$

Darin ist

$$\left[J^{(-1)} \right] := \begin{bmatrix} \partial\xi/\partial x & \partial\eta/\partial x \\ \partial\xi/\partial y & \partial\eta/\partial y \end{bmatrix} \qquad\qquad (4.161)$$

im Gegensatz zu (4.144) die *JACOBIsche Matrix* (*Funktionalmatrix*) der *inversen Abbildung* (4.146a,b). Vergleicht man die Matrixgleichung (4.160c) mit (4.147), so erhält man die Forderung

$$\left[J^{(-1)} \right] := \begin{bmatrix} \partial\xi/\partial x & \partial\eta/\partial x \\ \partial\xi/\partial y & \partial\eta/\partial y \end{bmatrix} \overset{!}{=} \frac{1}{J}\begin{bmatrix} \partial y/\partial\eta & -\partial y/\partial\xi \\ -\partial x/\partial\eta & \partial x/\partial\xi \end{bmatrix} \equiv [J]^{-1} \qquad (4.162)$$

d.h., die *JACOBIsche Matrix* der *inversen Abbildung* (4.146a,b) stimmt mit der *inversen JACOBIschen Matrix* der Ausgangsabbildung (4.142a,b) überein. Mithin gilt auch für ihre Determinanten:

$$J J^{(-1)} \equiv \det[J]\cdot\det\left[J^{(-1)} \right] = 1 \text{ bzw. } \boxed{J^{(-1)} = J^{-1}}, \qquad (4.163)$$

denn aus (4.162) folgt nach Matrizenmultiplikation $\left[J^{(-1)} \right]\cdot[J] = [J]\left[J^{(-1)} \right] = 1$

und daraus aufgrund des Multiplikationssatzes für Determinanten unmittelbar die Eigenschaft (4.163) einer *zulässigen Abbildung*.

Der Forderung (4.162) entnimmt man im Einzelnen:

$$\boxed{\frac{\partial\xi}{\partial x} = \frac{1}{J}\frac{\partial y}{\partial\eta} \quad\Bigg| \quad \frac{\partial\xi}{\partial y} = -\frac{1}{J}\frac{\partial x}{\partial\eta} \quad\Bigg| \quad \frac{\partial\eta}{\partial x} = -\frac{1}{J}\frac{\partial y}{\partial\xi} \quad\Bigg| \quad \frac{\partial\eta}{\partial y} = \frac{1}{J}\frac{\partial x}{\partial\xi}}. \qquad (4.164)$$

Diese Ableitungen können beispielsweise zur Ermittlung der Koordinaten des *klassischen Verzerrungstensors*

$$\varepsilon_x = \frac{\partial u(x,y)}{\partial x}, \quad \varepsilon_y = \frac{\partial v(x,y)}{\partial y}, \quad \varepsilon_{xy} = \frac{1}{2}\left(\frac{\partial u}{\partial y} + \frac{\partial v}{\partial x}\right) \qquad (4.28\text{a,b,c})$$

eingesetzt werden. Darin sind die Verschiebungen u(x,y) und v(x,y) gemäß

$$u(x,y) = \sum_{k=1}^{n} u_k N_k \qquad \text{und} \qquad v(x,y) = \sum_{k=1}^{n} v_k N_k \qquad (4.113\text{a,b})$$

darstellbar, so dass man beispielsweise die Dehnungen ε_x und ε_y aus den Beziehungen

$$\varepsilon_x = \sum_{k=1}^{n} u_k \frac{\partial N_k(\xi,\eta)}{\partial x} \qquad \text{und} \qquad \varepsilon_y = \sum_{k=1}^{n} v_k \frac{\partial N_k(\xi,\eta)}{\partial y} \qquad (4.165\text{a,b})$$

ermitteln kann. Diese Formeln können jedoch nicht unmittelbar ausgewertet werden, da die *Formfunktionen* $N_k = N_k(\xi,\eta)$ in *natürlichen Koordinaten* (ξ,η) gegeben sind. Mithin sind ihre partiellen Ableitungen in (4.165a,b) durch

$$\frac{\partial N_k}{\partial x} = \frac{\partial N_k}{\partial \xi}\frac{\partial \xi}{\partial x} + \frac{\partial N_k}{\partial \eta}\frac{\partial \eta}{\partial x} \quad \text{und} \quad \frac{\partial N_k}{\partial y} = \frac{\partial N_k}{\partial \xi}\frac{\partial \xi}{\partial y} + \frac{\partial N_k}{\partial \eta}\frac{\partial \eta}{\partial y} \quad (4.166\text{a,b})$$

auszudrücken. Setzt man darin die partiellen Ableitungen (4.164) ein, so erhält man in Matrixform:

$$\left\{\begin{matrix} \partial N_k/\partial x \\ \partial N_k/\partial y \end{matrix}\right\} = \frac{1}{J(\xi,\eta)}\begin{bmatrix} \partial y/\partial \eta & -\partial y/\partial \xi \\ -\partial x/\partial \eta & \partial x/\partial \xi \end{bmatrix}\left\{\begin{matrix} \partial N_k/\partial \xi \\ \partial N_k/\partial \eta \end{matrix}\right\}, \qquad (4.167\text{a})$$

$$\left\{\begin{matrix} \partial N_k/\partial x \\ \partial N_k/\partial y \end{matrix}\right\} = [J]^{-1}\left\{\begin{matrix} \partial N_k/\partial \xi \\ \partial N_k/\partial \eta \end{matrix}\right\}. \qquad (4.167\text{b})$$

Analog (4.30b) bzw. (4.40b) können die Dehnungen (4.165a,b) und die Gleichung $\gamma_{xy} = 2\varepsilon_{x,y}$ in der Matrizengleichung

$$\left\{\begin{matrix} \varepsilon_x \\ \varepsilon_y \\ \gamma_{xy} \end{matrix}\right\} = [B]\left\{\begin{matrix} u_1 \\ v_1 \\ \vdots \\ u_n \\ v_n \end{matrix}\right\} \qquad (4.168)$$

zusammengefasst werden. Darin ist die Matrix [B] analog (4.41b) gemäß

$$[B] := \begin{bmatrix} \dfrac{\partial N_1}{\partial x} & 0 & \dfrac{\partial N_2}{\partial x} & 0 & \dfrac{\partial N_3}{\partial x} & \cdots & & 0 \\[2ex] 0 & \dfrac{\partial N_1}{\partial y} & 0 & \dfrac{\partial N_2}{\partial y} & 0 & \cdots & & \dfrac{\partial N_n}{\partial y} \\[2ex] \dfrac{\partial N_1}{\partial y} & \dfrac{\partial N_1}{\partial x} & \dfrac{\partial N_2}{\partial y} & \dfrac{\partial N_2}{\partial x} & & \cdots & \dfrac{\partial N_n}{\partial y} & \dfrac{\partial N_n}{\partial x} \end{bmatrix} \qquad (4.169)$$

definiert. Die partiellen Ableitungen $\partial N_k / \partial x$ und $\partial N_k / \partial y$ in (4.169) werden nach (4.167a,b) ermittelt.

4.8 Einsatz konformer Abbildungen in der FEM

In vielen Gebieten der theoretischen Physik werden *konforme Abbildungen* benutzt, um aus bekannten Lösungen neue zu gewinnen. Im Jahre 1931 gelang es FÖPPL, ebene elastische Spannungszustände mittels *konformer Abbildungen* zu behandeln. Zur Lösung vieler Aufgaben wurde aus der bekannten AIRYschen *Spannungsfunktion* [BETTEN, 2001] in der w-Ebene die entsprechende Funktion für die Abbildung in der komplexen z-Ebene gesucht. Weitere Anwendungen der konformen Abbildung in der *Elastomechanik* findet man beispielsweise bei MUSKHELISHVILI (1953) oder bei FÖPPL (1960), um nur einige Literaturstellen zu nennen. Auch in der *Plastomechanik* sind Lösungen mit Hilfe der *konformen Abbildungen* gefunden worden [BETTEN, 1968]. Zur Erzeugung von *Isothermennetzen* sind konforme Abbildungen unverzichtbar [BETTEN, 1987, 2001].

Konforme Abbildungen sind dadurch gekennzeichnet, dass ein Winkel zwischen zwei Richtungen durch eine Abbildung nicht verzerrt wird und auch der Richtungssinn des Winkels erhalten bleibt (*winkeltreue Abbildung*). Insbesondere wird ein *rechtwinkliges kartesisches Koordinatennetz* (x,y) vermöge einer konformen Abbildung auf ein *orthogonales krummliniges Koordinatennetz* (ξ^*, η^*) transformiert. Mithin ist die Orthogonalität der Basisvektoren bei konformen Abbildungen gegeben. Neben der *Winkeltreue* ist bei konformen Abbildungen auch die *Maßstabstreue* wesentlich, auf die bei BETTEN [1987, 2001] näher eingegangen wird. Darüber hinaus werden nur ebene Fälle, d.h. zulässige Koordinatentransformationen

$$x = x\left(\xi^*, \eta^*\right), \qquad\qquad y = y\left(\xi^*, \eta^*\right) \qquad (4.170)$$

betrachtet. Daraus ermittelt man die Längen (*Maßstäbe*) der Basisvektoren gemäß

$$h_1 = \sqrt{\left(\partial x / \partial \xi^*\right)^2 + \left(\partial y / \partial \xi^*\right)^2} \,, \quad h_2 = \sqrt{\left(\partial x / \partial \eta^*\right)^2 + \left(\partial y / \partial \eta^*\right)^2}\,, \qquad (4.171a,b)$$

die in Bild 4.35 veranschaulicht sind.

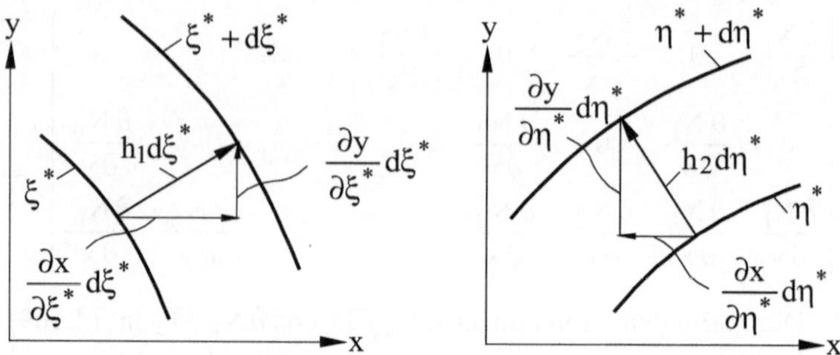

Bild 4.35 Zur Darstellung der "Maßstabfaktoren" (4.171a,b)

Neben der Parameterform (4.170) kann die Geometrie durch eine *komplexe Funktion*

$$\boxed{\begin{aligned} z &= f(w) \\ z = x + iy \qquad & w = \xi^* + i\eta^* \\ z - \text{Ebene} \quad &\Leftrightarrow \quad w - \text{Ebene} \end{aligned}} \qquad (4.172)$$

beschrieben werden, die eine eindeutige Abbildung der z-Ebene auf die w-Ebene (oder umgekehrt) vermittelt (Bild 4.36)

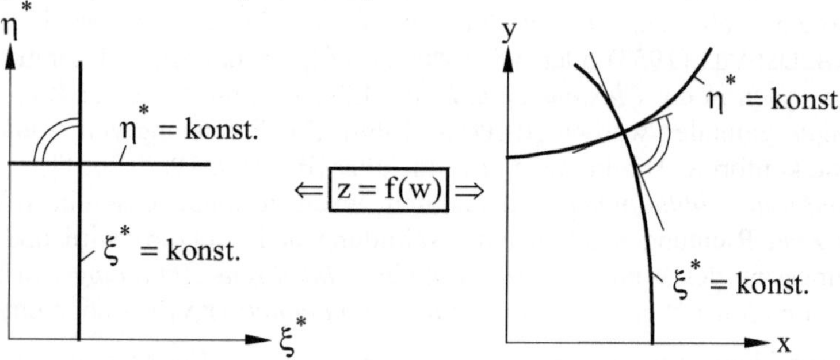

Bild 4.36 Konforme Abbildung

Um die *Orthogonalität* des krummlinigen Koordinatennetzes von vornherein zu gewährleisten, ist (neben anderen Vorzügen) die Benutzung von *regulären* oder *holomorphen Funktionen* f(w), d.h. von *konformen Abbildungen*, zweckmäßig. Die komplexwertige Funktion f(w) heißt *regulär* oder *holomorph* in einem Gebiet, wenn sie darin eindeutig ist und eine stetige Ableitung

$$f'(w) = \lim_{\Delta w \to 0} \frac{f(w + \Delta w) - f(w)}{\Delta w} \qquad (4.173)$$

besitzt. Die Definition (4.173) der *Ableitung* im "üblichen Sinn" ist nur dann sinnvoll, wenn die *komplexwertige Funktion* f durch w allein darstellbar ist. Das führt unmittelbar auf die *CAUCHY-RIEMANNschen Differentialgleichungen*

$$\boxed{\partial x / \partial \xi^* = \partial y / \partial \eta^*} \qquad\qquad \boxed{\partial x / \partial \eta^* = -\partial y / \partial \xi^*} \; , \qquad (4.174\text{a,b})$$

die bei *konformen Abbildungen* erfüllt sind.

Man kann die *CAUCHY-RIEMANNschen Differentialgleichungen* (4.174a,b) folgendermaßen herleiten. Wegen $w = \xi^* + i\eta^*$ und $w = \xi^* + i\eta^*$ gilt:

$$\xi^* = (w - \overline{w})/2 \qquad\qquad \text{und} \qquad \eta^* = (w - \overline{w})/2i \; , \qquad (4.175\text{a,b})$$

so dass sich die Frage stellt, ob die *komplexwertige Funktion*

$$f = \alpha\left(\xi^*, \eta^*\right) + i\beta\left(\xi^*, \eta^*\right) \qquad (4.176)$$

als Funktion $f = f(w)$ der komplexen Veränderlichen w darstellbar ist. Als Gegenbeispiel sei $\alpha = \xi^*$ und $\beta = -\eta^*$ angenommen. Dann ist:

$$\alpha\left(\xi^*, \eta^*\right) + i\beta\left(\xi^*, \eta^*\right) = \xi^* - i\eta^* \equiv \overline{w} \; , \qquad (4.177)$$

d.h., die *komplexwertige Funktion* ist in diesem Fall nicht durch w, sondern durch $\overline{w}$ darstellbar. Im Allgemeinen können *komplexwertige Funktionen* weder durch w allein noch durch $\overline{w}$ allein, sondern nur durch w und $\overline{w}$ ausgedrückt werden. Von spezieller Bedeutung sind die Funktionenpaare $\alpha\left(\xi^*, \eta^*\right)$, $\beta\left(\xi^*, \eta^*\right)$, die in der Kombination

$$\alpha\left(\xi^*, \eta^*\right) + i\beta\left(\xi^*, \eta^*\right) = f(w) \qquad (4.178)$$

nur von w allein abhängen. Dann muss die Bedingung

$$\frac{\partial}{\partial \overline{w}}\left[\alpha\left(\xi^*, \eta^*\right) + i\beta\left(\xi^*, \eta^*\right)\right] \overset{!}{=} 0 \qquad (4.179)$$

erfüllt werden. Darin ist der Operator $\partial / \partial \overline{w}$ wegen (4.175a,b) durch

$$\frac{\partial}{\partial \overline{w}} = \frac{\partial \xi^*}{\partial \overline{w}}\frac{\partial}{\partial \xi^*} + \frac{\partial \eta^*}{\partial \overline{w}}\frac{\partial}{\partial \eta^*} = \frac{1}{2}\left(\frac{\partial}{\partial \xi^*} + i\frac{\partial}{\partial \eta^*}\right) \qquad (4.180)$$

ausdrückbar, so dass aus (4.179) die Bedingung

$$\partial \alpha / \partial \xi^* - \partial \beta / \partial \eta^* + i\left(\partial \beta / \partial \xi^* + \partial \alpha / \partial \eta^*\right) = 0 \qquad (4.181)$$

folgt, die erfüllt ist, wenn darin der Realteil und der Imaginärteil (je für sich) verschwinden, d.h. wenn die *CAUCHY-RIEMANNschen Differentialgleichungen*

$$\boxed{\partial\alpha/\partial\xi^* = \partial\beta/\partial\eta^*} \qquad \boxed{\partial\beta/\partial\xi^* = -\partial\alpha/\partial\eta^*} \qquad (4.182\text{a,b})$$

erfüllt sind. Mit (4.182a,b) hängt die *komplexe Funktion* (4.176) also nur von einer komplexen Veränderlichen w ab, so dass man den Begriff der *Ableitung* in "üblicher Weise" gemäß (4.173) definieren kann.

Im Folgenden werden *orthogonale Kurvennetze* betrachtet. In der komplexen Ebene z=x+iy sind zwei Kurvenscharen

$$\xi^*\left(x,y\right) = C_1 \qquad \text{und} \qquad \eta^*\left(x,y\right) = C_2 \qquad (4.183\text{a,b})$$

dargestellt, wobei C_1 und C_2 beliebige Konstanten sind. In der komplexen Ebene $w = \xi^* + i\eta^*$ entsprechen diesen Kurven die zu den Koordinatenachsen parallelen Geraden $\xi^* = C_1$ und $\eta^* = C_2$, wie in Bild 4.37 angedeutet.

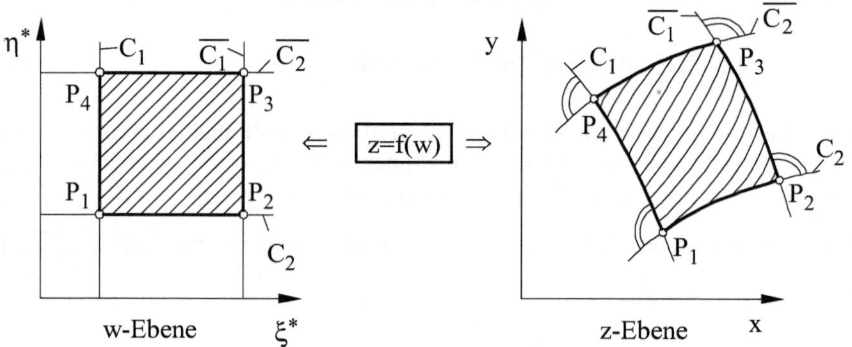

Bild 4.37 Orthogonale Kurvennetze

Die komplexwertige Funktion z = f(w) vermittelt eine *konforme Abbildung* (Bild 4.37). Aus dem Netz achsenparalleler Geraden der w-Ebene entsteht ein *orthogonales Kurvennetz* in der komplexen z-Ebene. Diese zwei Netze nennt man *Isothermennetze*. Der Sinn dieser Bezeichnung sei kurz erläutert.

Differenziert man die CAUCHY - RIEMANNschen *Differentialgleichungen* (4.174a,b) nach ξ^* bzw. nach η^*, so bekommt man nach Addition:

$$\left.\begin{array}{l} \partial^2 x/\partial\xi^{*2} = \partial^2 y/\partial\xi^*\partial\eta^* \\ \partial^2 x/\partial\eta^{*2} = -\partial^2 y/\partial\eta^*\partial\xi^* \end{array}\right\} \Rightarrow \frac{\partial^2 x}{\partial\xi^{*2}} + \frac{\partial^2 x}{\partial\eta^{*2}} = 0 . \qquad (4.184\text{a})$$

Entsprechend findet man:

$$\frac{\partial^2 y}{\partial\xi^{*2}} + \frac{\partial^2 y}{\partial\eta^{*2}} = 0 , \qquad (4.184\text{b})$$

d.h., *Real-* und *Imaginärteil* einer *holomorphen Funktion* erfüllen die LAPLACE-*sche Differentialgleichung* und sind somit *harmonische Funktionen*. Ebenso genügt aber auch die Temperatur bei einem *stationären Wärmestrom* der LAPLACE-*schen Differentialgleichung*. Es sei $\xi^* = \xi^*(x,y)$ von der dritten Koordinate unabhängig (ebener Fall). Bei dieser Deutung der Funktion $\xi^*(x,y)$ als Temperatur eines stationären Wärmestroms sind die Kurvenscharen $\xi^* = C_1$ in Bild 4.37 Linien gleicher Temperatur. Daher stammt die Bezeichnung *Isothermennetz*. In dieser Betrachtung sind die Kurven $\eta^* = C_2$ der zweiten Schar (4.183b) die orthogonal zu denen der ersten Schar (4.183a) verlaufen, *Stromlinien* des *Wärmestroms*.

In der *Hydrodynamik* benutzt man ein *komplexes Strömungspotential*

$$w = f(z) = \varphi(x,y) + i\psi(x,y) \tag{4.185}$$

zur Beschreibung *ebener, stationärer, reibungsfreier, inkompressibler* Strömungen.

Darin ist $\varphi = \varphi(x,y)$ das *Geschwindigkeitspotential* ($\rightarrow$*Potentialströmung*), aus dem man gemäß

$$\dot{u} = \partial\varphi/\partial x \quad \text{und} \quad \dot{v} = \partial\varphi/\partial y \tag{4.186a,b}$$

die Koordinaten des Geschwindigkeitsvektors ermittelt. Für *inkompressible* ebene Strömungen lautet die *Kontinuitätsbedingung*

$$\partial\dot{u}/\partial x + \partial\dot{v}/\partial y = 0 . \tag{4.187}$$

Aus (4.186a,b) und (4.187) folgt, dass φ harmonisch ist $(\Delta\varphi = 0)$. Mithin existiert eine *konjugierte* harmonische Funktion ψ, so dass das *komplexe Strömungspotential* (4.185) *holomorph* ist. Die Funktion $\psi = \psi(x,y)$ heißt *Stromfunktion*, da durch $\psi = $ konst. *Stromlinien* dargestellt werden. Die Linien $\varphi = $ konst. heißen *Äquipotentiallinien*.

Unter Berücksichtigung der CAUCHY-RIEMANN*schen Differentialgleichungen*

$$\partial\varphi/\partial x = \partial\psi/\partial y , \qquad\qquad \partial\varphi/\partial y = -\partial\psi/\partial x \tag{4.188a,b}$$

und wegen (4.186a,b) ermittelt man die Ableitung

$$f'(z) = \frac{\partial\varphi}{\partial x} + i\frac{\partial\psi}{\partial x} = \frac{\partial\psi}{\partial y} - i\frac{\partial\varphi}{\partial y} = \dot{u} - i\dot{v} , \tag{4.189}$$

d.h., die zur Ableitung konjugiert komplexe Größe stimmt mit dem Geschwindigkeitsvektor überein:

$$\boxed{\overline{f'(z)} = \dot{u} + i\dot{v}} . \tag{4.190}$$

Obige Ausführungen geben nur einen kurzen Einblick in die konformen Abbildungen, der jedoch für die Anwendungen in der FEM ausreicht. Ausführlichere Darstellungen mit zahlreichen Beispielen aus der *Strömungsmechanik* und weiterführenden Literaturhinweisen findet man bei BETTEN (1987,2001).

Wie man *konforme Abbildungen* im *isoparametrischen* bzw. *subparametrischen* Konzept der FEM einsetzen kann, geht aus Bild 4.38 hervor.

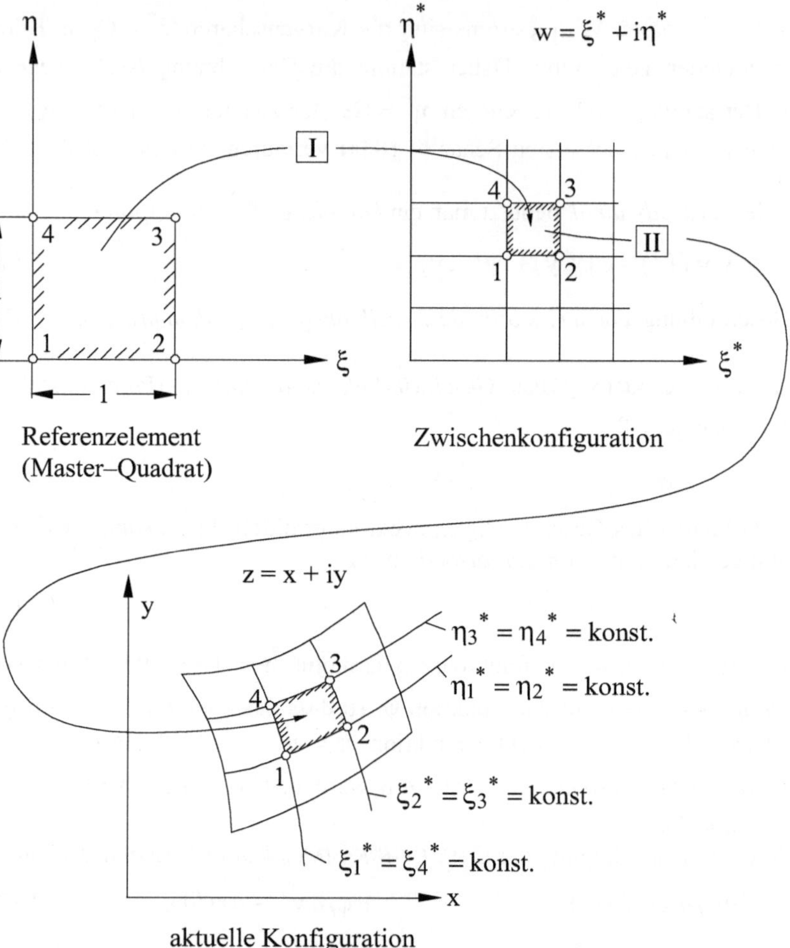

Bild 4.38 Lineare (I) und konforme (II) Abbildung

Ein *krummliniges finites Element* der *aktuellen Konfiguration* kann durch Hintereinanderschaltung zweier Abbildungen aus einem *Masterquadrat* der *Referenzkonfiguration* erzeugt werden (Bild 4.38). Im ersten Schritt (I) wird das *Referenzelement* analog (4.138a,b) durch eine Koordinatentransformation

$$\xi^* = \sum_{k=1}^{4} \xi_k^* M_k(\xi,\eta), \qquad \eta^* = \sum_{k=1}^{4} \eta_k^* M_k(\xi,\eta) \qquad (4.191a,b)$$

auf ein *finites Element* der *Zwischenkonfiguration* abgebildet. Falls die *mapping functions* $M_k(\xi,\eta)$ mit den *shape functions* $N_k(\xi,\eta)$ gemäß (4.140) übereinstimmen, liegt ein *isoparametrisches finites Element* vor.

Verwendet man beispielsweise die *bilinearen Formfunktionen*

$$N_1 = (1-\xi)(1-\eta), \quad N_2 = \xi(1-\eta), \quad N_3 = \xi\eta, \quad N_4 = (1-\xi)\eta, \qquad (4.192a\div d)$$

so geht wegen (4.140) und wegen $\xi_1^* = \xi_4^*$, $\xi_2^* = \xi_3^*$, $\eta_1^* = \eta_2^*$, $\eta_3^* = \eta_4^*$ (*achsenparalleles Element*) aus (4.191a,b) die lineare Transformation

$$\xi^* = \xi_1^* + \left(\xi_2^* - \xi_1^*\right)\xi, \qquad \eta^* = \eta_1^* + \left(\eta_4^* - \eta_1^*\right)\eta \qquad (4.193a,b)$$

hervor.

Anmerkung: Auch bei Verwendung von *shape functions* höherer Ordnung (*p-Methode*) zur Darstellung der Verschiebungsfunktionen (4.139a,b) bleibt im Element die Geometrie in der w-Ebene (*Zwischenkonfiguration* $w = \xi^* + i\eta^*$) erhalten ($\rightarrow$geradlinige Kanten der Rechteckelemente), so dass dann wegen $m < n$ in (4.138a,b) und (4.139a,b) *subparametrische finite Elemente* in der *Zwischenkonfiguration* vorliegen.

Aus den isoparametrischen bzw. subparametrischen Elementen der Zwischenkonfiguration gehen schließlich die finiten Elemente der aktuellen Konfiguration mittels einer *konformen Abbildung* (4.172) hervor.

Als Anwendungsbeispiel sei ein *Isothermennetz* finiter Elemente im Walzspalt erwähnt, das durch den Einsatz der *konformen Abbildung*

$$\boxed{z = \coth\left(w/2\right)} \qquad (4.194)$$

mit

$$x = \frac{\sinh\xi^*}{\cosh\xi^* - \cos\eta^*}, \qquad \text{und} \qquad y = \frac{-\sin\eta^*}{\cosh\xi^* - \cos\eta^*} \qquad (4.195a,b)$$

erzeugt werden kann [BETTEN J., 1968]. Als *Isothermennetz* stellt die *holomorphe Funktion* (4.194) eine *Quellen- Senkenströmung* dar. Zur Anwendung auf den Walzvorgang werden die *Singularitäten* (*Quelle* und *Senke*) in den Mittelpunkt der beiden Walzen gelegt. Weitere Beispiele werden von BETTEN (1968,1987,2001) ausführlich diskutiert, die zur Erzeugung von finiten Elementen in verschiedenen Umformzonen des *Walz-* und *Ziehvorganges* oder zur Darstellung von *Isothermennetzen* in verschiedenen *Strömungsfeldern* besonders geeignet sind.

Bemerkung: *Formfunktionen* müssen beim Übergang benachbarter Elemente Stetigkeitsanforderungen erfüllen, die vom zu behandelnden Problem abhängen. Beispielsweise müssen Näherungsansätze für die Biegelinie eines Balkens an der Nahtstelle zweier Elemente *stetig* und *stetig differenzierbar* sein, was durch eine HERMITEsche *Interpolation* (Ü3.1.25 / Ü7.1.2) gesichert ist. Ähnliche Stetigkeitsbedingungen werden für finite Elemente bei der Plattenbiegung gefordert. Derartige Elemente werden von einigen Autoren als *konforme Elemente* bezeichnet, obwohl **keine** *konforme Abbildung* vorliegt. Daher sollte man zur Vermeidung von Missverständnissen besser von *kompatiblen Elementen* sprechen. In der englischen Sprache ist die Bezeichnung *compatible elements* zutreffend in Anlehnung an den Begriff *compatible conditions* (*equations*) der Kontinuumsmechanik. Ebenfalls kann man, ohne Missverständnisse hervorzurufen, die Bezeichnung *conforming elements* (→"in accordance with established rules" →"angepasste Elemente") wählen, da *konforme Abbildungen* mit *conformal mappings* zu übersetzen sind.

In einigen Untersuchungen werden zur Vereinfachung auch *nichtkompatible* Elemente benutzt. Dann müssen diese Elemente anstelle der *Stetigkeitsforderung* den *Patch-Test* bestehen, der die *Konvergenz* der Näherung infolge Netzverfeinerung sichert (COOK/MALKUS/PLESHA,1989).

Die in Ziffer 4.1 bis 4.3 und 4.4 bis 4.8 ausführlich diskutierten Dreiecks- und Viereckselemente werden in den Übungen des zweiten Bandes benötigt.

Am Beispiel der POISSONschen *Differentialgleichung* (1.1) wird in Ü7.1.5, Band 2, gezeigt, dass *lineare Dreieckselemente* auch bei aufwendigen Diskretisierungen zu unbrauchbaren Ergebnissen führen können, so dass die *p-Methode* (Erhöhung des Polynomgrades der Formfunktionen) zur Verbesserung der Ergebnisse gegenüber der *h-Methode* (Erhöhung der Anzahl der finiten Elemente) verwendet werden muss (Ü7.1.6 / Ü7.1.7 in Band 2).

In diesem Zusammenhang seien auch die Übungen 7.1.9 bis 7.1.15 in Band 2 erwähnt, in denen zur Lösung des *Torsionsproblems* rechteckiger Stäbe *Rechteckelemente* höherer Ordnung verwendet werden, die der LAGRANGE- oder SERENDIPITY-*Klasse* angehören und in den Ziffern 4.4 bis 4.8 ausführlich behandelt wurden.

4.9 Tetraederelemente

Obige Ziffern beschränken sich auf *ebene Probleme*. In vielen Anwendungen treten *räumliche Probleme* auf, so dass 3D-Elemente eingesetzt werden müssen. So ist man beispielsweise auf *Tetraeder-*, *Hexaeder-* oder *Pentaederelemente* angewiesen. Daher sollen im Folgenden räumliche Elemente näher betrachtet werden.

Tetraederelemente (Vierflächner) können ähnlich behandelt werden wie Dreieckselemente mit entsprechender Erweiterung. So wird man zweckmäßigerweise das *PASCALsche Dreieck* (Bild 4.9) auf ein *PASCALsches Tetraeder* (Bild 4.39) erweitern, um *vollständige Verschiebungsansätze* unterschiedlichen Grades einfach angeben zu können.

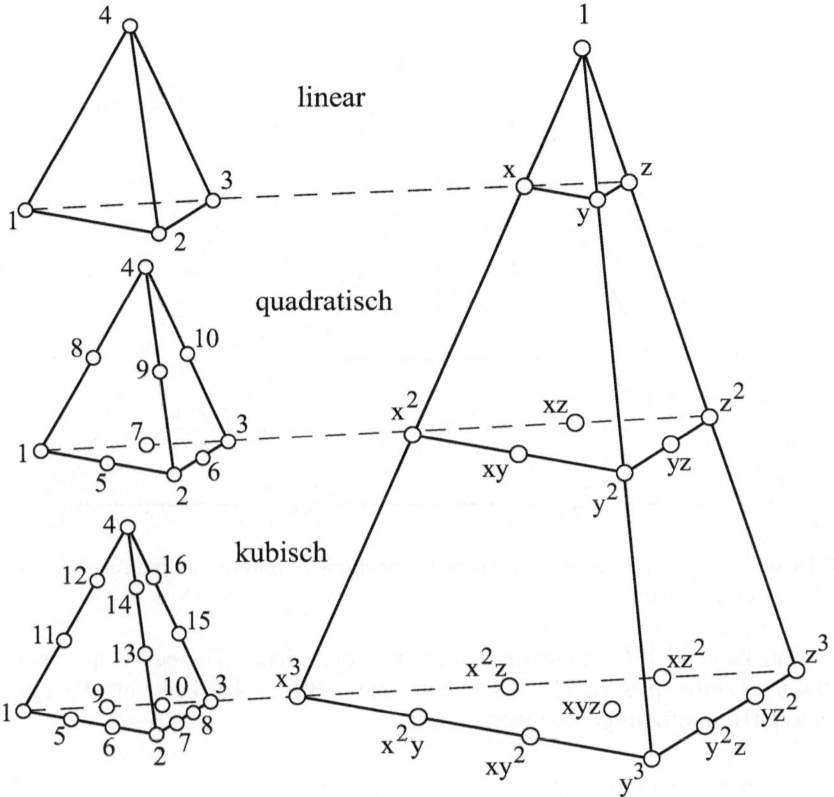

Bild 4.39 Lineares, quadratisches und kubisches Tetraederelement; PASCALsches Tetraeder

Eine andere Darstellung des *PASCALschen Tetraeders* ist in Bild 4.40 skizziert. **Man erkennt**: Die Anzahl der vorgesehenen Knotenpunkte (Bild 4.39, links) stimmt mit der Anzahl der Polynomterme (Bild 4.39, rechts, bzw. Bild 4.40) überein. Zwischen der Anzahl der Knotenpunkte (n) und dem Grad (p) eines vollständigen Polynoms besteht der Zusammenhang

$$n = 1 + \frac{1}{2} \sum_{r=1}^{p} (r+1)(r+2) \equiv \frac{1}{6}(p+1)(p+2)(p+3) \,.$$

(4.196)

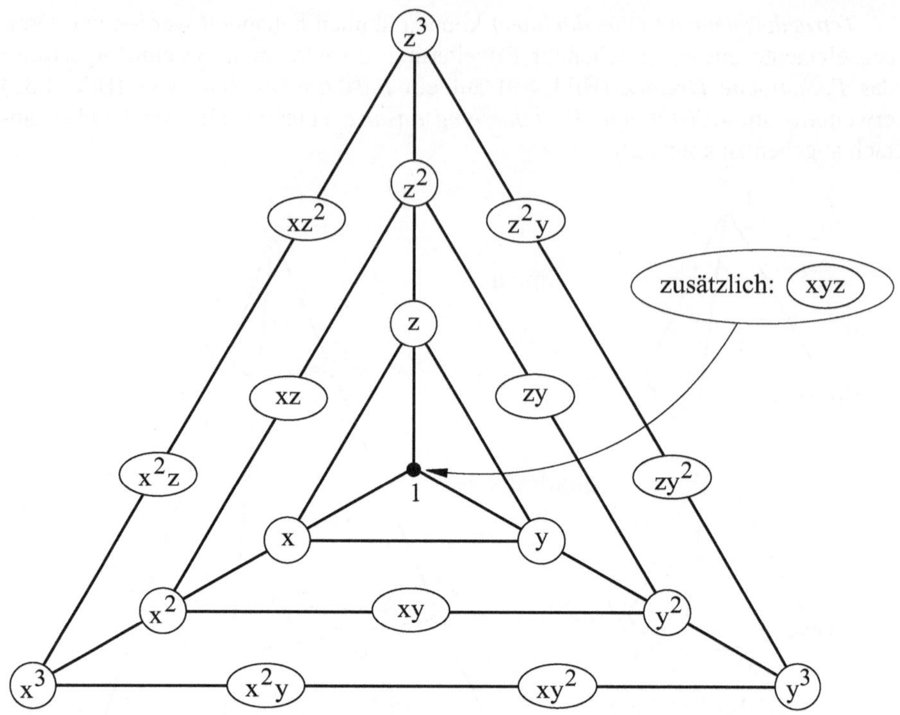

Bild 4.40 PASCALsches Tetraeder in Oktaederorientierung; lineare, quadratische und kubische Polynomterme

Man kann (4.196) folgendermaßen herleiten. Jede „Dreiecksetage" des *PAS-CALschen Tetraeders* (Bild 4.39, rechts, bzw. Bild 4.40) kann als *PASCALsches Dreieck* (Bild 4.9) aufgefasst werden mit

$$n = \frac{1}{2}(p+1)(p+2) \tag{4.197}$$

Knotenpunkten. Addiert man alle „Dreiecksetagen", so erhält man unmittelbar den ersten Zusammenhang in (4.196), den man folgendermaßen in Teilsummen zerlegen kann:

$$n = 1 + \frac{1}{2}\sum_{r=1}^{p}(r^2 + 3r + 2) = 1 + \frac{1}{2}\sum_{r=1}^{p}r^2 + \frac{3}{2}\sum_{r=1}^{p}r + \sum_{r=1}^{p}1\,.$$

Darin gilt:

$$\sum_{r=1}^{p}r^2 = \frac{1}{3}p^3 + \frac{1}{2}p^2 + \frac{1}{6}p\,, \quad \sum_{r=1}^{p}r = \frac{1}{2}p(p+1)\,, \quad \sum_{r=1}^{p}1 = p\,,$$

so dass man die Anzahl n durch die Potenzreihe

$$n = 1 + \frac{11}{6}p + p^2 + \frac{1}{6}p^3$$

ausdrücken kann, deren Faktorisierung in (4.196) angegeben ist. Bequem findet man die Identität in (4.196) mit Hilfe der MAPLE Software, wie folgt.

>   ⊙ **4.9-1.mws**

> *n:=1+(1/2)*Sum((r+1)*(r+2),r=1..p)*
    *=1+(1/2)*sum((r+1)*(r+2),r=1..p);*

$$n := 1 + \frac{1}{2}\left(\sum_{r=1}^{p}(r+1)(r+2)\right) = \frac{1}{3} + \frac{p}{3} + \frac{(p+1)^2}{2} + \frac{(p+1)^3}{6}$$

> *n:=factor(%);*

$$n := 1 + \frac{1}{2}\left(\sum_{r=1}^{p}(r+1)(r+2)\right) = \frac{(p+3)(p+2)(p+1)}{6}$$

>

Durch Verallgemeinerung von (4.4), (4.74) und (4.82) erhält man mit Hilfe des *PASCALschen Tetraeders vollständige lineare, quadratische* und *kubische Verschiebungsansätze* für dreidimensionale Probleme gemäß:

$$u = u(x,y,z) = \alpha_{11} + \alpha_{12}x + \alpha_{13}y + \alpha_{14}z , \qquad (4.197a)$$

$$v = v(x,y,z) = \beta_{11} + \beta_{12}x + \beta_{13}y + \beta_{14}z , \qquad (4.197b)$$

$$w = w(x,y,z) = \gamma_{11} + \gamma_{12}x + \gamma_{13}y + \gamma_{14}z , \qquad (4.197c)$$

$$\begin{aligned} u = u(x,y,z) = \alpha_{21} &+ \alpha_{22}x + \alpha_{23}y + \alpha_{24}z + \alpha_{25}x^2 \\ &+ \alpha_{26}y^2 + \alpha_{27}z^2 + \alpha_{28}xy + \alpha_{29}yz + \alpha_{210}zx, \end{aligned} \qquad (4.198)$$

$v(x,y,z)$ und $w(x,y,z)$ entsprechend,

$$\begin{aligned} u = u(x,y,z) = \alpha_{31} &+ \alpha_{32}x + ... + \alpha_{34}z + \alpha_{35}x^2 + ... + \alpha_{37}z^2 \\ &+ \alpha_{38}xy + ... + \alpha_{310}zx + \alpha_{311}x^3 + ... + \alpha_{313}z^3 \\ &+ \alpha_{314}x^2y + ... + \alpha_{319}x^2z + \alpha_{320}xyz, \end{aligned} \qquad (4.199)$$

$v(x,y,z)$ und $w(x,y,z)$ entsprechend.

Die Ansatzfreiwerte $\alpha_{ij}, \beta_{ij}, \gamma_{ij}$ in obigen Ansätzen können analog (4.9) durch die *Knotenvariablen* u_i, v_i, w_i ausgedrückt werden, so dass man schließlich eine Darstellung gemäß

$$u(x,y,z) = \sum_{i=1}^{n} N_i(x,y,z)\,u_i,\,...,\,w(x,y,z) = \sum_{i=1}^{n} N_i(x,y,z)\,w_i \;,\quad (4.200\text{a,b,c})$$

erhält. Darin sind $N_i(x,y,z)$ die *Formfunktionen* (*shape functions*), deren Anzahl n gemäß (4.196) vom Grad (p) der Ansatzpolynome abhängt.

Die Formulierung der Formfunktionen N_i in rechtwinkligen kartesischen Koordinaten (x,y,z) ist bei nichtlinearen Verschiebungsfunktionen ($p \geq 2$) recht unhandlich, wie beispielsweise aus (4.198) und (4.199) hervorgeht. Daher werden im Folgenden *natürliche Tetraederkoordinaten* eingeführt, wodurch die formale Darstellung und damit auch die numerische Berechnung von *Formfunktionen* für das *finite Tetraederelelement* wesentlich vereinfacht wird.

Analog zum Dreieckselement (Bild 4.11) ist in Bild 4.41 die Lage eines Punktes P durch rechtwinklige kartesische Koordinaten $P(x_p, y_p, z_p)$ oder durch Tetraederkoordinaten $P(L_1, L_2, L_3, L_4)$ fixiert.

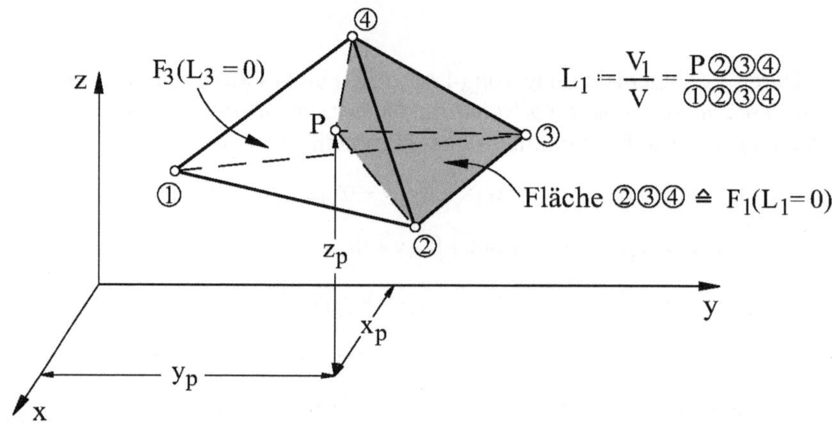

Bild 4.41 Rechtwinklige kartesische Koordinaten und Tetraderkoordinaten

Die Lage eines Punktes P im Tetraederelement ist eindeutig durch die *Volumenkoordinaten* (*Tetraederkoordinaten*)

$$L_1 = V_1 / V \;,\quad L_2 = V_2 / V \;,\quad L_3 = V_3 / V \;,\quad L_4 = V_4 / V \qquad (4.201)$$

bestimmt. Darin sind die V_i, i=1, 2, 3, 4, Teilvolumina mit den vier Eckpunkten P und P_k, $k \neq i$, während V dem Gesamtvolumen entspricht. Die vier Flächen F_i, i=1, 2, 3, 4, des „*Vierflächners*" liegen den Punkten P_i gegenüber und sind durch $L_i = 0$ charakterisiert. In den Eckpunkten P_i gilt $L_i = 1$. Wegen $V_1 + V_2 + V_3 + V_4 = V$ gilt die Beziehung

$$L_1 + L_2 + L_3 + L_4 = 1 \;, \qquad\qquad (4.202)$$

so dass drei der Koordinaten (4.201) genügen, um die Lage eines Punktes $P(x, y, z)$ eindeutig zu bestimmen.

Ein Zusammenhang zwischen den *natürlichen Tetraederkoordinaten* (*Volumenkoordinaten*) und den *rechtwinkligen kartesischen Koordinaten* ist in Erweiterung von (4.87a,b) und Ü4.3.1 durch

$$x = \sum_{i=1}^{4} L_i x_i \quad , \quad y = \sum_{i=1}^{4} L_i y_i \quad , \quad z = \sum_{i=1}^{4} L_i z_i \qquad (4.203a,b,c)$$

gegeben, den man in Verbindung mit (4.202) in Matrixform gemäß

$$\begin{Bmatrix} 1 \\ x \\ y \\ z \end{Bmatrix} = \begin{bmatrix} 1 & 1 & 1 & 1 \\ x_1 & x_2 & x_3 & x_4 \\ y_1 & y_2 & y_3 & y_4 \\ z_1 & z_2 & z_3 & z_4 \end{bmatrix} \begin{Bmatrix} L_1 \\ L_2 \\ L_3 \\ L_4 \end{Bmatrix} \qquad (4.204a)$$

ausdrücken kann mit der Inversion

$$\begin{Bmatrix} L_1 \\ L_2 \\ L_3 \\ L_4 \end{Bmatrix} = \frac{1}{6V} \begin{bmatrix} a_1 & b_1 & c_1 & d_1 \\ a_2 & b_2 & c_2 & d_2 \\ a_3 & b_3 & c_3 & d_3 \\ a_4 & b_4 & c_4 & d_4 \end{bmatrix} \begin{Bmatrix} 1 \\ x \\ y \\ z \end{Bmatrix} \qquad (4.204b)$$

bzw.

$$L_i = \frac{1}{6V} \left(a_i + b_i x + c_i y + d_i z \right), \quad i = 1, 2, 3, 4 . \qquad (4.204c)$$

Darin sind die Spaltenwerte a_i, b_i, c_i und d_i die *algebraischen Komplemente* (*Kofaktoren*) zu den Zeilenwerten in der Matrix des Gleichungssystems (4.204a), während 6V die Determinante ist, die man beispielsweise durch Entwicklung nach der ersten Zeile in (4.204a) erhält. Da diese Zeile nur mit den Werten **eins** belegt ist, gilt:

$$a_1 + a_2 + a_3 + a_4 = 6V . \qquad (4.205)$$

Ohne Einschränkung der Allgemeinheit kann der Knotenpunkt ① des Tetraeders in Bild 4.41 in den Koordinatenursprung $(x_1 = y_1 = z_1 = 0)$ gelegt werden. So vereinfacht sich die Determinante zu dem *Spatprodukt*

$$S = \begin{vmatrix} x_2 & x_3 & x_4 \\ y_2 & y_3 & y_4 \\ z_2 & z_3 & z_4 \end{vmatrix} , \qquad (4.206)$$

das mit dem Volumen eines *Parallelepipeds* übereinstimmt, das aus den Kanten-vektoren $①\rightarrow②$, $①\rightarrow③$ und $①\rightarrow④$ gebildet wird. Das Volumen eines Tetra-eders ist $V = S/6$.

Setzt man in (4.204a) die Beziehung $L_1 = 1 - L_2 - L_3 - L_4$ ein, so erhält man analog Ü4.3.1 die lineare Transformation

$$\left.\begin{aligned}
x &= x_1 + (x_2 - x_1)L_2 + (x_3 - x_1)L_3 + (x_4 - x_1)L_4 \\
y &= y_1 + (y_2 - y_1)L_2 + (y_3 - y_1)L_3 + (y_4 - y_1)L_4 \\
z &= z_1 + (z_2 - z_1)L_2 + (z_3 - z_1)L_3 + (z_4 - z_1)L_4
\end{aligned}\right\} . \tag{4.207}$$

Ihre *JACOBIsche Determinante* ergibt sich zu:

$$J := \begin{vmatrix}
\dfrac{\partial x}{\partial L_2} & \dfrac{\partial y}{\partial L_2} & \dfrac{\partial z}{\partial L_2} \\[2mm]
\dfrac{\partial x}{\partial L_3} & \dfrac{\partial y}{\partial L_3} & \dfrac{\partial z}{\partial L_3} \\[2mm]
\dfrac{\partial x}{\partial L_4} & \dfrac{\partial y}{\partial L_4} & \dfrac{\partial z}{\partial L_4}
\end{vmatrix} = \begin{vmatrix}
(x_2 - x_1) & (y_2 - y_1) & (z_2 - z_1) \\
(x_3 - x_1) & (y_3 - y_1) & (z_3 - z_1) \\
(x_4 - x_1) & (y_4 - y_1) & (z_4 - z_1)
\end{vmatrix} . \tag{4.208a}$$

Legt man den Knotenpunkt $①$ des Tetraeders in Bild 4.41 ohne Einschränkung der Allgemeinheit wieder in den Koordinatenursprung $(x_1 = y_1 = z_1 = 0)$, so er-kennt man unmittelbar die Übereinstimmung der *JACOBIschen Determinante* (4.208a) mit dem *Spatprodukt* (4.206). Somit gilt für das Tetraederelement:

$$\boxed{J = 6V} \tag{4.208b}$$

im Gegensatz zu $J = 2A_\Delta$ gemäß Ü4.3.1 für das finite Dreieckselement.

Durch Einführen der *Volumenkoordinaten* (4.201) können die *Verschiebungs-ansätze* (4.200a,b,c) bequemer gemäß

$$u(L_1, L_2, L_3, L_4) = \sum_{i=1}^{n} N_i(L_1, L_2, L_3, L_4) u_i \tag{4.209}$$

$[\,v(L_k),\ w(L_k)$ entsprechend$]$ formuliert werden. Zu beachten sind dabei die *Interpolationseigenschaften*

$$N_i(x_k, y_k, z_k) = \begin{cases} 1 & \text{für } i = k = 1, 2, ..., n \\ 0 & \text{für } i \neq k. \end{cases} \tag{4.210}$$

Im Folgenden werden die *Formfunktionen* $N_i(L_k)$; $k = 1, 2, 3, 4$; für *lineare*, *quadratische* und *kubische Tetraederelemente* aufgestellt.

1) Lineares Tetraederelement (p=1, n=4)

Zu beachten ist, dass beispielsweise N_1 im Knotenpunkt ① den Wert **eins** und in ②, ③, ④ den Wert **null** besitzen muss. Die Knotenpunkte ②, ③, ④ auf der Fläche F_1 werden durch $L_1 = 0$ erfasst, während in Knotenpunkt ① die Koordinate L_1 den Wert **eins** besitzt, wie man dem Bild 4.41 entnimmt. Mithin gilt:

$$N_i = L_i, \quad i = 1, 2, 3, 4. \tag{4.211}$$

2) Quadratisches Tetraederelement (p=2, n= 10)

Zusätzlich zu den 4 Eckpunkten sind auf den 6 Kantenmitten Knotenpunkte vorzusehen. Somit sind zwei unterschiedliche Typen von Formfunktionen zu unterscheiden. Beispielsweise muss N_3 in den Eckpunkten ①, ②, ④ und gleichzeitig in den Punkten ⑤ bis ⑩ verschwinden. Diese Punkte werden erfasst durch $L_3 = 0$ und $L_3 = 1/2$, wie man in Bild 4.39 erkennt. Mithin ist der Ansatz

$$N_3 = c_3 L_3 \left(L_3 - \frac{1}{2} \right) \tag{4.212}$$

geeignet. Darin wird der Ansatzfreiwert c_3 aus der Forderung $N_3(L_3 = 1) = 1$ zu $c_3 = 2$ bestimmt. Man erhält somit $\binom{4}{1} = 4$ Formfunktionen des Typs

$$\boxed{N_i = L_i(2L_i - 1), \quad i = 1, 2, 3, 4} \; . \tag{4.213}$$

Der zweite „typische Vertreter" ist die *Formfunktion* N_5. Auf der Fläche F_1, die durch $L_1 = 0$ charakterisiert wird (Bild 4.39), liegen die Punkte ②, ③, ④, ⑥, ⑨, ⑩, während die Punkte ①, ③, ④, ⑦, ⑧, ⑩ durch $L_2 = 0$ erfasst werden, so dass der Ansatz

$$N_5 = c_5 L_1 L_2 \tag{4.214}$$

zum Ziele führt. Im Knotenpunkt ⑤, der durch $L_1 = L_2 = 1/2$ festliegt, muss $N_5 = 1$ gelten, so dass sich aus (4.214) die Konstante c_5 zu 4 ergibt. Somit erhält man $\binom{4}{2} = 6$ Formfunktionen gemäß

$$N_5 = 4L_1 L_2, \quad N_6 = 4L_2 L_3, \quad N_7 = 4L_3 L_1, \tag{4.215a}$$

$$N_8 = 4L_1 L_4, \quad N_9 = 4L_2 L_4, \quad N_{10} = 4L_3 L_4, \tag{4.215b}$$

die man auch durch

$$\boxed{N_{i+4} = 4\,L_i\,L_{i+1}\,,\ i = 1,2,3\ \text{zyklisch}}\,, \tag{4.216a}$$

$$\boxed{N_{i+7} = 4\,L_i\,L_4\,,\ i = 1,2,3} \tag{4.216b}$$

zusammenfassen kann.

3) Kubisches Tetraederelement (p=3, n=20)

Isoliert man den Eckpunkt ①, so können alle anderen Punkte im kubischen Tetraeder (Bild 4.39) durch $L_1 = 0$, $L_1 = 1/3$ und $L_1 = 2/3$ erfasst werden, in denen $N_1 = 0$ gelten muss, so dass man ansetzen kann:

$$N_1 = c_1\,L_1\left(L_1 - \frac{1}{3}\right)\left(L_1 - \frac{2}{3}\right). \tag{4.217}$$

Aus der Forderung $N_1(L_1 = 1) = 1$ ergibt sich der Ansatzfreiwert c_1 zu $9/2$, so dass man $\binom{4}{1} = 4$ Formfunktionen des Typs

$$\boxed{N_i = \frac{1}{2}L_i\left(3\,L_i - 1\right)\left(3\,L_i - 2\right),\ i = 1,2,3,4}\,, \tag{4.218}$$

erhält.

Im Knotenpunkt ⑤ gilt $N_5 = 1$. In allen anderen Punkten, die man durch $L_1 = 0$, $L_2 = 0$ und $L_1 = 1/3$ erfassen kann, verschwindet N_5, so dass der Ansatz

$$N_5 = c_5\,L_1\,L_2\left(L_1 - \frac{1}{3}\right) \tag{4.219a}$$

geeignet ist. Der Punkt ⑤ liegt durch $L_1 = 2/3$ und $L_2 = 1/3$ fest. Aus der Forderung $N_5(L_1 = 2/3, L_2 = 1/3) = 1$ ermittelt man den Ansatzfreiwert c_5 zu $27/2$, so dass gilt:

$$N_5 = \frac{9}{2}L_1\left(3\,L_1 - 1\right)L_2. \tag{4.219b}$$

Daraus gewinnt man N_7 und N_9 durch zyklische Vertauschung der Zahlenfolge 1, 2, 3:

$$\boxed{N_{2i+3} = \frac{9}{2}\left(3\,L_i - 1\right)L_i\,L_{i+1}\,,\ i = 1,2,3\ \text{zyklisch}}. \tag{4.220a}$$

Entsprechend findet man die Formfunktionen N_6, N_8 und N_{10}, die man analog (4.220a) folgendermaßen zusammenfassen kann:

$$\boxed{N_{2i+4} = \frac{9}{2}(3L_{i+1} - 1)L_i L_{i+1} \quad i = 1,2,3 \text{ zyklisch}} \, .$$ (4.220b)

Die Formfunktion N_{11} nimmt im Knotenpunkt 11 den Wert **eins** an und verschwindet in allen anderen Punkten, die durch die natürlichen Koordinaten $L_1 = 0$, $L_1 = 1/3$ und $L_4 = 0$ erfasst werden, so dass der Ansatz

$$N_{11} = c_{11} L_1 \left(L_1 - \frac{1}{3} \right) L_4$$ (4.221a)

geeignet ist. Der Punkt 11 liegt durch $L_1 = 2/3$ und $L_4 = 1/3$ fest. Damit ergibt sich der Ansatzfrei c_{11} in (4.220a) aus der Forderung $N_{11}(L_1 = 2/3, L_4 = 1/3) = 1$ zu $c_{11} = 27/2$. Mithin gilt:

$$N_{11} = \frac{9}{2} L_1 (3L_1 - 1) L_4 \, .$$ (4.221b)

Daraus gewinnt man N_{13} und N_{15} durch zyklische Vertauschung der Zahlenfolge 1,2,3 bei festgehaltenem Wert L_4 :

$$\boxed{N_{2i+9} = \frac{9}{2} L_i (3L_i - 1) L_4 , \quad i = 1,2,3 \text{ zyklisch}} \, .$$ (4.222a)

Entsprechend findet man die Formfunktion N_{12}, N_{14} und N_{16}, die man analog (4.222a) gemäß

$$\boxed{N_{2i+10} = \frac{9}{2} L_i (3L_4 - 1) L_4 , \quad i = 1,2,3 \text{ zyklisch}} \, ,$$ (4.222b)

zusammenfassen kann.

Die Formfunktion (4.220a,b) und (4.222a,b) sind zwei unterschiedliche Typen mit jeweils zwei unterschiedlichen Koordinaten $(L_i, \ L_{i+i})$ und $(L_i, \ L_4)$. Ihre Anzahl beträgt somit $2 \cdot \binom{4}{2} = 12$.

Zur letzten Gruppe gehören die Schwerpunkte 17, 18, 19 und 20 der vier Seitenflächen $F_4(1, \ 2, \ 3)$, $F_3(4, \ 1, \ 2)$, $F_1(2, \ 3, \ 4)$ und $F_2(1, \ 3, \ 4)$. Im Schwerpunkt 17 der Fläche $F_4(1, \ 2, \ 3)$ nimmt N_{17} den Wert **eins** an und verschwindet in allen anderen Punkten, die auf den zu 1, 2, 3 gegenüberliegenden Flächen liegen und somit durch $L_1 = L_2 = L_3 = 0$ erfasst werden, so dass der Ansatz

$$N_{17} = c_{17} \, L_1 \, L_2 \, L_3$$ (4.223)

geeignet ist. Die Lage des Schwerpunktes 17 ist gemäß

$$\left.\begin{array}{l} L_4 = 0 \Rightarrow L_1 + L_2 + L_3 = 1 \\ \text{Symmetrie}: L_1 = L_2 = L_3 \end{array}\right\} \Rightarrow L_1 = L_2 = L_3 = 1/3$$

fixiert. Aus der Forderung $N_{17}(L_1 = L_2 = L_3 = 1/3)$ ermittelt man den Ansatzfreiwert c_{17} in (4.223) zu $c_{17} = 27$. Analog (4.223) greift man aus den vier Koordinaten L_1, L_2, L_3, L_4 jeweils drei heraus und erhält somit $\binom{4}{3} = 4$ Kombinationen vom Typ (4.223):

$$\begin{array}{|c|c|} \hline N_{17} = 27L_1\,L_2\,L_3 & N_{18} = 27L_4\,L_1\,L_2 \\ \hline N_{19} = 27L_2\,L_3\,L_4 & N_{20} = 27L_1\,L_3\,L_4 \\ \hline \end{array} \qquad (4.224)$$

Zur besseren Übersicht sind die ermittelten *Formfunktionen* für lineare, quadratische und kubische Tetraederelemente in Ergänzung zu Tabelle 4.1 in Tabelle 4.2 zusammengefasst.

Tabelle 4.2 Formfunktionen für Tetraederelemente

Ansatz	$N_i = N_i(L_1, L_2, L_3, L_4)$	Gl.
linear $(p = 1, n = 4)$	$N_i = L_i$; $i = 1, 2, 3, 4$	(4.211)
quadratisch $(p = 2, n = 10)$	$N_i = L_i(2L_i - 1)$; $i = 1, 2, 3, 4$ $N_{i+4} = 4L_i\,L_{i+1}$; $i = 1, 2, 3,$ zyklisch $N_{i+7} = 4L_i\,L_4$; $i = 1, 2, 3$	(4.213) (4.216a) (4.216b)
kubisch $(p = 3, n = 20)$	$N_i = \dfrac{1}{2}L_i(3L_i - 1)(3L_i - 2)$; $i = 1, 2, 3, 4$ $N_{2i+3} = \dfrac{9}{2}(3L_i - 1)L_i L_{i+1}$; $i = 1, 2, 3,$ zyklisch $N_{2i+4} = \dfrac{9}{2}(3L_{i+1} - 1)L_i L_{i+1}$; $i = 1, 2, 3,$ zyklisch $N_{2i+9} = \dfrac{9}{2}L_i(3L_i - 1)L_4$; $i = 1, 2, 3,$ zyklisch $N_{2i+10} = \dfrac{9}{2}L_i(3L_4 - 1)L_4$; $i = 1, 2, 3,$ zyklisch $N_{17} = 27L_1\,L_2\,L_3$, $\quad N_{18} = 27L_4\,L_1\,L_2$ $N_{19} = 27L_2\,L_3\,L_4$, $\quad N_{20} = 27L_1\,L_3\,L_4$	(4.218) (4.220a) (4.220b) (4.222a) (4.222b) (4.224)

Zur Ermittlung von *Steifigkeitsmatrizen* sind Volumenintegrale über finite Elemente auszuwerten. Je nach gewählten *Formfunktionen* können diese Integrationen sehr schwerfällig sein. Zur Vereinfachung werden im zweidimensionalen Fall *Flächenkoordinaten* (4.83) und bei räumlichen Problemen *Volumenkoordinaten* (4.201) eingeführt. Darüber hinaus wird man zweckmäßigerweise im zweidimensionalen Fall das *Einheitsdreieck* (Bild 4.13) oder *Einheitsquadrat* (Bild 4.17) als finites Element betrachten, wie beispielsweise in Ü7.1.6 für *quadratische* und in Ü7.1.7 für *kubische Formfunktionen* zur Lösung der *POISSONschen Differentialgleichung* (1.1) des *Torsionsproblems* ausführlich diskutiert wird. Ähnliche Erleichterungen sind bei räumlichen Problemen zu erwarten, wenn man das *Einheitstetraeder*, den *Einheitswürfel* oder das *Einheitsprisma* als finite Elemente zu Grunde legt.

In Verallgemeinerung von (4.104a,b) und Bild 4.13 bildet die *lineare Transformation*

$$x = x_1 + (x_2 - x_1)\xi + (x_3 - x_1)\eta + (x_4 - x_1)\zeta \qquad (4.225a)$$

$$y = y_1 + (y_2 - y_1)\xi + (y_3 - y_1)\eta + (y_4 - y_1)\zeta \qquad (4.225b)$$

$$z = z_1 + (z_2 - z_1)\xi + (z_3 - z_1)\eta + (z_4 - z_1)\zeta \qquad (4.225c)$$

ein Tetraederelement in allgemeiner Lage auf ein *Einheitstetraeder* ab, wie in Bild 4.42 veranschaulicht. Darin liegen die Punkte P_2^*, P_3^*, P_4^* im ersten Oktanten auf einer Oktaederebene.

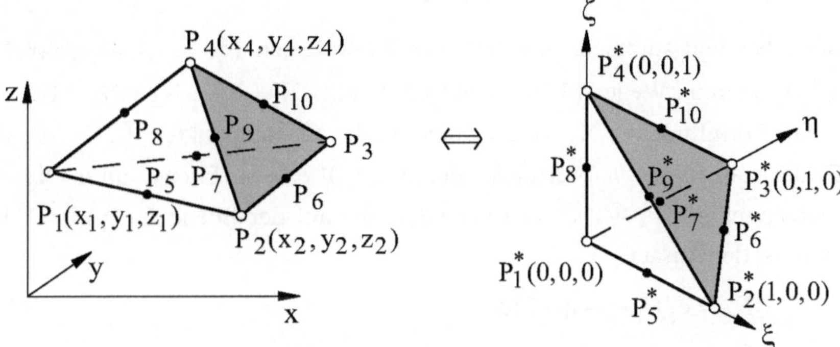

Bild 4.42 Abbildung eines Tetraederelementes in allgemeiner Lage auf das Einheitstetraeder

Die *JACOBIsche Determinante*

$$J := \begin{vmatrix} \partial x / \partial \xi & \partial y / \partial \xi & \partial z / \partial \xi \\ \partial x / \partial \eta & \partial y / \partial \eta & \partial z / \partial \eta \\ \partial x / \partial \zeta & \partial y / \partial \zeta & \partial z / \partial \zeta \end{vmatrix} \qquad (4.226)$$

der linearen Transformation (4.225a,b,c) stimmt mit (4.208a) überein und ist gemäß (4.208b) gleich dem sechsfachen Tetraedervolumen.

Für das *Einheitstetraeder* bestehen zwischen den Volumenkoordinaten L_1, L_2, L_3, L_4 und den rechtwinkligen kartesischen Koordinaten ξ, η, ζ sehr einfache Beziehungen. Aus Bild 4.42 liest man unmittelbar ab:

$$L_2 = \xi, \quad L_3 = \eta, \quad L_4 = \zeta; \qquad (4.227\text{b,c,d})$$

wegen $L_1 + L_2 + L_3 + L_4 = 1$ folgt damit:

$$L_1 = 1 - \xi - \eta - \zeta. \qquad (4.227\text{a})$$

Setzt man die Koordinaten der Eckpunkte des Einheitstetraeders in (4.208a) ein, so erhält man den Wert $J = 1$. Das Volumen des Einheitstetraeders (Grundfläche mal ein Drittel Höhe) ist $V = (1/2)(1/3) = 1/6$.

Die *linearen Formfunktionen* (4.211) sind mit (4.227a,b,c,d) im *Einheitstetraeder* gemäß

$$N_1(\xi, \eta, \zeta) = 1 - \xi - \eta - \zeta \equiv L_1, \qquad (4.228\text{a})$$

$$N_2(\xi, \eta, \zeta) = \xi \qquad\qquad \equiv L_2, \qquad (4.228\text{b})$$

$$N_3(\xi, \eta, \zeta) = \eta \qquad\qquad \equiv L_3, \qquad (4.228\text{c})$$

$$N_4(\xi, \eta, \zeta) = \zeta \qquad\qquad \equiv L_4 \qquad (4.228\text{d})$$

darstellbar und stimmen, in natürlichen Koordinaten (ξ, η, ζ) ausgedrückt, mit (4.201) überein. Wegen (4.202) und (4.211) gilt: $N_1 + N_2 + N_3 + N_4 = 1$.

Die Formfunktion N_5 verschwindet in den Knotenpunkten ①, ③, ④, ⑦, ⑧, ⑩, die man im *Einheitstetraeder* durch $\xi = 0$ erfasst. Ebenso muss N_5 in den Knotenpunkten ②, ⑥, ⑨ verschwinden, die auf der Ebene $\xi + \eta + \zeta = 1$ liegen. Somit ist der Ansatz

$$N_5 = c_5(1 - \xi - \eta - \zeta)\xi \qquad (4.229\text{a})$$

geeignet. Im Knotenpunkt ⑤, der durch $\xi = 1/2$, $\eta = \zeta = 0$ festliegt, muss $N_5 = 1$ gelten, so dass sich aus (4.229a) die Konstante c_5 zu 4 ergibt. Man erhält:

$$N_5 = 4(1 - \xi - \eta - \zeta)\xi \equiv 4L_1 L_2 \qquad (4.229\text{b})$$

in Übereinstimmung mit (4.215a).

In gleicher Weise ermittelt man

$$N_{17} = 27(1 - \xi - \eta - \zeta)\xi\eta \equiv 27 L_1 L_2 L_3 \qquad (4.230)$$

in Übereinstimmung mit (4.223).

Bemerkung: Ähnlich wie in Ü4.3.2 zeigt man, dass die Formfunktionen $N_i = N_i\left(L_1, L_2, L_3, L_4\right)$ der *linearen, quadratischen* und *kubischen Tetraederelemente* zur *LAGRANGEschen Klasse* gehören.

4.10 Hexaederelemente

Vermöge der *linearen Transformation* (4.225a,b,c) wird ein *Tetraederelement* in allgemeiner Lage auf das *Einheitstetraeder* abgebildet (Bild 4.42).

Ebenso wird ein *Hexaeder (Sechsflächner)* in allgemeiner Lage auf den *Einheitswürfel* abgebildet. Um das zu zeigen, sei zunächst die Abbildung eines beliebigen *8-Knoten-Elementes* auf den *Einheitswürfel* diskutiert (Bild 4.43).

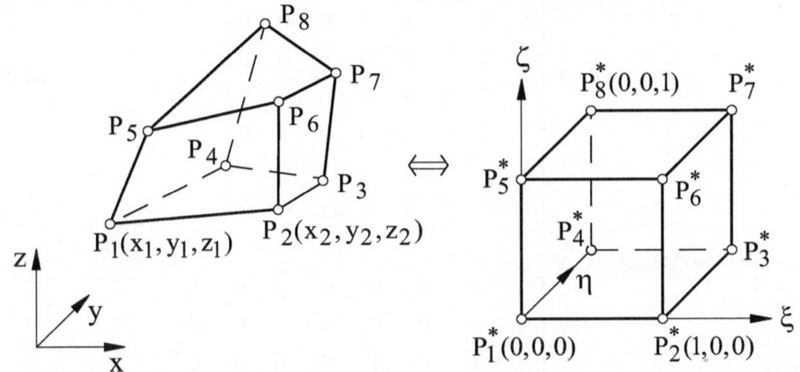

Bild 4.43 Abbildung eines finiten Hexaederelementes mit 8 Eck-Knoten auf den Einheitswürfel
$0 \le (\xi, \eta, \zeta) \le 1$

Die in Bild 4.43 skizzierte Abbildung wird vermittelt durch einen *trilinearen Ansatz*

$$x = a_1 + a_2\xi + a_3\eta + a_4\zeta + a_5\xi\eta + a_6\eta\zeta + a_7\zeta\xi + a_8\xi\eta\zeta \qquad (4.231)$$

(y, z entsprechend) mit 8 Ansatzfreiwerten a_i, die eindeutig aus den Koordinaten der Eckpunkte des finiten Elementes in allgemeiner Lage bestimmt werden:

$$P_1\left(x_1, y_1, z_1\right) \;\rightarrow\; P_1^*\left(0,0,0\right) \;\Rightarrow\; x_1 = a_1,$$

$$P_2\left(x_2, y_2, z_2\right) \;\rightarrow\; P_2^*\left(1,0,0\right) \;\Rightarrow\; x_2 = a_1 + a_2,$$

$$\vdots$$

$$P_8\left(x_8, y_8, z_8\right) \;\rightarrow\; P_8^*\left(0,1,1\right) \;\Rightarrow\; x_8 = a_1 + a_3 + a_4 + a_6.$$

Diese Zusammenhänge können in Matrixform folgendermaßen zusammengefasst werden:

$$\{x_i\} = [W]\{a_i\} \Leftrightarrow \{a_i\} = [W]^{-1}\{x_i\}. \qquad (4.232)$$

Die Auflösung nach den gesuchten Ansatzfreiwerten a_i erfolgt mit Hilfe des folgenden MAPLE-Programms:

```
>
> with(linalg):
> W:=matrix(8,8,[[1,0,0,0,0,0,0,0],[1,1,0,0,0,0,0,0],
[1,1,1,0,1,0,0,0],[1,0,1,0,0,0,0,0],
[1,0,0,1,0,0,0,0],[1,1,0,1,0,0,1,0],
[1,1,1,1,1,1,1,1],[1,0,1,1,0,1,0,0]]);
```

⊙ **4.10-1.mws**

$$W := \begin{bmatrix} 1 & 0 & 0 & 0 & 0 & 0 & 0 & 0 \\ 1 & 1 & 0 & 0 & 0 & 0 & 0 & 0 \\ 1 & 1 & 1 & 0 & 1 & 0 & 0 & 0 \\ 1 & 0 & 1 & 0 & 0 & 0 & 0 & 0 \\ 1 & 0 & 0 & 1 & 0 & 0 & 0 & 0 \\ 1 & 1 & 0 & 1 & 0 & 0 & 1 & 0 \\ 1 & 1 & 1 & 1 & 1 & 1 & 1 & 1 \\ 1 & 0 & 1 & 1 & 0 & 1 & 0 & 0 \end{bmatrix} \qquad (4.233)$$

```
> Inverse:=inverse(%);
```

$$Inverse := \begin{bmatrix} 1 & 0 & 0 & 0 & 0 & 0 & 0 & 0 \\ -1 & 1 & 0 & 0 & 0 & 0 & 0 & 0 \\ -1 & 0 & 0 & 1 & 0 & 0 & 0 & 0 \\ -1 & 0 & 0 & 0 & 1 & 0 & 0 & 0 \\ 1 & -1 & 1 & -1 & 0 & 0 & 0 & 0 \\ 1 & 0 & 0 & -1 & -1 & 0 & 0 & 1 \\ 1 & -1 & 0 & 0 & -1 & 1 & 0 & 0 \\ -1 & 1 & -1 & 1 & 1 & -1 & 1 & -1 \end{bmatrix}$$

```
> w:=matrix(1,8,[x[1],x[2],x[3],x[4],x[5],x[6],x[7],x[8]]);
```

$$w := [x_1 \quad x_2 \quad x_3 \quad x_4 \quad x_5 \quad x_6 \quad x_7 \quad x_8]$$

```
> y:=matrix(1,8,[a[1],a[2],a[3],a[4],a[5],a[6],a[7],a[8]]);
```

$$y := [a_1 \quad a_2 \quad a_3 \quad a_4 \quad a_5 \quad a_6 \quad a_7 \quad a_8]$$

```
> Y:=transpose(linsolve(W,transpose(w)));
```

$$Y :=$$

$$[x_1, -x_1 + x_2, -x_1 + x_4, -x_1 + x_5, -x_2 + x_1 - x_4 + x_3, -x_4 + x_1 - x_5 + x_8,$$

$$-x_2 + x_1 - x_5 + x_6, x_2 - x_1 + x_4 - x_3 + x_5 - x_8 - x_6 + x_7]$$

Lineare Formfunktionen
```
> X:=matrix(1,8,[1,xi,eta,zeta,xi*eta,eta*zeta,zeta*xi,xi*eta*zeta]);
```

$$X := [1 \quad \xi \quad \eta \quad \zeta \quad \xi\eta \quad \eta\zeta \quad \zeta\xi \quad \xi\eta\zeta]$$

> *Formfunktionen:=multiply(transpose(Inverse),transpose(X));*

$$Formfunktionen := \begin{bmatrix} 1 - \xi - \eta - \zeta + \xi\eta + \eta\zeta + \zeta\xi - \xi\eta\zeta \\ \xi - \xi\eta - \zeta\xi + \xi\eta\zeta \\ \xi\eta - \xi\eta\zeta \\ \eta - \xi\eta - \eta\zeta + \xi\eta\zeta \\ \zeta - \eta\zeta - \zeta\xi + \xi\eta\zeta \\ \zeta\xi - \xi\eta\zeta \\ \xi\eta\zeta \\ \eta\zeta - \xi\eta\zeta \end{bmatrix} \qquad (4.234a)$$

Die Formfunktionen können in faktorisierter Form dargestellt werden:
> *N:=matrix(map(factor,%));*

$$N := \begin{bmatrix} -(-1 + \eta)(-1 + \xi)(-1 + \zeta) \\ \xi(-1 + \eta)(-1 + \zeta) \\ -\xi\eta(-1 + \zeta) \\ \eta(-1 + \xi)(-1 + \zeta) \\ \zeta(-1 + \eta)(-1 + \xi) \\ -\zeta\xi(-1 + \eta) \\ \xi\eta\zeta \\ -\zeta\eta(-1 + \xi) \end{bmatrix} \qquad (4.234b)$$

>

Die in der Spaltenmatrix (4.234b) aufgelisteten *Formfunktionen* N_i können gemäß

$$\boxed{\begin{aligned} N_i &= C(-1 + \xi_i + \xi)(-1 + \eta_i + \eta)(-1 + \zeta_i + \zeta) \\ &\text{mit } C = (-1)^i \qquad \text{für } i = 1, 2, 3, 4 \\ &\text{und } C = (-1)^{i+1} \quad \text{für } i = 5, 6, 7, 8 \end{aligned}} \qquad (4.234c)$$

zusammengefasst werden. Darin sind $(\xi_i, \ \eta_i, \ \zeta_i)$ die Koordinaten der acht Knotenpunkte $P_1^*(0,0,0) \ \ldots \ P_8^*(0,1,1)$ des *Einheitswürfels* in Bild 4.43.

Die *Formfunktionen* (4.234) lassen sich auch sehr einfach folgendermaßen ermitteln. Beispielsweise muss die Formfunktion N_3 in allen Eckpunkten $i \neq 3$ des *Einheitswürfels* (Bild 4.43) verschwinden. Diese Knotenpunkte werden durch die natürlichen Koordinaten $\xi = \eta = 0$ und $\zeta = 1$ erfasst, so dass der Ansatz

$$N_3 = c_3 \xi\eta(-1 + \zeta)$$

geeignet ist. Im Punkt $P_3^*(1,1,0)$ muss $N_3(1,1,0)=1$ gefordert werden, woraus $c_3 = -1$ in Übereinstimmung mit (4.234c) folgt.

Die *Formfunktion* N_5 verschwindet in den Knotenpunkten P_i^* mit $i \neq 5$, die durch $\xi = \eta = 1$ und $\zeta = 0$ erfasst werden, so dass der Ansatz

$$N_5 = c_5(-1+\xi)(-1+\eta)\zeta$$

zum Ziel führt. Im betrachteten Punkt $P_5^*(0,0,1)$ wird $N_5(0,0,1)=1$ gefordert, woraus $c_5 = 1$ in Übereinstimmung mit (4.234c) folgt.

Verändert man die Knotennummerierung in Bild 4.43 gemäß ⑤ ↔ ⑥ und ⑦ ↔ ⑧, so sind auch die Zeilen $5 \leftrightarrow 6$ und $7 \leftrightarrow 8$ in der Matrix (4.233) gegeneinander auszutauschen, was sich auch im Ergebnis (4.234b) entsprechend auswirkt: Die Konstante C in (4.234c) ist dann durch

$$C = (-1)^i \text{ mit } i = 1, \ 2, \ ..., \ 8$$

zu ersetzen.

Durch optimale Knotennummerierungen können häufig mehr oder weniger starke Vereinfachungen erzielt werden, wie auch in Ziffer 3.3 in anderen Zusammenhängen (Bild 3.11 bis Bild 3.16) diskutiert wird.

Dem MAPLE-Output entnimmt man die folgenden Ansatzfreiwerte:

$$a_1 = x_1, \quad a_2 = x_2 - x_1, \quad a_3 = x_4 - x_1, \quad a_4 = x_5 - x_1,$$

$$a_5 = x_1 - x_2 + x_3 - x_4, \quad a_6 = x_1 - x_4 - x_5 + x_8, \tag{4.235}$$

$$a_7 = x_1 - x_2 - x_5 + x_6, \quad a_8 = -x_1 + x_2 - x_3 + x_4 + x_5 - x_6 + x_7 - x_8,$$

die sich beim *Parallelepiped* wegen $x_3 - x_2 = x_4 - x_1$ und $x_8 - x_4 = x_5 - x_1$ oder auch $x_6 - x_2 = x_5 - x_1$ etc. zu

$$a_1 = x_1, \quad a_2 = x_2 - x_1, \quad a_3 = x_4 - x_1, \quad a_4 = x_5 - x_1,$$
$$a_5 = a_6 = a_7 = a_8 = 0 \tag{4.236}$$

vereinfachen. Damit erhält man die *lineare Transformation* (*affine Abbildung*)

$$x = x_1 + (x_2 - x_1)\xi + (x_4 - x_1)\eta + (x_5 - x_1)\zeta \tag{4.237}$$

(y und z entsprechend), die mit (4.225) übereinstimmt, wenn man beachtet, dass die Knotenpunkte P_4^* und P_5^* in Bild 4.43 mit den Knotenpunkten P_3^* und P_4^* in Bild 4.42 korrespondieren. Mithin entsprechen auch die Koordinaten x_4 und x_5 in (4.237) den Koordinaten x_3 und x_4 in (4.225a).

4.10 Hexaederelemente 187

Im Folgenden soll in Verallgemeinerung von Bild 4.17 und entgegen Bild 4.43 ein *Hexaeder* in allgemeiner Lage auf den *Master-Würfel* der Kantenlänge **zwei** abgebildet werden (Bild 4.44). Der Koordinatenursprung liegt im Schwerpunkt.

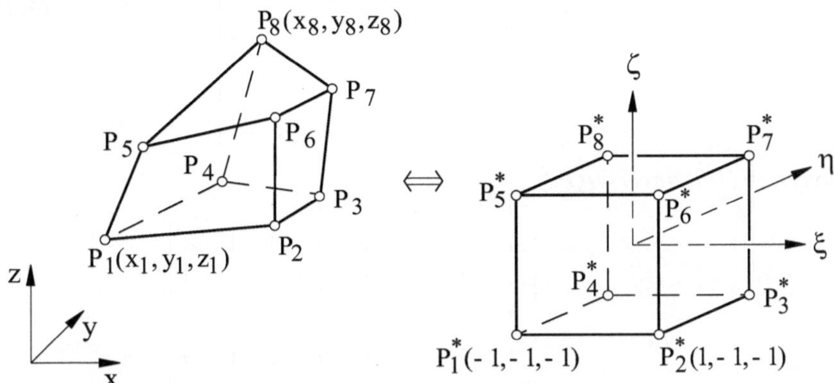

Bild 4.44 Abbildung eines finiten Hexaederelementes auf den Master-Würfel $-1 \le (\xi,\eta,\zeta) \le 1$

Auch diese Abbildung wird vermittelt durch einen *trilinearen Ansatz* (4.231) mit 8 Ansatzfreiwerten a_i, die wiederum eindeutig aus den Koordinaten der Eckpunkte des finiten *Hexaederelementes* in allgemeiner Lage bestimmt werden:

$$P_1(x_1,y_1,z_1) \ \rightarrow \ P_1^*(-1,-1,-1) \Rightarrow x_1 = a_1 - a_2 - a_3 - a_4 + a_5 + a_6 + a_7 - a_8$$

$$P_2(x_2,y_2,z_2) \rightarrow P_2^*(1,-1,-1) \ \Rightarrow x_2 = a_1 + a_2 - a_3 - a_4 - a_5 + a_6 - a_7 + a_8$$

$$\vdots$$

$$P_8(x_8,y_8,z_8) \ \rightarrow \ P_8^*(-1,1,1) \ \ \Rightarrow x_8 = a_1 - a_2 + a_3 + a_4 - a_5 + a_6 - a_7 - a_8$$

Diese Zusammenhänge können in einer Matrixform analog (4.232) mit einer Matrix $[Q]$ zusammengefasst werden, die im Gegensatz zur Matrix $[W]$ in (4.233) voll besetzt ist. Die Auflösung nach den gesuchten Ansatzfreiwerten erfolgt mit Hilfe des gleichen MAPLE-Programms:

>

⊙ **4.10-2.mws**

```
> with(linalg):
> Q:=matrix(8,8,[[1,-1,-1,-1,1,1,1,-1],[1,1,-1,-1,-1,1,-1,1],
         [1,1,-1,1,-1,-1,1,-1],[1,-1,-1,1,1,-1,-1,1],[1,-1,1,-1,-1,-1,1,1],
         [1,1,1,-1,1,-1,-1,-1],[1,1,1,1,1,1,1,1],[1,-1,1,1,-1,1,-1,-1]]);
```

$$Q := \begin{bmatrix} 1 & -1 & -1 & -1 & 1 & 1 & 1 & -1 \\ 1 & 1 & -1 & -1 & -1 & 1 & -1 & 1 \\ 1 & 1 & -1 & 1 & -1 & -1 & 1 & -1 \\ 1 & -1 & -1 & 1 & 1 & -1 & -1 & 1 \\ 1 & -1 & 1 & -1 & -1 & -1 & 1 & 1 \\ 1 & 1 & 1 & -1 & 1 & -1 & -1 & -1 \\ 1 & 1 & 1 & 1 & 1 & 1 & 1 & 1 \\ 1 & -1 & 1 & 1 & -1 & 1 & -1 & -1 \end{bmatrix} \tag{4.238}$$

> *Inverse:=(1/8)*inverse(Q/8);*

$$Inverse := \frac{1}{8} \begin{bmatrix} 1 & 1 & 1 & 1 & 1 & 1 & 1 & 1 \\ -1 & 1 & 1 & -1 & -1 & 1 & 1 & -1 \\ -1 & -1 & -1 & -1 & 1 & 1 & 1 & 1 \\ -1 & -1 & 1 & 1 & -1 & -1 & 1 & 1 \\ 1 & -1 & -1 & 1 & -1 & 1 & 1 & -1 \\ 1 & 1 & -1 & -1 & -1 & -1 & 1 & 1 \\ 1 & -1 & 1 & -1 & 1 & -1 & 1 & -1 \\ -1 & 1 & -1 & 1 & 1 & -1 & 1 & -1 \end{bmatrix}$$

> *q:=matrix(1,8,[x[1],x[2],x[3],x[4],x[5],x[6],x[7],x[8]]);*
$$q := [x_1 \quad x_2 \quad x_3 \quad x_4 \quad x_5 \quad x_6 \quad x_7 \quad x_8]$$

> *y:=matrix(1,8,[a[1],a[2],a[3],a[4],a[5],a[6],a[7],a[8]]);*
$$y := [a_1 \quad a_2 \quad a_3 \quad a_4 \quad a_5 \quad a_6 \quad a_7 \quad a_8]$$

> *Y:=(1/8)*transpose(linsolve(Q/8,transpose(q)));*

$$Y := \frac{1}{8}$$

$$[x_1 + x_2 + x_3 + x_4 + x_5 + x_6 + x_7 + x_8 \,, \; -x_1 + x_2 + x_3 - x_4 - x_5 + x_6 + x_7 - x_8 \,,$$
$$-x_1 - x_2 - x_3 - x_4 + x_5 + x_6 + x_7 + x_8 \,, \; -x_1 - x_2 + x_3 + x_4 - x_5 - x_6 + x_7 + x_8 \,,$$
$$x_7 - x_3 + x_4 - x_8 - x_5 + x_6 - x_2 + x_1 \,, \; x_7 + x_2 - x_3 + x_8 - x_5 - x_6 - x_4 + x_1 \,,$$
$$x_3 - x_8 + x_5 - x_6 + x_7 - x_4 - x_2 + x_1 \,, \; -x_3 - x_8 + x_5 - x_6 + x_7 + x_4 + x_2 - x_1]$$

> *X:=matrix(1,8,[1,xi,eta,zeta,xi*eta,eta*zeta,zeta*xi,xi*eta*zeta]);*
$$X := [1 \quad \xi \quad \eta \quad \zeta \quad \xi\eta \quad \eta\zeta \quad \zeta\xi \quad \xi\eta\zeta]$$

> *N:=(1/8)*multiply(transpose(8*Inverse),transpose(X));*

$$N := \frac{1}{8}\begin{bmatrix} 1-\xi-\eta-\zeta+\xi\eta+\eta\zeta+\zeta\xi-\xi\eta\zeta \\ 1+\xi-\eta-\zeta-\xi\eta+\eta\zeta-\zeta\xi+\xi\eta\zeta \\ 1+\xi-\eta+\zeta-\xi\eta-\eta\zeta+\zeta\xi-\xi\eta\zeta \\ 1-\xi-\eta+\zeta+\xi\eta-\eta\zeta-\zeta\xi+\xi\eta\zeta \\ 1-\xi+\eta-\zeta-\xi\eta-\eta\zeta+\zeta\xi+\xi\eta\zeta \\ 1+\xi+\eta-\zeta+\xi\eta-\eta\zeta-\zeta\xi-\xi\eta\zeta \\ 1+\xi+\eta+\zeta+\xi\eta+\eta\zeta+\zeta\xi+\xi\eta\zeta \\ 1-\xi+\eta+\zeta-\xi\eta+\eta\zeta-\zeta\xi-\xi\eta\zeta \end{bmatrix} \qquad (4.239a)$$

> N[i]:=(1+xi[i]*xi+eta[i]*eta+zeta[i]*zeta+xi[i]*xi*eta[i]*eta+
    eta[i]*eta*zeta[i]*zeta+zeta[i]*zeta*xi[i]*xi+
    xi[i]*xi*eta[i]*eta*zeta[i]*zeta)/8;

$$N_i := \frac{1}{8} + \frac{1}{8}\xi_i\xi + \frac{1}{8}\eta_i\eta + \frac{1}{8}\zeta_i\zeta + \frac{1}{8}\xi_i\xi\eta_i\eta + \frac{1}{8}\eta_i\eta\zeta_i\zeta + \frac{1}{8}\zeta_i\zeta\xi_i\xi$$

$$+ \frac{1}{8}\xi_i\xi\eta_i\eta\zeta_i\zeta$$

> N[i]:=factor(N[i]);

$$\boxed{N_i := \frac{1}{8}(1+\eta_i\eta)(1+\zeta_i\zeta)(1+\xi_i\xi)} \qquad (4.239b)$$

>

Diese *Formfunktionen* lassen sich auch sehr einfach folgendermaßen bestimmen. Beispielsweise muss die Formfunktion N_2 in allen Eckpunkten $i \neq 2$ des *Master-Quadrates* (Bild 4.44) verschwinden. Diese Punkte werden durch die natürlichen Koordinaten $\xi = -1$ und $\eta = \zeta = 1$ erfasst, so dass man

$$N_2 = c_2(1+\xi)(1-\eta)(1-\zeta)$$

ansetzen kann. Im Punkt $P_2^*(1,-1,-1)$ muss $N_2(1,-1,-1) = 1$ gefordert werden, woraus $c_2 = 1/8$ in Übereinstimmung mit (4.239b) folgt.

Die *Formfunktion* N_8 verschwindet in den Knotenpunkten P_i^* mit $i \neq 8$, die durch $\xi = 1$ und $\eta = \zeta = -1$ erfasst werden, so dass der Ansatz

$$N_8 = c_8(1-\xi)(1+\eta)(1+\zeta)$$

zum Ziele führt. Im Punkt $P_8^*(-1,1,1)$ muss $N_8(-1,1,1) = 1$ gefordert werden, woraus $c_8 = 1/8$ in Übereinstimmung mit (4.239b) folgt.

Die *Formfunktion* (4.239) des *Master-Würfels* (Bild 4.44) lassen sich überführen in die entsprechenden *Formfunktionen* (4.234) im *Einheitswürfel* vermöge der Transformation

$$
\begin{array}{|c|c|c|}
\hline
\xi = -1 + 2\xi' & \eta = -1 + 2\eta' & \zeta = -1 + 2\zeta' \\
\hline
\xi' = \dfrac{1}{2}(1+\xi) & \eta' = \dfrac{1}{2}(1+\eta) & \zeta' = \dfrac{1}{2}(1+\zeta) \\
\hline
\end{array}
\qquad (4.240)
$$

Darin sind $0 \le (\xi',\eta',\zeta') \le 1$ die natürlichen Koordinaten im *Einheitswürfel* (Bild 4.43) und $-1 \le (\xi,\eta,\zeta) \le 1$ die natürlichen Koordinaten im *Master-Würfel* (Bild 4.44) der Kantenlänge **zwei**.

Beispielsweise geht

$$
N_2(\xi,\eta,\zeta) = \frac{1}{8}(1+\xi)(1-\eta)(1-\zeta) \text{ aus } (4.239b)
$$

mit der Transformation (4.240) über in die entsprechende Formfunktion

$$
N_2(\xi',\eta',\zeta') = \xi'(1-\eta')(1-\zeta') \text{ aus } (4.234c).
$$

Ein anderes Beispiel ist die Formfunktion

$$
N_8(\xi,\eta,\zeta) = \frac{1}{8}(1-\xi)(1+\eta)(1+\zeta) \text{ aus } (4.239b),
$$

die vermittels der Transformation (4.240) in die Formfunktion

$$
N_8(\xi',\eta',\zeta') = (1-\xi')\eta'\zeta' \text{ aus } (4.234c)
$$

übergeht.

Dem obigen MAPLE-Output entnimmt man die folgenden Ansatzfreiwerte:

$$
\begin{aligned}
a_1 &= (x_1 + x_2 + x_3 + x_4 + x_5 + x_6 + x_7 + x_8)/8 \\
a_2 &= (-x_1 + x_2 + x_3 - x_4 - x_5 + x_6 + x_7 - x_8)/8 \\
&\ \vdots \\
a_8 &= (-x_1 + x_2 - x_3 + x_4 + x_5 - x_6 + x_7 - x_8)/8
\end{aligned}
\qquad (4.241)
$$

die sich beim *Parallelepiped* wegen $x_3 - x_2 = x_4 - x_1$ und $x_8 - x_4 = x_5 - x_1$ oder auch $x_6 - x_2 = x_5 - x_1$ etc. zu

$$
\begin{aligned}
a_1 &= \frac{1}{2}(x_2 + x_4), \quad a_2 = \frac{1}{2}(x_2 - x_1), \quad a_3 = \frac{1}{2}(x_5 - x_1), \\
a_4 &= \frac{1}{2}(x_4 - x_1), \quad a_5 = a_6 = a_7 = a_8 = 0
\end{aligned}
\qquad (4.242)
$$

vereinfachen. Damit geht der *trilineare Ansatz* (4.231) in die *lineare Transformation*

$$x = \frac{1}{2}(x_2 + x_4) + \frac{1}{2}(x_2 - x_1)\xi + \frac{1}{2}(x_5 - x_1)\eta + \frac{1}{2}(x_4 - x_1)\zeta \qquad (4.243)$$

(y und z entsprechend) über, die eine *dreidimensionale* Erweiterung der *linearen Transformation* (4.119) darstellt.

Im Folgenden sollen *Hexaederelemente* höherer Ordnung betrachtet werden. Man unterscheidet analog zu Ziffer 4.4 und Ziffer 4.5 Elemente der *LANGRANGE-Klasse* und der *SERENDIPITY-Klasse*. Letztere sind dadurch ausgezeichnet, dass sie nur Knotenpunkte auf den *Elementkanten* besitzen, nicht jedoch im Inneren der Elemente. Somit ergibt sich die Anzahl (n) der Knoten in Abhängigkeit vom Poynomgrad (p) zu:

$$n = 8 + 12(p - 1). \qquad (4.244)$$

Ein quadratisches Element $(p = 2)$ besitzt demnach $n = 20$ Knotenpunkte, während beim kubischen Element $(p = 3)$ sich die Anzahl auf $n = 32$ erhöht.

In Bild 4.45 ist ein Einheitswürfel der Ordnung $p = 2$ mit 20 Knotenpunkten dargestellt.

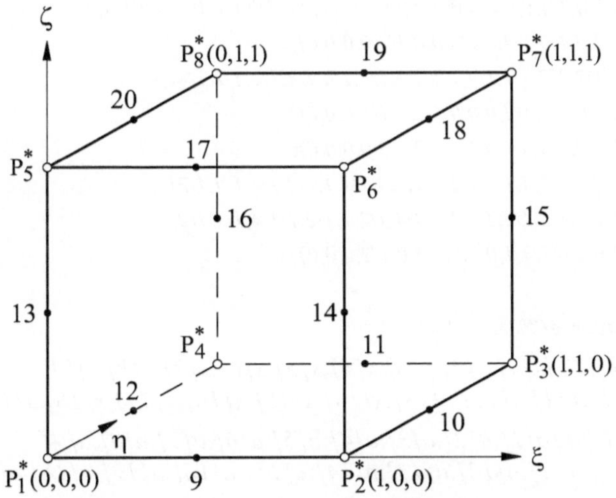

Bild 4.45 Einheitswürfel der Ordnung p=2 mit 20 Knotenpunkten der SERENDIPITY-Klasse

In Erweiterung von (4.231) ist ein geeigneter Ansatz durch

$$\begin{aligned}
x = {} & a_1 + a_2\xi + a_3\eta + a_4\zeta + a_5\xi\eta + a_6\eta\zeta + a_7\zeta\xi + a_8\xi\eta\zeta \\
& + a_9\xi^2 + a_{10}\eta^2 + a_{11}\zeta^2 + a_{12}\xi^2\eta + a_{13}\xi^2\zeta + a_{14}\eta^2\xi + a_{15}\eta^2\zeta \\
& + a_{16}\zeta^2\xi + a_{17}\zeta^2\eta + a_{18}\xi^2\eta\zeta + a_{19}\eta^2\zeta\xi + a_{20}\zeta^2\xi\eta
\end{aligned} \qquad (4.245)$$

(y, z entsprechend) gegeben. Die 20 Ansatzfreiwerte a_i können eindeutig aus den Koordinaten der 8 Eckpunkte und 12 Kantenmitten des finiten Elementes in allgemeiner Lage bestimmt werden.

Zur Ermittlung der 20 *Formfunktionen* N_i kann das MAPLE-Programm im Anschluss an (4.232) mit entsprechender Erweiterung der Matrix (4.233) auf eine 20×20 Matrix benutzt werden. Ebenso sind die (1,8)-Zeilenmatrizen w, y und X auf 1×20 Matrizen zu erweitern. Das Ergebnis zeigt der folgende MAPLE-Output.

```
>                                                              ⊙ 4.10-3.mws
> with(linalg):
> W:=matrix(20,20,[[1,0,0,0,0,0,0,0,0,0,0,0,0,0,0,0,0,0,0,0],
[1,1,0,0,0,0,0,0,1,0,0,0,0,0,0,0,0,0,0,0], [1,1,1,0,1,0,0,0,1,1,0,1,0,1,0,0,0,0,0,0],
[1,0,1,0,0,0,0,0,0,1,0,0,0,0,0,0,0,0,0,0] ,[1,0,0,1,0,0,0,0,0,0,1,0,0,0,0,0,0,0,0,0],
[1,1,0,1,0,0,1,0,1,0,1,0,1,0,0,1,0,0,0,0], [1,1,1,1,1,1,1,1,1,1,1,1,1,1,1,1,1,1,1,1],
[1,0,1,1,0,1,0,0,0,1,1,0,0,0,1,0,1,0,0,0], [1,1/2,0,0,0,0,0,0,0,1/4,0,0,0,0,0,0,0,0,0,0],
[1,1,1/2,0,1/2,0,0,0,1,1/4,0,1/2,0,1/4,0,0,0,0,0,0],
[1,1/2,1,0,1/2,0,0,0,1/4,1,0,1/4,0,1/2,0,0,0,0,0,0],
[1,0,1/2,0,0,0,0,0,0,1/4,0,0,0,0,0,0,0,0,0,0], [1,0,0,1/2,0,0,0,0,0,0,1/4,0,0,0,0,0,0,0,0,0],
[1,1,0,1/2,0,0,1/2,0,1,0,1/4,0,1/2,0,0,1/4,0,0,0,0],
[1,1,1,1/2,1,1/2,1/2,1/2,1,1,1/4,1,1/2,1,1/2,1/4,1/4,1/2,1/2,1/4],
[1,0,1,1/2,0,1/2,0,0,0,1,1/4,0,0,0,1/2,0,1/4,0,0,0],
[1,1/2,0,1,0,0,1/2,0,1/4,0,1,0,1/4,0,0,1/2,0,0,0,0],
[1,1,1/2,1,1/2,1/2,1,1/2,1,1/4,1,1/2,1,1/4,1/4,1,1/2,1/2,1/4,1/2],
[1,1/2,1,1,1/2,1,1/2,1/2,1/4,1,1,1/4,1/4,1/2,1,1/2,1,1/4,1/2,1/2],
[1,0,1/2,1,0,1/2,0,0,0,1/4,1,0,0,0,1/4,0,1/2,0,0,0]]):


> Inverse:=inverse(%):
> w:=matrix(1,20,[x[1],x[2],x[3],x[4],x[5],x[6],x[7],x[8],x[9],
        x[10],x[11],x[12],x[13],x[14],x[15],x[16],x[17],x[18],x[19],x[20]]):
> y:=matrix(1,20,[a[1],a[2],a[3],a[4],a[5],a[6],a[7],a[8],a[9],
        a[10],a[11],a[12],a[13],a[14],a[15],a[16],a[17],a[18],a[19],a[20]]):
> Y:=transpose(linsolve(W,transpose(w))):
> X:=matrix(1,20,[1,xi,eta,zeta,xi*eta,eta*zeta,zeta*xi,xi*eta*zeta,
        xi^2,eta^2,zeta^2,xi^2*eta,xi^2*zeta,eta^2*xi,eta^2*zeta,zeta^2*xi,
        zeta^2*eta,xi^2*eta*zeta,eta^2*zeta*xi,zeta^2*xi*eta]):
> Formfunktionen:=multiply(transpose(Inverse),transpose(X)):
> N:=matrix(map(factor,%));
```

$$N := \begin{bmatrix}
(-1+\zeta)(-1+\eta)(-1+\xi)(2\xi+2\eta+2\zeta-1) \\
\xi(-1+\zeta)(-1+\eta)(-2\eta-2\zeta-1+2\xi) \\
-\xi\eta(-1+\zeta)(2\eta-2\zeta-3+2\xi) \\
-\eta(-1+\zeta)(-1+\xi)(2\xi+2\zeta-2\eta+1) \\
-\zeta(-1+\eta)(-1+\xi)(2\xi+2\eta-2\zeta+1) \\
-\xi\zeta(-1+\eta)(-2\eta+2\zeta-3+2\xi) \\
\xi\eta\zeta(2\eta+2\zeta-5+2\xi) \\
\eta\zeta(-1+\xi)(2\xi-2\zeta+3-2\eta) \\
-4\xi(-1+\zeta)(-1+\eta)(-1+\xi) \\
4\xi\eta(-1+\zeta)(-1+\eta) \\
4\xi\eta(-1+\zeta)(-1+\xi) \\
-4\eta(-1+\zeta)(-1+\eta)(-1+\xi) \\
-4\zeta(-1+\zeta)(-1+\eta)(-1+\xi) \\
4\xi\zeta(-1+\zeta)(-1+\eta) \\
-4\xi\eta\zeta(-1+\zeta) \\
4\eta\zeta(-1+\zeta)(-1+\xi) \\
4\xi\zeta(-1+\eta)(-1+\xi) \\
-4\xi\eta\zeta(-1+\eta) \\
-4\xi\eta\zeta(-1+\xi) \\
4\eta\zeta(-1+\eta)(-1+\xi)
\end{bmatrix} \tag{4.246}$$

>

Aus Platzgründen sind im obigen MAPLE-Output die Zwischenergebnisse nicht ausgedruckt. Man kann sie jedoch ausdrucken lassen, indem man an den entsprechenden Stellen die Doppelpunkte durch Semikola ersetzt.

Die in der Spaltenmatrix (4.246) aufgelisteten 20 Formfunktionen N_i können sehr einfach auch folgendermaßen gefunden werden. Beispielsweise muss die Formfunktion N_1 in allen Punkten $i \neq 1$ des Einheitswürfels (Bild 4.45) verschwinden. Diese Punkte werden durch $\xi = \eta = \zeta = 1$ erfasst mit Ausnahme der Punkte 9, 12 und 13, die auf der Ebene $2\xi + 2\eta + 2\zeta - 1 = 0$ liegen. Mithin ist der Ansatz

$$N_1 = c_1(1-\xi)(1-\eta)(1-\zeta)(2\xi+2\eta+2\zeta-1) \tag{4.247}$$

geeignet. Im Knotenpunkt ① wird $N_1(0,0,0) = 1$ gefordert, woraus $c_1 = -1$ in Übereinstimmung mit N_1 aus (4.246) folgt.

Die Formfunktion N_7 verschwindet in allen Punkten $i \neq 7$. Diese Punkte werden erfasst durch $\xi = \eta = \zeta = 0$ mit Ausnahme der Punkte 15, 18 und 19, die auf der Ebene $2\xi + 2\eta + 2\zeta - 5 = 0$ liegen. Mithin führt der Ansatz

$$N_7 = c_7\xi\eta\zeta(2\xi+2\eta+2\zeta-5) \tag{4.248}$$

zum Ziel. Im Knotenpunkt ⑦ wird $N_7(1,1,1)=1$ gefordert, woraus $c_7=1$ in Übereinstimmung mit N_7 aus (4.246) folgt.

Schließlich sei als „Repräsentant" eines Kantenmittelpunktes die Formfunktion N_{11} gewählt, die in allen Punkten $i \neq 11$ verschwinden muss. Diese Punkte werden durch $\xi=\eta=0$ und $\xi=\zeta=1$ erfasst. Mithin ist der Ansatz

$$N_{11}=c_{11}\,\xi\eta(1-\xi)(1-\zeta)\tag{4.249}$$

geeignet. Im Knotenpunkt 11 wird $N_{11}\left(\tfrac{1}{2},1,0\right)=1$ gefordert, woraus $c_{11}=4$ in Übereinstimmung mit N_{11} aus (4.246) folgt.

Die in der Spaltenmatrix (4.246) aufgelisteten *Formfunktionen* N_i beziehen sich auf den *Einheitswürfel* mit 20 Knotenpunkten (Bild 4.45). Vermöge der Substitution (4.240) erhält man daraus die entsprechenden Formfunktionen für den *Masterwürfel* (Bild 4.46) mit Hilfe der MAPLE-Befehle **map** und **subs** gemäß

$$N:=\frac{1}{8}\begin{bmatrix}
(-1+\eta)(-1+\xi)(-1+\zeta)(2+\zeta+\eta+\xi)\\
-(1+\xi)(-1+\eta)(-1+\zeta)(2+\zeta+\eta-\xi)\\
(1+\xi)(1+\eta)(-1+\zeta)(2+\zeta-\eta-\xi)\\
-(1+\eta)(-1+\xi)(-1+\zeta)(2+\zeta+\xi-\eta)\\
(1+\zeta)(-1+\eta)(-1+\xi)(-2-\xi-\eta+\zeta)\\
-(1+\zeta)(1+\xi)(-1+\eta)(-2+\xi-\eta+\zeta)\\
(1+\zeta)(1+\xi)(1+\eta)(-2+\xi+\eta+\zeta)\\
-(1+\zeta)(1+\eta)(-1+\xi)(-2-\xi+\eta+\zeta)\\
-2(-1+\eta)(-1+\zeta)(-1+\xi^2)\\
2(1+\xi)(-1+\zeta)(-1+\eta^2)\\
2(1+\eta)(-1+\zeta)(-1+\xi^2)\\
-2(-1+\xi)(-1+\zeta)(-1+\eta^2)\\
-2(-1+\eta)(-1+\xi)(-1+\zeta^2)\\
2(1+\xi)(-1+\eta)(-1+\zeta^2)\\
-2(1+\xi)(1+\eta)(-1+\zeta^2)\\
2(1+\eta)(-1+\xi)(-1+\zeta^2)\\
2(1+\zeta)(-1+\eta)(-1+\xi^2)\\
-2(1+\xi)(1+\zeta)(-1+\eta^2)\\
-2(1+\eta)(1+\zeta)(-1+\xi^2)\\
2(1+\zeta)(-1+\xi)(-1+\eta^2)
\end{bmatrix}\tag{4.250}$$

Beispielsweise geht die Formfunktion

$$N_7\left(\xi',\eta',\zeta'\right)=\xi'\eta'\zeta'\left(2\xi'+2\eta'+2\zeta'-5\right) \tag{4.251a}$$

aus (4.246) mittels der Transformation (4.240) unmittelbar in die Formfunktion

$$N_7\left(\xi,\eta,\zeta\right)=\frac{1}{8}(1+\xi)(1+\eta)(1+\zeta)(\xi+\eta+\zeta-2) \tag{4.251b}$$

aus (4.250) über. Ein anderes Beispiel ist die Formfunktion

$$N_{16}\left(\xi',\eta',\zeta'\right)=4\zeta'\eta'\left(1-\xi'\right)\left(1-\zeta'\right) \tag{4.252a}$$

aus (4.246), die mit der Substitution (4.240) in die Formfunktion

$$N_{16}\left(\xi,\eta,\zeta\right)=\frac{1}{4}\left(1-\zeta^2\right)(1-\xi)(1+\eta) \tag{4.252b}$$

aus (4.250) übergeht.

Die Auflistung N_i, $i=1,2,\ldots,20$ in der Spaltenmatrix (4.250) entspricht einer Knotennummerierung gemäß Bild 4.46 links.

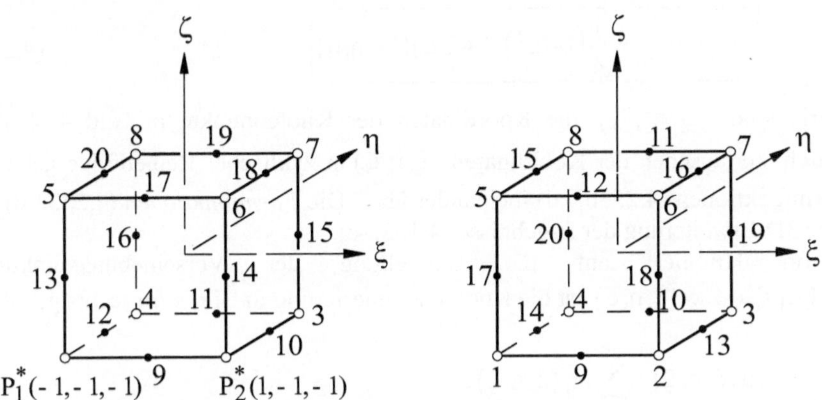

Bild 4.46 Master-Würfel der Ordnung p=2 der SERENDIPITY-Klasse mit unterschiedlichen Knotennummerierungen; $-1\le\left(\xi,\eta,\zeta\right)\le1$

Die Zuordnung der unterschiedlichen Knotennummerierungen ist in Tabelle 4.3 ersichtlich.

Tabelle 4.3 Zuordnung der unterschiedlichen Knotennummerierungen in Bild 4.46

Ebene $\xi=0$				Ebene $\eta=0$				Ebene $\zeta=0$			
9	11	19	17	10	12	20	18	13	14	15	16
9	10	11	12	13	14	15	16	17	18	19	20

Die *Formfunktionen*, die in der Spaltenmatrix (4.250) aufgelistet sind, können in vier Gruppen aufgeteilt werden.

I) Eckpunkte $(i = 1$ bis $8)$:

$$N_i\left(\xi,\eta,\zeta\right)=\frac{1}{8}\left(1+\xi_i\xi\right)\left(1+\eta_i\eta\right)\left(1+\zeta_i\zeta\right)\left(\xi_i\xi+\eta_i\eta+\zeta_i\zeta-2\right)$$

(4.253a)

II) Kantenmitten $\left(\text{Ebene }\xi = 0;\ i = 9,11,19,17\right)$:

$$N_i\left(\xi,\eta,\zeta\right)=\frac{1}{4}\left(1-\xi^2\right)\left(1+\eta_i\eta\right)\left(1+\zeta_i\zeta\right)$$

(4.253b)

III) Kantenmitten $\left(\text{Ebene }\eta = 0;\ i = 10,12,20,18\right)$:

$$N_i\left(\xi,\eta,\zeta\right)=\frac{1}{4}\left(1-\eta^2\right)\left(1+\zeta_i\zeta\right)\left(1+\xi_i\xi\right)$$

(4.253c)

IV) Kantenmitten $\left(\text{Ebene }\zeta = 0;\ i = 13$ bis $16\right)$:

$$N_i\left(\xi,\eta,\zeta\right)=\frac{1}{4}\left(1-\zeta^2\right)\left(1+\xi_i\xi\right)\left(1+\eta_i\eta\right)$$

(4.253d)

Darin sind $\left(\xi_i,\eta_i,\zeta_i\right)$ die Koordinaten der Knotenpunkte in Bild 4.46 links. Durch Vertauschen der Koordinaten $\left(\xi,\eta,\zeta\right)$ in zyklischer Reihenfolge gehen die Formfunktionen (4.253b,c,d) ineinander über. Die *Formfunktionen* (4.253a-d) sind eine 3D-Erweiterung der Ergebnisse (4.133a-c).

Im Hinblick auf die Darstellung der Verschiebungsfunktionen $u\left(\xi,\eta,\zeta\right),...,w\left(\xi,\eta,\zeta\right)$ ist die Knotennummerierung in Bild 4.46 rechts günstiger:

$$\begin{aligned}
u\left(\xi,\eta,\zeta\right) &= \sum_{i=1}^{20} N_i\left(\xi,\eta,\zeta\right)u_i \\
&= \sum_{i=1}^{8}\frac{1}{8}\left(1+\xi_i\xi\right)\left(1+\eta_i\eta\right)\left(1+\zeta_i\zeta\right)\left(\xi_i\xi+\eta_i\eta+\zeta_i\zeta-2\right)u_i \\
&\quad + \sum_{i=9}^{12}\frac{1}{4}\left(1-\xi^2\right)\left(1+\eta_i\eta\right)\left(1+\zeta_i\zeta\right)u_i \\
&\quad + \sum_{i=13}^{16}\frac{1}{4}\left(1-\eta^2\right)\left(1+\zeta_i\zeta\right)\left(1+\xi_i\xi\right)u_i \\
&\quad + \sum_{i=17}^{20}\frac{1}{4}\left(1-\zeta^2\right)\left(1+\xi_i\xi\right)\left(1+\eta_i\eta\right)u_i\,.
\end{aligned}$$

(4.254)

Darin sind die Formfunktionen $N_i(\xi,\eta,\zeta)$ **formal** identisch mit (4.253a-d). Der Unterschied liegt in der Knotennummerierung (ξ_i,η_i,ζ_i) gemäß Bild 4.46a,b bzw. Tabelle 4.3.

Fügt man auf jeder Kante zu den 8 Eckpunkten **zwei** Knotenpunkte hinzu, so erhält man ein *kubisches SERENDIPITY-Element* $(p=3)$ mit $n=32$ Knotenpunkten (Bild 4.47).

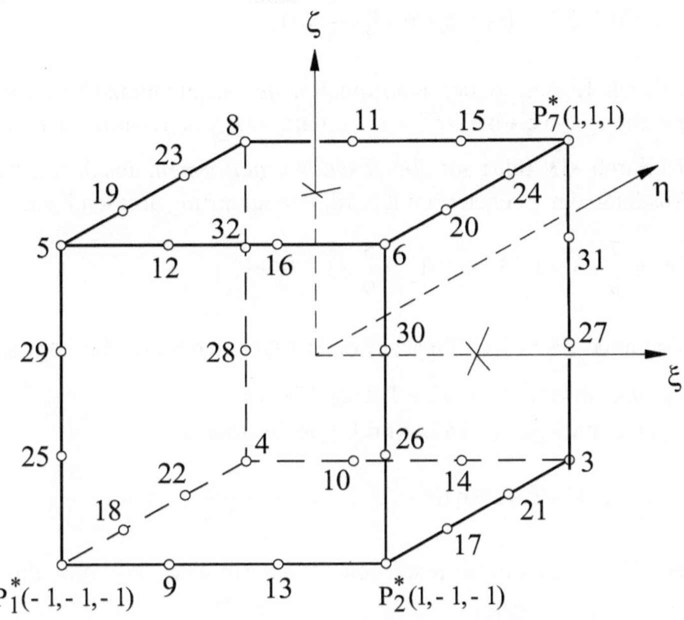

Bild 4.47 Master-Würfel der Ordnung $p=3$ der SERENDIPITY-Klasse mit 32 Knotenpunkten; $-1 \le (\xi,\eta,\zeta) \le 1$

Die Knotennummerierung auf den 12 Kanten ist in Tabelle 4.4 verdeutlicht.

Tabelle 4.4 Knotennummerierung auf den Kanten des in Bild 4.47 dargestellten Master-Würfels

Ebene $\xi=-\frac{1}{3}$ & $\xi=\frac{1}{3}$	Ebene $\eta=-\frac{1}{3}$ & $\eta=\frac{1}{3}$	Ebene $\zeta=-\frac{1}{3}$ & $\zeta=\frac{1}{3}$
9 bis 12 & 13 bis 16	17 bis 20 & 21 bis 24	25 bis 28 & 29 bis 32

Als „Repräsentant" für die acht Eckpunkte $(\xi=\pm1, \eta=\pm1, \zeta=\pm1)$ kann die Formfunktion N_7 herangezogen werden, die in $P^*_7(1,1,1)$ den Wert **eins** besitzt und in allen anderen Punkten verschwinden muss. Mit Ausnahme der Knotenpunkte 15-24-31 und 11-20-27 verschwindet N_7 auf den Seitenflächen $\xi = -1$, $\eta = -1$ und $\zeta = -1$. Die erwähnten Knotenpunkte werden hiervon nicht erfasst; sie liegen auf folgenden *Oktaederebenen*:

$$15-24-31: \quad E_1 = \xi + \eta + \zeta - \frac{7}{3} = 0 , \qquad (4.255a)$$

$$11-20-27: \quad E_2 = \xi + \eta + \zeta - \frac{5}{3} = 0 , \qquad (4.255b)$$

die man durch Einsetzen der Koordinaten der Knotenpunkte in die Achsenabschnittsgleichung $a\xi + b\eta + c\zeta = 1$ erhält. Die Division der Gleichungen (4.255a,b) durch $\sqrt{3}$ führt auf die *HESSE-Normalformen*, aus denen man unmittelbar die Abstände der Ebenen vom Koordinatenursprung ablesen kann:

$$d_1 = \frac{7}{9}\sqrt{3} \approx 1,35 \quad \text{und} \quad d_2 = \frac{5}{9}\sqrt{3} \approx 0,96 . \qquad (4.256a,b)$$

Der Knotenpunkt $P_7^*(1,1,1)$ liegt auf einer Oktaederebene, die vom Koordinatenursprung einen Abstand von $\sqrt{3} \approx 1,7321$ besitzt.

Mit den Gleichungen (4.255a,b) führt der Ansatz

$$N_7 = c_7 (1+\xi)(1+\eta)(1+\zeta)\left(\xi + \eta + \zeta - \frac{7}{3}\right)\left(\xi + \eta + \zeta - \frac{5}{3}\right) \qquad (4.257a)$$

zum Ziel. Darin bestimmt man den Ansatzfreiwert c_7 aus der Forderung $N_7(1,1,1) = 1$ zu $c_7 = 9/64$.

Alternativ kann der Ansatz

$$N_7 = C_7 (1+\xi)(1+\eta)(1+\zeta) R(\xi,\eta,\zeta) \qquad (4.257b)$$

gewählt werden. Darin muss das Polynom $R(\xi,\eta,\zeta)$ in den Knotenpunkten 15-24-31 und 11-20-27 verschwinden. Aufgrund der ausgezeichneten Lage dieser Punkte auf Oktaederebenen kann das Polynom als *symmetrische Funktion* in ξ, η, ζ angenommen werden: $R(\xi,\eta,\zeta) = ... = R(\zeta,\eta,\xi)$. Die Koordinaten der genannten Punkte sind durch $\left(\frac{1}{3},1,1\right)$, $\left(1,\frac{1}{3},1\right)$, $\left(1,1,\frac{1}{3}\right)$ und $\left(-\frac{1}{3},1,1\right)$, $\left(1,-\frac{1}{3},1\right)$, $\left(1,1,-\frac{1}{3}\right)$ gegeben, so dass $R(\xi,\eta,\zeta)$ aufgrund der Symmetrie vom Vorzeichenwechsel $\pm 1/3$ nicht beeinflusst werden darf und somit eine gerade Funktion in ξ, η, ζ sein muss. Mithin ist der Ansatz

$$R(\xi,\eta,\zeta) = A + \xi^2 + \eta^2 + \zeta^2 \qquad (4.258)$$

geeignet. Darin bestimmt man den Ansatzfreiwert A aus der Forderung $R\left(\tfrac{1}{3},1,1\right)=0$ oder auch aus $R\left(1,1,-\tfrac{1}{3}\right)=0$ zu $A=-19/9$. Schließlich muss noch C_7 in (4.257b) bestimmt werden. Aus der Forderung $N_7\left(1,1,1\right)=1$ erhält man $C_7=9/64$. Damit geht (4.257) mit (4.258) über in:

$$N_7 = \frac{1}{64}(1+\xi)(1+\eta)(1+\zeta)\left[9\left(\xi^2+\eta^2+\zeta^2\right)-19\right]. \tag{4.259}$$

Zu bemerken ist, dass die Funktion $R\left(\xi,\eta,\zeta\right)$ in (4.257b) für alle Eckpunkte gleich ist. Somit kann (4.259) für alle Eckpunkte folgendermaßen verallgemeinert werden:

Eckpunkte $\left(i=1\text{ bis }8\right)$:

$$\boxed{N_i = \frac{1}{64}(1+\xi_i\xi)(1+\eta_i\eta)(1+\zeta_i\zeta)\left[9\left(\xi^2+\eta^2+\zeta^2\right)-19\right]}. \tag{4.260a}$$

Als „Repräsentant" für die Seitenpunkte können die Formfunktionen N_9, N_{17} und N_{25} gewählt werden, da die Knotenpunkte 9, 17 und 25 auf den Ebenen $\xi=0$, $\eta=0$ und $\zeta=0$ liegen.

Der Ansatz

$$N_9 = c_9\left(1+\xi\right)(1-\xi)(1-\eta)(1-\zeta)(1-3\xi)$$

verschwindet in allen Knotenpunkten mit Ausnahme von Knotenpunkt 9. Darin wird gefordert $N_9\left(-\tfrac{1}{3},-1,-1\right)=1$, woraus $c_9=9/64$ folgt. Mithin gilt:

$$N_9 = \frac{9}{64}\left(1-\xi^2\right)(1-3\xi)(1-\eta)(1-\zeta).$$

Für alle Seitenpunkte, die auf den Ebenen $\xi=\pm 1/3$ liegen, lassen sich die *Formfunktionen* folgendermaßen zusammenfassen:

Seitenpunkte $\left(\xi_i,\eta_i,\zeta_i\right)=\left(\pm\tfrac{1}{3},\pm 1,\pm 1\right)\left(\text{Ebene }\xi=\pm\tfrac{1}{3};\ i=9\text{ bis }16\right)$:

$$\boxed{N_i = \frac{9}{64}\left(1-\xi^2\right)(1+9\xi_i\xi)(1+\eta_i\eta)(1+\zeta_i\zeta)}. \tag{4.260b}$$

Entsprechend findet man durch zyklische Vertauschung der Koordinaten ξ,η,ζ die Formfunktionen der Knotenpunkte auf den Ebenen $\eta=\pm 1/3$ und $\zeta=\pm 1/3$ gemäß

Seitenpunkte $(\xi_i, \eta_i, \zeta_i) = (\pm 1, \pm\frac{1}{3}, \pm 1)\left(\text{Ebene } \eta = \pm\frac{1}{3}; \, i = 17 \text{ bis } 24\right)$:

$$\boxed{N_i = \frac{9}{64}\left(1-\eta^2\right)(1+9\eta_i\eta)(1+\zeta_i\zeta)(1+\xi_i\xi)} \quad, \tag{4.260c}$$

Seitenpunkte $(\xi_i, \eta_i, \zeta_i) = (\pm 1, \pm 1, \pm\frac{1}{3})\left(\text{Ebene } \zeta = \pm\frac{1}{3}; \, i = 25 \text{ bis } 32\right)$:

$$\boxed{N_i = \frac{9}{64}\left(1-\zeta^2\right)(1+9\zeta_i\zeta)(1+\xi_i\xi)(1+\eta_i\eta)} \quad. \tag{4.260d}$$

Die Ergebnisse (4.260a-d) sind eine 3D-Erweiterung der Formfunktionen (4.134a-c)

Mit den *Formfunktionen* (4.260a-d) lassen sich die Verschiebungen

$$u(\xi,\eta,\zeta) = \sum_{i=1}^{32} N_i(\xi,\eta,\zeta)\, u_i, \dots, w(\xi,\eta,\zeta) = \sum_{i=1}^{32} N_i(\xi,\eta,\zeta)\, w_i \quad (4.261a,b,c)$$

im Innern des *Master-Würfels* (Bild 4.47) in jeweils vier Teilsummen mit je acht Gliedern zerlegen. Darin sind (u_i, v_i, w_i) die *Knotenverschiebungen*.

Die oben ermittelten Formfunktionen der SERENDIPITY-Klasse für den Master-Würfel (Bilder 4.44 / 4.46 / 4.47) sind in Tabelle 4.5 zusammengestellt.

Tabelle 4.5 Formfunktionen der SERENDIPITY-Klasse für den Master-Würfel

p	Knotenpunkte (ξ_i, η_i, ζ_i)	Formfunktionen $N_i = N_i(\xi,\eta,\zeta)$	Gl.
1	$(\pm 1, \pm 1, \pm 1)$	$\dfrac{1}{8}(1+\xi_i\xi)(1+\eta_i\eta)(1+\zeta_i\zeta)$	(4.239b)
2	$(\pm 1, \pm 1, \pm 1)$	$\dfrac{1}{8}(1+\xi_i\xi)(1+\eta_i\eta)(1+\zeta_i\zeta)(\xi_i\xi+\eta_i\eta+\zeta_i\zeta-2)$	(4.253a)
	$(0, \pm 1, \pm 1)$	$\dfrac{1}{4}\left(1-\xi^2\right)(1+\eta_i\eta)(1+\zeta_i\zeta)$	(4.253b)
	$(\pm 1, 0, \pm 1)$	zyklisch : $\xi \to \eta \to \zeta \to \xi$	(4.253c)
	$(\pm 1, \pm 1, 0)$	zyklisch : $\eta \to \zeta \to \xi \to \eta$	(4.253d)
3	$(\pm 1, \pm 1, \pm 1)$	$\dfrac{1}{64}(1+\xi_i\xi)(1+\eta_i\eta)(1+\zeta_i\zeta)\left[9\left(\xi^2+\eta^2+\zeta^2\right)-19\right]$	(4.260a)
	$(\pm\frac{1}{3}, \pm 1, \pm 1)$	$\dfrac{9}{64}\left(1-\xi^2\right)(1+9\xi_i\xi)(1+\eta_i\eta)(1+\zeta_i\zeta)$	(4.260b)
	$(\pm 1, \pm\frac{1}{3}, \pm 1)$	zyklisch : $\xi \to \eta \to \zeta \to \xi$	(4.260c)
	$(\pm 1, \pm 1, \pm\frac{1}{3})$	zyklisch : $\eta \to \zeta \to \xi \to \eta$	(4.260d)

Je nach Problemstellung sind auch andere Knotenvariable grundlegend, z.B. u_i, $\partial u_i / \partial x$, $\partial u_i / \partial y$, $\partial u_i / \partial z$ in den $i = 1, 2, ..., 8$ Eckpunkten eines finiten *Hexaederelementes*. Hier würde sich ebenfalls ein „kubischer" Ansatz vom SERENDIPITY-*Typ* mit 32 Ansatzfreiwerten anbieten.

Alternativ zu den SERENDIPITY-Elementen können in Erweiterung von Ziffer 4.4 auch *Hexaederelemente* der *LAGRANGE-Klasse* eingesetzt werden. Ihre *Formfunktionen* (*shape functions*) gewinnt man systematisch durch Multiplikation der eindimensionalen *LAGRANGEschen Interpolationsfunktionen* (4.125a,b) und der zusätzlichen Funktion

$$h_i(\zeta) = \frac{(\zeta - \zeta_1)(\zeta - \zeta_2)...(\zeta - \zeta_{i-1})(\zeta - \zeta_{i+1})...(\zeta - \zeta_n)}{(\zeta_i - \zeta_1)(\zeta_i - \zeta_2)...(\zeta_i - \zeta_{i-1})(\zeta_i - \zeta_{i+1})...(\zeta_i - \zeta_n)} \qquad (4.125c)$$

für die 3D-Erweiterung. Die Anzahl (n) in Abhängigkeit vom Polynomgrad (p) erhöht sich gegenüber $n = (1+p)^2$ für den zweidimensionalen Fall (Ziffer 4.4) auf

$$n = (1+p)^3 \text{ mit } p = 0, 1, 2, 3, ... \qquad (4.262)$$

für die 3D-Erweiterung.

Ein finiter *Master-Würfel* vom LAGRANGE-Typ der Ordnung $p = 2$ mit 27 Knotenpunkten ist in Bild 4.48 dargestellt.

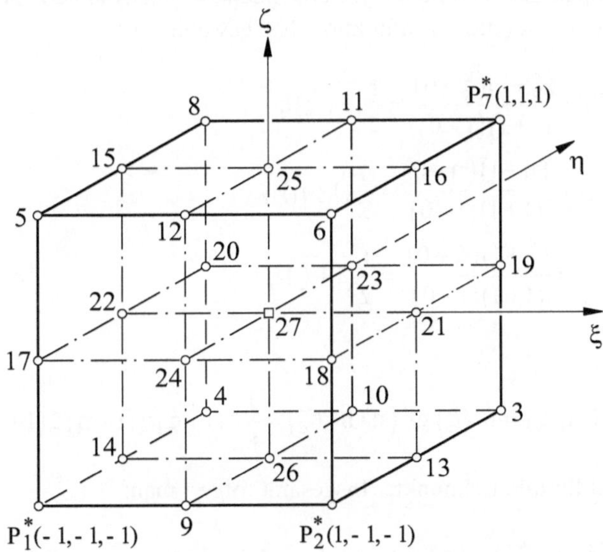

Bild 4.48 Master-Würfel der Ordnung $p = 2$ der LAGRANGE-Klasse mit 27 Knoten

Die in Bild 4.48 eingetragenen Knotenpunkte können in vier Gruppen gemäß Tabelle 4.6 unterteilt werden.

Tabelle 4.6 Knotenpunkte des Master-Würfels der Ordnung $p = 2$ vom LAGRANGE-Typ

Knotenpunkte	Koordinaten (ξ_i, η_i, ζ_i)	Knotennummerierung i	Anzahl
Eckpunkte	$(\pm 1, \pm 1, \pm 1)$	1 bis 8	8
Kantenmitten	$(0, \pm 1, \pm 1)$	9 bis 12	4
	$(\pm 1, 0, \pm 1)$	13 bis 16	4
	$(\pm 1, \pm 1, 0)$	17 bis 20	4
Flächenmitten	$(\pm 1, 0, 0)$	21 und 22	2
	$(0, \pm 1, 0)$	23 und 24	2
	$(0, 0, \pm 1)$	25 und 26	2
Schwerpunkt	$(0, 0, 0)$	27	1

Mit Hilfe der *LAGRANGEschen Interpolationsfunktionen* (4.125a,b,c) lassen sich die Formfunktionen analog Ziffer 4.4 sehr einfach bestimmen. Es genügt, aus den vier Gruppen der Tabelle 4.6 jeweils einen „Repräsentanten" herauszugreifen. Für die Eckpunkte sei die Formfunktion N_7 gewählt. Mit

$$f_7(\xi) = \frac{(\xi+1)(\xi-0)}{(1+1)(1-0)} = \frac{1}{2}(1+\xi)\xi$$

$$g_7(\eta) = \frac{(\eta+1)(\eta-0)}{(1+1)(1-0)} = \frac{1}{2}(1+\eta)\eta$$

$$h_7(\zeta) = \frac{(\zeta+1)(\zeta-0)}{(1+1)(1-0)} = \frac{1}{2}(1+\zeta)\zeta$$

erhält man

$$N_7(\xi,\eta,\zeta) = f_7(\xi)\, g_7(\eta)\, h_7(\zeta) = \frac{1}{8}\xi(1+\xi)\eta(1+\eta)\zeta(1+\zeta)$$

stellvertretend für alle Eckpunkte. Insgesamt folgert man:

Eckpunkte $(\xi_i, \eta_i, \zeta_i) = (\pm 1, \pm 1, \pm 1);\ (p = 2;\ i = 1\ \text{bis}\ 8):$

$$N_i(\xi,\eta,\zeta) = \frac{1}{8}\xi_i\xi(1+\xi_i\xi)\,\eta_i\eta(1+\eta_i\eta)\,\zeta_i\zeta(1+\zeta_i\zeta).$$

(4.263a)

Stellvertretend für die Kantenmitten sei N_9 gewählt. Mit

$$f_9(\xi) = \frac{(\xi-1)(\xi+1)}{(0-1)(0+1)} = 1-\xi^2$$

$$g_9(\eta) = \frac{(\eta-0)(\eta-1)}{(-1-0)(-1-1)} = -\frac{1}{2}\eta(1-\eta)$$

$$h_9(\zeta) = \frac{(\zeta-0)(\zeta-1)}{(-1-0)(-1-1)} = -\frac{1}{2}\zeta(1-\zeta)$$

ergibt sich die Formfunktion N_9 zu

$$N_9(\xi,\eta,\zeta) = f_9(\xi)\,g_9(\eta)\,h_9(\zeta) = \frac{1}{4}\left(1-\xi^2\right)\eta(1-\eta)\zeta(1-\zeta)$$

und somit insgesamt für diese Gruppe:

Kantenmitten $(\xi_i,\eta_i,\zeta_i) = (0,\pm1,\pm1);\,(p = 2;\, i = 9\,\text{bis}\,12):$

$$\boxed{N_i(\xi,\eta,\zeta) = \frac{1}{4}\left(1-\xi^2\right)\eta_i\eta(1+\eta_i\eta)\,\zeta_i\zeta(1+\zeta_i\zeta)} \qquad (4.263b)$$

Durch zyklische Vertauschung der Koordinaten (ξ,η,ζ) gehen hieraus die Formfunktionen N_j, $j = 13$ bis 16, der Knotenpunkte $(\pm1,0,\pm1)$ und N_k, $k = 17$ bis 20 der Knotenpunkte $(\pm1,\pm1,0)$ hervor.

Für die Flächenmitten wähle man beispielsweise N_{21}. Mit

$$f_{21}(\xi) = \frac{(\xi-0)(\xi+1)}{(1-0)(1+1)} = \frac{1}{2}\xi(1+\xi)$$

$$g_{21}(\eta) = \frac{(\eta-1)(\eta+1)}{(0-1)(0+1)} = 1-\eta^2$$

$$h_{21}(\zeta) = \frac{(\zeta-1)(\zeta+1)}{(0-1)(0+1)} = 1-\zeta^2$$

erhält man

$$N_{21}(\xi,\eta,\zeta) = \frac{1}{2}\xi(1+\xi)\left(1-\eta^2\right)\left(1-\zeta^2\right)$$

stellvertretend für die Flächenpunkte. Insgesamt folgert man:

Flächenmitten $(\xi_i,\eta_i,\zeta_i) = (\pm1,\,0,\,0);\,(p = 2;\, i = 21,\,22):$

$$\boxed{N_i(\xi,\eta,\zeta) = \frac{1}{2}\xi_i\xi(1+\xi_i\xi)\left(1-\eta^2\right)\left(1-\zeta^2\right)} \qquad (4.263c)$$

Durch Vertauschung der Koordinaten (ξ,η,ζ) in zyklischer Reihenfolge gehen aus (4.263c) die Formfunktionen $N_{23;24}$ der Knotenpunkte $(0,\pm1,0)$ und $N_{25;26}$ der Knotenpunkte $(0,0,\pm1)$ hervor.

Schließlich erhält man die Formfunktion N_{27} für den Schwerpunkt $(0,0,0)$ nach demselben Schema:

$$f_{27}(\xi)=\frac{(\xi-1)(\xi+1)}{(0-1)(0+1)}=1-\xi^2,\ldots,h(\zeta)=\frac{(\zeta-1)(\zeta+1)}{(0-1)(0+1)}=1-\zeta^2,$$

Schwerpunkt $(\xi_i,\eta_i,\zeta_i)=(0,0,0);(p=2;i=27):$

$$\boxed{N_{27}(\xi,\eta,\zeta)=f_{27}(\xi)g_{27}(\eta)h_{27}(\zeta)=\left(1-\xi^2\right)\left(1-\eta^2\right)\left(1-\zeta^2\right)}.\quad(4.263d)$$

Diese Funktion wird analog (4.129i) bzw. (4.130d) und Bild 4.19c auch als *bubble function* bezeichnet.

Für ein Würfelelement der Ordnung $p=3$ vom LANGRANGE-Typ erhöht sich die Anzahl der Knotenpunkte und damit die Anzahl der Formfunktionen gemäß $n=(1+p)^3$ von $n=27$ für $p=2$ auf $n=64$. Auch diese Menge kann wie in Tabelle 4.6 für $p=2$ auch für $p=3$ in vier Gruppen unterteilt werden (Tabelle 4.7).

Tabelle 4.7 Knotenpunkte des Master-Würfels der Ordnung $p=3$ vom LAGRANGE-Typ

Knotenpunkte	Koordinaten (ξ_i,η_i,ζ_i)	Knoten-nummerierung	Anzahl
Eckpunkte	$(\pm1,\pm1,\pm1)$	1 bis 8	8
Kantenpunkte	$\left(\pm\frac{1}{3},\pm1,\pm1\right)$	9 bis 16	8
	$\left(\pm1,\pm\frac{1}{3},\pm1\right)$	17 bis 24	8
	$\left(\pm1,\pm1,\pm\frac{1}{3}\right)$	25 bis 32	8
Flächenpunkte	$\left(\pm1,\pm\frac{1}{3},\pm\frac{1}{3}\right)$	33 bis 40	8
	$\left(\pm\frac{1}{3},\pm1,\pm\frac{1}{3}\right)$	41 bis 48	8
	$\left(\pm\frac{1}{3},\pm\frac{1}{3},\pm1\right)$	49 bis 56	8
innere Punkte	$\left(\pm\frac{1}{3},\pm\frac{1}{3},\pm\frac{1}{3}\right)$	57 bis 64	8

Aufgrund der systematischen Zuordnung von Koordinaten und Knotennummern ist eine Skizze des Master-Würfels der Ordnung $p=3$ analog Bild 4.48

überflüssig. Zur systematischen Aufstellung der **64** *Formfunktionen* ist Tabelle 4.7 sehr hilfreich. Es genügt, aus jeder Gruppe der Knotenpunkte einen „Stellvertreter" herauszugreifen. Die Gesamtheit der Formfunktionen kann aufgrund der zentralen Lage des Koordinatenursprungs im Schwerpunkt des Würfels bzw. der Symmetrien in (ξ,η,ζ) durch zyklische Vertauschungen gewonnen werden, wie im Folgenden gezeigt wird.

Stellvertretend für die erste Gruppe sei der Eckpunkt $(1,1,1)$ gewählt. Mit

$$\left[f(\xi)\right]_{(1,1,1)} = \frac{(\xi+1)\left(\xi+\frac{1}{3}\right)\left(\xi-\frac{1}{3}\right)}{(1+1)\left(1+\frac{1}{3}\right)\left(1-\frac{1}{3}\right)} = -\frac{1}{16}(1+\xi)\left(1-9\xi^2\right)$$

und $\left[g(\eta)\right]_{(1,1,1)}$, $\left[h(\zeta)\right]_{(1,1,1)}$ in zyklischer Reihenfolge $(\xi,\eta,\zeta)\to(\eta,\zeta,\xi)\to(\zeta,\xi,\eta)$ erhält man

$$\left[N(\xi,\eta,\zeta)\right]_{(1,1,1)} = \left[f(\xi)g(\eta)h(\zeta)\right]_{(1,1,1)} =$$

$$= -\frac{1}{4096}\left(1-9\xi^2\right)\left(1-9\eta^2\right)\left(1-9\zeta^2\right)(1+\xi)(1+\eta)(1+\zeta)$$

stellvertretend für alle Eckpunkte. Insgesamt folgert man:

Eckpunkte $\left(\xi_i,\eta_i,\zeta_i\right) = (\pm 1,\pm 1,\pm 1);\ (p = 3):$

$$\boxed{N_i\left(\xi,\eta,\zeta\right) = -\frac{1}{4096}\left(1-9\xi^2\right)\left(1-9\eta^2\right)\left(1-9\zeta^2\right)(1+\xi_i\xi)(1+\eta_i\eta)(1+\zeta_i\zeta)}$$

$$(4.264a)$$

Stellvertretend für die Kantenpunkte sei der Knotenpunkt $\left(-\frac{1}{3},1,-1\right)$ gewählt. Mit

$$\left[f(\xi)\right]_{\left(-\frac{1}{3},1,-1\right)} = \frac{(\xi-1)(\xi+1)\left(\xi-\frac{1}{3}\right)}{\left(-\frac{1}{3}-1\right)\left(-\frac{1}{3}+1\right)\left(-\frac{1}{3}-\frac{1}{3}\right)} = \frac{9}{16}\left(1-\xi^2\right)(1-3\xi)$$

$$\left[g(\eta)\right]_{\left(-\frac{1}{3},1,-1\right)} = \frac{(\eta+1)\left(\eta+\frac{1}{3}\right)\left(\eta-\frac{1}{3}\right)}{(1+1)\left(1+\frac{1}{3}\right)\left(1-\frac{1}{3}\right)} = -\frac{1}{16}(1+\eta)\left(1-9\eta^2\right)$$

$$\left[h(\zeta)\right]_{\left(-\frac{1}{3},1,-1\right)} = \frac{(\zeta-1)\left(\zeta-\frac{1}{3}\right)\left(\zeta+\frac{1}{3}\right)}{(-1-1)\left(-1-\frac{1}{3}\right)\left(-1+\frac{1}{3}\right)} = -\frac{1}{16}(1-\zeta)\left(1-9\zeta^2\right)$$

erhält man folgende *Formfunktion*

$$\left[N(\xi,\eta,\zeta)\right]_{\left(-\frac{1}{3},1,-1\right)} = \left[f(\xi)g(\eta)h(\zeta)\right]_{\left(-\frac{1}{3},1,-1\right)}$$

$$= \frac{9}{4096}\left(1-\xi^2\right)\left(1-9\eta^2\right)\left(1-9\zeta^2\right)(1-3\xi)(1+\eta)(1-\zeta)$$

und somit insgesamt für diese Untergruppe:

Kantenpunkte $\left(\xi_i,\eta_i,\zeta_i\right) = \left(\pm\frac{1}{3},\pm1,\pm1\right); (p=3):$

$$\boxed{N_i\left(\xi,\eta,\zeta\right) = \frac{9}{4096}\left(1-\xi^2\right)\left(1-9\eta^2\right)\left(1-9\zeta^2\right)(1+3\xi_i\xi)(1+\eta_i\eta)(1+\zeta_i\zeta)}\quad.(4.264\text{b})$$

Daraus erhält man durch Vertauschung der Koordinaten (ξ,η,ζ) in zyklischer Reihenfolge die *Formfunktionen* für die Knotenpunkte $P\left(\pm1,\pm\frac{1}{3},\pm1\right)$ und $P\left(\pm1,\pm1,\pm\frac{1}{3}\right)$.

Stellvertretend für die *Flächenpunkte* (Tabelle 4.7) sei der Knotenpunkt $\left(\frac{1}{3},1,-\frac{1}{3}\right)$ gewählt. Mit

$$\left[f(\xi)\right]_{\left(\frac{1}{3},1,-\frac{1}{3}\right)} = \frac{(\xi-1)(\xi+1)\left(\xi+\frac{1}{3}\right)}{\left(\frac{1}{3}-1\right)\left(\frac{1}{3}+1\right)\left(\frac{1}{3}+\frac{1}{3}\right)} = \frac{9}{16}\left(1-\xi^2\right)(1+3\xi)$$

$$\left[g(\eta)\right]_{\left(\frac{1}{3},1,-\frac{1}{3}\right)} = \frac{(\eta+1)\left(\eta+\frac{1}{3}\right)\left(\eta-\frac{1}{3}\right)}{(1+1)\left(1+\frac{1}{3}\right)\left(1-\frac{1}{3}\right)} = -\frac{1}{16}(1+\eta)\left(1-9\eta^2\right)$$

$$\left[h(\zeta)\right]_{\left(\frac{1}{3},1,-\frac{1}{3}\right)} = \frac{(\zeta-1)\left(\zeta-\frac{1}{3}\right)(\zeta+1)}{\left(-\frac{1}{3}-1\right)\left(-\frac{1}{3}-\frac{1}{3}\right)\left(-\frac{1}{3}+1\right)} = \frac{9}{64}\left(1-\zeta^2\right)(1-3\zeta)$$

erhält man die *Formfunktion*

$$\left[N(\xi,\eta,\zeta)\right]_{\left(\frac{1}{3},1,-\frac{1}{3}\right)} = \left[f(\xi)g(\eta)h(\zeta)\right]_{\left(\frac{1}{3},1,-\frac{1}{3}\right)}$$

$$= \frac{-81}{4096}\left(1-9\eta^2\right)\left(1-\zeta^2\right)\left(1-\xi^2\right)(1+\eta)(1-3\zeta)(1+3\xi)$$

und somit insgesamt für diese Untergruppe:

Flächenpunkte $\left(\xi_i,\eta_i,\zeta_i\right) = \left(\pm\frac{1}{3},\pm1,\pm\frac{1}{3}\right); (p=3):$

$$\boxed{N_i\left(\xi,\eta,\zeta\right) = \frac{-81}{4096}\left(1-9\eta^2\right)\left(1-\zeta^2\right)\left(1-\xi^2\right)(1+\eta_i\eta)(1+3\zeta_i\zeta)(1+3\xi_i\xi)}\quad.(4.264\text{c})$$

Daraus erhält man in zyklischer Reihenfolge $(\eta,\zeta,\xi) \to (\zeta,\xi,\eta) \to (\xi,\eta,\zeta)$ die *Formfunktionen* für die Flächenpunkte $P\left(\pm\frac{1}{3},\pm\frac{1}{3},\pm1\right)$ und $P\left(\pm1,\pm\frac{1}{3},\pm\frac{1}{3}\right)$.

Stellvertretend für die inneren Punkte $P\left(\pm\frac{1}{3},\pm\frac{1}{3},\pm\frac{1}{3}\right)$, die als Eckpunkte einen Würfel der Kantenlänge $2/3$ bilden, sei der Knotenpunkt $\left(\frac{1}{3},\frac{1}{3},\frac{1}{3}\right)$ gewählt. Mit

$$\left[f(\xi)\right]_{\left(\frac{1}{3},\frac{1}{3},\frac{1}{3}\right)} = \frac{(\xi-1)(\xi+1)\left(\xi+\frac{1}{3}\right)}{\left(\frac{1}{3}-1\right)\left(\frac{1}{3}+1\right)\left(\frac{1}{3}+\frac{1}{3}\right)} = \frac{9}{16}\left(1-\xi^2\right)(1+3\xi)$$

und $\left[g(\eta)\right]_{\left(\frac{1}{3},\frac{1}{3},\frac{1}{3}\right)}$, $\left[h(\zeta)\right]_{\left(\frac{1}{3},\frac{1}{3},\frac{1}{3}\right)}$ in zyklischer Reihenfolge erhält man

$$\left[N(\xi,\eta,\zeta)\right]_{\left(\frac{1}{3},\frac{1}{3},\frac{1}{3}\right)} = \frac{729}{4096}\left(1-\xi^2\right)\left(1-\eta^2\right)\left(1-\zeta^2\right)(1+3\xi)(1+3\eta)(1+3\zeta).$$

Daraus folgert man insgesamt für diese Gruppe:

innere Punkte $(\xi_i,\eta_i,\zeta_i) = \left(\pm\frac{1}{3},\pm\frac{1}{3},\pm\frac{1}{3}\right)$; $(p=3)$:

$$\boxed{N_i(\xi,\eta,\zeta) = \frac{729}{4096}\left(1-\xi^2\right)\left(1-\eta^2\right)\left(1-\zeta^2\right)(1+3\xi_i\xi)(1+3\eta_i\eta)(1+3\zeta_i\zeta)}\ . \quad (4.264d)$$

Die Ergebnisse (4.263a-d) bzw. (4.264a-d) sind zur besseren Übersicht in Tabelle 4.8 zusammengestellt und stellen eine 3D-Erweiterung der Ergebnisse (4.130a-d) bzw. (4.131a-d) dar.

Zum Abschluss dieser Ziffer sei vermerkt, dass die Formfunktionen vom LAGRANGE-Typ (Tabelle 4.8) wesentlich einfacher aufzustellen sind als die Formfunktionen der SERENDIPITY-Klasse (Tabelle 4.5). Allerdings besteht ein großer Unterschied in der Anzahl der Knotenpunkte. Ihre Differenz ergibt sich mit (4.262) und (4.244) zu

$$\Delta = (5+p)(1-p)^2 \quad (4.265)$$

mit den Werten $\Delta = 0, 7, 32$ für $p = 1, 2, 3$. Die Anzahl der Formfunktionen vom LAGRANGE-Typ steigt demnach mit dem Polynomgrad (p) wesentlich stärker an als die Anzahl der Formfunktionen der SERENDIPITY-KLASSE, die daher bevorzugt verwendet werden.

Tabelle 4.8 Formfunktionen der LAGRANGE-Klasse für den Master-Würfel

p	(ξ_i,η_i,ζ_i)	$N_i = N_i(\xi,\eta,\zeta)$ mit $X \equiv \xi_i\xi,\dots,Z \equiv \zeta_i\zeta$	Gl.
2	$(\pm1,\pm1,\pm1)$	$\dfrac{1}{8}X(1+X)Y(1+Y)Z(1+Z)$	(4.263a)
	$(0,\pm1,\pm1)$	$\dfrac{1}{4}\left(1-\xi^2\right)Y(1+Y)Z(1+Z)$	(4.263b)
	$(\pm1,0,\pm1)$	zyklisch: $\xi \to \eta \to \zeta \to \xi$	
	$(\pm1,\pm1,0)$	zyklisch: $\eta \to \zeta \to \xi \to \eta$	
	$(\pm1,0,0)$	$\dfrac{1}{2}X(1+X)\left(1-\eta^2\right)\left(1-\zeta^2\right)$	(4.263c)
	$(0,\pm1,0)$	zyklisch: $\xi \to \eta \to \zeta \to \xi$	
	$(0,0,\pm1)$	zyklisch: $\eta \to \zeta \to \xi \to \eta$	
	$(0,0,0)$	$\left(1-\xi^2\right)\left(1-\eta^2\right)\left(1-\zeta^2\right)$	(4.263d)
3	$(\pm1,\pm1,\pm1)$	$-\dfrac{1}{4096}\left(1-\xi^2\right)\cdots\left(1-\zeta^2\right)(1+X)\cdots(1+Z)$	(4.264a)
	$\left(\pm\tfrac{1}{3},\pm1,\pm1\right)$	$\dfrac{9}{4096}\left(1-\xi^2\right)\left(1-9\eta^2\right)\left(1-9\zeta^2\right)\times$ $(1+3X)(1+Y)(1+Z)$	(4.264b)
	$\left(\pm1,\pm\tfrac{1}{3},\pm1\right)$	zyklisch: $\xi \to \eta \to \zeta \to \xi$	
	$\left(\pm1,\pm1,\pm\tfrac{1}{3}\right)$	zyklisch: $\eta \to \zeta \to \xi \to \eta$	
	$\left(\pm1,\pm\tfrac{1}{3},\pm\tfrac{1}{3}\right)$	$-\dfrac{81}{4096}\left(1-9\xi^2\right)\left(1-\eta^2\right)\left(1-\zeta^2\right)\times$ $(1+X)(1+3Y)(1+3Z)$	(4.264c)
	$\left(\pm\tfrac{1}{3},\pm1,\pm\tfrac{1}{3}\right)$	zyklisch: $\xi \to \eta \to \zeta \to \xi$	
	$\left(\pm\tfrac{1}{3},\pm\tfrac{1}{3},\pm1\right)$	zyklisch: $\eta \to \zeta \to \xi \to \eta$	
	$\left(\pm\tfrac{1}{3},\pm\tfrac{1}{3},\pm\tfrac{1}{3}\right)$	$\dfrac{729}{4096}\left(1-\xi^2\right)\left(1-\eta^2\right)\left(1-\zeta^2\right)\times$ $(1+3X)(1+3Y)(1+3Z)$	(4.264d)

4.11 Pentaederelemente

Neben Tetraeder- und Hexaederelementen können *Pentaederelemente* zur Diskretisierung komplizierter Bauteile sehr nützlich sein. Beispielsweise sind spezielle Dreiecksprismen mit den in Ziffer 4.10 behandelten Parallelepipedelementen kombinierbar und können als *Füllelemente* eingesetzt werden.

Ein einfacher Ansatz, der mit „linearen" Tetraeder- und Parallelepipedelementen *kompatibel* ist, enthält im Gegensatz zu (4.231) sechs Ansatzfreiwerte gemäß

$$x = a_1 + a_2\xi + a_3\eta + a_4\zeta + a_5\xi\zeta + a_6\eta\zeta \tag{4.266}$$

(y, z entsprechend) und bildet ein *Pentaederelement* (*Fünfflach*) auf ein *Dreiecksprisma* ab (Bild 4.49).

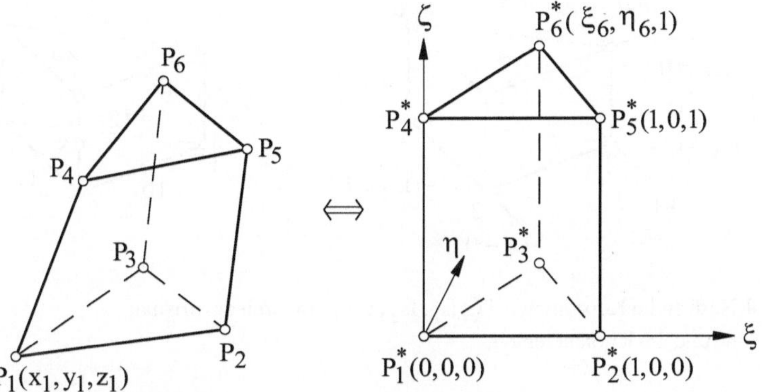

Bild 4.49 Abbildung eines Pentaeders auf ein Dreiecksprisma

In Bild 4.49 ist der Kontenpunkt $P_6^*(\xi_6,\eta_6,1)$ und entsprechend auch $P_3^*(\xi_3 \equiv \xi_6, \eta_3 \equiv \eta_6, 0)$ in der $\xi - \eta$ -Ebene nicht festgelegt. Speziell für $P_3^*(0, 1, 0)$ und $P_6^*(0, 1, 1)$ liegt ein *Einheitskeil* vor, der dadurch entsteht, dass der Einheitswürfel diagonal in ζ -Richtung durchschnitten wird.

Durch Hinzufügen von 9 Kantenmittelpunkten entsteht aus dem in Bild 4.49 dargestellten Prisma ein *15-Knotenelement* der SERENDIPITY-Klasse, das mit Tetraeder- und Parallelepipedelementen der Ordnung $p = 2$ kombinierbar ist. Ein *kompatibler* Ansatz ist in Erweiterung von (4.266) durch

$$x = a_1 + a_2\xi + a_3\eta + a_4\zeta + a_5\xi^2 + a_6\xi\eta + a_7\xi\zeta$$
$$+ a_8\eta^2 + a_9\eta\zeta + a_{10}\zeta^2 + a_{11}\xi^2\zeta + a_{12}\xi\eta\zeta \tag{4.267}$$
$$+ a_{13}\xi\zeta^2 + a_{14}\eta^2\zeta + a_{15}\eta\zeta^2$$

(y, z entsprechend) gegeben.

Die Ansatzfreiwerte a_1 bis a_6 in (4.266) oder a_1 bis a_{15} in (4.267) und die *linearen* oder *quadratischen Formfunktionen* können in gleicher Weise, wie in Ziffer 4.10 ausführlich beschrieben, bestimmt werden. Dabei können die gleichen MAPLE-Programme mit entsprechenden Modifikationen benutzt werden.

Im Folgenden sollen die Formfunktionen nach der direkten Methode ermittelt werden, die wesentlich einfacher ist. Dazu wird der Koordinatenursprung in den Schwerpunkt gelegt, so dass ζ im Bereich $-1 \leq \zeta \leq 1$ variiert. In der $\xi - \eta$ -Ebene werden die natürlichen Koordinaten L_1, L_2, L_3 eingeführt, die aus Ziffer 4.3 für finite Dreieckselemente bekannt sind. Mithin werden die Knotenpunkte entgegen $P_i(\xi_i, \eta_i, \zeta_i)$ durch die Kopplung $P_i(\zeta_i; L_1, L_2, L_3)$ erfasst (Bild 4.50).

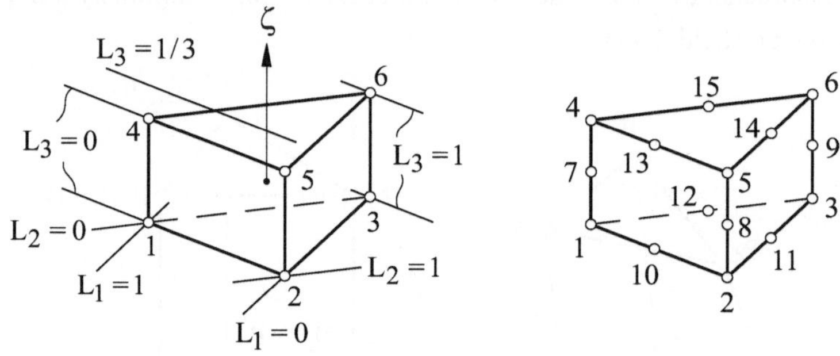

Bild 4.50 Natürliche Koordinaten $(\zeta; L_1, L_2, L_3)$ im Dreiecksprisma;
6- und 15-Knotenelement

Für die Formfunktion N_1 ist der Ansatz

$$N_1 = c_1 L_1 (1 - \zeta)$$

Geeignet. Darin wird die Konstante c_1 aus der Forderung $N_1(\zeta = -1; \; L_1 = 1) \overset{!}{=} 1$ zu $c_1 = 1/2$ bestimmt. Entsprechend gewinnt man N_6 aus dem Ansatz

$$N_6 = c_6 L_3 (1 + \zeta)$$

Mit dem Ansatzfreiwert $c_6 = 1/2$, der sich analog c_1 aus der Forderung $N_6(\zeta = 1; \; L_3 = 1) \overset{!}{=} 1$ ergibt. Insgesamt erhält man für das *6-Knotenprisma*:

$$\boxed{N_i = \frac{1}{2} L_i (1 - \zeta) \quad \bigg| \quad N_{i+3} = \frac{1}{2} L_i (1 + \zeta) \quad \bigg| \quad i = 1, 2, 3} \qquad (4.268\text{a,b})$$

Für die Formfunktion N_1 des *15-Knotenelementes* ist der Ansatz

$$N_1 = c_1 \zeta (1 - \zeta) L_1 \left(L_1 - \frac{1}{2} \right)$$

geeignet. Darin bestimmt man den Ansatzfreiwert c_1 aus der Forderung

$N_1 (\zeta = -1;\ L_1 = 1) \overset{!}{=} 1$ zu $c_1 = -1$. Entsprechend gewinnt man N_6 aus dem Ansatz

$$N_6 = c_6 \zeta (1 + \zeta) L_3 \left(L_3 - \frac{1}{2} \right)$$

mit dem Ansatzfreiwert $c_6 = 1$, der sich aus der Forderung $N_6 (\zeta = 1;\ L_3 = 1) \overset{!}{=} 1$ ergibt. Insgesamt erhält man:

Eckpunkte (1-6):

$$\boxed{\; N_i = -\frac{1}{2} \zeta (1 - \zeta) L_i (2L_i - 1) \quad \Big| \quad N_{i+3} = \frac{1}{2} \zeta (1 + \zeta) L_i (2L_i - 1) \\ i = 1, 2, 3 \;}$$
(4.269a,b)

Für die Knotenpunkte auf den Seitenmitten $(\zeta = 0)$ der Rechtecke erhält man:

Seitenmitten der Rechtecke (7-9):

$$\boxed{N_{i+6} = \left(1 - \zeta^2\right) L_i \; ; \; i = 1, 2, 3}$$
(4.269c)

Die Formfunktion N_{10} kann gemäß

$$N_{10} = c_{10} \zeta (1 - \zeta) L_1 L_2$$

angesetzt werden. Darin ermittelt man den Ansatzfreiwert c_{10} aus der Forderung

$N_{10} (\zeta = -1;\ L_1 = L_2 = 1/2) \overset{!}{=} 1$ zu $c_{10} = -2$. Entsprechend gewinnt man N_{15} aus dem Ansatz

$$N_{15} = c_{15} \zeta (1 + \zeta) L_3 L_1$$

mit dem Ansatzfreiwert $c_{15} = 2$, der sich analog c_{10} aus der Forderung

$N_{15} (\zeta = -1;\ L_1 = L_3 = 1/2) \overset{!}{=} 1$ ergibt. Insgesamt erhält man für die Knotenpunkte auf den Seitenmitten $(L_1 = L_2 = L_3 = 1/2)$ der Dreiecke:

Seitenmitten der Dreiecke (10 bis 15):

$$\boxed{\; N_{i+9} = -2 \zeta (1 - \zeta) L_i L_{i+1} \quad \Big| \quad N_{i+12} = 2 \zeta (1 + \zeta) L_i L_{i+1} \\ i = 1, 2, 3 \;}$$
(4.269d,e)

Man kann beide Formeln gemäß

$$\boxed{N_{i+9} = 2\zeta_i\zeta\left(1+\zeta_i\zeta\right)L_iL_{i+1} \; ; \quad i=1 \text{ bis } 6}$$
(4.269f)

zu einer Formel zusammenfassen mit $\zeta_i = -1$ für $i=1$ bis 3 und $\zeta_i = 1$ für $i=4$ bis 6. Weiterhin ist $L_4 \equiv L_1, \ldots, L_6 \equiv L_3$ und $L_7 \equiv L_1$ zu beachten.

Eine Erweiterung des *15-Knotenelementes* (Bild 4.50) ist das *26-Knotenelement* mit einer Knotennummerierung gemäß Bild 4.51.

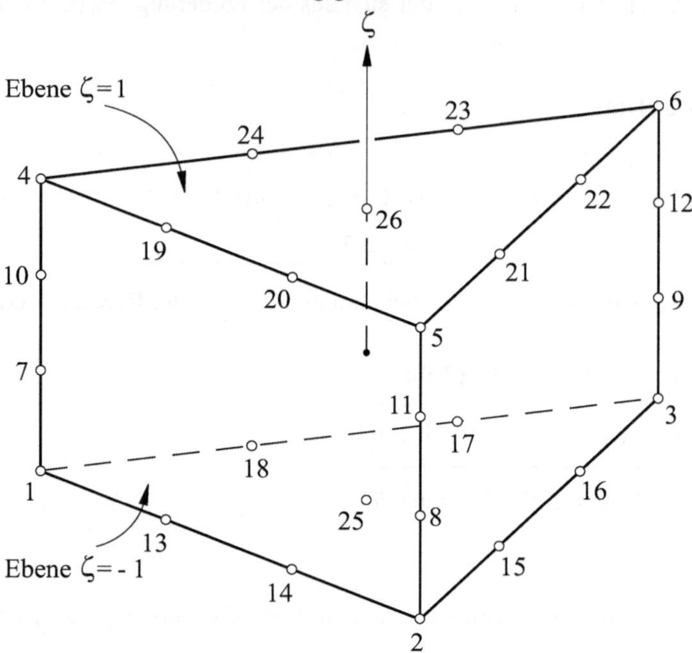

Bild 4.51 Dreiecksprisma mit 26 Knoten (p=3) der SERENDIPITY-Klasse

Die Formfunktion $N_i = N_i\left(\zeta; L_1, L_2, L_3\right)$ des in Bild 4.51 dargestellten Dreiecksprismas lassen sich analog (4.269) bequem nach der direkten Methode bestimmen. Beispielsweise ist der Ansatz

$$N_1 = c_1\left(\zeta+\frac{1}{3}\right)\left(\zeta-\frac{1}{3}\right)(\zeta-1)L_1\left(L_1-\frac{1}{3}\right)\left(L_1-\frac{2}{3}\right)$$

im Hinblick auf die zu erfüllenden Interpolationsforderungen (4.78), (4.80) geeignet. Darin wird der Ansatzfreiwert c_1 aus der Forderung $N_1\left(\zeta=-1; L_1=1\right)\overset{!}{=}1$ zu $c_1 = -81/32$ bestimmt, so dass man

$$N_1 = -\frac{1}{32}\left(1-9\zeta^2\right)(1-\zeta)L_1(3L_1-1)(3L_1-2)$$

erhält. Unter Berücksichtigung von $L_4 \equiv L_1$ erhält man analog:

$$N_4 = -\frac{1}{32}\left(1-9\zeta^2\right)(1+\zeta)L_1(3L_1-1)(3L_1-2) \ .$$

Insgesamt findet man:

Eckpunkte (1 bis 6):

$$\boxed{N_i = -\frac{1}{32}\left(1-9\zeta^2\right)(1+\zeta_i\zeta)L_i(3L_i-1)(3L_i-2) \ , \quad i=1\text{ bis }6} \qquad (4.270a)$$

mit $\zeta_i = -1$ für $i=1$ bis 3 und $\zeta_i = 1$ für $i=4$ bis 6 entsprechend der Lage der Eckpunkte in den Ebenen $\zeta=-1$ und $\zeta=1$.

Für den Seitenknoten ⑦ des Rechtecks $L_3 = 0$ kann man

$$N_7 = c_7(\zeta-1)(\zeta+1)\left(\zeta-\frac{1}{3}\right)L_1$$

ansetzen mit dem Ansatzfreiwert $c_7 = 27/16$, den man aus der Interpolationsforderung $N_7\left(\zeta=-\frac{1}{3}; \ L_1=1\right)\overset{!}{=}1$ bestimmt. Mithin wird

$$N_7 = \frac{9}{16}\left(1-\zeta^2\right)(1-3\zeta)L_1 \ .$$

Ein anderes Beispiel ist der Ansatz

$$N_{12} = c_{12}\left(1-\zeta^2\right)\left(\frac{1}{3}+\zeta\right)L_3$$

mit dem Ansatzfreiwert c_{12}, den man aus der Forderung $N_{12}\left(\zeta=\frac{1}{3}; \ L_3=1\right)\overset{!}{=}1$ zu $c_{12} = 27/16$ bestimmt, so dass gilt:

$$N_{12} = \frac{9}{16}\left(1-\zeta^2\right)(1+3\zeta)L_3 \ .$$

Insgesamt erhält man:

Seitenknoten der Rechtecke (7 bis 12):

$$\boxed{N_{i+6} = \frac{9}{16}\left(1-\zeta^2\right)(1+9\zeta_i\zeta)L_i \ ; \quad i=1\text{ bis }6} \qquad (4.270b)$$

mit $\zeta_i = -1/3$ für $i = 1$ bis 3 und $\zeta_i = 1/3$ für $i = 4$ bis 6 entsprechend der Lage der Knotenpunkte in den Ebenen $\zeta = -1/3$ und $\zeta = 1/3$.

Für den Seitenknoten 13 des Dreiecks $\zeta = -1$ ist der Ansatz

$$N_{13} = c_{13}\left(\zeta + \frac{1}{3}\right)\left(\zeta - \frac{1}{3}\right)(\zeta - 1)L_1\left(L_1 - \frac{1}{3}\right)L_2$$

geeignet mit dem Ansatzfreiwert $c_{13} = -243/32$, den man aus der Forderung

$$N_{13}\left(\zeta = -1;\ L_1 = \frac{2}{3}, L_2 = \frac{1}{3}\right) \overset{!}{=} 1$$

bestimmt, so dass man

$$N_{13} = -\frac{9}{32}\left(1 - 9\zeta^2\right)(1 - \zeta)L_1(3L_1 - 1)L_2$$

erhält. Vertauscht man darin L_1 und L_2, so bekommt man die Formfunktion N_{14} des geradzahligen Knoten 14, der auf derselben Kante liegt wie der Punkt 13.

Ein anderes Beispiel ist das Paar

$$N_{23} = -\frac{9}{32}\left(1 - 9\zeta^2\right)(1 + \zeta)L_3(3L_3 - 1)L_1$$

$$N_{24} = -\frac{9}{32}\left(1 - 9\zeta^2\right)(1 + \zeta)L_1(3L_1 - 1)L_3$$

zu den Punkten 23 und 24, die auf derselben Kante liegen. Durch Vertauschen von L_1 und L_3 geht N_{23} in N_{24} über und umgekehrt. Man beobachtet weiterhin, dass N_{15} und N_{17} aus N_{13} hervorgeht durch Vertauschen der L_i und L_{i+1} in zyklischer Reihenfolge: $(L_1, L_2) \rightarrow (L_2, L_3) \rightarrow (L_3, L_1)$. Entsprechendes beobachtet man für die Formfunktionen der geradzahligen Knotenpunkte 14, 16, 18 usw. Aufgrund dieser Regelmäßigkeiten kann man die *Formfunktionen* der ungeraden und geradzahligen Seitenknoten der Dreiecke $\zeta = \mp 1$ folgendermaßen zusammenfassen:

Seitenknoten der Dreiecke (13, 15, 17; 19, 21, 23):

$$\boxed{N_{2i+11} = -\frac{9}{32}\left(1 - 9\zeta^2\right)(1 + \zeta_i\zeta)L_i(3L_i - 1)L_{i+1}\ ;\quad i = 1 \text{ bis } 6} \qquad (4.270c)$$

mit $\zeta_i = -1$ für $i = 1, 2, 3$, d.h. für die ungeraden Knotenpunkte 13, 15, 17 in der Ebene $\zeta = -1$ und mit $\zeta_i = 1$ für $i = 4, 5, 6$, d.h. für die ungeraden Knotenpunkte 19, 21, 23 in der Ebene $\zeta = 1$. Zu beachten ist: $L_4 \equiv L_1, \ldots, L_6 \equiv L_3$ und $L_7 \equiv L_1$.

Seitenknoten der Dreiecke (14, 16, 18; 20, 22, 24):

$$\boxed{N_{2(i+6)} = -\frac{9}{32}\left(1-9\zeta^2\right)\left(1+\zeta_i\zeta\right)L_{i+1}\left(3L_{i+1}-1\right)L_i \ ; \ i=1 \text{ bis } 6} \qquad (4.270\mathrm{d})$$

mit $\zeta_i = -1$ für $i = 1,\ 2,\ 3$, d.h. für die geradzahligen Knotenpunkte 14, 16, 18 in der Ebene $\zeta = -1$ und mit $\zeta_i = 1$ für $i = 4,\ 5,\ 6$, d.h. für die geradzahligen Knotenpunkte 20, 22, 24 in der Ebene $\zeta = 1$.

Die *Formfunktionen* der Schwerpunkte 25 und 26 der beiden Dreiecke können nach obigem Muster ermittelt werden:

Schwerpunkte (25, 26) der Dreiecke:

$$\boxed{N_{25;26} = -\frac{27}{16}\left(1-9\zeta^2\right)\left(1\mp\zeta\right)L_1L_2L_3} \ . \qquad (4.270\mathrm{e})$$

Zur besseren Übersicht sind die Ergebnisse (4.269) und (4.270) in Tabelle 4.9 zusammengefasst.

Man beachte, dass in (4.270b) die Werte ζ_i im Textteil und in der Tabelle 4.9 aus formalen Gründen unterschiedlich definiert sind, nämlich $\zeta_i = \mp 1/3$ im Textteil und $\zeta_i = \mp 1$ in der Tabelle.

Die in Tabelle 4.9 zugrunde gelegten *Dreiecksprismen* (Bilder 4.50 und 4.51) enthalten keine Knotenpunkte im Innern und sind daher vom SERENDIPITY-*Typ*. Die Anzahl der aufgelisteten Formfunktionen ergeben sich folgendermaßen.

Die beiden Dreiecke $\zeta = \pm 1$ sind, isoliert betrachtet, vom LAGRANGEschen Typ (Ü4.3.2) und besitzen je $n = (p+1)(p+2)/2$ Knotenpunkte gemäß (4.197). Hinzu kommen auf jeder Hochkante der Rechtecke $p-1$ Knotenpunkte. Mithin sind

$$n = (p+1)(p+2)+3(p-1) \qquad (4.271)$$

Knotenpunkte in den Bildern 4.50 und 4.51 zu finden. Beim Dreiecksprisma vom *LAGRANGE-Typ* setzt sich die Anzahl der Knotenpunkte „schichtweise" unter Berücksichtigung von (4.197) gemäß

$$n = (p+1)(p+2)+\frac{1}{2}(p-1)(p+1)(p+2)$$

zusammen. Diese Beziehung lässt sich in der faktorisierten Form

$$n = \frac{1}{2}(p+2)(p+1)^2 \qquad (4.272)$$

darstellen.

Tabelle 4.9 Formfunktionen der SERENDIPITY-Klasse für das Dreiecksprisma
$i=1$ bis 6; $\zeta_i = -1$ für $i=1$ bis 3; $\zeta_i = 1$ für $i=4$ bis 6; $L_4 \equiv L_1$ zykl.

p	Bild	Knoten	Formfunktionen $N_i = N_i\left(\zeta; L_1, L_2, L_3\right)$	Gl.
1	4.50	P_i	$N_i = \dfrac{1}{2}\left(1 + \zeta_i \zeta\right) L_i$	(4.268a,b)
2	4.50	P_i	$N_i = \dfrac{1}{2}\zeta_i \zeta \left(1 + \zeta_i \zeta\right) L_i \left(2 L_i - 1\right)$	(4.269a,b)
		P_{i+6}	$N_{i+6} = \left(1 - \zeta^2\right) L_i$; $i = 1,2,3$	(4.269c)
		P_{i+9}	$N_{i+9} = 2\zeta_i \zeta \left(1 + \zeta_i \zeta\right) L_i L_{i+1}$	(4.269d,e)
3	4.51	P_i	$N_i = -\dfrac{1}{32}\left(1 - 9\zeta^2\right)\left(1 + \zeta_i \zeta\right) L_i \left(3 L_i - 1\right)\left(3 L_i - 2\right)$	(4.270a)
		P_{i+6}	$N_{i+6} = \dfrac{9}{16}\left(1 - \zeta^2\right)\left(1 + 9\zeta_i \zeta\right) L_i$	(4.270b)
		P_{2i+11}	$N_{2i+11} = -\dfrac{9}{32}\left(1 - 9\zeta^2\right)\left(1 + \zeta_i \zeta\right) L_i \left(3 L_i - 1\right) L_{i+1}$	(4.270c)
		$P_{2(i+6)}$	$N_{2(i+6)} = -\dfrac{9}{32}\left(1 - 9\zeta^2\right)\left(1 + \zeta_i \zeta\right) L_{i+1} \left(3 L_{i+1} - 1\right) L_i$	(4.270d)
		$P_{25;26}$	$N_{25;26} = -\dfrac{27}{16}\left(1 - 9\zeta^2\right)\left(1 \mp \zeta\right) L_1 L_2 L_3$	(4.270e)

Demnach besitzen *Dreiecksprismen* vom *LAGRANGE-Typ* eine um

$$\Delta = \frac{1}{2}(p+4)(p-1)^2 \tag{4.273}$$

größere Anzahl von Knoten als Dreiecksprismen vom *SERENDIPITY-Typ*. Für $p = 2$ und $p = 3$ ist der Unterschied $\Delta = 3$ und $\Delta = 14$. Aus Platzgründen werden die Formfunktionen für Dreiecksprismen vom LAGRANGE-Typ im Folgenden nicht aufgestellt.

4.12 Isoparametrische räumliche Elemente

Das *isoparametrische Konzept* ist ausführlich in Ziffer 4.7 unter Beschränkung auf ebene Elemente behandelt worden. Darüber hinaus findet man in Ziffer 4.8 Hinweise, wie man *konforme Abbildungen* im *isoparametrischen* bzw. *subparametrischen Konzept* der FEM einsetzen kann.

Die Güte des isoparametrischen Konzeptes kann sehr einfach am Beispiel einer isoparametrischen Abbildung des Master-Quadrates auf den Einheitskreis getestet werden.

Dazu genügt es, die Seite $\xi = 1$ des biquadratischen Master-Quadrates vom LAGRANGE- oder SERENDIPITY-Typ (Bild 4.22) mit den Knotenpunkten ②,⑥,③ näherungsweise unter Beachtung von (4.138a,b) und (4.140) auf ein Viertel des Einheitskreises abzubilden:

$$x(1,\eta) = N_2(1,\eta)x_2 + N_3(1,\eta)x_3 + N_6(1,\eta)x_6 , \tag{4.274a}$$

$$y(1,\eta) = N_2(1,\eta)y_2 + N_3(1,\eta)y_3 + N_6(1,\eta)y_6 . \tag{4.274b}$$

Die Formfunktionen erhält man aus (4.129b,c,f) bzw. (4.133a,c) zu

$$N_2(1,\eta) = -\frac{1}{2}(1-\eta)\eta, \quad N_3(1,\eta) = \frac{1}{2}(1+\eta)\eta, \quad N_6(1,\eta) = 1-\eta^2 . \tag{4.275a,b,c}$$

Die Punkte ②,⑥,③ auf dem Einheitskreis haben die Koordinaten $P_2(1,0)$, $P_3(0,1)$, $P_6(1/\sqrt{2}, 1/\sqrt{2})$, so dass (4.274a,b) mit (4.275a,b,c) in die Abbildung

$$x(1,\eta) = -\frac{1}{2}(1-\eta)\eta + \frac{1}{2}\sqrt{2}\left(1-\eta^2\right) \tag{4.276a}$$

$$y(1,\eta) = \frac{1}{2}(1+\eta)\eta + \frac{1}{2}\sqrt{2}\left(1-\eta^2\right) \tag{4.276b}$$

übergeht, die im Folgenden MAPLE -Programm dargestellt ist (Bild 4.52).

>

⊙ 4.12-1.mws

> x(1,eta):=-1/2*(1-eta)*eta+(1-eta^2)/sqrt(2);

$$x(1, \eta) := -\frac{(1-\eta)\,\eta}{2} + \frac{(1-\eta^2)\sqrt{2}}{2}$$

> y(1,eta):=1/2*(1+eta)*eta+(1-eta^2)/sqrt(2);

$$y(1, \eta) := \frac{(1+\eta)\,\eta}{2} + \frac{(1-\eta^2)\sqrt{2}}{2}$$

> plot1:=plot([x(1,eta),y(1,eta),eta=1..1],scaling=constrained,thickness=2):
> plot2:=plot(sqrt(1-x^2),x=0..1,color=black,scaling=constrained):
> plots[display]({plot1,plot2});
>

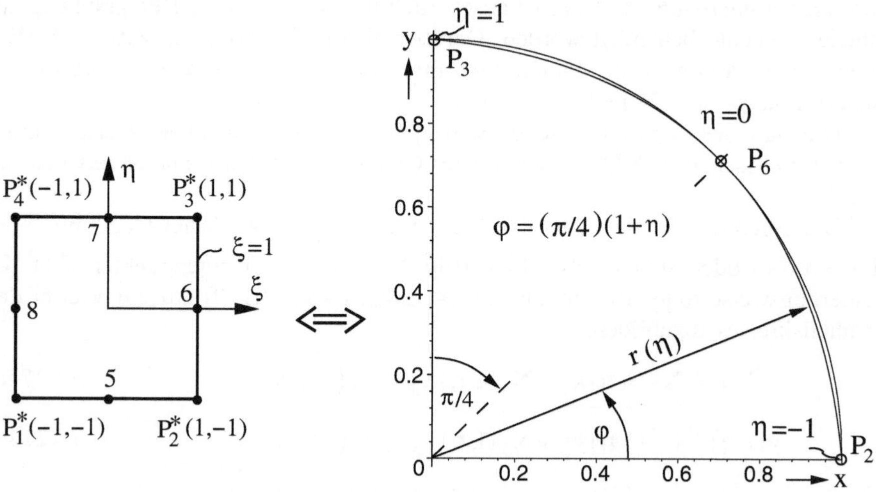

Bild 4.52 Isoparametrische Abbildung des Master-Quadrates auf den Einheitskreis

Zu den Aufgaben der *Approximationstheorie* gehört es, eine durch einen analytischen Ausdruck definierte Funktion $y(x)$, hier der Einheitskreis $y(x) = \sqrt{1-x^2}$ bzw. $r(\eta) = 1$, in einem bestimmten Intervall durch eine *Ersatzfunktion* $\tilde{y}(x)$, hier die isoparametrische Abbildung $r(\eta)$, optimal zu approximieren. Zur Lösung dieser Aufgabe kann die L_2-*Fehlernorm* minimiert werden:

$$\left\| \tilde{y}(x) - y(x) \right\|_2 := \sqrt{\int_0^1 \left[\tilde{y}(x) - y(x) \right]^2 \, dx} \stackrel{!}{=} \text{Minimum} \tag{4.277}$$

Die Güte der Approximation in Bild 4.52 kann an der L_2-Fehlernorm

$$L_2 = \sqrt{\int_{-1}^{1} \left[r(\eta) - 1 \right]^2 d\eta} \qquad (4.278)$$

gemessen werden, die mit Hilfe des folgenden MAPLE-Programms zu $L_2 = 0,0097 < 1\%$ bestimmt wird.

```
>                                                    ⊙ 4.12-2.mws
> x:=-1/2*(1-eta)*eta+(1-eta^2)/sqrt(2):
> y:=1/2*(1+eta)*eta+(1-eta^2)/sqrt(2):
> rr:=x^2+y^2:
> rr:=expand(%):
> rr:=factor(%):
> r:=+sqrt(%):
> L_[2]:=evalf(sqrt(int((1-r)^2,eta=-1..1)));
```

$$\boxed{L_{-2} := 0.009728103616}$$

```
> plot(1-r,eta=-1..1):
>
```

Darin werden die einzelnen Rechenschritte ausgedruckt, wenn man die Doppelpunkte durch Semikola ersetzt.

Es wäre sinnvoll, das Integral unterhalb der Wurzel in (4.278) auf die Länge des Integrationsintervalls zu beziehen. Damit würde man einen L_2-Wert von $L_2 = 0.0068787$ erhalten, der um den Faktor $1/\sqrt{2}$ kleiner ist als der im MAPLE-Programm ausgewiesene Wert.

Zur Verbesserung der Approximation können kubische Formfunktionen der SERENDIPITY-Klasse gewählt werden. Die Seite $\xi = 1$ in Bild 4.24 wird isoparametrisch auf eine verbesserte Näherung abgebildet, die mit dem Einheitskreis vier Punkte gemeinsam hat: $P_2(1, 0)$, $P_3(0, 1)$, $P_7\left(\cos\dfrac{\pi}{6}, \sin\dfrac{\pi}{6}\right)$, $P_8\left(\cos\dfrac{\pi}{3}, \sin\dfrac{\pi}{3}\right)$.

Analog (4.275a,b,c) erhält man aus (4.134a,b) folgende Formfunktionen

$$N_2(1,\eta) = -\frac{1}{16}(1-\eta)\left(1-9\eta^2\right), \quad N_3(1,\eta) = -\frac{1}{16}(1+\eta)\left(1-9\eta^2\right), \quad (4.279a,b)$$

$$N_7(1,\eta) = \frac{9}{16}\left(1-\eta^2\right)(1-3\eta), \quad N_8(1,\eta) = \frac{9}{16}\left(1-\eta^2\right)(1+3\eta) \quad (4.279c,d)$$

und damit unter Berücksichtigung der Koordinaten (x_i, y_i) der Punkte P_2, P_3, P_7, P_8 schließlich die Abbildung

$$x(1,\eta) = -\frac{1}{16}(1-\eta)\left(1-9\eta^2\right) + \frac{9}{16}\left(1-\eta^2\right)(1-3\eta)\cos\frac{\pi}{6}$$
$$+ \frac{9}{16}\left(1-\eta^2\right)(1+3\eta)\cos\frac{\pi}{3} \tag{4.280a}$$

$$y(1,\eta) = -\frac{1}{16}(1+\eta)\left(1-9\eta^2\right) + \frac{9}{16}\left(1-\eta^2\right)(1-3\eta)\sin\frac{\pi}{6}$$
$$+ \frac{9}{16}\left(1-\eta^2\right)(1+3\eta)\sin\frac{\pi}{3} \tag{4.280b}$$

die gegenüber (4.276a,b) eine bessere Approximation liefert, wie durch die kleinere Fehlernorm $L_2 = 0,0025$ im Vergleich zu $L_2 = 0,0097$ zum Ausdruck kommt. Die Fehlernorm ist mit Hilfe des folgenden MAPLE-Programms bestimmt worden.

>   ⊙ **4.12-3.mws**

```
>x(1,eta):=-(1/16)*(1-eta)*(1-9*eta^2)+(9/16)*(1-eta^2)*
        (1-3*eta)*cos(Pi/6)+(9/16)*(1-eta^2)*(1+3*eta)*cos(Pi/3):
>y(1,eta):=-(1/16)*(1+eta)*(1-9*eta^2)+(9/16)*(1-eta^2)*
        (1-3*eta)*sin(Pi/6)+(9/16)*(1-eta^2)*(1+3*eta)*sin(Pi/3):
> plot1:=plot([x(1,eta),y(1,eta), eta=-1..1], scaling=constrained, thickness=2):
> plot2:=plot(sqrt(1-x^2), x=0..1, scaling=constrained, thickness=1):
> plots[display]({plot1,plot2}):
> rr:=x(1,eta)^2+y(1,eta)^2:
> rr:=expand(%):
> rr:=factor(%):
> r:=+sqrt(%):
> L_[2]:=evalf(sqrt(int((1-r)^2,eta=-1..1)));
```

$$\boxed{L_{-2} := 0.002447333606}$$

```
> plot(1-r,eta=-1..1):
>
```

Darin können wiederum die einzelnen Zwischenergebnisse ausgedruckt werden, wenn man die Doppelpunkte durch Semikola ersetzt.

Zur Erzeugung *dreidimensionaler Elemente*, die krummflächig berandet sind, kann man unter Berücksichtigung einer dritten Funktion $z = z(\xi,\eta,\zeta)$ in (4.142) von einem *Master-Würfel* im ξ,η,ζ -Raum mit $-1 \leq (\xi,\eta,\zeta) \leq 1$ ausgehen (Bild 4.46 links). Zur Erläuterung der Vorgehensweise genügt es, eine Würfelfläche *isoparametrisch* auf eine gekrümmte Kontur abzubilden. Im Folgenden wird als Beispiel die Fläche $\xi = 1$ in Bild 4.46 links mit den Knotenpunkten

$$P_2^*(1,-1,-1),\ P_3^*(1,1,-1),\ P_6^*(1,-1,1),\ P_7^*(1,1,1),$$

$$P_{10}^{*}\left(1,0,-1\right),\ P_{18}^{*}\left(1,0,1\right),\ P_{14}^{*}\left(1,-1,0\right),\ P_{15}^{*}\left(1,1,0\right)$$

gewählt. Die zugehörigen Formfunktionen vom SERENDIPITY-Typ ergeben sich aus (4.253a,c,d) zu:

$$N_{2;3}\left(1,\eta,\zeta\right)=-\frac{1}{4}\left(1\mp\eta\right)\left(1-\zeta\right)\left(1\pm\eta+\zeta\right), \tag{4.281a,b}$$

$$N_{6;7}\left(1,\eta,\zeta\right)=-\frac{1}{4}\left(1\mp\eta\right)\left(1+\zeta\right)\left(1\pm\eta-\zeta\right), \tag{4.281c,d}$$

$$N_{10;18}\left(1,\eta,\zeta\right)=\frac{1}{2}\left(1-\eta^{2}\right)\left(1\mp\zeta\right),\quad N_{14;15}\left(1,\eta,\zeta\right)=\frac{1}{2}\left(1-\zeta^{2}\right)\left(1\mp\eta\right). \tag{4.281e-h}$$

Damit erhält man folgende *isoparametrische Abbildung* der Würfelfläche $\xi=1$ auf eine gekrümmte Fläche im $\left(x,y,z\right)$-Raum:

$$x\left(1,\eta,\zeta\right)=N_{2}\left(1,\eta,\zeta\right)x_{2}+\ldots+N_{15}\left(1,\eta,\zeta\right)x_{15}, \tag{4.282a}$$

$$y\left(1,\eta,\zeta\right)=N_{2}\left(1,\eta,\zeta\right)y_{2}+\ldots+N_{15}\left(1,\eta,\zeta\right)y_{15}, \tag{4.282b}$$

$$z\left(1,\eta,\zeta\right)=N_{2}\left(1,\eta,\zeta\right)z_{2}+\ldots+N_{15}\left(1,\eta,\zeta\right)z_{15}. \tag{4.282c}$$

Darin werden die Knotenpunkte $P_{i}\left(x_{i},y_{i},z_{i}\right)$ zur Anpassung an die Geometrie des Bauteils festgelegt. Als Beispiel werden folgende Knotenpunkte im $\left(x,y,z\right)$-Raum vorgegeben:

$$P_{2}\left(0,-1,-1\right),\ P_{3}\left(0,1,-1\right),\ P_{6}\left(0,-1,1\right),\ P_{7}\left(0,1,1\right),$$

$$P_{10}\left(\tfrac{1}{2},0,-1\right),\ P_{18}\left(\tfrac{1}{2},0,1\right),\ P_{14}\left(\tfrac{1}{2},-1,0\right),\ P_{15}\left(\tfrac{1}{2},1,0\right).$$

Bei diesem Beispiel werden die Eckpunkte ②,③,⑥,⑦ nicht verschoben. Der Koordinatenursprung $\left(x=y=z=0\right)$ liegt im Schwerpunkt der abzubildenden Würfelfläche. Die isoparametrische Abbildung (4.282) ist mit Hilfe des 3D-MAPLE-Programms ausgewertet und in Bild 4.53 dargestellt.

>   ⊙ **4.12-4.mws**

```
> N[2]:=-(1/4)*(1-eta)*(1-zeta)*(1+eta+zeta):
> N[3]:=-(1/4)*(1+eta)*(1-zeta)*(1-eta+zeta):
> N[6]:=-(1/4)*(1-eta)*(1+zeta)*(1+eta-zeta):
> N[7]:=-(1/4)*(1+eta)*(1+zeta)*(1-eta-zeta):
> N[10]:=(1/2)*(1-eta^2)*(1-zeta):
> N[18]:=(1-eta^2)*(1+zeta)/2:
> N[14]:=(1-zeta^2)*(1-eta)/2:
```

> *N[15]:=(1-zeta^2)*(1+eta)/2:*
> *x(eta,zeta):=(N[10]+N[18]+N[14]+N[15])/2:*
> *x(eta,zeta):=simplify(%):*
> *y(eta,zeta):=-N[2]+N[3]-N[6]+N[7]-N[14]+N[15]:*
> *y(eta,zeta):=simplify(%):*
> *z(eta,zeta):=-N[2]-N[3]+N[6]+N[7]-N[10]+N[18]:*
> *z(eta,zeta):=simplify(%):*
> *plot1:=plot3d([x(eta,zeta) /infinity,y(eta,zeta),z(eta,zeta)],eta=-1..1,*
> *   zeta=-1..1,axes=normal,orientation=[-60,80],style=wireframe):*
> *plot2:=plot3d([x(eta,zeta),y(eta,zeta),z(eta,zeta)],eta=-1..1, zeta=-1..1,*
> *   axes=normal,orientation=[-60,80],scaling=constrained,*
> *   style=patchcontour, shading=zhue,tickmarks=[3,3,3]):*
> *plots[display]({plot1,plot2});*

>

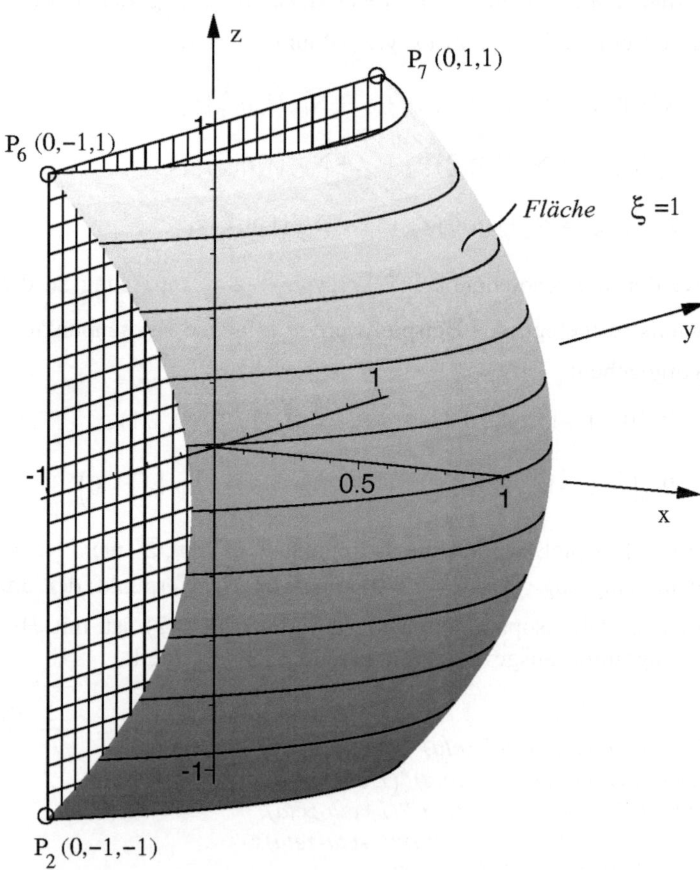

Bild 4.53   Isoparametrische Abbildung einer Würfelfläche $\xi = 1$ auf eine
konvex-gekrümmte Fläche

Die einzelnen Zwischenergebnisse können wiederum ausgedruckt werden, wenn man im MAPLE-Programm die Doppelpunkte durch Semikola ersetzt.

Für den Anwender sind auch *krummflächige Tetraederelemente* von grundlegender Bedeutung. Zur Generierung solcher Elemente bieten sich wiederum *isoparametrische Abbildungen* an. Als Grundaufgabe wird im Folgenden die *isoparametrische Abbildung* einer *Oktaederebene* im (ξ,η,ζ)-Raum mit den 6 Knotenpunkten (Bild 4.42)

$$P_2^*\,(1,0,0)\,,\ P_3^*\,(0,1,0)\,,\ P_4^*\,(0,0,1)\,,P_6^*\left(\tfrac{1}{2},\tfrac{1}{2},0\right),\ P_9^*\left(\tfrac{1}{2},0,\tfrac{1}{2}\right),\ P_{10}^*\left(0,\tfrac{1}{2},\tfrac{1}{2}\right)$$

auf ein *sphärisches Dreieck* im (x,y,z)-Raum mit den Knotenpunkten

$$P_2\,(1,0,0)\,,\ P_3\,(0,1,0)\,,\ P_4\,(0,0,1)\,,$$

$$P_6\left(1/\sqrt{2},1/\sqrt{2},0\right),\ P_9\left(1/\sqrt{2},0,1/\sqrt{2}\right),\ P_{10}\left(0,1/\sqrt{2},1/\sqrt{2}\right)$$

diskutiert. Dabei werden zur einfacheren Darstellung die Eckpunkte $P_1^*\,(0,0,0),\ldots,P_4^*\,(0,0,1)$ des *Einheitstetraeders* (Bild 4.42) nicht verschoben. Die *isoparametrische Abbildung* erfolgt mit Hilfe der Formfunktionen (4.213) und (4.215a,b) gemäß

$$x\left(L_1=0,L_2,L_3,L_4\right)=\sum_{i=1}^{10}N_i\left(L_1=0,L_2,L_3,L_4\right)x_i=$$

$$=L_2\left(2L_2-1\right)x_2+L_3\left(2L_3-1\right)x_3+L_4\left(2L_4-1\right)x_4$$
$$+4L_2L_3x_6+4L_2L_4x_9+4L_3L_4x_{10}\,. \tag{4.283}$$

Darin ist berücksichtigt, dass die Oktaederebene durch die natürliche Volumenkoordinate $L_1=0$ charakterisiert ist. Für das *Einheitstetraeder* bestehen zwischen den Volumenkoordinaten $L_1,\ldots,L_4$ und den rechtwinkligen kartesischen Koordinaten ξ,η,ζ die einfachen Beziehungen (4.227a-d), so dass die *isoparametrische Abbildung* (4.283) gemäß

$$x(\xi,\eta,\zeta)=\xi(2\xi-1)x_2+\eta(2\eta-1)x_3+\zeta(2\zeta-1)x_4$$
$$+4\xi\eta x_6+4\xi\zeta x_9+4\eta\zeta x_{10} \tag{4.284}$$

dargestellt wird. Darin kann ζ wegen $L_1=0$ und (4.227a) gemäß $\zeta=1-\xi-\eta$ eliminiert werden, so dass man schließlich mit den Koordinaten des *sphärischen Dreiecks* $P_2\,(1,0,0),\ldots,P_{10}\left(0,1/\sqrt{2},1/\sqrt{2}\right)$ folgende *isoparametrische Abbildung* erhält

$$x(\xi,\eta)=\xi(2\xi-1)+2\sqrt{2}\,\xi\eta+2\sqrt{2}\,\xi(1-\xi-\eta)\,, \tag{4.285a}$$

$$y(\xi,\eta) = \eta(2\eta-1) + 2\sqrt{2}\,\eta(1-\xi-\eta) + 2\sqrt{2}\,\eta\xi\,, \qquad (4.285b)$$

$$z(\xi,\eta) = (1-\xi-\eta)(1-2\xi-2\eta) + 2\sqrt{2}\,(1-\xi-\eta)\xi \\ + 2\sqrt{2}\,(1-\xi-\eta)\eta \qquad (4.285c)$$

Man erkennt, dass diese drei Gleichungen durch zyklische Vertauschungen,

$$\xi \to \eta \to \zeta = 1-\xi-\eta \to \xi\,,$$

ineinander übergehen. Man kann sie kürzer gemäß

$$x = \xi(2\xi-1) + 2\sqrt{2}\,(1-\xi)\xi\,, \qquad (4.285^{*}a)$$

$$y = \eta(2\eta-1) + 2\sqrt{2}\,(1-\eta)\eta\,, \qquad (4.285^{*}b)$$

$$z = 1-\left(3-2\sqrt{2}\right)(\xi+\eta) - 2\left(\sqrt{2}-1\right)(\xi+\eta)^{2} \qquad (4.285^{*}c)$$

darstellen, da sich einige Terme in (4.285) herauskürzen.

Mit Hilfe der 3D-Graphik des MAPLE-Programms ist die *isoparametrische Abbildung* (4.285*a,b,c) in Bild 4.54a veranschaulicht. Außerdem ist die Oktaederebene $\xi+\eta+\zeta = 1$ im ersten Oktanten dargestellt. Zu beachten ist, dass zur Abbildung des sphärischen Dreiecks $\xi = 0..1$ **und** $\eta = 0..1-\xi$ einzugeben ist (**plot1**), während zur Darstellung der Oktaederebene $\xi = 0..1$ **und** $\eta = 0..1$ zu berücksichtigen ist (**plot2**).

>

⊙ 4.12-5.mws

```
> x:=xi*(2*xi-1)+2*sqrt(2)*(1-xi)*xi;
```
$$x := \xi\,(2\,\xi-1) + 2\sqrt{2}\,(1-\xi)\,\xi$$

```
> y:=eta*(2*eta-1)+2*sqrt(2)*(1-eta)*eta;
```
$$y := \eta\,(2\,\eta-1) + 2\sqrt{2}\,(1-\eta)\,\eta$$

```
> z:=1-(3-2*sqrt(2))*(xi+eta)-2*(sqrt(2)-1)*(xi+eta)^2;
```
$$z := 1 - (3-2\sqrt{2})\,(\xi+\eta) - 2\,(\sqrt{2}-1)\,(\xi+\eta)^{2}$$

```
> plot1:=plot3d([x,y,z],xi=0..1, eta=0..1-xi, axes=normal, orientation=[-60,80]):
> plot2:=plot3d(1-xi-eta,xi=0..1, eta=0..1, axes=normal, orientation=[-60,80],
        view=[0..1,0..1,0..1],style=wireframe, shading=zhue,tickmarks=[3,3,3]):
> plots[display]({plot1,plot2});
```

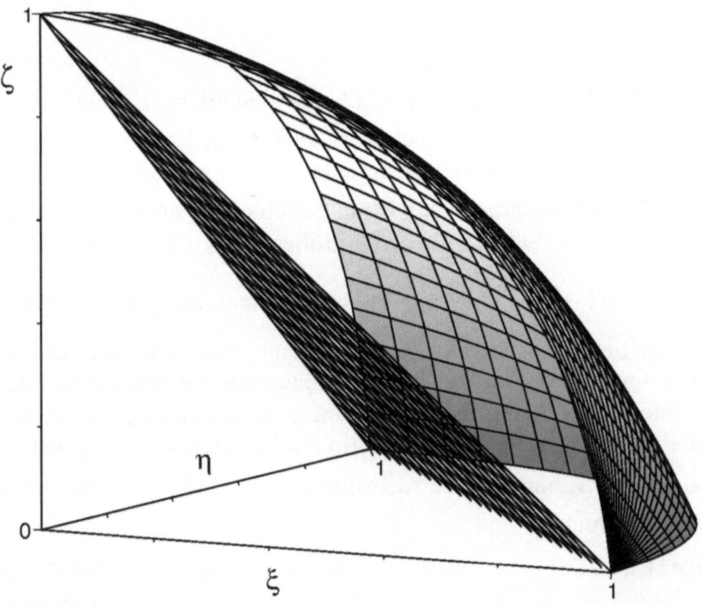

Bild 4.54a Isoparametrische Abbildung der Oktaederebene auf ein sphärisches Dreieck mittels *quadratischer Formfunktionen*

```
> rr:=x^2+y^2+z^2:
> rr:=expand(%):
> rr:=simplify(%):
> r:=+sqrt(%):
> L_[2]:=evalf(sqrt(int(int((1-r)^2,eta=0..1-xi),xi=0..1)));
Warning, computation interrupted

> l_[2]:=evalf(sqrt(int(int((1-r^2)^2,eta=0..1-xi),xi=0..1)));
```
$$l_{-2} := 0.08014965849$$

```
> delta:=(1-r^2)^2-(1-r)^2:
> plot3d(delta,xi=0..1,eta=0..1-xi,axes=normal,orientation=[-60,80]):
>
```

Im obigen MAPLE-Programm werden auch zwei *Fehlernormen* angegeben, die folgendermaßen definiert sind:

$$L_2 := \sqrt{\int_0^1 \int_0^{1-\xi} (1-r)^2 \, d\eta \, d\xi} \, , \qquad (4.286a)$$

$$\ell_2 := \sqrt{\int\limits_0^1 \int\limits_0^{1-\xi} \left(1-r^2\right)^2 \, d\eta \, d\xi} \ . \tag{4.286b}$$

Da MAPLE den ersten Ausdruck L_2, d.h. die eigentliche L_2-Fehlernorm, aufgrund des komplizierten Wurzelausdruckes r auch nach langer Rechenzeit nicht ausdruckte, wurde die Rechnung abgebrochen und eine modifizierte ℓ_2-Fehlernorm eingeführt. Diesen Ausdruck kann MAPLE problemlos auswerten. Man erhält einen Wert von $\ell_2 = 0,08015$, der größer ist L_2, da die Differenz

$$\Delta = \left(1-r^2\right)^2 - (1-r)^2 = r^4 - 3r^2 + 2r \ \text{ im gesamten Integrationsbereich positiv ist,}$$

wie die hier nicht ausgedruckte Graphik zeigt. Man kann sie ausdrucken lassen, wenn man im letzten Plot-Befehl den Doppelpunkt durch ein Semikolon ersetzt. Da der Unterschied Δ der Integranden im gesamten Integrationsgebiet sehr gering ist, kann die modifizierte ℓ_2-Fehlernorm zur Diskussion herangezogen werden.

Eine *interaktive* numerische Auswertung der L_2-*Fehlernorm* mit MAPLE zeigt folgender Ausdruck:

```
Schrittweite      Anz. Stützpunkte        L2-Norm
    0.1                66                  0.03616
    0.01              5151                 0.04105
    0.005            20301                 0.04135
    0.001           501501                 0.04159
```

Mit kleiner werdender Schrittweite ändert sich der L_2-Wert nur geringfügig und konvergiert schließlich gegen einen Wert von $L_2 > 0,04159$, der günstiger ist als der gemäß (4.286b) ermittelte Wert von $\ell_2 = 0,08015$, wie oben vorausgesagt und in Tabelle 4.12 zum Ausdruck kommt. Die interaktive Auswertung mit einer Schrittweite von 0.001 benötigt eine enorm große Rechenzeit von etwa 20 min, während die GAUSS-Quadratur in einer extrem geringen Rechenzeit genauere Ergebnisse liefert

Zur Verbesserung der isoparametrischen Abbildung werden im Folgenden MAPLE-Programm *kubische Formfunktionen* aus (4.218) und (4.227a,b,c,d) mit $L_1 = 0$ eingesetzt. Gemäß Bild 4.39 werden 10 Knotenpunkte $P_i^*(\xi,\eta,\zeta)$ auf der Oktaederebene $L_1 = 0$ betrachtet,

$$P_2^*(1,0,0), \ P_3^*(0,1,0), \ P_4^*(0,0,1), \ P_7^*\left(\tfrac{2}{3},\tfrac{1}{3},0\right), \ P_8^*\left(\tfrac{1}{3},\tfrac{2}{3},0\right),$$

$$P_{13}^*\left(\tfrac{2}{3},0,\tfrac{1}{3}\right), \ P_{14}^*\left(\tfrac{1}{3},0,\tfrac{2}{3}\right), \ P_{15}^*\left(0,\tfrac{2}{3},\tfrac{1}{3}\right), \ P_{16}^*\left(0,\tfrac{1}{3},\tfrac{2}{3}\right), \ P_{19}^*\left(\tfrac{1}{3},\tfrac{1}{3},\tfrac{1}{3}\right),$$

und auf Punkte $P_i(x,y,z)$ der Einheitskugel verschoben:

$$P_2(1,0,0), \ P_3(0,1,0), \ P_4(0,0,1), \ P_7\left(\cos\tfrac{\pi}{6},\sin\tfrac{\pi}{6},0\right),$$

$$P_8\left(\cos\frac{\pi}{3}, \sin\frac{\pi}{3}, 0\right),\quad P_{13}\left(\cos\frac{\pi}{6}, 0, \sin\frac{\pi}{6}\right),\quad P_{14}\left(\cos\frac{\pi}{3}, 0, \sin\frac{\pi}{3}\right),$$

$$P_{15}\left(0, \cos\frac{\pi}{6}, \sin\frac{\pi}{6}\right),\quad P_{16}\left(0, \cos\frac{\pi}{3}, \sin\frac{\pi}{3}\right),\quad P_{19}\left(\frac{1}{\sqrt{3}}, \frac{1}{\sqrt{3}}, \frac{1}{\sqrt{3}}\right),$$

Damit ergibt sich die *isoparametrische Abbildung* in Erweiterung von (4.283) bzw. (4.285) zu:

$$x = N_2 + \left(N_7 + N_{13}\right)\cos\frac{\pi}{6} + \left(N_8 + N_{14}\right)\cos\frac{\pi}{3} + N_{19}/\sqrt{3}\,, \qquad (4.287a)$$

$$y = N_3 + N_7\sin\frac{\pi}{6} + N_8\sin\frac{\pi}{3} + N_{15}\cos\frac{\pi}{6} + N_{16}\cos\frac{\pi}{3} + N_{19}/\sqrt{3}\,, \qquad (4.287b)$$

$$z = N_4 + \left(N_{13} + N_{15}\right)\sin\frac{\pi}{6} + \left(N_{14} + N_{16}\right)\sin\frac{\pi}{3} + N_{19}/\sqrt{3}\,. \qquad (4.287c)$$

Darin ermittelt man die kubischen Formfunktionen aus (4.218) und (4.227a,b,c,d) mit $L_1 = 0$ in Abhängigkeit der Koordinaten ξ und η, die im Folgenden MAPLE-Programm als Parameter fungieren (*parametric 3d-plot*).

>   ⊙ **4.12-6.mws**

```
> N[2]:=xi*(3*xi-1)*(3*xi-2)/2: N[3]:=eta*(3*eta-1)*(3*eta-2)/2:
> N[4]:=(1-xi-eta)*(3*(1-xi-eta)-1)*(3*(1-xi-eta)-2)/2:
> N[7]:=9*(3*xi-1)*xi*eta/2: N[8]:=9*(3*eta-1)*xi*eta/2:
> N[13]:=9*(3*xi-1)*xi*(1-xi-eta)/2:
> N[14]:=9*(3*(1-xi-eta)-1)*xi*(1-xi-eta)/2:
> N[15]:=9*(3*eta-1)*eta*(1-xi-eta)/2:
> N[16]:=9*(3*(1-xi-eta)-1)*eta*(1-xi-eta)/2:
> N[19]:=27*xi*eta*(1-xi-eta):
> x:=N[2]+(N[7]+N[13])*cos(Pi/6)+(N[8]+N[14])*cos(Pi/3)+N[19]/sqrt(3):
> x:=expand(%):
> x:=simplify(%):
> x:=factor(%):
> y:=N[3]+N[7]*sin(Pi/6)+N[8]*sin(Pi/3)+N[15]*cos(Pi/6)+N[16]*cos(Pi/3)
      +N[19]/sqrt(3):
> y:=expand(%):
> y:=simplify(%):
> y:=factor(%):
> z:=N[4]+(N[13]+N[15])*sin(Pi/6)+(N[14]+N[16])*sin(Pi/3)+N[19]/sqrt(3):
> z:=expand(%):
> z:=simplify(%):
> z:=factor(%):
> plot1:=plot3d([x,y,z],xi=0..1,eta=0..1-xi,axes=normal,
      orientation=[-60,80],tickmarks=[2,2,2]):
```

```
> plot2:=plot3d(1-xi-eta,xi=0..1,eta=0..1,axes=normal, orientation=[-60,80],
         view=[0..1,0..1,0..1],style=wireframe,shading=zhue,tickmarks=[2,2,2]):
> plots[display]({plot1,plot2});
>
```

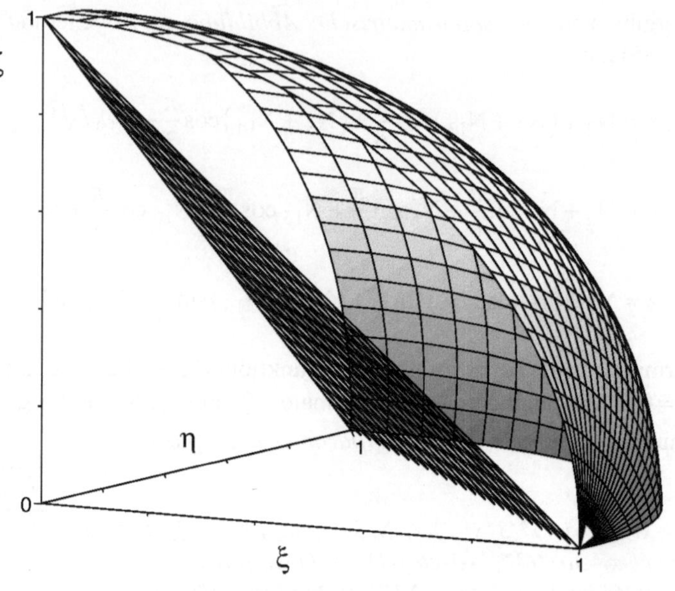

Bild 4.54b Isoparametrische Abbildung der Oktaederebene auf ein sphärisches Dreieck mittels *kubischer Formfunktionen*

```
> rr:=x^2+y^2+z^2:
```

```
> rr:=expand(%):
```

```
> rr:=simplify(%):
```

```
> r:=+sqrt(%):
```

```
> L_[2]:=evalf(sqrt(int(int((1-r)^2,eta=0..1-xi),xi=0..1)));
```

$$L_{-2} := 0.001185186860$$

```
> l_[2]:=evalf(sqrt(int(int((1-r^2)^2,eta=0..1-xi),xi=0..1)));
```

$$l_{-2} := 0.002368576825$$

```
> delta:=(1-r^2)^2-(1-r)^2:
> plot3d(1-r,xi=0..1,eta=0..1-xi,axes=normal,
         orientation=[-60,80],tickmarks=[3,3,3]);
```

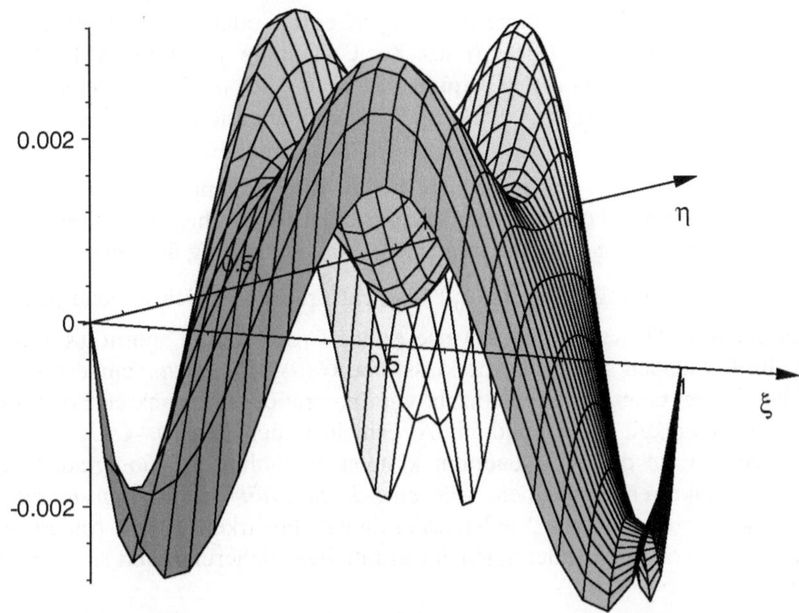

Bild 4.55   Abstand $(1-r)$ der isoparametrischen Abbildung vom Einheitskreis; Näherung mittels kubischer Formfunktionen

Zwischen der quadratischen (Bild 4.54a) und kubischen (Bild 4.54b) isoparametrischen Abbildung ist optisch kaum ein Unterschied zu erkennen. Die *Fehlernormen*

Formfunktionen	$L_2 - (4.286a)$	$\ell_2 - (4.286b)$
quadratisch	0,041598	0,080149
kubisch	0,001185	0,002368

sind jedoch bei der kubischen Näherung wesentlich geringer als bei der quadratischen. Die Abstandsfunktion $(1-r)$ der kubischen Näherung vom Einheitskreis ist in Bild 4.55 dargestellt. Deren „quadratische Mittelung" gemäß Definition (4.286a) führt auf den niedrigen Wert $L_2 = 0,0011852$. Die „modifizierten" Größen ℓ_2 gemäß Definition (4.286b) sind größer als die L_2-Werte, wie bereits oben vermerkt.

Zu bemerken ist, dass MAPLE die L_2-Fehlernorm der kubischen Näherung problemlos nach (4.286a) ausgewertet hat, während die quadratische Näherung bei der Integration nach (4.286a) auf Schwierigkeiten stieß, wie bereits oben erwähnt.

Zur *numerischen Integration* bietet MAPLE verschiedene klassische Verfahren an. Falls keine Angaben in den Optionen gemacht werden, benutzt MAPLE im

Allgemeinen das *CLENSHAW-CURTIS-Verfahren* und weicht bei „Schwierigkeiten" auf die *NEWTON-COTES-Integration* (**_NCrule**) oder das adaptive *doppelt-exponentielle Verfahren* (**_Dexp**) aus. Zur Umgehung der von MAPLE bevorzugten internen Integration (**_CCquad**) können die beiden anderen Optionen (**_NCrule** oder **_Dexp**) auch direkt im Programm angesteuert werden.

Zur Ermittlung der L_2-Norm nach (4.286a) unter Berücksichtigung quadratischer Formfunktionen haben jedoch die in MAPLE implementierten Verfahren (vermutlich aufgrund der auftretenden speziellen elliptischen Integrale) versagt.

Daher wurde zunächst eine interaktive Aufsummierung über eine Vielzahl von Stützwerten des Integranden $(1-r_i)^2$ bei entsprechender Schrittweite benutzt, wie oben erwähnt. Diese Vorgehensweise erfodert jedoch eine enorm große Rechenzeit. Im Folgenden soll daher die klassische *GAUSS-Quadratur* eingesetzt werden, die bereits bei einer geringen Anzahl von Integrationsstützpunkten Ergebnisse mit hoher Genauigkeit liefert und im Allgemeinen der *NEWTON-COTES-Integration* überlegen ist. In der NC-Quadratur können bei hohen Polynomgraden negative Wichtungsfaktoren erscheinen, was eine *Instabilität des Verfahrens* zur Folge haben kann, d.h., durch „Stellenauslöschung" bewirken kleine Änderungen im Integranden stärkere Änderungen im ermittelten Näherungswert als im Integralwert.

Zur numerischen Ermittlung der L_2-Fehlernormen (4.286a,b) der isoparametrischen Abbildungen in Bild 4.54a,b bietet sich die *GAUSS-Quadratur* gemäß

$$\boxed{\int_0^1 \int_0^{1-\xi} f(\xi,\eta)\,d\eta\,d\xi \approx \sum_{i=1}^n w_i\, f(\xi_i,\eta_i)} \tag{4.288}$$

an. Darin sind n die Anzahl der vorgegebenen *Integrationsstützstellen* (ξ_i,η_i) und w_i die zugehörigen *Wichtungsfaktoren*, die man den Tabellen 4.10a,b für $n=7$ und $n=13$ entnehmen kann.

Zu bemerken ist, dass die in den Tabellen 4.10a,b aufgelisteten Parameter nicht nur zur Integration über das *Einheitsdreieck*, sondern auch für ein finites Dreieck in allgemeiner Lage verwendet werden können, wenn man Dreieckskoordinaten L_1, L_2, L_3 einführt, wie in den Tabellen angedeutet.

Wegen $L_1 + L_2 + L_3 = 1$ bestätigt man für die Tabellenwerte: $a+b+a = c+d+c$ usw. in Tabelle 4.10a oder $a+a+b = e+f+g$ usw. in Tabelle 4.10b. Für die *Wichtungsfaktoren* muss gelten: $\left(w_S + 3w_1 + 3w_4\right)/A_\Delta = 1$ in Tabelle 4.10a und $\left(w_S + 3w_1 + 3w_4 + 6w_7\right)/A_\Delta = 1$ in Tabelle 4.10b, da

$$A_\Delta = \iint_{A_\Delta} (1)\,dA \approx \sum_{i=1}^n (1)_i\, w_i = \begin{cases} w_S + 3w_1 + 3w_4 & \text{(Tabelle 4.10a)} \\ w_S + 3w_1 + 3w_4 + 6w_7 & \text{(Tabelle 4.10b)} \end{cases}$$

gilt. Die angegebenen *Wichtungsfaktoren* erfüllen diese Forderung.

Tabelle 4.10b GAUSS-Quadratur auf dem Einheitsdreieck mit **n = 13** Stützstellen

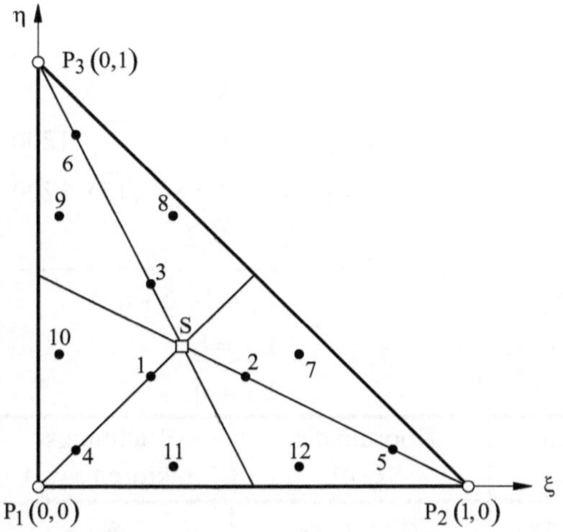

$$a = 0,26034\ 59661$$
$$b = 0,47930\ 80678$$
$$c = 0,06513\ 0103$$
$$d = 0,86973\ 97942$$
$$e = 0,63844\ 41886$$
$$f = 0,31286\ 5496$$
$$g = 0,04869\ 03154$$

$$w_S / A_\Delta = -0.14957005$$
$$w_1 / A_\Delta = 0,17562$$
$$w_4 / A_\Delta = 0,05334724$$
$$w_7 / A_\Delta = 0,077113761$$

$$L_1 = 1 - \xi - \eta$$
$$L_2 = \xi$$
$$L_3 = \eta$$

GAUSS-Punkte	Koordinaten (L_1, L_2, L_3)	Koordinaten (ξ, η)	Wichtungsfaktoren (w_i)
S	$(1/3, 1/3, 1/3)$	$(1/3, 1/3)$	w_S
1	(b, a, a)	(a, a)	w_1
2	(a, b, a)	(b, a)	$w_2 \equiv w_1$
3	(a, a, b)	(a, b)	$w_3 \equiv w_1$
4	(d, c, c)	(c, c)	w_4
5	(c, d, c)	(d, c)	$w_5 \equiv w_4$
6	(c, c, d)	(c, d)	$w_6 \equiv w_4$
7	(g, e, f)	(e, f)	w_7
8	(g, f, e)	(f, e)	$w_8 \equiv w_7$
9	(f, g, e)	(g, e)	$w_9 \equiv w_7$
10	(e, g, f)	(g, f)	$w_{10} \equiv w_7$
11	(e, f, g)	(f, g)	$w_{11} \equiv w_7$
12	(f, e, g)	(e, g)	$w_{12} \equiv w_7$

Tabelle 4.10a GAUSS-Quadratur auf dem Einheitsdreieck mit **n = 7** Stützstellen

$$a = (6+\sqrt{15})/21$$

$$b = (9-2\sqrt{15})/21$$

$$c = (6-\sqrt{15})/21$$

$$d = (9+2\sqrt{15})/21$$

$$w_S/A_\Delta = 0.225$$

$$w_1/A_\Delta = (155+\sqrt{15})/1200$$

$$w_4/A_\Delta = (155-\sqrt{15})/1200$$

$$A_\Delta = 1/2$$

$$L_1 = 1-\xi-\eta$$

$$L_2 = \xi$$

$$L_3 = \eta$$

GAUSS-Punkte	Koordinaten (L_1, L_2, L_3)	Koordinaten (ξ, η)	Wichtungs-faktoren (w_i)
S	$(1/3, 1/3, 1/3)$	$(1/3, 1/3)$	w_S
1	(b, a, a)	(a, a)	w_1
2	(a, b, a)	(b, a)	$w_2 = w_1$
3	(a, a, b)	(a, b)	$w_3 = w_1$
4	(d, c, c)	(c, c)	w_4
5	(c, d, c)	(d, c)	$w_5 = w_4$
6	(c, c, d)	(c, d)	$w_6 = w_4$

Die GAUSS-Quadratur liefert exakte Werte für Polynomterme $x^p y^q$ mit $p+q \leq m$, wobei $m = 5$ bei einer Quadratur mit $n = 7$ GAUSS-Punkten (Tabelle 4.10a) und $m = 7$ bei $n = 13$ GAUSS-Punkten (Tabelle 4.10b). Dazu sei das Integral

$$\int_0^1 \int_0^{1-x} x^p y^q \, dy\,dx = \frac{\Gamma(p+1)\Gamma(q+1)}{\Gamma(p+q+3)} = \frac{p!\,q!}{(p+q+2)!} \tag{4.289}$$

mit $p \geq 0, q \geq 0$ aus Ü 3.1.31 mittels der GAUSS-Quadratur (4.288) angenähert.

Die numerischen Ergebnisse sind in Tabelle 4.11 mit den exakten Werten verglichen.

Tabelle 4.11 GAUSS-Quadratur des Integrals (4.289) im Vergleich mit den exakten Werten

Polynomgrad $p + q = m$	Exakte Werte aus (4.289)	GAUSS-Quadratur (4.288) $n = 7$	GAUSS-Quadratur (4.288) $n = 13$
5	$1/420$ ≈ 0.00238095	exakt	exakt
6	$1/840$ ≈ 0.0011905	0.0011464	exakt
7	$1/2520$ ≈ 0.0003968	0.00041812	exakt
8	$1/5040$ ≈ 0.000198413	0.00019692	0.000200726

Der Integrand in der ℓ_2-Norm (4.286b) enthält Polynomterme maximal vom Grade $m = 6$, deren Quadratur mit $n = 13$ gemäß Tabelle 4.11 exakte Werte liefert.

In Tabelle 4.12 sind Fehlernormen (4.286a,b), die nach verschiedenen Integrationsverfahren ermittelt wurden, zusammengestellt, wobei die *GAUSS-Quadratur* mit $n = 13$ wohl die genauesten Werte liefert.

Tabelle 4.12 Fehlernormen L_2 und ℓ_2 gemäß (4.286a,b) der isoparametrischen Abbildungen (4.285) und (4.287)

			quadratisch Formfunktionen	kubische Formfunktionen
MAPLE V8		L_2	--)* --	0.0011852
		ℓ_2	0.0801497	0.0023686
Interaktive Aufsummierung (Schrittweite = 0.001)		L_2	0.0415987	0.0011853
		ℓ_2	0.0800313	0.0023688
GAUSS Quadratur	n=7	L_2	0.0416136	0.0014019
		ℓ_2	0.0797572	0.0027998
	n=13	L_2	0.0416464	0.0010104
		ℓ_2	0.0800670	0.0020199

)* Der Wert konnte mit MAPLE nicht berechnet werden

Obige grundlegende Untersuchungen zu isoparametrischen Abbildungen zeigen, dass derartige Abbildungen sehr geeignet sind, räumliche Elemente zu erzeugen und vorgegebene Konfigurationen mit hoher Genauigkeit zu approximieren. Hierzu sind einige Beispiele in Bild 4.56 zusammengestellt.

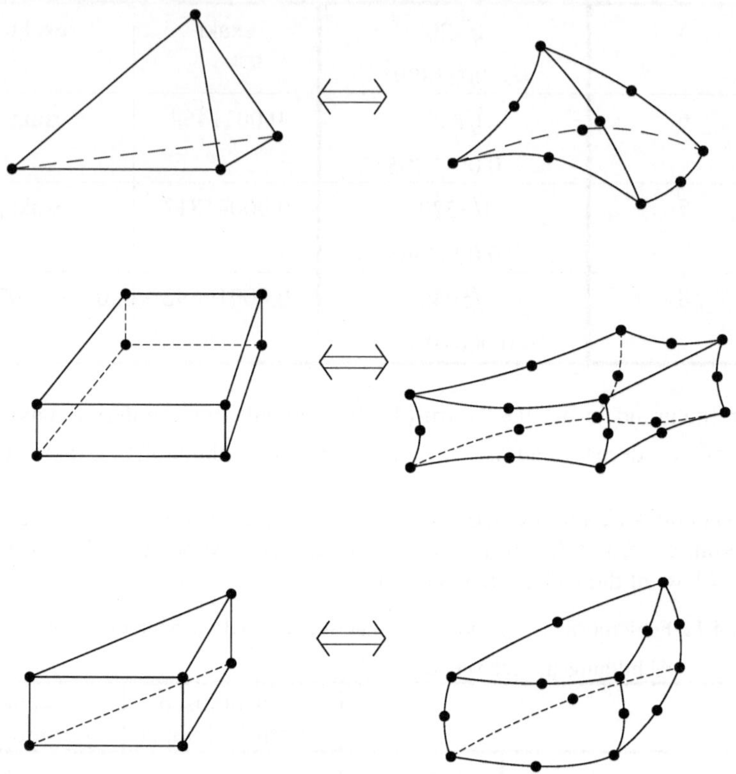

Bild 4.56 Isoparametrische räumliche Elemente

Die in dieser Ziffer diskutierten Grundlagen isoparametrischer Abbildungen mögen den Anwender bei der Erzeugung eigener 3D-Elemente unterstützen, die in kommerziellen Programmen für seine Belange nicht zu finden sind.

Lösungen der Übungsaufgaben

Im Folgenden sind ein paar Übungen als Auswahl zusammengestellt. Die Nummerierung bezieht sich auf die Ziffern des Textteiles. So kennzeichnet beispielsweise 3.2.16 die 16-te Übungsaufgabe zum Inhalt der Ziffer 3.2 . Die meisten Aufgaben können "von Hand" ohne Hilfsmittel, d.h. unter Klausurbedingungen, gelöst werden. Einige Aufgaben sind bewusst sehr einfach gestellt (und als Klausuraufgaben schon zu leicht), damit der "Neuling" die prinzipielle Vorgehensweise schnell durchblicken kann und nicht hinter einer "black box" steht und auf Ergebnisse wartet, denen er nur misstrauisch gegenüberstehen kann.

Einige Übungsaufgaben enthalten im Anschluss an die "zu Fuß-Rechnung" einen Computerausdruck, der auch auf der beigefügten CD-ROM gespeichert ist. Hierbei wurde die Software "MAPLE V, Release 8" verwendet. MAPLE ist ein *"mathematisches Formelmanipulations-Programm"*, mit dem interaktiv gearbeitet werden kann. Mit Hilfe solcher "Formelmanipulations-Systeme" (FMS) ist es möglich, Berechnungen mit unausgewerteten Ausdrücken (*Symbolen*) durchzuführen.

Die sogenannte *Computer-Algebra* ist in den letzten Jahren verstärkt entwickelt worden – MAPLE etwa seit Anfang der 80-er Jahre. Weitere Programme sind MATHCAD (basierend auf MAPLE), MATHEMATICA, MACSYMA, REDUCE und AXIOM, die ebenfalls sehr leistungsstark und anwenderfreundlich sind. Je nach Einsatzgebiet bietet das eine oder andere System mehr oder weniger Vorteile.

Die zusammengestellten Übungsaufgaben sollen den Vorlesungsstoff ergänzen und vertiefen. Es werden auch Übungen aus Aufgabengebieten angeboten, die im Textteil aus Platzgründen nicht behandelt werden konnten. So werden beispielsweise Aufgaben aus der *Wärmeübertragung, elektrische* und *hydraulische Netzwerke, Schwingungsaufgaben* etc. ausführlich durchgerechnet.

Weiterhin werden an Übungsbeispielen verschiedene Verfahren gegenübergestellt, z.B.: *Finite-Elemente-Methode / Finite-Differenzen-Methode / Lumped-Mass-Methode / Übertragungsmatrizenverfahren.*

Ü 2.1.1

Allgemein ist für s Stäbe die Koeffizientendeterminante des linearen Gleichungssystems (2.7a,b) gegeben durch:

$$\Delta = \begin{vmatrix} \sum\limits_{i=1}^{s} \sin\alpha_i \cos^2\alpha_i & \sum\limits_{i=1}^{s} \sin^2\alpha_i \cos\alpha_i \\ \text{symmetrisch} & \sum\limits_{i=1}^{s} \sin^3\alpha_i \end{vmatrix} = \begin{vmatrix} k_{11} & k_{12} \\ k_{21} & k_{22} \end{vmatrix} .$$

a) Für das Beispiel in der Aufgabenstellung erhält man:

$$\Delta = \begin{vmatrix} \sin\alpha_2 \cos^2\alpha_2 & \sin^2\alpha_2 \cos\alpha_2 \\ \text{symmetrisch} & 1+\sin^3\alpha_2 \end{vmatrix} = \sin\alpha_2 \cos^2\alpha_2 .$$

Im Bereich $\pi/2 < \alpha_2 < \pi$ gilt $\Delta \neq 0$, d.h., es existiert eine Lösung für u_3 und v_3:

$$u_3 = \frac{h}{AE} \cdot \frac{F_x(1+\sin^3\alpha_2) - F_y \sin^2\alpha_2 \cos\alpha_2}{\sin\alpha_2 \cos^2\alpha_2}$$

$$v_3 = \frac{h}{AE}(F_y - F_x \tan\alpha_2)$$

Für $\alpha_2 = 3\pi/4$ erhält man beispielsweise:

$$u_3 = \frac{h}{AE} \cdot \left[\left(1+2\sqrt{2}\right)F_x + F_y\right] \quad ; \quad v_3 = \frac{h}{AE} \cdot (F_x + F_y) .$$

b) Für das skizzierte *statisch unbestimmte System* mit $\alpha_1 = \pi/4$, $\alpha_2 = 3\pi/4$ $\alpha_3 = \pi/2$ erhält man die Koeffizientendeterminante:

$$\Delta = \begin{vmatrix} \dfrac{1}{2\sqrt{2}} + \dfrac{1}{2\sqrt{2}} & 0 \\ 0 & \dfrac{1}{2\sqrt{2}} + \dfrac{1}{2\sqrt{2}} + 1 \end{vmatrix} = \begin{vmatrix} \dfrac{1}{2}\sqrt{2} & 0 \\ 0 & 1+\dfrac{1}{2}\sqrt{2} \end{vmatrix} = \frac{1}{2}(1+\sqrt{2})$$

und die Verschiebungen:

$$u_4 = \frac{1}{\Delta} \begin{vmatrix} \dfrac{h}{AE}F_x & 0 \\ \dfrac{h}{AE}F_y & 1+\dfrac{1}{\sqrt{2}} \end{vmatrix} = \frac{2+\sqrt{2}}{1+\sqrt{2}} \frac{h}{AE} F_x$$

$$v_4 = \frac{1}{\Delta} \begin{vmatrix} \dfrac{1}{\sqrt{2}} & \dfrac{h}{AE}F_x \\ 0 & \dfrac{h}{AE}F_y \end{vmatrix} = \frac{2}{2+\sqrt{2}} \frac{h}{AE} F_y$$

Ü 3.1.1

Dazu betrachte man einen außermittig durch eine Einzellast F belasteten Balken gemäß Skizze. Die Durchbiegung ist durch folgende Beziehungen gegeben:

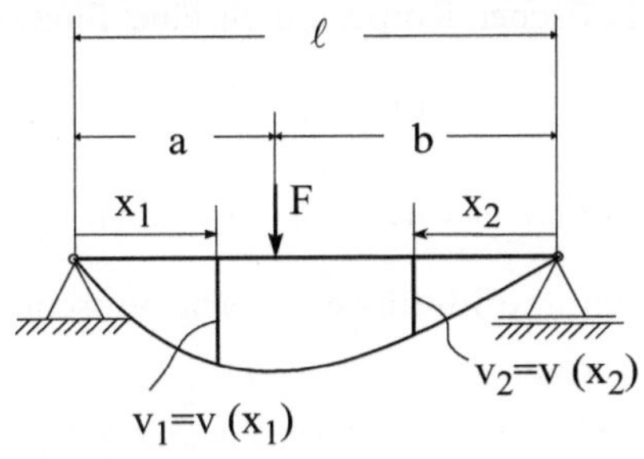

$$v_1(x_1) = \frac{bF}{6\ell EI} x_1(\ell^2 - b^2 - x_1^2)$$

$$(0 \leq x_1 \leq a)$$

$$v_2(x_2) = \frac{aF}{6\ell EI} x_2(\ell^2 - a^2 - x_2^2)$$

$$(0 \leq x_2 \leq b)$$

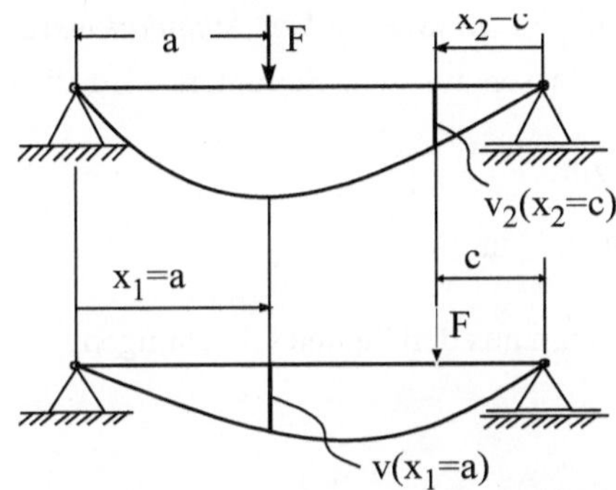

$$v_2(x_2 = c) = \frac{ac}{6\ell} \frac{F}{EI}(\ell^2 - a^2 - c^2) \qquad (*)$$

$$v_1(x_1 = a) = \frac{ac}{6\ell} \frac{F}{EI}(\ell^2 - c^2 - a^2) \qquad (**)$$

Wird die Last nach $x_2 = c$ verlagert, muss man in der ersten Gleichung b durch c ersetzen:

$$v_1(x_1) = \frac{cF}{6\ell EI} x_1(\ell^2 - c^2 - x_1^2) \,,$$

so dass man für $x_1 = a$ die Beziehung $(**)$ erhält.

Man erkennt, dass die Gln. $(*)$ und $(**)$ übereinstimmen: $\boxed{v_1(x_1 = a) = v_2(x_2 = c)}$

Nach dem *Satz von* MAXWELL gilt für linear-elastisches Material: $\boxed{f_{12} = f_{21}}$

Für F = 1 erhält man die Einflusszahlen $\boxed{\alpha_{12} = \alpha_{21}}$; mithin gilt: $\boxed{f_{12} = \alpha_{12}F}$

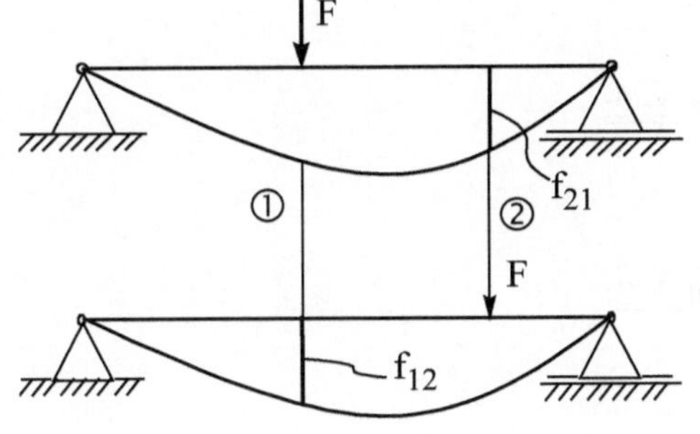

f_{12} Durchbiegung an der Stelle "1" infolge einer Kraft F, die an einer Stelle "2" wirkt; entsprechend f_{21}.

Der *Satz von* MAXWELL beinhaltet, dass in der Elastostatik die *Steifigkeits-* und *Nachgiebigkeitsmatrizen* stets symmetrisch sind !

Eine *formal* einfachere Beweisführung des MAXWELL*schen Theorems* wird im Folgenden vorgeschlagen. Falls ein linear-elastischer Körper durch eine Einzelkraft $\vec{F}$ belastet wird, so ist die in Richtung der Kraft zu beobachtende Verschiebung u aufgrund der Linearität durch $u = \alpha F$ gegeben. Darin ist α die *Nachgiebigkeit*, deren Kehrwert $k = 1/\alpha$ als *Steifigkeit* bezeichnet wird. Wirken endlich viele Kräfte $\vec{F_1}, \vec{F_2}, ..., \vec{F_n}$ auf den Körper, so können ihre Einflüsse auf eine Verschiebung u_i an einer Stelle "i" additiv überlagert werden:

$$u_i = \alpha_{i1}F_1 + \alpha_{i2}F_2 + ... \alpha_{in}F_n \equiv \alpha_{ij}F_j \,.$$

Darin sind α_{ij} die *Einflusszahlen*. Aufgrund der EINSTEIN*schen Summationsvereinbarung* kann das Summenzeichen weggelassen werden. Summiert wird über den paarweise auftretenden Index j.

Nach dem *ersten Satz von* CASTIGLIANO gilt:

$$u_i = \frac{\partial}{\partial F_i} W^*(F_1, F_2, ..., F_n) \quad , \quad i = 1, 2, ..., n$$

mit W^* als *Ergänzungsenergie*. Somit erhält man aus den beiden Gleichungen:

$$\frac{\partial u_i}{\partial F_j} = \alpha_{ij} = \frac{\partial^2 W^*}{\partial F_i \partial F_j} \,.$$

Ebenso gilt:
$$\frac{\partial u_j}{\partial F_i} = \alpha_{ji} = \frac{\partial^2 W^*}{\partial F_j \partial F_i} \,.$$

Bei stetiger Abhängigkeit der Ergänzungsenergie von den unabhängigen Variablen ist die Differentiationsreihenfolge vertauschbar:

$$\frac{\partial^2 W^*}{\partial F_i \partial F_j} = \frac{\partial^2 W^*}{\partial F_j \partial F_i} \quad \Rightarrow \quad \boxed{\alpha_{ij} = \alpha_{ji}} \quad \Rightarrow \quad \boxed{k_{ij} = k_{ji}}$$

Aus der Symmetrie der *Nachgiebigkeitsmatrix* ($\alpha_{ij} = \alpha_{ji}$) folgt auch die Symmetrie der *Steifigkeitsmatrix* ($k_{ij} = k_{ji}$).

Ü 3.1.2

Steifigkeitsmatrix für das Federelement 1÷2:

$$\begin{Bmatrix} F_1 \\ F_2 \end{Bmatrix} = \begin{bmatrix} k_a & -k_a \\ -k_a & k_a \end{bmatrix} \begin{Bmatrix} u_1 \\ u_2 \end{Bmatrix} \,.$$

Steifigkeitsmatrix für das Federelement 2÷3:

$$\begin{Bmatrix} F_2 \\ F_3 \end{Bmatrix} = \begin{bmatrix} k_b & -k_b \\ -k_b & k_b \end{bmatrix} \begin{Bmatrix} u_2 \\ u_3 \end{Bmatrix} \,.$$

<u>Steifigkeitsmatrix für das Federelement 3÷4:</u>

$$\begin{Bmatrix} F_3 \\ F_4 \end{Bmatrix} = \begin{bmatrix} k_c & -k_c \\ -k_c & k_c \end{bmatrix} \begin{Bmatrix} u_3 \\ u_4 \end{Bmatrix}.$$

<u>Steifigkeitsmatrix für das Gesamtsystem unter Einbeziehung der Randbedingungen</u> $u_1 = u_4 = 0$:

$$\begin{Bmatrix} F_1 = ? \\ F_2 = 10 \\ F_3 = 20 \\ F_4 = ? \end{Bmatrix} = \begin{bmatrix} k_a & -k_a & 0 & 0 \\ -k_a & (k_a + k_b) & -k_b & 0 \\ 0 & -k_b & (k_b + k_c) & -k_c \\ 0 & 0 & -k_c & k_c \end{bmatrix} \begin{Bmatrix} u_1 = 0 \\ u_2 = ? \\ u_3 = ? \\ u_4 = 0 \end{Bmatrix}.$$

Dabei wurde die in Ziffer 3.1 angegebene Regel benutzt:

$$k_{22} = k_a + k_b \text{ (Federn, die im Knoten ② verbunden sind)},$$

$$k_{33} = k_b + k_c \text{ (Federn, die im Knoten ③ verbunden sind)}.$$

Zur Bestimmung von u_2 und u_3 muss das folgende System gelöst werden:

$$\begin{Bmatrix} F_2 \\ F_3 \end{Bmatrix} = \begin{bmatrix} k_a + k_b & -k_b \\ -k_b & k_b + k_c \end{bmatrix} \begin{Bmatrix} u_2 \\ u_3 \end{Bmatrix} \text{ bzw. } \begin{Bmatrix} 10 \\ 20 \end{Bmatrix} = \begin{bmatrix} 30 & -18 \\ -18 & 33 \end{bmatrix} \begin{Bmatrix} u_2 \\ u_3 \end{Bmatrix}.$$

Man erhält:

$$\boxed{u_2 = 1{,}036 \text{ cm}} \quad \text{und} \quad \boxed{u_3 = 1{,}171 \text{ cm}}$$

Die gesuchten Reaktionskräfte ergeben sich zu:

$$\underline{\underline{F_1}} = k_a u_1 - k_a u_2 + 0 \cdot u_3 + 0 \cdot u_4 = -k_a u_2 = \underline{\underline{-12{,}432 \text{ kN}}},$$

$$\underline{\underline{F_4}} = 0 \cdot u_1 + 0 \cdot u_2 - k_c u_3 + k_c \cdot u_4 = -k_c u_3 = \underline{\underline{-17{,}565 \text{ kN}}}.$$

Probe: $\qquad \sum_{i=1}^{4} F_i = 0 = -12{,}432 + 10 + 20 - 17{,}565 = 0{,}003.$

Bemerkung: $\qquad$ Die Steifigkeitsmatrix [K] hat "*Bandstruktur*".

In diesem Beispiel ist die Bandbreite B = 2m+1 = 3.

$$\begin{bmatrix} X & X & 0 & 0 \\ X & X & X & 0 \\ 0 & X & X & X \\ 0 & 0 & X & X \end{bmatrix}$$

Ü 3.1.3

a) Direkte Methode:

Regel I	Ein Term auf der Hauptdiagonalen (k_{ii} oder k_{jj}) setzt sich aus der Summe der direkten Steifigkeiten aller Elemente zusammen, die im Knoten i oder j verbunden sind.
Regel II	Ein Term in der i-ten Zeile und j-ten Spalte (k_{ij}) setzt sich zusammen aus der Summe der indirekten Steifigkeiten relativ zu den Knoten i und j aller Elemente, die die Knoten i und j miteinander verbinden.

Nach dieser *direkten Methode* kann man die *Gesamtsteifigkeitsbeziehung* unmittelbar aus der Systemskizze ablesen:

$$\begin{Bmatrix} F_1 = ? \\ F_2 = 0 \\ F_3 = F \\ F_4 = 0 \\ F_5 = 0 \\ F_6 = ? \end{Bmatrix} = \begin{bmatrix} k & -k & 0 & 0 & 0 & 0 \\ -k & 3k & -2k & 0 & 0 & 0 \\ 0 & -2k & 5k & -3k & 0 & 0 \\ 0 & 0 & -3k & 5k & -2k & 0 \\ 0 & 0 & 0 & -2k & 3k & -k \\ 0 & 0 & 0 & 0 & -k & k \end{bmatrix} \begin{Bmatrix} u_1 = 0 \\ u_2 = ? \\ u_3 = ? \\ u_4 = ? \\ u_5 = ? \\ u_6 = 0 \end{Bmatrix}$$

b) Das reduzierte Gleichungssystem erhält man direkt aus obiger Beziehung, indem man einfach die Zeilen und Spalten streicht, die zu den vorgegebenen Randverschiebungen $u_1 = 0$ und $u_6 = 0$ gehören. Die reduzierte Matrix ist durch einen gestrichelten Kasten gekennzeichnet und wie die Gesamtmatrix symmetrisch, aber nicht singulär, so dass man das reduzierte Gleichungssystem eindeutig auflösen kann:

$$\begin{array}{llll} 3ku_2 & -2ku_3 & & = 0 \\ -2ku_2 & +5ku_3 & -3ku_4 & = F \\ & -3ku_3 & +5ku_4 & -2ku_5 & = 0 \\ & & -2ku_4 & +3ku_5 & = 0 \end{array}$$

Man löst von "unten" nach "oben" hin auf und erhält zunächst der Reihe nach:

$$\boxed{u_5 = \frac{2}{3}u_4}; \qquad 5u_4 = 2u_5 + 3u_3 = \frac{4}{3}u_4 + 3u_3 \Rightarrow \boxed{u_4 = \frac{9}{11}u_3}$$

$$5u_3 = 3u_4 + 2u_2 + F = \frac{27}{11}u_3 + 2u_2 + F \Rightarrow \boxed{u_3 = \frac{11}{14}u_2 + \frac{11}{28}F}$$

Andererseits erhält man aus der ersten Gleichung: $\boxed{u_3 = \frac{3}{2}u_2}$

und somit durch Gleichsetzen:

$$\frac{11}{14}u_2 + \frac{11}{28}F = \frac{3}{2}u_2 \Rightarrow \boxed{u_2 = \frac{11}{20}\frac{F}{k} = 0,55\,F/k}$$

Damit folgt weiter:

$$u_3 = \frac{3}{2}u_2 = \frac{33}{40}\frac{F}{k} = 0,825 \text{ F/k} \quad ,$$

$$u_4 = \frac{9}{11}u_3 = \frac{27}{40}\frac{F}{k} = 0,675 \text{ F/k} \quad ,$$

$$u_5 = \frac{2}{3}u_4 = \frac{9}{20}\frac{F}{k} = 0,45 \text{ F/k} \quad .$$

Damit sind die unbekannten Verschiebungen ermittelt. Die unbekannten Reaktionskräfte erhält man aus der ersten und sechsten Gleichung des Gesamtsystems:

$$F_1 = ku_1 - ku_2 = -ku_2 = -0,55 \text{ F} \quad ,$$

$$F_6 = -ku_5 + ku_6 = -ku_5 = -0,45 \text{ F} \quad .$$

Probe: Die Gleichgewichtsbedingung für das Gesamtsystem lautet:

$$\sum F = F_1 + F_6 + F = -0{,}55F - 0{,}45F + F = \underline{0}. \checkmark$$

Das lineare Gleichungssystem zur Bestimmung der Verschiebungen lässt sich bequem mit Hilfe der Software MAPLE lösen, wie der folgende Output zeigt.

```
>solve( {  3*k*u[2] - 2*k*u[3]                      = 0,
>           -2*k*u[2] +5*k*u[3] - 3*k*u[4]          = F,
>                    - 3*k*u[3] + 5*k*u[4] - 2*k*u[5]  = 0,
>                           - 2*k*u[4] + 3*k*u[5]   = 0},
>    {u[2], u[3], u[4], u[5] });
```

$$\left\{ u_5 = \frac{9}{20}\frac{F}{k},\ u_2 = \frac{11}{20}\frac{F}{k},\ u_4 = \frac{27}{40}\frac{F}{k},\ u_3 = \frac{33}{40}\frac{F}{k} \right\}$$

c) Bei den neuen Randbedingungen (F = 0, u_6 = u) darf man nicht einfach vom reduzierten Gleichungssystem ausgehen und darin F = 0 setzen. Das würde auf die Lösung $u_2 = u_3 = u_4 = u_5 = 0$ führen. Vielmehr geht man vom Gesamtgleichungssystem aus und erhält der Reihe nach:

1) $\boxed{F_1 = -ku_2}$

2) $F_2 = 0 = 3ku_2 - 2ku_3 \Rightarrow \boxed{u_3 = \frac{3}{2}u_2} \Rightarrow$

3) $F_3 = 0 = -2ku_2 + 5ku_3 - 3ku_4$

$\Rightarrow \ 0 = -2ku_2 + \frac{15}{2}ku_2 - 3ku_4 \Rightarrow \boxed{u_4 = \frac{11}{6}u_2}$

4) $F_4 = 0 = -3ku_3 + 5ku_4 - 2ku_5$

u_3 und u_4 von oben einsetzen:

$0 = -\frac{9}{2}u_2 + \frac{55}{6}u_2 - 2u_5 \ \Rightarrow \boxed{u_5 = \frac{7}{3}u_2}$

5) $F_5 = 0 = -2ku_4 + 3ku_5 - ku_6$

u_4, u_5 von oben einsetzen und die neue Randbedingung $u_6 = u$ berücksichtigen:

$$0 = -\frac{11}{3}u_2 + 7u_2 - u \quad \Rightarrow \quad \boxed{u_2 = \frac{3}{10}u = 0,3u}$$

6) $F_6 = -ku_5 + ku_6 = -\frac{7}{3}ku_2 + ku$

überall $u_2 = 0,3u$ einsetzen:

$$\boxed{u_2 = 0,3u} \quad \boxed{u_3 = \frac{9}{20}u = 0,45u} \qquad \boxed{u_4 = \frac{11}{20}u = 0,55u}$$

$$\boxed{u_5 = \frac{7}{10}u = 0,7u}$$

$$\boxed{F_1 = -0,3ku} \quad \boxed{F_6 = +0,3ku}$$

Probe: Das Kräftegleichgewicht führt auf $\boxed{F_1 + F_6 = 0}$. ✓

Ein MAPLE-Output hat folgende Gestalt:

```
>solve( {-k*u[2]                            = F[1],
>        3*k*u[2] - 2*k*u[3]                = 0,
>       -2*k*u[2] +5*k*u[3] - 3*k*u[4]      = 0,
>          - 3*k*u[3] + 5*k*u[4] - 2*k*u[5] = 0,
>             - 2*k*u[4] + 3*k*u[5] - k*u   = 0,
>                -k*u[5] + k*u  = F[6]},
>    {u[2], u[3], u[4], u[5], F[1],F[6] });
```

$$\left\{ F_6 = \frac{3}{10}ku,\ F_1 = -\frac{3}{10}ku,\ u_2 = \frac{3}{10}u,\ u_5 = \frac{7}{10}u,\ u_4 = \frac{11}{20}u,\ u_3 = \frac{9}{20}u \right\}$$

Auch die folgenden Ergebnisse wurden mit Hilfe der Maple-Software erstellt.

d)

$$[K_{red}] = \begin{bmatrix} 3k & -2k & 0 & 0 \\ -2k & 5k & -3k & 0 \\ 0 & -3k & 5k & -2k \\ 0 & 0 & -2k & 3k \end{bmatrix}$$

$$\det([K_{red}]) = 40k^4$$

$$[H_{red}] = \frac{1}{40k} \begin{bmatrix} 28 & 22 & 18 & 12 \\ 22 & 33 & 27 & 18 \\ 18 & 27 & 33 & 22 \\ 12 & 18 & 22 & 28 \end{bmatrix} \qquad \text{Die Bandbreite beträgt B=3}$$

e)   Rang([K]) = 5, es gilt z.B.:

$$\begin{vmatrix} k & -k & 0 & 0 & 0 \\ -k & 3k & -2k & 0 & 0 \\ 0 & -2k & 5k & -3k & 0 \\ 0 & 0 & -3k & 5k & -2k \\ 0 & 0 & 0 & -2k & 3k \end{vmatrix} \neq 0$$

Ü 3.1.4

Die *"äußere"* *Arbeit* infolge der *virtuellen Verschiebungen* δ_1 und δ_2 ist:

$$\delta\, W_{\text{außen}} = F_1\delta_1 + F_2\delta_2.$$

Die Federkraft im (vorausgegangenen, aktuellen) Gleichgewichtszustand ist $k\,(u_2 - u_1)$. Diese Kraft leistet eine *innere virtuelle Arbeit*:

$$\delta\, W_{\text{innen}} = (\delta_2 - \delta_1)\, k\, (u_2 - u_1).$$

Nach dem *Prinzip der virtuellen Arbeiten* (oder Verschiebungen) muss im Gleichgewichtszustand (notwendig und hinreichend) gelten:

$$\delta\, W_{\text{außen}} = \delta\, W_{\text{innen}} \;\Rightarrow\; F_1\delta_1 + F_2\delta_2 = (\delta_1 - \delta_2)\, k\, (u_1 - u_2).$$

Dieses Ergebnis kann man in Matrizenform gemäß

$$\{\delta_1 \quad \delta_2\}\begin{Bmatrix} F_1 \\ F_2 \end{Bmatrix} = \{\delta_1 \quad \delta_2\}\begin{bmatrix} k & -k \\ -k & k \end{bmatrix}\begin{Bmatrix} u_1 \\ u_2 \end{Bmatrix}$$

ausdrücken.

Hieraus kann man folgern:

$$\begin{Bmatrix} F_1 \\ F_2 \end{Bmatrix} = k\begin{bmatrix} 1 & -1 \\ -1 & 1 \end{bmatrix}\begin{Bmatrix} u_1 \\ u_2 \end{Bmatrix}.$$

Wegen $\{F\} = [K]\{\delta\}$ gilt somit: $$[K] = k\begin{bmatrix} 1 & -1 \\ -1 & 1 \end{bmatrix}.$$

Ü 3.1.5

Das System weist v i e r Knoten auf. Analog Ü 3.1.3 erhält man nach der *direkten Methode* sofort die *Gesamtsteifigkeitsmatrix* und damit die Matrixgleichung

$$\{R\} \quad = \quad [K] \; \{\delta\}$$

$$\begin{Bmatrix} R_1 = F_1 = ? \\ \hline R_2 \\ R_3 \\ R_4 \end{Bmatrix} = \left[\begin{array}{c:ccc} k_1 & -k_1 & 0 & 0 \\ \hdashline -k_1 & (k_1+k_2+k_3+k_4) & -(k_2+k_3) & -k_4 \\ 0 & -(k_2+k_3) & (k_2+k_3+k_5) & -k_5 \\ 0 & -k_4 & -k_5 & (k_4+k_5) \end{array}\right]\begin{Bmatrix} u_1 = 0 \\ \hline u_2 \\ u_3 \\ u_4 \end{Bmatrix}$$

Aus dem "reduzierten" System

$$\begin{Bmatrix} R_2 \\ R_3 \\ R_4 \end{Bmatrix} = \begin{bmatrix} K_{22} & K_{23} & K_{24} \\ K_{32} & K_{33} & K_{34} \\ K_{42} & K_{43} & K_{44} \end{bmatrix}\begin{Bmatrix} u_2 \\ u_3 \\ u_4 \end{Bmatrix}$$

mit den Abkürzungen

$$K_{22} \equiv k_1 + k_2 + k_3 + k_4\,; \qquad\qquad K_{23} = K_{32} \equiv -(k_2 + k_3)\,;$$
$$K_{42} = K_{24} \equiv -k_4\,; \qquad\qquad K_{33} \equiv k_2 + k_3 + k_5\,;$$
$$K_{34} = K_{43} \equiv -k_5\,; \qquad\qquad K_{44} \equiv k_4 + k_5$$

ermittelt man die Verschiebungen nach der CRAMER*schen Regel*.

Danach können die Federkräfte unmittelbar den folgenden Skizzen entnommen werden.

$$F_2^{(1)} = k_1 u_2 = -R_1$$

$$\begin{Bmatrix} F_2^{(2)} \\ F_3^{(2)} \end{Bmatrix} = k_2 \begin{bmatrix} 1 & -1 \\ -1 & 1 \end{bmatrix} \begin{Bmatrix} u_2 \\ u_3 \end{Bmatrix} \qquad \begin{Bmatrix} F_2^{(3)} \\ F_3^{(3)} \end{Bmatrix} = k_3 \begin{bmatrix} 1 & -1 \\ -1 & 1 \end{bmatrix} \begin{Bmatrix} u_2 \\ u_3 \end{Bmatrix}$$

$$\begin{Bmatrix} F_2^{(4)} \\ F_4^{(4)} \end{Bmatrix} = k_4 \begin{bmatrix} 1 & -1 \\ -1 & 1 \end{bmatrix} \begin{Bmatrix} u_2 \\ u_4 \end{Bmatrix} \qquad \begin{Bmatrix} F_3^{(5)} \\ F_4^{(5)} \end{Bmatrix} = k_5 \begin{bmatrix} 1 & -1 \\ -1 & 1 \end{bmatrix} \begin{Bmatrix} u_3 \\ u_4 \end{Bmatrix}$$

Die Gleichgewichtsbedingungen für die drei Wagen (Knoten ②, ③, ④) ergeben sich aus obigen Bildern durch Addition der einzelnen Anteile:

Knoten ② : $\qquad F_2^{(1)} + F_2^{(2)} + F_2^{(3)} + F_2^{(4)} + 0 = R_2$

Knoten ③ : $\qquad F_3^{(2)} + F_3^{(3)} + 0 + F_3^{(5)} = R_3$

Knoten ④ : $\qquad F_4^{(4)} + F_4^{(5)} = R_4 .$

Setzt man darin die einzelnen Beiträge aus obigen Skizzen ein, so stellt man die Übereinstimmung mit der Lösung des "reduzierten" Gleichungssystems fest !

Ü 3.1.6

Für Verformungen $u_2 \le u^*$ ist in Ü 3.1.5 die Federsteifigkeit k_1 durch E zu ersetzen. Für $u_2 > u^*$ kann k_1 formal durch den Sekantenmodul S ersetzt werden, der allerdings von der Federkraft $F_2^{(1)}$ abhängt.

Man kann auch den Tangentenmodul T verwenden. Dann ist die Beziehung $F_2^{(1)} = k_1 u_2$ aus Ü 3.1.5 durch den Zusammenhang

$$F_2^{(1)} = (E - T)u^* + T u_2 = (1 - \frac{T}{E})F^* + T u_2$$

zu ersetzen, den man aus der gegebenen Kennlinie ablesen kann.

Ü 3.1.7

Basierend auf dem FOURIER*schen Gesetz*

$$Q = -\lambda A \frac{dT}{dx}$$

(für Q = const. $\Rightarrow$ T = linear über d) kann man für eine homogene Schicht (λ = const.) und im stationären Zustand, in dem in gleichen Zeiten immer gleiche Wärmemengen überfließen ($dQ/dt = 0$; bzw. Q = const. $\Rightarrow$ dT/dx = const., also T ist linear über d verteilt), ansetzen:

$$Q = \frac{\lambda}{d} A \, \Delta T \, ,$$

wenn ΔT der Temperaturabfall in der Schicht ist; ΔT = Temperaturgefälle in Richtung des Wärmestromes.

Somit erhält man: $$Q_1 = \frac{\lambda A}{d}(T_1 - T_2) \, .$$

Aufgrund der Erhaltung der Energie gilt: $Q_2 = -Q_1$ und somit:

$$Q_2 = -\frac{\lambda A}{d}(T_1 - T_2) \, .$$

Beide Beziehungen können zu einer Matrixgleichung zusammengefasst werden:

$$\begin{Bmatrix} Q_1 \\ Q_2 \end{Bmatrix} = \frac{\lambda A}{d} \begin{bmatrix} 1 & -1 \\ -1 & 1 \end{bmatrix} \begin{Bmatrix} T_1 \\ T_2 \end{Bmatrix} \quad \text{bzw.} \quad \boxed{\{Q\} = [\lambda]\{T\}}$$

Darin sind:

$$\{Q\} \mathrel{\hat=} \text{Spaltenmatrix der "\textit{Knotenwärmeströme}",}$$

$$[\lambda] \mathrel{\hat=} \text{"\textit{Wärmeleitmatrix}",}$$

$$\{T\} \mathrel{\hat=} \text{Spaltenmatrix der "\textit{Knotentemperaturen}".}$$

Ü 3.1.8

Man bezieht die Wärmeströme auf die Fläche, $q \equiv Q/A$, und erhält im einzelnen in Anlehnung an Ü 3.1.7:

Für die linke Oberfläche (*Wärmeübergang*): $q_1 = \alpha_1(T_1 - T_2)$.

Für die linke Schicht (*Wärmedurchgang*): $q_2 = k_a(T_2 - T_3)$.

Für die rechte Schicht (*Wärmedurchgang*): $q_3 = k_b(T_3 - T_4)$.

Für die rechte Oberfläche (*Wärmeübergang*): $q_4 = \alpha_5(T_4 - T_5)$.

Um die Gleichungen für die unbekannten Zustandsgrößen T_2, T_3, T_4, die sich im stationären Zustand in den "Knotenflächen" ②, ③, ④ einstellen, zu bestimmen, betrachtet man die *Kontinuitätsbedingungen* für den *Wärmestrom*:

$$\boxed{q_1 = q_2 = q_3 = q_4} \, .$$

Es werden jeweils zwei Größen gleichgesetzt ($q_i = q_j$), so dass man $\binom{4}{2} = \dfrac{4!}{2!\,2!} = 6$ Möglichkeiten erhält:

$$
\begin{aligned}
q_1 = q_2 &\Rightarrow (\alpha_1 + k_a)T_2 \quad - k_a T_3 &&= \alpha_1 T_1\,, \\
q_2 = q_3 &\Rightarrow -k_a T_2 + (k_a + k_b)T_3 \quad - k_b T_4 &&= 0\,, \\
q_3 = q_4 &\Rightarrow -k_b T_3 + (k_b + \alpha_5)T_4 &&= \alpha_5 T_5\,, \\
q_4 = q_1 &\Rightarrow \alpha_1 T_2 \qquad\qquad + \alpha_5 T_4 &&= \alpha_1 T_1 + \alpha_5 T_5\,, \\
q_4 = q_2 &\Rightarrow -k_a T_2 + k_a T_3 + \alpha_5 T_4 &&= \alpha_5 T_5\,, \\
q_3 = q_1 &\Rightarrow \alpha_1 T_2 + k_b T_3 - k_b T_4 &&= \alpha_1 T_1\,.
\end{aligned}
$$

Auf der rechten Seite stehen die bekannten Umgebungstemperaturen. Diese sechs Gleichungen sind nicht voneinander unabhängig; denn setzt man die sechste und erste gleich, so erhält man die zweite Gleichung. Ebenso erhält man die zweite Gleichung, wenn man die fünfte und dritte Gleichung gleichsetzt. Schließlich kann man die sechste und fünfte Gleichung in die vierte Gleichung einsetzen und erhält wiederum die zweite Gleichung. Mithin reicht es aus, die ersten drei Gleichungen zu betrachten, die man in folgender Matrizengleichung zusammenfassen kann:

$$
\begin{Bmatrix} \alpha_1 T_1 \\ 0 \\ \alpha_5 T_5 \end{Bmatrix}
=
\begin{bmatrix}
\alpha_1 + k_a & -k_a & 0 \\
-k_a & k_a + k_b & -k_b \\
0 & -k_b & k_b + \alpha_5
\end{bmatrix}
\begin{Bmatrix} T_2 \\ T_3 \\ T_4 \end{Bmatrix} .
$$

Ein analoges Federsystem ist in nachstehender Skizze gegeben,

das durch folgende Matrizengleichung beschrieben werden kann:

$$
\begin{Bmatrix} q_1 \\ 0 \\ 0 \\ 0 \\ q_5 = -q_4 \end{Bmatrix}
=
\begin{bmatrix}
\alpha_1 & -\alpha_1 & 0 & 0 & 0 \\
-\alpha_1 & (\alpha_1 + k_a) & -k_a & 0 & 0 \\
0 & -k_a & (k_a + k_b) & -k_b & 0 \\
0 & 0 & -k_b & (k_b + \alpha_5) & -\alpha_5 \\
0 & 0 & 0 & -\alpha_5 & \alpha_5
\end{bmatrix}
\begin{Bmatrix} T_1 \\ T_2 \\ T_3 \\ T_4 \\ T_5 \end{Bmatrix} .
$$

Die linke Spaltenmatrix enthält nur die *Wandwärmeströme* q_1 und q_5 (*Wärmeübergangskoeffizienten* α_1, α_5), d.h., sie drückt die vom Fluid auf die feste Berandung übertragenen Wärme aus. Die *Wandwärmeströme* $q_1 = \alpha_1(T_1 - T_2)$ und $q_5 = \alpha_5(T_5 - T_4)$ sind vektorielle Größen in Richtung des Temperaturgefälles. Die

Spaltenmatrix auf der rechten Seite $\{T\}$ enthält die "*Knotenvariablen*" ("*Knotentemperaturen*"). Die Systemmatrix $[K]$ kann nach der direkten Methode unmittelbar aufgestellt werden. Die Auflösung der Matrizengleichung führt auf die vorausgegangenen Ergebnisse.

Ü 3.1.9

Nach dem Gesetz von HAGEN und POISEUILLE ergibt sich der *Volumenstrom* zu :

$$Q = \frac{\pi D^4}{128\eta}\frac{\Delta p}{L} \equiv k\,\Delta p\,.$$

Darin ist η die dynamische Viskosität der Flüssigkeit, und Δp ist der Druckabfall (Druckgefälle, Druckverlust). Das skizzierte *Rohrelement* hat zwei Knoten, für die gilt:

$$Q_1 = \frac{\pi D^4}{128\eta}\frac{p_1 - p_2}{L} \quad \text{und} \quad Q_2 = -Q_1\,.$$

Beide Beziehungen lassen sich durch eine Matrixgleichung ausdrücken. Man erhält wieder die Standardform:

$$\begin{Bmatrix} Q_1 \\ Q_2 \end{Bmatrix} = \frac{\pi D^4}{128 L\eta}\begin{bmatrix} 1 & -1 \\ -1 & 1 \end{bmatrix}\begin{Bmatrix} p_1 \\ p_2 \end{Bmatrix} \quad \text{bzw.} \quad \boxed{\{Q\} = [K_f]\{p\}}\,.$$

Darin sind : $\{Q\} \stackrel{\wedge}{=} $ Spaltenmatrix der "*Knotenvolumenströme*",

$$[K_f] \stackrel{\wedge}{=} \text{Matrix der "}Fließfähigkeit\text{",}$$

$$\{p\} \stackrel{\wedge}{=} \text{Spaltenmatrix der "}Knotendrücke\text{".}$$

Allgemeiner kann man ansetzen:

$$Q_1 = c\left(\frac{p_1 - p_2}{L}\right)^n \quad \text{und} \quad Q_2 = c\left(\frac{p_2 - p_1}{L}\right)^n,$$

wobei c von D und der REYNOLDS*zahl* abhängt;

laminar $\Rightarrow n = 1$;

turbulent $\Rightarrow n = 1/2$,   d.h., Netzwerkgleichungen sind im turbulenten Fall nichtlinear.

Ergänzung: Falls das laminar durchströmte Rohr um einen Winkel α geneigt ist, ergibt sich der Volumenstrom durch das Rohr zu:

$$Q = \frac{\pi D^4}{128\eta}\left(\frac{\Delta p}{L} + \rho g \sin\alpha\right)\,; \qquad \text{(Dichte } \rho, \text{ Erdbeschleunigung } g).$$

Ü 3.1.10

Nach der *direkten Methode* erhält man unmittelbar:

$$\begin{Bmatrix} Q_1 = Q \\ 0 \\ 0 \\ Q_4 = -Q \end{Bmatrix} = \begin{bmatrix} k_1 + k_5 & -k_1 & 0 & -k_5 \\ -k_1 & (k_1 + k_2 + k_3) & -(k_2 + k_3) & 0 \\ 0 & -(k_2 + k_3) & (k_2 + k_3 + k_4) & -k_4 \\ -k_5 & 0 & -k_4 & (k_4 + k_5) \end{bmatrix} \begin{Bmatrix} p_1 \\ p_2 \\ p_3 \\ p_4 = p \end{Bmatrix}.$$

Hieraus liest man vier Gleichungen ab, die auf die Kontinuität in den einzelnen Knotenpunkten führen müssen:

Knoten ① →

$$Q = (k_1 + k_5)p_1 - k_1 p_2 - k_5 p_4 = k_1(p_1 - p_2) + k_5(p_1 - p_4) \equiv q_1 + q_5$$

$$\boxed{Q = q_1 + q_5} \qquad \Rightarrow \qquad \text{Kontinuität im Knoten ① ist erfüllt.}$$

Knoten ② →

$$0 = -k_1 p_1 + (k_1 + k_2 + k_3)p_2 - (k_2 + k_3)p_3$$
$$k_1(p_2 - p_1) + k_2(p_2 - p_3) + k_3(p_2 - p_3) \equiv -q_1 + q_2 + q_3 = 0$$

$$\boxed{q_1 = q_2 + q_3} \qquad \Rightarrow \qquad \text{Kontinuität im Knoten ② ist erfüllt.}$$

Knoten ③ →

$$0 = -(k_2 + k_3)p_2 + (k_2 + k_3 + k_4)p_3 - k_4 p_4$$
$$k_2(p_3 - p_2) + k_3(p_3 - p_2) + k_4(p_3 - p_4) \equiv -q_2 - q_3 + q_4 = 0$$

$$\boxed{q_4 = q_2 + q_3} \qquad \Rightarrow \qquad \text{Kontinuität im Knoten ③ ist erfüllt.}$$

Knoten ④ →

$$Q_4 = -Q = -k_5 p_1 - k_4 p_3 + (k_4 + k_5)p_4 = k_4(p_4 - p_3) + k_5(p_4 - p_1)$$
$$\equiv -q_4 - q_5$$

$$\boxed{Q = q_4 + q_5} \qquad \Rightarrow \qquad \text{Kontinuität im Knoten ④ ist erfüllt.}$$

Außerdem gilt : $q_4 = q_1$, wie man obigen Gleichungen entnehmen kann.

Als Randbedingung sei $p_4 = p$ gegeben.

Addiert man die erste [Knoten ①], zweite [Knoten ②] und vierte Gleichung [Knoten ④], so erhält man die dritte Gleichung [Knoten ③], die somit überflüssig ist. Man hat also das folgende System zu lösen:

$$\begin{aligned}
(k_1 + k_5)p_1 & & -k_1 p_2 & & & = Q + k_5 p \\
k_1 p_1 & & -(k_1 + k_2 + k_3)p_2 & & +(k_2 + k_3)p_3 & = 0 \\
k_5 p_1 & & & & +k_4 p_3 & = Q + (k_4 + k_5)p.
\end{aligned}$$

Mit der Koeffizientendeterminante

$$\Delta \;\equiv\; \begin{vmatrix} (k_1+k_5) & -k_1 & 0 \\ k_1 & -(k_1+k_2+k_3) & (k_2+k_3) \\ k_5 & 0 & k_4 \end{vmatrix}$$

erhält man die Lösung

$$p_1 \;=\; \frac{-1}{\Delta}\left\{k_4(k_1+k_2+k_3)(Q+k_5p)+k_1(k_2+k_3)\left[Q+(k_4+k_5)p\right]\right\}$$

usw.

Als Zahlenbeispiel sei $k_n = nk$, $n=1,...,5$, gewählt. Dann erhält man das System :

$$\begin{aligned} 6p_1 \quad\;\; -p_2 \qquad\quad &= 5p + Q/k \\ p_1 \quad -6p_2 \;+5p_3 \;&= 0 \qquad\qquad\qquad (\Delta = -165) \\ 5p_1 \qquad\quad\;\; +4p_3 \;&= 9p + Q/k \end{aligned}$$

mit der Lösung:

$$\boxed{\;p_1 = p + \frac{29}{165}\frac{Q}{k} \;\bigg|\; p_2 = p + \frac{9}{165}\frac{Q}{k} \;\bigg|\; p_3 = p + \frac{5}{165}\frac{Q}{k}\;}$$

Dieses Gleichungssystem wurde mit MAPLE gelöst:

```
>solve({6*p[1]       -p[2]            = 5*p+Q/k,
>        p[1]   -6*p[2]  +  5*p[3]    = 0,
>        5*p[1]           +  4*p[3]   = 9*p+Q/k },
> {p[1],p[2],p[3]}); collect(",Q);
```

$$\left\{ p[3] = \frac{1}{33}\frac{33\,p\,k+Q}{k}, p[2] = \frac{1}{55}\frac{55\,p\,k+3\,Q}{k}, p[1] = \frac{1}{165}\frac{165\,p\,k+29\,Q}{k}\right\}$$

$$\left\{ p_3 = \frac{1}{33}\frac{Q}{k}+p, p_2 = \frac{3}{55}\frac{Q}{k}+p, p_1 = \frac{29}{165}\frac{Q}{k}+p\right\}$$

Ü 3.1.11

Für den Widerstand R im linken Bild, der vom Strom I_1 bzw. I_2 durchflossen wird, gilt:

$$\left.\begin{aligned} I_1 = (U_1-U_2)/R \\ I_2 = (U_2-U_1)/R \end{aligned}\right\} \;\Rightarrow\; \begin{Bmatrix} I_1 \\ I_2 \end{Bmatrix} = \frac{1}{R}\begin{bmatrix} 1 & -1 \\ -1 & 1 \end{bmatrix}\begin{Bmatrix} U_1 \\ U_2 \end{Bmatrix}.$$

Darin ist U_1–U_2 bzw. U_2–U_1 der Spannungsabfall am Widerstand R. Die Größen U_1, U_2 sind die *Knotenspannungen*. Löst man die erste Gleichung nach U_2 auf, $U_2 = U_1$–RI_1, und setzt diesen Wert in die zweite Gleichung ein, so erhält man:

$$RI_2 = U_1 - RI_1 - U_1 = -RI_1 \quad\Rightarrow\quad \boxed{I_2 = -I_1} \;\overset{\wedge}{=}\; \textit{Kontinuität}.$$

Setzt man die "*Kontinuität*" für den Knoten ① im rechten Bild an (hineinfließender Strom gleich ausfließender Strom), so erhält man:

$$I_1^* = (I_1)_{\text{Element}①} + (I_1)_{\text{Element}②} + (I_1)_{\text{Element}③}$$

$$I_1^* = (U_1 - U_2)/R_1 + (U_1 - U_3)/R_2 + (U_1 - U_4)/R_3$$

$$\boxed{I_1^* = \left(\frac{1}{R_1} + \frac{1}{R_2} + \frac{1}{R_3}\right)U_1 - \frac{1}{R_1}U_2 - \frac{1}{R_2}U_3 - \frac{1}{R_3}U_4}$$

Diese Gleichung ist die erste Zeile der Matrizengleichung des Gesamtsystems:

$$\begin{Bmatrix} I_1^* \\ I_2^* \\ I_3^* \\ I_4^* \end{Bmatrix} = \begin{bmatrix} \frac{1}{R_1}+\frac{1}{R_2}+\frac{1}{R_3} & -\frac{1}{R_1} & -\frac{1}{R_2} & -\frac{1}{R_3} \\ & & & \\ & & & \\ & & & \end{bmatrix} \begin{Bmatrix} U_1 \\ U_2 \\ U_3 \\ U_4 \end{Bmatrix}.$$

Man kann sie auch erhalten aus den Matrizengleichungen der Einzelelemente,

$$\begin{Bmatrix} I_1 \\ I_2 \end{Bmatrix} = \frac{1}{R_1}\begin{bmatrix} 1 & -1 \\ -1 & 1 \end{bmatrix}\begin{Bmatrix} U_1 \\ U_2 \end{Bmatrix}, \qquad \begin{Bmatrix} I_1 \\ I_3 \end{Bmatrix} = \frac{1}{R_2}\begin{bmatrix} 1 & -1 \\ -1 & 1 \end{bmatrix}\begin{Bmatrix} U_1 \\ U_3 \end{Bmatrix},$$

$$\begin{Bmatrix} I_1 \\ I_4 \end{Bmatrix} = \frac{1}{R_3}\begin{bmatrix} 1 & -1 \\ -1 & 1 \end{bmatrix}\begin{Bmatrix} U_1 \\ U_4 \end{Bmatrix},$$

indem man sie auf die Größe (n × n) des Gesamtsystems bringt und entsprechend addiert.

Bemerkung: Obige Betrachtung basiert auf dem *ersten KIRCHHOFFschen Gesetz*, wonach **an jedem Verzerrungspunkt (Knotenpunkt) eines Leiternetzes die algebraische Summe der zufließenden mit der Summe der abfließenden Ströme übereinstimmt (Knotenregel)**. Die Ströme in den einzelnen Zweigen nennt man *Zweigströme*.

Neben der *Zweigstrom-Methode* kann die *Maschenstrom-Methode* auch sehr hilfreich zur Analyse von Gleichstrom-Netzwerken eingesetzt werden.

Dazu betrachte man zunächst als Vorübung einen geschlossenen Kreis eines Leiternetzes, d.h. eine *Einzelmasche* als finites Element gemäß Skizze.

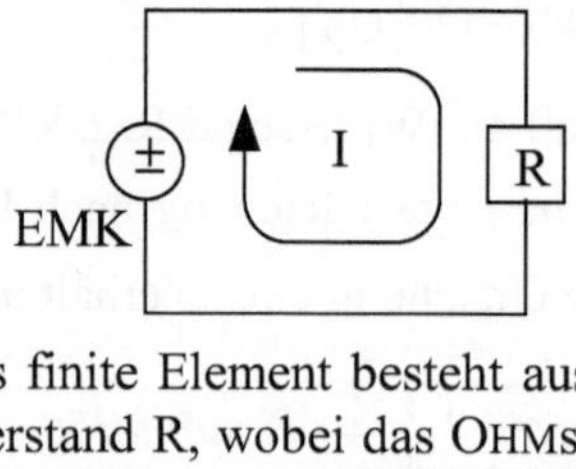

$$\text{EMK} \stackrel{\wedge}{=} \text{aktives Element}$$
(Energie einspeisen)

$$R \stackrel{\wedge}{=} \text{passives Element}$$
(Spannung wird verbraucht)

Dieses finite Element besteht aus einer EMK (treibende Spannung V) und einem Wiederstand R, wobei das OHMsche Gesetz gilt: $V \equiv U = RI$. Der eingezeichnete Strom (von − nach +) ist der Maschenstrom. Für Netzwerke, die aus derartigen

Maschen zusammengesetzt sind, benutze man das *zweite KIRCHHOFFsche Gesetz*, wonach **in irgendeinem geschlossenen Kreis eines Leiternetzes die Summe der elektromotorischen Kräfte (treibende Spannungen) gleich der Summe der Spannungsabfälle in diesem Kreis ist.**

Ü 3.1.12

a) Die Maschenströme können in Analogie zu den früher behandelten Federsystemen aus folgender Matrizengleichung gefunden werden:

$$\begin{bmatrix} R_{11} & R_{12} & R_{13} \\ R_{21} & R_{22} & R_{23} \\ R_{31} & R_{32} & R_{33} \end{bmatrix} \begin{Bmatrix} I_a \\ I_b \\ I_c \end{Bmatrix} = \begin{Bmatrix} V_a \\ V_b \\ V_c \end{Bmatrix} .$$

Darin ist V_a die Summe aller Quellenspannungen, die den Maschenstrom I_a treiben etc.. Eine Spannung V_a wird in der Summe positiv angesetzt, wenn I_a von der Minus- zur Plus- Klemme der Quelle fließt. Bei der gewählten Richtung des Maschenstromes I_c im obigen Netzwerk muss daher in der Matrixgleichung V_c mit negativem Vorzeichen eingesetzt werden, während V_b null zu setzen ist, da die Masche b keine Quelle enthält.

Die Elemente der *"Widerstandsmatrix"* erhält man folgendermaßen:

R_{11} = **Summe aller Widerstände, durch die der Maschenstrom I_a fließt.**

Analog erhält man R_{22} und R_{33}. Damit ist die Hauptdiagonale ermittelt.

R_{12} = **Summe aller Widerstände, die von den Maschenströmen I_a und I_b durchflossen werden. Das Vorzeichen von R_{12} ist positiv, wenn beide Ströme die Widerstände in derselben Richtung durchfließen; andernfalls ist R_{12} mit negativem Vorzeichen zu versehen.**

Entsprechend ermittelt man R_{23} und R_{31}. Offenbar gilt $R_{ij} = R_{ji}$ wie bei der *Steifigkeitsmatrix.*

Nach diesen Vorüberlegungen kann man die Matrizengleichung für das gegebene Netzwerk direkt angeben:

$$\begin{bmatrix} R_a + R_{ab} & -R_{ab} & 0 \\ -R_{ab} & R_{ab} + R_b + R_{bc} & -R_{bc} \\ 0 & -R_{bc} & R_{bc} + R_c \end{bmatrix} \begin{Bmatrix} I_a \\ I_b \\ I_c \end{Bmatrix} = \begin{Bmatrix} V_a \\ 0 \\ -V_c \end{Bmatrix} .$$

Darin hat die *Widerstandsmatrix* eine Bandstruktur der Bandbreite B=3. Diese Struktur bleibt unverändert, wenn man das Netzwerk um zusätzliche Maschen erweitert.

Die Auflösung der Matrizengleichung erfolgt über die CRAMER*sche Regel.* Damit sind die Maschenströme I_a, I_b, I_c ermittelt.

Die *Zweigströme* liest man aus dem skizzierten Netzwerk ab unter Berücksichtigung des *ersten KIRCHHOFFschen Gesetzes (Knotenregel).* Beispielsweise ist der

Zweigstrom im Zweig $\overline{AB}$ durch $I_a - I_b$ gegeben. Im *Hauptknotenpunkt* A gilt:

$$I_a = I_a - I_b + I_b \, .$$

Die *Knotenregel* ist automatisch erfüllt. Ein *Hauptknoten* verbindet mehr als zwei Knoten im Gegensatz zu einem *einfachen Knoten*.

Aus der Matrizengleichung liest man drei Beziehungen ab, die auf die Maschenregel führen müssen:

$$\textbf{Masche "a"} \quad \left(R_a + R_{ab} \right) I_a - R_{ab} I_b = V_a$$

$$\text{bzw.} \quad R_a I_a + R_{ab} \left(I_a - I_b \right) = V_a$$

Die Maschenregel ist erfüllt!

$$\textbf{Masche "b"} \quad -R_{ab} I_a + \left(R_{ab} + R_b + R_{bc} \right) I_b - R_{bc} I_c = 0$$

$$\text{bzw.} \quad R_{ab} \left(I_b - I_a \right) + R_b I_b + R_{bc} \left(I_b - I_c \right) = 0$$

Die Maschenregel ist erfüllt!

$$\textbf{Masche "c"} \quad -R_{bc} I_b + \left(R_{bc} + R_c \right) I_c = -V_c$$

$$\text{bzw.} \quad R_{bc} \left(I_c - I_b \right) + R_c I_c = -V_c$$

Die Maschenregel ist erfüllt!

b) Für dieses *Dreimaschen-Netzwerk* erhält man nach obigen Überlegungen unmittelbar folgende Matrizengleichung:

$$\begin{bmatrix} 4R & -3R & 0 \\ -3R & 15R & -5R \\ 0 & -5R & 5R \end{bmatrix} \begin{Bmatrix} I_a \\ I_b \\ I_c \end{Bmatrix} = \begin{Bmatrix} V \\ 0 \\ 2V \end{Bmatrix} ,$$

woraus sich die *Maschenströme* als unbekannte *Zustandsgröße*n mit Hilfe des MAPLE-Programms wie folgt ergeben:

```
>with(linalg):
>A:=matrix(3,3,[[4*R,-3*R,0], [-3*R,15*R, -5*R], [0,-5*R,5*R]]);
>a:=matrix(1,3,[V,0,2*V]);x:=matrix(1,3,[I[a],I[b],I[c]]);
>X:=transpose(linsolve(A,transpose(a)));
```

$$A := \begin{bmatrix} 4\,R & -3\,R & 0 \\ -3\,R & 15\,R & -5\,R \\ 0 & -5\,R & 5\,R \end{bmatrix}$$

$$a := \begin{bmatrix} V & 0 & 2\,V \end{bmatrix}$$

$$x := \begin{bmatrix} I_a & I_b & I_c \end{bmatrix}$$

$$X := \begin{bmatrix} \dfrac{16}{31}\dfrac{V}{R} & \dfrac{11}{31}\dfrac{V}{R} & \dfrac{117}{155}\dfrac{V}{R} \end{bmatrix}$$

Alternativ bietet MAPLE zur Lösung des Gleichungssystems folgende Version an:

$>solve(\{\ 4\!*\!R\!*\!I[a]\ -\ 3\!*\!R\!*\!I[b] \hspace{3cm} = V,$

$> \hspace{2cm} -3\!*\!R\!*\!I[a]\ +\ 15\!*\!R\!*\!I[b]\ -\ 5\!*\!R\!*\!I[c] \hspace{1cm} = 0,$

$> \hspace{4cm} -5\!*\!R\!*\!I[b]\ +\ 5\!*\!R\!*\!I[c] \hspace{1cm} =2\!*\!V\},$

$> \hspace{0.5cm} \{I[a],\ I[b],\ I[c]\});$

$$\left\{ I_c = \frac{117}{155}\frac{V}{R},\ I_b = \frac{11}{31}\frac{V}{R},\ I_a = \frac{16}{31}\frac{V}{R} \right\}$$

c) Als nächstes Beispiel sei das *Viermaschen-Netzwerk* gegeben.
Die Matrizengleichung ergibt sich zu:

$$\left[\begin{array}{cc:cc} 4R & -3R & 0 & 0 \\ -3R & 5R & 0 & 0 \\ \hdashline 0 & 0 & 9R & -4R \\ 0 & 0 & -4R & 10R \end{array}\right] \left\{\begin{array}{c} I_a \\ I_b \\ I_c \\ I_d \end{array}\right\} = \left\{\begin{array}{c} 5V \\ -10V \\ -5V \\ 10V \end{array}\right\}.$$

Daraus folgen die *Maschenströme* zu (MAPLE -Output):

$>with(linalg):$

$>B\!:=\!matrix(4,4,[[4\!*\!R, -3\!*\!R,0,0], [-3\!*\!R,5\!*\!R,0,0], [0, 0, 9\!*\!R, -4\!*\!R], \hspace{1cm} [0,0,-$
$>4\!*\!R,10\!*\!R]]);$

$>b\!:=\!matrix(1,4,[5\!*\!V,-10\!*\!V,-5\!*\!V,10\!*\!V]);$

$>y\!:=\!matrix(1,4,[I[a],\ I[b],\ I[c],\ I[d]]);$

$>Y\!:=\!transpose(linsolve(B,transpose(b)));$

$$B := \left[\begin{array}{cccc} 4\,R & -3\,R & 0 & 0 \\ -3\,R & 5\,R & 0 & 0 \\ 0 & 0 & 9\,R & -4\,R \\ 0 & 0 & -4\,R & 10\,R \end{array}\right]$$

$$b := \left[\begin{array}{cccc} 5\,V & -10\,V & -5\,V & 10\,V \end{array}\right]$$

$$y := \left[\begin{array}{cccc} I_a & I_b & I_c & I_d \end{array}\right]$$

$$Y := \left[\begin{array}{cccc} -\dfrac{5}{11}\dfrac{V}{R} & -\dfrac{25}{11}\dfrac{V}{R} & -\dfrac{5}{37}\dfrac{V}{R} & \dfrac{35}{37}\dfrac{V}{R} \end{array}\right]$$

Alternativ bietet MAPLE folgende Version an:

$>solve(\{4\!*\!R\!*\!I[a] - 3\!*\!R\!*\!I[b] \hspace{3.5cm} = 5\!*\!V,$

$> \hspace{1.5cm} -3\!*\!R\!*\!I[a] + 5\!*\!R\!*\!I[b] \hspace{3cm} = -10\!*\!V,$

$> \hspace{4cm} 9\!*\!R\!*\!I[c] - 4\!*\!R\!*\!I[d] \hspace{0.5cm} = -5\!*\!V,$

$> \hspace{3.5cm} -4\!*\!R\!*\!I[c] + 10\!*\!R\!*\!I[d] = 10\!*\!V\},$

$> \{I[a],\ I[b],\ I[c],\ I[d]\});$

$$\left\{ I_d = \frac{35}{37}\frac{V}{R},\, I_c = -\frac{5}{37}\frac{V}{R},\, I_b = -\frac{25}{11}\frac{V}{R},\, I_a = -\frac{5}{11}\frac{V}{R} \right\}$$

Bemerkung: Falls Spannungsquellen nur in den gemeinsamen Schleifen existieren, sind die Gleichungen für die Maschenströme I_a und I_b unabhängig von den Gleichungen für I_c und I_d, wie in der Matrix durch die gestrichelten Linien angedeutet.

Ergänzung: Man ändere die Bezeichnungen gemäß

$$I_c \rightarrow I_a,\quad I_a \rightarrow I_b,\quad I_b \rightarrow I_c,\quad I_d \rightarrow I_d$$

und stelle das Gleichungssystem auf und vergleiche es mit dem vorherigen.
Man erhält:

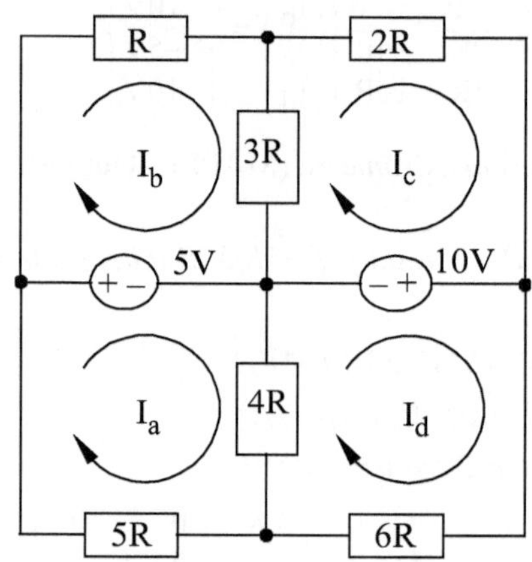

$$\begin{bmatrix} 9R & 0 & 0 & -4R \\ 0 & 4R & -3R & 0 \\ 0 & -3R & 5R & 0 \\ -4R & 0 & 0 & 10R \end{bmatrix} \begin{Bmatrix} I_a \\ I_b \\ I_c \\ I_d \end{Bmatrix} = \begin{Bmatrix} -5V \\ 5V \\ -10V \\ 10V \end{Bmatrix}$$

>solve({9*R*I[a]-4*R*I[d]=-5*V,4*R*I[b]-3*R*I[c]=5*V,-3*R*I[b]
>+5*R*I[c]=-10*V,-4*R*I[a]+10*R*I[d]=10*V},{I[a],I[b],I[c],I[d]});

$$\left\{ I_c = -\frac{25}{11}\frac{V}{R},\, I_b = -\frac{5}{11}\frac{V}{R},\, I_d = \frac{35}{37}\frac{V}{R},\, I_a = -\frac{5}{37}\frac{V}{R} \right\}$$

Die Aufstellung der Matrizengleichung für Probleme der *Strukturmechanik, Wärmeübertragung, Strömungsmechanik* und *Elektrotechnik* erfolgt bei allen Problemen in gleicher Weise nach der *direkten Steifigkeitsmethode*, wie die entsprechenden Übungsbeispiele gezeigt haben.

3.1.13

Analog Ü 3.1.5 erhält man $\{R\} = [K]\{\delta\}$ gemäß:

$$\begin{Bmatrix} R_1 = ? \\ R_2 = 0 \\ R_3 = 0 \\ R_4 = F \end{Bmatrix} = \begin{bmatrix} k_1 & -k_1 & 0 & 0 \\ -k_1 & (k_1+k_2+k_3) & -(k_2+k_3) & 0 \\ 0 & -(k_2+k_3) & (k_2+k_3+k_4) & -k_4 \\ 0 & 0 & -k_4 & k_4 \end{bmatrix} \begin{Bmatrix} u_1 = 0 \\ u_2 \\ u_3 \\ u_4 \end{Bmatrix}.$$

Daraus folgt: $\boxed{R_1 = -k_1 u_2}$ und das "reduzierte" System:

$$\begin{aligned} (k_1+k_2+k_3)u_2 & -(k_2+k_3)u_3 & & = 0, \\ -(k_2+k_3)u_2 & +(k_2+k_3+k_4)u_3 & -k_4 u_4 & = 0, \\ & -k_4 u_3 & +k_4 u_4 & = F. \end{aligned}$$

Addiert man die zweite Gleichung zur ersten, so erhält man:

$$k_1 u_2 + k_4 u_3 - k_4 u_4 = 0$$

bzw. in Verbindung mit der dritten Gleichung:

$$k_1 u_2 + k_4(u_4 - u_3) \equiv F \quad \Rightarrow \quad \boxed{u_2 = F/k_1}.$$

Addiert man die dritte zur zweiten Gleichung, so erhält man:

$$-(k_2+k_3)u_2 + (k_2+k_3)u_3 = F \quad \Rightarrow \qquad u_3 = u_2 + F/(k_2+k_3)$$

$$u_3 = \left(\frac{1}{k_1} + \frac{1}{k_2+k_3} \right) F \quad \text{oder} \quad \boxed{u_3 = \frac{k_1+k_2+k_3}{k_1(k_2+k_3)} F}.$$

Damit findet man aus der dritten Gleichung:

$$\boxed{u_4 = u_3 + \frac{F}{k_4} = \left(\frac{1}{k_1} + \frac{1}{k_2+k_3} + \frac{1}{k_4} \right) F}.$$

Das Ergebnis kann auch gemäß

$$\begin{Bmatrix} u_2 \\ u_3 \\ u_4 \end{Bmatrix} = \begin{bmatrix} \dfrac{1}{k_1} & 0 & 0 \\ 0 & \dfrac{1}{k_1}+\dfrac{1}{k_2+k_3} & 0 \\ 0 & 0 & \dfrac{1}{k_1}+\dfrac{1}{k_2+k_3}+\dfrac{1}{k_4} \end{bmatrix} \begin{Bmatrix} F \\ F \\ F \end{Bmatrix}$$

geschrieben werden.

Gleichgewichtsbedingungen überprüfen :

im Knoten ① $\rightarrow$ $R_1 + k_1 u_2 = 0$ $\Rightarrow$ $\boxed{R_1 = -k_1 u_2}$ $\checkmark$ (wie oben) ,

im Knoten ② $\rightarrow$ $k_1 u_2 + (k_2+k_3)(u_2 - u_3) = 0$

$$\boxed{(k_1+k_2+k_3)\,u_2 \;-\; (k_2+k_3)u_3 = 0} \qquad \checkmark$$

(stimmt mit direkter Matrixmethode überein) ,

im Knoten ③ $\rightarrow$ $(k_2+k_3)(u_3-u_2) + k_4(u_3-u_4) = 0$

$$\boxed{-(k_2+k_3)u_2 +(k_2+k_3+k_4)\,u_3 \;-k_4u_4=0} \qquad \checkmark$$

(stimmt mit Matrixgleichung überein) ,

im Knoten ④ $\rightarrow$ $k_4(u_4-u_3) = F$

$$\boxed{-k_4u_3 + k_4u_4 = F} \qquad \checkmark$$

(stimmt mit Matrixgleichung überein).

Das MAPLE-Programm liefert:

$$solve(\{-k[1]*u[2] \qquad\qquad\qquad\qquad\qquad\qquad = R[1],$$
$$(k[1]+k[2]+k[3])*u[2] \quad - \; (k[2]+k[3])*u[3] \qquad\qquad = 0,$$
$$- (k[2]+k[3])*u[2\,] + \; (k[2]+k[3]+k[4])*u[3] \; - \; k[4]*u[4] =0,$$
$$- \; k[4]*u[3] \qquad\qquad\qquad + k[4]*u[4]=F \},$$
$$\{R[1],\ u[2],u[3],u[4]\});$$

$$\left\{ u_3 = \frac{F\left(k_1+k_2+k_3\right)}{k_1\left(k_2+k_3\right)},\ u_2 = \frac{F}{k_1},\ u_4 = \frac{F\left(k_4k_1+k_4k_2+k_4k_3+k_1k_2+k_1k_3\right)}{k_4k_1\left(k_2+k_3\right)},\ R_1 = -F\right\}$$

Diese Lösung kann auch mit Hilfe des *GAUSSschen Ausgleichsprinzips* gefunden werden, wie in U 3.1.30 erläutert wird.

Ü 3.1.14

a) Durch Hinzufügen von D'ALEMBERTschen Zusatzkräften $-m_i\ddot{x}_i$ in den Knotenpunkten, wo die Massen punktförmig angebracht sind, wird das "dynamische" Problem auf ein statisches zurückgeführt. Für das obige finite Element gilt somit:

$$\begin{Bmatrix} F_1 - m_1\ddot{x}_1 \\ F_2 - m_2\ddot{x}_2 \end{Bmatrix} = k \begin{bmatrix} 1 & -1 \\ -1 & 1 \end{bmatrix} \begin{Bmatrix} x_1 \\ x_2 \end{Bmatrix} \;\Rightarrow\; \boxed{\{F\} = [M]\{\ddot{x}\} + [K]\{x\}}$$

b) In Ergänzung zu **a)** erhält man:

$$\begin{Bmatrix} F_1 - m_1\ddot{x}_1 - q(\dot{x}_1 - \dot{x}_2) \\ F_2 - m_2\ddot{x}_2 - q(\dot{x}_2 - \dot{x}_1) \end{Bmatrix} = k \begin{bmatrix} 1 & -1 \\ -1 & 1 \end{bmatrix} \begin{Bmatrix} x_1 \\ x_2 \end{Bmatrix}.$$

Dafür kann man schreiben:

$$[M]\{\ddot{x}\} \;+\; [Q]\{\dot{x}\} \;+\; [K]\{x\} \;=\; \{F(t)\} \;.$$

Darin sind:

$$[M] \;\equiv\; \begin{bmatrix} m_1 & 0 \\ 0 & m_2 \end{bmatrix} \;\hat{=}\; \textit{Massenmatrix (Diagonalform)} \;,$$

$\{\ddot{x}\}, \{\dot{x}\}, \{x\}$ sind Spaltenmatrizen der "Knotenbeschleunigungen",

"Knotengeschwindigkeiten" und "Knotenverschiebungen",

$$[Q] \equiv q \begin{bmatrix} 1 & -1 \\ -1 & 1 \end{bmatrix} \,\hat{=}\, \textit{Dämpfungsmatrix}; \text{ sie ist immer symmetrisch, wenn}$$

keine gyroskopischen[1] Kräfte (*Kreiselkräfte*) auftreten.

$$[K] \equiv k \begin{bmatrix} 1 & -1 \\ -1 & 1 \end{bmatrix} \,\hat{=}\, \textit{Steifigkeitsmatrix} \text{ (wie gehabt),}$$

$\{F(t)\} \,\hat{=}\,$ Erregerkräfte in den einzelnen Knotenpunkten in einer Spaltenmatrix zusammengefasst (*Störkräfte*).

c) Analog zu den Elementen unter **a)** und **b)** erhält man die Matrizengleichung

$$\begin{bmatrix} \theta_1 & 0 \\ 0 & \theta_2 \end{bmatrix} \begin{Bmatrix} \ddot{\varphi}_1 \\ \ddot{\varphi}_2 \end{Bmatrix} + \begin{bmatrix} q_1 + q_{12} & -q_{12} \\ -q_{12} & q_{12} + q_2 \end{bmatrix} \begin{Bmatrix} \dot{\varphi}_1 \\ \dot{\varphi}_2 \end{Bmatrix} + \begin{bmatrix} k & -k \\ -k & k \end{bmatrix} \begin{Bmatrix} \varphi_1 \\ \varphi_2 \end{Bmatrix} = \begin{Bmatrix} M_1(t) \\ M_2(t) \end{Bmatrix}.$$

Zur Kontrolle löse man diese Matrizengleichung nach $M_1(t)$ und $M_2(t)$ auf und bilde das Momentengleichgewicht.

Ü 3.1.15

Nach der direkten Methode erhält man unmittelbar die Matrixgleichung.

$$\begin{Bmatrix} R_1 = ? \\ -m_2\ddot{x}_2 \\ -m_3\ddot{x}_3 \\ R_4 = ? \end{Bmatrix} = \begin{bmatrix} k_1 & -k_1 & 0 & 0 \\ -k_1 & (k_1 + k_2) & -k_2 & 0 \\ 0 & -k_2 & (k_2 + k_3) & -k_3 \\ 0 & 0 & -k_3 & k_3 \end{bmatrix} \begin{Bmatrix} x_1 = 0 \\ x_2 = ? \\ x_3 = ? \\ x_4 = 0 \end{Bmatrix}$$

Daraus liest man für die Reaktionskräfte ab:

$$\boxed{R_1 = -k_1 x_2} \qquad \text{und} \qquad \boxed{R_4 = -k_3 x_3},$$

die ermittelt werden können, wenn die Funktionen $x_2 = x_2(t)$ und $x_3 = x_3(t)$ bestimmt worden sind.

Das "reduzierte" System kann gemäß

$$\begin{bmatrix} m_2 & 0 \\ 0 & m_3 \end{bmatrix} \begin{Bmatrix} \ddot{x}_2 \\ \ddot{x}_3 \end{Bmatrix} + \begin{bmatrix} (k_1 + k_2) & -k_2 \\ -k_2 & (k_2 + k_3) \end{bmatrix} \begin{Bmatrix} x_2 \\ x_3 \end{Bmatrix} = \begin{Bmatrix} 0 \\ 0 \end{Bmatrix}$$

bzw. in der kompakten Schreibweise

$$\boxed{[M]\{\ddot{x}\} + [K]\{x\} = \{0\}}$$

dargestellt werden. Das ist ein homogenes lineares Gleichungssystem mit konstanter *Massenmatrix*

---

[1] **Gyroskop** $\hat{=}$ Messgerät zum Nachweis der Achsendrehung der Erde

$$[M] = \begin{bmatrix} m_2 & 0 \\ 0 & m_3 \end{bmatrix}$$

und konstanter *Steifigkeitsmatrix*

$$[K] \equiv \begin{bmatrix} k_1 + k_2 & -k_2 \\ -k_2 & k_2 + k_3 \end{bmatrix}.$$

Zur Lösung wird folgender Ansatz gemacht:

$$\{x\} = \{x_0\}\, e^{\lambda t} \quad \Rightarrow \quad \{\ddot{x}\} = \lambda^2 \{x_0\}\, e^{\lambda t}.$$

Damit erhält man aus dem Dgl.-System das homogene lineare Gleichungssystem:

$$\left(\lambda^2 [M] + [K] \right) \{x_0\} = \{0\}$$

das nur dann nichttriviale Lösungen $\{x_0\} \neq \{0\}$ besitzt, wenn die Determinante des Systems verschwindet:

$$\det (\lambda^2 [M] + [K]) \equiv \begin{vmatrix} \lambda^2 m_2 + (k_1 + k_2) & -k_2 \\ -k_2 & \lambda^2 m_3 + (k_2 + k_3) \end{vmatrix} \overset{!}{=} 0.$$

Daraus erhält man das *charakteristische Polynom*:

$$\lambda^4 + \left(\frac{k_1 + k_2}{m_2} + \frac{k_2 + k_3}{m_3} \right) \lambda^2 + \frac{(k_1 + k_2)(k_2 + k_3) - k_2^2}{m_2 m_3} = 0.$$

Man kann auch folgendermaßen vorgehen. Das obige homogene Gleichungssystem mit dem Matrizenpaar $[M]$, $[K]$ wird von links mit $[M]^{-1}$ multipliziert:

$$\left(\lambda^2 [I] + [M]^{-1}[K] \right) \{x_0\} = \{0\}.$$

Somit ist die *allgemeine Eigenwertaufgabe* für das Matrizenpaar auf die spezielle Form gebracht, in der $[I]$ die *Einheitsmatrix* ist. Aus der Forderung

$$\det \left(\lambda^2 [I] + [M]^{-1}[K] \right) \overset{!}{=} 0$$

erhält man die charakteristische Gleichung

$$\boxed{\lambda^4 + J_1 \lambda^2 + J_2 = 0}$$

mit den Invarianten

$$J_1 \equiv \mathrm{tr}\, ([M]^{-1}[K]), \qquad \text{(Spur)}$$

$$J_2 \equiv \det ([M]^{-1}[K]). \qquad \text{(Determinante)}$$

Die "neue" Matrix ist allerdings **nicht** mehr symmetrisch:

$$[M]^{-1}[K] = \begin{bmatrix} \dfrac{k_1+k_2}{m_2} & \dfrac{-k_2}{m_2} \\[2ex] \dfrac{-k_2}{m_3} & \dfrac{k_2+k_3}{m_3} \end{bmatrix} .$$

Ihre Spur und Determinante stimmen mit dem obigen Ergebnis überein.

Für $m_2 \neq m_3$ ist die neue Matrix **nicht** mehr symmetrisch, was bekanntlich einige Nachteile mit sich bringt. Um die Symmetrie zu erhalten, kann man neue Koordinaten einführen:

$$[M]^{1/2}\{x\} = \{y\} .$$

Damit erhält man: $\qquad \left(\lambda^2 [M] + [K]\right)[M]^{-1/2}\{y_0\} = \{0\} .$

Weiterhin wird von links mit $[M]^{-1/2}$ multipliziert:

$$\left(\lambda^2 [M]^{-1/2}[M][M]^{-1/2} + [M]^{-1/2}[K][M]^{-1/2}\right)\{y_0\} = \{0\} .$$

Wegen $[M]^{-1/2}[M][M]^{-1/2} = [I]$ erhält man: $\left(\lambda^2 [I] + [A]\right)\{y_0\} = \{0\}$

mit der Matrix $\qquad [A] := [M]^{-1/2}[K][M]^{-1/2} ,$

die man leicht ausrechnen kann, da $[M]$ Diagonalgestalt besitzt:

$$[A] = \begin{bmatrix} \dfrac{1}{\sqrt{m_2}} & 0 \\[2ex] 0 & \dfrac{1}{\sqrt{m_3}} \end{bmatrix} \begin{bmatrix} (k_1+k_2) & -k_2 \\[1ex] -k_2 & (k_2+k_3) \end{bmatrix} \begin{bmatrix} \dfrac{1}{\sqrt{m_2}} & 0 \\[2ex] 0 & \dfrac{1}{\sqrt{m_3}} \end{bmatrix}$$

$$[A] = \begin{bmatrix} \dfrac{k_1+k_2}{m_2} & \dfrac{-k_2}{\sqrt{m_2 m_3}} \\[2ex] \dfrac{-k_2}{\sqrt{m_3 m_2}} & \dfrac{k_2+k_3}{m_3} \end{bmatrix} .$$

Diese Matrix ist symmetrisch. Sie besitzt dieselben Invarianten J_1, J_2 wie die Matrix $[M]^{-1}[K]$.

Setzt man die Eigenwerte in obiges Gleichungssystem ein, so erhält man Lösungen für $\{y_0\}$ und anschließend durch Rücktransformation

$$\{x_0\} = [M]^{-1/2}\{y_0\}$$

schließlich die gesuchten *Eigenformen*, in denen das System nur schwingen kann.
   Im Folgenden seien

$$m_2 = 2\ \text{kg}\ ;\ m_3 = 3\ \text{kg}\ ;\ k_1 = 1\ \frac{\text{N}}{\text{m}}\ ;\ k_2 = 2\ \frac{\text{N}}{\text{m}}\ ;\ k_3 = 3\ \frac{\text{N}}{\text{m}}\ ;$$

$$u_2(0) = 2\ \text{m}\ \ ;\ \ u_3(0) = 3\ \text{m}\ \ ;\ \ \dot{u}_2(0) = \dot{u}_3(0) = 0\ \frac{\text{m}}{\text{s}}\ .$$

Das MAPLE-Programm liefert mit diesen Werten den folgenden Output:
>*with(linalg):*
>*M:=matrix(2,2,[[m[2],0],[0,m[3]]]);*

$$M := \begin{bmatrix} m_2 & 0 \\ 0 & m_3 \end{bmatrix}$$

>*M:=subs(m[2]=2,m[3]=3,");*

$$M := \begin{bmatrix} 2 & 0 \\ 0 & 3 \end{bmatrix}$$

>*K:=matrix(2,2,[[k[1]+k[2],-k[2]],[-k[2],k[2]+k[3]]]);*

$$K := \begin{bmatrix} k_1 + k_2 & -k_2 \\ -k_2 & k_2 + k_3 \end{bmatrix}$$

>*K:=subs(k[1]=1,k[2]=2,k[3]=3,");*

$$K := \begin{bmatrix} 3 & -2 \\ -2 & 5 \end{bmatrix}$$

>*cp:=det(lambda^2*M+K);*

$$cp := 6\,\lambda^4 + 19\,\lambda^2 + 11$$

>*evalf(solve(cp=0,lambda));*

$$.8732669600\ I,\ -.8732669600\ I,\ 1.550506848\ I,\ -1.550506848\ I$$

>*X:=matrix(2,1,[[u[2](t)],[u[3](t)]]);*

$$X := \begin{bmatrix} u_2(t) \\ u_3(t) \end{bmatrix}$$

Mit den angenommen Zahlenwerten für die Massen und die Federkonstanten erhält
man das folgende System von Differentialgleichungen:
>
>*System:=2*diff(u[2](t),t\$2)+3*u[2](t)-2*u[3](t)=0,*
>   *3*diff(u[3](t),t\$2)-2*u[2](t)+5*u[3](t)=0;*

$$System := 2\left(\frac{d^2}{dt^2}\,u_2(t)\right) + 3\,u_2(t) - 2\,u_3(t) = 0,\ 3\left(\frac{d^2}{dt^2}\,u_3(t)\right) - 2\,u_2(t) + 5\,u_3(t) = 0$$

> *initvals:=u[2](0)=2, u[3](0)=3, D(u[2])(0)=0, D(u[3])(0)=0:*

> *funcs:={u[2](t), u[3](t)}:*

> *simplify(evalf(dsolve({System,initvals},funcs)));*

$$\{u_3(t) =\ \ 0.8400249926\cos(1.550506848\,t) + 2.159975008\cos(0.8732669600\,t)$$

$$u_2(t) = -0.9291577138\cos(1.550506848\,t) + 2.929157714\cos(0.8732669600\,t)\}$$

> *plot({0.8400249926*cos(1.550506848*t)+2.159975008*cos(.8732669600*t),*

> *   -.9291577138*cos(1.550506848*t)+2.929157714*cos(.8732669600*t)},*

> *   t=0..10,-4..4,numpoints=100,color=black);*

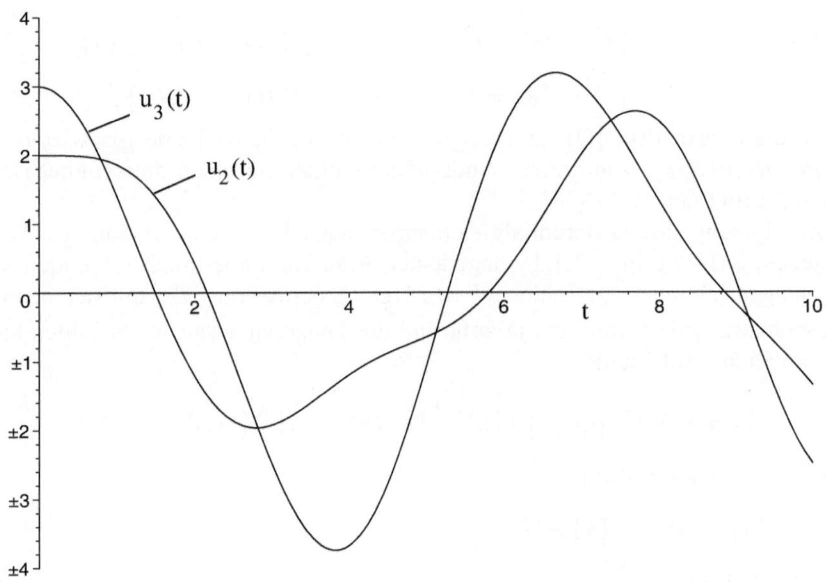

Ü3.1.16

In Anlehnung an die Vorübung Ü 3.1.14 erhält man das Dgl.-System

$$\boxed{[M]\{\ddot{x}\} + [Q]\{\dot{x}\} + [K]\{x\} = \{F(t)\}}\,.$$

Darin sind:

$$[M] = \begin{bmatrix} 0 & 0 & 0 & 0 \\ 0 & m_2 & 0 & 0 \\ 0 & 0 & m_3 & 0 \\ 0 & 0 & 0 & m_4 \end{bmatrix} ;$$

$$[Q] = \begin{bmatrix} q_1 & -q_1 & 0 & 0 \\ -q_1 & (q_1 + q_2) & -q_2 & 0 \\ 0 & -q_2 & (q_2 + q_3) & -q_3 \\ 0 & 0 & -q_3 & q_3 \end{bmatrix}$$

$$[K] = \begin{bmatrix} k_1 & -k_1 & 0 & 0 \\ -k_1 & (k_1 + k_2) & -k_2 & 0 \\ 0 & -k_2 & (k_2 + k_3) & -k_3 \\ 0 & 0 & -k_3 & k_3 \end{bmatrix} ; \qquad \{\ddot{x}\} = \begin{Bmatrix} \ddot{x}_1 \equiv 0 \\ \ddot{x}_2 \\ \ddot{x}_3 \\ \ddot{x}_4 \end{Bmatrix} ;$$

entsprechend: $\{\dot{x}\}$ und $\{x\}^t = \{x_1 = 0 \quad x_2 \quad x_3 \quad x_4\}$;

ferner: $\{F\}^t = \{R_1 = ? \quad F_2(t) \quad F_3(t) \quad F_4(t)\}$.

Die Dämpfungsmatrix [Q] ist auch hier symmetrisch, da keine *gyroskopischen Kräfte* (*Kreiselkräfte*) auftreten. Andernfalls enthält sie einen antisymmetrischen Anteil [SCHIEHLEN W., 1986].

Zur Lösung des Differentialgleichungssystems kann man in üblicher Weise vorgehen, z.B. wie in Ü 3.1.15 angedeutet. Man kann aber auch folgenden Weg einschlagen. Durch "Überschieben" des Dgl.-Systems von links mit der inversen Massenmatrix $[M]^{-1}$, die man ja aufgrund der Diagonalgestalt leicht bilden kann, erhält man die Auflösung

$$\{\ddot{x}\} = -[M]^{-1}[Q]\{\dot{x}\} - [M]^{-1}[K]\{x\} + [M]^{-1}\{F(t)\}$$

und daraus mit der Substitution

$$\{\dot{x}\} \equiv \{v\} \quad , \quad \{\ddot{x}\} \equiv \{\dot{v}\}$$

schließlich das System

$$\boxed{\{\dot{\xi}\} = [A]\{\xi\} + \{\Phi\}}$$

mit

$$\{\dot{\xi}\} \equiv \begin{Bmatrix} \dot{x} \\ \dot{v} \end{Bmatrix} = \begin{bmatrix} [0] & [I] \\ -[M]^{-1}[K] & -[M]^{-1}[Q] \end{bmatrix} \begin{Bmatrix} x \\ v \end{Bmatrix} + \begin{Bmatrix} \{0\} \\ [M]^{-1}\{F(t)\} \end{Bmatrix} .$$

Dieses System ist doppelt so groß wie das Ausgangssystem; es hat aber Vorteile, da die meisten numerischen Lösungsverfahren für Dgl.-Systeme

1.Ordnung aufbereitet sind ! In der erweiterten Matrix [A] ist [M]⁻¹[K] nicht mehr symmetrisch (Ü 3.1.15) aufgrund der unterschiedlichen Massen:

$$[M]^{-1}[K] = \begin{bmatrix} (k_1+k_2)/m_2 & -k_2/m_2 & 0 \\ -k_2/m_3 & (k_2+k_3)/m_3 & -k_3/m_3 \\ 0 & -k_3/m_4 & k_3/m_4 \end{bmatrix} .$$

Dasselbe gilt für die Überschiebung $[M]^{-1}[Q]$.

Ü 3.1.17

Die Federkonstante eines Puffers sei k. Zwischen jedem Waggon sind zwei Puffer in Reihe und zwei parallel geschaltet (Skizze: von oben gesehen).

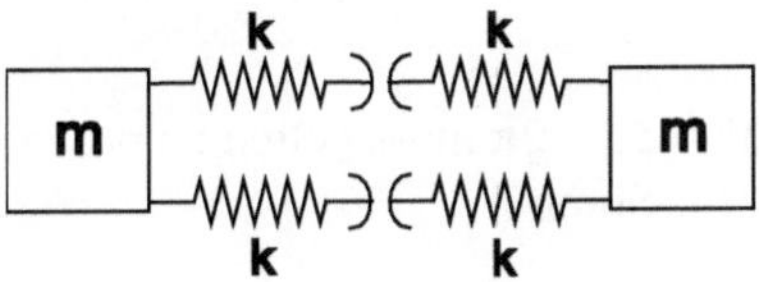

Damit ergibt sich eine Gesamtfederkonstante zwischen den einzelnen Waggons folgendermaßen:

$$\frac{1}{k^*} = \frac{1}{2k} + \frac{1}{2k} = \frac{2}{2k} \qquad \Rightarrow \qquad \boxed{k^*=k} .$$

Entsprechendes erhält man auch für eine Dämpfung zwischen den Waggons.
Die *Bewegungsgleichung* lautet:

$$\boxed{[M]\{\ddot{x}\} \;+\; [Q]\{\dot{x}\} \;+\; [K]\{x\} \;=\; \{F(t)\}} .$$

Darin findet man nach der *direkten Matrixmethode*

$$[M] = \begin{bmatrix} M & & & & \\ & m & & & 0 \\ & & m & & \\ & & & \ddots & \\ 0 & & & & \ddots \\ & & & & & m \end{bmatrix} \quad ; \quad [K] = \begin{bmatrix} k & -k & & & \\ -k & 2k & -k & & 0 \\ & -k & 2k & \ddots & \\ & & \ddots & \ddots & \ddots \\ 0 & & & \ddots & \ddots & -k \\ & & & & -k & k \end{bmatrix}$$

$$\{F(t)\}^t \;=\; \{F(t) \quad 0 \quad 0 \quad 0 \quad . \; . \; .\} .$$

Die Dämpfungsmatrix ist wie [K] aufgebaut. In der Steifigkeitsmatrix [K] sind nur zwei Nebendiagonalen besetzt, so dass eine *Bandstruktur* der Bandbreite B = 3 vorliegt.

Die Determinante det([K]) ist immer identisch NULL, wie man durch Aufsummierung der einzelnen Zeilen oder Spalten der Matrix leicht feststellt.

Aus der Matrixgleichung erhält man bei 3 angehängten Waggons (Skizze) folgendes Bewegungsgleichungssystem, wenn man die Dämpfungsterme zur besseren Übersicht nicht mitaufgeführt:

$$
\begin{aligned}
m\,\ddot{x}_1 &+ kx_1 - kx_2 && && = F(t), \\
m\,\ddot{x}_2 &- kx_1 + 2kx_2 - kx_3 && && = 0, \\
m\,\ddot{x}_3 &\quad\;\; - kx_2 + 2kx_3 - kx_4 && && = 0, \\
m\,\ddot{x}_4 &\quad\;\;\;\;\;\;\;\;\;\;\;\; - kx_3 + kx_4 && && = 0.
\end{aligned}
$$

Von der Richtigkeit kann man sich leicht anhand der Skizze in der Aufgabenstellung überzeugen !

Ü 3.1.18

Für $t = 0$ folgt: $x_F = x_0$; für $\Omega T = 2\pi$ muss gelten : $s = L = vT$, also $T = L/v$, mithin: $\Omega = 2\pi/T = 2\pi v/L$. Somit

$$
\boxed{\; x_F = x_0 \cos\frac{2\pi v}{L} t \;}\;.
$$

Man nehme drei Knotenpunkte an [Fahrbahn , ① , ②]. Die Dgl. lautet:

$$
[M]\{\ddot{x}\} + [Q]\{\dot{x}\} + [K]\{x\} = \{F(t)\}\,.
$$

Nach der *direkten Methode* erhält man:

$$
\begin{bmatrix} 0 & 0 & 0 \\ 0 & m_1 & 0 \\ 0 & 0 & m_2 \end{bmatrix}
\begin{Bmatrix} \ddot{x}_F \\ \ddot{x}_1 \\ \ddot{x}_2 \end{Bmatrix}
+
\begin{bmatrix} 0 & 0 & 0 \\ 0 & q & -q \\ 0 & -q & q \end{bmatrix}
\begin{Bmatrix} \dot{x}_F \\ \dot{x}_1 \\ \dot{x}_2 \end{Bmatrix}
+
$$

$$
+
\begin{bmatrix} k_1 & -k_1 & 0 \\ -k_1 & (k_1+k_2) & -k_2 \\ 0 & -k_2 & k_2 \end{bmatrix}
\begin{Bmatrix} x_F \\ x_1 \\ x_2 \end{Bmatrix}
=
\begin{Bmatrix} F(t) \\ 0 \\ 0 \end{Bmatrix}\;.
$$

Aus dieser Matrizengleichung liest man folgende drei Gleichungen ab:

$$
F(t) = k_1(x_F - x_1) \,\hat{=}\, \text{Kraft von der Fahrbahn auf den Reifen an der Kontaktstelle,}
$$

$$
m_1\ddot{x}_1 + q(\dot{x}_1 - \dot{x}_2) + k_1 x_1 + k_2(x_1 - x_2) = k_1 x_F = k_1 x_0 \cos\Omega t\,,
$$

$$
m_2\ddot{x}_2 + q(\dot{x}_2 - \dot{x}_1) + k_2(x_2 - x_1) = 0\,,
$$

die man **auch** nach dem D'ALEMBERT*schen Prinzip* erhält. Damit ist die Richtigkeit des Ergebnisses aus der direkten Methode überprüft.

Bemerkung: Für den skizzierten Schwinger mit der harmonischen *Krafterregung*

$$F_1 = \hat{F}_1 \cos \Omega t$$

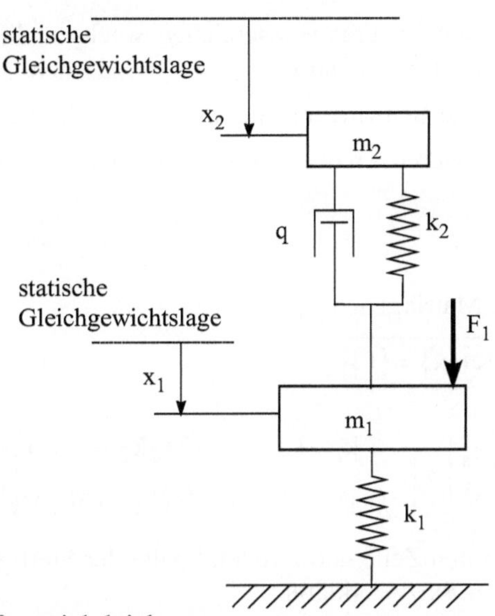

erhält man die Differentialgleichungen:

$$m_1\ddot{x}_1 + q(\dot{x}_1 - \dot{x}_2) + k_1 x_1 + k_2(x_1 - x_2) = \hat{F}_1 \cos \Omega t$$
$$m_2\ddot{x}_2 + q(\dot{x}_2 - \dot{x}_1) \qquad + k_2(x_2 - x_1) = 0$$

die mit den entsprechenden Gleichungen bei einer *Wegerregung* formal übereinstimmen, wenn man $\hat{F}_1 = k_1 x_0$ setzt.

Ü 3.1.19
Analog Ü 3.1.18 erhält man:

$$[M]\{\ddot{x}\} + [Q]\{\dot{x}\} + [K]\{x\} = \{F(t)\}$$

$$\begin{bmatrix} 0 & 0 & 0 & 0 \\ 0 & m_1 & 0 & 0 \\ 0 & 0 & m_2 & 0 \\ 0 & 0 & 0 & m_3 \end{bmatrix} \begin{Bmatrix} \ddot{x}_F \\ \ddot{x}_1 \\ \ddot{x}_2 \\ \ddot{x}_3 \end{Bmatrix} + \begin{bmatrix} 0 & 0 & 0 & 0 \\ 0 & q & -q & 0 \\ 0 & -q & q & 0 \\ 0 & 0 & 0 & 0 \end{bmatrix} \begin{Bmatrix} \dot{x}_F \\ \dot{x}_1 \\ \dot{x}_2 \\ \dot{x}_3 \end{Bmatrix} +$$

$$+ \begin{bmatrix} k_1 & -k_1 & 0 & 0 \\ -k_1 & (k_1 + k_2) & -k_2 & 0 \\ 0 & -k_2 & (k_2 + k_3) & -k_3 \\ 0 & 0 & -k_3 & k_3 \end{bmatrix} \begin{Bmatrix} x_F \\ x_1 \\ x_2 \\ x_3 \end{Bmatrix} = \begin{Bmatrix} F(t) \\ 0 \\ 0 \\ 0 \end{Bmatrix} .$$

Die vollständige *Schwingungstilgung*, die man erhält, wenn man die Amplitude von x_2 NULL setzt, tritt bekanntlich für $\Omega = \sqrt{k_3/m_3}$ auf, wobei eine Tilger-dämpfung nicht erforderlich ist ($q_3 = 0$).

In anderen auftretenden Frequenzbereichen wachsen die Amplituden an, so dass es ratsam ist, eine Tilgerdämpfung $q_3 \neq 0$ vorzusehen. Mit steigender Dämpfung q_3 geht die exakte Schwingungstilgung zwar verloren, aber durch Amplitudenverringerung in anderen Frequenzbereichen hat man mit $q_3 \neq 0$ einen Kompromiss erzielt.

Ü 3.1.20

Man erhält folgende Matrixgleichung:

$$\boxed{[M]\{\ddot{x}\}+[K]\{x\}=\{F\}}$$

bzw.

$$\begin{bmatrix} m & 0 \\ 0 & \Theta_s \end{bmatrix}\begin{Bmatrix} \ddot{x}_s \\ \ddot{\varphi} \end{Bmatrix} + \begin{bmatrix} k_1+k_2 & -(\ell_2 k_2 - \ell_1 k_1) \\ -(\ell_2 k_2 - \ell_1 k_1) & (\ell_1^2 k_1 + \ell_2^2 k_2) \end{bmatrix}\begin{Bmatrix} x_s \\ \varphi \end{Bmatrix} = \begin{Bmatrix} F(t) \\ M(t) \end{Bmatrix}.$$

Den Term in der zweiten Zeile und zweiten Spalte der Steifigkeitsmatrix [K] kann man anhand folgender Skizze erklären:

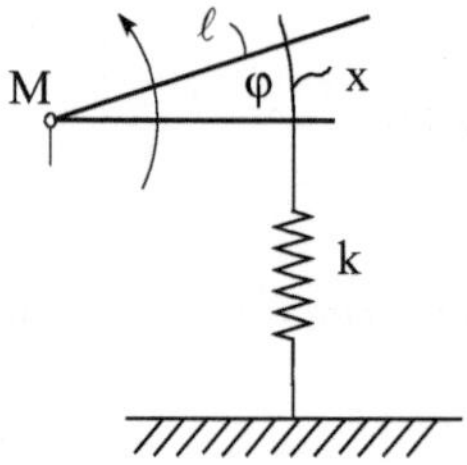

Moment: $M = k^* \varphi$

Federkraft: $F = kx$

Federweg (Bogen): $x = \ell \varphi$ $\Big\} \Rightarrow F = \ell k \varphi$

$$\left.\begin{aligned} M &= F\ell = \ell^2 k \varphi \\ M &= k^* \varphi \end{aligned}\right\} \quad \Rightarrow \quad \underline{\underline{k^* \equiv \ell^2 k}}$$

Ebenso gilt: $\left.\begin{aligned} M &= k^{**} x \\ M &= \ell F = \ell k x \end{aligned}\right\} \Rightarrow \underline{\underline{k^{**} = \ell k}}$ für Terme in der zweiten Zeile und ersten Spalte von [K].

Ü 3.1.21

Da keine äußeren Störkräfte wirken, gilt:

$$[M]\{\ddot{x}\}+[K]\{x\}=\{0\}.$$

Darin findet man direkt die Matrix:

$$[M] = \begin{bmatrix} m_1 + \Theta_2/r^2 & -\Theta_2/r^2 & 0 \\ -\Theta_2/r^2 & m_2 + \Theta_2/r^2 & 0 \\ 0 & 0 & m_3 \end{bmatrix}$$

mit $\Theta_2 \stackrel{\wedge}{=} $ Massenträgheitsmoment (auch "Drehmasse" genannt : $\Theta := \int r^2 dm$).

Für Kreiszylinder (Walzen) gilt:

$$\Theta_2 = \tfrac{1}{2} m_2 r^2$$

und für Kugeln: $\Theta = \tfrac{2}{5} mr^2$. Die Steifigkeitsmatrix ergibt sich zu:

$$[K] = \begin{bmatrix} k_1 + k_2 + k_3 & -k_2 & -k_3 \\ -k_2 & k_2 & 0 \\ -k_3 & 0 & k_3 \end{bmatrix}.$$

Man erhält aus der Matrizengleichung die einzelnen Bewegungsgleichungen, die man folgendermaßen schreiben kann:

$$-m_1 \ddot{x}_1 \quad - k_1 x_1 \quad + k_2(x_2 - x_1) \quad + k_3(x_3 - x_1) \quad + R \quad = 0,$$
$$-m_2 \ddot{x}_2 \quad\qquad - k_2(x_2 - x_1) \quad\qquad - R \quad = 0,$$
$$-m_3 \ddot{x}_3 \quad\qquad + k_3(x_1 - x_3) \quad\qquad = 0,$$

und die man aus den Gleichgewichtsbedingungen für die einzelnen Massen erhält.

Darin ist $R = \dfrac{\Theta_2}{r^2}(\ddot{x}_2 - \ddot{x}_1)$, wobei Θ_2/r^2 die "reduzierte Masse" ist, die den Einfluss der Drehmasse darstellt.

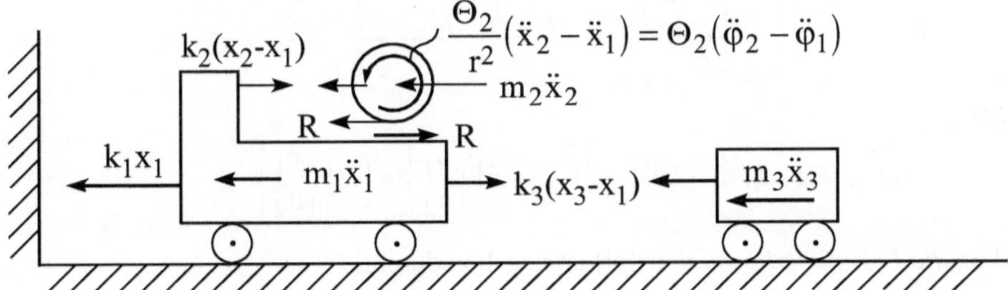

Ü 3.1.22

a) Bei statischen Problemen kann der Verschiebungszustand im Innern eines Elementes über eine *Formfunktionsmatrix* [N] (*shape function*; Interpolationsfunktion) durch die Knotenverschiebungen {d} ausgedrückt werden:

$$\{u(x)\} = [N]\{d\}.$$

Bei dynamischen Problemen gilt diese einfache Beziehung nur näherungsweise (PRZEMIENIECKI).

Die äquivalenten D'ALEMBERT*schen Kräfte* in den Knotenpunkten für ein kontinuierlich mit Masse belegtes finites Element leisten die *virtuelle Arbeit*:

$$\{\delta d\}^t [m]\{\ddot{d}\} = \int_V \rho \{\delta u\}^t \{\ddot{u}\} dV .$$

Mit obiger Beziehung folgt dann weiter:

$$\{\delta d\}^t [m]\{\ddot{d}\} = \int_V \rho \left([N]\{\delta d\}\right)^t [N]\{\ddot{d}\}\, dV.$$

Darin gilt:
$$\left([N]\{\delta d\}\right)^t = \{\delta d\}^t [N]^t.$$

Mithin folgt:
$$\{\delta d\}^t [m]\{\ddot{d}\} = \int_V \rho \{\delta d\}^t [N]^t [N]\{\ddot{d}\}\, dV.$$

Da $\{\delta d\}$ und $\{\ddot{d}\}$ *Knotenvariable* sind, kann man sie außerhalb des Integrals schreiben, so dass man die *äquivalente Massenmatrix* zu

$$\boxed{\;[m] \;=\; \int_V \rho\,[N]^t [N]\, dV\;}$$

erhält.

b) Für ein *eindimensionales Stabelement* (Skizze)

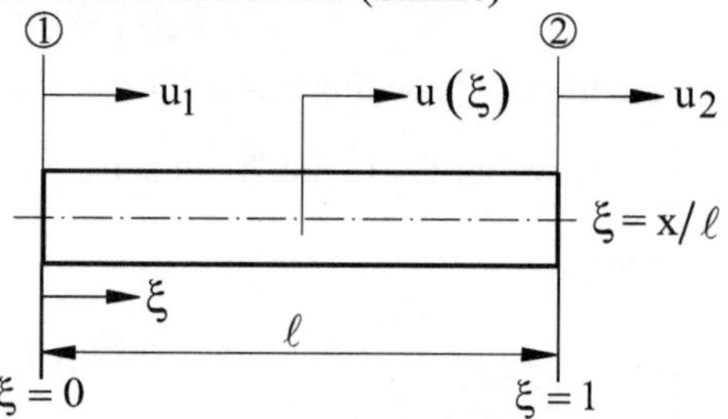

gilt:

$$u(\xi) = (1-\xi)\, u_1 + \xi\, u_2 = [1-\xi \quad \xi]\begin{Bmatrix} u_1 \\ u_2 \end{Bmatrix} \equiv [N]\begin{Bmatrix} u_1 \\ u_2 \end{Bmatrix}\,,$$

d.h., *die Formfunktionsmatrix* [N] ist gegeben durch

$$[N] = [1-\xi \quad \xi]\,.$$

Damit wird:

$$[N]^t [N] = \begin{bmatrix} 1-\xi \\ \xi \end{bmatrix}[1-\xi \quad \xi] = \begin{bmatrix} (1-\xi)^2 & (1-\xi)\xi \\ (1-\xi)\xi & \xi^2 \end{bmatrix},$$

so dass man wegen $dV = A\,dx = A\ell\,d\xi$ für den Stab folgende *Massenmatrix* erhält:

$$[m] = \rho A\ell \begin{bmatrix} \displaystyle\int_0^1 (1-\xi)^2\, d\xi & \displaystyle\int_0^1 (1-\xi)\xi\, d\xi \\[2ex] \displaystyle\int_0^1 (1-\xi)\xi\, d\xi & \displaystyle\int_0^1 \xi^2\, d\xi \end{bmatrix} = \frac{\rho A\ell}{6}\begin{bmatrix} 2 & 1 \\ 1 & 2 \end{bmatrix}.$$

Das MAPLE-Programm liefert folgenden Output:

> *with(linalg):*

> *Formfunktionen:=matrix(1,2,[N[1],N[2]]);*

$$Formfunktionen := [N_1 \quad N_2]$$

> *J:=multiply(transpose(Formfunktionen),Formfunktionen):*

> *Massenmatrix:=Int(rho*evalm(J),V);*

$$Massenmatrix := \int \rho \begin{bmatrix} N_1^{\,2} & N_1\,N_2 \\ N_1\,N_2 & N_2^{\,2} \end{bmatrix} dV$$

> *N[1] := xi -> 1-xi;*

$$N_1 := \xi \rightarrow 1 - \xi$$

> *N[2] := xi -> xi;*

$$N_2 := \xi \rightarrow \xi$$

> *p := map(int,J(xi),xi=0..1);*

$$p := \begin{bmatrix} \dfrac{1}{3} & \dfrac{1}{6} \\[2mm] \dfrac{1}{6} & \dfrac{1}{3} \end{bmatrix}$$

> *Massenmatrix:=(rho*A*l)/6*evalm(6*p);*

$$Massenmatrix := \frac{1}{6}\,\rho\,A\,l \begin{bmatrix} 2 & 1 \\ 1 & 2 \end{bmatrix}$$

Ü 3.1.23

Bei einem quadratischen Ansatz benötigt man noch einen zusätzlichen Knoten-punkt, z.B. in Stabmitte. Dann ist die Verschiebung an irgendeiner Stelle ξ durch

$$u(\xi) = (1 - 3\xi + 2\xi^2)\,u_1 + 4\xi(1 - \xi)\,u_2 + \xi(-1 + 2\xi)\,u_3$$

$$u(\xi) = \sum_{i=1}^{3} N_i(\xi)u_i$$

oder auch durch

$$\{u(\xi)\} = [N_1 \quad N_2 \quad N_3] \begin{Bmatrix} u_1 \\ u_2 \\ u_3 \end{Bmatrix}$$

gegeben. Darin ist $[N] = [N_1 \quad N_2 \quad N_3]$ mit

$$N_1 = 1 - 3\xi + 2\xi^2 \quad , \qquad N_2 = 4\xi(1 - \xi) \quad , \qquad N_3 = \xi(-1 + 2\xi)$$

die *Formfunktionsmatrix*, die in das oben angegebene Integral einzusetzen ist. Man erhält die N_i folgendermaßen:

Die Interpolationsbedingungen $N_i(\xi_j) = \delta_{ij}$ sind erfüllt, wenn man folgendermaßen ansetzt:

$$N_1 = c_1(\xi - \tfrac{1}{2})(\xi - 1)\,; \quad \text{mit} \quad N_1(0) = 1 \quad \text{folgt:}$$

$$c_1 = 2 \qquad \Rightarrow \qquad N_1 = 2(1-\xi)(\tfrac{1}{2}-\xi) = 1 - 3\xi + 2\xi^2,$$

$$N_2 = c_2\xi(1-\xi)\,; \qquad \text{mit} \quad N_2(\tfrac{1}{2}) = 1 \quad \text{folgt:}$$

$$c_2 = 4 \qquad \Rightarrow \qquad N_2 = 4(1-\xi)\xi \quad,$$

$$N_3 = c_3\xi(\xi - \tfrac{1}{2})\,; \qquad \text{mit} \quad N_3(1) = 1 \quad \text{folgt:}$$

$$c_3 = 2 \qquad \Rightarrow \qquad N_3 = -2\xi(\tfrac{1}{2}-\xi) = \xi(-1+2\xi) \quad.$$

Die Matrix im Integranden der oben gegebenen Formel für [m] ermittelt man folgendermaßen:

$$[N]^t[N] = \begin{bmatrix} N_1 \\ N_2 \\ N_3 \end{bmatrix} [N_1 \quad N_2 \quad N_3] = \begin{bmatrix} N_1^2 & N_1N_2 & N_1N_3 \\ N_2N_1 & N_2^2 & N_2N_3 \\ N_3N_1 & N_3N_2 & N_3^2 \end{bmatrix} \quad.$$

Für den Stab gilt $dV = Adx = A\ell d\xi$, so dass folgt:

$$[m] = \rho A\ell \begin{bmatrix} \int_0^1 N_1^2 d\xi & \int_0^1 N_1N_2 d\xi & \int_0^1 N_1N_3 d\xi \\ & \int_0^1 N_2^2 d\xi & \int_0^1 N_2N_3 d\xi \\ \text{symmetr.} & & \int_0^1 N_3^2 d\xi \end{bmatrix}$$

Die einzelnen Integrale ergeben sich zu:

$$\int_0^1 N_1^2 d\xi = \frac{2}{15}\,, \qquad \int_0^1 N_1N_2 d\xi = \frac{1}{15}\,, \qquad \int_0^1 N_1N_3 d\xi = -\frac{1}{30}\,,$$

$$\int_0^1 N_2^2 d\xi = \frac{8}{15}\,, \qquad \int_0^1 N_2N_3 d\xi = \frac{1}{15}\,,$$

$$\int_0^1 N_3^2 d\xi = \frac{2}{15}\,,$$

so dass schließlich die *äquivalente Massenmatrix* gemäß

$$[\mathrm{m}] = \frac{\rho A \ell}{30} \begin{bmatrix} 4 & 2 & -1 \\ 2 & 16 & 2 \\ -1 & 2 & 4 \end{bmatrix}$$

gegeben ist. Aufgrund des zusätzlichen Knotenpunktes erhält man eine 3×3-Matrix im Gegensatz zur 2×2-Matrix bei einem linearen Verschiebungsansatz (Ü 3.1.22). Bei einem *kubischen Verschiebungsansatz* erhält man eine 4×4-Massenmatrix (Ü 3.1.24).

Mit Hilfe der Software MAPLE kann die Massenmatrix bequem ermittelt werden, wie der folgende Computerausdruck zeigt.

> *with(linalg):*

> *Formfunktionen:=matrix(1,3,[N[1],N[2],N[3]]);*
$$Formfunktionen := [N_1 \quad N_2 \quad N_3]$$

> *J:=multiply(transpose(Formfunktionen),Formfunktionen):*

> *Massenmatrix:=Int(rho*evalm(J),V);*

$$Massenmatrix := \int \rho \begin{bmatrix} N_1^{\,2} & N_1 N_2 & N_1 N_3 \\ N_1 N_2 & N_2^{\,2} & N_2 N_3 \\ N_1 N_3 & N_2 N_3 & N_3^{\,2} \end{bmatrix} dV$$

> *N[1] := xi -> 1-3*xi+2*xi^2;*
$$N_1 := \xi \to 1 - 3\,\xi + 2\,\xi^2$$

> *N[2] := xi -> 4*xi*(1-xi);*
$$N_2 := \xi \to 4\,\xi\,(1 - \xi)$$

> *N[3] := xi -> xi*(-1+2*xi);*
$$N_3 := \xi \to \xi\,(-1 + 2\,\xi)$$

> *p := map(int,J(xi),xi=0..1);*

$$p := \begin{bmatrix} \dfrac{2}{15} & \dfrac{1}{15} & \dfrac{-1}{30} \\[2mm] \dfrac{1}{15} & \dfrac{8}{15} & \dfrac{1}{15} \\[2mm] \dfrac{-1}{30} & \dfrac{1}{15} & \dfrac{2}{15} \end{bmatrix}$$

> *Massenmatrix := (rho*A*l)/30*evalm(30*p);*

$$Massenmatrix := \frac{1}{30}\,\rho\,A\,l \begin{bmatrix} 4 & 2 & -1 \\ 2 & 16 & 2 \\ -1 & 2 & 4 \end{bmatrix}$$

Ü 3.1.24

Bei einem *kubischen Verschiebungsansatz* benötigt man noch zwei zusätzliche Knotenpunkte innerhalb des finiten Stabelementes. Dann ist die Verschiebung an irgendeiner Stelle ξ gegeben durch die Knotenverschiebungen u_i gemäß

$$u(\xi) = \sum_{i=1}^{4} N_i(\xi)\, u_i \;\; .$$

Wegen der *Stützstellen*: $\boxed{\xi = 0 \;\big|\; \xi = 1/3 \;\big|\; \xi = 2/3 \;\big|\; \xi = 1}$

erhält man die Formfunktionen $N_i(\xi_j) = \delta_{ij}$ zu:

$$
\begin{aligned}
N_1 &= -\tfrac{9}{2}(\xi - \tfrac{1}{3})(\tfrac{2}{3} - \xi)(1 - \xi) &&= 1 - \tfrac{11}{2}\xi + 9\xi^2 - \tfrac{9}{2}\xi^3\\[4pt]
N_2 &= \tfrac{27}{2}\xi(\tfrac{2}{3} - \xi)(1 - \xi) &&= 9\xi - \tfrac{45}{2}\xi^2 + \tfrac{27}{2}\xi^3\\[4pt]
N_3 &= \tfrac{27}{2}\xi(\xi - \tfrac{1}{3})(1 - \xi) &&= -\tfrac{9}{2}\xi + 18\xi^2 - \tfrac{27}{2}\xi^3\\[4pt]
N_4 &= -\tfrac{9}{2}\xi(\xi - \tfrac{1}{3})(\tfrac{2}{3} - \xi) &&= \xi - \tfrac{9}{2}\xi^2 + \tfrac{9}{2}\xi^3
\end{aligned}
$$

oder gemäß

$$
u(\xi) = \begin{bmatrix} N_1 & N_2 & N_3 & N_4 \end{bmatrix}
\begin{bmatrix} u_1 \\ u_2 \\ u_3 \\ u_4 \end{bmatrix} \;\; .
$$

Darin ist $[N] = [N_1 \;\; N_2 \;\; N_3 \;\; N_4]$ die *Formfunktionsmatrix*.

Die "äquivalente Massenmatrix" für den Stab ist durch

$$\boxed{\; [m] = \rho A \ell \int_0^1 [N]^t\,[N]\,d\xi \;}$$

gegeben (Ü 3.1.23). Darin wird:

$$
[N]^t [N] =
\begin{bmatrix} N_1 \\ N_2 \\ N_3 \\ N_4 \end{bmatrix}
\begin{bmatrix} N_1 & N_2 & N_3 & N_4 \end{bmatrix}
=
\begin{bmatrix}
N_1^2 & N_1 N_2 & N_1 N_3 & N_1 N_4\\
N_2 N_1 & N_2^2 & N_2 N_3 & N_2 N_4\\
N_3 N_1 & N_3 N_2 & N_3^2 & N_3 N_4\\
N_4 N_1 & N_4 N_2 & N_4 N_3 & N_4^2
\end{bmatrix} \;\; .
$$

Die einzelnen Integrale $\int_0^1 N_i N_j\, d\xi$ können folgendermaßen ermittelt werden.

Dazu führt man die natürlichen Koordinaten

$$L_1 \equiv \xi \;\;,\;\; L_2 \equiv 1 - \xi \;\;,\;\; L_1 + L_2 = 1$$

ein. Dann wird

$$N_1 = \tfrac{1}{2}(L_1 - 2L_2)(2L_1 - L_2)L_2 \quad = L_1^2 L_2 - \tfrac{5}{2} L_1 L_2^2 + L_2^3$$

$$N_2 = -\tfrac{9}{2} L_1 L_2 (L_1 - 2L_2) \qquad\quad = 9 L_1 L_2^2 - \tfrac{9}{2} L_1^2 L_2$$

$$N_3 = \tfrac{9}{2} L_1 L_2 (2L_1 - L_2) \qquad\quad = 9 L_1^2 L_2 - \tfrac{9}{2} L_1 L_2^2$$

$$N_4 = \tfrac{1}{2}(L_1 - 2L_2)(2L_1 - L_2)L_1 \quad = L_1 L_2^2 - \tfrac{5}{2} L_1^2 L_2 + L_1^3$$

Mit Hilfe der Formel (Ü3.1.31)

$$\int_0^1 L_1^p L_2^q \, d\xi = \frac{p!\, q!}{(p+q+1)!} \; ,$$

wobei $L_1 \equiv \xi$, $L_2 \equiv 1 - \xi$ eingeführt wurde, erhält man folgende Integralauswertungen:

$$\int_0^1 N_1^2 \, d\xi = \frac{8}{105}\,; \quad \int_0^1 N_1 N_2 \, d\xi = \frac{33}{560}\,; \quad \int_0^1 N_1 N_3 \, d\xi = \frac{-3}{140}\,; \quad \int_0^1 N_1 N_4 \, d\xi = \frac{19}{1680}\,;$$

$$\int_0^1 N_2^2 \, d\xi = \frac{648}{1680}\,; \quad \int_0^1 N_2 N_3 \, d\xi = \frac{-81}{1680}\,; \quad \int_0^1 N_2 N_4 \, d\xi = \frac{-12}{560}\,;$$

$$\int_0^1 N_3^2 \, d\xi = \frac{648}{1680}\,; \quad \int_0^1 N_3 N_4 \, d\xi = \frac{33}{560}\,;$$

$$\int_0^1 N_4^2 \, d\xi = \frac{128}{1680}\,.$$

Mit diesen Integralausdrücken erhält man schließlich die gesuchte Massenmatrix:

$$[m] = \frac{\rho A \ell}{1680}
\begin{bmatrix}
128 & 99 & -36 & 19 \\
99 & 648 & -81 & -36 \\
-36 & -81 & 648 & 99 \\
19 & -36 & 99 & 128
\end{bmatrix}$$

Abschließend folgt ein Computerausdruck:

```
> with(linalg):

> Formfunktionen:=matrix(1,4,[N[1],N[2],N[3],N[4]]);
              Formfunktionen := [N₁  N₂  N₃  N₄]

> J:=multiply(transpose(Formfunktionen),Formfunktionen):

> Massenmatrix:=Int(rho*evalm(J),V);
```

$$Massenmatrix := \int \rho \begin{bmatrix} N_1^{\,2} & N_1\,N_2 & N_1\,N_3 & N_1\,N_4 \\ N_1\,N_2 & N_2^{\,2} & N_2\,N_3 & N_2\,N_4 \\ N_1\,N_3 & N_2\,N_3 & N_3^{\,2} & N_3\,N_4 \\ N_1\,N_4 & N_2\,N_4 & N_3\,N_4 & N_4^{\,2} \end{bmatrix} dV$$

> N[1]:=xi -> 1-(11/2)*xi+9*xi^2-(9/2)*xi^3;

$$N_1 := \xi \to 1 - \frac{11}{2}\,\xi + 9\,\xi^2 - \frac{9}{2}\,\xi^3$$

> N[2]:=xi -> 9*xi-(45/2)*xi^2+(27/2)*xi^3;

$$N_2 := \xi \to 9\,\xi - \frac{45}{2}\,\xi^2 + \frac{27}{2}\,\xi^3$$

> N[3]:=xi -> -(9/2)*xi+18*xi^2-(27/2)*xi^3;

$$N_3 := \xi \to \frac{9}{2}\,\xi + 18\,\xi^2 - \frac{27}{2}\,\xi^3$$

> N[4]:=xi -> xi-(9/2)*xi^2+(9/2)*xi^3;

$$N_4 := \xi \to \xi - \frac{9}{2}\,\xi^2 + \frac{9}{2}\,\xi^3$$

> p:=map(int,J(xi),xi=0..1);

$$p := \begin{bmatrix} \dfrac{8}{105} & \dfrac{33}{560} & \dfrac{-3}{140} & \dfrac{19}{1680} \\[2mm] \dfrac{33}{560} & \dfrac{27}{70} & \dfrac{-27}{560} & \dfrac{-3}{140} \\[2mm] \dfrac{-3}{140} & \dfrac{-27}{560} & \dfrac{27}{70} & \dfrac{33}{560} \\[2mm] \dfrac{19}{1680} & \dfrac{-3}{140} & \dfrac{33}{560} & \dfrac{8}{105} \end{bmatrix}$$

> Massenmatrix:=(rho*A*l)/1680*evalm(1680*p);

$$Massenmatrix := \frac{1}{1680}\,\rho\,A\,l \begin{bmatrix} 128 & 99 & -36 & 19 \\ 99 & 648 & -81 & -36 \\ -36 & -81 & 648 & 99 \\ 19 & -36 & 99 & 128 \end{bmatrix}$$

Ü 3.1.25

Lässt man in Ü 3.1.24 die im Innern des Stabes angenommenen Stützstellen (innere Knotenpunkte) mit den äußeren Stützstellen (Eck-Knotenpunkte) zusammenfallen, so erhält man ein Stabelement mit zwei zweifach zusammenfallenden Stützstellen, so dass neben den Funktionswerten u_1, u_2 auch deren Ableitungen u'_1, u'_2 als *Knotenvariable* betrachtet werden. Eine solche Interpolation nennt man HER-MITE*sche Interpolation*. Somit lautet der Verschiebungsansatz:

$$\boxed{u(\xi) = N_1(\xi)\,u_1 + N_2(\xi)\,u'_1 + N_3(\xi)\,u_2 + N_4(\xi)\,u'_2}$$

bzw.

$$\boxed{u(\xi) = c_0 + c_1\xi + c_2\xi^2 + c_3\xi^3}\ .$$

Bei zwei dreifach zusammenfallenden Stützstellen liegen an jeder Stützstelle der Funktionswert und die zwei ersten Ableitungen als Knotenvariable vor, so dass ein *Interpolationspolynom* 5-ten Grades mit 6 Ansatzfreiwerten gewählt wird.

Die 4 Ansatzfreiwerte c_0, c_1, c_2, c_3 in obiger HERMITE*scher Interpolation* ergeben sich folgendermaßen:

$$\left.\begin{aligned}
u_1 &= u(0) = c_0 \\
u'_1 &= u'(0) = c_1 \\
u_2 &= u(1) = c_0 + c_1 + c_2 + c_3 \\
u'_2 &= u'(1) = c_1 + 2c_2 + 3c_3
\end{aligned}\right\}
\quad \Rightarrow \quad
\left\{\begin{aligned}
c_0 &= u_1 \\
c_1 &= u'_1 \\
c_2 &= 3(u_2 - u_1) - 2u'_1 - u'_2 \\
c_3 &= 2(u_1 - u_2) + u'_1 + u'_2
\end{aligned}\right.$$

Damit geht der Ansatz über in:

$$u(\xi) = (1 - 3\xi^2 + 2\xi^3)u_1 + \xi(1-\xi)^2 u'_1 + \xi^2(3-2\xi)u_2 + \xi^2(\xi-1)u'_2\ .$$

Somit ergeben sich die *Formfunktionen* (*shape functions*) zu:

$$N_1(\xi) = 1 - 3\xi^2 + 2\xi^3 \equiv (1 + 2L_1)L_2^2$$

$$N_2(\xi) = \xi(1-\xi)^2 \equiv L_1 L_2^2$$

$$N_3(\xi) = \xi^2(3-2\xi) = \xi^2[1 + 2(1-\xi)] \equiv L_1^2(1 + 2L_2)$$

$$N_4(\xi) = \xi^2(\xi-1) \equiv -L_1^2 L_2$$

Im obigen Ansatz haben $u'_1 := \dfrac{du_1}{d\xi}$ und $u'_2 := \dfrac{du_2}{d\xi}$ dieselbe Dimension wie u_1 bzw. u_2. Damit die Ableitungen einanderanstoßender Elemente dieselbe Bedeutung haben, sind die Ableitungen nach der *globalen Variablen* x zu nehmen, d.h., für ein Element der Länge ℓ ist der Zusammenhang

$$u' = \frac{du}{d\xi} = \frac{du}{dx}\frac{dx}{d\xi} = \ell\,\frac{du}{dx}$$

zu berücksichtigen. Mithin müssen bei den weiteren Auswertungen die *Formfunktionen* N_2 und N_4 jeweils mit der Länge ℓ multipliziert werden. Die *Massenmatrix* [m] erhält man somit nach der Formel aus Ü 3.1.24 zu:

$$[m] = \rho A\ell \left[\int_0^1 N_i N_j d\xi \right] \quad \text{mit} \quad \begin{cases} N_2 = \ell L_1 L_2^2 \\ N_4 = -\ell L_1^2 L_2 \end{cases} \text{(N1, N3 wie oben)}$$

$$[m] = \frac{\rho A\ell}{420} \begin{bmatrix} 156 & 22\ell & 54 & -13\ell \\ 22\ell & 4\ell^2 & 13\ell & -3\ell^2 \\ 54 & 13\ell & 156 & -22\ell \\ -13\ell & -3\ell^2 & -22\ell & 4\ell^2 \end{bmatrix} \cdot$$

Zur Auswertung der einzelnen Integrale $\int_0^1 N_i N_j d\xi$ kann die Formel (Ü3.1.31)

$$\int_0^1 L_1^p L_2^q d\xi = \frac{p!\,q!}{(p+q+1)!} \qquad (L_1 = \xi\,,\ L_2 = 1-\xi)$$

verwendet werden, wenn man "zu Fuß" rechnet. Bequemer löst man die Aufgabe natürlich mit einer geeigneten Software, wie der folgende MAPLE-Output zeigt.

```
> with(linalg):
```

```
> Formfunktionen:=matrix(1,4,[N[1],N[2],N[3],N[4]]);
```

$$Formfunktionen := [N_1 \quad N_2 \quad N_3 \quad N_4]$$

```
> J:=multiply(transpose(Formfunktionen),Formfunktionen):
```

```
> Masssenmatrix:=Int(rho*evalm(J),V);
```

$$Masssenmatrix := \int \rho \begin{bmatrix} N_1^2 & N_1 N_2 & N_1 N_3 & N_1 N_4 \\ N_1 N_2 & N_2^2 & N_2 N_3 & N_2 N_4 \\ N_1 N_3 & N_2 N_3 & N_3^2 & N_3 N_4 \\ N_1 N_4 & N_2 N_4 & N_3 N_4 & N_4^2 \end{bmatrix} dV$$

```
> N[1]:=xi -> 1-3*xi^2+2*xi^3;
```

$$N_1 := \xi \to 1 - 3\,\xi^2 + 2\,\xi^3$$

```
> N[2]:=xi ->l*xi*(1-xi)^2;
```

$$N_2 := \xi \to l\,\xi\,(1-\xi)^2$$

> *N[3]:=xi -> xi^2*(3-2*xi);*

$$N_3 := \xi \to \xi^2\,(3 - 2\,\xi)$$

> *N[4]:=xi -> -l*xi^2*(1-xi);*

$$N_4 := \xi \to -l\,\xi^2\,(1 - \xi)$$

> *p:=map(int,J(xi),xi=0..1);*

$$p := \begin{bmatrix} \dfrac{13}{35} & \dfrac{11\,l}{210} & \dfrac{9}{70} & -\dfrac{13\,l}{420} \\[2ex] \dfrac{11\,l}{210} & \dfrac{l^2}{105} & \dfrac{13\,l}{420} & -\dfrac{l^2}{140} \\[2ex] \dfrac{9}{70} & \dfrac{13\,l}{420} & \dfrac{13}{35} & -\dfrac{11\,l}{210} \\[2ex] -\dfrac{13\,l}{420} & -\dfrac{l^2}{140} & -\dfrac{11\,l}{210} & \dfrac{l^2}{105} \end{bmatrix}$$

> *Massenmatrix:=(rho*A*l)/420*evalm(420*p);*

$$Massenmatrix := \frac{1}{420}\,\rho\,A\,l \begin{bmatrix} 156 & 22\,l & 54 & -13\,l \\ 22\,l & 4\,l^2 & 13\,l & -3\,l^2 \\ 54 & 13\,l & 156 & -22\,l \\ -13\,l & -3\,l^2 & -22\,l & 4\,l^2 \end{bmatrix}$$

Bemerkung: Das Ergebnis dieser Übung ist auch für die *elastische Bettung* eines Biegebalkens von Bedeutung; denn ersetzt man ρA durch die *Bettungszahl* β [q(x) = βv(x)], so geht [m] formal in die *Bettungsmatrix* über (*Steifigkeitsmatrix* aus *elastischer Bettung*).

Darstellung HERMITEscher Formfunktionen für ein Stabelement

> N[1]:=1-3*xi^2+2*xi^3;

$$N_1 := 1 - 3\,\xi^2 + 2\,\xi^3$$

> N[2]:=xi*(1-xi)^2;

$$N_2 := \xi\,(1 - \xi)^2$$

> N[3]:=xi^2*(3-2*xi);

$$N_3 := \xi^2\,(3 - 2\,\xi)$$

> N[4]:=-xi^2*(1-xi);

$$N_4 := -\xi^2\,(1 - \xi)$$

> plot1:=plot(N[1],xi=0..1,color=black): plot2:=plot(N[2],xi=0..1,color=black):
> plot3:=plot(N[3],xi=0..1,color=black): plot4:=plot(N[4],xi=0..1,color=black):
> plots[display]({plot1,plot2,plot3,plot4});

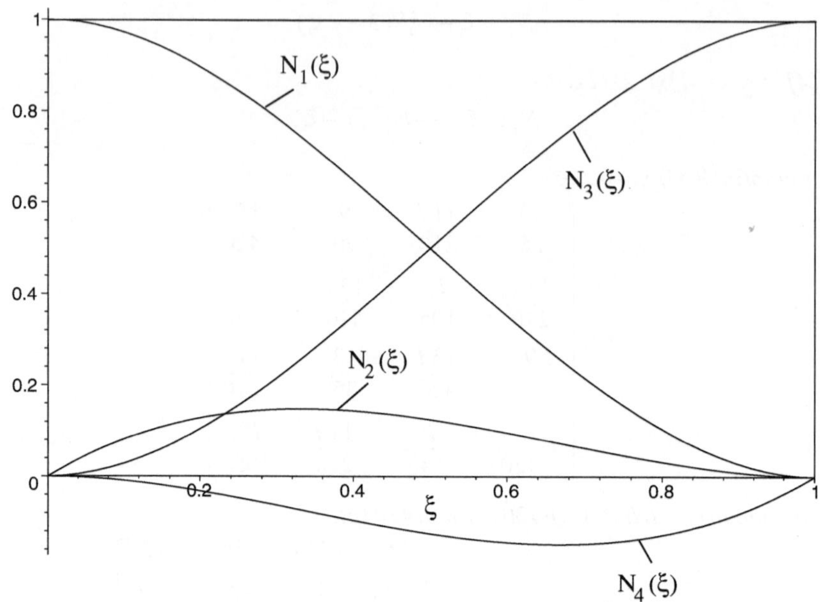

Ü 3.1.26

Die Bewegungsgleichung des Ein-Massen-Schwingers ohne Störkraft,

$$m\ddot{x} + kx = 0 \quad,$$

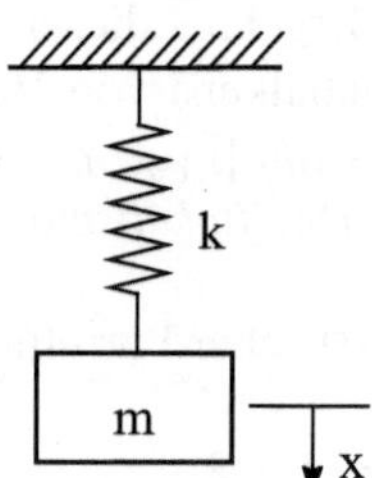

kann in Matrixform gemäß

$$[M]\{\ddot{x}\} + [K]\{x\} = 0$$

bzw. gemäß

$$\begin{bmatrix} 0 & 0 \\ 0 & m \end{bmatrix}\begin{Bmatrix} 0 \\ \ddot{x} \end{Bmatrix} + \begin{bmatrix} 0 & 0 \\ 0 & k \end{bmatrix}\begin{Bmatrix} 0 \\ x \end{Bmatrix} = \begin{Bmatrix} 0 \\ 0 \end{Bmatrix}$$

"erweitert" werden. Analog Ü 3.1.16 löst man die Differentialgleichung durch Überschieben mit $[M]^{-1}$ nach $\{\ddot{x}\}$ auf:

$$\{\ddot{x}\} = -[M]^{-1}[K]\{x\} \;.$$

Daraus erhält man nach Substitution $\{\dot{x}\} \equiv \{v\}$ die Darstellung (analog Ü 3.1.16):

$$\{\dot{\xi}\} \equiv \left\{\begin{matrix} \dot{x} \\ \dot{v} \end{matrix}\right\} = \begin{bmatrix} [0] & [I] \\ -[M]^{-1}[K] & [0] \end{bmatrix} \left\{\begin{matrix} x \\ v \end{matrix}\right\} \equiv [A]\{\xi\} \quad .$$

Darin vereinfacht sich die Matrix [A] für dieses Beispiel zu:

$$[A] = \begin{bmatrix} 0 & 1 \\ -k/m & 0 \end{bmatrix} \quad .$$

Die damit zu betrachtende Dgl. $\{\dot{\xi}\} = [A]\{\xi\}$ kann durch den Ansatz

$$\{\xi\} = \{\xi_0\}\exp([A]t)$$

gelöst werden. Darin stellt man die Exponentialfunktion (mit einer Matrix im Argument) als Matrizenfunktion (*Minimalpolynom*) dar (wie in der *Tensorrechnung*):

$$\boxed{\exp([A]t) = P_0[I] + P_1[A]t} \quad .$$

Diese Darstellung ist *vollständig* und *irreduzibel*. Weitere Potenzen sind nicht erforderlich, da nach dem HAMILTON-CAYLEY*schen Theorem* jede ν-te Potenz (mit $\nu \geq n$) einer n×n-Matrix (oder auch eines Tensors mit gleichem "Matrizenschema") durch seine (n−1)-te und niedrigere Potenzen ausgedrückt werden kann. Da im vorliegenden Beispiel die Matrix [A] eine 2×2-Matrix ist, hat das *Minimalpolynom* den *Höchstgrad* EINS. Die Koeffizienten P_0, P_1 sind darin skalare Funktionen der *irreduziblen Invarianten* der Matrix [A]:

$$J_1 \equiv \mathrm{tr}[A] = 0 \quad , \quad J_2 \equiv \det([A]) = k/m \, .$$

Somit vereinfacht sich die *charakteristische Gleichung* $\lambda^2 + J_1\lambda + J_2 = 0$ zu:

$$\boxed{\lambda^2 + k/m = 0} \, .$$

Ihre Lösungen sind bekanntlich

$$\boxed{\lambda_I = i\omega} \quad \text{und} \quad \boxed{\lambda_{II} = -i\omega} \quad \text{mit} \quad \boxed{\omega \equiv \sqrt{k/m}} \, .$$

Durch Einsetzen dieser Hauptwerte (*Eigenwerte*) in das *Minimalpolynom* erhält man das lineare Gleichungssystem zur Bestimmung von P_0, P_1:

$$P_0 + P_1\lambda_I t = e^{\lambda_I t}$$

$$P_0 + P_1\lambda_{II} t = e^{\lambda_{II} t}$$

bzw. wegen $\lambda_{II} = -\lambda_I$:

$$P_0 + P_1\lambda_I t = e^{\lambda_I t}$$

$$P_0 - P_1\lambda_I t = e^{-\lambda_I t}$$

mit den Lösungen:

$$P_0 = \frac{1}{2}(e^{\lambda_I t} + e^{-\lambda_I t}) \equiv \cosh(\lambda_I t) \equiv \cosh(i\omega t)$$

$$P_1 = \frac{1}{2\lambda_I t}(e^{\lambda_I t} - e^{-\lambda_I t}) \equiv \frac{1}{\lambda_I t}\sinh(\lambda_I t) \equiv -\frac{i}{\omega t}\sinh(i\omega t) \quad .$$

Wegen $e^{i\omega t} = \cos\omega t + i\sin\omega t$ und $e^{-i\omega t} = \cos\omega t - i\sin\omega t$ kann man auch schreiben:

$$\boxed{P_0 = \cos\omega t} \qquad \text{und} \qquad \boxed{P_1 = \frac{1}{i\omega t}i\sin\omega t = \frac{1}{\omega t}\sin\omega t} \quad .$$

Daraus kann man auch folgern $\cosh(i\omega t) = \cos(\omega t)$ und $\sinh(i\omega t) = -\sin(\omega t)$.

Das *Minimalpolynom* nimmt also folgende Gestalt an:

$$\exp([A]t) = \cos\omega t \begin{bmatrix} 1 & 0 \\ 0 & 1 \end{bmatrix} + \frac{1}{\omega t}\sin\omega t \begin{bmatrix} 0 & 1 \\ -k/m & 0 \end{bmatrix} \cdot t$$

bzw. wegen $\omega = \sqrt{k/m}$ auch:

$$\exp([A]t) = \begin{bmatrix} \cos\omega t & \frac{1}{\omega}\sin\omega t \\ -\omega\sin\omega t & \cos\omega t \end{bmatrix} \quad .$$

Mithin wird:

$$\{\xi\} \equiv \begin{Bmatrix} x \\ v \end{Bmatrix} = \begin{bmatrix} \cos\omega t & \frac{1}{\omega}\sin\omega t \\ -\omega\sin\omega t & \cos\omega t \end{bmatrix} \begin{Bmatrix} x_0 \\ v_0 \end{Bmatrix} \quad ,$$

woraus das aus der Schwingungslehre bekannte Ergebnis folgt:

$$\boxed{\begin{aligned} x &= x_0\cos\omega t + \frac{v_0}{\omega}\sin\omega t \\ v &= -\omega x_0 \sin\omega t + v_0\cos\omega t \end{aligned}} \quad .$$

Die zweite Gleichung geht natürlich aus der ersten durch Differentiation nach der Zeit t hervor. In gleicher Weise kann auch das Schwingungssystem in Ü 3.1.16 behandelt werden.

Ü 3.1.27

a) Zweckmäßigerweise führt man wie in den Übungen 3.1.22 bis 3.1.25 *natürliche Koordinaten* $\xi = x/\ell$ ein (Skizze).

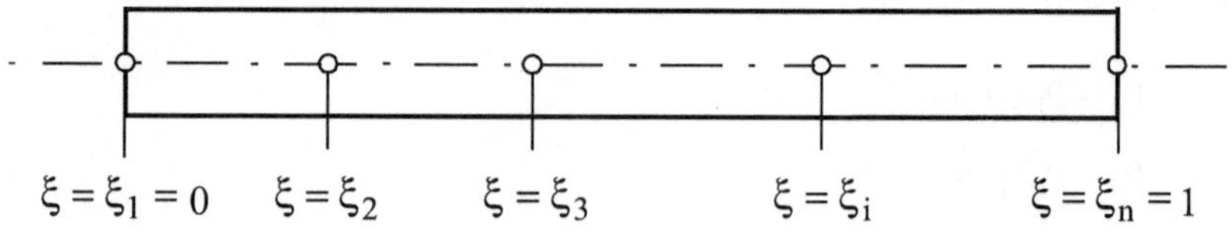

Die *Formfunktionen* N_i besitzen die *Interpolationseigenschaft*

$$N_i(\xi_k) = \delta_{ik} = \begin{cases} 1 & \text{für } i = k \\ 0 & \text{für } i \neq k \end{cases} \tag{1}$$

wobei ξ_k die Lage des k-ten Knotenpunktes im finiten Element kennzeichnet. Für ein finites Element mit **n** Knotenpunkten sind die *Formfunktionen* N_i vom Grade **n-1**. Man kann sie darstellen als Produkt aus **n-1** linearen Funktionen $\xi - \xi_k$, wobei $k=1,2,\dots,i-1,i+1,\dots,n, k \neq i$ gelten muss:

$$N_i(\xi) = c_i(\xi - \xi_1)(\xi - \xi_2) \cdots (\xi - \xi_{i-1})(\xi - \xi_{i+1}) \cdots (\xi - \xi_n), \tag{2}$$

so dass N_i an allen Knotenpunkten verschwindet mit Ausnahme von $\xi = \xi_i$. In diesem Knotenpunkt gilt $N_i(\xi = \xi_i) = 1$ gemäß (1). Aus dieser Forderung ermittelt man die Konstante c_i in (2) zu:

$$c_i = \left[(\xi_i - \xi_1)(\xi_i - \xi_2) \cdots (\xi_i - \xi_{i-1})(\xi_i - \xi_{i+1}) \cdots (\xi_i - \xi_n) \right]^{-1}. \tag{3}$$

Damit erhält man schließlich die *Formfunktionen*

$$\boxed{N_i(\xi) = \frac{(\xi - \xi_1)(\xi - \xi_2) \cdots (\xi - \xi_{i-1})(\xi - \xi_{i+1}) \cdots (\xi - \xi_n)}{(\xi_i - \xi_1)(\xi_i - \xi_2) \cdots (\xi_i - \xi_{i-1})(\xi_i - \xi_{i+1}) \cdots (\xi_i - \xi_n)}} \tag{4}$$

die als *LAGRANGEsche Interpolationspolynome* bekannt sind (Ü4.3.2).

b) Für ein *lineares finites Element* mit zwei Knotenpunkten (Skizze)

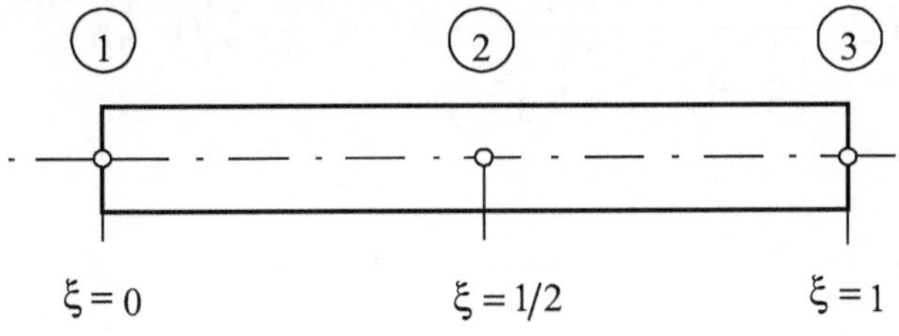

erhält man aus der allgemeinen Formel (4)die beiden *Formfunktionen*

$$N_1(\xi) = \frac{\xi - 1}{0 - 1} = 1 - \xi \quad \text{und} \quad N_2(\xi) = \frac{\xi - 0}{1 - 0} = \xi \tag{5a,b}$$

in Übereinstimmung mit Ü 3.1.22.

Das quadratische Element besitzt **drei** Knotenpunkte (Skizze).

Aus (4) ermittelt man dazu **drei** *quadratische Formfunktionen*:

$$N_1(\xi) = \frac{\left(\xi - \frac{1}{2}\right)(\xi - 1)}{\left(0 - \frac{1}{2}\right)(0 - 1)} = (1 - \xi)(1 - 2\xi) = 1 - 3\xi + 2\xi^2, \tag{6a}$$

$$N_2(\xi) = \frac{(\xi - 0)(\xi - 1)}{\left(\frac{1}{2} - 0\right)\left(\frac{1}{2} - 1\right)} = 4\xi(1 - \xi), \tag{6b}$$

$$N_3(\xi) = \frac{(\xi - 0)\left(\xi - \frac{1}{2}\right)}{(1 - 0)\left(1 - \frac{1}{2}\right)} = -(1 - 2\xi)\xi, \tag{6c}$$

die mit den in Ü 3.1.23 verwendeten *Formfunktionen* übereinstimmen.
Das kubische Element besitzt **vier** Knotenpunkte (Skizze).

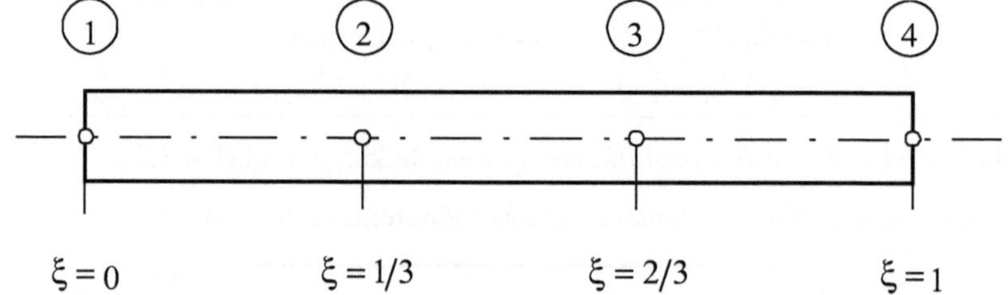

Aus (4) ermittelt man dazu **vier** *kubische Formfunktionen*:

$$N_1(\xi) = \frac{\left(\xi - \frac{1}{3}\right)\left(\xi - \frac{2}{3}\right)(\xi - 1)}{\left(0 - \frac{1}{3}\right)\left(0 - \frac{2}{3}\right)(0 - 1)} = \frac{9}{2}\left(\frac{1}{3} - \xi\right)\left(\frac{2}{3} - \xi\right)(1 - \xi), \tag{7a}$$

$$N_2(\xi) = \frac{(\xi - 0)\left(\xi - \frac{2}{3}\right)(\xi - 1)}{\left(\frac{1}{3} - 0\right)\left(\frac{1}{3} - \frac{2}{3}\right)\left(\frac{1}{3} - 1\right)} = \frac{27}{2}\xi\left(\frac{2}{3} - \xi\right)(1 - \xi), \tag{7b}$$

$$N_3(\xi) = \frac{(\xi-0)\left(\xi-\dfrac{1}{3}\right)(\xi-1)}{\left(\dfrac{2}{3}-0\right)\left(\dfrac{2}{3}-\dfrac{1}{3}\right)\left(\dfrac{2}{3}-1\right)} = -\frac{27}{2}\xi\left(\frac{1}{3}-\xi\right)(1-\xi), \tag{7c}$$

$$N_4(\xi) = \frac{(\xi-0)\left(\xi-\dfrac{1}{3}\right)\left(\xi-\dfrac{2}{3}\right)}{(1-0)\left(1-\dfrac{1}{3}\right)\left(1-\dfrac{2}{3}\right)} = \frac{9}{2}\xi\left(\frac{1}{3}-\xi\right)\left(\frac{2}{3}-\xi\right), \tag{7d}$$

die mit den in Ü 3.1.24 verwendeten übereinstimmen.

c) Die in Ü 3.1.25 diskutierte *HERMITEsche Interpolation* lässt sich nicht in die *LAGRANGEschen Klasse* einordnen, da die *HERMITEschen Interpolationpolynome* N_2 und N_4 nicht die *Interpolationseigenschaft* (1) besitzen und somit nicht aus (4) ermittelt werden können.

Die vier *kubischen Formfunktionen* (7a,b,c,d) sind im Folgenden mit Hilfe des MAPLE Plotprogramms grafisch dargestellt.

```
> N[1]:=(9/2)*(1/3-xi)*(2/3-xi)*(1-xi);
```

$$N_1 := \frac{9\left(\dfrac{1}{3}-\xi\right)\left(\dfrac{2}{3}-\xi\right)(1-\xi)}{2}$$

```
> N[2]:=(27/2)*xi*(2/3-xi)*(1-xi);
```

$$N_2 := \frac{27\,\xi\left(\dfrac{2}{3}-\xi\right)(1-\xi)}{2}$$

```
> N[3]:=-(27/2)*xi*(1/3-xi)*(1-xi);
```

$$N_3 := -\frac{27\,\xi\left(\dfrac{1}{3}-\xi\right)(1-\xi)}{2}$$

```
> N[4]:=(9/2)*xi*(1/3-xi)*(2/3-xi);
```

$$N_4 := \frac{9\,\xi\left(\dfrac{1}{3}-\xi\right)\left(\dfrac{2}{3}-\xi\right)}{2}$$

```
> plot1:=plot(N[1],xi=0..1):  plot2:=plot(N[2],xi=0..1):
> plot3:=plot(N[3],xi=0..1):  plot4:=plot(N[4],xi=0..1, linestyle=3):
> plots[display]({plot1,plot2,plot3,plot4});
```

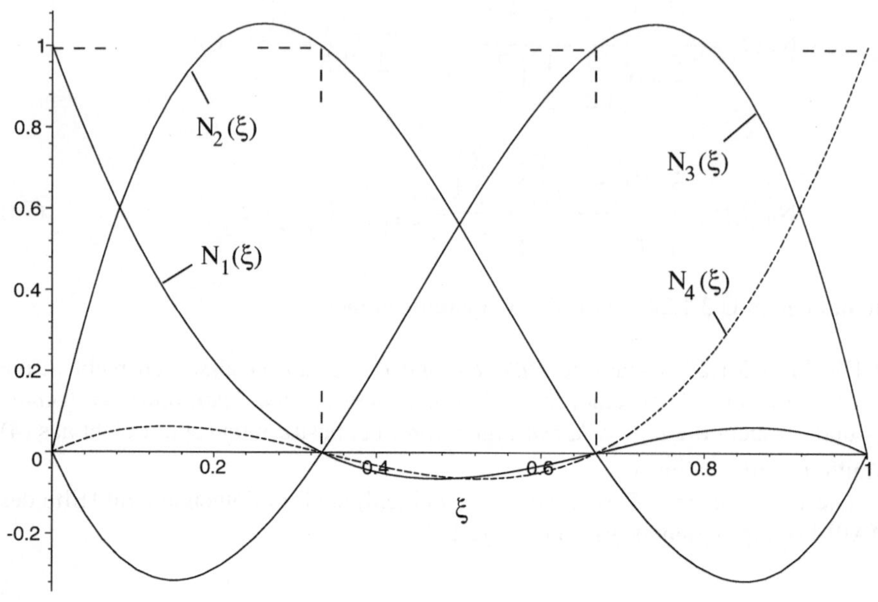

Ü 3.1.28

In Erweiterung von Ü 3.1.14 erhält man nach der direkten Methode unmittelbar die Matrixgleichung

$$\begin{bmatrix} \Theta_1 & 0 & 0 \\ 0 & \Theta_2 & 0 \\ 0 & 0 & \Theta_3 \end{bmatrix} \begin{Bmatrix} \ddot{\varphi}_1 \\ \ddot{\varphi}_2 \\ \ddot{\varphi}_3 \end{Bmatrix} + \begin{bmatrix} q_1+q_{12} & -q_{12} & 0 \\ -q_{12} & q_{12}+q_2+q_{23} & -q_{23} \\ 0 & -q_{23} & q_{23}+q_3 \end{bmatrix} \begin{Bmatrix} \dot{\varphi}_1 \\ \dot{\varphi}_2 \\ \dot{\varphi}_3 \end{Bmatrix}$$

$$+ \begin{bmatrix} k_1 & -k_1 & 0 \\ -k_1 & k_1+k_2 & -k_2 \\ 0 & -k & k_2 \end{bmatrix} \begin{Bmatrix} \varphi_1 \\ \varphi_2 \\ \varphi_3 \end{Bmatrix} = \begin{Bmatrix} M_1(t) \\ M_2(t) \\ M_3(t) \end{Bmatrix}$$

Zur Kontrolle löse man diese Matrixgleichung nach $M_1(t), \ldots, M_3(t)$ auf und bilde das Momentengleichgewicht.

Anmerkungen: In der Matrixgleichung hat die „*Drehmassenmatrix*" Diagonalgestalt, da die *Drehmassen* in Analogie zur Punktmassenkette (Ü 3.1.15) „*punktförmig*" betrachtet werden und die *Drehstäbe* masselos sein sollen. Die *Dämpfungsmatrix* und die *Steifigkeitsmatrix* haben *Bandstruktur*. Ihre Bandbreite B = 3 ändert sich nicht, wenn man die *Drehschwingerkette* beliebig verlängert.

Ü 3.1.29

Für das Ersatzmodell :

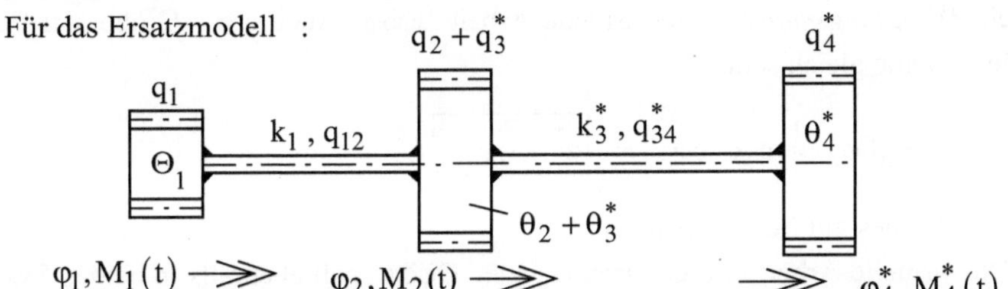

erhält man analog Ü 3.1.28 nach der direkten Methode unmittelbar folgende Matrixgleichung:

$$
\begin{bmatrix} \Theta_1 & 0 & 0 \\ 0 & \Theta_2 + \Theta_3^* & 0 \\ 0 & 0 & \Theta_4^* \end{bmatrix} \begin{Bmatrix} \ddot{\varphi}_1 \\ \ddot{\varphi}_2 \\ \ddot{\varphi}_4^* \end{Bmatrix} + \begin{bmatrix} q_1 + q_{12} & -q_{12} & 0 \\ -q_{12} & q_{12} + q_2 + q_3^* + q_{34}^* & -q_{34}^* \\ 0 & -q_{34}^* & q_{34}^* + q_4^* \end{bmatrix} \begin{Bmatrix} \dot{\varphi}_1 \\ \dot{\varphi}_2 \\ \dot{\varphi}_4^* \end{Bmatrix}
$$

$$
+ \begin{bmatrix} k_1 & -k_1 & 0 \\ -k_1 & k_1 + k_3^* & -k_3^* \\ 0 & -k_3^* & k_3^* \end{bmatrix} \begin{Bmatrix} \varphi_1 \\ \varphi_2 \\ \varphi_4^* \end{Bmatrix} = \begin{Bmatrix} M_1(t) \\ 0 \\ M_4^*(t) \end{Bmatrix} \tag{1}
$$

Die einzige Aufgabe besteht jetzt darin, die mit einem Stern (*) gekennzeichneten *reduzierten Größen* zu bestimmen.

Das *Übersetzungsverhältnis* ist gemäß

$$
\boxed{i := \varphi_1 / \varphi_4} \quad \text{bzw.} \quad \boxed{i := \Omega_1 / \Omega_4} \tag{2a,b}
$$

definiert. Damit gilt auch:

$$
\boxed{\varphi_2 = i\varphi_3} \quad \boxed{\varphi_4^* = i\varphi_4} \quad \boxed{\dot{\varphi}_4^* = i\dot{\varphi}_4} \quad \boxed{\ddot{\varphi}_4^* = i\ddot{\varphi}_4} \tag{3a÷d}
$$

Ein inneres Moment $k\varphi$ leistet eine virtuelle Arbeit von $k\varphi\delta\varphi$. Diese soll für das aktuelle und reduzierte System gleich sein, so dass man folgende Forderung stellen muss:

$$
k_3^*\varphi_4^*\delta\varphi_4^* \overset{!}{=} k_3\varphi_4\delta\varphi_4 \quad \Rightarrow \quad \boxed{k_3^* = k_3 / i^2} \tag{4}
$$

Darin wurde $\delta\varphi_4^* = i\delta\varphi_4$ und (3b) berücksichtigt.

Man erhält (4) auch aus der Forderung, dass die gespeicherte *potentielle Energie* in der „*reduzierten Drehfeder*" mit dem aktuellen Wert übereinstimmen soll:

$$
\frac{1}{2}k_3^*\varphi_1^2 \overset{!}{=} \frac{1}{2}k_3\varphi_4^2 \quad \Rightarrow \quad \boxed{k_3^* = k_3 / i^2} \tag{4*}
$$

Bei geschwindigkeitsproportionaler Dämpfung mit einer *Drehdämpfung* q leistet ein *Dämpfungsmoment* die virtuelle Arbeit $q\dot\varphi\delta\varphi$. Auch diese Größe soll für beide Systeme gleich sein:

$$q_3^*\dot\varphi_2\delta\varphi_2 \;\overset{!}{=}\; q_3\dot\varphi_3\delta\varphi_3 \;\;\Rightarrow\;\; \boxed{q_3^* = q_3\,/\,i^2} \tag{5}$$

Entsprechendes gilt für q_{34}^* und q_4^*.

Die virtuelle Arbeit infolge *Drehträgheit*, $\Theta\ddot\varphi\delta\varphi$, soll ebenfalls in beiden Systemen übereinstimmen:

$$\Theta_3^*\ddot\varphi_2\delta\varphi_2 \;\overset{!}{=}\; \Theta_3\ddot\varphi_3\delta\varphi_3 \;\;\Rightarrow\;\; \boxed{\Theta_3^* = \Theta_3\,/\,i^2} \tag{6}$$

Ebenso folgert man: $\Theta_4^* = \Theta_4\,/\,i^2$.

Man erhält (6) auch aus der Forderung, dass die *kinetische Energie* durch die Reduktion nicht geändert wird:

$$\frac{1}{2}\Theta_3^*\Omega_1^2 \;\overset{!}{=}\; \frac{1}{2}\Theta_3\Omega_4^2 \;\;\Rightarrow\;\; \boxed{\Theta_3^* = \Theta_3\,/\,i^2} \tag{6*}$$

Die virtuelle Arbeit des äußeren Momentes, $M_4(t)\delta\varphi_4$, soll sich durch die Reduktion auf das Ersatzmodell nicht ändern:

$$M_4^*(t)\delta\varphi_4^* \;\overset{!}{=}\; M_4(t)\delta\varphi_4 \;\;\Rightarrow\;\; \boxed{M_4^*(t) = M_4(t)\,/\,i} \tag{7}$$

Damit sind alle *reduzierten Größen* in (1) durch die aktuellen Werte ausgedrückt. Bei komplizierteren Getrieben kann man entsprechend vorgehen.

Ü 3.1.30

Zum *GAUSSschen Ausgleichsprinzip* sei folgendes vermerkt. Zur experimentellen Bestimmung von Parametern führt man Messungen durch, deren Anzahl größer ist als die Anzahl der zu bestimmenden Parameter, um dadurch unvermeidliche Beobachtungsfehler auszugleichen. Das sich ergebende Gleichungssystem $[A]\{U\} = \{a\}$ ist im Allgemeinen nicht exakt lösbar.

Nach dem *GAUSSschen Ausgleichsprinzip* ($\rightarrow$ *Methode der kleinsten Quadrate*) wird das Quadrat der *EUKLIDschen Norm*, $\{r\}^t\{r\}$, des *Residuenvektors* $\{r\} := [A]\{U\}-\{a\}$ minimiert. Das führt auf die Normalengleichung $[B]\{U\} = \{b\}$. Darin ist die *GAUSSsche Transformation* $[B] := [A]^t[A]$ eine *symmetrische positiv definite* Matrix, während der Spaltenvektor auf der rechten Seite $\{b\} := [A]^t\{a\}$ gegeben ist.

Ersetzt man gemäß Aufgabenstellung die *Reaktionskraft* F_1 *a priori* durch die *Gleichgewichtsbedingung* (3.23), so erhält man aus (3.20) wegen $u_1 = 0$ das *überbestimmte Gleichungssystem*

$$\begin{bmatrix} -k_a & 0 \\ k_a + k_b & -k_b \\ -k_b & k_b \end{bmatrix} \begin{Bmatrix} u_2 \\ u_3 \end{Bmatrix} = \begin{Bmatrix} -F_2 - F_3 \\ F_2 \\ F_3 \end{Bmatrix}$$

bestehend aus **drei** Gleichungen zur Bestimmung der **zwei** unbekannten Verschiebungen u_2, u_3, das man in der kompakten Schreibweise $[A]\{U\} = \{a\}$ ausdrücken kann. Die Lösung nach dem *GAUSSschen Ausgleichsprinzip* ist mit Hilfe des nachstehenden MAPLE-Programms gewonnen worden.

```
>with(linalg):
>A:=matrix(3,2,[[-k[a],0],[k[a]+k[b],-k[b]],[-k[b],k[b]]]);
```

$$A := \begin{bmatrix} -k_a & 0 \\ k_a + k_b & -k_b \\ -k_b & k_b \end{bmatrix}$$

```
>a:=vector([-F[2]-F[3],F[2],F[3]]);
```

$$a := \begin{bmatrix} -F_2 - F_3 & F_2 & F_3 \end{bmatrix}$$

GAUSS-Transformation:
```
>G:=multiply(transpose(A),A);
```

$$G := \begin{bmatrix} 2\,k_a^{\,2} + 2\,k_a k_b + 2\,k_b^{\,2} & -k_a k_b - 2\,k_b^{\,2} \\ -k_a k_b - 2\,k_b^{\,2} & 2\,k_b^{\,2} \end{bmatrix}$$

```
>g:=multiply(transpose(A),a);
```

$$g := \begin{bmatrix} 2\,k_a F_2 + k_a F_3 + F_2 k_b - k_b F_3 & -F_2 k_b + k_b F_3 \end{bmatrix}$$

```
>U:= linsolve(G,g): convert(U,matrix):
>u[2]:=U[1]; u[3]:=U[2];
```

$$u_2 := \frac{F_2 + F_3}{k_a}$$

$$u_3 := \frac{F_2 k_b + k_b F_3 + k_a F_3}{k_a k_b}$$

Die Lösung stimmt mit dem Ergebnis in (3.22a,b) nach der *Matrix-Steifigkeitsmethode* überein.

Ersetzt man in der Matrixgleichung der Ü 3.1.13 die *Reaktionskraft* R_1 *a priori* durch die Gleichgewichtsbedingung $R_1 = -F$, so erhält man wegen $u_1 = 0$ das *überbestimmte Gleichungssystem*

$$\begin{bmatrix} -k_1 & 0 & 0 \\ k_1+k_2+k_3 & -(k_2+k_3) & 0 \\ -(k_2+k_3) & k_2+k_3+k_4 & -k_4 \\ 0 & -k_4 & k_4 \end{bmatrix} \begin{Bmatrix} u_2 \\ u_3 \\ u_4 \end{Bmatrix} = \begin{Bmatrix} -F \\ 0 \\ 0 \\ F \end{Bmatrix}$$

bestehend aus **vier** Gleichungen zur Bestimmung der **drei** unbekannten Verschiebungen $u_2,...,u_4$, das man in der kompakten Schreibweise $[A]\{U\} = \{a\}$ ausdrücken kann. Die Lösung nach dem *GAUSSschen Ausgleichsprinzip* ist mit Hilfe des nachstehenden MAPLE-Programms gewonnen worden.

>with(linalg):

>A:=matrix(4,3,[[-k[1],0,0],[k[1]+k[2]+k[3],-(k[2]+k[3]),0],[-
(k[2]+k[3]),k[2]+k[3]+k[4],-k[4]],[0,-k[4],k[4]]]);

$$A := \begin{bmatrix} -k_1 & 0 & 0 \\ k_1+k_2+k_3 & -k_2-k_3 & 0 \\ -k_2-k_3 & k_2+k_3+k_4 & -k_4 \\ 0 & -k_4 & k_4 \end{bmatrix}$$

>a:=vector([-F,0,0,F]);

$$a := \begin{bmatrix} -F & 0 & 0 & F \end{bmatrix}$$

GAUSS-Transformation:

>G:=multiply(transpose(A),A):

>g:=multiply(transpose(A),a);

$$g := \begin{bmatrix} k_1 F & -k_4 F & k_4 F \end{bmatrix}$$

>U:=linsolve(G,g): convert(U,matrix):

>u[2]:=U[1]; u[3]:=U[2]; u[4]:=U[3];

$$u_2 := \frac{F}{k_1}$$

$$u_3 := \frac{F\left(k_1+k_2+k_3\right)}{\left(k_2+k_3\right)k_1}$$

$$u_4 := \frac{F\left(k_4 k_1+k_2 k_4+k_3 k_4+k_1 k_2+k_1 k_3\right)}{k_4\left(k_2+k_3\right)k_1}$$

Das Ergebnis stimmt mit der in Ü 3.1.13 nach der *Matrix-Steifigkeitsmethode* gewonnenen Lösung überein.

Das *GAUSSsche Ausgleichsprinzip* wird auch in Band 2 in den Übungen 7.2.1 und 7.2.6 zur Lösung *überbestimmter Gleichungssysteme* benutzt.

Ü3.1.31

a) Wegen $L_1 = \xi$, $L_2 = 1 - \xi$ und mit den Substitutionen $p \equiv m - 1$ und $q \equiv n - 1$ kann das erste Integral durch eine *Beta-Funktion* B (m,n) ausgedrückt werden:

$$\int_0^1 L_1^p \, L_2^q \, d\xi = \int_0^1 \xi^{m-1} (1 - \xi)^{n-1} \, d\xi \equiv B(m,n) . \tag{*}$$

Zwischen *Beta-* und *Gamma-Funktionen* gilt folgender Zusammenhang:

$$B(m,n) = \frac{\Gamma(m)\Gamma(n)}{\Gamma(m+n)} \tag{**}$$

mit $\Gamma(n+1) = n!$ für alle $n \in \mathbb{N}$. Wegen $m = p + 1$ und $n = q + 1$ gilt:

$$\Gamma(p+1) = p!, \quad \Gamma(q+1) = q! \quad \text{und} \quad \Gamma(p+q+2) = (p+q+1)! ,$$

so dass man das Integral $(*)$ mit $(**)$ nach folgender Formel auswerten kann:

$$\boxed{\int_0^1 L_1^p \, L_2^q \, d\xi = \frac{\Gamma(p+1)\Gamma(q+1)}{\Gamma(p+q+2)} = \frac{p!\, q!}{(p+q+1)!}} , \tag{***}$$

die auch zur Herleitung folgender Integrationsformeln grundlegend ist.

b) Das zweite Integral kann wegen (4.84) und mit der JACOBIschen Determinante $J = 2A_\Delta$ gemäß Ü 4.3.1, d.h. wegen $dA = dx\, dy = 2A_\Delta \, dL_1 \, dL_2$ zunächst durch

$$\int_{A_\Delta} \int L_1^p \, L_2^q \, L_3^r \, dA = 2A \int_0^1 \int_0^{1-L_1} L_1^p \, L_2^q (1 - L_1 - L_2)^r \, dL_2 \, dL_1$$

ausgedrückt werden. Der Integrationsbereich $0 \leq L_1 \leq 1$, $0 \leq L_2 \leq 1 - L_1$ erstreckt sich über ein finites Dreieckselement der Fläche A_Δ in allgemeiner Lage (Bild 4.13).

Um das Ergebnis $(***)$ nutzbar zu machen, ist es naheliegend, die Substitution $u \equiv L_2/(1 - L_1)$ einzuführen. Damit und mit $(*)$ und $(***)$ erhält man folgenden Zwischenschritt:

$$\int_0^1 L_1^p (1 - L_1)^{1+q+r} \int_0^1 u^q (1 - u)^r \, du \, dL_1 \equiv \frac{q!\, r!}{(q+r+1)!} \int_0^1 L_1^p (1 - L_1)^{1+q+r} \, dL_1 .$$

Darin kann auf das Integral der rechten Seite das Ergebnis $(***)$ angewendet werden, so dass man schließlich die Integrationsformel

$$\boxed{\iint\limits_{A_\Delta} L_1^p\, L_2^q\, L_3^r\, dA = 2A_\Delta\, \frac{p!\,q!\,r!}{(p+q+r+2)!}} \qquad (****)$$

bestätigt.

c) Das Volumenintegral kann mit (4.202) und der JACOBIschen Determinante $J = 6V$ gemäß (4.208b), d.h. mit $dV = dx\,dy\,dz = 6V\,dL_1\,dL_2\,dL_3$ zunächst durch

$$6V \iiint L_1^p\, L_2^q\, L_3^r\, (1 - L_1 - L_2 - L_3)^s\, dL_3\, dL_2\, dL_1$$

ausgedrückt werden. Der Integrationsbereich

$$0 \le L_1 \le 1\ ,\quad 0 \le L_2 \le 1 - L_1,\quad 0 \le L_3 \le 1 - L_2 - L_1$$

erstreckt sich über ein finites *Tetraederelement* (Volumen V) in allgemeiner Lage (Bild 4.41) bzw. über das *Einheitstetraeder* (Bild 4.42).

Um das Ergebnis $(***)$ nutzbar zu machen, ist es naheliegend, die Substitution $u \equiv L_3/(1 - L_1 - L_2)$ einzuführen. Damit und mit $(*)$, $(***)$ erhält man folgenden Zwischenschritt:

$$6V \int\limits_0^1 \int\limits_0^{1-L_1} L_1^p\, L_2^q\, (1 - L_1 - L_2)^{r+s+1} \int\limits_0^1 u^r\, (1-u)^s\, du\, dL_2\, dL_1 =$$

$$= 6V \frac{r!\,s!}{(r+s+1)!} \int\limits_0^1 \int\limits_0^{1-L_1} L_1^p\, L_2^q\, (1 - L_1 - L_2)^{r+s+1}\, dL_2\, dL_1\ .$$

Darin kann das Integral auf der rechten Seite mit $dA = dx\,dy\,dz = 6V\,dL_3\,dL_2\,dL_1$ durch das Ergebnis $(****)$ ausgedrückt werden, so dass man schließlich die nachzuweisende Integrationsformel

$$\boxed{\iiint\limits_V L_1^p\, L_2^q\, L_3^r\, L_4^s\, dV = 6V\, \frac{p!\,q!\,r!\,s!}{(p+q+r+s+3)!}}$$

erhält.

Ü 3.2.1

Damit erhält man folgende Gleichung für das System:

$$\begin{Bmatrix} R_1 = ? \\ R_2 \\ R_3 \\ R_4 = ? \end{Bmatrix} = \begin{bmatrix} k_1 & -k_1 & 0 & 0 \\ -k_1 & (k_1 + k_2) & -k_2 & 0 \\ 0 & -k_2 & (k_2 + k_3) & -k_3 \\ 0 & 0 & -k_3 & k_3 \end{bmatrix} \begin{Bmatrix} u_1 = 0 \\ u_2 = ? \\ u_3 = ? \\ u_4 = 0 \end{Bmatrix} + \begin{Bmatrix} f_{12} \\ 0 \\ f_{34} - f_{32} \\ -f_{43} = f_{34} \end{Bmatrix}.$$

Hieraus erhält man für die Verschiebungen u_2, u_3 das lineare Gleichungssystem:

$$\begin{aligned}
(k_1+k_2)u_2 \qquad\qquad -\,k_2u_3 &= R_2 \\
-\,k_2u_2 \qquad + (k_2+k_3)u_3 &= R_3 -(f_{34}-f_{32})
\end{aligned}$$
,

aus dem man u_2 und u_3 ermittelt. Anschließend bestimmt man die Reaktionskräfte:

$$\boxed{R_1=-k_1u_2+f_{12}} \qquad\qquad \boxed{R_4=-k_3u_3+f_{34}} \; .$$

Diese Aufgabe wird ausführlicher in Band 2 in der Übung 6.1.6 mit Hilfe des *Prinzips vom Minimum des Gesamtpotentials* diskutiert.

Ü 3.2.2
a)

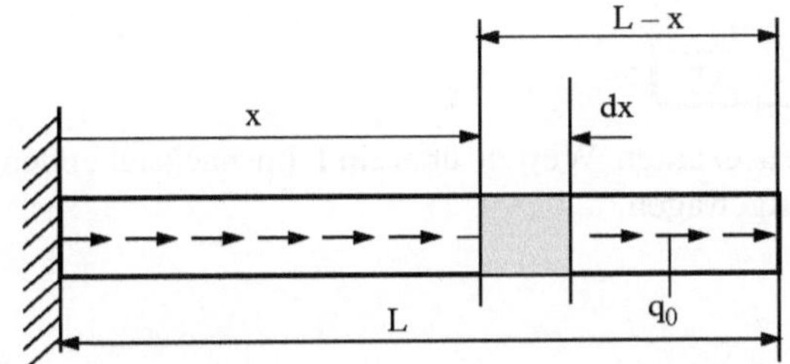

Es gilt:

$$\varepsilon = \frac{du}{dx} \quad \text{und} \quad \sigma = E\varepsilon\,(x).$$

Die Kraft infolge q_0 ist am Schnitt $x = $ konst. darstellbar durch

$$\left.\begin{aligned}
F(x) = A\sigma(x) = AE\varepsilon(x) = AE\,\frac{du}{dx} \\
\text{Andererseits gilt: } F(x) = q_0\,(L-x)
\end{aligned}\right\} \;\Rightarrow\; \frac{du}{dx} = \frac{q_0}{AE}(L-x)$$

$$\Rightarrow\quad du = \frac{q_0}{AE}(L-x)\,dx \; .$$

Durch Integration unter Berücksichtigung der Randbedingung $u(0) = 0$ erhält man die Verteilung

$$\boxed{u = u(x) = \frac{q_0}{AE}\left(Lx - \tfrac{1}{2}x^2\right)} \qquad\qquad L = 2\ell.$$

b) Aus dem Ersatzbild

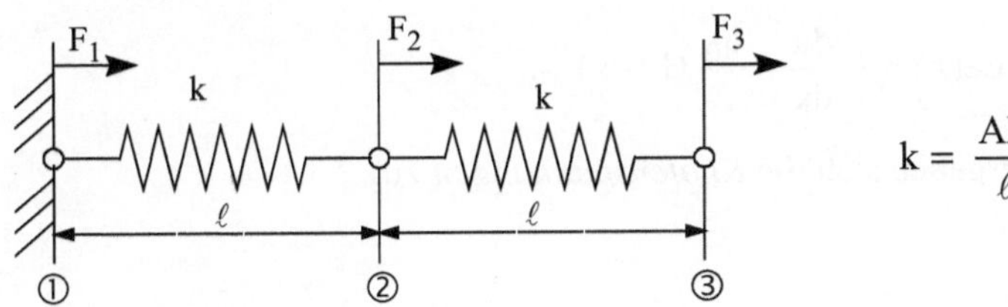

$$k = \frac{AE}{\ell}$$

liest man nach der "*direkten Methode*" unmittelbar folgende Matrizengleichung ab:

$$\begin{Bmatrix} R_1 + F_1 \\ F_2 \\ F_3 \end{Bmatrix} = \begin{bmatrix} k & -k & 0 \\ -k & 2k & -k \\ 0 & -k & k \end{bmatrix} \begin{Bmatrix} u_1 = 0 \\ u_2 = ? \\ u_3 = ? \end{Bmatrix} .$$

Darin sind R_1 die *Reaktionskraft* an der Einspannstelle und F_1 , F_2 , F_3 vorgegebene *äquivalente Ersatzknotenkräfte*. Man erhält:

$$\left.\begin{matrix} 2ku_2 - ku_3 = F_2 \\ -ku_2 + ku_3 = F_3 \end{matrix}\right\} \quad \Rightarrow \quad u_2 = \frac{F_2 + F_3}{k} \quad ; \quad u_3 = u_2 + \frac{F_3}{k} \quad .$$

Mit $F_2 = q_0\ell$, $F_3 = q_0\ell/2$ und $k \equiv AE/\ell$ folgt schließlich:

$$\boxed{u_2 = \frac{3}{2} \frac{q_0\ell^2}{AE} \quad \bigg| \quad u_3 = 2 \frac{q_0\ell^2}{AE}} .$$

Diese Werte stimmen mit den exakten Werten überein ! Im nachstehenden Diagramm sind die Ergebnisse aufgetragen.

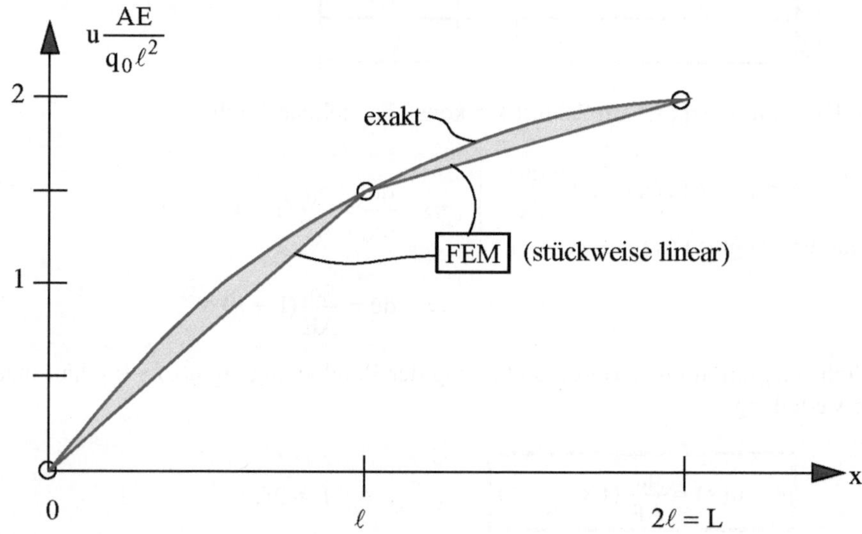

c) Die *Spannungsverteilung* ergibt sich zu

$$\sigma(x) = E\varepsilon(x) = E\frac{du}{dx} = \frac{q_0}{A}(L-x) \quad .$$

Nach der FEM ergeben sich die *Knotenspannungen* zu:

$$\sigma_{1\div 2} = E\,\frac{u_2 - u_1}{\ell} = E\,\frac{u_2}{\ell} = \frac{3}{2}\,\frac{q_0\ell}{A} = \text{konstant im Element } 1\div 2,$$

$$\sigma_{2\div 3} = E\,\frac{u_3 - u_2}{\ell} = \frac{1}{2}\,\frac{q_0\ell}{A} = \text{konstant im Element } 2\div 3.$$

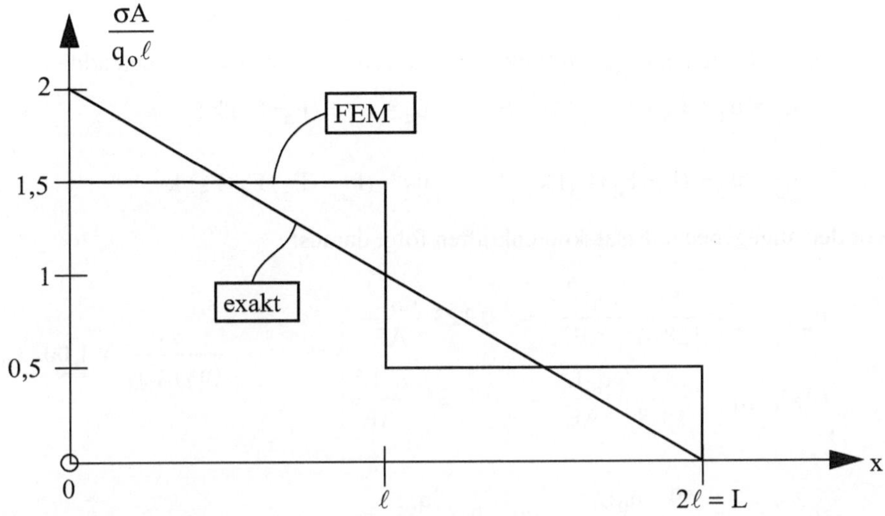

Ü 3.2.3

Zunächst muss die exakte Lösung gefunden werden. Analog Ü 3.2.2 erhält man:

$$\underline{\underline{\sigma}} = \frac{1}{A}\int_x^L q\,dx^* = \frac{q_0}{AL}\cdot\frac{1}{2}x^{*2}\bigg|_x^L = \underline{\underline{\frac{1}{2}\,\frac{q_0}{AL}(L^2 - x^2)}},$$

$$\frac{du}{dx} = \varepsilon = \frac{\sigma}{E} = \frac{1}{2}\,\frac{q_0}{AEL}\,(L^2 - x^2)\,.$$

Mit der Randbedingung u(0) = 0 folgt daraus:

$$\boxed{\,u = u(x) = \frac{1}{2}\,\frac{q_0}{AEL}\,(L^2 - \tfrac{1}{3}x^2)\,x\,}\,.$$

Aus dem Ersatzbild liest man unmittelbar ab:

$$\begin{Bmatrix} R_1 + F_1 \\ F_2 \\ F_3 \\ F_4 \\ F_5 \end{Bmatrix} = \begin{bmatrix} k & -k & 0 & 0 & 0 \\ -k & 2k & -k & 0 & 0 \\ 0 & -k & 2k & -k & 0 \\ 0 & 0 & -k & 2k & -k \\ 0 & 0 & 0 & -k & k \end{bmatrix} \begin{Bmatrix} u_1 = 0 \\ u_2 \\ u_3 \\ u_4 \\ u_5 \end{Bmatrix}\,.$$

Man erhält: $\qquad R_1 = -F_1 - ku_2 = -(F_1+F_2+F_3+F_4+F_5) = -q_0L/2$

und: $\qquad\qquad 2ku_2 \quad - ku_3 \qquad\qquad\qquad = F_2$,

$$-ku_2 \quad + 2ku_3 \quad - ku_4 \qquad\qquad = F_3 \; ,$$

$$-ku_3 \quad + 2ku_4 \quad - ku_5 \quad = F_4 \; ,$$

$$-ku_4 \quad + ku_5 \quad = F_5 \; .$$

Aus diesem Gleichungssystem findet man (jeweils von unten nach oben addiert):

$$u_5 = u_4 + F_5/k \; ; \qquad\qquad\qquad u_4 = u_3 + (F_4+F_5)/k \; ;$$

$$u_3 = u_2 + (F_3+F_4+F_5)/k \; ; \qquad u_2 = (F_2 + F_3+F_4+F_5)/k \; .$$

Mit den angegebenen Ersatzknotenkräften folgt daraus:

$$\left.\begin{aligned}
u_2 &= \frac{63}{128\cdot4}\,\frac{q_0L^2}{AE} = 0{,}123\,\frac{q_0L^2}{AE}\\[2mm]
(u_2)_{exakt} &= \frac{47}{48\cdot8}\,\frac{q_0L^2}{AE} = 0{,}1224\,\frac{q_0L^2}{AE}
\end{aligned}\right\} \Rightarrow \qquad \underline{\underline{\frac{u_2}{(u_2)_{exakt}} = 1{,}0053}} \; ,$$

$$\left.\begin{aligned}
u_3 &= \frac{59}{256}\,\frac{q_0L^2}{AE} = 0{,}2305\,\frac{q_0L^2}{AE}\\[2mm]
(u_3)_{exakt} &= \frac{11}{48}\,\frac{q_0L^2}{AE} = 0{,}2292\,\frac{q_0L^2}{AE}
\end{aligned}\right\} \Rightarrow \qquad \underline{\underline{\frac{u_3}{(u_3)_{exakt}} = 1{,}0057}} \; ,$$

$$\left.\begin{aligned}
u_4 &= \frac{157}{128\cdot4}\,\frac{q_0L^2}{AE} = 0{,}3066\,\frac{q_0L^2}{AE}\\[2mm]
(u_4)_{exakt} &= \frac{39}{128}\,\frac{q_0L^2}{AE} = 0{,}305\,\frac{q_0L^2}{AE}
\end{aligned}\right\} \Rightarrow \qquad \underline{\underline{\frac{u_4}{(u_4)_{exakt}} = 1{,}0064}} \; ,$$

$$\left.\begin{aligned}
u_5 &= \frac{43}{128}\,\frac{q_0L^2}{AE} = 0{,}3359\,\frac{q_0L^2}{AE}\\[2mm]
(u_5)_{exakt} &= \frac{1}{3}\,\frac{q_0L^2}{AE} = 0{,}333\ldots\,\frac{q_0L^2}{AE}
\end{aligned}\right\} \Rightarrow \qquad \underline{\underline{\frac{u_5}{(u_5)_{exakt}} = 1{,}0078}} \; .$$

Die Spannungen ergeben sich zu:

$$\sigma_{1\div2} = E\,\frac{u_2}{\ell} = 4\,E\,\frac{u_2}{L} = \frac{63}{128}\,\frac{q_0L}{A} = 0{,}492\,\frac{q_0L}{A} \; ,$$

$$\sigma_{2\div3} = E\,\frac{u_3-u_2}{\ell} = 4\,E\,\frac{u_3-u_2}{L} = \frac{55}{128}\,\frac{q_0L}{A} = 0{,}43\,\frac{q_0L}{A} \; ,$$

$$\sigma_{3\div4} \;=\; E\,\frac{u_4 - u_3}{\ell} \;=\; 4\,E\,\frac{u_4 - u_3}{L} \;=\; \frac{39}{128}\,\frac{q_0 L}{A} \;=\; 0{,}305\,\frac{q_0 L}{A}\;,$$

$$\sigma_{4\div5} \;=\; E\,\frac{u_5 - u_4}{\ell} \;=\; 4\,E\,\frac{u_5 - u_4}{L} \;=\; \frac{15}{128}\,\frac{q_0 L}{A} \;=\; 0{,}117\,\frac{q_0 L}{A}\;.$$

Die Ergebnisse sind in den folgenden Diagrammen veranschaulicht.

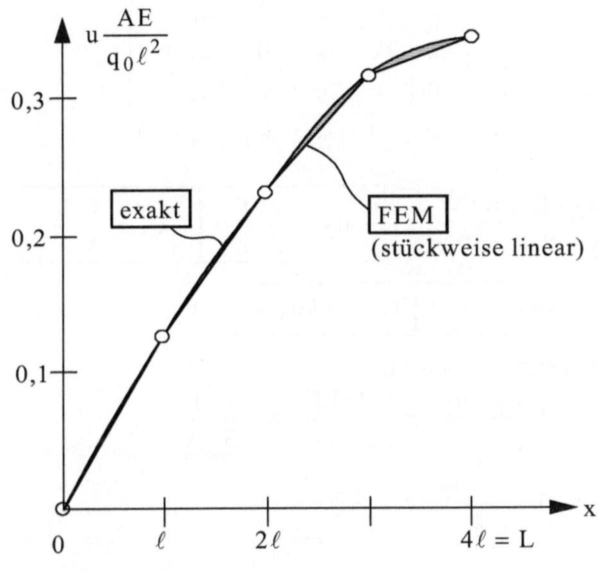

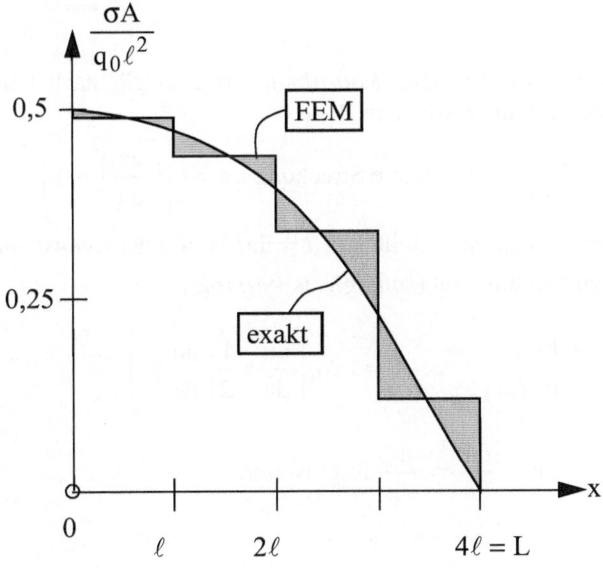

Bemerkung: Da jedes Element 2 Knoten besitzt, ist die Verschiebung im Element linear verteilt. Die *shape function* ist linear (*lineares Interpolationspolynom*). Daraus resultiert im Element jeweils eine konstante Spannung (*Treppenform*).

Ü 3.2.4

Aus der Matrizengleichung

$$\begin{Bmatrix} R_1 = \ ? \\ F_2 = F \\ F_3 = 0 \\ R_4 = \ ? \end{Bmatrix} = \begin{bmatrix} k & -k & 0 & 0 \\ -k & 2k & -k & 0 \\ 0 & -k & 2k & -k \\ 0 & 0 & -k & k \end{bmatrix} \begin{Bmatrix} u_1 = 0 \\ u_2 = \ ? \\ u_3 = \ ? \\ u_4 = 0 \end{Bmatrix}$$

erhält man:

$$\left.\begin{matrix} 2ku_2 - ku_3 = F \\ -ku_2 + 2ku_3 = 0 \end{matrix}\right\} \Rightarrow \boxed{u_2 = \frac{2}{3}\frac{F}{k} \qquad u_3 = \frac{1}{3}\frac{F}{k}}$$

$$\boxed{R_1 = -ku_2 = -\frac{2}{3}F \quad R_4 = -ku_3 = -\frac{1}{3}F}\ .$$

Die Spannungen ergeben sich zu:

$$\underline{\underline{\sigma_{1 \div 2}}} = E\frac{u_2 - u_1}{\ell} = \frac{2}{3}\frac{EF}{k\ell} = \underline{\underline{\frac{2}{3}\frac{F}{A}}}$$

$$\underline{\underline{\sigma_{2 \div 3}}} = E\frac{u_3 - u_2}{\ell} = \underline{\underline{-\frac{1}{3}\frac{F}{A}}}$$

$$\underline{\underline{\sigma_{3 \div 4}}} = E\frac{u_4 - u_3}{\ell} = -E\frac{u_3}{\ell} = -\frac{1}{3}\frac{F}{A} \equiv \underline{\underline{\sigma_{2 \div 3}}}\ .$$

Ü 3.2.5

Verwendet man LAGRANGE*sche Koordinaten* (a), so gilt nach Übung 1.3.5 aus dem in Aufgabenstellung erwähnten Buch:

$$\lambda = \frac{du}{da} + \frac{1}{2}\left(\frac{du}{da}\right)^2 \quad \overset{\wedge}{=} \ \text{relative Streckung} \quad s = \frac{1}{2}\left[\left(\frac{dx}{da}\right)^2 - 1\right]\ .$$

Dieses *Verzerrungsmaß* ist anstelle von $\varepsilon = du/dx$ mit der *Nennspannung*

$\sigma_{\text{Nenn}} = F/A_0$ zu kombinieren (*konjugierte Variable*):

$$\left.\begin{matrix} \sigma_{\text{Nenn}} = E\lambda \\ \sigma_{\text{Nenn}} = F / A_0 \end{matrix}\right\} \Rightarrow F = EA_0\left[\frac{du}{da} + \frac{1}{2}\left(\frac{du}{da}\right)^2\right]\ .$$

Wegen $F = ku_2$ und $\dfrac{du}{da} = \dfrac{u_2}{\ell_0}$ folgt weiter:

$$k = \frac{EA_0}{\ell_0}\left(1 + \frac{1}{2}\frac{u_2}{\ell_0}\right) \qquad \text{bzw.} \qquad k = \frac{EA_0}{\ell_0}\left(1 + \frac{1}{2}\frac{u_2 - u_1}{\ell_0}\right).$$

Man erkennt, dass k nicht mehr konstant ist, sondern von den *Knotenverschiebungen* abhängt (*nichtlineares Problem*). Eine ähnliche Beziehung erhält man, wenn man den EULERschen *Verzerrungstensor* verwendet. Dann muss man die *wahre Spannung* $\sigma = F/A$ im HOOKEschen *Gesetz* einsetzen (CAUCHYscher *Spannungstensor* im Gegensatz zum PIOLA-KIRCHHOFF-*Tensor*).

Die Formulierung in LAGRANGEschen *Koordinaten* ist in der *Elastomechanik* vorteilhafter, weil man auf einen definierten Ausgangszustand (A_0, ℓ_0) zurückgreifen kann. In den meisten FE-Programmen , z.B. ANSYS, ABAQUS, MARC, NASTRAN etc., werden heute *geometrische Nichtlinearitäten* berücksichtigt.

Ü 3.2.6

a) Da nur zwei Knotenpunkte gegeben sind, müssen lineare *Interpolationsfunktionen* gewählt werden. Wegen b=0 gilt:

$$\begin{Bmatrix} u(\xi) \\ v(\xi) \end{Bmatrix} = \begin{bmatrix} 1-\xi & 0 & \xi & 0 \\ 0 & 1-\xi & 0 & \xi \end{bmatrix} \begin{Bmatrix} u_1 \\ v_1 \\ u_2 \\ v_2 \end{Bmatrix}. \tag{3}$$

Darin gibt $\xi = a/\ell_0$ die Anfangslage eines materiellen Punktes an.

b) Setzt man (3) mit $\xi = a/\ell_0$ in (1) und (2) ein, so erhält man:

$$\lambda_a = (u_2 - u_1)/\ell_0 + (u_2 - u_1)^2\big/2\ell_0^2 + (v_2 - v_1)^2\big/2\ell_0^2 \quad , \quad \lambda_b = 0 \ .$$

Bei kleineren Verschiebungsdifferenzen $(u_2\text{-}u_1)$ und $(v_2\text{-}v_1)$ können die quadratischen Terme vernachlässigt werden. Dann gilt: $\lambda_a \approx \varepsilon_x = (u_2 - u_1)/\ell_0$. Diese Näherung wird *Nenndehnung* genannt.

In dieser Übung und auch in Ü 3.2.5 werden *geometrische Nichtlinearitäten* nur kurz angesprochen. Vertiefend befasst sich Kapitel 8 in Band 2 sowohl mit *geometrischen* als auch *physikalischen Nichtlinearitäten*.

Ü 3.2.7

Nachstehende Skizzen zeigen die Diskretisierungen beider Methoden.

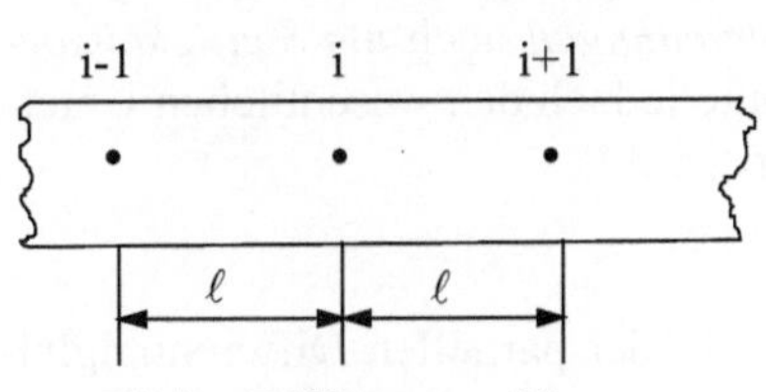

Finite-Differenzen-Netz

Finite-Elemente-Diskretisierung

In Verallgemeinerung von Ü 3.2.2 erhält man für eine beliebige Belastung $q = q(x)$:

$$\left.\begin{array}{l} F(x) = EA\dfrac{du}{dx} \\[2em] F(x) = \displaystyle\int_x^L q(x^*)dx^* \end{array}\right\} \quad \Rightarrow \quad EA\dfrac{du}{dx} = \int_x^L q(x^*)dx^* \quad .$$

Durch Differentiation nach x erhält man daraus die Differentialgleichung für die Längsverschiebung $u(x)$ des linear-elastischen Stabes:

$$\boxed{\dfrac{d^2u}{dx^2} + \dfrac{1}{EA}\,q(x) = 0}\; ,$$

in der man die zweite Ableitung näherungsweise gemäß

$$\frac{d^2u}{dx^2} \approx \frac{u_{i+1} - 2u_i + u_{i-1}}{\ell^2}$$

ersetzen kann, so dass damit die *Differentialgleichung* übergeht in die *Differenzengleichung*:

$$\boxed{k\,(-u_{i+1} + 2u_i - u_{i-1}) = \ell\,q_i}\; . \tag{$*$}$$

Darin ist die Abkürzung $k = EA/\ell$ eingeführt.

Nach der FEM erhält man für zwei Elemente aus der "Kette" mit drei Knotenpunkten $(i-1)$, (i), $(i+1)$ die Matrizengleichung

$$\begin{Bmatrix} F_{i-1} \\ F_i \\ F_{i+1} \end{Bmatrix} = \begin{bmatrix} 2k & -k & 0 \\ -k & 2k & -k \\ 0 & -k & 2k \end{bmatrix} \begin{Bmatrix} u_{i-1} \\ u_i \\ u_{i+1} \end{Bmatrix} \quad .$$

Man erkennt wieder die *Bandstruktur* $(B = 2m+1 = 3)$ wie in Ü 3.1.17.

Mit $F_i = \ell q_i$ liest man daraus ab:

$$\boxed{k\,(-u_{i+1} + 2u_i - u_{i-1}) = \ell\,q_i} \tag{$**$}$$

in Übereinstimmung mit $(*)$. Dieses Beispiel zeigt eine enge Beziehung zwischen FEM und FDM, so dass *Finite-Differenzen-Gleichungen* auch als *Steifigkeitsbeziehungen* interpretiert werden können. Man sollte jedoch den wesentlichen Unterschied beachten, der in der Einführung diskutiert wird !

Ü 3.2.8

a) Der schwingende linearelastische Stab gehorcht der partiellen Differentialgleichung

$$\frac{\partial^2 u}{\partial t^2} = \frac{E}{\rho}\,\frac{\partial^2 u}{\partial x^2}\ .$$

Eine Diskretisierung gemäß Skizze (ℓ =L/N)

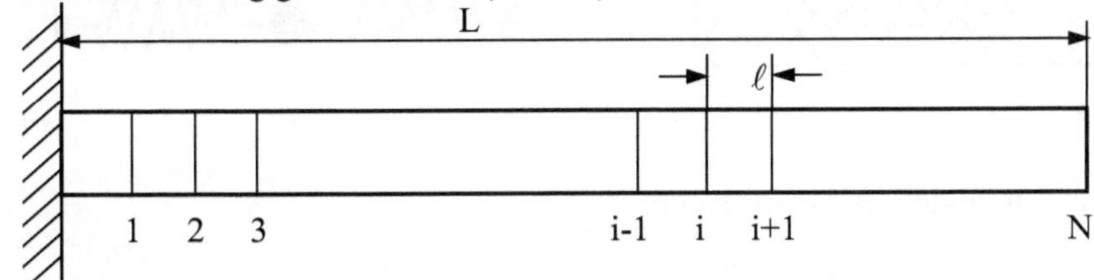

führt auf die *Differenzengleichung*

$$\ddot{u}_i = \frac{E}{\rho}\,\frac{u_{i-1} - 2u_i + u_{i+1}}{\ell^2}\ .$$

Daraus folgt mit der Randbedingung $u_0 = 0$:

$$\ddot{u}_1 = \frac{E}{\rho}\,\frac{u_2 - 2u_1}{\ell^2},\quad \ddot{u}_2 = \frac{E}{\rho}\,\frac{u_1 - 2u_2 + u_3}{\ell^2}\quad \text{usw.}$$

An irgendeiner Stelle i gilt entsprechend Ü 3.2.7 für eine Kraft infolge einer äußeren Längsbelastung:

$$F(x) \stackrel{\wedge}{=} F_i = EA\varepsilon_i = EA\left(\frac{du}{dx}\right)_i = EA\,\frac{-u_{i-1} + u_{i+1}}{2\ell}\ .$$

Dieser Quotient wird *zentraler Differentialquotient* genannt. Falls *keine Störkraft* durch q(x) wirkt (F(x) = 0) , folgt daraus:

$$\boxed{u_{i-1} = u_{i+1}}\ ,$$

so dass damit am Stabende aufgrund der Randbedingung F(L) = 0 gilt:

$$\ddot{u}_N = \frac{E}{\rho}\,\frac{u_{N-1} - 2u_N + u_{N+1}}{\ell^2} = \frac{E}{\rho}\,\frac{2u_{N-1} - 2u_N}{\ell^2}\ .$$

Somit erhält man insgesamt die Bewegungsgleichung:

$$\begin{Bmatrix} \ddot{u}_1 \\ \ddot{u}_2 \\ \ddot{u}_3 \\ \vdots \\ \vdots \\ \ddot{u}_{N-1} \\ \ddot{u}_N \end{Bmatrix} = -\frac{E}{\rho\ell^2} \begin{bmatrix} 2 & -1 & & & & & \\ -1 & 2 & -1 & & & & \\ & -1 & 2 & -1 & & \mathbf{0} & \\ & & \ddots & \ddots & \ddots & & \\ & & & \ddots & \ddots & \ddots & \\ \mathbf{0} & & & & \ddots & \ddots & \\ & & & & -1 & 2 & -1 \\ & & & & & -2 & 2 \end{bmatrix} \begin{Bmatrix} u_1 \\ u_2 \\ u_3 \\ \vdots \\ \vdots \\ u_{N-1} \\ u_N \end{Bmatrix}\ . \qquad (*)$$

b) Beim *Lumped-Mass-Ersatzsystem* werden Teilmassen punktförmig in diskreten Punkten angenommen (Skizze).

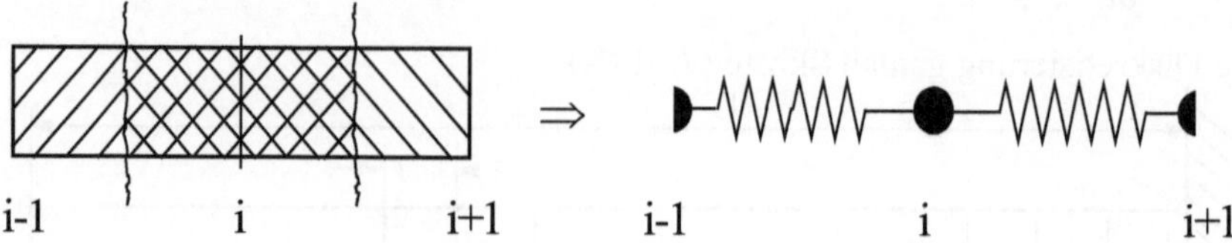

So entsteht folgendes Ersatzmodell:

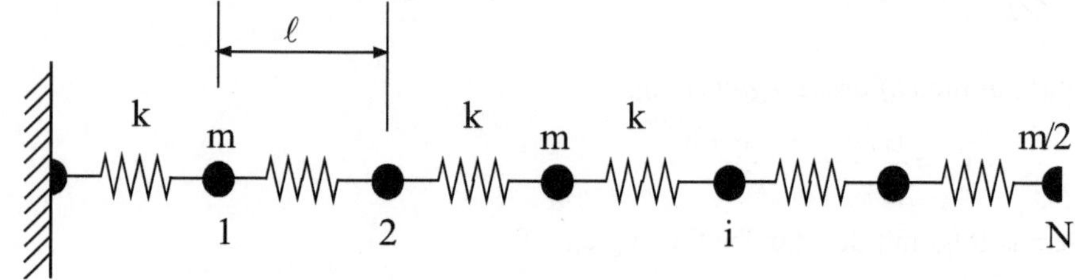

Gewählt wurden wie beim *Differenzenverfahren* äquidistante Teilabschnitte der Länge ℓ. Zu beachten ist, dass am Stabanfang und Stabende jeweils nur m/2 anzubringen ist. Mit k = EA/ℓ und m = ρAℓ erhält man in der Bewegungsgleichung

$$[M]\{\ddot{u}\}+[K]\{u\}=\{0\} \qquad\qquad (**)$$

folgende Massenmatrix:

$$[M]=\rho A\ell \begin{bmatrix} 1 & & & & & \\ & 1 & & & 0 & \\ & & 1 & & & \\ & & & \ddots & & \\ & 0 & & & 1 & \\ & & & & & \frac{1}{2} \end{bmatrix}$$

und folgende Steifigkeitsmatrix:

$$[K]=\frac{EA}{\ell} \begin{bmatrix} 2 & -1 & & & & \\ -1 & 2 & -1 & & 0 & \\ & -1 & 2 & -1 & & \\ & & \ddots & \ddots & \ddots & \\ & 0 & & -1 & 2 & -1 \\ & & & & -1 & 1 \end{bmatrix}.$$

Damit stimmt die *Bewegungsgleichung* (**) mit (*) überein. Man erkennt ferner: Die *Massenmatrix* hat *Diagonalgestalt*, die *Steifigkeitsmatrix* hat *Bandstruktur* mit der Bandbreite 3, ebenfalls die Matrix in (*).

c) Eine *Finite-Elemente-Diskretisierung* ist in nachstehender Skizze dargestellt.

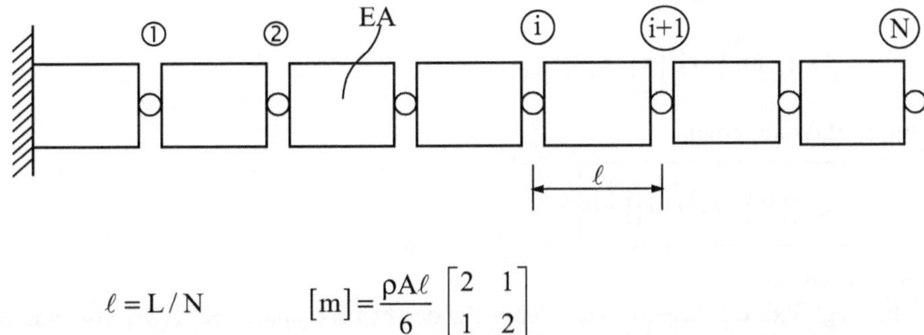

$$\ell = L / N \qquad [m] = \frac{\rho A \ell}{6} \begin{bmatrix} 2 & 1 \\ 1 & 2 \end{bmatrix}$$

Die *Steifigkeitsmatrix* dieses Systems stimmt mit [K] in Gl.(**) überein. Die *Massenmatrix* [M] hat im Gegensatz zu (**) **keine** *Diagonalgestalt*. In einem Knotenpunkt (i) stoßen zwei "*Finite Massen*" zusammen, im Endpunkt (N) nur eine. Das ist auf der Hauptdiagonalen zu berücksichtigen. Zwischen zwei Knoten (i) und (i+1) liegt jeweils eine Teilmasse, was für die Nebendiagonalen zu beachten ist.

Wegen der *Massenmatrix* $[m] = \dfrac{\rho A \ell}{6} \begin{bmatrix} 2 & 1 \\ 1 & 2 \end{bmatrix}$ für ein Einzelelement (Ü 3.1.22)

erhält man somit folgende **Massenmatrix** für das oben skizzierte *Gesamtsystem*:

$$[M] = \frac{\rho A \ell}{6} \begin{bmatrix} 4 & 1 & & & & \\ 1 & 4 & 1 & & \mathbf{0} & \\ & 1 & 4 & 1 & & \\ & & \ddots & \ddots & \ddots & \\ \mathbf{0} & & & 1 & 4 & 1 \\ & & & & 1 & 2 \end{bmatrix} .$$

Man beachte: Auch diese Matrix hat wie die *Steifigkeitsmatrix Bandstruktur* mit einer Bandbreite B = 3.

Ü 3.2.9

Die exakten *Eigenfrequenzen* des Stabes sind bekanntlich durch

$$\boxed{\omega = \frac{2n-1}{2} \, \pi \, \sqrt{\frac{E}{\rho L^2}}} \qquad n = 1, 2, \ldots$$

gegeben. Für den "*diskretisierten*" *Stab* gilt die *Bewegungsgleichung*

$$[M]\{\ddot{x}\} + [K]\{x\} = \{0\} \;,$$

woraus mit dem Ansatz

$$\{x\} = \{\hat{x}\} \exp(i\omega t)$$

das homogene Gleichungssystem

$$\left([K] - \omega^2[M]\right)\{\hat{x}\} = \{0\}$$

folgt, so dass allgemein

$$\boxed{\det\left([K] - \omega^2[M]\right) \overset{!}{=} 0}$$

gefordert wird.

Es liegt also ein *Eigenwertproblem* für das Matrizenpaar [K] , [M] vor, das je nach *Diskretisierung* der Übung 3.2.8 entnommen werden kann.

a) Lumped-Mass-Methode
Zunächst betrachte man ein Element (Skizze).

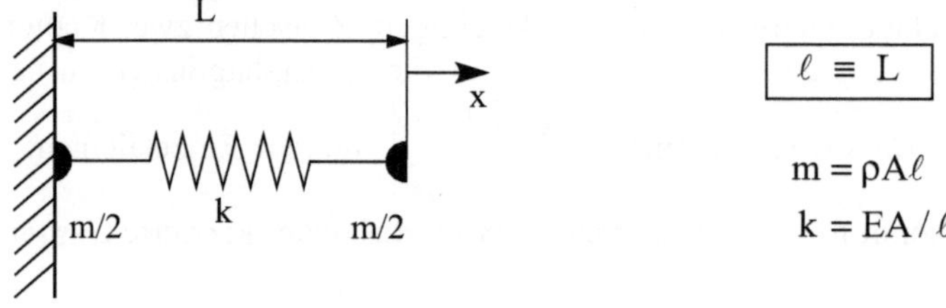

Hierfür gilt:
$$\left.\begin{array}{rcl} \dfrac{m}{2}\ddot{x} + kx &=& 0 \\[2mm] x &=& \hat{x}\,\exp(i\omega t) \end{array}\right\} \;\Rightarrow\; \omega = \sqrt{\dfrac{k}{m/2}} \;.$$

Wegen $\ell \equiv L$ erhält man:

$$\boxed{\omega = \sqrt{2}\,\sqrt{\dfrac{E}{\rho L^2}} = 1,4142\,\sqrt{E/\rho L^2}}\;.$$

Der exakte **niedrigste** *Eigenwert* (n = 1) ist:

$$\boxed{\omega = \dfrac{\pi}{2}\,\sqrt{E/\rho L^2} = 1,5708\,\sqrt{E/\rho L^2}}\;.$$

Durch eine Verfeinerung der Diskretisierung kann der erste (grobe) Näherungswert verbessert werden (Skizze).

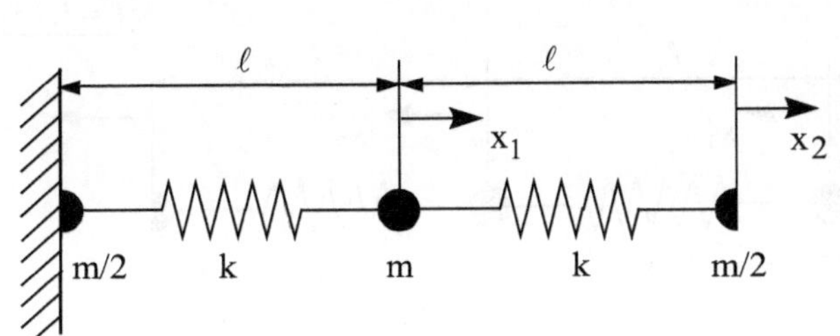

$$\boxed{\ell \;=\; L/2}$$

Obige Beziehungen für m und k gelten formal für alle Diskretisierungen. Der Unterschied liegt in der Elementlänge $\underline{\underline{\ell \;=\; L/N}}$.

Für diese Diskretisierung entnimmt man Ü 3.2.8 folgende Matrizen:

$$[M] = m \begin{bmatrix} 1 & 0 \\ 0 & \tfrac{1}{2} \end{bmatrix} \qquad \text{und} \qquad [K] = k \begin{bmatrix} 2 & -1 \\ -1 & 1 \end{bmatrix}.$$

Damit erhält man:

$$\det \left(\begin{bmatrix} 2 & -1 \\ -1 & 1 \end{bmatrix} - \lambda^2 \begin{bmatrix} 1 & 0 \\ 0 & \tfrac{1}{2} \end{bmatrix} \right) = 0 \quad \text{mit} \quad \boxed{\lambda^2 \equiv \frac{m}{k}\,\omega^2}$$

$$\text{bzw.} \quad \boxed{\lambda^2 \equiv \frac{\rho \ell^2}{E}\,\omega^2}$$

$$\begin{vmatrix} 2-\lambda^2 & -1 \\ -1 & \tfrac{1}{2}(2-\lambda^2) \end{vmatrix} = 0 \;\Rightarrow\; (2-\lambda^2)^2 = 2 \;\Rightarrow\; 2-\lambda^2 = \pm\sqrt{2} \quad.$$

Die Lösungen sind: $\lambda_1^2 = 2-\sqrt{2}$, $\lambda_2^2 = 2+\sqrt{2}$, so dass man erhält:

$$\omega_1^2 = (2-\sqrt{2})\,\frac{E}{\rho L^2} = 4\,(2-\sqrt{2})\,\frac{E}{\rho L^2} \;;\quad \omega_2^2 = 4\,(2+\sqrt{2})\,\frac{E}{\rho L^2}$$

$$\boxed{\omega_1 = 1{,}5307\,\sqrt{E/\rho L^2}} \;\boxed{\omega_2 = 3{,}6955\,\sqrt{E/\rho L^2}} \;.$$

Im Vergleich dazu erhält man für $n=1$ und $n=2$ die entsprechenden exakten Werte zu:

$$\boxed{\omega_1 = 1{,}5708\,\sqrt{E/\rho L^2}} \;\boxed{\omega_2 = 4{,}7124\,\sqrt{E/\rho L^2}} \;.$$

Bei der nächsten Verfeinerung werden 3 Freiheitsgrade (x_1, x_2, x_3) betrachtet (Skizze).

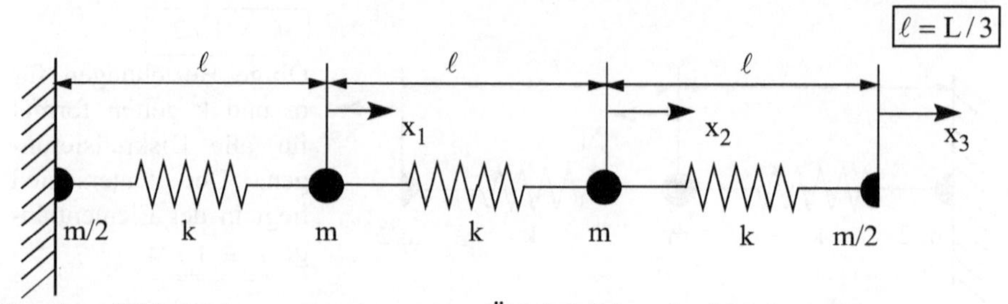

Für diese Diskretisierung entnimmt man Ü 3.2.8 folgendes Matrizenpaar:

$$[M] = m \begin{bmatrix} 1 & 0 & 0 \\ 0 & 1 & 0 \\ 0 & 0 & \frac{1}{2} \end{bmatrix} \qquad \text{und} \qquad [K] = k \begin{bmatrix} 2 & -1 & 0 \\ -1 & 2 & -1 \\ 0 & -1 & 1 \end{bmatrix}.$$

Damit erhält man:

$$\begin{vmatrix} 2-\lambda^2 & -1 & 0 \\ -1 & 2-\lambda^2 & -1 \\ 0 & -1 & \frac{1}{2}(2-\lambda^2) \end{vmatrix} \overset{!}{=} 0 \quad \Rightarrow \quad (2-\lambda^2)\left[(2-\lambda^2)^2 - 3\right] = 0$$

mit den Lösungen: $\qquad \lambda_1 = \sqrt{2-\sqrt{3}} \quad , \quad \lambda_2 = \sqrt{2} \quad , \quad \lambda_3 = \sqrt{2+\sqrt{3}} \quad .$

Wegen $\omega = \sqrt{\dfrac{E}{\rho \ell^2}} \; \lambda = 3\lambda \sqrt{E/\rho L^2}$ folgt schließlich:

$$\boxed{\omega_1 = 1{,}5529 \; \sqrt{E/\rho L^2}} \; \boxed{\omega_2 = 4{,}243 \; \sqrt{E/\rho L^2}} \; \boxed{\omega_3 = 5{,}7955 \; \sqrt{E/\rho L^2}} \; .$$

Im Vergleich dazu ergeben sich für $n = 1$, $n = 2$ und $n = 3$ die *exakten Werte* zu:

$$\boxed{\omega_1 = 1{,}5708 \; \sqrt{E/\rho L^2}} \; \boxed{\omega_2 = 4{,}7124 \; \sqrt{E/\rho L^2}} \; \boxed{\omega_3 = 7{,}854 \; \sqrt{E/\rho L^2}} \; .$$

b) Finite-Elemente-Methode

Zunächst wird der gesamte Stab als *Einzelelement* betrachtet (Skizze).

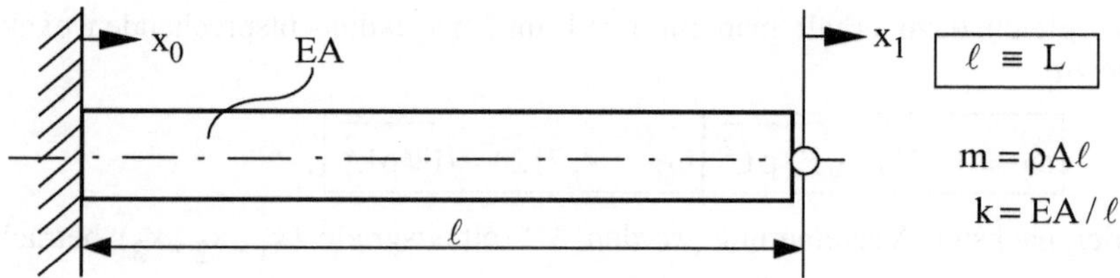

Der Übung 3.2.8 entnimmt man das Matrizenpaar:

$$[M] = \frac{m}{6} \begin{bmatrix} 2 & 1 \\ 1 & 2 \end{bmatrix} \qquad \text{und} \qquad [K] = k \begin{bmatrix} 1 & -1 \\ -1 & 1 \end{bmatrix} \; ,$$

so dass die *Bewegungsgleichung* durch

$$\begin{bmatrix} 2 & 1 \\ 1 & 2 \end{bmatrix} \begin{Bmatrix} \ddot{x}_0 \equiv 0 \\ \ddot{x}_1 \end{Bmatrix} + 6 \frac{k}{m} \begin{bmatrix} 1 & -1 \\ -1 & 1 \end{bmatrix} \begin{Bmatrix} x_0 \equiv 0 \\ x_1 \end{Bmatrix} = \begin{Bmatrix} 0 \\ 0 \end{Bmatrix}$$

gegeben ist. Daraus folgen zwei Gleichungen:

$$\ddot{x}_1 - 6 \,\frac{k}{m}\, x_1 = 0 \quad , \quad 2\ddot{x}_1 + 6 \,\frac{k}{m}\, x_1 = 0 \quad .$$

Mit dem Ansatz $x_1 = \hat{x}_1 \exp(i\omega t)$ erhält man aus der ersten Gleichung:

$$(\omega^2 + 6 \,\frac{k}{m})\, \hat{x}_1 = 0 \qquad \Rightarrow \qquad \begin{aligned} &\omega = \sqrt{6\frac{k}{m}}\; i \\ &x_1 = \hat{x}_1 \exp\left(-\sqrt{6\frac{k}{m}}\; t\right) \quad . \end{aligned}$$

Die zweite Gleichung führt auf:

$$(-2\omega^2 + 6 \,\frac{k}{m})\, \hat{x}_1 = 0 \qquad \Rightarrow \qquad \boxed{\omega = \sqrt{3}\sqrt{k/m}}$$

bzw. $\qquad\qquad\qquad\qquad\qquad\qquad\boxed{\omega = 1,7321 \,\sqrt{E/\rho L^2}}$.

Eine Verbesserung wird erzielt durch **zwei** *finite Elemente* (Skizze).

$$\boxed{\ell = L/2}$$

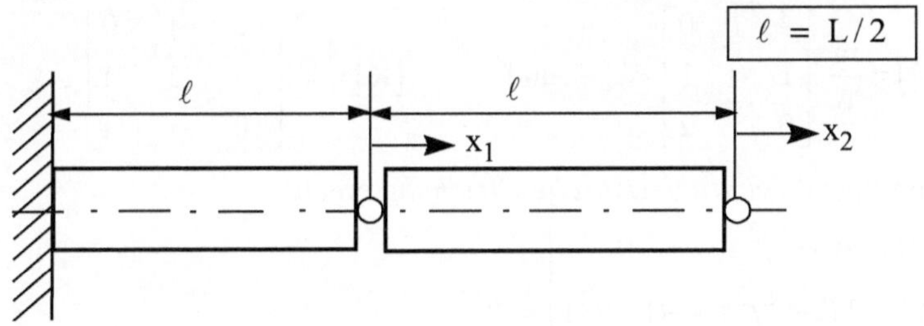

Der Übung 3.2.8 entnimmt man das Matrizenpaar

$$[M] = \frac{m}{6} \begin{bmatrix} 4 & 1 \\ 1 & 2 \end{bmatrix} \qquad \text{und} \qquad [K] = k \begin{bmatrix} 2 & -1 \\ -1 & 1 \end{bmatrix} \; ,$$

so dass man folgende *charakteristische Gleichung* erhält:

$$\begin{vmatrix} 2(1-2\gamma^2) & -(1+\gamma^2) \\ -(1+\gamma^2) & 1-2\gamma^2 \end{vmatrix} \stackrel{!}{=} 0 \qquad \Rightarrow \qquad 2\,(1-2\gamma^2)^2 = (1+\gamma^2)^2$$

mit den zwei Lösungen:

$$\gamma_1^2 = \frac{\sqrt{2}-1}{1+2\sqrt{2}} \quad \text{und} \quad \gamma_2^2 = \frac{1+\sqrt{2}}{2\sqrt{2}-1} \quad .$$

Darin wurde zur Abkürzung

$$\gamma^2 = \frac{1}{6}\frac{m}{k}\,\omega^2 = \frac{1}{6}\frac{\rho\ell^2}{E}\,\omega^2 \equiv \frac{1}{6}\lambda^2$$

eingeführt. Mit $\ell = L/2$ findet man die Lösungen:

$$\omega_1^2 = \frac{24(\sqrt{2}-1)}{1+2\sqrt{2}}\,\frac{E}{\rho L^2} \quad \text{und} \quad \omega_2^2 = \frac{24(1+\sqrt{2})}{2\sqrt{2}-1}\,\frac{E}{\rho L^2}$$

$$\boxed{\omega_1 \;=\; 1{,}6114\,\sqrt{E/\rho L^2} \quad \omega_2 \;=\; 5{,}6293\,\sqrt{E/\rho L^2}} \;.$$

Die nächste Verfeinerung entspricht einer Aufteilung des Stabes in **drei** *finite Elemente* (Skizze). $\boxed{\ell \;=\; L/3}$

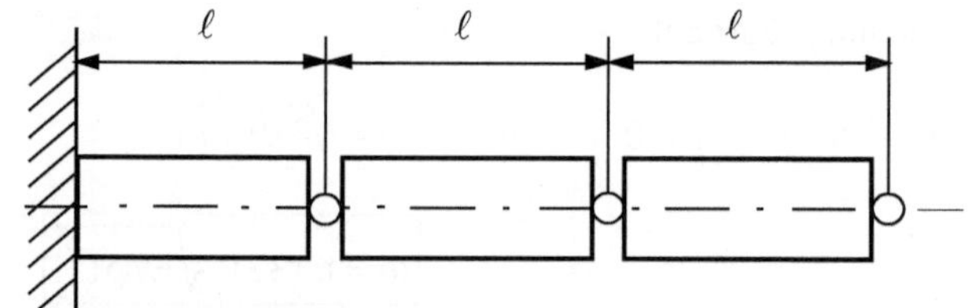

Der Übung 3.2.8 entnimmt man das Matrizenpaar:

$$[M] = \frac{m}{6}\begin{bmatrix} 4 & 1 & 0 \\ 1 & 4 & 1 \\ 0 & 1 & 2 \end{bmatrix} \quad \text{und} \quad [K] = k\begin{bmatrix} 2 & -1 & 0 \\ -1 & 2 & -1 \\ 0 & -1 & 1 \end{bmatrix},$$

so dass man folgende *charakteristische Gleichung* erhält:

$$\begin{vmatrix} 2\,(1-2\gamma^2) & -(1+\gamma^2) & 0 \\ -(1+\gamma^2) & 2\,(1-2\gamma^2) & -(1+\gamma^2) \\ 0 & -(1+\gamma^2) & 1-2\gamma^2 \end{vmatrix} \overset{!}{=} 0$$

$$\Rightarrow (1-2\gamma^2)\left[4\,(1-2\gamma^2)^2 - 3\,(1+\gamma^2)^2\right] = 0$$

mit den drei Lösungen: $\gamma_1^2 = \dfrac{2-\sqrt{3}}{4+\sqrt{3}} \;\;;\;\; \gamma_2^2 = \dfrac{1}{2} \;\;;\;\; \gamma_3^2 = \dfrac{2+\sqrt{3}}{4-\sqrt{3}}$

bzw. wegen $\omega^2 = 6\dfrac{k}{m}\gamma^2 = \dfrac{6E}{\rho\ell^2}\gamma^2$ und $\ell = L/3$ schließlich:

$$\omega_1^2 = \frac{54\,(2-\sqrt{3})}{4+\sqrt{3}}\,\frac{E}{\rho L^2} \quad ; \quad \omega_2^2 = 26\,\frac{E}{\rho L^2} \quad ; \quad \omega_3^2 = \frac{54\,(2+\sqrt{3})}{4-\sqrt{3}}\,\frac{E}{\rho L^2}$$

$$\boxed{\omega_1 = 1{,}58879\ \sqrt{E/\rho L^2}}\ \boxed{\omega_2 = 5{,}1\ \sqrt{E/\rho L^2}}\ \boxed{\omega_3 = 9{,}43\ \sqrt{E/\rho L^2}}\ .$$

In nachstehender Tabelle sind alle Ergebnisse zusammengefasst und miteinander verglichen.

Anzahl der Elemente	Eigenfrequenzen $\omega/\sqrt{E/\rho L^2}$			Fehler	
	LMM	FEM	exakt	LMM	FEM
1	1,4142	1,7321	1,5708	− 9,97 %	+10,27 %
2	1,5308	1,6114	1,5708	− 2,55 %	+ 2,59 %
	3,6955	5,6298	4,7124	−21,5 %	+19,5 %
	1,5529	1,5886	1,5708	− 1,14 %	+ 1,14 %
3	4,243	5,1	4,7124	− 9,96 %	+ 8,23 %
	5,7955	9,43	7,854	−26,2 %	+20,1 %

Bemerkungen: Aus dem Vergleich in obiger Tabelle liest man ab, dass die *Lumped-Mass-Methode* (LMM) **zu niedrige Werte** liefert, während man nach der *Finite-Elemente-Methode* (FEM) **zu hohe Werte** erhält. Durch die Konzentration der kontinuierlichen Masse in den Knotenpunkten werden die *Trägheitswirkungen* vergrößert, wodurch die *Eigenfrequenzen* kleiner werden. Hingegen werden die *Trägheitswirkungen* verkleinert, wenn man nach der FEM eine *Massenmatrix* [M] verwendet, die gemäß Ü 3.1.22 auf einer *linearen Formfunktionsmatrix* [N] basiert. Das hat zu große *Eigenfrequenzen* zur Folge. Mithin hat man eine *untere Schranke* (LMM) und *obere Schranke* (FEM) zur Eingabelung der exakten Lösung gefunden.

Benutzt man *quadratische Interpolationsfunktionen*, so erhöht sich natürlich der Rechenaufwand. Man kommt jedoch mit einer geringeren Anzahl von Elementen (gröberen Netzeinteilung) aus, um vergleichbare Ergebnisse zu erzielen (Ü 3.2.14).

Ü 3.2.10
Die *isoparametrische Formulierung* besagt, dass die *globalen Verschiebungen* im Stab in gleicher Weise ausgedrückt werden wie die *globalen Koordinaten*:

$$\boxed{\;u \;=\; \sum_{i=1}^{2} N_i u_i \;}\; .$$

Die Interpolation der Element-Koordinaten und der Element-Verschiebungen mit ein und denselben *Interpolationsfunktionen*, die in einem *natürlichen Koordinatensystem* definiert sind, ist die Grundlage der *isoparametrischen Formulierung* in der FEM (Ziffern 4.7 und 4.12).

Die Dehnung ε erhält man aus obiger Darstellung gemäß

$$\varepsilon = \frac{du}{dx} = \frac{du}{d\xi}\,\frac{d\xi}{dx} = \frac{d\xi}{dx} \sum_{i=1}^{2} \frac{dN_i}{d\xi}\, u_i \; .$$

Darin gilt:
$$\frac{dN_1}{d\xi} = -\frac{1}{2} \quad \text{und} \quad \frac{dN_2}{d\xi} = +\frac{1}{2}\,.$$

Aus der Umkehrung:
$$\xi = \frac{x_1 + x_2}{x_1 - x_2} - \frac{2}{x_1 - x_2}\,x \quad \text{folgt}: \quad \frac{d\xi}{dx} = -\frac{2}{x_1 - x_2} \equiv \frac{2}{\ell}$$

und damit:
$$\underline{\underline{\varepsilon}} = \frac{2}{\ell}\left(-\frac{1}{2}u_1 + \frac{1}{2}u_2\right) = \underline{\underline{\frac{u_2 - u_1}{\ell}}} \quad \text{(trivial)}\,.$$

Ü 3.2.11

Allgemein ist die *elastische Formänderungsenergie* eines linearelastischen Körpers durch

$$U = \frac{1}{2} \int\limits_V \{\varepsilon\}^t \{\sigma\}\,dV = \frac{1}{2} \int\limits_V \{\varepsilon\}^t [E]\{\varepsilon\}\,dV$$

gegeben. Für den isotropen Stab ist $[E] \equiv E$, ferner gilt : $dV = A\,dx$. Mithin erhält man

$$U = \frac{1}{2}\, EA \int\limits_0^\ell \{\varepsilon\}^t \{\varepsilon\}\,dx \; .$$

Beim finiten Stab mit zwei Knotenpunkten

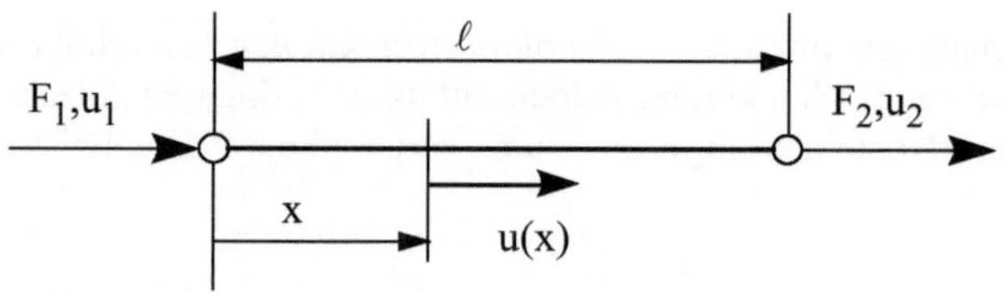

kann die Verschiebung an einer Stelle x durch die Knotenverschiebungen gemäß einer *linearen Interpolationsfunktion* ausgedrückt werden:

$$u(x) = u_1 + (u_2 - u_1)\,\frac{x}{\ell} \quad \text{bzw.} \quad \{u(x)\} = [1-\xi \quad \xi]\begin{Bmatrix} u_1 \\ u_2 \end{Bmatrix}$$

mit $\xi \equiv x/\ell$. Darin ist

$$[N] = [1-\xi \quad \xi]$$

die *Formfunktionsmatrix* (*shape function, Interpolationsfunktion*).

Für kleine Dehnungen gilt $\varepsilon = \partial u/\partial x$, so dass man erhält:

$$\varepsilon = \frac{\partial u}{\partial x} = \frac{\partial u}{\partial \xi}\,\frac{\partial \xi}{\partial x} = \frac{1}{\ell}\,\frac{\partial}{\partial \xi}[1-\xi \quad \xi]\begin{Bmatrix} u_1 \\ u_2 \end{Bmatrix} = \frac{1}{\ell}\,[-1 \quad 1]\begin{Bmatrix} u_1 \\ u_2 \end{Bmatrix} .$$

Damit geht die *Formänderungsenergie* über in:

$$U = \frac{1}{2}\,\frac{EA}{\ell}\int\limits_0^1 \left([-1 \quad 1]\begin{Bmatrix} u_1 \\ u_2 \end{Bmatrix}\right)^t [-1 \quad 1]\begin{Bmatrix} u_1 \\ u_2 \end{Bmatrix} d\xi .$$

Wegen
$$\left([-1 \quad 1]\begin{Bmatrix} u_1 \\ u_2 \end{Bmatrix}\right)^t = \begin{Bmatrix} u_1 \\ u_2 \end{Bmatrix}^t [-1 \quad 1]^t = \{u_1 \quad u_2\}\begin{bmatrix} -1 \\ 1 \end{bmatrix}$$

folgt weiter:
$$U = \frac{1}{2}\,\frac{EA}{\ell}\int\limits_0^1 \{u_1 \quad u_2\}\begin{bmatrix} -1 \\ 1 \end{bmatrix}[-1 \quad 1]\begin{Bmatrix} u_1 \\ u_2 \end{Bmatrix} d\xi .$$

Darin wird $\begin{bmatrix} -1 \\ 1 \end{bmatrix}[-1 \quad 1] = \begin{bmatrix} 1 & -1 \\ -1 & 1 \end{bmatrix}$. Die Matrizen $\{u_1 \quad u_2\}$ und $\{u_1 \quad u_2\}^t$

kann man außerhalb des Intergals schreiben, da sie nur Knotenvariable enthalten:

$$U = \frac{1}{2}\,\frac{EA}{\ell}\{u_1 \quad u_2\}\int\limits_0^1 \begin{bmatrix} 1 & -1 \\ -1 & 1 \end{bmatrix} d\xi \begin{Bmatrix} u_1 \\ u_2 \end{Bmatrix}$$

oder ausintegriert:

$$U = \frac{1}{2}\,\frac{EA}{\ell}\{u_1 \quad u_2\}\begin{bmatrix} 1 & -1 \\ -1 & 1 \end{bmatrix}\begin{Bmatrix} u_1 \\ u_2 \end{Bmatrix} = \frac{1}{2}\,\frac{EA}{\ell}\,(u_1 - u_2)^2 .$$

Nach dem *ersten Satz* von CASTIGLIANO erhält man:

$$\begin{Bmatrix} F_1 \\ F_2 \end{Bmatrix} = \frac{\partial U}{\partial \begin{Bmatrix} u_1 \\ u_2 \end{Bmatrix}} = \frac{EA}{\ell}\begin{bmatrix} 1 & -1 \\ -1 & 1 \end{bmatrix}\begin{Bmatrix} u_1 \\ u_2 \end{Bmatrix}$$

andererseits gilt : $\begin{Bmatrix} F_1 \\ F_2 \end{Bmatrix} = [K]\begin{Bmatrix} u_1 \\ u_2 \end{Bmatrix}$
$$\Rightarrow \boxed{[K] = \frac{EA}{\ell}\begin{bmatrix} 1 & -1 \\ -1 & 1 \end{bmatrix}} .$$

Ü 3.2.12

Bei einem quadratischen Ansatz (*Interpolationsfunktion*) benötigt man noch einen zusätzlichen Knotenpunkt, z.B. in Stabmitte (Skizze).

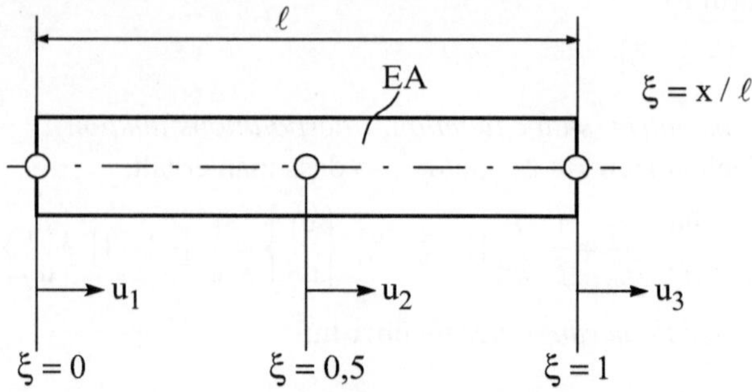

Dann ist die Verschiebung an irgendeiner Stelle ξ durch

$$u(\xi) = (1 - 3\xi + 2\xi^2)\, u_1 + 4\,\xi\,(1 - \xi)\, u_2 + \xi\,(-1 + 2\xi)\, u_3$$

bzw. $\quad \{u(\xi)\} = \left[(1 - 3\xi + 2\xi^2) \quad 4\,\xi\,(1 - \xi) \quad \xi\,(-1 + 2\xi) \right] \begin{Bmatrix} u_1 \\ u_2 \\ u_3 \end{Bmatrix}$

gegeben. Darin ist $\quad [N] = [N_1 \quad N_2 \quad N_3]$

mit $\quad N_1 \equiv 1 - 3\xi + 2\xi^2 \;\;,\;\; N_2 \equiv 4\,\xi\,(1 - \xi) \;\;,\;\; N_3 \equiv \xi\,(-1 + 2\xi)$

die *Formfunktionsmatrix* (Ü 3.1.23). Die einzelnen Formfunktionen N_i sind im nachstehenden MAPLE-Plot dargestellt.

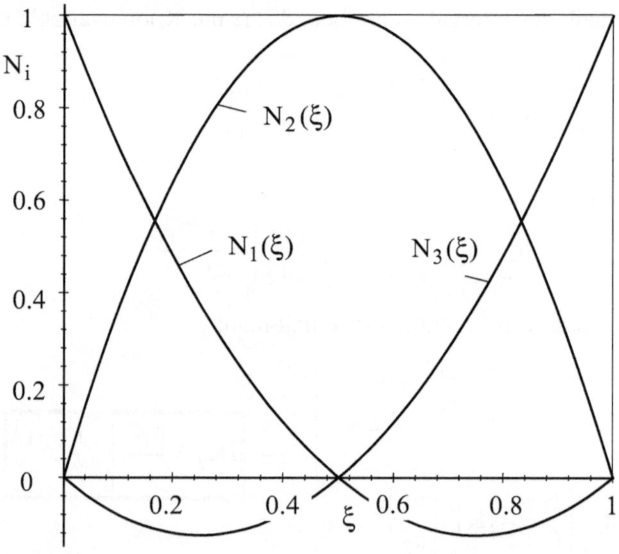

```
> with(plots);
> N[1]:=xi->1-3*xi+2*xi^2; N[2]:=xi->4*xi*(1-xi); N[3]:=xi->xi*(-1+2*xi);
```

$$N_1 := \xi \to 1 - 3\,\xi + 2\,\xi^2$$

$$N_2 := \xi \to 4\,\xi\,(1 - \xi)$$

$$N_3 := \xi \to \xi\,(-1 + 2\,\xi)$$

```
>N[1]:=plot(N[1](xi), xi=0..1): N[2]:=plot(N[2](xi),xi=0..1):
 N[3]:=plot(N[3](xi), xi=0..1 ):
> display([N[1],N[2],N[3]]);
```

Verfolgt man die einzelnen Rechenschritte in Ü 3.2.11, so findet man allgemein für ein Stabelement die *Steifigkeitsmatrix* in Abhängigkeit von der *Formfunktionsmatrix* gemäß

$$\boxed{[K] = \frac{EA}{\ell}\ \int_0^1 [\partial N/\partial\xi]^t\,[\partial N/\partial\xi]\,d\xi}\ .$$

Für den quadratischen Ansatz gilt

$$[\partial N/\partial\xi] = [(-3+4\xi)\quad (4-8\xi)\quad (-1+4\xi)]\ ,$$

so dass man für den Integrand folgende Matrix erhält:

$$\left[\frac{\partial N}{\partial\xi}\right]^t\left[\frac{\partial N}{\partial\xi}\right] = \begin{bmatrix} (-3+4\xi)^2 & (4-8\xi)(-3+4\xi) & (-3+4\xi)(-1+4\xi) \\ (4-8\xi)(-3+4\xi) & (4-8\xi)^2 & (4-8\xi)(-1+4\xi) \\ (-1+4\xi)(-3+4\xi) & (-1+4\xi)(4-8\xi) & (-1+4\xi)^2 \end{bmatrix}\ . \quad (*)$$

Die Integration führt schließlich auf das Ergebnis:

$$\boxed{[K]\ =\ \frac{EA}{3\ell}\begin{bmatrix} 7 & -8 & 1 \\ -8 & 16 & -8 \\ 1 & -8 & 7 \end{bmatrix}}\ . \qquad\qquad (**)$$

Ü 3.2.13

Nach Ü 3.2.12 ermittelt man allgemein die *Steifigkeitsmatrix* für ein Stabelement in Abhängigkeit von der *Formfunktionsmatrix* gemäß

$$\boxed{[K]\ =\ \frac{EA}{\ell}\ \int_0^1 [\partial N/\partial\xi]^t\,[\partial N/\partial\xi]\,d\xi}\ .$$

Nach Ü 3.1.24 gilt für den kubischen Ansatz:

$$[N] = [N_1 \quad N_2 \quad N_3 \quad N_4] \quad \Rightarrow \quad [\partial N / \partial \xi] = [N_1' \quad N_2' \quad N_3' \quad N_4'] \,.$$

Mithin wird:

$$\left[\frac{\partial N}{\partial \xi}\right]^t \left[\frac{\partial N}{\partial \xi}\right] \; = \; \begin{bmatrix} N_1'^2 & N_1'N_2' & N_1'N_3' & N_1'N_4' \\[4pt] & N_2'^2 & N_2'N_3' & N_2'N_4' \\[4pt] & & N_3'^2 & N_3'N_4' \\[4pt] \text{symm.} & & & N_4'^2 \end{bmatrix} .$$

In Ü 3.1.24 sind die Formfunktionen N_i für den kubischen Ansatz ermittelt worden. Ihre Ableitungen sind:

$$N_1' \;\; = 7\,L_1 L_2 - L_1^2 - \tfrac{11}{2}\,L_2^2 \qquad = -\tfrac{11}{2} + 18\,\xi - \tfrac{27}{2}\,\xi^2 \quad ,$$

$$N_2' \;\; = \tfrac{9}{2}\,L_1^2 - \;\; 27\,L_1 L_2 + 9 L_2^2 \;\; = 9 - 45\,\xi + \tfrac{81}{2}\,\xi^2 \quad ,$$

$$N_3' \;\; = 27\,L_1 L_2 - 9 L_1^2 - \tfrac{9}{2}\,L_1^2 \qquad = -\tfrac{9}{2} + 36\,\xi - \tfrac{81}{2}\,\xi^2 \quad ,$$

$$N_4' \;\; = \tfrac{11}{2}\,L_1^2 + L_2^2 - 7\,L_1 L_2 \qquad = 1 - 9\,\xi + \tfrac{27}{2}\,\xi^2 \quad .$$

Darin sind: $\qquad L_1 \equiv \xi \;\; , \quad L_2 \equiv 1-\xi \;\; , \quad L_1 + L_2 = 1 \,.$

Mit der Formel $\qquad \displaystyle\int_0^1 L_1^p L_2^q \, d\xi = \frac{p!\,q!}{(p+q+1)!} \quad$ aus Ü 3.1.31

erhält man folgende Integrale:

$$\int_0^1 N_1'^2 \, d\xi = \frac{37}{10}; \quad \int_0^1 N_1'N_2' \, d\xi = \frac{-189}{40}; \quad \int_0^1 N_1'N_3' \, d\xi = \frac{27}{20}; \quad \int_0^1 N_1'N_4' \, d\xi = \frac{-13}{40};$$

$$\int_0^1 N_2'^2 \, d\xi = \frac{54}{5}; \qquad \int_0^1 N_2'N_3' \, d\xi = \frac{-297}{40}; \quad \int_0^1 N_2'N_4' \, d\xi = \frac{27}{20};$$

$$\int_0^1 N_3'^2 \, d\xi = \frac{54}{5}; \qquad \int_0^1 N_3'N_4' \, d\xi = \frac{-189}{40};$$

$$\int_0^1 N_4'^2 \, d\xi = \frac{37}{10}.$$

Mit diesen Integralen ergibt sich die *Steifigkeitsmatrix* zu:

$$[K] = \frac{EA}{40\ell} \begin{bmatrix} 148 & -189 & 54 & -13 \\ & 432 & -297 & 54 \\ & & 432 & -189 \\ \text{symm.} & & & 148 \end{bmatrix}.$$

Unter Voraussetzung der HERMITE*schen Interpolationsbedingung* erhält man aus Ü 3.1.25 folgende Ableitungen:

$$N_1'(\xi) \quad = -2L_2(1+2L_1-L_2) \quad = -6L_1L_2 \qquad = -6\,\xi\,(1-\xi)\,,$$

$$N_2'(\xi) \quad = L_2(L_2-2L_1) \qquad\quad = 1-4\,\xi\,+3\xi^2\,,$$

$$N_3'(\xi) \quad = 2L_1(1-L_1+2L_2) \quad = 6L_1L_2 \qquad = 6\,\xi\,(1-\xi)\,,$$

$$N_4'(\xi) \quad = L_1(L_1-2L_2) \qquad\quad = 3\xi^2-2\,\xi\,.$$

Damit erhält man folgende Integrale:

$$\int_0^1 N_1'^2 d\xi = \frac{6}{5}; \qquad \int_0^1 N_1'N_2' d\xi = \frac{1}{10}; \qquad \int_0^1 N_1'N_3' d\xi = \frac{-6}{5}; \qquad \int_0^1 N_1'N_4' d\xi = \frac{1}{10};$$

$$\int_0^1 N_2'^2 d\xi = \frac{2}{15}; \qquad \int_0^1 N_2'N_3' d\xi = \frac{-1}{10}; \qquad \int_0^1 N_2'N_4' d\xi = \frac{-1}{30};$$

$$\int_0^1 N_3'^2 d\xi = \frac{6}{5}; \qquad \int_0^1 N_3'N_4' d\xi = \frac{-1}{10};$$

$$\int_0^1 N_4'^2 d\xi = \frac{2}{15}.$$

Wie in Ü 3.1.25 sind die Formfunktionen N_2 und N_4 und damit auch ihre Ableitungen N_2' und N_4' jeweils mit der Elementlänge zu multiplizieren, so dass man schließlich folgende *Steifigkeitsmatrix* erhält:

$$[K] = \frac{EA}{30\ell} \begin{bmatrix} 36 & 3\ell & -36 & 3\ell \\ & 4\ell^2 & -3\ell & -\ell^2 \\ & & 36 & -3\ell \\ \text{symm.} & & & 4\ell^2 \end{bmatrix}.$$

Der folgende Output zeigt eine Überprüfung der Steifigkeitsmatrizen mit Hilfe der MAPLE-Software.

```
> with(linalg):
> L[1]:=xi -> xi;
```
$$L_1 := \xi \to \xi$$

```
> L[2]:=xi -> 1-xi;
```
$$L_2 := \xi \to 1 - \xi$$

```
> N[1]:=xi -> (1/2)*(L[1](xi)-2*L[2](xi))*(2*L[1](xi)-L[2](xi))*L[2](xi);
```
$$N_1 := \xi \to \frac{1}{2}\,(L_1(\xi) - 2\,L_2(\xi))\,(2\,L_1(\xi) - L_2(\xi))\,L_2(\xi)$$

```
> N[2]:=xi -> -(9/2)*L[1](xi)*L[2](xi)*(L[1](xi)-2*L[2](xi));
```
$$N_2 := \xi \to -\frac{9}{2}\,L_1(\xi)\,L_2(\xi)\,(L_1(\xi) - 2\,L_2(\xi))$$

```
> N[3]:=xi -> (9/2)*L[1](xi)*L[2](xi)*(2*L[1](xi)-L[2](xi));
```
$$N_3 := \xi \to \frac{9}{2}\,L_1(\xi)\,L_2(\xi)\,(2\,L_1(\xi) - L_2(\xi))$$

```
> N[4]:=xi -> (1/2)*(L[1](xi)-2*L[2](xi))*(2*L[1](xi)-L[2](xi))*L[1](xi);
```
$$N_4 := \xi \to \frac{1}{2}\,(L_1(\xi) - 2\,L_2(\xi))\,(2\,L_1(\xi) - L_2(\xi))\,L_1(\xi)$$

```
> Formfunktionen:=matrix(1,4,[N[1],N[2],N[3],N[4]]);
```
$$Formfunktionen := [N_1 \quad N_2 \quad N_3 \quad N_4]$$

```
> Nd:=map(collect,map(diff,Formfunktionen(xi),xi),xi);
```
$$Nd := \left[-\frac{11}{2} - \frac{27}{2}\,\xi^2 + 18\,\xi \quad 9 + \frac{81}{2}\,\xi^2 - 45\,\xi \quad -\frac{9}{2} - \frac{81}{2}\,\xi^2 + 36\,\xi \quad 1 + \frac{27}{2}\,\xi^2 - 9\,\xi\right]$$

```
> J:=multiply(transpose(Nd),Nd):
> p:=map(int,J,xi=0..1);
```
$$p := \begin{bmatrix} \dfrac{37}{10} & \dfrac{-189}{40} & \dfrac{27}{20} & \dfrac{-13}{40} \\[2mm] \dfrac{-189}{40} & \dfrac{54}{5} & \dfrac{-297}{40} & \dfrac{27}{20} \\[2mm] \dfrac{27}{20} & \dfrac{-297}{40} & \dfrac{54}{5} & \dfrac{-189}{40} \\[2mm] \dfrac{-13}{40} & \dfrac{27}{20} & \dfrac{-189}{40} & \dfrac{37}{10} \end{bmatrix}$$

```
> K:=(E*A/(1*40))*evalm(40*p);
```
$$K := \frac{1}{40}\,\frac{E\,A \begin{bmatrix} 148 & -189 & 54 & -13 \\ -189 & 432 & -297 & 54 \\ 54 & -297 & 432 & -189 \\ -13 & 54 & -189 & 148 \end{bmatrix}}{l}$$

```
> with(linalg):
> L[1]:=xi -> xi;
```

$$L_1 := \xi \to \xi$$

```
> L[2]:=xi -> 1-xi;
```

$$L_2 := \xi \to 1 - \xi$$

```
> N[1]:=xi -> (1+2*L[1](xi))*L[2](xi)^2;
```

$$N_1 := \xi \to (1 + 2\,L_1(\xi))\,L_2(\xi)^2$$

```
> N[2]:=xi -> l*L[1](xi)*L[2](xi)^2;
```

$$N_2 := \xi \to l\,L_1(\xi)\,L_2(\xi)^2$$

```
> N[3]:=xi -> L[1](xi)^2*(1+2*L[2](xi));
```

$$N_3 := \xi \to L_1(\xi)^2\,(1 + 2\,L_2(\xi))$$

```
> N[4]:=xi -> -l*L[1](xi)^2*L[2](xi);
```

$$N_4 := \xi \to -l\,L_1(\xi)^2\,L_2(\xi)$$

```
> Formfunktionen:=matrix(1,4,[N[1],N[2],N[3],N[4]]);
```

$$Formfunktionen := [N_1 \quad N_2 \quad N_3 \quad N_4]$$

```
> Nd:=map(collect,map(diff,Formfunktionen(xi),xi),xi):
> J:=multiply(transpose(Nd), Nd):
> p:=map(int,J,xi=0..1);
```

$$p := \begin{bmatrix} \dfrac{6}{5} & \dfrac{l}{10} & \dfrac{-6}{5} & \dfrac{l}{10} \\[2mm] \dfrac{l}{10} & \dfrac{2\,l^2}{15} & -\dfrac{l}{10} & -\dfrac{l^2}{30} \\[2mm] \dfrac{-6}{5} & -\dfrac{l}{10} & \dfrac{6}{5} & -\dfrac{l}{10} \\[2mm] \dfrac{l}{10} & -\dfrac{l^2}{30} & -\dfrac{l}{10} & \dfrac{2\,l^2}{15} \end{bmatrix}$$

```
> K:=(E*A/(l*30))*evalm(30*p);
```

$$K := \dfrac{1}{30}\,\dfrac{E\,A \begin{bmatrix} 36 & 3\,l & -36 & 3\,l \\ 3\,l & 4\,l^2 & -3\,l & -l^2 \\ -36 & -3\,l & 36 & -3\,l \\ 3\,l & -l^2 & -3\,l & 4\,l^2 \end{bmatrix}}{l}$$

Die Ergebnisse aus dem MAPLE-Programm stimmen mit den von Hand ermittelten Steifigkeitsmatrizen überein.

Ü 3.2.14

Zunächst werde der gesamte Stab als Einzelelement betrachtet (Skizze).

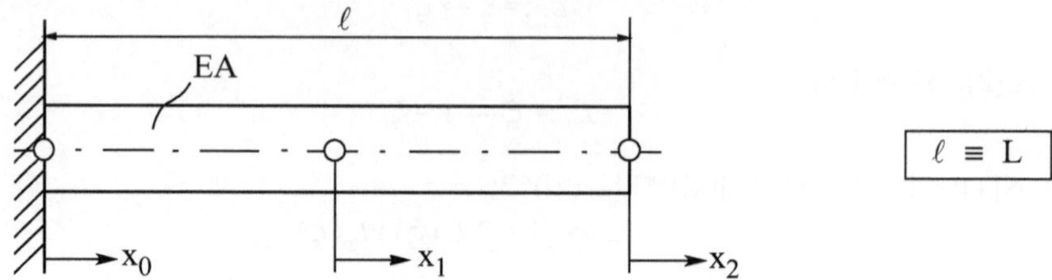

Mit der Massenmatrix [M] aus Ü 3.1.23 und der Steifigkeitsmatrix [K] aus Ü 3.2.12 nimmt die *Bewegungsgleichung*

$$[M]\{\ddot{x}\} + [K]\{x\} = \{0\}$$

folgende Form an:

$$\begin{bmatrix} 4 & 2 & -1 \\ 2 & 16 & 2 \\ -1 & 2 & 4 \end{bmatrix} \begin{Bmatrix} \ddot{x}_0 = 0 \\ \ddot{x}_1 \\ \ddot{x}_2 \end{Bmatrix} + \frac{10E}{\rho\ell^2} \begin{bmatrix} 7 & -8 & 1 \\ -8 & 16 & -8 \\ 1 & -8 & 7 \end{bmatrix} \begin{Bmatrix} x_0 = 0 \\ x_1 \\ x_2 \end{Bmatrix} = \begin{Bmatrix} 0 \\ 0 \\ 0 \end{Bmatrix} ,$$

die sich aufgrund der Randbedingungen $\ddot{x}_0 = 0, x_0 = 0$ folgendermaßen vereinfacht:

$$\begin{bmatrix} 16 & 2 \\ 2 & 4 \end{bmatrix} \begin{Bmatrix} \ddot{x}_1 \\ \ddot{x}_2 \end{Bmatrix} + \frac{10E}{\rho\ell^2} \begin{bmatrix} 16 & -8 \\ -8 & 7 \end{bmatrix} \begin{Bmatrix} x_1 \\ x_2 \end{Bmatrix} = \begin{Bmatrix} 0 \\ 0 \end{Bmatrix} .$$

Mit dem Ansatz $\{x\} = \{\hat{x}\} \exp(i\omega t)$ und der Abkürzung

$$\mu^2 = \frac{\rho\ell^2}{10E} \omega^2$$

erhält man die *charakteristische Gleichung*

$$\begin{vmatrix} 16(1-\mu^2) & -2(4+\mu^2) \\ -2(4+\mu^2) & 7-4\mu^2 \end{vmatrix} \overset{!}{=} 0 \quad \Rightarrow \quad \mu^4 - \frac{52}{15}\mu^2 = -\frac{4}{5}$$

$$\mu^2 = \frac{26}{15} \pm \frac{1}{15}\sqrt{496} = \begin{cases} 3,21807 & \Rightarrow \quad \omega_2^2 = 32,1807 \, \dfrac{E}{\rho\ell^2} \\[2ex] 0,2486 & \Rightarrow \quad \omega_1^2 = 2,486 \, \dfrac{E}{\rho\ell^2} \end{cases} .$$

Schließlich folgen mit $\ell \equiv L$ (Einzelelement) die Lösungen:

$$\boxed{\omega_1 = 1,5767 \, \sqrt{E/\rho L^2} \quad \omega_2 = 5,673 \, \sqrt{E/\rho L^2}}$$

im Gegensatz zu den exakten Werten von

$$\omega_1 = 1,5708 \ \sqrt{E/\rho L^2} \quad \text{und} \quad \omega_2 = 4,7124 \ \sqrt{E/\rho L^2} \ .$$

Somit ist ω_1 mit einem Fehler von **+0,38%** und ω_2 mit einem Fehler von **+20,4%** behaftet. Ein etwas schlechterer Wert für ω_1 mit einem Fehler von **+1,13%** wurde auf der Basis eines linearen Verschiebungsansatzes in Ü 3.2.9 erst durch eine Aufteilung des Stabes in **drei** finite Elemente erzielt. Für ein Einzelelement wurde in Ü 3.2.9 ein Wert von $\omega_1 = 1,7321 \ \sqrt{E/\rho L^2}$ erzielt, der mit einem Fehler von **10,27%** behaftet ist. Somit konnte durch einen quadratischen Verschiebungsansatz der Wert für ω_1 um **9,89%** verbessert werden. Um einen vergleichbaren Wert für ω_2 zu erhalten, benötigte man in Ü 3.2.9 zwei finite Elemente.

Von Interesse sind auch die Ergebnisse, die man nach der "*Lumped-Mass-Methode*" (LMM) erzielt, wenn man einen quadratischen Verschiebungsansatz verwendet. Nach dieser Methode wird die kontinuierlich verteilte Masse zu "Klumpen" (*Lumps*) auf diskrete Punkte (Knoten) verteilt (Skizze).

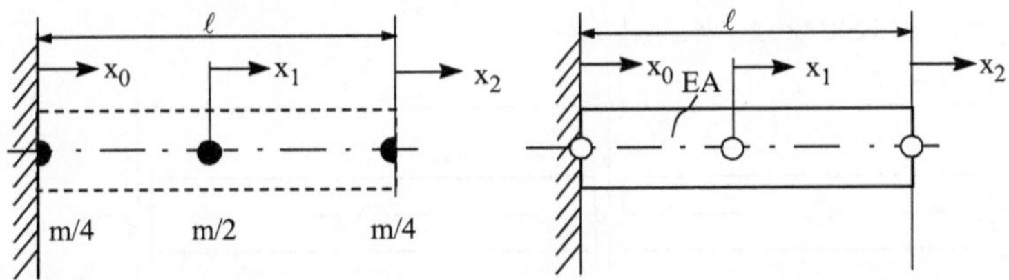

Bei der *Lumped-Mass-Methode* nimmt die Massenmatrix Diagonalgestalt an:

$$[M] = \frac{\rho A \ell}{4} \begin{bmatrix} 1 & 0 & 0 \\ 0 & 2 & 0 \\ 0 & 0 & 1 \end{bmatrix} \qquad [K] = \frac{EA}{3\ell} \begin{bmatrix} 7 & -8 & 1 \\ -8 & 16 & -8 \\ 1 & -8 & 7 \end{bmatrix} .$$

Mit den angegebenen Matrizen und der Abkürzung

$$\boxed{\gamma^2 \equiv \frac{3}{4} \, \frac{\rho \ell^2}{E} \, \omega^2}$$

nimmt die Bewegungsgleichung

$$[M]\{\ddot{x}\} + [K]\{x\} = \{0\}$$

folgende Gestalt für das skizzierte "*quadratische*" Einzelelement ($\ell \equiv L$) an:

$$\frac{\gamma^2}{\omega^2} \begin{bmatrix} 1 & 0 & 0 \\ 0 & 2 & 0 \\ 0 & 0 & 1 \end{bmatrix} \begin{Bmatrix} \ddot{x}_0 = 0 \\ \ddot{x}_1 \\ \ddot{x}_2 \end{Bmatrix} + \begin{bmatrix} 7 & -8 & 1 \\ -8 & 16 & -8 \\ 1 & -8 & 7 \end{bmatrix} \begin{Bmatrix} x_0 = 0 \\ x_1 \\ x_2 \end{Bmatrix} = \begin{Bmatrix} 0 \\ 0 \\ 0 \end{Bmatrix} ,$$

woraus man für die "reduzierte" Form (gestrichelt angedeutet) unter Beachtung des Lösungsansatzes $\{x\} = \{\hat{x}\} \exp(i\omega t)$ nachstehende *charakteristische Gleichung* ermittelt:

$$\begin{vmatrix} 2(8-\gamma^2) & -8 \\ -8 & 7-\gamma^2 \end{vmatrix} \overset{!}{=} 0 \quad \Rightarrow \quad (8-\gamma^2)(7-\gamma^2) = 32$$

mit den Lösungen: $\gamma_{2,1}^2 = \frac{15}{2} \pm \frac{1}{2}\sqrt{129} \quad \Rightarrow \quad \left\{ \begin{array}{l} \boxed{\omega_2 = 4{,}192 \ \sqrt{E/\rho L^2}} \\[2ex] \boxed{\omega_1 = 1{,}5582 \ \sqrt{E/\rho L^2}} \end{array} \right.$.

Gegenüber dem exakten Faktor von 1,5708 ist der Näherungswert ω_1 mit einem Fehler von **−8%** behaftet, während ω_2 um **−11,04%** abweicht. Man vergleiche diese Ergebnisse mit den entsprechenden Fehlern von **+0,38%** und **+20,4%** , die sich ergeben, wenn man die *äquivalente Massenmatrix* aus Ü 3.1.12 verwendet anstelle des *Lumped-Mass-Systems*.

Im nächsten Näherungsschritt teilt man den Stab in zwei quadratische Elemente der Länge ℓ auf (Skizze). $\ell = L/2$

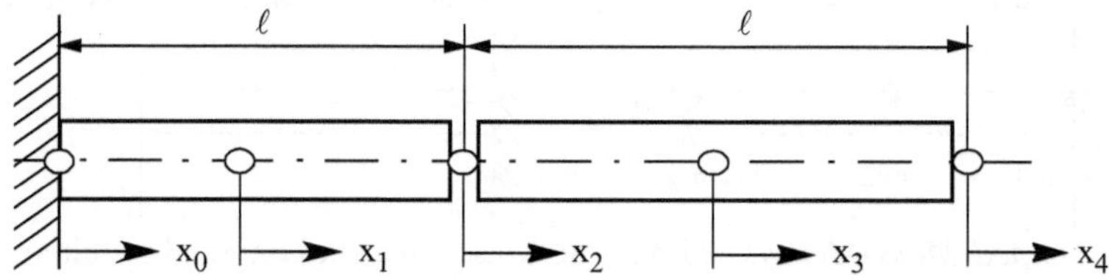

Mit der *Massenmatrix* [M] aus Ü 3.1.23 für das quadratische Einzelelement und der entsprechenden Steifigkeitsmatrix [K] aus Ü 3.2.12 erhält man folgende *Bewegungsgleichung* des oben skizzierten Gesamtsystems:

$$\begin{bmatrix} 4 & 2 & -1 & 0 & 0 \\ 2 & 16 & 2 & 0 & 0 \\ -1 & 2 & \boxed{8} & 2 & -1 \\ 0 & 0 & 2 & 16 & 2 \\ 0 & 0 & -1 & 2 & 4 \end{bmatrix} \begin{Bmatrix} \ddot{x}_0 = 0 \\ \ddot{x}_1 \\ \ddot{x}_2 \\ \ddot{x}_3 \\ \ddot{x}_4 \end{Bmatrix} + \frac{10E}{\rho\ell^2} \begin{bmatrix} 7 & -8 & 1 & 0 & 0 \\ -8 & 16 & -8 & 0 & 0 \\ 1 & -8 & \boxed{14} & -8 & 1 \\ 0 & 0 & -8 & 16 & -8 \\ 0 & 0 & 1 & -8 & 7 \end{bmatrix} \begin{Bmatrix} x_0 = 0 \\ x_1 \\ x_2 \\ x_3 \\ x_4 \end{Bmatrix} = \begin{Bmatrix} 0 \\ 0 \\ 0 \\ 0 \\ 0 \end{Bmatrix} ,$$

die sich aufgrund der Randbedingungen $\ddot{x}_0 = 0$, $x_0 = 0$ vereinfacht, wie durch gestrichelte Linien angedeutet. Es liegt also ein Eigenwertproblem vor für das Matrizenpaar

$$[K] = \frac{40E}{\rho L^2} \begin{bmatrix} 16 & -8 & 0 & 0 \\ -8 & 14 & -8 & 1 \\ 0 & -8 & 16 & -8 \\ 0 & 1 & -8 & 7 \end{bmatrix} \quad \text{und} \quad [M] = \begin{bmatrix} 16 & 2 & 0 & 0 \\ 2 & 8 & 2 & -1 \\ 0 & 2 & 16 & 2 \\ 0 & -1 & 2 & 4 \end{bmatrix}$$

zugrunde. Die Eigenwerte erhält man aus der *charakteristischen Gleichung*

$$\det([K] - \omega^2[M]) = 0 \; .$$

Im Folgenden ist die MAPLE-Session zur Lösung des o.g. Eigenwertproblems abgedruckt. Darin sind die Abkürzungen $w \equiv \sqrt{E/\rho L^2}$ und $f \equiv \omega^2$ eingeführt.

>with(linalg):

*K:=40*matrix(4,4,[16,-8,0,0, -8,14,-8,1, 0,-8,16,-8, 0,1,-8,7]);*

$$K := 40 \begin{bmatrix} 16 & -8 & 0 & 0 \\ -8 & 14 & -8 & 1 \\ 0 & -8 & 16 & -8 \\ 0 & 1 & -8 & 7 \end{bmatrix}$$

>M:=matrix(4,4,[16,2,0,0, 2,8,2,-1, 0,2,16,2, 0,-1,2,4]);

$$M := \begin{bmatrix} 16 & 2 & 0 & 0 \\ 2 & 8 & 2 & -1 \\ 0 & 2 & 16 & 2 \\ 0 & -1 & 2 & 4 \end{bmatrix}$$

*>det(K-Omega*M);*

$$5898240000 - 2752512000 \, \Omega + 152166400 \, \Omega^2 - 2048000 \, \Omega^3 + 6800 \, \Omega^4$$

*>fsolve(det(K-Omega*M)=0,Omega);*

$$2.468664756, \, 22.94616601, \, 77.06313717, \, 198.6985027$$

>map(sqrt, ["]);

$$[\, 1.571198509, \, 4.790215654, \, 8.778561224, \, 14.09604564 \,]$$

Das sind die 4 reellen Lösungen für ω^2:

$$\omega_1^2 = 2{,}468664757 \; \frac{E}{\rho L^2} \quad \Rightarrow \quad \boxed{\omega_1 = 1{,}5712 \; \sqrt{\frac{E}{\rho L^2}}}$$

$$\omega_2^2 = 22{,}94616601 \; \frac{E}{\rho L^2} \quad \Rightarrow \quad \boxed{\omega_2 = 4{,}7902 \; \sqrt{\frac{E}{\rho L^2}}}$$

$$\omega_3^2 = 77{,}06313717 \; \frac{E}{\rho L^2} \quad \Rightarrow \quad \boxed{\omega_3 = 8{,}7786 \; \sqrt{\frac{E}{\rho L^2}}}$$

$$\omega_4^2 = 198{,}6985027 \; \frac{E}{\rho L^2} \quad \Rightarrow \quad \boxed{\omega_4 = 14{,}0961 \; \sqrt{\frac{E}{\rho L^2}}}$$

Im Vergleich dazu ergeben sich die exakten Werte aus der Formel

$$\omega_n = \frac{2n-1}{2}\,\pi\,\sqrt{E/\rho L^2}\quad \text{zu:}$$

$\omega_1 = 1{,}5708\sqrt{E/\rho L^2}$	$\omega_2 = 4{,}7124\sqrt{E/\rho L^2}$
$\omega_3 = 7{,}854\sqrt{E/\rho L^2}$	$\omega_4 = 10{,}996\sqrt{E/\rho L^2}$

Man erkennt: Die nach der FEM genäherten Werte sind **größer** als die exakten, wie das auch in früheren Beispielen festgestellt wurde (**obere Schranke**).

Im Folgenden soll die *Lumped-Mass-Methode* (LMM) benutzt werden (Skizze).

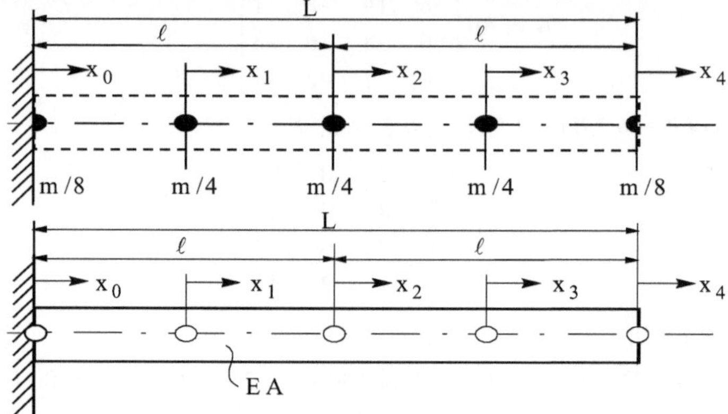

Mit diesen Matrizen erhält man unter Berücksichtigung der Randbedingungen ($\ddot{x}_0 = 0, x_0 = 0$) die *Bewegungsgleichung*:

$$\begin{bmatrix} 1 & 0 & 0 & 0 & 0 \\ 0 & 2 & 0 & 0 & 0 \\ 0 & 0 & 2 & 0 & 0 \\ 0 & 0 & 0 & 2 & 0 \\ 0 & 0 & 0 & 0 & 1 \end{bmatrix} \quad [M] = \frac{\rho A\ell}{8}$$

$$[K] = \frac{2EA}{3L}\begin{bmatrix} 7 & -8 & 1 & 0 & 0 \\ -8 & 16 & -8 & 0 & 0 \\ 1 & -8 & \boxed{14} & -8 & 1 \\ 0 & 0 & -8 & 16 & -8 \\ 0 & 0 & 1 & -8 & 7 \end{bmatrix}.$$

$$\begin{bmatrix} 2 & 0 & 0 & 0 \\ 0 & 2 & 0 & 0 \\ 0 & 0 & 2 & 0 \\ 0 & 0 & 0 & 1 \end{bmatrix}\begin{Bmatrix} \ddot{x}_1 \\ \ddot{x}_2 \\ \ddot{x}_3 \\ \ddot{x}_4 \end{Bmatrix} + \frac{16E}{3\rho L^2}\begin{bmatrix} 16 & -8 & 0 & 0 \\ -8 & 14 & -8 & 1 \\ 0 & -8 & 16 & -8 \\ 0 & 1 & -8 & 7 \end{bmatrix}\begin{Bmatrix} x_1 \\ x_2 \\ x_3 \\ x_4 \end{Bmatrix} = \begin{Bmatrix} 0 \\ 0 \\ 0 \\ 0 \end{Bmatrix}.$$

Zur Lösung des *Eigenwertproblems* $\det([K]-\omega^2[M]) = 0$ sind jetzt in der MAPLE-Session die Matrizen

$$[K] = \frac{16}{3}w^2\begin{bmatrix} 16 & -8 & 0 & 0 \\ -8 & 14 & -8 & 1 \\ 0 & -8 & 16 & -8 \\ 0 & 1 & -8 & 7 \end{bmatrix} \quad \text{und}\quad [M] = \begin{bmatrix} 2 & 0 & 0 & 0 \\ 0 & 2 & 0 & 0 \\ 0 & 0 & 2 & 0 \\ 0 & 0 & 0 & 1 \end{bmatrix}$$

einzusetzen mit den Abkürzungen $w \equiv \sqrt{E/\rho L^2}$ und $f \equiv \omega^2$.

>with(linalg):

*>K:=16/3*matrix(4,4,[16,-8,0,0, -8,14,-8,1, 0,-8,16,-8, 0,1,-8,7]);*

$$K := \frac{16}{3} \begin{bmatrix} 16 & -8 & 0 & 0 \\ -8 & 14 & -8 & 1 \\ 0 & -8 & 16 & -8 \\ 0 & 1 & -8 & 7 \end{bmatrix}$$

>M:=matrix(4,4,[2,0,0,0, 0,2,0,0, 0,0,2,0, 0,0,0,1]);

$$M := \begin{bmatrix} 2 & 0 & 0 & 0 \\ 0 & 2 & 0 & 0 \\ 0 & 0 & 2 & 0 \\ 0 & 0 & 0 & 1 \end{bmatrix}$$

*>det(K-Omega*M);*

$$\frac{16777216}{9} - \frac{8126464}{9}\,\Omega + \frac{558080}{9}\,\Omega^2 - 1280\,\Omega^3 + 8\,\Omega^4$$

*>fsolve(det(K-Omega*M)=0,Omega);*

$$2.459020908,\ 21.16382992,\ 55.06493391,\ 81.31221526$$

>map(sqrt, ["]);

$$[\,1.568126560,\ 4.600416277,\ 7.420575039,\ 9.017328610\,]$$

Das sind die 4 reellen Lösungen für ω^2:

$\omega_1^2 = 2,459021\,\dfrac{E}{\rho L^2}$	$\Rightarrow$		$\omega_1 = 1,5681\,\sqrt{\dfrac{E}{\rho L^2}}$	
$\omega_2^2 = 21,16383\,\dfrac{E}{\rho L^2}$	$\Rightarrow$		$\omega_2 = 4,6004\,\sqrt{\dfrac{E}{\rho L^2}}$	
$\omega_3^2 = 55,064934\,\dfrac{E}{\rho L^2}$	$\Rightarrow$		$\omega_3 = 7,4206\,\sqrt{\dfrac{E}{\rho L^2}}$	
$\omega_4^2 = 81,3122153\,\dfrac{E}{\rho L^2}$	$\Rightarrow$		$\omega_4 = 9,0173\,\sqrt{\dfrac{E}{\rho L^2}}$	

Im Vergleich dazu ergeben sich die exakten Werte aus der Formel

$$\omega_n = \frac{2n-1}{2}\,\pi\,\sqrt{E/\rho L^2}\quad \text{zu:}$$

$\omega_1 = 1,5708\sqrt{E/\rho L^2}$	$\omega_2 = 4,7124\sqrt{E/\rho L^2}$
$\omega_3 = 7,854\sqrt{E/\rho L^2}$	$\omega_4 = 10,996\sqrt{E/\rho L^2}$

Man erkennt: Die nach der LMM genäherten Werte sind **kleiner** als die exakten, wie das auch in früheren Beispielen festgestellt wurde (**untere Schranke**).

In nachstehender Tabelle sind die Ergebnisse dieser Übung, die auf *quadratischem Verschiebungsansatz* basieren, zusammengestellt und miteinander verglichen.

Anzahl der quadrat. Elemente	Eigenfrequenzen $\omega/\sqrt{E/\rho L^2}$			Fehler	
	LMM	FEM	exakt	LMM	FEM
1	1,5582	1,5767	1,5708	− 0,8 %	+ 0,38%
	4,192	5,673	4,7124	−11,04%	+20,4 %
2	1,5681	1,5712	1,5708	− 0,17%	+ 0,026%
	4,6004	4,7902	4,7124	− 2,38%	+ 1,65%
	7,4206	8,7786	7,854	− 5,52%	+11,77%
	9,0173	14,0961	10,996	−18,0 %	+28,19 %

Ü 3.2.15

Der Stab werde als Einzelelement betrachtet (Skizze).

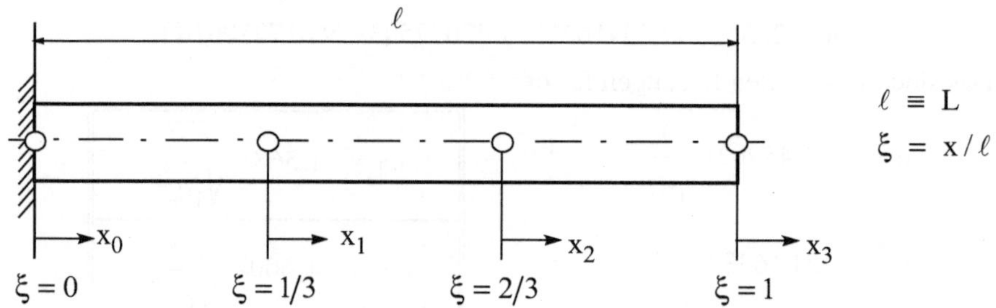

Mit der *Massenmatrix* [M] aus Ü 3.1.24 und der *Steifigkeitsmatrix* [K] aus Ü 3.2.13 erhält man die *Bewegungsgleichung*

$$\frac{\rho A\ell}{1680}\begin{bmatrix} 128 & 99 & -36 & 19 \\ 99 & 648 & -81 & -36 \\ -36 & -81 & 648 & 99 \\ 19 & -36 & 99 & 128 \end{bmatrix}\begin{Bmatrix} \ddot{x}_0 = 0 \\ \ddot{x}_1 \\ \ddot{x}_2 \\ \ddot{x}_3 \end{Bmatrix} +$$

$$+ \frac{EA}{40L}\begin{bmatrix} 148 & -189 & 54 & -13 \\ -189 & 432 & -297 & 54 \\ 54 & -297 & 432 & -189 \\ -13 & 54 & -189 & 148 \end{bmatrix}\begin{Bmatrix} x_0 = 0 \\ x_1 \\ x_2 \\ x_3 \end{Bmatrix} = \begin{Bmatrix} 0 \\ 0 \\ 0 \\ 0 \end{Bmatrix},$$

die sich aufgrund der Randbedingungen $\ddot{x}_0 = 0$, $x_0 = 0$ folgendermaßen vereinfacht:

$$\begin{bmatrix} 648 & -81 & -36 \\ -81 & 648 & 99 \\ -36 & 99 & 128 \end{bmatrix} \begin{Bmatrix} \ddot{x}_1 \\ \ddot{x}_2 \\ \ddot{x}_3 \end{Bmatrix} + \frac{42E}{\rho L^2} \begin{bmatrix} 432 & -297 & 54 \\ -297 & 432 & -189 \\ 54 & -189 & 148 \end{bmatrix} \begin{Bmatrix} x_1 \\ x_2 \\ x_3 \end{Bmatrix} = \begin{Bmatrix} 0 \\ 0 \\ 0 \end{Bmatrix} .$$

Somit sind in der *charakteristischen Gleichung*

$$\boxed{\det([K] - \omega^2 [M]) = 0}$$

die Matrizen

$$[K] = 42w^2 \begin{bmatrix} 432 & -297 & 54 \\ -297 & 432 & -189 \\ 54 & -189 & 148 \end{bmatrix} \quad \text{und} \quad [M] = \begin{bmatrix} 648 & -81 & -36 \\ -81 & 648 & 99 \\ -36 & 99 & 128 \end{bmatrix}$$

einzusetzen. Darin wird die Abkürzung $w^2 \equiv E/\rho L^2$ verwendet. Zur Lösung des
Eigenwertproblems wurde wieder wie in Ü 3.2.14 die Software MAPLE verwendet.

>with(linalg):

*>K:=42*matrix(3,3,[432,-297,54, -297,432,-189, 54,-189,148]);*

$$K := 42 \begin{bmatrix} 432 & -297 & 54 \\ -297 & 432 & -189 \\ 54 & -189 & 148 \end{bmatrix}$$

>M:=matrix(3,3,[648,-81,-36, -81,648,99, -36,99,128]);

$$M := \begin{bmatrix} 648 & -81 & -36 \\ -81 & 648 & 99 \\ -36 & 99 & 128 \end{bmatrix}$$

*>det(K-Omega*M);*

$$291654820800 - 133327918080\ \Omega + 6249746160\ \Omega^2 - 46294416\ \Omega^3$$

*>fsolve(det(K-Omega*M)=0,Omega);*

$$2.467738163,\ 23.39125451,\ 109.1410073$$

>map(sqrt, ["]);

$$[\,1.570903614,\ 4.836450611,\ 10.44705735\,]$$

Das sind die drei reellen Lösungen für $\omega \equiv \sqrt{f}$:

$$\boxed{\omega_1 = 1{,}5709\sqrt{E/\rho L^2} \quad \omega_2 = 4{,}8365\sqrt{E/\rho L^2} \quad \omega_3 = 10{,}4471\sqrt{E/\rho L^2}} .$$

Im Vergleich dazu ergeben sich die exakten Werte aus der Formel

$$\omega_n = \frac{2n-1}{2}\,\pi\,\sqrt{E/\rho L^2}\quad \text{zu:}$$

$$\boxed{\;\omega_1 = 1{,}5708\sqrt{E/\rho L^2}\;\bigg|\;\omega_2 = 4{,}7124\sqrt{E/\rho L^2}\;\bigg|\;\omega_3 = 7{,}854\sqrt{E/\rho L^2}\;}$$

Man erkennt: Die nach der FEM genäherten Werte sind **größer** als die exakten, wie das auch in früheren Beispielen festgestellt wurde (**obere Schranke**).
  Im Folgenden soll die Lumped-Mass-Methode (LMM) benutzt werden (Skizze).

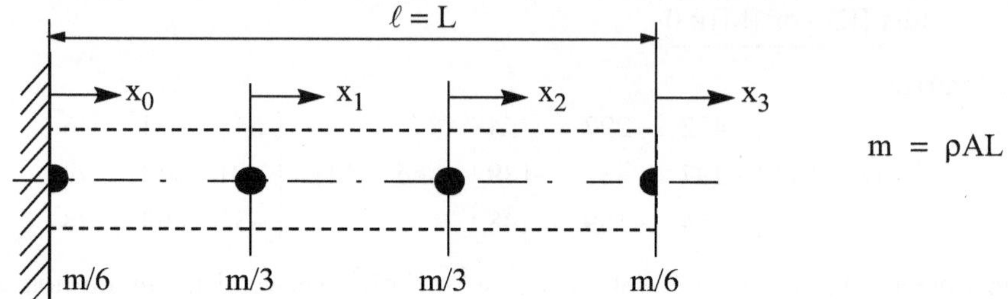

Die *Bewegungsgleichung* ergibt sich jetzt zu

$$\frac{\rho AL}{6}\begin{bmatrix}1 & 0 & 0 & 0\\ 0 & 2 & 0 & 0\\ 0 & 0 & 2 & 0\\ 0 & 0 & 0 & 1\end{bmatrix}\begin{Bmatrix}\ddot{x}_0=0\\ \ddot{x}_1\\ \ddot{x}_2\\ \ddot{x}_3\end{Bmatrix}+\frac{EA}{40L}\begin{bmatrix}148 & -189 & 54 & -13\\ -189 & 432 & -297 & 54\\ 54 & -297 & 432 & -189\\ -13 & 54 & -189 & 148\end{bmatrix}\begin{Bmatrix}x_0=0\\ x_1\\ x_2\\ x_3\end{Bmatrix}=\begin{Bmatrix}0\\ 0\\ 0\\ 0\end{Bmatrix}.$$

Die Massenmatrix besitzt *Diagonalgestalt*. Aufgrund der Randbedingungen $\ddot{x}_0 = 0, x_0 = 0$ reduziert sich das Gleichungssystem, wie durch gestrichelte Linien angedeutet, so dass in der MAPLE-Session jetzt die Matrizen

$$[K] = \frac{3}{20}w^2\begin{bmatrix}432 & -297 & 54\\ -297 & 432 & -189\\ 54 & -189 & 148\end{bmatrix}\quad \text{und}\quad [M] = \begin{bmatrix}2 & 0 & 0\\ 0 & 2 & 0\\ 0 & 0 & 1\end{bmatrix}$$

mit der Abkürzung $w^2 \equiv E/\rho L^2$ einzugeben sind.

```
>with(linalg):
>K:=3/20*matrix(3,3,[432,-297,54,  -297,432,-189,  54,-189,148]);
```

$$K := \frac{3}{20}\begin{bmatrix}432 & -297 & 54\\ -297 & 432 & -189\\ 54 & -189 & 148\end{bmatrix}$$

```
>M:=matrix(3,3,[2,0,0,  0,2,0,  0,0,1]);
```

$$M := \begin{bmatrix}2 & 0 & 0\\ 0 & 2 & 0\\ 0 & 0 & 1\end{bmatrix}$$

*>det(K-Omega*M);*

$$\frac{531441}{40} - \frac{498393}{80}\,\Omega + 348\,\Omega^2 - 4\,\Omega^3$$

*>fsolve(det(K-Omega*M)=0,Omega);*

$$2.461492257,\ 21.35747298,\ 63.18103476$$

>map(sqrt, ['']);

$$[\,1.568914356,\ 4.621414608,\ 7.948649870\,]$$

Das sind die drei reellen Lösungen für $\omega \equiv \sqrt{f}$:

$$\boxed{\omega_1 = 1{,}5689\sqrt{E/\rho L^2} \quad\bigg|\quad \omega_2 = 4{,}6214\sqrt{E/\rho L^2} \quad\bigg|\quad \omega_3 = 7{,}9487\sqrt{E/\rho L^2}}\ .$$

Im Vergleich dazu ergeben sich die exakten Werte aus der Formel

$$\omega_n = \frac{2n-1}{2}\,\pi\,\sqrt{E/\rho L^2}\quad\text{zu:}$$

$$\boxed{\omega_1 = 1{,}5708\sqrt{E/\rho L^2} \quad\bigg|\quad \omega_2 = 4{,}7124\sqrt{E/\rho L^2} \quad\bigg|\quad \omega_3 = 7{,}854\sqrt{E/\rho L^2}}\ .$$

Man erkennt: Die nach der LMM genäherten Werte ω_1 , ω_2 sind **kleiner** als die exakten, wie das auch in früheren Beispielen festgestellt wurde (**untere Schranke**). Eine Ausnahme ist der genäherte Wert $\omega_3 = 7{,}9487\sqrt{E/\rho L^2}$; es sei denn, man vergleicht ihn mit dem nächst höheren exakten Wert

$$\omega_4 = \frac{7}{2}\,\pi\sqrt{E/\rho L^2} = 10{,}996\sqrt{E/\rho L^2}\ .$$

Das würde einen Fehler von **−27,71%** ergeben. Dieser Wert würde sich besser in die folgende Tabelle einreihen.

In den nachstehenden Tabellen sind alle Ergebnisse aus den Übungen 3.2.9 /3.2.14 /3.2.15 zusammengefasst und miteinander verglichen.

Anzahl der linearen Elemente	Eigenfrequenzen $\omega/\sqrt{E/\rho L^2}$			Fehler	
	LMM	FEM	exakt	LMM	FEM
1	1,4142	1,7321	1,5708	− 9,97 %	+10,27 %
2	1,5307	1,6114	1,5708	− 2,55 %	+ 2,59 %
	3,6955	5,6298	4,7124	−21,5 %	+19,5 %
	1,5529	1,5886	1,5708	− 1,14 %	+ 1,14 %
3	4,243	5,1	4,7124	− 9,96 %	+ 8,23 %
	5,7955	9,43	7,854	−26,21 %	+20,1 %

Anzahl der quadr. Elemente	Eigenfrequenzen $\omega/\sqrt{E/\rho L^2}$			Fehler	
	LMM	FEM	exakt	LMM	FEM
1	1,5582	1,5767	1,5708	$-$ 0,8 %	+ 0,38 %
	4,192	5,673	4,7124	$-$11,04 %	+20,4 %
2	1,5681	1,5712	1,5708	$-$ 0,17 %	+ 0,026 %
	4,6004	4,7902	4,7124	$-$ 2,38 %	+ 1,65 %
	7,4206	8,7786	7,854	$-$ 5,52 %	+11,77 %
	9,0173	14,0961	10,996	$-$18,0 %	+28,0 %

Anzahl der kubischen Elemente	Eigenfrequenzen $\omega/\sqrt{E/\rho L^2}$			Fehler	
	LMM	FEM	exakt	LMM	FEM
1	1,5689	1,5709	1,5708	$-$ 0,12 %	+ 0,0064%
	4,6214	4,8365	4,7124	$-$ 1,93 %	+ 2,63 %
	7,9487	10,447	7,854	+ 1,21 %	+33,0 %

Ü 3.3.1

Zusätzlich zu den *Elementsteifigkeitsmatrizen* (3.78a÷d) der Stäbe a bis d ist die *Elementsteifigkeitsmatrix* des ergänzten *Diagonalstabes* ② $-$ ④ in der *Gesamtsteifigkeitsmatrix* (3.79) und insbesondere in der reduzierten Matrixgleichung (3.80) zu berücksichtigen. Für den zusätzlichen Diagonalstab gilt dieselbe Steifigkeitsmatrix wie für den Stab b des in Bild 3.9 skizzierten Fachwerkes. Mithin kann (3.58b) unmittelbar übernommen werden:

$$\begin{array}{cccc} (u_2) & (v_2) & (u_4) & (v_4) \end{array}$$

$$\textbf{Diagonalstab:}\quad \left[K^e_{2\div4}\right] = \frac{AE}{2\sqrt{2}\ell} \begin{bmatrix} 1 & -1 & -1 & 1 \\ -1 & 1 & 1 & -1 \\ -1 & 1 & 1 & -1 \\ 1 & -1 & -1 & 1 \end{bmatrix} \begin{matrix} (u_2) \\ (v_2) \\ (u_4) \\ (v_4) \end{matrix}$$

Diese 16 Werte ($\pm 1/2\sqrt{2}$) sind in (3.79) an entsprechender Stelle (Zeile / Spalte) zu ergänzen. Dadurch ändert sich die reduzierte Matrixgleichung (3.80) gemäß

$$\begin{Bmatrix} F_{3x} \\ F_{3y} \\ F_{4x} \\ F_{4y} \end{Bmatrix} = \frac{AE}{\ell} \begin{bmatrix} 1 & 0 & -1 & 0 \\ 0 & 1 & 0 & 0 \\ -1 & 0 & 1+\sqrt{2}/4 & -\sqrt{2}/4 \\ 0 & 0 & -\sqrt{2}/4 & 1+\sqrt{2}/4 \end{bmatrix} \begin{Bmatrix} u_3 \\ v_3 \\ u_4 \\ v_4 \end{Bmatrix} \qquad (3.80^*)$$

Ihre Determinante ist von NULL verschieden, det[ ] = $\sqrt{2}/4$, so dass eine Auflösung nach den unbekannten Knotenvariablen (u_3,v_3) und (u_4,v_4) möglich ist.

Der nachstehende MAPLE-Ausdruck zeigt die Ermittlung der Knotenverschiebungen (u_3,v_3) und (u_4,v_4) für den speziellen Belastungsfall $F_{3x} = X$.

```
>with(linalg):
>M[red]:=(A*E/l)*matrix(4,4,[[1,0,-1,0],[0,1,0,0],[-1,0,1+1/2/sqrt(2)
>        -1/2/sqrt(2)],[0,0,-1/2/sqrt(2),1+1/2/sqrt(2)]]);
```

$$M_{red} := \frac{A\,E \begin{bmatrix} 1 & 0 & -1 & 0 \\ 0 & 1 & 0 & 0 \\ -1 & 0 & 1+\frac{1}{4}\sqrt{2} & -\frac{1}{4}\sqrt{2} \\ 0 & 0 & -\frac{1}{4}\sqrt{2} & 1+\frac{1}{4}\sqrt{2} \end{bmatrix}}{l}$$

Ihre Determinante ist von NULL verschieden:

```
>DET:=det(M[red]);
```

$$DET := \frac{1}{4} \frac{A^4 E^4 \sqrt{2}}{l^4}$$

In den Knotenpunkten 3 und 4 mögen die Kraftkomponenten $F3_x$, $F3_y$, $F4_x$ und $F4_y$ wirken:

```
> Kraftkomponenten:=vector([F3[x],F3[y],F4[x],F4[y]]);
```
$$Kraftkomponenten := [F3_x,\ F3_y,\ F4_x,\ F4_y]$$

Dann ergeben sich die Knotenverschiebungen allgemein zu:

```
> delta:=linsolve(M[red],Kraftkomponenten):convert(delta,matrix);
> delta[1]:=delta[1]; delta[2]:=delta[2];
delta[3]:=delta[3];delta[4]:=delta[4];
```

$$\delta_1 := \frac{l\left(F4_y + F4_x + 2\,F3_x + 2\sqrt{2}\,F4_x + 2\sqrt{2}\,F3_x\right)}{A\,E}$$

$$\delta_2 := \frac{l\,F3_y}{A\,E}$$

$$\delta_3 := \frac{l\left(F4_y + F4_x + F3_x + 2\sqrt{2}\,F4_x + 2\sqrt{2}\,F3_x\right)}{A\,E}$$

$$\delta_4 := \frac{l\left(F4_y + F4_x + F3_x\right)}{A\,E}$$

Als Beispiel sei $F3_x = X$, während alle anderen Komponenten in den Knotenpunkten 3 und 4 NULL seien:

> *Kraftkomponenten:=vector([X,0,0,0]);*

$$Kraftkomponenten \quad := [X,\,0,\,0,\,0]$$

Aufgrund dieser Belastung ergeben sich die Knotenverschiebungen zu:

>*delta:=vector([u[3],v[3],u[4],v[4]]);*

$$\delta := \begin{bmatrix} u_3 & v_3 & u_4 & v_4 \end{bmatrix}$$

>*delta:=linsolve(M[red],Kraftkomponenten);*

$$\delta := \begin{bmatrix} 2\,\dfrac{l\,X\left(1+\sqrt{2}\right)}{A\,E} & 0 & \dfrac{l\,X\left(1+2\sqrt{2}\right)}{A\,E} & \dfrac{l\,X}{A\,E} \end{bmatrix}$$

Zur weiteren Übung möge man noch einen zweiten Diagonalstab einsetzen, der die Knotenpunkte 1 und 3 verbindet.

Ü 3.3.2
Die Vorgehensweise ist analog zum Beispiel in Bild 3.17.

Stabelement	Länge	Neigung zur x-Achse	$c = \cos\alpha$	$s = \sin\alpha$
①—②	ℓ	0	1	0
②—③	ℓ	$\pi/3$	1/2	$\sqrt{3}/2$
③—④	2ℓ	π	-1	0
④—①	ℓ	$2\pi/3$	$-1/2$	$\sqrt{3}/2$
②—④	$\sqrt{3}\ell$	$5\pi/6$	$-\sqrt{3}/2$	1/2

Die Länge $\sqrt{3}\ell$ des Diagonalstabes ermittelt man aus dem Kosinussatz, während die Neigung $5\pi/6$ zur x-Achse aus dem Sinussatz gefolgert werden kann.

Mit den Zahlenwerten aus obiger Tabelle ermittelt man aus (3.53) analog (3.78a÷d) folgende Elementsteifigkeitsmatrizen bezüglich des globalen Koordinatensystems:

$$\text{Stab } \textcircled{1}\!-\!\textcircled{2}: \quad \left[K^e_{1\div 2}\right] = \frac{AE}{\ell} \begin{array}{cccc} (u_1) & (v_1) & (u_2) & (v_2) \\ \begin{bmatrix} 1 & 0 & -1 & 0 \\ 0 & 0 & 0 & 0 \\ -1 & 0 & 1 & 0 \\ 0 & 0 & 0 & 0 \end{bmatrix} & & & \end{array} \begin{array}{l} (u_1) \\ (v_1) \\ (u_2) \\ (v_2) \end{array}$$

$$\text{Stab } \textcircled{2}\!-\!\textcircled{3}: \quad \left[K^e_{2\div 3}\right] = \frac{AE}{\ell} \begin{array}{cccc} (u_2) & (v_2) & (u_3) & (v_3) \\ \begin{bmatrix} 1/4 & \sqrt{3}/4 & -1/4 & -\sqrt{3}/4 \\ \sqrt{3}/4 & 3/4 & -\sqrt{3}/4 & -3/4 \\ -1/4 & -\sqrt{3}/4 & 1/4 & \sqrt{3}/4 \\ -\sqrt{3}/4 & -3/4 & \sqrt{3}/4 & 3/4 \end{bmatrix} & & & \end{array} \begin{array}{l} (u_2) \\ (v_2) \\ (u_3) \\ (v_3) \end{array}$$

$$\text{Stab } \textcircled{3}\!-\!\textcircled{4}: \quad \left[K^e_{3\div 4}\right] = \frac{AE}{2\ell} \begin{array}{cccc} (u_3) & (v_3) & (u_4) & (v_4) \\ \begin{bmatrix} 1 & 0 & -1 & 0 \\ 0 & 0 & 0 & 0 \\ -1 & 0 & 1 & 0 \\ 0 & 0 & 0 & 0 \end{bmatrix} & & & \end{array} \begin{array}{l} (u_3) \\ (v_3) \\ (u_4) \\ (v_4) \end{array}$$

$$\text{Stab } \textcircled{1}\!-\!\textcircled{4}: \quad \left[K^e_{1\div 4}\right] = \frac{AE}{\ell} \begin{array}{cccc} (u_1) & (v_1) & (u_4) & (v_4) \\ \begin{bmatrix} 1/4 & -\sqrt{3}/4 & -1/4 & \sqrt{3}/4 \\ -\sqrt{3}/4 & 3/4 & \sqrt{3}/4 & -3/4 \\ -1/4 & \sqrt{3}/4 & 1/4 & -\sqrt{3}/4 \\ \sqrt{3}/4 & -3/4 & -\sqrt{3}/4 & 3/4 \end{bmatrix} & & & \end{array} \begin{array}{l} (u_1) \\ (v_1) \\ (u_4) \\ (v_4) \end{array}$$

Für den *Diagonalstab* ergibt sich folgende Steifigkeitsmatrix:

$$\text{Diagonalstab: } \quad \left[K^e_{2\div 4}\right] = \frac{AE}{\sqrt{3}\ell} \begin{array}{cccc} (u_2) & (v_2) & (u_4) & (v_4) \\ \begin{bmatrix} 3/4 & -\sqrt{3}/4 & -3/4 & \sqrt{3}/4 \\ -\sqrt{3}/4 & 1/4 & \sqrt{3}/4 & -1/4 \\ -3/4 & \sqrt{3}/4 & 3/4 & -\sqrt{3}/4 \\ \sqrt{3}/4 & -1/4 & -\sqrt{3}/4 & 1/4 \end{bmatrix} & & & \end{array} \begin{array}{l} (u_2) \\ (v_2) \\ (u_4) \\ (v_4) \end{array}$$

a) Ohne Diagonalstab ergibt sich analog (3.80) die *reduzierte Steifigkeitsmatrix* des Gesamtsystems zu:

$$
\begin{array}{cccc}
(u_3) & (v_3) & (u_4) & (v_4)
\end{array}
$$

$$
[K_{red}] = \frac{AE}{4\ell}
\begin{bmatrix}
3 & \sqrt{3} & -2 & 0 \\
\sqrt{3} & 3 & 0 & 0 \\
-2 & 0 & 3 & -\sqrt{3} \\
0 & 0 & -\sqrt{3} & 3
\end{bmatrix}
\begin{array}{c}
(u_3) \\ (v_3) \\ (u_4) \\ (v_4)
\end{array}
$$

Ihre Determinante ist NULL, so dass die Verschiebungen (u_3,v_3) und (u_4,v_4), nicht eindeutig bestimmt werden können. Das Fachwerk ist somit nicht tragfähig.

b) Mit zusätzlichem Diagonalstab ändert sich die *reduzierte Matrix* gemäß

$$
\begin{array}{cccc}
(u_3) & (v_3) & (u_4) & (v_4)
\end{array}
$$

$$
[K_{red}] = \frac{AE}{4\ell}
\begin{bmatrix}
3 & \sqrt{3} & -2 & 0 \\
\sqrt{3} & 3 & 0 & 0 \\
-2 & 0 & 3+\sqrt{3} & -1-\sqrt{3} \\
0 & 0 & -1-\sqrt{3} & 3+\frac{1}{3}\sqrt{3}
\end{bmatrix}
\begin{array}{c}
(u_3) \\ (v_3) \\ (u_4) \\ (v_4)
\end{array}
$$

Ihre Determinante ist von NULL verschieden $\left(= \dfrac{A^4 E^4 \sqrt{3}}{32\,\ell^4}\right)$, so dass eine

Bestimmung der Knotenverschiebungen möglich ist. Das Fachwerk ist jetzt tragfähig.

```
>with(linalg):
>K[red]:=matrix(4,4,[[3,sqrt(3),-2,0],[sqrt(3),3,0,0],[-2,0,3,-sqrt(3)],[0,0,-
>sqrt(3),3]]);
```

$$
K_{red} :=
\begin{bmatrix}
3 & \sqrt{3} & -2 & 0 \\
\sqrt{3} & 3 & 0 & 0 \\
-2 & 0 & 3 & -\sqrt{3} \\
0 & 0 & -\sqrt{3} & 3
\end{bmatrix}
$$

```
>DET(K[red]):=det(K[red]);
```

$$
DET\left(K_{red}\right) := 0
$$

```
>M[red]:=matrix(4,4,[[3,sqrt(3),-2,0],[sqrt(3),3,0,0],[-2,0,3+sqrt(3),-1-
>sqrt(3)],[0,0,-1-sqrt(3),3+1/sqrt(3)]]);
```

$$
M_{red} :=
\begin{bmatrix}
3 & \sqrt{3} & -2 & 0 \\
\sqrt{3} & 3 & 0 & 0 \\
-2 & 0 & 3+\sqrt{3} & -1-\sqrt{3} \\
0 & 0 & -1-\sqrt{3} & 3+\frac{1}{3}\sqrt{3}
\end{bmatrix}
$$

>DET(M[red]):=det(M[red]);

$$\mathrm{DET}\left(M_{red}\right) := 8\sqrt{3}$$

Ü 3.3.3

Die Vorgehensweise ist den Beispielen (Bild 3.9 und Bild 3.17) aus Ziffer 3.3 zu entnehmen.

Stabelement	Neigung zur x-Achse	$c = \cos\alpha$	$s = \sin\alpha$
①——②	0	1	0
①——③	$\pi/3$	$1/2$	$\sqrt{3}/2$
②——③	$2\pi/3$	$-1/2$	$\sqrt{3}/2$
②——④	$\pi/3$	$1/2$	$\sqrt{3}/2$
③——④	0	1	0

Stab ①——②:

$$\left[K^e_{1\div 2}\right] = \frac{AE}{\ell}\begin{bmatrix} 1 & 0 & -1 & 0 \\ 0 & 0 & 0 & 0 \\ -1 & 0 & 1 & 0 \\ 0 & 0 & 0 & 0 \end{bmatrix} \begin{matrix} (u_1) \\ (v_1) \\ (u_2) \\ (v_2) \end{matrix}$$

mit Spalten $(u_1)\ (v_1)\ (u_2)\ (v_2)$

Stab ①——③:

$$\left[K^e_{1\div 3}\right] = \frac{AE}{\ell}\begin{bmatrix} 1/4 & \sqrt{3}/4 & -1/4 & -\sqrt{3}/4 \\ \sqrt{3}/4 & 3/4 & -\sqrt{3}/4 & -3/4 \\ -1/4 & -\sqrt{3}/4 & 1/4 & \sqrt{3}/4 \\ -\sqrt{3}/4 & -3/4 & \sqrt{3}/4 & 3/4 \end{bmatrix} \begin{matrix} (u_1) \\ (v_1) \\ (u_3) \\ (v_3) \end{matrix}$$

mit Spalten $(u_1)\ (v_1)\ (u_3)\ (v_3)$

Stab ②——③:

$$\left[K^e_{2\div 3}\right] = \frac{AE}{\ell}\begin{bmatrix} 1/4 & -\sqrt{3}/4 & -1/4 & \sqrt{3}/4 \\ -\sqrt{3}/4 & 3/4 & \sqrt{3}/4 & -3/4 \\ -1/4 & \sqrt{3}/4 & 1/4 & -\sqrt{3}/4 \\ \sqrt{3}/4 & -3/4 & -\sqrt{3}/4 & 3/4 \end{bmatrix} \begin{matrix} (u_2) \\ (v_2) \\ (u_3) \\ (v_3) \end{matrix}$$

mit Spalten $(u_2)\ (v_2)\ (u_3)\ (v_3)$

Stab ②——④:

$$\left[K^e_{2\div 4}\right] = \frac{AE}{\ell}\begin{bmatrix} 1/4 & \sqrt{3}/4 & -1/4 & -\sqrt{3}/4 \\ \sqrt{3}/4 & 3/4 & -\sqrt{3}/4 & -3/4 \\ -1/4 & -\sqrt{3}/4 & 1/4 & \sqrt{3}/4 \\ -\sqrt{3}/4 & -3/4 & \sqrt{3}/4 & 3/4 \end{bmatrix} \begin{matrix} (u_2) \\ (v_2) \\ (u_4) \\ (v_4) \end{matrix}$$

mit Spalten $(u_2)\ (v_2)\ (u_4)\ (v_4)$

$$
\text{Stab } \textcircled{3}\!\!-\!\!\textcircled{4}: \quad
\left[K^{e}_{3\div 4}\right] = \frac{AE}{\ell}
\begin{array}{cccc}
(u_3) & (v_3) & (u_4) & (v_4) \\
\left[\begin{array}{cccc}
1 & 0 & -1 & 0 \\
0 & 0 & 0 & 0 \\
-1 & 0 & 1 & 0 \\
0 & 0 & 0 & 0
\end{array}\right] &
\begin{array}{l}
(u_3) \\ (v_3) \\ (u_4) \\ (v_4)
\end{array}
\end{array}
$$

Die Steifigkeitsmatrix des Gesamtsystems ist eine 8×8-Matrix, da 4 Knoten mit je 2 Freiheitsgraden vorhanden sind. Analog (3.79) findet man:

$$
[K] = \frac{AE}{\ell}
\begin{array}{cccccccc}
(u_1) & (v_1) & (u_2) & (v_2) & (u_3) & (v_3) & (u_4) & (v_4) \\
\end{array}
$$

$$
[K] = \frac{AE}{\ell}
\left[\begin{array}{cccccccc}
3/4 & \sqrt{3}/4 & -1 & 0 & -1/4 & -\sqrt{3}/4 & 0 & 0 \\
\sqrt{3}/4 & 3/4 & 0 & 0 & -\sqrt{3}/4 & -3/4 & 0 & 0 \\
-1 & 0 & 3/2 & 0 & -1/4 & \sqrt{3}/4 & -1/4 & -\sqrt{3}/4 \\
0 & 0 & 0 & 3/2 & \sqrt{3}/4 & -3/4 & -\sqrt{3}/4 & -3/4 \\
-1/4 & -\sqrt{3}/4 & -1/4 & \sqrt{3}/4 & 3/2 & 0 & -1 & 0 \\
-\sqrt{3}/4 & -3/4 & \sqrt{3}/4 & -3/4 & 0 & 3/2 & 0 & 0 \\
0 & 0 & -1/4 & -\sqrt{3}/4 & -1 & 0 & 5/4 & \sqrt{3}/4 \\
0 & 0 & -\sqrt{3}/4 & -3/4 & 0 & 0 & \sqrt{3}/4 & 3/4
\end{array}\right]
\begin{array}{l}
(u_1) \\ (v_1) \\ (u_2) \\ (v_2) \\ (u_3) \\ (v_3) \\ (u_4) \\ (v_4)
\end{array}
$$

Aufgrund der Randbedingungen $u_1 = v_1 = v_2 = 0$ und der Belastung im Knoten $\textcircled{4}$ erhält man das folgende reduzierte Gleichungssystem:

$$
\begin{Bmatrix} 0 \\ 0 \\ 0 \\ 0 \\ -F \end{Bmatrix}
= \frac{AE}{4\ell}
\begin{bmatrix}
6 & -1 & \sqrt{3} & -1 & -\sqrt{3} \\
-1 & 6 & 0 & -4 & 0 \\
\sqrt{3} & 0 & 6 & 0 & 0 \\
-1 & -4 & 0 & 5 & \sqrt{3} \\
-\sqrt{3} & 0 & 0 & \sqrt{3} & 3
\end{bmatrix}
\begin{Bmatrix} u_2 \\ u_3 \\ v_3 \\ u_4 \\ v_4 \end{Bmatrix} .
$$

Die weiteren Rechenschritte sind dem folgenden MAPLE-Programm zu entnehmen.

```
>with(linalg):
>K:=(A*E/4/l)*matrix(5,5,[[6,-1,sqrt(3),-1,-sqrt(3)],[-1,6,0,-
>4,0],[sqrt(3),0,6,0,0],[-1,-4,0,5,sqrt(3)],[-sqrt(3),0,0,sqrt(3),3]]);
```

$$
K := \frac{1}{4} \frac{A\,E
\begin{bmatrix}
6 & -1 & \sqrt{3} & -1 & -\sqrt{3} \\
-1 & 6 & 0 & -4 & 0 \\
\sqrt{3} & 0 & 6 & 0 & 0 \\
-1 & -4 & 0 & 5 & \sqrt{3} \\
-\sqrt{3} & 0 & 0 & \sqrt{3} & 3
\end{bmatrix}}{l}
$$

>f:=vector([0,0,0,0,-F]);

$$f := \begin{bmatrix} 0 & 0 & 0 & 0 & -F \end{bmatrix}$$

>delta:= linsolve(K,f): convert(delta,matrix):

>u[2]:=delta[1]; u[3]:=delta[2]; v[3]:=delta[3]; u[4]:=delta[4];

>v[4]:=delta[5];

$$u_2 := -\frac{1}{6}\frac{\sqrt{3}}{}\frac{lF}{AE} \qquad u_3 := \frac{7}{12}\frac{\sqrt{3}}{}\frac{lF}{AE} \qquad v_3 := \frac{1}{12}\frac{lF}{AE}$$

$$u_4 := \frac{11}{12}\frac{\sqrt{3}}{}\frac{lF}{AE} \qquad v_4 := -\frac{29}{12}\frac{lF}{AE}$$

Damit ermittelt man aus dem Gesamtsystem die Auflagerreaktionen X_1, Y_1 und Y_2 zu:

*>solve({sqrt(3)*F/6-7*sqrt(3)*F/12/4-sqrt(3)*F/12/4=X[1],*

*>-sqrt(3)*7*sqrt(3)*F/12/4-3*F/12/4 = Y[1], sqrt(3)*7*sqrt(3)*F/12/4-3*F/12/4-*

*>sqrt(3)*11*sqrt(3)*F/12/4-3*(-1)*29*F/12/4 = Y[2]},{X[1],Y[1],Y[2]});*

$$\left\{ X_1 = 0,\ Y_1 = -\frac{1}{2}F,\ Y_2 = \frac{3}{2}F \right\}$$

Zur Kontrolle überprüfe man die Gleichgewichtsbedingungen. Man stellt fest: die Summe der Kräfte in y-Richtung und die Summe der Momente um den Knotenpunkt ① bzw. um ② sind NULL!

Ü 3.3.4
Analog Ü3.3.3 erhält man folgende Ergebnisse.

Stabelement	Neigung zur x-Achse	Länge	$c = \cos\alpha$	$s = \sin\alpha$
①——②	0	ℓ	1	0
①——③	$\pi/4$	$\sqrt{2}\ell$	$\sqrt{2}/2$	$\sqrt{2}/2$
②——③	$\pi/2$	ℓ	0	1
②——④	0	ℓ	1	0
④——③	$3\pi/4$	$\sqrt{2}$	$-\sqrt{2}/2$	$\sqrt{2}/2$

$$\textbf{Stab ①——②:}\quad \left[K^e_{1\div2} \right] = \frac{AE}{\ell}\begin{bmatrix} 1 & 0 & -1 & 0 \\ 0 & 0 & 0 & 0 \\ -1 & 0 & 1 & 0 \\ 0 & 0 & 0 & 0 \end{bmatrix}\begin{matrix}(u_1)\\(v_1)\\(u_2)\\(v_2)\end{matrix}$$

with column headers $(u_1)\ (v_1)\ (u_2)\ (v_2)$

$$\text{Stab } \textcircled{1}\!\!-\!\!\textcircled{3}:\ \left[K^{e}_{1\div3}\right]=\frac{\sqrt{2}\,AE}{4\ell}
\begin{array}{cccc}
(u_1) & (v_1) & (u_3) & (v_3)
\end{array}
\begin{bmatrix}
1 & 1 & -1 & -1 \\
1 & 1 & -1 & -1 \\
-1 & -1 & 1 & 1 \\
-1 & -1 & 1 & 1
\end{bmatrix}
\begin{array}{l}
(u_1) \\ (v_1) \\ (u_3) \\ (v_3)
\end{array}$$

$$\text{Stab } \textcircled{2}\!\!-\!\!\textcircled{3}:\ \left[K^{e}_{2\div3}\right]=\frac{AE}{\ell}
\begin{array}{cccc}
(u_2) & (v_2) & (u_3) & (v_3)
\end{array}
\begin{bmatrix}
0 & 0 & 0 & 0 \\
0 & 1 & 0 & -1 \\
0 & 0 & 0 & 0 \\
0 & -1 & 0 & 1
\end{bmatrix}
\begin{array}{l}
(u_2) \\ (v_2) \\ (u_3) \\ (v_3)
\end{array}$$

$$\text{Stab } \textcircled{2}\!\!-\!\!\textcircled{4}:\ \left[K^{e}_{2\div4}\right]=\frac{AE}{\ell}
\begin{array}{cccc}
(u_2) & (v_2) & (u_4) & (v_4)
\end{array}
\begin{bmatrix}
1 & 0 & -1 & 0 \\
0 & 0 & 0 & 0 \\
-1 & 0 & 1 & 0 \\
0 & 0 & 0 & 0
\end{bmatrix}
\begin{array}{l}
(u_2) \\ (v_2) \\ (u_4) \\ (v_4)
\end{array}$$

$$\text{Stab } \textcircled{4}\!\!-\!\!\textcircled{3}:\ \left[K^{e}_{4\div3}\right]=\frac{\sqrt{2}\,AE}{4\ell}
\begin{array}{cccc}
(u_4) & (v_4) & (u_3) & (v_3)
\end{array}
\begin{bmatrix}
1 & -1 & -1 & 1 \\
-1 & 1 & 1 & -1 \\
-1 & 1 & 1 & -1 \\
1 & -1 & -1 & 1
\end{bmatrix}
\begin{array}{l}
(u_4) \\ (v_4) \\ (u_3) \\ (v_3)
\end{array}$$

Durch entsprechende Überlagerung gewinnt man schließlich die *Gesamtsteifigkeitsmatrix*:

$$[K]=\frac{\sqrt{2}\,AE}{4\ell}
\begin{array}{cccccccc}
(u_1) & (v_1) & (u_2) & (v_2) & (u_3) & (v_3) & (u_4) & (v_4)
\end{array}
\begin{bmatrix}
1+2\sqrt{2} & 1 & -2\sqrt{2} & 0 & -1 & -1 & 0 & 0 \\
1 & 1 & 0 & 0 & -1 & -1 & 0 & 0 \\
-2\sqrt{2} & 0 & 4\sqrt{2} & 0 & 0 & 0 & -2\sqrt{2} & 0 \\
0 & 0 & 0 & 2\sqrt{2} & 0 & -2\sqrt{2} & 0 & 0 \\
-1 & -1 & 0 & 0 & 2 & 0 & -1 & 1 \\
-1 & -1 & 0 & -2\sqrt{2} & 0 & 2(1+\sqrt{2}) & 1 & -1 \\
0 & 0 & -2\sqrt{2} & 0 & -1 & 1 & 1+2\sqrt{2} & -1 \\
0 & 0 & 0 & 0 & 1 & -1 & -1 & 1
\end{bmatrix}
\begin{array}{l}
(u_1) \\ (v_1) \\ (u_2) \\ (v_2) \\ (u_3) \\ (v_3) \\ (u_4) \\ (v_4)
\end{array}$$

Sie ist symmetrisch und singulär. Da die Teildreiecke I und II des gegebenen Fachwerkes kongruent sind, hätte man auch für K_{II} die Matrix in (3.60) verwenden und daraus gemäß $[K_I] = [T]^t[K_{II}][T]$ die Steifigkeitsmatrix für das Teildreieck I ermitteln können. Durch Überlagerung von $[K_I]$ und $[K_{II}]$ ergibt sich dann die Gesamtsteifigkeitsmatrix $[K]$. Zu beachten ist dabei, dass die Transformationsmatrix (3.52) mit $\alpha = \pi/2$ zu einer geeigneten 6×6-Matrix aufgebläht werden muss.

Ü 3.3.5

Man gehe wie in den vorausgegangenen Übungen Ü 3.3.3 und Ü 3.3.4 vor.

Stabelement	Neigung zur x-Achse	Länge	$c = \cos\alpha$	$s = \sin\alpha$
①—② ④—③	$-\pi/4$	ℓ	$\sqrt{2}/2$	$-\sqrt{2}/2$
①—③	0	$\sqrt{2}\ell$	1	0
①—④ ②—③	$\pi/4$	ℓ	$\sqrt{2}/2$	$\sqrt{2}/2$
②—④	$\pi/2$	$\sqrt{2}\ell$	0	1

Stabelemente ⓘ—ⓚ mit (i,k) = (1,2) und (i,k) = (4,3)

$$
[K^e_{i\div k}] = \frac{AE}{\ell}
\begin{array}{cccc}
(u_i) & (v_i) & (u_k) & (v_k) \\
\end{array}
\left[\begin{array}{rrrr}
1 & -1 & -1 & 1 \\
-1 & 1 & 1 & -1 \\
-1 & 1 & 1 & -1 \\
1 & -1 & -1 & 1
\end{array}\right]
\begin{array}{l}
(u_i) \\ (v_i) \\ (u_k) \\ (v_k)
\end{array}
$$

Stabelement ①—③

$$
[K^e_{1\div 3}] = \frac{AE}{2\ell}
\begin{array}{cccc}
(u_1) & (v_1) & (u_3) & (v_3) \\
\end{array}
\left[\begin{array}{rrrr}
\sqrt{2} & 0 & -\sqrt{2} & 0 \\
0 & 0 & 0 & 0 \\
-\sqrt{2} & 0 & \sqrt{2} & 0 \\
0 & 0 & 0 & 0
\end{array}\right]
\begin{array}{l}
(u_1) \\ (v_1) \\ (u_3) \\ (v_3)
\end{array}
$$

Stabelemente ①—Ⓚ mit (i,k) = (1,4) und (i,k) = (2,3)

$$\left[K^e_{i\div k}\right] = \frac{AE}{2\ell}
\begin{array}{c}
\quad (u_i) \quad\ (v_i) \quad\ (u_k) \quad\ (v_k)
\end{array}
\begin{bmatrix}
1 & 1 & -1 & -1 \\
1 & 1 & -1 & -1 \\
-1 & -1 & 1 & 1 \\
-1 & -1 & 1 & 1
\end{bmatrix}
\begin{array}{l}
(u_i) \\ (v_i) \\ (u_k) \\ (v_k)
\end{array}$$

Stabelement ②—④

$$\left[K^e_{2\div 4}\right] = \frac{AE}{2\ell}
\begin{array}{c}
\quad (u_2) \quad\ (v_2) \quad\ (u_4) \quad\ (v_4)
\end{array}
\begin{bmatrix}
0 & 0 & 0 & 0 \\
0 & \sqrt{2} & 0 & -\sqrt{2} \\
0 & 0 & 0 & 0 \\
0 & -\sqrt{2} & 0 & \sqrt{2}
\end{bmatrix}
\begin{array}{l}
(u_2) \\ (v_2) \\ (u_4) \\ (v_4)
\end{array}$$

Jeder Knotenpunkt hat zwei Freiheitsgrade (u_k, v_k). Somit entsteht durch Überlagerung der obigen Teilmatrizen eine 8×8-*Gesamtsteifigkeitsmatrix*:

$$[K] = \frac{AE}{2\ell}
\begin{array}{c}
(u_1)\ \ (v_1)\ \ (u_2)\ \ (v_2)\ \ \ \ (u_3)\ \ (v_3)\ \ (u_4)\ \ (v_4)
\end{array}
\begin{bmatrix}
2+\sqrt{2} & 0 & -1 & 1 & -\sqrt{2} & 0 & -1 & -1 \\
0 & 2 & 1 & -1 & 0 & 0 & -1 & -1 \\
-1 & 1 & 2 & 0 & -1 & -1 & 0 & 0 \\
1 & -1 & 0 & 2+\sqrt{2} & -1 & -1 & 0 & -\sqrt{2} \\
-\sqrt{2} & 0 & -1 & -1 & 2+\sqrt{2} & 0 & -1 & 1 \\
0 & 0 & -1 & -1 & 0 & 2 & 1 & -1 \\
-1 & -1 & 0 & 0 & -1 & 1 & 2 & 0 \\
-1 & -1 & 0 & -\sqrt{2} & 1 & -1 & 0 & 2+\sqrt{2}
\end{bmatrix}
\begin{array}{l}
(u_1) \\ (v_1) \\ (u_2) \\ (v_2) \\ (u_3) \\ (v_3) \\ (u_4) \\ (v_4)
\end{array}$$

Aufgrund der Geometrie und der Belastung des Fachwerkes gelten die *homogenen Randbedingungen*

$$\boxed{v_1 = v_3 = u_2 = u_4 = 0}\,, \tag{1}$$

so dass sich durch Streichen der zweiten, dritten, sechsten und siebten Spalte der *Gesamtsteifigkeitsmatrix* das *reduzierte Gleichungssystem* ergibt:

$$\begin{bmatrix} 2+\sqrt{2} & 1 & -\sqrt{2} & -1 \\ 1 & 2+\sqrt{2} & -1 & -\sqrt{2} \\ -\sqrt{2} & -1 & 2+\sqrt{2} & 1 \\ -1 & -\sqrt{2} & 1 & 2+\sqrt{2} \end{bmatrix} \begin{Bmatrix} u_1 \\ v_2 \\ u_3 \\ v_4 \end{Bmatrix} = \frac{2\ell F}{AE} \begin{Bmatrix} -1 \\ 0 \\ 1 \\ 0 \end{Bmatrix} . \tag{2a}$$

Dieses Gleichungssystem kann durch Umsortieren gemäß (3.26) auf die Form

$$\left[\begin{array}{cc:cc} 2+\sqrt{2} & -\sqrt{2} & 1 & -1 \\ -\sqrt{2} & 2+\sqrt{2} & -1 & 1 \\ \hdashline 1 & -1 & 2+\sqrt{2} & -\sqrt{2} \\ -1 & 1 & -\sqrt{2} & 2+\sqrt{2} \end{array}\right] \begin{Bmatrix} u_1 \\ u_3 \\ v_2 \\ v_4 \end{Bmatrix} = \frac{2\ell F}{AE} \begin{Bmatrix} -1 \\ 1 \\ 0 \\ 0 \end{Bmatrix} \tag{2b}$$

gebracht werden, so dass man analog (3.27a,b) die beiden Gleichungssysteme

$$\begin{bmatrix} 2+\sqrt{2} & -\sqrt{2} \\ -\sqrt{2} & 2+\sqrt{2} \end{bmatrix} \begin{Bmatrix} u_1 \\ u_3 \end{Bmatrix} + \begin{bmatrix} 1 & -1 \\ -1 & 1 \end{bmatrix} \begin{Bmatrix} v_2 \\ v_4 \end{Bmatrix} = \frac{2\ell F}{AE} \begin{Bmatrix} -1 \\ 1 \end{Bmatrix} \tag{3a}$$

$$\begin{bmatrix} 1 & -1 \\ -1 & 1 \end{bmatrix} \begin{Bmatrix} u_1 \\ u_3 \end{Bmatrix} + \begin{bmatrix} 2+\sqrt{2} & -\sqrt{2} \\ -\sqrt{2} & 2+\sqrt{2} \end{bmatrix} \begin{Bmatrix} v_2 \\ v_4 \end{Bmatrix} = \begin{Bmatrix} 0 \\ 0 \end{Bmatrix} \tag{3b}$$

erhält, die man auch **ohne** Computer leicht lösen kann. Dazu löst man (3b) zunächst nach v_2 und v_4 auf,

$$\begin{Bmatrix} v_2 \\ v_4 \end{Bmatrix} = \frac{-1}{4+4\sqrt{2}} \begin{bmatrix} 2+\sqrt{2} & -\sqrt{2} \\ -\sqrt{2} & 2+\sqrt{2} \end{bmatrix} \begin{bmatrix} 1 & -1 \\ -1 & 1 \end{bmatrix} \begin{Bmatrix} u_1 \\ u_3 \end{Bmatrix} ,$$

$$\begin{Bmatrix} v_2 \\ v_4 \end{Bmatrix} = \frac{1}{2+2\sqrt{2}} \begin{bmatrix} 1 & -1 \\ -1 & 1 \end{bmatrix} \begin{Bmatrix} u_1 \\ u_3 \end{Bmatrix} , \tag{4}$$

und setzt diesen Lösungsvektor in (3a) ein:

$$\begin{bmatrix} 3 & -1 \\ -1 & 3 \end{bmatrix} \begin{Bmatrix} u_1 \\ u_3 \end{Bmatrix} = \frac{2\ell F}{AE} \begin{Bmatrix} -1 \\ 1 \end{Bmatrix} . \tag{5}$$

Daraus folgt schließlich der Lösungsvektor

$$\boxed{\begin{Bmatrix} u_1 \\ u_3 \end{Bmatrix} = \frac{F\ell}{2AE} \begin{Bmatrix} -1 \\ 1 \end{Bmatrix}} , \tag{6a}$$

den man wiederum in (4) einsetzen kann:

$$\boxed{\begin{Bmatrix} v_2 \\ v_4 \end{Bmatrix} = \frac{F\ell}{2(1+\sqrt{2})AE} \begin{Bmatrix} 1 \\ -1 \end{Bmatrix} = \frac{F\ell}{2AE} \begin{Bmatrix} -1+\sqrt{2} \\ 1-\sqrt{2} \end{Bmatrix}} . \tag{6b}$$

Die Lösungen (6a,b) zeigen die plausiblen *Antisymmetrien*

$$u_3 = -u_1 \text{ und } v_4 = -v_2 , \tag{7a,b}$$

die man auch *a priori* in (2a) einsetzen kann, woraus die reduzierte Form

$$
\begin{bmatrix}
1+\sqrt{2} & 1 \\
1 & 1+\sqrt{2} \\
-1-\sqrt{2} & -1 \\
-1 & -1-\sqrt{2}
\end{bmatrix}
\begin{Bmatrix} u_1 \\ v_2 \end{Bmatrix}
= \frac{F\ell}{AE}
\begin{Bmatrix} -1 \\ 0 \\ 1 \\ 0 \end{Bmatrix}
\tag{8a}
$$

mit der Lösung

$$
\begin{Bmatrix} u_1 \\ v_2 \end{Bmatrix}
= \frac{F\ell}{2AE}
\begin{Bmatrix} -1 \\ \sqrt{2}-1 \end{Bmatrix}
\tag{8b}
$$

folgt, die unter Berücksichtigung von (7a,b) mit der Lösung (6a,b) übereinstimmt!

Die Ermittlung der *Stabkräfte* erfolgt nach der Formel (3.66). Mit den Werten aus obiger Tabelle, den homogenen Randbedingungen (1) und den Lösungen (6a,b) ermittelt man folgende Werte:

$$
S_{1\div 2} = \frac{1}{2}\sqrt{2}\,\frac{AE}{\ell}\{1 \quad -1\}
\begin{Bmatrix} u_2 - u_1 \\ v_2 - v_1 \end{Bmatrix}
= \frac{1}{2}(\sqrt{2}-1)F\ ,
$$

$$
S_{2\div 3} \equiv S_{4\div 3} \equiv S_{1\div 4}\ ,\ \text{(aus Symmetriegründen)}
$$

$$
S_{1\div 3} = \frac{AE}{\sqrt{2}\ell}\{1 \quad 0\}
\begin{Bmatrix} u_3 - u_1 \\ v_3 - v_1 \end{Bmatrix}
= \frac{1}{2}\sqrt{2}F\ ,
$$

$$
S_{2\div 4} = \frac{AE}{\sqrt{2}\ell}\{0 \quad 1\}
\begin{Bmatrix} u_4 - u_2 \\ v_4 - v_2 \end{Bmatrix}
= -\frac{1}{2}(2-\sqrt{2})F\ .
$$

Der senkrechte Stab ②——④ wird auf Druck beansprucht. Alle anderen Stäbe sind Zugstäbe. Die ermittelten Stabkräfte erfüllen die Gleichgewichtsbedingungen in den einzelnen Knoten, wie man leicht nachprüfen kann.

Ü 3.4.1

Da jeder Knoten 3 Freiheitsgrade (u_i, v_i, φ_i) besitzt, ist die *Steifigkeitsmatrix* eine 6×6 Matrix. Bezogen auf das *lokale Koordinatensystem* erhält man in Erweiterung von (3.95) die *Steifigkeitsbeziehung*:

$$
\begin{Bmatrix} N_1 \\ Q_1 \\ M_1 \\ N_2 \\ Q_2 \\ M_2 \end{Bmatrix}
=
\begin{bmatrix}
EA/\ell & 0 & 0 & -EA/\ell & 0 & 0 \\
0 & 12EI/\ell^3 & 6EI/\ell^2 & 0 & -12EI/\ell^3 & 6EI/\ell^2 \\
0 & 6EI/\ell^2 & 4EI/\ell & 0 & -6EI/\ell^2 & 2EI/\ell \\
-EA/\ell & 0 & 0 & EA/\ell & 0 & 0 \\
0 & -12EI/\ell^3 & -6EI/\ell^2 & 0 & 12EI/\ell^3 & -6EI/\ell^2 \\
0 & 6EI/\ell^2 & 2EI/\ell & 0 & -6EI/\ell^2 & 4EI/\ell
\end{bmatrix}
\begin{Bmatrix} u_1^* \\ v_1^* \\ \varphi_1^* \equiv \varphi_1 \\ u_2^* \\ v_2^* \\ \varphi_2^* \equiv \varphi_2 \end{Bmatrix}
$$

$$
\{F^*\} \quad = \quad\quad\quad\quad [K^*] \quad\quad\quad\quad\quad \{\delta^*\}
$$

Aus obigen Skizzen liest man folgende Zusammenhänge ab:

$$\left.\begin{aligned} F_{1x} &= N_1 \cos\alpha - Q_1 \sin\alpha \\ F_{1y} &= N_1 \sin\alpha + Q_1 \cos\alpha \\ M_1 &\equiv M_1^* \end{aligned}\right\} \;\Rightarrow\; \left\{\begin{aligned} N_1 &= \;\;\, F_{1x} \cos\alpha + F_{1y} \sin\alpha \\ Q_1 &= -F_{1x} \sin\alpha + F_{1y} \cos\alpha \\ M_1^* &\equiv \;\; M_1 \quad . \end{aligned}\right.$$

Analog findet man für die kinematischen Größen:

$$\left.\begin{aligned} u_1 &= \;\; u_1^* \cos\alpha - v_1^* \sin\alpha \\ v_1 &= \;\; u_1^* \sin\alpha + v_1^* \cos\alpha \\ \varphi_1 &\equiv \varphi_1^* \end{aligned}\right\} \;\Rightarrow\; \left\{\begin{aligned} u_1^* &= \;\;\; u_1 \cos\alpha + v_1 \sin\alpha \\ v_1^* &= -u_1 \sin\alpha + v_1 \cos\alpha \;. \\ \varphi_1^* &\equiv \varphi_1 \quad . \end{aligned}\right.$$

Entsprechende Beziehungen gelten auch für den Knoten②, so dass man insgesamt für das *Balkenelement* folgende *Transformation* erhält:

$$\begin{Bmatrix} N_1 \\ Q_1 \\ M_1 \\ N_2 \\ Q_2 \\ M_2 \end{Bmatrix} = \left[\begin{array}{ccc|ccc} \cos\alpha & \sin\alpha & 0 & & & \\ -\sin\alpha & \cos\alpha & 0 & & \mathbf{0} & \\ 0 & 0 & 1 & & & \\ \hline & & & \cos\alpha & \sin\alpha & 0 \\ & \mathbf{0} & & -\sin\alpha & \cos\alpha & 0 \\ & & & 0 & 0 & 1 \end{array}\right] \begin{Bmatrix} F_{1x} \\ F_{1y} \\ M_1 \\ F_{2x} \\ F_{2y} \\ M_2 \end{Bmatrix}$$

$$\{F^*\} \qquad = \qquad\qquad\qquad [T] \qquad\qquad\qquad\qquad \{F\} \quad .$$

Analog gilt : $\{\delta^*\} = [T]\{\delta\}$. Ferner gilt:

$$\left.\begin{aligned} \{F\} &= [T]^{-1}\{F^*\} \\ \{F^*\} &= \left[K^*\right]\left[\delta^*\right] \\ \left[\delta^*\right] &= [T][\delta] \end{aligned}\right\} \;\Rightarrow\; \{F\} = [T]^{-1}\left[K^*\right][T][\delta] \quad .$$

Im Vergleich mit $\{F\} = [K]\{\delta\}$ und wegen $\boxed{[T]^{-1} = [T]^t}$ erhält man schließlich:

$$\boxed{\boxed{[K] = [T]^t[K*][T]}} \qquad\Leftrightarrow\qquad \boxed{\boxed{[K*] = [T][K][T]^t}}$$

```
> with(linalg):
> K[lokal]:=matrix(6,6,[[EA/l, 0, 0, -EA/l, 0, 0],
                [0, 12*EI/l^3, 6*EI/l^2, 0, -12*EI/l^3, 6*EI/l^2],
                [0, 6*EI/l^2, 4*EI/l, 0, -6*EI/l^2, 2*EI/l],
                [-EA/l, 0, 0, EA/l, 0, 0],
                [0, -12*EI/l^3, -6*EI/l^2, 0, 12*EI/l^3, -6*EI/l^2],
                [0, 6*EI/l^2, 2*EI l 0, -6*EI/l^2, 4*EI/l]]);
```

$$K_{lokal} := \begin{bmatrix} \dfrac{EA}{l} & 0 & 0 & -\dfrac{EA}{l} & 0 & 0 \\[2ex] 0 & \dfrac{12\,EI}{l^3} & \dfrac{6\,EI}{l^2} & 0 & -\dfrac{12\,EI}{l^3} & \dfrac{6\,EI}{l^2} \\[2ex] 0 & \dfrac{6\,EI}{l^2} & \dfrac{4\,EI}{l} & 0 & -\dfrac{6\,EI}{l^2} & \dfrac{2\,EI}{l} \\[2ex] -\dfrac{EA}{l} & 0 & 0 & \dfrac{EA}{l} & 0 & 0 \\[2ex] 0 & -\dfrac{12\,EI}{l^3} & -\dfrac{6\,EI}{l^2} & 0 & \dfrac{12\,EI}{l^3} & -\dfrac{6\,EI}{l^2} \\[2ex] 0 & \dfrac{6\,EI}{l^2} & \dfrac{2\,EI}{l} & 0 & -\dfrac{6\,EI}{l^2} & \dfrac{4\,EI}{l} \end{bmatrix}$$

> $T := matrix(6,6,[[c,s,0,0,0,0],\ [-s,c,0,0,0,0],\ [0,0,1,0,0,0],$
> $[0,0,0,c,s,0],\ [0,0,0,-s,c,0],\ [0,0,0,0,0,1]]);$

$$T := \begin{bmatrix} c & s & 0 & 0 & 0 & 0 \\ -s & c & 0 & 0 & 0 & 0 \\ 0 & 0 & 1 & 0 & 0 & 0 \\ 0 & 0 & 0 & c & s & 0 \\ 0 & 0 & 0 & -s & c & 0 \\ 0 & 0 & 0 & 0 & 0 & 1 \end{bmatrix}$$

> $K[glob]:=(EI/l^\wedge 3)*multiply(transpose(T),(l^\wedge 3/(EI))*K[lokal],T):$

> $K:=\ subs(EA=0,\ K[glob]);$

$$K := \cfrac{EI \begin{bmatrix} 12\,s^2 & -12\,s\,c & -6\,s\,l & -12\,s^2 & 12\,s\,c & -6\,s\,l \\ -12\,s\,c & 12\,c^2 & 6\,c\,l & 12\,s\,c & -12\,c^2 & 6\,c\,l \\ -6\,s\,l & 6\,c\,l & 4\,l^2 & 6\,s\,l & -6\,c\,l & 2\,l^2 \\ -12\,s^2 & 12\,s\,c & 6\,s\,l & 12\,s^2 & -12\,s\,c & 6\,s\,l \\ 12\,s\,c & -12\,c^2 & -6\,c\,l & -12\,s\,c & 12\,c^2 & -6\,c\,l \\ -6\,s\,l & 6\,c\,l & 2\,l^2 & 6\,s\,l & -6\,c\,l & 4\,l^2 \end{bmatrix}}{l^3}$$

Diese Matrix stimmt mit (3.98) überein!

Ü 3.4.2

Mit den Abkürzungen $k_i = EA_i\,/\,\ell_i$ und $b_i = 3EI_i\,/\,\ell_i^3$ findet man zunächst für das linke Balkenelement (eingespannt gedacht in Knoten①) wegen

$$v_2 = \frac{Q_2\,\ell_1^3}{3EI_1} = \frac{Q_2}{b_1}\ ,\ v_2 = \varphi_1\ell_1\ ,\ M_2 \equiv 0$$

und ferner wegen der Gleichgewichtsbedingungen

$$Q_1 = -Q_2 \ , \quad Q_2 \ell_1 + (M_2 = 0) + M_1 = 0$$

die *Steifigkeitsbeziehung* (in Anlehnung an Ü 3.4.1):

$$\begin{Bmatrix} N_1 \\ Q_1 \\ M_1 \\ N_2 \\ Q_2 \end{Bmatrix} = \begin{bmatrix} k_1 & 0 & 0 & -k_1 & 0 \\ 0 & b_1 & b_1\ell_1 & 0 & -b_1 \\ 0 & b_1\ell_1 & b_1\ell_1^2 & 0 & -b_1\ell_1 \\ -k_1 & 0 & 0 & k_1 & 0 \\ 0 & -b_1 & -b_1\ell_1 & 0 & b_1 \end{bmatrix} \begin{Bmatrix} u_1 \\ v_1 \\ \varphi_1 \\ u_2 \\ v_2 \end{Bmatrix} \ .$$

Entsprechend erhält man für den rechten Balkenteil:

$$\begin{Bmatrix} N_2 \\ Q_2 \\ N_3 \\ Q_3 \\ M_3 \end{Bmatrix} = \begin{bmatrix} k_2 & 0 & -k_2 & 0 & 0 \\ 0 & b_2 & 0 & -b_2 & b_2\ell_2 \\ -k_2 & 0 & k_2 & 0 & 0 \\ 0 & -b_2 & 0 & b_2 & -b_2\ell_2 \\ 0 & b_2\ell_2 & 0 & -b_2\ell_2 & b_2\ell_2^2 \end{bmatrix} \begin{Bmatrix} u_2 \\ v_2 \\ u_3 \\ v_3 \\ \varphi_3 \end{Bmatrix} \ .$$

Da 8 kinematische Größen betrachtet werden, ist die *Gesamtsteifigkeitsmatrix* eine 8×8 Matrix. Nach entsprechender Aufweitung obiger Matrizen um jeweils drei *Nullzeilen* und *Nullspalten* und anschließender Addition erhält man schließlich die *Gesamtsteifigkeitsbeziehung*:

$$\begin{Bmatrix} N_1 \\ Q_1 \\ M_1 \\ N_2 \\ Q_2 \\ N_3 \\ Q_3 \\ M_3 \end{Bmatrix} = \begin{bmatrix} k_1 & 0 & 0 & -k_1 & 0 & & & \\ 0 & b_1 & b_1\ell_1 & 0 & -b_1 & & 0 & \\ 0 & b_1\ell_1 & b_1\ell_1^2 & 0 & -b_1\ell_1 & & & \\ -k_1 & 0 & 0 & (k_1+k_2) & 0 & -k_2 & 0 & 0 \\ 0 & -b_1 & -b_1\ell_1 & 0 & (b_1+b_2) & 0 & -b_2 & b_2\ell_2 \\ & & & -k_2 & 0 & k_2 & 0 & 0 \\ & 0 & & 0 & -b_2 & 0 & b_2 & -b_2\ell_2 \\ & & & 0 & b_2\ell_2 & 0 & -b_2\ell_2 & b_2\ell_2^2 \end{bmatrix} \begin{Bmatrix} u_1 \\ v_1 \\ \varphi_1 \\ u_2 \\ v_2 \\ u_3 \\ v_3 \\ \varphi_3 \end{Bmatrix} \ .$$

Zur Überprüfung dieser Beziehung löse man sie auf und vergleiche die einzelnen Gleichungen mit den *Gleichgewichtsbedingungen*. Beispielsweise erhält man:

$$N_1 = k_1(u_1 - u_2) \ , \quad N_2 = k_1(u_2 - u_1) + k_2(u_2 - u_3)$$

in Übereinstimmung mit den Gleichgewichtsbedingungen. Das *Momentengleichgewicht* um den Knotenpunkt ① führt auf

$$Q_2 \ell_1 + M_1 = 0 \ .$$

Setzt man darin Q_2 und M_1 aus der Matrixgleichung ein, so folgt:

$$\ell_1 b_2 (v_2 - v_3 + \ell_2 \varphi_3) = 0 \quad \Rightarrow \quad \boxed{v_3 - v_2 = \ell_2 \varphi_3} \, .$$

Diese Beziehung kann man aus der Skizze in der Aufgabenstellung ablesen.

Ü 3.4.3

Die gesuchten *äquivalenten Knotenwerte* (3.124) leisten die Arbeit

$$W = \frac{1}{2}(Q_{01} v_1 + M_{01} \varphi_1 + Q_{02} v_2 + M_{02} \varphi_2) \, . \tag{1}$$

Infolge der Lastverteilung $q = q(x)$ erfährt das Balkenelement eine Durchbiegung $v = v(x)$, die man mit Hilfe der *HERMITEschen Formfunktionen*

$$N_1(x) = 1 - 3\left(\frac{x}{\ell}\right)^2 + 2\left(\frac{x}{\ell}\right)^3 \, , \quad N_2(x) = x\left(1 - \frac{x}{\ell}\right)^2 \, , \tag{2a,b}$$

$$N_3(x) = \left(\frac{x}{\ell}\right)^2\left(3 - 2\frac{x}{\ell}\right) \, , \qquad N_4(x) = -\frac{x^2}{\ell}\left(1 - \frac{x}{\ell}\right) \tag{2c,d}$$

aus Ü 3.1.25 gemäß

$$v(x) = N_1(x) v_1 + N_2(x)\varphi_1 + N_3(x) v_2 + N_4(x)\varphi_2 \tag{3}$$

darstellen kann. Damit ist die von der Lastverteilung $q = q(x)$ geleistete Arbeit durch den Integralausdruck

$$W = \frac{1}{2} \int\limits_0^\ell q(x) v(x) dx \tag{4}$$

gegeben. Setzt man (1) mit (4) gleich, so erhält man unter Berücksichtigung von (2a÷d) und (3) schließlich die *energie-äquivalenten Ersatzlasten*:

$$Q_{01} = \int\limits_0^\ell q(x) N_1(x) dx \, , \quad M_{01} = \int\limits_0^\ell q(x) N_2(x) dx \, , \tag{5a,b}$$

$$Q_{02} = \int\limits_0^\ell q(x) N_3(x) dx \, , \quad M_{02} = \int\limits_0^\ell q(x) N_4(x) dx \, . \tag{5c,d}$$

Analog zu den Begriffen *äquivalente* bzw. *konsistente Massenmatrix* (Ü 3.1.24 / Ü 3.1.25) sind die Bezeichnungen *äquivalente* bzw. *konsistente Belastungen* für (5a÷d) sinnvoll.

Ü 3.4.4

a) Mit den Integralausdrücken (5a÷d) aus Ü 3.4.3 ergeben sich die *äquivalenten Ersatzlasten* zu:

$$Q_{01} = \frac{3}{20}q_0\ell, \quad Q_{02} = \frac{7}{20}q_0\ell, \quad M_{01} = \frac{1}{30}q_0\ell^2, \quad M_{02} = -\frac{1}{20}q_0\ell^2. \qquad (3.123a÷d)$$

b) Da der Balken nur durch (3.124) beaufschlagt wird, ist in (3.122) die Spaltenmatrix {F} NULL zu setzen, so dass man mit (3.95), (3.123a÷d) und unter Berücksichtigung der Randbedingungen $v_2 = \varphi_2 = 0$ die reduzierte Form

$$\frac{2EI}{\ell^3}\begin{bmatrix} 6 & 3\ell \\ 3\ell & 2\ell^2 \end{bmatrix}\begin{Bmatrix} v_1 \\ \varphi_1 \end{Bmatrix} = -q_0\ell\begin{Bmatrix} 3/20 \\ \ell/30 \end{Bmatrix} \qquad (1)$$

mit den Lösungen

$$v_1 = -\frac{1}{30}\frac{q_0\ell^4}{EI} \qquad \varphi_1 = \frac{1}{24}\frac{q_0\ell^3}{EI} \qquad (2a,b)$$

erhält. Diese Werte stimmen mit den Ergebnissen aus der *elementaren Biegtheorie* überein.

c) Mit der Beziehung (3) aus Ü 3.4.3 und den oben ermittelten Knotenwerten v_1, φ_1 erhält man unter Berücksichtigung der Randbedingungen $v_2 = \varphi_2 = 0$ die gesuchte *Biegelinie*:

$$v(\xi) = -\frac{1}{30}\frac{q_0\ell^4}{EI}\left(1 - \frac{5}{4}\xi - \frac{1}{2}\xi^2 + \frac{3}{4}\xi^3\right). \qquad (3)$$

Darin ist zur Abkürzung die dimensionslose Koordinate $\xi = x/\ell$ eingeführt.

Obige Biegelinie unterscheidet sich nur unwesentlich von der Lösung nach der *elementaren Biegetheorie*:

$$v_{el}(\xi) = -\frac{1}{30}\frac{q_0\ell^4}{EI}\left(1 - \frac{5}{4}\xi + \frac{1}{4}\xi^5\right), \qquad (4)$$

wie man mit Hilfe der MAPLE-Grafik leicht nachprüfen kann.

Als Maß für den Abstand der beiden Biegelinien kann die L_2-*Fehlernorm* (7.133) herangezogen werden:

$$\left\|v_{el}(\xi) - v(\xi)\right\|_2 := \sqrt{\int_0^1 [v_{el}(\xi) - v(\xi)]^2\, d\xi}, \qquad (7.133)$$

die sich zu $L_2 = 0{,}0025$ ergibt. Dieser Wert zeigt, dass sich die beiden Biegelinien über den gesamten Balkenbereich nur geringfügig unterscheiden.

d) Durch die zusätzliche Abstützung wird der Balken *einfach statisch unbestimmt*. Trotzdem vereinfacht sich jetzt die Rechnung, da eine weitere homogene Randbedingung $(v_1 = 0)$ zu den bisherigen $(v_2 = \varphi_2 = 0)$ hinzukommt, so dass nur noch der Knotenwert $\varphi_1 \neq 0$ zu bestimmen ist. Mithin reduziert sich das Gleichungssystem unter **b)** zu

$$\frac{2EI}{\ell^3} \cdot 2\ell^2 \varphi_1 = -\frac{1}{30} q_0 \ell^2 \quad \Rightarrow \quad \boxed{\varphi_1 = -\frac{1}{120}\frac{q_0 \ell^3}{EI}}. \tag{5}$$

Dieser Wert stimmt mit der *elementaren Biegetheorie* (DUBBEL) überein. Allerdings weicht die Biegelinie

$$v(x) = N_2(x)\varphi_1 \quad \text{bzw.} \quad \boxed{v(\xi) = -\frac{1}{120}\frac{q_0 \ell^4}{EI}\xi(1-\xi)^2} \tag{6}$$

(wegen $\ell \equiv L$) von der elementaren Biegelinie

$$\boxed{v_{el}(\xi) = -\frac{1}{120}\frac{q_0 \ell^4}{EI}\xi(1-\xi^2)^2} \tag{7}$$

sehr stark ab, wie man mit Hilfe der MAPLE-Grafik leicht nachprüfen kann. Das drückt sich auch in der L_2-Fehlernorm aus, $L_2 = 0{,}1$, die wesentlich schlechter ist als im Beispiel unter Punkt **c)**.

Die maximale Durchbiegung liegt bei $\xi = 1/3$ gegenüber $\xi = 1/\sqrt{5}$ nach der *elementaren Biegetheorie* und beträgt nur $v/v_{el} = 25 \cdot \sqrt{5}/108$, d.h. **51,76%** des Wertes nach der *elementaren Biegetheorie*. Zur Verbesserung dieser Werte ist der Balken in zwei finite Elemente aufzuteilen (Skizze).

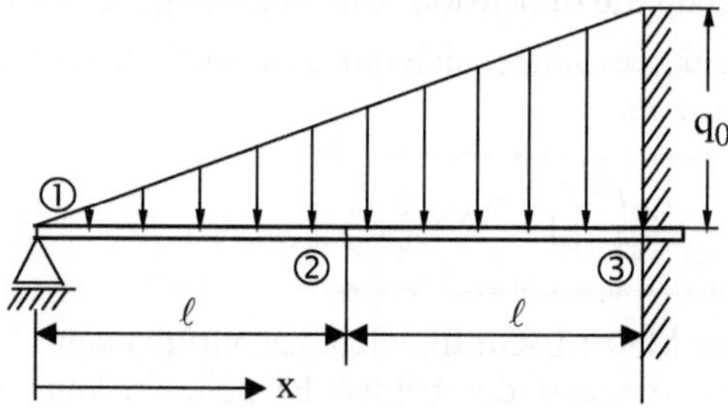

Bei dieser Diskretisierung ist $\ell = L/2$ und $q(x) = q_0(x/L)$. Der *globale äquivalente Lastvektor*

$$\{F_0\} = \{Q_{01} \quad M_{01} \quad Q_{02} \quad M_{02} \quad Q_{03} \quad M_{03}\}^t \tag{8}$$

ergibt sich nach Ü 3.4.3 mit entsprechender Überlappung an der Nahtstelle ② zu:

$$\{F_0\} = \left\{\begin{array}{c} \int\limits_0^\ell q(x)N_1(x)dx \\[2ex] \int\limits_0^\ell q(x)N_2(x)dx \\[2ex] \int\limits_0^\ell q(x)N_3(x)dx + \int\limits_\ell^L q(x)N_1(x)dx \\[2ex] \int\limits_0^\ell q(x)N_4(x)dx + \int\limits_\ell^L q(x)N_2(x)dx \\[2ex] \int\limits_\ell^L q(x)N_3(x)dx \\[2ex] \int\limits_\ell^L q(x)N_4(x)dx \end{array}\right\} = q_0\ell\left\{\begin{array}{c} 3/40 \\[1ex] \ell/60 \\[1ex] 1/2 \\[1ex] \ell/30 \\[1ex] 17/40 \\[1ex] -\ell/15 \end{array}\right\} . \tag{9}$$

Zur Auswertung der Integrale in (9) ist Folgendes zu beachten. Das erste finite Element ①—② wird im Knotenpunkt ② mit $q_0/2$ belastet, so dass man für die Integrale $\int\limits_0^\ell q(x)N_j(x)dx$ die Werte (3.123a÷d) erhält, wobei allerdings q_0 durch $q_0/2$ zu ersetzen ist:

$$\{F_0\}_{1\div 2} = q_0\ell\{3/40 \quad \ell/60 \quad 7/40 \quad -\ell/40\}^t . \tag{10}$$

Im zweiten finiten Element ②—③ führt man zweckmäßigerweise die lokale Koordinate $x^* = x - \ell$ ein. Damit gilt:

$$\int\limits_\ell^L q(x)N_j(x)dx = \int\limits_0^\ell q(x^*)N_j(x^*)dx^* . \tag{11}$$

Darin ist

$$q(x^*) = q_0(1 + x^*/\ell)/2 \tag{12}$$

einzusetzen. Die Formfunktionen $N_j(x^*)$ können unmittelbar aus Ü 3.4.3 übernommen werden, indem man formal x durch x* ersetzt. Somit ergibt sich der *äquivalente Lastvektor* für das zweite finite Element ②—③ zu:

$$\{F_0\}_{2\div 3} = q_0\ell\{13/40 \quad 7\ell/120 \quad 17/40 \quad -\ell/15\}^t . \tag{13}$$

Durch Überlappung der beiden Lastvektoren (10) und (13), wie in (9) angedeutet, folgt schließlich der *globale äquivalente Lastvektor* (8) zu:

$$\{F_0\} = q_0\ell\{3/40 \quad \ell/60 \quad 1/2 \quad \ell/30 \quad 17/40 \quad -\ell/15\}^t \,, \tag{14}$$

der bereits in (9) eingetragen ist.

Die *Gesamtsteifigkeitsmatrix* erhält man aus (3.110) mit $a = b = \ell$, so dass mit (9) und $\{F\} \equiv \{0\}$ die Steifigkeitsbeziehung (3.122) gegeben ist. Darin wird aufgrund der *homogenen Randbedingungen* $v_1 = v_3 = \varphi_3 = 0$ nur die reduzierte Form

$$\begin{bmatrix} 2\ell^2 & -3\ell & \ell^2 \\ -3\ell & 12 & 0 \\ \ell^2 & 0 & 4\ell^2 \end{bmatrix} \begin{Bmatrix} \varphi_1 \\ v_2 \\ \varphi_2 \end{Bmatrix} = \frac{-q_0\ell^4}{4EI} \begin{Bmatrix} \ell/30 \\ 1 \\ \ell/15 \end{Bmatrix} \tag{15}$$

zur weiteren Rechnung benötigt. Darin ist $\ell = L/2$ die Länge eines finiten Elementes. Damit liefert (15) die *Knotenwerte*

$$\boxed{\; \varphi_1 = -\frac{1}{120}\frac{q_0 L^3}{EI} \;\bigg|\; v_2 = -\frac{3}{1280}\frac{q_0 L^4}{EI} \;\bigg|\; \varphi_2 = \frac{1}{640}\frac{q_0 L^3}{EI} \;}, \tag{16a,b,c}$$

die mit der Lösung nach der *elementaren Biegetheorie* (DUBBEL) übereinstimmen.

Mit diesen *Knotenwerten* und den HERMITEschen *Formfunktionen* aus Ü 3.4.3 ermittelt man die Biegelinie im ersten finiten Element ①—② gemäß

$$v_{1\div2}(x) = N_2(x)\varphi_1 + N_3(x)v_2 + N_4(x)\varphi_2 \,, \tag{17a}$$

die man für die numerische Auswertung mit $x/L = \xi$ bzw. $x/\ell = 2\xi$ auf die Form

$$\boxed{\; V_{1\div2}(\xi) := 120\frac{EI}{q_0 L^4}v_{1\div2}(\xi) = -\xi\left(1 - \frac{1}{4}\xi - \frac{5}{4}\xi^2\right) \;\bigg|\; \left(0 \le \xi \le \frac{1}{2}\right) \;} \tag{17b}$$

bringen kann.

Im zweiten finiten Element verwendet man zweckmäßigerweise die lokale Koordinate $x^* = x - \ell$. Damit gilt:

$$v_{2\div3}(x^*) = N_1(x^*)v_2 + N_2(x^*)\varphi_2 \,. \tag{18a}$$

Analog (17b) erhält man wegen $x^*/\ell = 2\xi - 1$ die Darstellung

$$\boxed{\; V_{2\div3}(\xi) := 120\frac{EI}{q_0 L^4}v_{2\div3}(\xi) = \frac{3}{4}\left(1 - 7\xi + 11\xi^2 - 5\xi^3\right) \;\bigg|\; \left(\frac{1}{2} \le \xi \le 1\right) \;}. \tag{18b}$$

Die Biegelinien (17b) und (18b) gehen an der Nahtstelle [Knotenpunkt②] stetig und stetig differenzierbar ineinander über (*kompatible Elemente*). Sie sind mit Hilfe der MAPLE-Grafik mit der analytischen Lösung (7) und der ersten Näherung (6), die den gesamten Balken als Einzelelement ($\ell = L$) betrachtet, im nachstehenden Bild verglichen.

>V[el]:=xi->-xi(1-xi^2)^2;V[1]:= xi->- xi*(1-xi)^2;*

>V[12]:= xi->-xi(1-xi/4-5*xi^2/4);V[23]:= xi->(3/4)*(1-7*xi+11*xi^2-5*xi^3);*

$$V_{el} := \xi \to -\xi\left(1 - \xi^2\right)^2$$

$$V_1 := \xi \to -\xi\,(1 - \xi)^2$$

$$V_{12} := \xi \to -\xi\left(1 - \frac{1}{4}\xi - \frac{5}{4}\xi^2\right)$$

$$V_{23} := \xi \to \frac{3}{4} - \frac{21}{4}\xi + \frac{33}{4}\xi^2 - \frac{15}{4}\xi^3$$

>plot1:=plot(V[el](xi),xi=0..1,linestyle=1):

>plot2:=plot(V[1](xi),xi=0..1,linestyle=2):

>plot3:=plot(V[12](xi),xi=0..1/2,linestyle=3):

>plot4:=plot(V[23](xi),xi=1/2..1,linestyle=4):

>plots[display]({plot1,plot2,plot3,plot4});

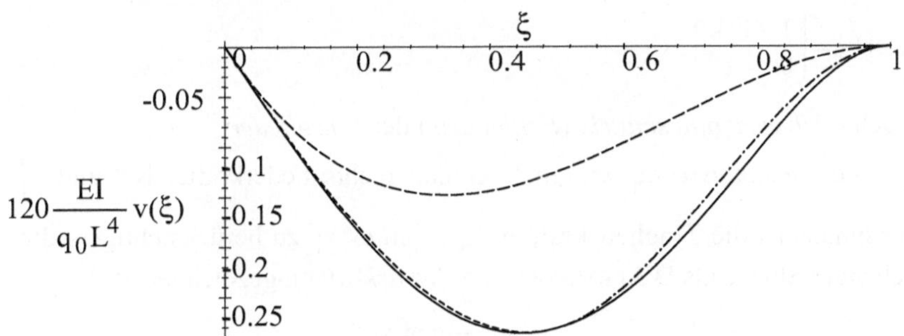

Man erkennt, dass die FEM-Lösung mit zwei finiten Elementen nur geringfügig von der "exakten" Lösung (durchgezogene Linie) abweicht. Die *Fehlernormen* (7.133) ergeben sich im ersten Element ($0 \leq \xi \leq 1/2$) zu $L_2 = 0{,}0022$ und im zweiten Element ($1/2 \leq \xi \leq 1$) zu $L_2 = 0{,}0066$. Die erste Näherung (6) mit $L_2 = 0{,}1$ ist unbrauchbar, wie auch aus der MAPLE-Grafik hervorgeht. In Ü 7.1.2 wird ein ähnliches Beispiel diskutiert.

Ü 3.5.1

a) Die in der Skizze dargestellte Einzelfeder befindet sich im Gleichgewicht.

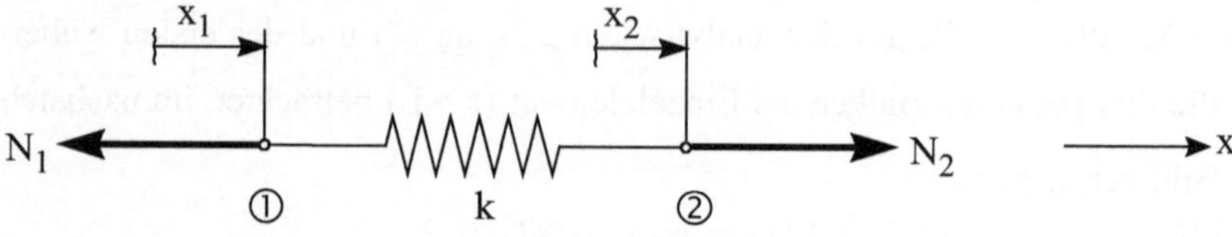

Die *Zustandsvektoren* sind:

$$\{z_1\} = \left\{ \begin{matrix} x_1 \\ N_1 \end{matrix} \right\} \quad \text{und} \quad \{z_2\} = \left\{ \begin{matrix} x_2 \\ N_2 \end{matrix} \right\} .$$

Die *Übertragungsrichtung* ist x. Aus der Gleichgewichtsbedingung folgt:

$$N_1 = N_2 .$$

Die Federkraft ergibt sich zu: $\qquad\qquad N_2 = k(x_2 - x_1) .$

Diese beiden Beziehungen können gemäß

$$x_2 = x_1 + N_1/k \quad , \quad N_2 = 0 \cdot x_1 + N_1$$

oder in Matrizenform

$$\left\{ \begin{matrix} x_2 \\ N_2 \end{matrix} \right\} = \begin{bmatrix} 1 & 1/k \\ 0 & 1 \end{bmatrix} \left\{ \begin{matrix} x_1 \\ N_1 \end{matrix} \right\} \qquad \text{bzw.} \quad \{z_2\} = [F]\,\{z_1\}$$

ausgedrückt werden. Darin ist

$$[F] = \begin{bmatrix} 1 & 1/k \\ 0 & 1 \end{bmatrix}$$

die gesuchte *Übertragungsmatrix* (*Feldmatrix*) der *Einzelfeder*.

b) Auf eine *Punktmasse* m_i wirken links und rechts Federkräfte N_i^L und N_i^R .

Darüber hinaus ist die Trägheitskraft $m_i \ddot{x}_i = -m_i \omega^2 x_i$ zu berücksichtigen, die in nachstehender Skizze als D'ALEMBERT*sche Zusatzkraft* eingezeichnet ist.

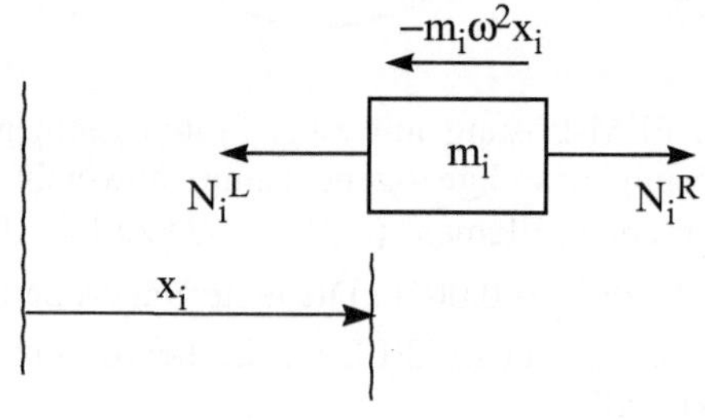

Da die *Punktmasse* starr ist, gilt: $x_i^R = x_i^L$.

Das Kräftegleichgewicht führt auf: $N_i^R = N_i^L - m_i \omega^2 x_i^L$.

In Matrizenform erhält man:
$$\begin{Bmatrix} x_i \\ N_i \end{Bmatrix}^R = \begin{bmatrix} 1 & 0 \\ -m_i \omega^2 & 1 \end{bmatrix} \begin{Bmatrix} x_i \\ N_i \end{Bmatrix}^L$$

bzw. $\{z_i\}^R = [P_i] \{z_i\}^L$.

Darin ist $[P_i]$ eine *Punktmatrix*, die eine "Übertragung des Zustandsvektors über den Massenpunkt hinweg" bewirkt:

$$[P_i] = \begin{bmatrix} 1 & 0 \\ -m_i \omega^2 & 1 \end{bmatrix} .$$

c) Für das skizzierte Feder-Masse-System

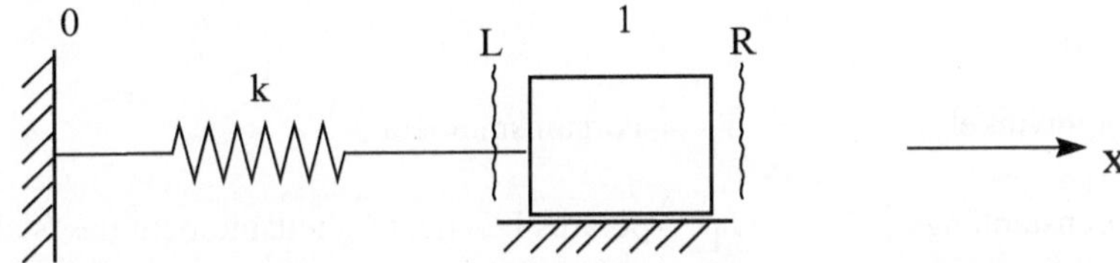

erhält man mit den Ergebnissen aus **a)** und **b)** die Übertragungsbeziehung:

$$\begin{Bmatrix} x_1 \\ N_1 \end{Bmatrix}^R = \begin{bmatrix} 1 & 0 \\ -m\omega^2 & 1 \end{bmatrix} \begin{Bmatrix} x_1 \\ N_1 \end{Bmatrix}^L$$

$$\begin{Bmatrix} x_1 \\ N_1 \end{Bmatrix}^L = \begin{bmatrix} 1 & 1/k \\ 0 & 1 \end{bmatrix} \begin{Bmatrix} x_0 \\ N_0 \end{Bmatrix}^R$$

$$\begin{Bmatrix} x_1 \\ N_1 \end{Bmatrix}^R = \begin{bmatrix} 1 & 0 \\ -m\omega^2 & 1 \end{bmatrix} \begin{bmatrix} 1 & 1/k \\ 0 & 1 \end{bmatrix} \begin{Bmatrix} x_0 \\ N_0 \end{Bmatrix}^R$$

$$\{z_i\}^R = [U] \{z_0\}^R$$

Darin ist die gesuchte *Übertragungsmatrix* gemäß

$$[U] = \begin{bmatrix} 1 & 0 \\ -m\omega^2 & 1 \end{bmatrix} \begin{bmatrix} 1 & 1/k \\ 0 & 1 \end{bmatrix} = \begin{bmatrix} 1 & 1/k \\ -m\omega^2 & 1 - m\omega^2/k \end{bmatrix}$$

ermittelt.

Berücksichtigt man die Randbedingungen $x_0^R = 0$ und $N_1^R = 0$, so erhält man aus obiger *Übertragungsbeziehung* die Ergebnisse:

$$x_1^R = \frac{1}{k} N_0^R \quad \text{und} \quad 0 = (1 - m\omega^2 / k)\, N_0^R \,.$$

Aus der letzten Beziehung folgt unmittelbar die *Eigenkreisfrequenz* zu:

$$\boxed{\omega = \sqrt{k/m}}\,.$$

Die *Methode der Übertragungsmatrizen* bietet für dieses einfache Beispiel keine besonderen Vorteile. Bei komplizierteren Aufgaben kann sie jedoch vorteilhaft eingesetzt werden.

d) Zur Berechnung von *Drehschwingungen* genügt häufig als Modell eine aus *Drehmassen* und masselosen Drehfedern bestehende Schwingerkette.

Für eine Einzelmasse mit Einzeldrehfeder erhält man analog zu obigen Ergebnissen:

$$\left\{\begin{array}{c}\varphi_2 \\ T_2\end{array}\right\} = \begin{bmatrix} 1 & \dfrac{\ell}{J_T G} \\ 0 & 1 \end{bmatrix} \left\{\begin{array}{c}\varphi_1 \\ T_1\end{array}\right\} \quad \text{und} \quad \left\{\begin{array}{c}\varphi_i \\ T_i\end{array}\right\}^R = \begin{bmatrix} 1 & 0 \\ -\Theta\omega^2 & 1 \end{bmatrix} \left\{\begin{array}{c}\varphi_i \\ T_i\end{array}\right\}^L \,.$$

Darin sind:

$$\varphi_i \;\hat{=}\; \text{Drehwinkel}\,; \qquad\qquad T_i \;\hat{=}\; \text{Torsionsmoment}\,;$$

$$\ell \;\hat{=}\; \text{Drehstablänge}\,; \qquad\qquad J_T \;\hat{=}\; \text{polares Flächenträgheitsmoment des Stabes}\,;$$

$$G \;\hat{=}\; \text{Gleitmodul}\,; \qquad\qquad k \equiv J_T G/\ell \;\hat{=}\; \text{Federkonstante des Drehstabes}\,;$$

$$\Theta \;\hat{=}\; \text{Massenträgheitsmoment des am Stab angehängten Körpers}\,;$$

$$\omega = \sqrt{k/\Theta} \;\hat{=}\; \text{Eigenkreisfrequenz}$$

Ü 3.5.2
In nachstehender Skizze sind links eine *Punktmasse* und rechts eine *Masse mit Drehträgheit* dargestellt.

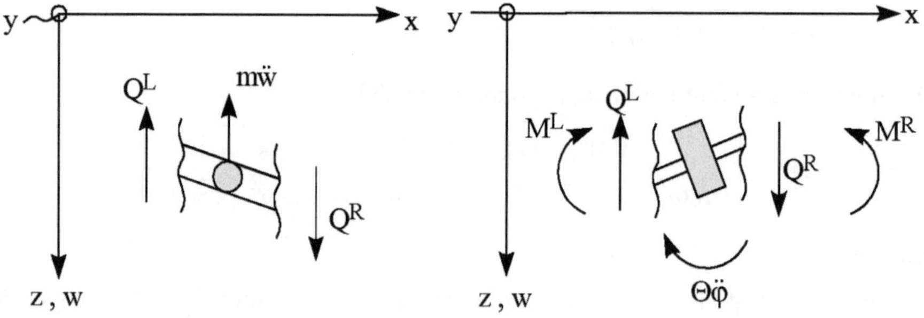

a) Nach dem D'ALEMBERTschen Prinzip gilt für die *Punktmasse* (linkes Bild):

$$-m\ddot{w} - Q^L + Q^R = 0 \,.$$

Bei harmonischer Bewegung ($w = \hat{w}\sin\omega t$) mit der Kreisfrequenz ω erhält man: $\ddot{w} = -\omega^2 w$, so dass folgt:

$$Q^R = Q^L - m\omega^2 w \,.$$

Da die Punktmasse keine geometrische Ausdehnung hat, kann man annehmen:

$$w^R = w^L \quad , \quad \varphi^R = \varphi^L \quad , \quad M^R = M^L \,.$$

Somit erhält man folgende Übertragungsbeziehung:

$$\begin{Bmatrix} -w \\ -\varphi \\ M \\ Q \end{Bmatrix}^R = \begin{bmatrix} 1 & 0 & 0 & 0 \\ 0 & 1 & 0 & 0 \\ 0 & 0 & 1 & 0 \\ m\omega^2 & 0 & 0 & 1 \end{bmatrix} \begin{Bmatrix} -w \\ -\varphi \\ M \\ Q \end{Bmatrix}^L \,.$$

b) Falls die Masse noch eine *Drehträgheit* Θ besitzt (rechtes Bild), folgt aus dem Momentengleichgewicht:

$$-\Theta\ddot{\varphi} - M^L + M^R = 0 \quad \text{bzw.} \quad M^R = M^L - \omega^2\Theta\varphi \,.$$

Somit müsste die obige Punktmatrix in der **dritten Zeile** und **zweiten Spalte** noch zusätzlich mit $\omega^2\Theta$ besetzt werden.

In der nachstehenden Skizze sind links eine *translatorische* und rechts eine *rotatorische* Einzelfeder an einem masselosen Balkenabschnitt dargestellt.

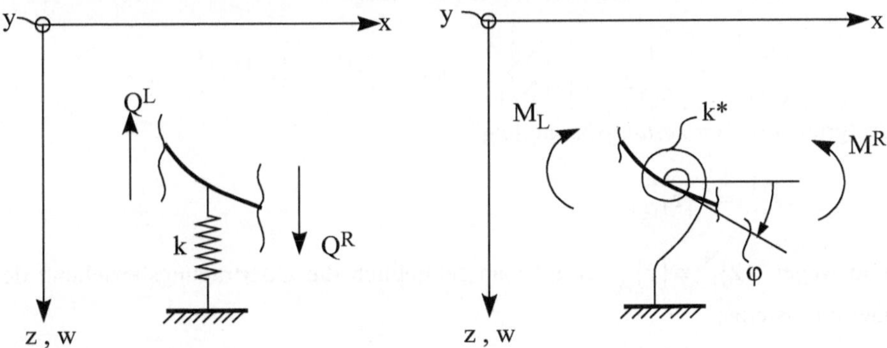

c) Aus der Gleichgewichtsbedingung

$$Q^R = Q^L + kw$$

in Verbindung mit der unter **a)** angegebenen Übertragungsbeziehung entnimmt man, dass in der *Punktmatrix* das Element in der **vierten** Zeile und **ersten** Spalte durch $-k$ zu besetzen ist.

d) Für die Drehfeder (rechtes Bild) ist die Drehfederkonstante k^* aufgrund des Momentengleichgewichts

$$M^R = M^L - k^* \varphi$$

in die **dritte** Zeile und **zweite** Spalte der *Punktmatrix* einzuordnen.

Ü 3.5.3

a) In Erweiterung von Ü 3.5.1 gilt für das Kräftegleichgewicht

$$N_E = N_{i-1}^R \; ,$$

wobei sich die Kraft N_{i-1}^R aus der *Federkraft* $k\,(x_{i-1} - x_E)$ und der geschwindigkeitsproportionalen *Dämpfungskraft* $q\,(\dot{x}_{i-1} - \dot{x}_E)$ zusammensetzt:

$$N_{i-1}^R = k\,(x_{i-1} - x_E) + q\,(\dot{x}_{i-1} - \dot{x}_E) \; .$$

Mit dem Ansatz $x = \hat{x}e^{\lambda t}$ kann man $\dot{x}$ durch λx ausdrücken, so dass man erhält:

$$N_{i-1}^R = (k + \lambda q)(x_{i-1} - x_E) \; .$$

Die Übertragungsbeziehung kann somit folgendermaßen ausgedrückt werden:

$$\begin{Bmatrix} x \\ N \end{Bmatrix}_{i-1}^R = \begin{bmatrix} 1 & 1/(k+\lambda q) \\ 0 & 1 \end{bmatrix} \begin{Bmatrix} x \\ N \end{Bmatrix}_E \quad \text{bzw.} \quad \{z\}_{i-1}^R = [F_{i-1}]\{z\}_E \; .$$

Für die Masse m_i gilt nach Ü 3.5.1 folgende Beziehung, wenn man den Ansatz $x = \hat{x}e^{\lambda t}$ macht, d.h. $\ddot{x}$ durch $\lambda^2 x$ ersetzen kann:

$$\begin{Bmatrix} x \\ N \end{Bmatrix}_i^R = \begin{bmatrix} 1 & 0 \\ m_i\lambda^2 & 1 \end{bmatrix} \begin{Bmatrix} x \\ N \end{Bmatrix}_i^L \quad \text{bzw.} \quad \{z\}_i^R = [P_i]\{z\}_i^L \; .$$

Aufgrund der "*Verkettungsbedingung*"

$$\{z\}_i^L \overset{!}{=} \{z\}_{i-1}^R$$

und wegen $\{z\}_i^R \equiv \{z\}_A$ erhält man schließlich die Übertragungsbeziehung des Gesamtsystems:

$$\{z\}_A = [P_i]\,[F_{i-1}]\,\{z\}_E \equiv [U]\,\{z\}_E$$

bzw.

$$\begin{Bmatrix} x \\ N \end{Bmatrix}_A = \begin{bmatrix} 1 & 0 \\ m_i\lambda^2 & 1 \end{bmatrix} \begin{bmatrix} 1 & 1/(k+\lambda q) \\ 0 & 1 \end{bmatrix} \begin{Bmatrix} x \\ N \end{Bmatrix}_E \; .$$

Die *Übertragungsmatrix des Gesamtsystems* ist somit folgendermaßen mit Hilfe der Software MAPLE zu ermitteln (da nur eine Masse m_i im betrachteten System vorkommt, wird m_i einfach durch m ausgedrückt):

>with(linalg):

*>P:=matrix(2,2,[1,0,m*lambda^2,1]);*

$$P := \begin{bmatrix} 1 & 0 \\ m\,\lambda^2 & 1 \end{bmatrix}$$

*>F:=matrix(2,2,[1,1/(k+q*lambda),0,1]);*

$$F := \begin{bmatrix} 1 & \dfrac{1}{k+q\,\lambda} \\ 0 & 1 \end{bmatrix}$$

>U:=multiply(P,F);

$$U := \begin{bmatrix} 1 & \dfrac{1}{k+q\,\lambda} \\ m\,\lambda^2 & \dfrac{m\,\lambda^2+k+q\,\lambda}{k+q\,\lambda} \end{bmatrix}$$

b) Kehrt man die Übertragungsrichtung um, so sind die inverse Punktmatrix und die inverse Feldmatrix zu benutzen:

>P_:=inverse(P);

$$P_- := \begin{bmatrix} 1 & 0 \\ -m\,\lambda^2 & 1 \end{bmatrix}$$

>F_:=inverse(F);

$$F_- := \begin{bmatrix} 1 & -\dfrac{1}{k+q\,\lambda} \\ 0 & 1 \end{bmatrix}$$

Damit erhält man als Übertragungsmatrix:

>U_:=multiply(F_,P_);

$$U_- := \begin{bmatrix} \dfrac{m\,\lambda^2+k+q\,\lambda}{k+q\,\lambda} & -\dfrac{1}{k+q\,\lambda} \\ -m\,\lambda^2 & 1 \end{bmatrix}$$

Diese Übertragungsmatrix stimmt mit der Inversen von U überein, da die Inverse eines Matrizenproduktes gleich dem Produkt der inversen Matrizen ist, aber in umgekehrter Reihenfolge:

>U_:=inverse(U);

$$U_- := \begin{bmatrix} \dfrac{m\,\lambda^2+k+q\,\lambda}{k+q\,\lambda} & -\dfrac{1}{k+q\,\lambda} \\ -m\,\lambda^2 & 1 \end{bmatrix}$$

c) Die Randbedingung am Systemeingang E ist durch $x_E = 0$ gegeben, während am Systemausgang A die Randbedingung $N_A = 0$ herrscht, wenn keine Störfunktion vorliegt. Somit gilt:

$$\begin{Bmatrix} x \\ N = 0 \end{Bmatrix}_A = \begin{bmatrix} 1 & 1/(k+\lambda q) \\ m\lambda^2 & 1 + m\lambda^2 /(k+\lambda q) \end{bmatrix} \begin{Bmatrix} x = 0 \\ N \end{Bmatrix}_E \;.$$

Daraus liest man die *Reaktionskraft*

$$\boxed{N_E = (k+q\lambda)x_A}$$

und die *charakteristische Gleichung*

$$N_A = 0 = \left(1 + \frac{m\lambda^2}{k+q\lambda}\right) N_E \quad\Rightarrow\quad \boxed{\lambda^2 + \frac{q}{m}\lambda + \frac{k}{m} = 0}$$

ab. Die Lösungen ergeben sich zu:

$$\lambda_{1;2} = -\frac{1}{2}\frac{q}{m} \pm \sqrt{\left(\frac{1}{2}\frac{q}{m}\right)^2 - \omega^2} \quad \text{mit} \quad \omega^2 \equiv k/m \quad .$$

Führt man das dimensionslose *LEHRsche Dämpfungsmaß*

$$D := \frac{q}{2m\omega} = \frac{q}{2\sqrt{mk}}$$

ein, so kann man auch schreiben:

$$\boxed{\lambda_{1;2} = -D\omega \pm i\omega_d} \qquad \text{mit} \qquad \omega_d \equiv \omega\sqrt{1 - D^2} \;.$$

Darin sind $\omega = \sqrt{k/m}$ die "*ungedämpfte*" und ω_d die "*gedämpfte Eigenkreisfrequenz*".

Die *Eigenform* $x = \hat{x}e^{\lambda t}$ ergibt sich zu:

$$x = \hat{x}e^{-D\omega t}\left(C_1 e^{i\omega_d t} + C_2 e^{-i\omega_d t}\right)$$

oder:

$$x = e^{-D\omega t}(B_1 \cos \omega_d t + B_2 \sin \omega_d t) \;.$$

Darin sind B_1 und B_2 zwei neue *reelle* Konstanten. Kehrt man die Übertragungsrichtung um ($A = E^*$, $E = A^*$), so erhält man:

$$\begin{Bmatrix} x = 0 \\ N \end{Bmatrix}_{A^*} = \begin{bmatrix} 1 + m\lambda^2 /(k+\lambda q) & -1/(k+\lambda q) \\ -m\lambda^2 & 1 \end{bmatrix} \begin{Bmatrix} x \\ N = 0 \end{Bmatrix}_{E^*} \;.$$

Daraus liest man ab:

$$x_{A^*} = 0 = \left(1 + \frac{m\lambda^2}{k + q\lambda}\right) x_{E^*} \qquad \Rightarrow \qquad \boxed{\lambda^2 + \frac{q}{m}\lambda + \frac{k}{m} = 0}$$

$$\left.\begin{array}{c} N_E \equiv N_{A^*} = -m\lambda^2 x \\ \text{Aus der charakteristischen Gleichung folgt :} \\ -m\lambda^2 = k + q\lambda \end{array}\right\} \quad \Rightarrow \quad \boxed{N_E = (k + q\lambda)x} \quad .$$

Diese Ergebnisse stimmen mit den obigen überein.

Ü 3.5.4

In der Skizze der Aufgabenstellung ist symbolisch die *Übertragungsmatrix* [U] angedeutet, die sich aufgrund der festgelegten Übertragungsrichtung (E → A) gemäß dem Matrizenprodukt [U] = [P] [F] zusammensetzt. Darin kann die *Punktmatrix* [P] aus der Übung 3.5.2 übernommen werden:

$$[P] = \begin{bmatrix} 1 & 0 & 0 & 0 \\ 0 & 1 & 0 & 0 \\ 0 & 0 & 1 & 0 \\ m\omega^2 & 0 & 0 & 1 \end{bmatrix} .$$

Zur Ermittlung der *Feldmatrix* [F] für die masselose Blattfeder (*Blattfedermatrix*) lege man zunächst die Vorzeichen gemäß nachstehender Skizze fest.

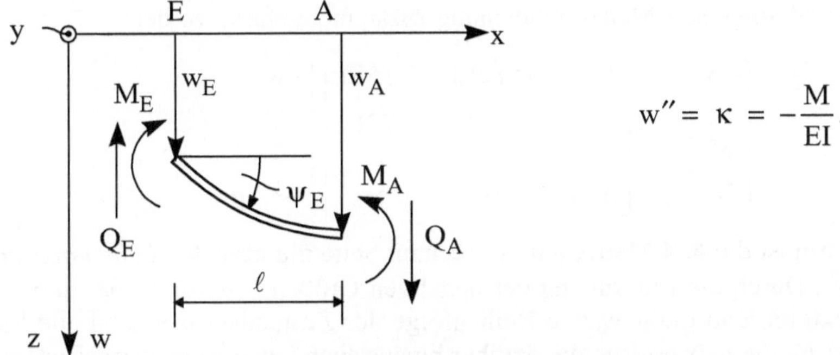

Hierin sind die "*generalisierten Schnittkräfte*" (Momente und Querkräfte) positive Vektoren, wenn sie an einem positiven (negativen) Schnittufer in positive (negative) Richtungen weisen. Andernfalls sind sie negativ. In der Skizze nimmt bei positivem Moment die erste Ableitung $w'(x) = \psi$ mit wachsendem x monoton ab. Daher ist die Krümmung $\kappa = w''(x)$ überall negativ, so dass $\kappa = -M/EI$ gesetzt werden muss. Die Durchbiegung selbst nimmt bei positivem M zu.

Unter Berücksichtigung der *elementaren Biegelehre* (Tabelle 3.4) liest man aus obiger Skizze ab:

$$w_A = w_E + \ell\psi_E + \frac{\ell^3}{3EI} Q_A - \frac{\ell^2}{2EI} M_A \; .$$

In Verbindung mit den Gleichgewichtsbedingungen

$$\boxed{Q_A = Q_E} \quad , \qquad \boxed{M_A = M_E + Q_A \ell = M_E + Q_E \ell}$$

kann man auch schreiben:

$$\boxed{w_A = w_E + \ell\psi_E - \frac{\ell^2}{2EI} M_E - \frac{\ell^3}{6EI} Q_E} \; . \tag{$*$}$$

Entsprechend entnimmt man der Skizze in Verbindung mit Tabelle 3.4:

$$\psi_A = \psi_E + \frac{\ell^2}{2EI} Q_A - \frac{\ell}{EI} M_A$$

und erhält unter Berücksichtigung der Gleichgewichtsbedingungen:

$$\boxed{\psi_A = \psi_E - \frac{\ell}{EI} M_E - \frac{\ell^2}{2EI} Q_E} \; . \tag{$**$}$$

Die Gleichungen ($*$) und ($**$) weichen in den Vorzeichen von den entsprechenden Formeln (3.129a,b) ab. Das liegt an der anderen Vorzeichenfestlegung in Bild 3.23.

Die Gleichgewichtsbedingungen und die Beziehungen ($*$) und ($**$) können gemäß folgender Matrizengleichung zusammengefasst werden:

$$\begin{Bmatrix} -w \\ -\psi \\ M \\ Q \end{Bmatrix}_A = \begin{bmatrix} 1 & \ell & \ell^2/2EI & \ell^3/6EI \\ 0 & 1 & \ell/EI & \ell^2/2EI \\ 0 & 0 & 1 & \ell \\ 0 & 0 & 0 & 1 \end{bmatrix} \begin{Bmatrix} -w \\ -\psi \\ M \\ Q \end{Bmatrix}_E \; .$$

Darin ist die 4×4 Matrix auf der rechten Seite die gesuchte *Feldmatrix der Blattfeder*. Durch die Einordnung der negativen Größen $-w$ und $-\psi$ in die Zustandsvektoren und die gewählte Reihenfolge der Zustandsgrößen sind alle Elemente in der *Feldmatrix* positiv, die darüber hinaus auch "*quersymmetrisch*" ist.

Die *Übertragungsmatrix* [U] des Gesamtsystems ergibt sich schließlich mit Hilfe der "MAPLE-Software" zu:

>*with(linalg):*

Punktmatrix für Einzelmasse:

>*P:=matrix(4,4,[1,0,0,0, 0,1,0,0, 0,0,1,0, m*omega^2,0,0,1]):*

Feldmatrix für Balkenelement:

>*F:=matrix(4,4,[1,l,l^2/2/EI,l^3/6/EI, 0,1,l/EI,l^2/2/EI,0,0,1,l, 0,0,0,1]):*

Die Masse liege am rechten Balkenende. Die Übertragungsrichtung sei von links nach rechts festgelegt. Dann ergibt sich die Übertragungsmatrix [U] zu:

>U:=multiply(P,F);

$$
U := \begin{bmatrix}
1 & l & \dfrac{1}{2}\dfrac{l^2}{EI} & \dfrac{1}{6}\dfrac{l^3}{EI} \\[2mm]
0 & 1 & \dfrac{l}{EI} & \dfrac{1}{2}\dfrac{l^2}{EI} \\[2mm]
0 & 0 & 1 & l \\[2mm]
m\,\omega^2 & m\,\omega^2\,l & \dfrac{1}{2}\dfrac{m\,\omega^2\,l^2}{EI} & \dfrac{1}{6}\dfrac{m\,\omega^2\,l^3 + 6\,EI}{EI}
\end{bmatrix}
$$

Kehrt man die Übertragungsrichtung um, so erhält man folgende Übertragungsmatrix:

>U:=multiply(inverse(F),inverse(P));

$$
U := \begin{bmatrix}
\dfrac{1}{6}\dfrac{m\,\omega^2\,l^3 + 6\,EI}{EI} & -l & \dfrac{1}{2}\dfrac{l^2}{EI} & -\dfrac{1}{6}\dfrac{l^3}{EI} \\[2mm]
-\dfrac{1}{2}\dfrac{m\,\omega^2\,l^2}{EI} & 1 & -\dfrac{l}{EI} & \dfrac{1}{2}\dfrac{l^2}{EI} \\[2mm]
m\,\omega^2\,l & 0 & 1 & -l \\[2mm]
-m\,\omega^2 & 0 & 0 & 1
\end{bmatrix}
$$

b) Die *Biegeeigenfrequenz* ω hängt ab von den Randbedingungen des *Blattfeder-Masse-Schwingers*. Im Folgenden sollen aus obiger Tabelle ein paar Beispiele gewählt werden.

I   Eingang E sei *fest eingespannt* / Ausgang A sei *frei*

$$
\text{Randbed. am }\Big\{ \begin{matrix}\\ \text{Ausgang}\end{matrix} \quad
\begin{Bmatrix} -w \\ -\psi \\ 0 \\ 0 \end{Bmatrix}_A =
\left[\begin{array}{cc:cc}
\bullet & \bullet & \bullet & \bullet \\
\bullet & \bullet & \bullet & \bullet \\ \hdashline
\bullet & \bullet & U_{33} & U_{34} \\
\bullet & \bullet & U_{43} & U_{44}
\end{array}\right]
\begin{Bmatrix} 0 \\ 0 \\ M \\ Q \end{Bmatrix}_E
\Big\} \text{ Randbed. am Eingang}
$$

Daraus erhält man:

$$
\begin{Bmatrix} 0 \\ 0 \end{Bmatrix}_A =
\begin{bmatrix} U_{33} & U_{34} \\ U_{43} & U_{44} \end{bmatrix}
\begin{Bmatrix} M \\ Q \end{Bmatrix}_E .
$$

Dieses homogene Gleichungssystem hat nur dann eine nicht-triviale Lösung, wenn die Koeffizientendeterminante verschwindet:

$$
\det \begin{bmatrix} U_{33} & U_{34} \\ U_{43} & U_{44} \end{bmatrix} \overset{!}{=} 0
\quad\Rightarrow\quad \boxed{U_{33}U_{44} - U_{43}U_{34} = 0} \; .
$$

Mit den Elementen $U_{33}=1$, $U_{34}=\ell$, $U_{43}=m\omega^2\ell^2/2EI$ und $U_{44}=1+m\omega^2\ell^3/6EI$ der Übertragungsmatrix erhält man eine *harmonische Schwingung* mit:

$$\boxed{\omega^2 = 3\frac{EI}{m\ell^3}}\,.$$

II   Eingang E sei *gelenkig gelagert* / Ausgang A sei *frei*

$$\begin{Bmatrix} -w \\ -\psi \\ 0 \\ 0 \end{Bmatrix}_A = \begin{bmatrix} \bullet & \bullet & \bullet & \bullet \\ \bullet & \bullet & \bullet & \bullet \\ \bullet & U_{32} & \bullet & U_{34} \\ \bullet & U_{42} & \bullet & U_{44} \end{bmatrix} \begin{Bmatrix} 0 \\ -\psi \\ 0 \\ Q \end{Bmatrix}_E$$

Daraus erhält man:

$$\begin{Bmatrix} 0 \\ 0 \end{Bmatrix}_A = \begin{bmatrix} U_{32} & U_{34} \\ U_{42} & U_{44} \end{bmatrix} \begin{Bmatrix} -\psi \\ Q \end{Bmatrix}_E \,,$$

wobei

$$\det \begin{bmatrix} U_{32} & U_{34} \\ U_{42} & U_{44} \end{bmatrix} \overset{!}{=} 0 \qquad \Rightarrow \boxed{U_{32}U_{44} - U_{42}U_{34} = 0}\,.$$

Mit den Elementen $U_{32} = 0$, $U_{42} = m\omega^2\ell$ und $U_{34} = \ell$ erhält man:

$$m\omega^2\ell^2 = 0 \quad \Rightarrow \boxed{\omega^2 = 0}\,,$$

d.h. : *Starrkörperdrehung.*

III   Eingang E sei *gelenkig gelagert* / Ausgang A sei *querkraftfrei*

$$\begin{Bmatrix} -w \\ 0 \\ M \\ 0 \end{Bmatrix}_A = \begin{bmatrix} \bullet & \bullet & \bullet & \bullet \\ \bullet & U_{22} & \bullet & U_{24} \\ \bullet & \bullet & \bullet & \bullet \\ \bullet & U_{42} & \bullet & U_{44} \end{bmatrix} \begin{Bmatrix} 0 \\ -\psi \\ 0 \\ Q \end{Bmatrix}_E$$

Daraus erhält man:

$$\begin{Bmatrix} 0 \\ 0 \end{Bmatrix}_A = \begin{bmatrix} U_{22} & U_{24} \\ U_{42} & U_{44} \end{bmatrix} \begin{Bmatrix} -\psi \\ Q \end{Bmatrix}_E \,,$$

wobei

$$\det \begin{bmatrix} U_{22} & U_{24} \\ U_{42} & U_{44} \end{bmatrix} \overset{!}{=} 0 \quad \Rightarrow \boxed{U_{22}U_{44} - U_{24}U_{42} = 0}\,.$$

Man erhält eine *harmonische Schwingung* mit:

$$\boxed{\omega^2 = \frac{3EI}{m\ell^3}}\,.$$

IV   Eingang E sei *fest eingespannt* / Ausgang A sei *querkraftfrei*

$$\begin{Bmatrix} -w \\ 0 \\ M \\ 0 \end{Bmatrix}_A = \begin{bmatrix} \bullet & \bullet & \bullet & \bullet \\ \bullet & \bullet & U_{23} & U_{24} \\ \bullet & \bullet & \bullet & \bullet \\ \bullet & \bullet & U_{43} & U_{44} \end{bmatrix} \begin{Bmatrix} 0 \\ 0 \\ M \\ Q \end{Bmatrix}_E$$

Daraus erhält man:

$$\begin{Bmatrix} 0 \\ 0 \end{Bmatrix}_A = \begin{bmatrix} U_{23} & U_{24} \\ U_{43} & U_{44} \end{bmatrix} \begin{Bmatrix} M \\ Q \end{Bmatrix}_E \ ,$$

wobei gelten muß:

$$\det \begin{bmatrix} U_{23} & U_{24} \\ U_{43} & U_{44} \end{bmatrix} \overset{!}{=} 0 \ \Rightarrow \ \boxed{U_{23}U_{44} - U_{24}U_{43} = 0} \ .$$

Man erhält eine *harmonische Schwingung* mit:

$$\boxed{\omega^2 = 12\,\frac{EI}{m\ell^3}} \ .$$

Weitere Kombinationen, wie beispielsweise "E und A fest eingespannt", ergeben keinen Sinn, da die entsprechende Unterdeterminante kein ω^2 enthält oder identisch verschwindet, wie z.B. bei freiem Eintritt und freiem Austritt.

Ü 3.5.5

In der Skizze der Aufgabenstellung sind am positiven (negativen) Schnittufer alle Schnittlasten positiv (negativ) in Richtung der Koordinatenachsen angetragen. Das positive Moment hat eine negative Krümmung $\kappa = w''$ zur Folge.

Die *elementare Balkentheorie* [SZABO, 1984] geht von dem *Differentialgleichungssystem*

$$\frac{dw}{dx} = \varphi \ ; \ \ \kappa = \frac{d\varphi}{dx} = -\frac{M(x)}{EI} \ ; \ \ \frac{dM}{dx} = Q \ ; \ \ \frac{dQ}{dx} = 0$$

aus, das man in *Matrizenform* darstellen kann:

$$\frac{d}{dx} \begin{Bmatrix} -w \\ -\varphi \\ M \\ Q \end{Bmatrix} = \begin{bmatrix} 0 & 1 & 0 & 0 \\ 0 & 0 & 1/EI & 0 \\ 0 & 0 & 0 & 1 \\ 0 & 0 & 0 & 0 \end{bmatrix} \begin{Bmatrix} -w \\ -\varphi \\ M \\ Q \end{Bmatrix} \qquad \text{bzw.} \qquad \frac{d\{z\}}{dx} = [A]\{z\} \ .$$

Diese gewöhnliche Differentialgleichung erster Ordnung kann durch

$$\{z(x)\} = e^{[A]x}\{z_0\} \equiv [U(x)]\,\{z_0\}$$

gelöst werden. Darin ist $\{z_0\} \equiv \{z(0)\}$ der Zustandsvektor am Balkenanfang ($a = 0$). Die *Übertragungsmatrix* $[U(x)]$ **überträgt** die "*Informationen*" des bekannten Zustandes $\{z_0\}$ auf den Zustand $\{z(x)\}$ an einer Stelle x. Sie kann (analog einer *tensorwertigen Funktion* [BETTEN, 1987] als *Matrizenpolynom* in *Indexschreibweise* folgendermaßen dargestellt werden:

$$U_{ij} = f_{ij}(V_{pq}) = \psi_0 \delta_{ij} + \psi_1 V_{ij} + \cdots + \psi_{n-1} V_{ij}^{(n-1)} \ .$$

Nach dem HAMILTON-CAYLEY*schen Theorem* ist der *Höchstgrad* dieses *Minimalpolynoms* $n-1$, wenn eine n×n Matrix $[V]$ vorliegt. Die *skalarwertigen Funktionen* $\psi_0, \psi_1, \dots, \psi_{(n-1)}$ hängen vom Typ der darzustellenden Matrixfunktion $[f]$ und den "*irreduziblen Invarianten*" des Argumentes $[V]$ ab. Letztere sind identisch mit den *elementaren symmetrischen Funktionen* in den *Eigenwerten* λ_I, λ_{II}, ..., λ_N der n × n-Matrix $[V]$.

Beim obigen *Balkenfeld* liegt eine 4 × 4-Matrix vor, so dass man folgende *Polynomdarstellung* erhält:

$$U_{ij} = \exp([A]x) = \psi_0 \delta_{ij} + \psi_1 x A_{ij} + \psi_2 x^2 A_{ij}^{(2)} + \psi_3 x^3 A_{ij}^{(3)} \ .$$

Nach dem HAMILTON-CAYLEY*schen Theorem* erfüllt eine Matrix (bzw. ein Tensor) ihre eigene *charakteristische Gleichung*:

$$\boxed{\begin{array}{l} \lambda^n + J_1 \lambda^{n-1} + J_2 \lambda^{n-2} + \cdots + J_{n-1}\lambda + J_n = 0 \\[2mm] \hline \\[-2mm] V_{ij}^{(n)} + J_1 V_{ij}^{(n-1)} + J_2 V_{ij}^{(n-2)} + \cdots + J_{n-1} V_{ij} + J_n \delta_{ij} = 0_{ij} \end{array}} \ .$$

Darin sind $J_1, J_2, \dots, J_n$ die "*irreduziblen Invarianten*", die identisch sind mit den *elementaren symmetrischen Funktionen* in den *Eigenwerten*. Beispielsweise sind J_1 die *Spur* und J_n die *Determinante*:

$$J_1 \equiv \lambda_I + \lambda_{II} + \cdots + \lambda_N \quad ; \quad J_n \equiv \lambda_I \lambda_{II} \cdots \lambda_N \ .$$

Da die *Eigenwerte* von $[V]$ auch die *Matrixfunktionen* erfüllen, gilt:

$$U(\lambda_N) = f(\lambda_N) = \psi_0 + \psi_1 \lambda_N + \psi_2 \lambda_N^2 + \cdots + \psi_{n-1}\lambda_N^{n-1} \ .$$

Damit stehen bei N unterschiedlichen Eigenwerten auch N lineare Gleichungen zur Bestimmung der n Konstanten $\psi_0, \psi_1, \dots, \psi_{(n-1)}$ zur Verfügung. Falls zwei oder mehrere Eigenwerte übereinstimmen, müssen die erste und entsprechend höhere Ableitungen an den "*zweifachen*" oder "*mehrfachen Stützstellen*" als "Ersatz" benutzt werden.

Für das obige *Balkenfeld* ist $[V] \equiv x[A]$, so dass man folgende *Eigenwerte* ermittelt:

$$\det\left(\lambda[\delta]-x[A]\right)=\begin{vmatrix}\lambda & -x & 0 & 0\\ 0 & \lambda & \dfrac{-x}{EI} & 0\\ 0 & 0 & \lambda & -x\\ 0 & 0 & 0 & \lambda\end{vmatrix}\overset{!}{=}0\quad\Rightarrow\quad\boxed{\lambda^4=0}\,.$$

Aufgrund der Vierfach-Wurzel $\lambda_I=\lambda_{II}=\lambda_{III}=\lambda_{IV}\equiv\lambda=0$ erhält man folgendes Gleichungssystem:

$$\begin{aligned}f(\lambda)\ &=e^\lambda\ =\ \psi_0+\ \psi_1\lambda+\ \psi_2\lambda^2+\psi_3\lambda^3\\ df/d\lambda\equiv\ f'(\lambda)\ &=e^\lambda\ =\qquad\qquad \psi_1+\ 2\psi_2\lambda+3\psi_3\lambda^2\\ f''(\lambda)\ &=e^\lambda\ =\qquad\qquad\qquad\quad 2\psi_2+6\psi_3\lambda\\ f'''(\lambda)\ &=e^\lambda\ =\qquad\qquad\qquad\qquad\quad 6\,\psi_3\end{aligned}$$

Wegen $\lambda=0$ folgt daraus:

$$\begin{bmatrix}1 & 0 & 0 & 0\\ 0 & 1 & 0 & 0\\ 0 & 0 & 2 & 0\\ 0 & 0 & 0 & 6\end{bmatrix}\begin{Bmatrix}\psi_0\\ \psi_1\\ \psi_2\\ \psi_3\end{Bmatrix}=\begin{Bmatrix}1\\ 1\\ 1\\ 1\end{Bmatrix}\quad\Rightarrow\quad\boxed{\begin{aligned}\psi_0&=\psi_1=1\\ \psi_2&=1/2\\ \psi_3&=1/6\end{aligned}}$$

Mithin ergibt sich die *Übertragungsmatrix* für $x=\ell$ in Übereinstimmung mit Ü 3.5.4 schließlich zu:

$$U=\begin{bmatrix}1 & \ell & \ell^2/2EI & \ell^3/6EI\\ 0 & 1 & \ell/EI & \ell^2/2EI\\ 0 & 0 & 1 & \ell\\ 0 & 0 & 0 & 1\end{bmatrix}\,.$$

Ein MAPLE-Output sieht folgendermaßen aus:

>with(linalg):
>delta:=matrix(4,4,[1,0,0,0, 0,1,0,0, 0,0,1,0, 0,0,0,1]);

$$\delta:=\begin{bmatrix}1 & 0 & 0 & 0\\ 0 & 1 & 0 & 0\\ 0 & 0 & 1 & 0\\ 0 & 0 & 0 & 1\end{bmatrix}$$

>A:=matrix(4,4,[0,1,0,0, 0,0,1/EI,0, 0,0,0,1, 0,0,0,0]);

$$A := \begin{bmatrix} 0 & 1 & 0 & 0 \\ 0 & 0 & \dfrac{1}{EI} & 0 \\ 0 & 0 & 0 & 1 \\ 0 & 0 & 0 & 0 \end{bmatrix}$$

>U:=evalm(delta+x*A+(1/2)*x^2*multiply(A,A)+(1/6)*x^3*multiply(A,A,A));

$$U := \begin{bmatrix} 1 & x & \dfrac{1}{2}\dfrac{x^2}{EI} & \dfrac{1}{6}\dfrac{x^3}{EI} \\ 0 & 1 & \dfrac{x}{EI} & \dfrac{1}{2}\dfrac{x^2}{EI} \\ 0 & 0 & 1 & x \\ 0 & 0 & 0 & 1 \end{bmatrix}$$

mit x = l folgt:
>U:=subs(x=l,");

$$U := \begin{bmatrix} 1 & l & \dfrac{1}{2}\dfrac{l^2}{EI} & \dfrac{1}{6}\dfrac{l^3}{EI} \\ 0 & 1 & \dfrac{l}{EI} & \dfrac{1}{2}\dfrac{l^2}{EI} \\ 0 & 0 & 1 & l \\ 0 & 0 & 0 & 1 \end{bmatrix}$$

Diese Übertragungsmatrix stimmt mit der obigen überein.

Ü 3.5.6

Zunächst werde die Drehträgheit vernachlässigt. Auch die Schnittlasten N = N(x) sollen unberücksichtigt bleiben (Skizze).

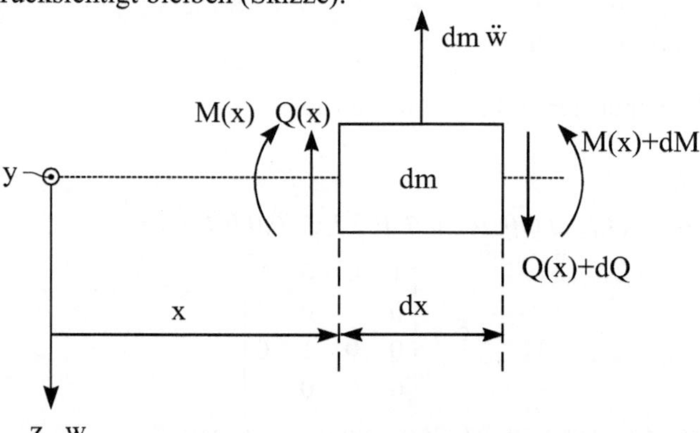

Unter Berücksichtigung der D'ALEMBERTschen Zusatzkraft erhält man das Kräftegleichgewicht:

$$-dm\,\ddot{w} - Q(x) + Q(x) + dQ = 0 \ .$$

Wegen $dm = \mu dx$ folgt daraus:

$$\frac{dQ}{dx} = \mu \ddot{w} \ .$$

Bei harmonischer Bewegung ($w = \hat{w} \sin \omega t$) kann $\ddot{w}$ durch $-\omega^2 w$ ausgedrückt werden, so dass man schließlich $dQ/dx = -\mu\omega^2 w$ erhält. Um diesen Term ist Ü 3.5.5 zu erweitern:

$$\frac{dw}{dx} = \varphi \quad ; \quad \kappa = \frac{d\varphi}{dx} = -\frac{M(x)}{EI} \quad ; \quad \frac{dM}{dx} = Q \quad ; \quad \frac{dQ}{dx} = -\mu\omega^2 w \ .$$

Mithin kann man in *Matrizenform* schreiben:

$$\frac{d}{dx}\begin{Bmatrix} -w \\ -\varphi \\ M \\ Q \end{Bmatrix} = \begin{bmatrix} 0 & 1 & 0 & 0 \\ 0 & 0 & 1/EI & 0 \\ 0 & 0 & 0 & 1 \\ \mu\omega^2 & 0 & 0 & 0 \end{bmatrix}\begin{Bmatrix} -w \\ -\varphi \\ M \\ Q \end{Bmatrix} \qquad \text{bzw.} \qquad \frac{d\{z\}}{dx} = [A]\{z\} \ .$$

Mit dieser erweiterten Matrix [A] liegt analog Ü 3.5.5 folgendes *Eigenwertproblem* vor:

$$\det(\lambda[\delta] - \ell[A]) = \begin{vmatrix} \lambda & -\ell & 0 & 0 \\ 0 & \lambda & \ell/EI & 0 \\ 0 & 0 & \lambda & -\ell \\ -\mu\omega^2\ell & 0 & 0 & \lambda \end{vmatrix} \overset{!}{=} 0 \qquad \Rightarrow \boxed{\lambda^4 + \gamma^4 = 0} \ .$$

Darin ist zur Abkürzung $\boxed{\gamma^4 \equiv \mu\omega^2\ell^4 / EI}$ gesetzt. Die Eigenwerte sind somit durch

$$\boxed{\lambda_{\mathrm{I}} = \gamma \quad | \quad \lambda_{\mathrm{II}} = -\gamma \quad | \quad \lambda_{\mathrm{III}} = i\gamma \quad | \quad \lambda_{\mathrm{IV}} = -i\gamma}$$

gegeben. Die Koeffizienten $\psi_0 , \dots , \psi_3$ in dem *Minimalpolynom* der *Übertragungsmatrix*

$$U_{ij} = \exp(\ell[A]) = \psi_0\delta_{ij} + \psi_1\ell A_{ij} + \psi_2\ell^2 A_{ij}^{(2)} + \psi_3\ell^3 A_{ij}^{(3)}$$

erhält man analog Ü 3.5.5 aus folgendem linearem Gleichungssystem:

$$f(\lambda_{\mathrm{I}}) = e^{\gamma} = \psi_0 + \gamma\psi_1 + \gamma^2\psi_2 + \gamma^3\psi_3$$

$$f(\lambda_{\mathrm{II}}) = e^{-\gamma} = \psi_0 - \gamma\psi_1 + \gamma^2\psi_2 - \gamma^3\psi_3$$

$$f(\lambda_{\mathrm{III}}) = e^{i\gamma} = \psi_0 + i\gamma\psi_1 - \gamma^2\psi_2 - i\gamma^3\psi_3$$

$$f(\lambda_{\mathrm{IV}}) = e^{-i\gamma} = \psi_0 - i\gamma\psi_1 - \gamma^2\psi_2 + i\gamma^3\psi_3$$

Mit der Lösung:

$$\begin{array}{|c|c|}
\hline
\psi_0 = \dfrac{1}{2}\left(\cosh\gamma + \cos\gamma\right) & \psi_1 = \dfrac{1}{2\gamma}\left(\sinh\gamma + \sin\gamma\right) \\
\hline
\psi_2 = \dfrac{1}{2\gamma^2}\left(-\cosh\gamma + \cos\gamma\right) & \psi_3 = \dfrac{1}{2\gamma^3}\left(\sinh\gamma - \sin\gamma\right) \\
\hline
\end{array}$$

Damit erhält man die gesuchte *Übertragungsmatrix*:

$$[U] = \begin{bmatrix}
\psi_0 & \ell\psi_1 & \ell^2\psi_2/EI & \ell^3\psi_3/EI \\
\gamma^4\psi_3/\ell & \psi_0 & \ell\psi_1/EI & \ell^2\psi_2/EI \\
\gamma^4 EI\psi_2/\ell^2 & \gamma^4 EI\psi_3/\ell & \psi_0 & \ell\psi_1 \\
\gamma^4 EI\psi_1/\ell^3 & \gamma^4 EI\psi_2/\ell^2 & \gamma^4\psi_3/\ell & \psi_0
\end{bmatrix}.$$

Der Grenzübergang $\mu \to 0$ bzw. $\gamma \to 0$ führt auf die *Übertragungsmatrix* in Ü 3.5.5.

Mit Hilfe des MAPLE-Programms sind obige Ergebnisse überprüft worden. Man erhält folgenden Output:

```
>with(linalg):
>delta:=matrix(4,4,[1,0,0,0, 0,1,0,0, 0,0,1,0, 0,0,0,1]);
```

$$\delta := \begin{bmatrix}
1 & 0 & 0 & 0 \\
0 & 1 & 0 & 0 \\
0 & 0 & 1 & 0 \\
0 & 0 & 0 & 1
\end{bmatrix}$$

```
>lA:=matrix(4,4,[0,l,0,0, 0,0,l/EI,0, 0,0,0,l, mu*omega^2*l,0,0,0]);
```

$$lA := \begin{bmatrix}
0 & l & 0 & 0 \\
0 & 0 & \dfrac{l}{EI} & 0 \\
0 & 0 & 0 & l \\
\mu\,\omega^2\,l & 0 & 0 & 0
\end{bmatrix}$$

```
>cp:=charpoly(lA,lambda);
```

$$cp := -\,\frac{-\lambda^4\,EI + \mu\,\omega^2\,l^4}{EI}$$

```
>solve(cp,lambda);
```

$$l\sqrt{\omega\sqrt{\frac{\mu}{EI}}}\,,\; -l\sqrt{\omega\sqrt{\frac{\mu}{EI}}}\,,\; I\,l\sqrt{\omega\sqrt{\frac{\mu}{EI}}}\,,\; -I\,l\sqrt{\omega\sqrt{\frac{\mu}{EI}}}$$

Im Folgenden werden die Koeffizienten ψ_0 bis ψ_3 berechnet, aber aus Platzgründen nicht ausgedruckt.

```
>solve({psi[0]+gamma*psi[1]+gamma^2*psi[2]+gamma^3*psi[3]=exp(gamma
>), psi[0]-gamma*psi[1]+gamma^2*psi[2]-gamma^3*psi[3]=exp(-gamma),
>psi[0]+I*gamma*psi[1]-gamma^2*psi[2]-I*gamma^3*psi[3]=exp(I*gamma),
>psi[0]-I*gamma*psi[1]-gamma^2*psi[2]+I*gamma^3*psi[3]=exp(-
>I*gamma)}, { psi[0], psi[1], psi[2], psi[3]}): simplify("):
```

Die Übertragungsmatrix ergibt sich wie folgt:
>U:=evalm(psi[0]*delta+psi[1]*lA+psi[2]*multiply(lA,lA)+psi[3]*multiply(lA,l A,lA));

$$U := \begin{bmatrix} \psi_0 & \psi_1\, l & \dfrac{\psi_2\, l^2}{EI} & \dfrac{\psi_3\, l^3}{EI} \\[2ex] \dfrac{\psi_3\, l^3\, \mu\, \omega^2}{EI} & \psi_0 & \dfrac{\psi_1\, l}{EI} & \dfrac{\psi_2\, l^2}{EI} \\[2ex] \psi_2\, l^2\, \mu\, \omega^2 & \psi_3\, l^3\, \mu\, \omega^2 & \psi_0 & \psi_1\, l \\[2ex] \psi_1\, \mu\, \omega^2\, l & \psi_2\, l^2\, \mu\, \omega^2 & \dfrac{\psi_3\, l^3\, \mu\, \omega^2}{EI} & \psi_0 \end{bmatrix}$$

Dieses Ergebnis stimmt mit der "von Hand" ermittelten Übertragungsmatrix überein, wie man leicht feststellen kann, wobei die Abkürzung $\gamma^4 \equiv \mu\,\omega^2 \ell^4 / EI$ zu beachten ist.

Falls die Masse noch eine *Drehträgheit* Θ besitzt (Skizze),

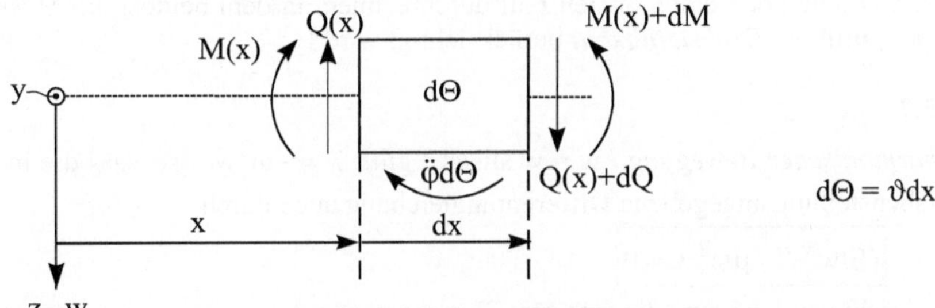

so folgt aus dem Momentengleichgewicht bei harmonischer Bewegung ($\varphi = \hat{\varphi}\sin\omega t$):

$$-d\Theta\ddot{\varphi} - M(x) + M(x) + dM = 0 \;\Rightarrow\; dM = d\Theta\ddot{\varphi} = -\vartheta\, dx\, \omega^2\varphi \;\Rightarrow\; \boxed{\dfrac{dM}{dx} = -\vartheta\,\omega^2\varphi}\,.$$

Somit ist in obiger Matrix [A] das Element $\Theta\omega^2$ in die dritte Zeile und zweite Spalte einzuordnen. Der erneute Rechengang verläuft analog zum vorigen.

Berücksichtigt man **nur** die *Drehträgheit*, ergibt sich folgender MAPLE-Output:
>with(linalg):
>lA:=matrix(4,4,[[0,1,0,0],[0,0,l/EI,0],[0,theta*omega^2,0,1],[0,0,0,0]]);

$$lA := \begin{bmatrix} 0 & 1 & 0 & 0 \\[1ex] 0 & 0 & \dfrac{l}{EI} & 0 \\[1ex] 0 & \theta\,\omega^2 & 0 & 1 \\[1ex] 0 & 0 & 0 & 0 \end{bmatrix}$$

>delta:=matrix(4,4,[[1,0,0,0],[0,1,0,0],[0,0,1,0],[0,0,0,1]]);

$$\delta := \begin{bmatrix} 1 & 0 & 0 & 0 \\ 0 & 1 & 0 & 0 \\ 0 & 0 & 1 & 0 \\ 0 & 0 & 0 & 1 \end{bmatrix}$$

>*cp:=charpoly(lA,lambda);*

$$cp := -\frac{\lambda^2 \left(-\lambda^2\, EI + \theta\, \omega^2\, l \right)}{EI}$$

>*solve(cp=0,lambda);*

$$0,\ 0,\ -\frac{\omega\sqrt{EI\,\theta\,l}}{EI},\ \frac{\omega\sqrt{EI\,\theta\,l}}{EI}$$

Bestimmung der Koeffizienten ψ_0 bis ψ_3 :

Mit diesen vier λ-Werten muss erst ein neues Gleichungssystem aufgestellt werden - analog zum ersten Teil der Aufgabe, in der nur die Massenbelegung berücksichtigt wurde.

Man könnte noch einen dritten Fall durchrechnen, in dem beides, die *Massenbelegung* **und** die *Drehsteifigkeit*, berücksichtigt wird !

Ü 3.5.7

Bei *harmonischer Bewegung* ($w = \hat{w}\sin\omega t$) gilt: $\ddot{w} = -\omega^2 w$, so dass die in der Aufgabenstellung angegebene Differentialgleichung auch durch

$$\boxed{(EIw'')'' - \mu\omega^2 w = 0}$$

ausgedrückt werden kann, die sich für $EI = $ const. zu

$$\boxed{w^{IV} - \left(\frac{\gamma}{\ell}\right)^4 w = 0}$$

vereinfacht. Darin ist wie in Ü 3.5.6 die dimensionslose Abkürzung

$$\gamma^4 \equiv \mu\, \omega^2 \ell^4 / EI$$

eingeführt. Da die vier Randbedingungen

$$w(0) = w_0 \quad,\quad w'(0) = \varphi_0 \quad,\quad w''(0) = \frac{-M_0}{EI} \quad,\quad w'''(0) = \frac{-Q_0}{EI}$$

als *Zustandsgrößen* am *Feldanfang* zur Verfügung stehen, wird folgender Lösungsansatz gemacht:

$$\boxed{w = \sum_{k=1}^{4} \alpha_k \exp(\lambda_k x)} .$$

Damit erhält man aus der Differentialgleichung die *charakteristische Gleichung*:

$$\left[\lambda_k^4 - (\gamma/\ell)^4\right] w = 0 \quad \Rightarrow \quad \boxed{\lambda_k^4 = (\gamma/\ell)^4}$$

mit den Lösungen:

$$\boxed{\lambda_{1;2} = \pm\gamma/\ell} \qquad \boxed{\lambda_{3;4} = \pm i\gamma/\ell}\,.$$

Wegen

$$\exp(\pm\gamma x/\ell) = \cosh(\gamma x/\ell) \pm \sinh(\gamma x/\ell)$$

$$\exp(\pm i\gamma x/\ell) = \cos(\gamma x/\ell) \pm i\,\sin(\gamma x/\ell)$$

kann der Lösungsansatz durch

$$w(x) = A_1\cosh(\gamma x/\ell) + A_2\sinh(\gamma x/\ell) + A_3\cos(\gamma x/\ell) + A_4\sin(\gamma x/\ell)$$

oder auch durch

$$w(x) = a_1[\cosh(\gamma x/\ell) + \cos(\gamma x/\ell)] + a_2[\sinh(\gamma x/\ell) + \sin(\gamma x/\ell)]$$

$$+a_3[\cosh(\gamma x/\ell) - \cos(\gamma x/\ell)] + a_4[\sinh(\gamma x/\ell) - \sin(\gamma x/\ell)]$$

ausgedrückt werden. Darin sind

$$\boxed{\begin{aligned}
R_1(x) &\equiv \cosh(\gamma x/\ell) + \cos(\gamma x/\ell)\\
R_2(x) &\equiv \sinh(\gamma x/\ell) + \sin(\gamma x/\ell)\\
R_3(x) &\equiv \cosh(\gamma x/\ell) - \cos(\gamma x/\ell)\\
R_4(x) &\equiv \sinh(\gamma x/\ell) - \sin(\gamma x/\ell)
\end{aligned}}$$

die RAYLEIGH*schen Funktionen*. Mit ihnen erhält man die Darstellung

$$\boxed{w(x) = \sum_{k=1}^{4} a_k R_k(x)}\,.$$

Mit den *Zustandsgrößen* am *Feldanfang* können die Koeffizienten a_k bequem bestimmt werden:

$$w_0 \equiv w(0) \qquad \Rightarrow \qquad a_1 = \frac{1}{2}\,w_0$$

$$\varphi_0 \equiv w'(0) \qquad \Rightarrow \qquad a_2 = \frac{1}{2}\frac{\ell}{\gamma}\,\varphi_0$$

$$M_0 \equiv -EIw''(0) \qquad \Rightarrow \qquad a_3 = -\frac{1}{2}\left(\frac{\ell}{\gamma}\right)^2 M_0/EI$$

$$Q_0 \equiv -EIw'''(0) \qquad \Rightarrow \qquad a_4 = -\frac{1}{2}\left(\frac{\ell}{\gamma}\right)^3 Q_0/EI$$

Wegen der Zusammenhänge

$R_1'(x) = \dfrac{\gamma}{\ell} R_4(x)$	$R_1''(x) = \left(\dfrac{\gamma}{\ell}\right)^2 R_3(x)$	$R_1'''(x) = \left(\dfrac{\gamma}{\ell}\right)^3 R_2(x)$
$R_2'(x) = \dfrac{\gamma}{\ell} R_1(x)$	$R_2''(x) = \left(\dfrac{\gamma}{\ell}\right)^2 R_4(x)$	$R_2'''(x) = \left(\dfrac{\gamma}{\ell}\right)^3 R_3(x)$
$R_3'(x) = \dfrac{\gamma}{\ell} R_2(x)$	$R_3''(x) = \left(\dfrac{\gamma}{\ell}\right)^2 R_1(x)$	$R_3'''(x) = \left(\dfrac{\gamma}{\ell}\right)^3 R_4(x)$
$R_4'(x) = \dfrac{\gamma}{\ell} R_3(x)$	$R_4''(x) = \left(\dfrac{\gamma}{\ell}\right)^2 R_2(x)$	$R_4'''(x) = \left(\dfrac{\gamma}{\ell}\right)^3 R_1(x)$

und unter Berücksichtigung der oben bestimmten Koeffizienten a_k können die *Zu-standsgrößen am Feldende* $(x = \ell)$ folgendermaßen dargestellt werden:

$$\left\{\begin{array}{c} -w(\ell) \\[2ex] -\varphi(\ell) \\[2ex] M(\ell) \\[2ex] Q(\ell) \end{array}\right\} = \frac{1}{2} \left[\begin{array}{cccc} R_1(\ell) & \dfrac{\ell}{\gamma} R_2(\ell) & \left(\dfrac{\ell}{\gamma}\right)^2 \dfrac{R_3(\ell)}{EI} & \left(\dfrac{\ell}{\gamma}\right)^3 \dfrac{R_4(\ell)}{EI} \\[3ex] \dfrac{\gamma}{\ell} R_4(\ell) & R_1(\ell) & \dfrac{\ell}{\gamma} \dfrac{R_2(\ell)}{EI} & \left(\dfrac{\ell}{\gamma}\right)^2 \dfrac{R_3(\ell)}{EI} \\[3ex] \left(\dfrac{\gamma}{\ell}\right)^2 EI\, R_3(\ell) & \dfrac{\gamma}{\ell} EI\, R_4(\ell) & R_1(\ell) & \dfrac{\ell}{\gamma} R_2(\ell) \\[3ex] \left(\dfrac{\gamma}{\ell}\right)^3 EI\, R_2(\ell) & \left(\dfrac{\gamma}{\ell}\right)^2 EI\, R_3(\ell) & \dfrac{\gamma}{\ell} R_4(\ell) & R_1(\ell) \end{array}\right] \left\{\begin{array}{c} -w_0 \\[2ex] -\varphi_0 \\[2ex] M_0 \\[2ex] Q_0 \end{array}\right\}$$

$$\{z(\ell)\} = [U(\gamma/\ell)] \quad \{z_0\}\,.$$

Damit ist die *Übertragungsmatrix* [U] bestimmt. Sie ist *quersymmetrisch* und besitzt nur positive Elemente.

Unter Beachtung der Grenzwerte

$$\lim_{\gamma\to 0} R_1(\ell) = 2\,;\ \lim_{\gamma\to 0} \frac{\ell}{\gamma} R_2(\ell) = 2\ell\,;\ \lim_{\gamma\to 0} \left(\frac{\ell}{\gamma}\right)^2 R_3(\ell) = \ell^2\,;\ \lim_{\gamma\to 0} \left(\frac{\ell}{\gamma}\right)^3 R_4(\ell) = \frac{1}{3}\ell^3$$

erhält man aus obiger *Übertragungsmatrix* für $\mu \to 0$ bzw. $\gamma \to 0$ die entsprechende *Feldmatrix* [F] in Ü 3.5.4. Die in Ü 3.5.4 hergeleitete *Punktmatrix* [P] erhält man aus obiger *Übertragungsmatrix* [U], indem man zunächst $\mu\ell = m$ setzt und anschließend den Grenzübergang $\ell \to 0$ bildet. So kann dieser Grenzübergang beispielsweise für das Element $\dfrac{1}{2}\left(\dfrac{\gamma}{\ell}\right)^3 EI\, R_2(\ell)$ in der vierten Zeile und ersten Spalte folgendermaßen gefunden werden:

$$\frac{1}{2}\left(\frac{\gamma}{\ell}\right)^3 EI\, R_2(\ell) = \frac{1}{2}\left(\frac{m\omega^2}{EI}\right)^{3/4}\frac{EI}{\ell^{3/4}}\left\{\sinh\left[\left(\frac{m\omega^2}{EI}\right)^{1/4}\ell^{3/4}\right]+\sin\left[\left(\frac{m\omega^2}{EI}\right)^{1/4}\ell^{3/4}\right]\right\}.$$

Für $\ell \to 0$ erhält man zunächst einen unbestimmten Ausdruck; nach der Regel von DE L'HOSPITAL erhält man schließlich:

$$\frac{1}{2}\left(\frac{m\omega^2}{EI}\right)^{3/4} EI \lim_{\ell\to 0} \frac{\left(\dfrac{m\omega^2}{EI}\right)^{1/4}\dfrac{3}{4}\ell^{-1/4}\left\{\cosh\left[\left(\dfrac{m\omega^2}{EI}\right)^{1/4}\ell^{3/4}\right]+\cos\left[\left(\dfrac{m\omega^2}{EI}\right)^{1/4}\ell^{3/4}\right]\right\}}{\dfrac{3}{4}\ell^{-1/4}}$$

$$=\frac{1}{2}\left(\frac{m\omega^2}{EI}\right)EI\{2\} = \underline{\underline{m\omega^2}}\,.$$

Es sei noch vermerkt, dass obige *Übertragungsmatrix* auch bei *elastischer Bettung* [*Bettungsziffer* β mit $q(x) = \beta w(x)$] gilt, wenn man $\boxed{\gamma^4 = \dfrac{\mu\omega^2 - \beta}{EI}\,\ell^4}$ substituiert.

Analog Ü 3.5.4 können die *Eigenkreisfrequenzen* unter verschiedenen Randbedingungen ermittelt werden. Als Beispiel sei der fest eingespannte Balken mit freiem Ende gewählt. Dafür erhält man aus obiger Matrizengleichung:

$$\begin{Bmatrix}-w(\ell)\\ -\varphi(\ell)\\ 0\\ 0\end{Bmatrix}=\frac{1}{2}\left[\begin{array}{cc:cc}\bullet & \bullet & \bullet & \bullet\\ \bullet & \bullet & \bullet & \bullet\\ \hdashline \bullet & \bullet & R_1(\ell) & \dfrac{\ell}{\gamma}R_2(\ell)\\ \bullet & \bullet & \dfrac{\gamma}{\ell}R_4(\ell) & R_1(\ell)\end{array}\right]\begin{Bmatrix}0\\ 0\\ M_0\\ Q_0\end{Bmatrix}.$$

Daraus folgt das homogene lineare Gleichungssystem:

$$\begin{Bmatrix}0\\ 0\end{Bmatrix}=\frac{1}{2}\begin{bmatrix}R_1(\ell) & \dfrac{\ell}{\gamma}R_2(\ell)\\ \dfrac{\gamma}{\ell}R_4(\ell) & R_1(\ell)\end{bmatrix}\begin{Bmatrix}M_0\\ Q_0\end{Bmatrix}.$$

Aufgrund der CRAMER*schen Regel* muss die Koeffizientendeterminante verschwinden:

$$\begin{vmatrix}R_1(\ell) & \dfrac{\ell}{\gamma}R_2(\ell)\\ \dfrac{\gamma}{\ell}R_4(\ell) & R_1(\ell)\end{vmatrix}\overset{!}{=}0 \;\Rightarrow\; \boxed{R_1^2(\ell) = R_2(\ell)\,R_4(\ell)}$$

$$\Downarrow$$

$$(\cosh\gamma+\cos\gamma)^2 = \sinh^2\gamma-\sin^2\gamma$$

Schließlich folgt:

$$\boxed{1 + \cosh\gamma \ \cos\gamma = 0}\ .$$

Diese Beziehung kann graphisch oder mit Hilfe der MAPLE-Software nach γ aufgelöst werden, wie im Folgenden gezeigt.

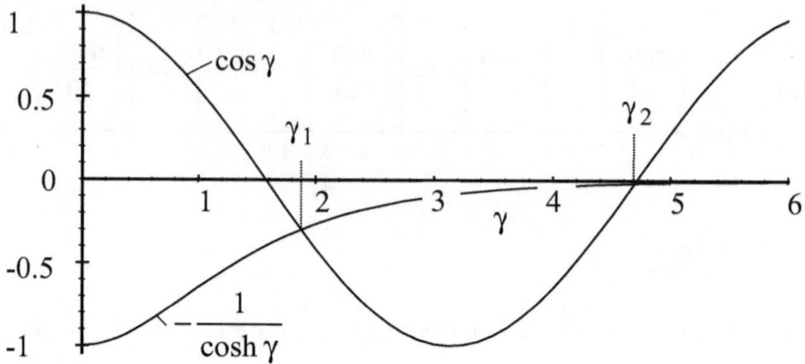

eqn:=cos(x)=-1/cosh(x);

*for i from 1 to 10 do fsolve(eqn,x,(i-1)*Pi..i*Pi) od;*

plot({cos(x),-1/cosh(x)}, x=0..6);

$$eqn := \cos(x) = -\frac{1}{\cosh(x)}$$

$$1.875104069$$
$$4.694091133$$
$$7.854757438$$
$$10.99554073$$
$$14.13716839$$
$$17.27875953$$
$$20.42035225$$
$$23.56194490$$
$$26.70353756$$
$$29.84513021$$

Ü 3.5.8

Unter Berücksichtigung der D'ALEMBERT*schen Zusatzkraft* $-m(w+w_F)^{\bullet\bullet}$ erhält man die "*Gleichgewichtsbedingung*"

$$-m(w+w_F)^{\bullet\bullet} + Q^R - Q^L = 0\ ,$$

in der man bei *harmonischer Bewegung* ($w = \hat{w} \sin \omega t$) die Beschleunigungskräfte gemäß

$$m\ddot{w} = -m\omega^2 w \quad \text{und} \quad m\ddot{w}_F = -m\omega^2 w_F$$

ersetzen kann, so dass folgt:

$$Q^R = Q^L - m\omega^2 w - m\omega^2 w_F \ . \tag{$*$}$$

Darin kann die Federauslenkung w_F folgendermaßen eliminiert werden. Nach NEWTON gilt für die Federkraft:

$$Q_F = kw_F = m(w+w_F)^{\bullet\bullet} = -m\omega^2(w+w_F) \ ,$$

woraus $\quad w_F = \dfrac{-m\omega^2}{k+m\omega^2}\ w \tag{$**$}$

folgt. Setzt man ($**$) in ($*$) ein, so findet man:

$$\boxed{Q^R = Q^L - \frac{m\omega^2}{1+\dfrac{m}{k}\omega^2}\ w} \ .$$

Aus dieser Beziehung entnimmt man, dass in der *Übertragungsbeziehung* für die *Punktmasse* (Ü 3.5.2) das Element $m\omega^2$ in der vierten Zeile und ersten Spalte durch $m\omega^2\Big/\left(1+\dfrac{m}{k}\omega^2\right)$ zu ersetzen ist. Somit ist die gesuchte *Punktmatrix* ermittelt:

$$[U] = \begin{bmatrix} 1 & 0 & 0 & 0 \\ 0 & 1 & 0 & 0 \\ 0 & 0 & 1 & 0 \\ C & 0 & 0 & 1 \end{bmatrix} \ . \quad \text{mit} \quad C \equiv \frac{m\omega^2}{1+\dfrac{m}{k}\omega^2} \ .$$

Der Grenzübergang

$$\lim_{m\to\infty} C = k$$

führt auf die *Punktmatrix* einer starr gelagerten Feder (Ü 3.5.2c), während für $k\to\infty$ die Punktmasse fest mit dem Balkenelement verbunden ist (Ü 3.5.2a).

Ü 3.5.9

Die *Gesamtübertragungsmatrix* [U] setzt sich multiplikativ aus zwei *Feldmatrizen* (für die beiden Balkenteile) und zwei *Punktmatrizen* (für den Massenpunkt und die Stützfeder) zusammen :

$$\left\{z_2^R\right\} = [P_2][F_{2\div1}][P_1][F_{1\div0}]\{z_0\} = [U]\{z_0\} \ .$$

Nach Ü 3.5.2 und Ü 3.5.4 gelten folgende Einzelmatrizen:

$$[F_{1\div0}] = [F_{2\div1}] = \begin{bmatrix} 1 & \ell & \ell^2/2EI & \ell^3/6EI \\ 0 & 1 & \ell/EI & \ell^2/2EI \\ 0 & 0 & 1 & \ell \\ 0 & 0 & 0 & 1 \end{bmatrix}$$

$$[P_1] = \begin{bmatrix} 1 & 0 & 0 & 0 \\ 0 & 1 & 0 & 0 \\ 0 & 0 & 1 & 0 \\ m\omega^2 & 0 & 0 & 1 \end{bmatrix} \quad ; \quad [P_2] = \begin{bmatrix} 1 & 0 & 0 & 0 \\ 0 & 1 & 0 & 0 \\ 0 & 0 & 1 & 0 \\ -k & 0 & 0 & 1 \end{bmatrix} \ .$$

Unter Berücksichtigung der Randbedingungen ($w_0 = 0$, $\varphi_0 = 0$, $M_2^R = 0$, $Q_2^R = 0$) liest man aus der Übertragungsbeziehung folgendes homogene lineare Gleichungssystem ab:

$$\left\{\begin{matrix} 0 \\ 0 \end{matrix}\right\} = \begin{bmatrix} U_{33} & U_{34} \\ U_{43} & U_{44} \end{bmatrix} \left\{\begin{matrix} M_0 \\ Q_0 \end{matrix}\right\} \ ,$$

dessen Koeffizientendeterminante verschwinden muss:

$$\boxed{U_{33}U_{44} - U_{34}U_{43} = 0} \ .$$

Die Aufstellung der Übertragungsmatrix und die Lösung des Gleichungssystems zur Bestimmung von ω^2 erfolgt mit Hilfe der MAPLE-Software:

```
>with(linalg):
>F:=matrix(4,4,[1,l,l^2/(2*EI),l^3/(6*EI),  0,1,l/EI,l^2/(2*EI),0,0,1,l, 0,0,0,1]);
```

$$F := \begin{bmatrix} 1 & l & \dfrac{1}{2}\dfrac{l^2}{EI} & \dfrac{1}{6}\dfrac{l^3}{EI} \\ 0 & 1 & \dfrac{l}{EI} & \dfrac{1}{2}\dfrac{l^2}{EI} \\ 0 & 0 & 1 & l \\ 0 & 0 & 0 & 1 \end{bmatrix}$$

Punktmatrizen P[1] für eine Einzelmasse und P[2] für eine Stützfeder:

```
> P[1]:=matrix(4,4,[1,0,0,0,  0,1,0,0,  0,0,1,0, m*omega^2,0,0,1]);
```

$$P_1 := \begin{bmatrix} 1 & 0 & 0 & 0 \\ 0 & 1 & 0 & 0 \\ 0 & 0 & 1 & 0 \\ m\,\omega^2 & 0 & 0 & 1 \end{bmatrix}$$

```
> P[2]:=matrix(4,4,[1,0,0,0,  0,1,0,0,  0,0,1,0, -k,0,0,1]);
```

$$P_2 := \begin{bmatrix} 1 & 0 & 0 & 0 \\ 0 & 1 & 0 & 0 \\ 0 & 0 & 1 & 0 \\ -k & 0 & 0 & 1 \end{bmatrix}$$

Berechnung der Übertragungsmatrix U:

$>U:=multiply(P[2],F,P[1],F):$

Aus Platzgründen wurde auf einen Ausdruck der Übertragungsmatrix U verzichtet.

   Im Folgenden sind die zur Lösung des Gleichungssystems notwendigen Koeffizienten ausgedruckt.

$>U[3,3]:=expand(U[3,3]);U[3,4]:=expand(U[3,4]);$

$>U[4,3]:=expand(U[4,3]);U[4,4]:=expand(U[4,4]);$

$$U_{3,3} := \frac{1}{2}\frac{l^3\,m\,\omega^2}{EI} + 1$$

$$U_{3,4} := \frac{1}{6}\frac{l^4\,m\,\omega^2}{EI} + 2\,l$$

$$U_{4,3} := -2\frac{k\,l^2}{EI} - \frac{1}{12}\frac{l^5\,m\,\omega^2\,k}{EI^2} + \frac{1}{2}\frac{l^2\,m\,\omega^2}{EI}$$

$$U_{4,4} := -\frac{4}{3}\frac{k\,l^3}{EI} - \frac{1}{36}\frac{l^6\,m\,\omega^2\,k}{EI^2} + \frac{1}{6}\frac{l^3\,m\,\omega^2}{EI} + 1$$

$>Ured:=matrix(2,2,[U[3,3],U[3,4],U[4,3],U[4,4]\ ]);$

$$Ured := \begin{bmatrix} \dfrac{1}{2}\dfrac{l^3\,m\,\omega^2}{EI} + 1 & \dfrac{1}{6}\dfrac{l^4\,m\,\omega^2}{EI} + 2\,l \\ -2\dfrac{k\,l^2}{EI} - \dfrac{1}{12}\dfrac{l^5\,m\,\omega^2\,k}{EI^2} + \dfrac{1}{2}\dfrac{l^2\,m\,\omega^2}{EI} & -\dfrac{4}{3}\dfrac{k\,l^3}{EI} - \dfrac{1}{36}\dfrac{l^6\,m\,\omega^2\,k}{EI^2} + \dfrac{1}{6}\dfrac{l^3\,m\,\omega^2}{EI} + 1 \end{bmatrix}$$

$>omega\char94 2=solve(det\ (Ured)\ =0,omega\char94 2);$

$$\omega^2 = -\frac{-96\,k\,l^3\,EI - 36\,EI^2}{7\,l^6\,m\,k + 12\,l^3\,m\,EI}$$

$>expand(");$

$$\omega^2 = 96\,\frac{k\,l^3\,EI}{7\,l^6\,m\,k + 12\,l^3\,m\,EI} + 36\,\frac{EI^2}{7\,l^6\,m\,k + 12\,l^3\,m\,EI}$$

$>simplify(");$

$$\boxed{\omega^2 = 12\,\frac{EI\left(8\,k\,l^3 + 3\,EI\right)}{l^3\,m\left(7\,k\,l^3 + 12\,EI\right)}}$$

Zu beachten ist, dass im MAPLE-Programm die Biegesteifigkeit EI als **ein** Wort eingegeben wurde und nicht als Produkt E*I. So bedeutet der Ausdruck EI^2 das Quadrat der Biegesteifigkeit: $(EI)^2$.

Ü 3.5.10

Die Übertragungsbeziehung lautet:

$$\{z_1\} = [F_b] \, [P] \, [F_a] \, \{z_0\} \equiv [U] \, \{z_0\} \ .$$

Die Feldmatrizen können aus Ü 3.5.4 entnommen werden. Die Punktmatrix findet man in Ü 3.5.2. Die Übertragungsmatrix erhält man durch Matrizenmultiplikation.

Aufgrund der Randbedingungen gilt folgende Übertragungsbeziehung:

$$\begin{Bmatrix} 0 \\ -\varphi_1 \\ 0 \\ Q_1 \end{Bmatrix} = \begin{bmatrix} U_{11} & U_{12} & U_{13} & U_{14} \\ U_{21} & U_{22} & U_{23} & U_{24} \\ U_{31} & U_{32} & U_{33} & U_{34} \\ U_{41} & U_{42} & U_{43} & U_{44} \end{bmatrix} \begin{Bmatrix} 0 \\ 0 \\ M_0 \\ Q_0 \end{Bmatrix} \ .$$

Daraus liest man das folgende homogene lineare Gleichungssystem ab:

$$\begin{Bmatrix} 0 \\ 0 \end{Bmatrix} = \begin{bmatrix} U_{13} & U_{14} \\ U_{33} & U_{34} \end{bmatrix} \begin{Bmatrix} M_0 \\ Q_0 \end{Bmatrix} \ ,$$

dessen Koeffizientendeterminante verschwinden muss:

$$U_{13} \, U_{34} \ - \ U_{14} \, U_{33} \ \overset{!}{=} \ 0 \ .$$

Daraus ermittelt man mit Hilfe des MAPLE-Programms die gesuchte *Eigenkreisfrequenz*:

> *with(linalg):*

> *Fa:=matrix(4,4, [1,a,a^2/(2*EI),a^3/(6*EI), 0,1,a/EI,a^2/(2*EI), 0,0,1,a, 0,0,0,1]);*

$$Fa := \begin{bmatrix} 1 & a & \dfrac{a^2}{2\,EI} & \dfrac{a^3}{6\,EI} \\[2mm] 0 & 1 & \dfrac{a}{EI} & \dfrac{a^2}{2\,EI} \\[2mm] 0 & 0 & 1 & a \\[2mm] 0 & 0 & 0 & 1 \end{bmatrix}$$

> *Fb:=matrix(4,4, [1,b,b^2/(2*EI), b^3/(6*EI), 0,1,b/EI, b^2/(2*EI), 0,0,1,b,0,0,0,1]);*

$$Fb := \begin{bmatrix} 1 & b & \dfrac{b^2}{2\,EI} & \dfrac{b^3}{6\,EI} \\[2mm] 0 & 1 & \dfrac{b}{EI} & \dfrac{b^2}{2\,EI} \\[2mm] 0 & 0 & 1 & b \\[2mm] 0 & 0 & 0 & 1 \end{bmatrix}$$

> P:=matrix(4,4, [1,0,0,0, 0,1,0,0, 0,0,1,0, m*omega^2,0,0,1]);

$$P := \begin{bmatrix} 1 & 0 & 0 & 0 \\ 0 & 1 & 0 & 0 \\ 0 & 0 & 1 & 0 \\ m\,\omega^2 & 0 & 0 & 1 \end{bmatrix}$$

Berechnung der Übertragungsmatrix U:
> U:=multiply(Fb,P,Fa):

Aus Platzgründen wurde auch hier wie in Ü 3.5.9 auf einen Ausdruck der Übertragungsmatrix U verzichtet.

Im Folgenden sind die zur Lösung des linearen Gleichungssystems notwendigen Koeffizienten ausgedruckt.

> U[1,3]:=expand(U[1,3]);U[1,4]:=expand(U[1,4]);

$$U_{1,3} := \frac{a^2}{2\,EI} + \frac{a^2\,b^3\,m\,\omega^2}{12\,EI^2} + \frac{b\,a}{EI} + \frac{b^2}{2\,EI}$$

$$U_{1,4} := \frac{a^3}{6\,EI} + \frac{a^3\,b^3\,m\,\omega^2}{36\,EI^2} + \frac{b\,a^2}{2\,EI} + \frac{b^2\,a}{2\,EI} + \frac{b^3}{6\,EI}$$

> U[3,3]:=expand(U[3,3]);U[3,4]:=expand(U[3,4]);

$$U_{3,3} := \frac{b\,m\,\omega^2\,a^2}{2\,EI} + 1$$

$$U_{3,4} := \frac{b\,m\,\omega^2\,a^3}{6\,EI} + a + b$$

> Ured:=matrix(2,2,[U[1,3],U[1,4],U[3,3],U[3,4]]):
> omega^2=factor(solve(det(Ured)=0,omega^2));

$$\boxed{\omega^2 = \frac{12\,EI\,(a+b)^3}{a^3\,b^2\,m\,(4\,b + 3\,a)}}$$

Zur Kontrolle des ermittelten Wertes für ω^2 kann man $\omega^2 = k^*/m$ ansetzen (Feder-Masse-System als Ersatzmodell). Darin ist $k^* = F/f$ mit der Durchbiegung f, die der ruhende Balken in Richtung einer Einzellast F erfahren würde, die man an der Stelle x=a einleitet. Nach der elementaren Biegetheorie (DUBBEL) gilt:

$$f = \frac{F\ell^3}{4EI}\,\frac{a^3 b^2}{\ell^5}\left(1 + \frac{b}{3\ell}\right) \quad \Rightarrow \quad \boxed{k^* = \frac{F}{f} = \frac{12\,EI\,(a+b)^3}{b^2 a^3\,(3a+4b)}}.$$

Damit kann $\omega^2 = k^*/m$ unmittelbar angegeben werden. Das Ergebnis stimmt mit dem Ergebnis aus dem MAPLE-Programm überein.

Falls der Balken **nicht** *masselos* ist, kann zur Näherung die Balkenmasse im Sinne der *"Lumped-Mass-Methode"* auf die Knotenpunkte $x = 0$, $x = a$ und $x = \ell$ verteilt werden. Dadurch erhöht sich die "äußere" Masse m. Ferner sind zusätzlich noch *Punktmatrizen* in $x = 0$ und $x = \ell$ zu berücksichtigen.

Zur genaueren Berücksichtigung der Balkenmasse sei auf Ü 3.5.6 hingewiesen, wo die *Übertragungsmatrix* eines *harmonisch schwingenden Balkenfeldes* konstanter *Massenbelegung* mit und ohne *Drehträgheit* ermittelt wird.

Ü 4.1.1

Die Inversion erfolgt nach der Rechenvorschrift

$$\boxed{M_{ij}^{(-1)} = (-1)^{i+j}\, U(M_{ji})\,/\det([M])}$$

für die einzelnen Matrixelemente. Darin bedeutet $U(M_{ji})$ die Unterdeterminante zum "gestürzten" Element. Somit erhält man beispielsweise:

$$M_{23}^{(-1)} = (-1)^5 \begin{vmatrix} 1 & 1 \\ y_1 & y_2 \end{vmatrix} \Big/ |M_{ij}| = (y_1 - y_2)\Big/ |M_{ij}|$$

$$M_{12}^{(-1)} = (-1)^3 \begin{vmatrix} x_1 & x_3 \\ y_1 & y_3 \end{vmatrix} \Big/ |M_{ij}| = (x_3 y_1 - x_1 y_3)\Big/ |M_{ij}|$$

in Übereinstimmung mit (4.15).

Der Flächeninhalt des finiten Dreiecks kann als *Plangröße* (*Bivektor*) dargestellt werden [BETTEN,1987, S.-92-, Ü 4.3.23 , S.-264-]:

$$\boxed{S_i = e_{ijk} V_j W_k \equiv \left\{ \vec{V} \times \vec{W} \right\}_i}\ .$$

Darin sind $\vec{V}$ und $\vec{W}$ zwei Vektoren, die ein Parallelogramm im dreidimensionalen Raum aufspannen, und e_{ijk} ist der *Permutationstensor*. Symbolisch kann der *Bivektor* folgendermaßen dargestellt werden:

$$\vec{S} = \begin{vmatrix} \vec{e_x} & \vec{e_y} & \vec{e_z} \\ V_x & V_y & V_z \\ W_x & W_y & W_z \end{vmatrix}$$

Für das ebene Dreieck (Skizze)

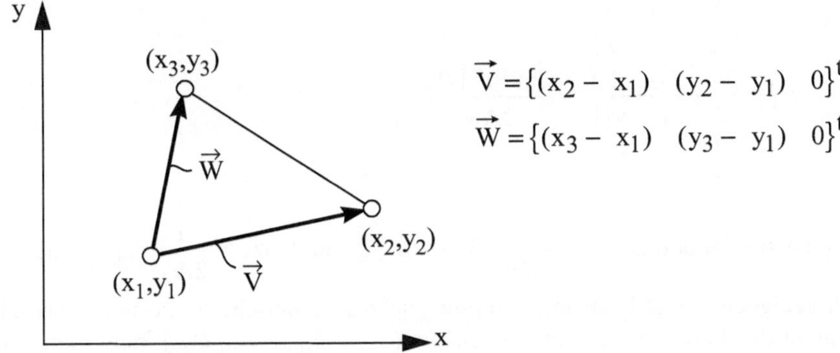

$$\vec{V} = \{(x_2 - x_1) \quad (y_2 - y_1) \quad 0\}^t$$

$$\vec{W} = \{(x_3 - x_1) \quad (y_3 - y_1) \quad 0\}^t$$

vereinfacht sich der *Bivektor* zu:

$$\vec{S} = \begin{vmatrix} \vec{e_x} & \vec{e_y} & \vec{e_z} \\ (x_2 - x_1) & (y_2 - y_1) & 0 \\ (x_3 - x_1) & (y_3 - y_1) & 0 \end{vmatrix} = [(x_2 - x_1)(y_3 - y_1) - (x_3 - x_1)(y_2 - y_1)]\,\vec{e_z} \ .$$

Daraus kann sofort der Betrag abgelesen werden:

$$2A_\Delta = \left| \vec{S} \right| = (x_2 - x_1)(y_3 - y_1) - (x_3 - x_1)(y_2 - y_1) \ .$$

Dieses Ergebnis stimmt mit der Determinante der gegebenen Matrix [M] überein:

$$\det([M]) = \begin{vmatrix} 1 & x_1 & y_1 \\ 1 & x_2 & y_2 \\ 1 & x_3 & y_3 \end{vmatrix} = 2A_\Delta \qquad\qquad [\text{Gl.}(4.16)] \quad \text{q.e.d.}$$

Ü 4.1.2
Aus dem *bilinearen Ansatz*

$$u(x,y) = \alpha_1 + \alpha_2 x + \alpha_3 y \qquad\qquad (4.4a)$$

erhält man durch Einsetzen der Knotenpunktkoordinaten ein lineares Gleichungssystem in α_1 , α_2 , α_3:

$$\left.\begin{aligned} \alpha_1 + x_1\alpha_2 + y_1\alpha_3 &= u_1 \\ \alpha_1 + x_2\alpha_2 + y_2\alpha_3 &= u_2 \\ \alpha_1 + x_3\alpha_2 + y_3\alpha_3 &= u_3 \end{aligned}\right\} \overset{\wedge}{=} \boxed{\alpha_1 z_i + \alpha_2 x_i + \alpha_3 y_i = u_i}$$

mit $i = 1,2,3$ und $z_1 = z_2 = z_3 = 1$.

Die Lösung ergibt sich aus der CRAMERschen Regel. Man beachte auch Ü 4.3.1 in [BETTEN,1987] und Gl.(4.16) bzw. Ü 4.1.1 in diesem Buch:

$$\alpha_1 = \frac{\begin{vmatrix} u_1 & x_1 & y_1 \\ u_2 & x_2 & y_2 \\ u_3 & x_3 & y_3 \end{vmatrix}}{\begin{vmatrix} 1 & x_1 & y_1 \\ 1 & x_2 & y_2 \\ 1 & x_3 & y_3 \end{vmatrix}} = \frac{e_{ijk} u_i x_j y_k}{2A_\Delta}$$

Entsprechend findet man: $\alpha_2 = \dfrac{1}{2A_\Delta} e_{ijk} z_i u_j y_k$ und $\alpha_3 = \dfrac{1}{2A_\Delta} e_{ijk} z_i x_j u_k$.

Durch geeignete Umindizierung (stumme Indizes vertauschen) und unter Berücksichtigung der Eigenschaften des e-Tensors ($e_{ijk} = e_{jki} = e_{kij}$ etc.) kann man auch schreiben:

$$2A_\Delta \alpha_2 = e_{jik} z_j u_i y_k \equiv e_{kij} y_j z_k u_i = (e_{ijk} y_j z_k) u_i$$

$$2A_\Delta \alpha_3 = e_{kij} z_k x_j u_i \equiv e_{jki} z_j x_k u_i = (e_{ijk} z_j x_k) u_i$$

insgesamt also:

$$\alpha_1 = \left(\frac{1}{2A_\Delta} e_{ijk} x_j y_k \right) u_i \equiv \frac{1}{2A_\Delta} a_i u_i \,,$$

$$\alpha_2 = \left(\frac{1}{2A_\Delta} e_{ijk} y_j z_k \right) u_i \equiv \frac{1}{2A_\Delta} b_i u_i \,,$$

$$\alpha_3 = \left(\frac{1}{2A_\Delta} e_{ijk} z_j x_k \right) u_i \equiv \frac{1}{2A_\Delta} c_i u_i \,.$$

Setzt man dieses Ergebnis in den linearen Ansatz (4.4a) ein, so erhält man:

$$u(x,y) = \frac{1}{2A_\Delta} (a_i + b_i x + c_i y) u_i \,, \tag{4.21a}$$

und im Vergleich mit (4.38a) [$u(x,y) = N_i u_i$] kann schließlich gefolgert werden:

$$\boxed{N_i = \frac{1}{2A_\Delta} (a_i + b_i x + c_i y)} \tag{4.24}$$

mit den Abkürzungen:

$$\boxed{a_i \equiv e_{ijk} x_j y_k} \quad \boxed{b_i \equiv e_{ijk} y_j z_k} \quad \boxed{c_i \equiv e_{ijk} z_j x_k} \,. \tag{4.19a,b,c}$$

Ü 4.1.3
Beispielsweise erhält man für i = 2:

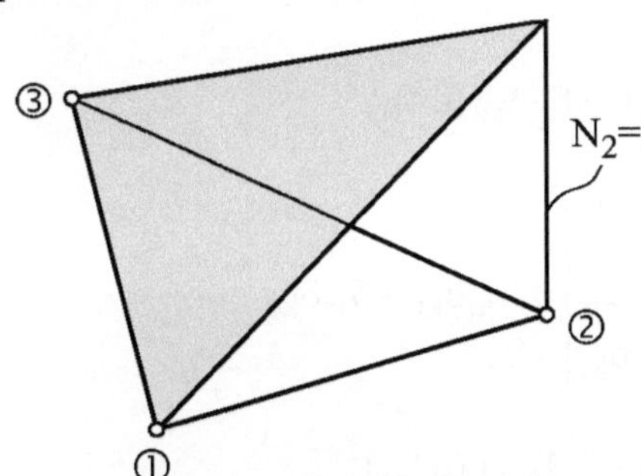

$$P_2 + xQ_2 + yR_2 = N_2 \ .$$

Mit der Interpolationseigenschaft

$$N_2(x_1,y_1) = N_2(x_3,y_3) = 0 \ ,$$
$$N_2(x_2,y_2) = 1$$

erhält man das lineare Gleichungssystem:

$$P_2 + x_1 Q_2 + y_1 R_2 = 0$$
$$P_2 + x_2 Q_2 + y_2 R_2 = 1$$
$$P_2 + x_3 Q_2 + y_3 R_2 = 0$$

mit der Lösung

$$P_2 = \frac{1}{2A_\Delta}(x_3 y_1 - x_1 y_3) \equiv \frac{a_2}{2A_\Delta} \ , \qquad Q_2 = \frac{y_3 - y_1}{2A_\Delta} \equiv \frac{b_2}{2A_\Delta} \ ,$$

$$R_2 = \frac{x_1 - x_3}{2A_\Delta} \equiv \frac{c_2}{2A_\Delta} \ ,$$

also:
$$\boxed{N_2 = \frac{1}{2A_\Delta}(a_2 + b_2 x + c_2 y)}$$

N_3 und N_1 entsprechend durch zyklische Vertauschung

$a_1 = x_2 y_3 - x_3 y_2$	$b_1 = y_2 - y_3$	$c_1 = x_3 - x_2$
$a_2 = x_3 y_1 - x_1 y_3$	$b_2 = y_3 - y_1$	$c_2 = x_1 - x_3$
$a_3 = x_1 y_2 - x_2 y_1$	$b_3 = y_1 - y_2$	$c_3 = x_2 - x_1$

Ü 4.1.4
Unter Benutzung des *Deformationsgradienten* erhält man:

$$dx_i = F_{ij} da_j \ \text{und} \ dy_i = F_{ij} db_j \ .$$

Die Seitenvektoren des Rechtecks sind durch

$$da_i = (da,0,0) \ \text{und} \ db_i = (0,db,0)$$

gegeben, so dass $dA_0 = da\,db$ gilt. Die Fläche dA erhält man aus $(dA)^2 = dA_i dA_i$ mit $dA_i = \varepsilon_{ijk} dx_j dx_k$. Wegen $dx_j = F_{jq} da_q$ und $dy_k = F_{kr} db_r$ wird:

$$dA_i = \varepsilon_{ijk} F_{jq} da_q F_{kr} db_r = \varepsilon_{ijk} F_{j1} F_{k2} \underbrace{dadb}_{=dA_0} \; ; \tag{1}$$

mithin:

$$(dA)^2 = dA_i dA_i = \underbrace{\varepsilon_{ijk}\varepsilon_{ikr}}\; F_{j1}F_{k2}F_{q1}F_{r2}(dA_0)^2$$

$$\begin{vmatrix} \delta_{ii} & \delta_{iq} & \delta_{ir} \\ \delta_{ji} & \delta_{jq} & \delta_{jr} \\ \delta_{ki} & \delta_{kq} & \delta_{kr} \end{vmatrix} = \delta_{jq}\delta_{kr} - \delta_{jr}\delta_{kq}$$

$$(dA)^2 = \underbrace{(F_{j1}F_{k2}F_{j1}F_{k2} - F_{j1}F_{k2}F_{j1}F_{k2})}_{F_{11}^2 F_{22}^2 - 2F_{11}F_{22}F_{12}F_{21} + F_{12}^2 F_{21}^2} (dA_0)^2$$

Andererseits gilt:

$$J^2 \equiv \left[\det(F_{ij}) \right]^2 = F_{11}^2 F_{22}^2 - 2F_{11}F_{22}F_{12}F_{21} + F_{12}^2 F_{21}^2$$

Damit ist gezeigt:

$$\boxed{dA = \det(F_{ij}) \equiv JdA_0} \; .$$

Da die Flächenelemente in der 1-2-Ebene liegen, gilt: $dA \equiv dA_3$, so dass man aus (1) unmittelbar das Ergebnis $dA = (F_{11}F_{22}-F_{21}F_{12})dA_0$ erhält, das mit $dA = JdA_0$ identisch ist.

Man beachte auch die Übungen Ü1.1.7 und Ü1.2.7 [BETTEN,2001].

Ü 4.1.5

Unter Benutzung des *Deformationsgradienten* erhält man:

$$dx_i = F_{ij}da_j \; \text{und} \; dy_i = F_{ij}db_j \tag{1}$$

$$dA_i^0 = \varepsilon_{ijk} da_j db_k$$

$$\underline{\underline{dA_0}} \equiv dA_3^0 = \varepsilon_{3jk} da_j db_k = \underline{\underline{da_1 db_2 - da_2 db_1}} \tag{2}$$

$$dA_i = \varepsilon_{ijk} dx_j dy_k$$

$$\underline{\underline{dA}} \equiv dA_3 = \varepsilon_{3jk} dx_j dy_k = \underline{\underline{dx_1 dy_2 - dx_2 dy_1}} \tag{3}$$

Aus (1) folgt:

$$dx_1 = F_{1q}da_q = F_{11}da_1 + F_{12}da_2 \; ; \qquad dy_1 = F_{11}db_1 + F_{12}db_2 \tag{4a,b}$$

$$dx_2 = F_{2q}da_q = F_{21}da_1 + F_{22}da_2 \; ; \qquad dy_2 = F_{21}db_1 + F_{22}db_2 \tag{4c,d}$$

Man setze (4a÷d) in (3) ein und berücksichtige (2). Dann erhält man nach einigen

Zwischenrechnungen:

$$dA = \underbrace{(F_{11}F_{22} - F_{21}F_{12})}_{\det(F_{ij}) \equiv J}\underbrace{(da_1 db_2 - da_2 db_1)}_{dA_0}$$

Mithin lautet das Ergebnis:

$$\boxed{dA = J dA_0} \qquad \text{q.e.d.}$$

Man beachte auch die Übungen Ü1.1.7 und Ü1.2.7 [BETTEN, 2001].

Ü 4.1.6

Unter den gegebenen Voraussetzungen vereinfacht sich die *Steifigkeitsmatrix* zu:

$$[K^e] = sA_\Delta[B]^t[D][B] . \tag{4.63}$$

Darin ergibt sich die Dreiecksfläche zu: $A_\Delta = 6$ cm^2. Aus (4.36b) erhält man die [B]-Matrix:

$$[B] = \frac{1}{12\,\text{cm}}\begin{bmatrix} -3 & 0 & 3 & 0 & 0 & 0 \\ 0 & -2 & 0 & -2 & 0 & 4 \\ -2 & -3 & -2 & 3 & 4 & 0 \end{bmatrix} . \tag{1}$$

Aus (4.48a) ergibt sich die *Stoffmatrix* zu:

$$[D] = \frac{21}{91}\cdot 10^8\,\frac{\text{N}}{\text{cm}^2}\begin{bmatrix} 1 & 0,3 & 0 \\ 0,3 & 1 & 0 \\ 0 & 0 & 0,35 \end{bmatrix} . \tag{2}$$

Mit $s = 0,5$ cm, $A_\Delta = 6$ cm^2 und den Matrizen (1) und (2) erhält man schließlich aus (4.63) das Ergebnis:
with(linalg):

b:=matrix(3,6,[[-3,0,3,0,0,0],[0,-2,0,-2,0,4],[-2,-3,-2,3,4,0]]);

$$b := \begin{bmatrix} -3 & 0 & 3 & 0 & 0 & 0 \\ 0 & -2 & 0 & -2 & 0 & 4 \\ -2 & -3 & -2 & 3 & 4 & 0 \end{bmatrix}$$

d:=matrix(3,3,[[1,3/10,0],[3/10,1,0],[0,0,35/100]]);

$$d := \begin{bmatrix} 1 & \dfrac{3}{10} & 0 \\[2ex] \dfrac{3}{10} & 1 & 0 \\[2ex] 0 & 0 & \dfrac{7}{20} \end{bmatrix}$$

k:=multiply(transpose(b),d,b);

$$k := \begin{bmatrix} \dfrac{52}{5} & \dfrac{39}{10} & \dfrac{-38}{5} & \dfrac{-3}{10} & \dfrac{-14}{5} & \dfrac{-18}{5} \\[2ex] \dfrac{39}{10} & \dfrac{143}{20} & \dfrac{3}{10} & \dfrac{17}{20} & \dfrac{-21}{5} & -8 \\[2ex] \dfrac{-38}{5} & \dfrac{3}{10} & \dfrac{52}{5} & \dfrac{-39}{10} & \dfrac{-14}{5} & \dfrac{18}{5} \\[2ex] \dfrac{-3}{10} & \dfrac{17}{20} & \dfrac{-39}{10} & \dfrac{143}{20} & \dfrac{21}{5} & -8 \\[2ex] \dfrac{-14}{5} & \dfrac{-21}{5} & \dfrac{-14}{5} & \dfrac{21}{5} & \dfrac{28}{5} & 0 \\[2ex] \dfrac{-18}{5} & -8 & \dfrac{18}{5} & -8 & 0 & 16 \end{bmatrix}$$

*K:=(3*2100/91/144)*evalm(k);*

$$K := \dfrac{25}{52} \begin{bmatrix} \dfrac{52}{5} & \dfrac{39}{10} & \dfrac{-38}{5} & \dfrac{-3}{10} & \dfrac{-14}{5} & \dfrac{-18}{5} \\[2ex] \dfrac{39}{10} & \dfrac{143}{20} & \dfrac{3}{10} & \dfrac{17}{20} & \dfrac{-21}{5} & -8 \\[2ex] \dfrac{-38}{5} & \dfrac{3}{10} & \dfrac{52}{5} & \dfrac{-39}{10} & \dfrac{-14}{5} & \dfrac{18}{5} \\[2ex] \dfrac{-3}{10} & \dfrac{17}{20} & \dfrac{-39}{10} & \dfrac{143}{20} & \dfrac{21}{5} & -8 \\[2ex] \dfrac{-14}{5} & \dfrac{-21}{5} & \dfrac{-14}{5} & \dfrac{21}{5} & \dfrac{28}{5} & 0 \\[2ex] \dfrac{-18}{5} & -8 & \dfrac{18}{5} & -8 & 0 & 16 \end{bmatrix}$$

K^e ergibt sich somit zu $K^e = \dfrac{5 \cdot 10^6}{208} \dfrac{N}{cm} K$ mit

*K:=(5/208)*evalm("*208/5);*

$$K := \dfrac{5}{208} \begin{bmatrix} 208 & 78 & -152 & -6 & -56 & -72 \\ 78 & 143 & 6 & 17 & -84 & -160 \\ -152 & 6 & 208 & -78 & -56 & 72 \\ -6 & 17 & -78 & 143 & 84 & -160 \\ -56 & -84 & -56 & 84 & 112 & 0 \\ -72 & -160 & 72 & -160 & 0 & 320 \end{bmatrix}$$

Ü 4.3.1

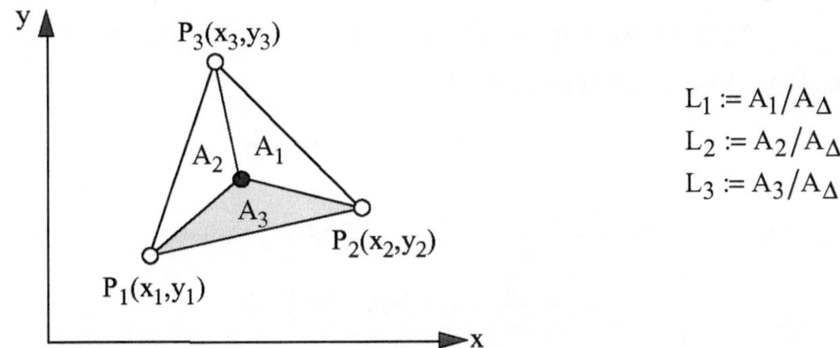

$$L_1 := A_1/A_\Delta$$
$$L_2 := A_2/A_\Delta$$
$$L_3 := A_3/A_\Delta$$

In Ü 4.1.1 wurde gezeigt, dass die Fläche des Dreiecks mit den Eckpunkten $P_1(x_1,y_1),...,P_3(x_3,y_3)$ gemäß

$$2A_\Delta = \begin{vmatrix} 1 & x_1 & y_1 \\ 1 & x_2 & y_2 \\ 1 & x_3 & y_3 \end{vmatrix}$$

darstellbar ist. In gleicher Weise ist ein Teildreieck A_i mit den Eckpunkten $P(x,y)$, $P_j(x_j,y_j)$ und $P_k(x_k,y_k)$ gemäß

$$2A_i = \begin{vmatrix} 1 & x_i & y_i \\ 1 & x_j & y_j \\ 1 & x_k & y_k \end{vmatrix}$$

$(i\,,j\,,k \overset{\wedge}{=} 1\,,2\,,3$ zyklisch) darstellbar.

Somit erhält man: $$L_i := \frac{A_i}{A_\Delta} = \frac{1}{2A_\Delta} \begin{vmatrix} 1 & x_i & y_i \\ 1 & x_j & y_j \\ 1 & x_k & y_k \end{vmatrix} .$$

Die Entwicklung nach der ersten Zeile führt auf:

$$L_i = \frac{1}{2A_\Delta}\left[(x_j y_k - x_k y_j) + (y_j - y_k)\,x + (x_k - x_j)\,y\right] .$$

Daraus erhält man im einzelnen:

$$L_1 = \frac{1}{2A_\Delta}\left[(x_2 y_3 - x_3 y_2) + (y_2 - y_3)\,x + (x_3 - x_2)\,y\right] ,$$

$$L_2 = \frac{1}{2A_\Delta}\left[(x_3 y_1 - x_1 y_3) + (y_3 - y_1)\,x + (x_1 - x_3)\,y\right] ,$$

$$L_3 = \frac{1}{2A_\Delta}\left[(x_1 y_2 - x_2 y_1) + (y_1 - y_2)\,x + (x_2 - x_1)\,y\right] .$$

Mit den Abkürzungen

$$x_2 y_3 - x_3 y_2 \equiv a_1 \quad , \quad y_2 - y_3 \equiv b_1 \quad , \quad x_3 - x_2 \equiv c_1 \quad \text{etc.}$$

aus Ü 4.1.3 kann man kürzer schreiben:

$$L_1 = \frac{1}{2A_\Delta}(a_1 + b_1 x + c_1 y) \equiv N_1 \quad ,$$

$$L_2 = \frac{1}{2A_\Delta}(a_2 + b_2 x + c_2 y) \equiv N_2 \quad ,$$

$$L_3 = \frac{1}{2A_\Delta}(a_3 + b_3 x + c_3 y) \equiv N_3 \quad ,$$

bzw. in Matrizenform:

$$\begin{Bmatrix} L_1 \\ L_2 \\ L_3 \end{Bmatrix} = \frac{1}{2A_\Delta} \begin{bmatrix} a_1 & b_1 & c_1 \\ a_2 & b_2 & c_2 \\ a_3 & b_3 & c_3 \end{bmatrix} \begin{Bmatrix} 1 \\ x \\ y \end{Bmatrix} \equiv \begin{Bmatrix} N_1 \\ N_2 \\ N_3 \end{Bmatrix} . \qquad \text{q.e.d.}$$

Die Inversion führt auf

$$\begin{Bmatrix} 1 \\ x \\ y \end{Bmatrix} = 2A_\Delta \begin{bmatrix} a_1 & b_1 & c_1 \\ a_2 & b_2 & c_2 \\ a_3 & b_3 & c_3 \end{bmatrix}^{-1} \begin{Bmatrix} L_1 \\ L_2 \\ L_3 \end{Bmatrix} \equiv \begin{bmatrix} & & \\ & T_{ij} & \\ & & \end{bmatrix} \begin{Bmatrix} L_1 \\ L_2 \\ L_3 \end{Bmatrix}$$

mit folgenden Elementen für T_{ij}:

$$\det(T_{ij}) \cdot T_{11} = 2A_\Delta (b_2 c_3 - c_2 b_3)$$

$$= 2A_\Delta [(y_3 - y_1)(x_2 - x_1) - (x_1 - x_3)(y_1 - y_2)] = 2A_\Delta \cdot 2A_\Delta \quad (\text{Ü } 4.1.1)$$

mithin: $\boxed{T_{11} = 1}$

$$|T_{ij}| T_{32} = 2A_\Delta (-1)^5 \begin{vmatrix} a_1 & a_3 \\ b_1 & b_3 \end{vmatrix} = 2A_\Delta (b_1 a_3 - a_1 b_3) .$$

Mit den Abkürzungen aus Ü 4.1.1 und Ü 4.1.3 folgt weiter:

$$|T_{ij}| T_{32} = 2A_\Delta [(y_2 - y_3)(x_1 y_2 - x_2 y_1) - (x_2 y_3 - x_3 y_2)(y_1 - y_2)] .$$

Mithin: $\boxed{T_{32} = y_2}$ etc.

Insgesamt erhält man:

$$\begin{Bmatrix} 1 \\ x \\ y \end{Bmatrix} = \begin{bmatrix} 1 & 1 & 1 \\ x_1 & x_2 & x_3 \\ y_1 & y_2 & y_3 \end{bmatrix} \begin{Bmatrix} L_1 \\ L_2 \\ L_3 \end{Bmatrix} \quad \Rightarrow \quad \boxed{\begin{aligned} 1 &= L_1 + L_2 + L_3 \\ x &= x_1 L_1 + x_2 L_2 + x_3 L_3 \\ y &= y_1 L_1 + y_2 L_2 + y_3 L_3 \end{aligned}} .$$

Setzt man in die letzten Gleichungen $L_1 = 1-L_2-L_3$ ein, so erhält man die Transformation:

$$x = x_1 + (x_2 - x_1)L_2 + (x_3 - x_1)L_3 \,,$$
$$y = y_1 + (y_2 - y_1)L_2 + (y_3 - y_1)L_3 \,.$$

Ihre JACOBIsche Determinante ist:

$$J := \begin{vmatrix} \partial x/\partial L_2 & \partial y/\partial L_2 \\ \partial x/\partial L_3 & \partial y/\partial L_3 \end{vmatrix} = \begin{vmatrix} (x_2 - x_1) & (y_2 - y_1) \\ (x_3 - x_1) & (y_3 - y_1) \end{vmatrix} = 2A_\Delta \,.$$

Man hätte auch umgekehrt von dem linearen Gleichungssystem

$$x_1 L_1 \ + x_2 L_2 \ + x_3 L_3 \ = x$$
$$y_1 L_1 \ + y_2 L_2 \ + y_3 L_3 \ = y$$
$$L_1 \ + \ L_2 \ + \ L_3 \ = 1$$

in L_1, L_2, L_3 ausgehen können. Daraus erhält man die Lösung

$$L_1 = \frac{\begin{vmatrix} x & x_2 & x_3 \\ y & y_2 & y_3 \\ 1 & 1 & 1 \end{vmatrix}}{\begin{vmatrix} x_1 & x_2 & x_3 \\ y_1 & y_2 & y_3 \\ 1 & 1 & 1 \end{vmatrix}} \equiv \frac{\begin{vmatrix} 1 & x & y \\ 1 & x_2 & y_2 \\ 1 & x_3 & y_3 \end{vmatrix}}{\begin{vmatrix} 1 & x_1 & y_1 \\ 1 & x_2 & y_2 \\ 1 & x_3 & y_3 \end{vmatrix}} = \frac{A_1}{A_\Delta}$$

bzw. $L_1 = \dfrac{1}{2A_\Delta}(a_1 + b_1 x + c_1 y)$ etc.

oder allgemein: $\boxed{L_i = \dfrac{1}{2A_\Delta}\,(a_i + b_i x + c_i y) = \dfrac{A_i}{A_\Delta}}$

mit den Abkürzungen

$$a_i \equiv e_{ijk} x_j y_k \qquad b_i \equiv e_{ijk} y_j z_k \qquad c_i \equiv e_{ijk} z_j x_k$$

wie in Ü 4.1.2 oder gemäß Gl.(4.19a,b,c).

Ü 4.3.2

Die Lage der *Knotenpunkte* für *lineare*, *quadratische* und *kubische Dreieckselemente* (Bild 4.9) kann gemäß Bild 4.12 durch die *natürlichen Koordinaten* (4.83) festgelegt werden. Damit erhält man aus Gleichung (1) der Aufgabenstellung mit $f_i(\xi_k) = \delta_{ik}$ folgende Ergebnisse:

a) lineares Dreieckselement mit drei Knotenpunkten

$$N_1 = \frac{L_1 - 0}{1 - 0} = L_1, \quad N_2 = \frac{L_2 - 0}{1 - 0} = L_2, \quad N_3 = \frac{L_3 - 0}{1 - 0} = L_3 \,. \qquad (2a,b,c)$$

b) quadratisches Dreieckselement mit sechs Knotenpunkten

$$N_3 = \frac{(L_3 - 0)\left(L_3 - \dfrac{1}{2}\right)}{(1-0)\left(1-\dfrac{1}{2}\right)} = L_3(2L_3 - 1) \ . \tag{4.90}$$

Die Formfunktionen N_1 und N_2 ergeben sich durch zyklische Vertauschung. Weiterhin erhält man für den Knotenpunkt 4, der durch $L_1 = 1/2$ und $L_2 = 1/2$ festliegt:

$$N_4 = \frac{(L_1 - 0)(L_2 - 0)}{\left(\dfrac{1}{2} - 0\right)\left(\dfrac{1}{2} - 0\right)} = 4L_1L_2 \ . \tag{4.93}$$

Entsprechend ermittelt man $N_5 = 4L_2L_3$ und $N_6 = 4L_3L_1$ in Übereinstimmung mit (4.94).

c) kubisches Dreieckselement mit 10 Knotenpunkten

$$N_1 = \frac{(L_1 - 0)\left(L_1 - \dfrac{1}{3}\right)\left(L_1 - \dfrac{2}{3}\right)}{(1-0)\left(1-\dfrac{1}{3}\right)\left(1-\dfrac{2}{3}\right)} = \frac{1}{2}L_1(3L_1 - 1)(3L_1 - 2) \ . \tag{4.97}$$

Die Formfunktionen N_2 und N_3 erhält man durch zyklische Vertauschung. Für den Knotenpunkt 4, der durch $L_1 = 2/3$ und $L_2 = 1/3$ festliegt, findet man:

$$N_4 = \frac{(L_1 - 0)\left(L_1 - \dfrac{1}{3}\right)(L_2 - 0)}{\left(\dfrac{2}{3} - 0\right)\left(\dfrac{2}{3} - \dfrac{1}{3}\right)\left(\dfrac{1}{3} - 0\right)} = \frac{9}{2}L_1L_2(3L_1 - 1) \ . \tag{4.100a}$$

Entsprechend erhält man:

$$N_5 = \frac{(L_2 - 0)\left(L_2 - \dfrac{1}{3}\right)(L_1 - 0)}{\left(\dfrac{2}{3} - 0\right)\left(\dfrac{2}{3} - \dfrac{1}{3}\right)\left(\dfrac{1}{3} - 0\right)} = \frac{9}{2}L_2L_1(3L_2 - 1) \ . \tag{4.101a}$$

Durch zyklische Vertauschung erhält man aus (4.100a) die Formfunktionen N_6 und N_8 gemäß (4.100b,c). Entsprechend erhält man N_7 und N_9 aus (4.101a). Schließlich ermittelt man N_{10} zu:

$$N_{10} = \frac{(L_1 - 0)(L_2 - 0)(L_3 - 0)}{(1/3 - 0)(1/3 - 0)(1/3 - 0)} = 27L_1L_2L_3 \ . \tag{4.103}$$

Bemerkung: Die Formfunktionen $N_i = N_i(L_1,L_2,L_3)$ der linearen, quadratischen und kubischen Dreieckselemente gehören zur *LAGRANGEschen Klasse*

Ü 4.3.3

a) Nach (4.24) mit (4.19a,b,c) bzw. nach Ü 4.3.1 mit $N_i \equiv L_i$ gilt:

$$N_1 = \frac{1}{2A_\Delta}\left[(x_2 y_3 - x_3 y_2) + (y_2 - y_3)x + (x_3 - x_2)y\right] \ .$$

Entsprechend folgen daraus N_2 und N_3 durch zyklische Vertauschung der Indizes. Setzt man die gegebenen Zahlenwerte ein, so erhält man mit $2A_\Delta = 17$ gemäß (4.16) die *linearen Formfunktionen* zu:

$$N_1 = (17 - 4x - y)/17 \ , \quad N_2 = (5x - 3y)/17 \ , \quad N_3 = (-x + 4y)/17 \ . \quad \text{(1a,b,c)}$$

Zur Kontrolle überprüfe man den Zusammenhang $N_1 + N_2 + N_3 = 1$, der wegen (4.106a,b,c) gelten muss.

b) Die Koordinaten des Schwerpunktes sind $x_s = 7/3$ und $y_s = 2$. Die Funktion Φ kann gemäß

$$\Phi(x,y) = \Phi_1 N_1(x,y) + \Phi_2 N_2(x,y) + \Phi_3 N_3(x,y) \tag{2}$$

dargestellt werden. Im Schwerpunkt gilt:

$$\Phi(x_s, y_s) = 4/3 + 3/3 + 5/3 = 12/3 = 4 \ . \tag{3}$$

Man beachte: Im Schwerpunkt ist $N_1 = N_2 = N_3 = 1/3$, und damit ist Φ_s der arithmetische Mittelwert aus den Knotenwerten (*trivial*).

c) Setzt man $\Phi(x,y) = 4{,}5$ in (2) ein, so erhält man die Geradengleichung

$$\boxed{y = 17/14 + 6x/7} \ .$$

Die Ergebnisse sind in nachstehender Skizze eingetragen.

Die Funktionswerte Φ verändern sich linear entlang der Elementkanten. Beispielsweise ergeben sich entlang der Kante $y = x/4$ zwischen den Knotenpunkten ① und ② die Formfunktionen (1a,b,c) zu $N_1 = 1 - x/4$, $N_2 = x/3$ und $N_3 = 0$. Damit wird: $\Phi_{12} = 4 - x/4$. Entsprechend erhält man entlang der Kante $y = 5x/3$ zwischen den Knoten ① und ③ die Formfunktionen $N_1 = 1 - x/3$, $N_2 = 0$ und $N_3 = x/4$.

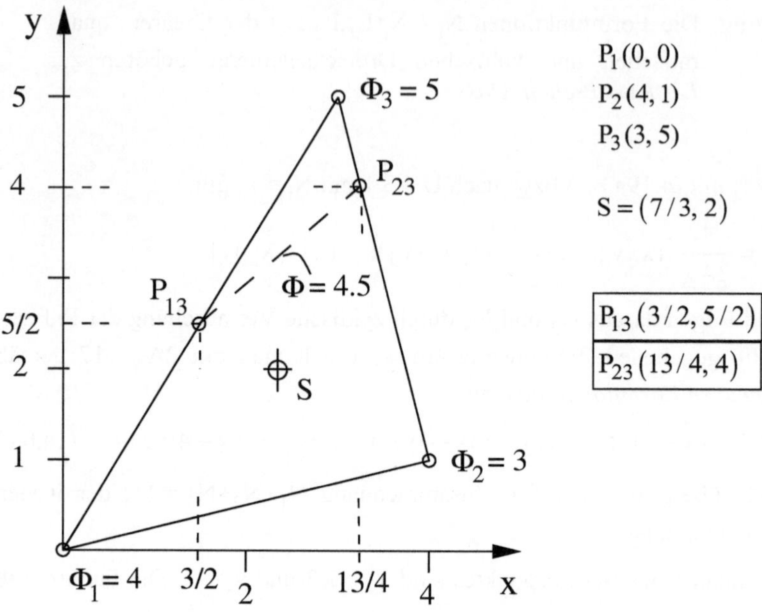

Damit wird: $\Phi_{13} = 4 + x/3$. Schließlich ermittelt man die Formfunktionen $N_1 = 0$, $N_2 = x - 3$ und $N_3 = 4 - x$ und die Torsionsfunktion $\Phi_{23} = 11 - 2x$ für die Kante $y = 17 - 4x$ zwischen den Knotenpunkten ② und ③.

Literaturverzeichnis

Hinsichtlich des Literaturverzeichnisses wird kein Anspruch auf Vollständigkeit erhoben. Im Folgenden werden lediglich einige Aufsätze und Bücher aufgeführt, denen der Verfasser Anregungen entnommen hat.

ALTENBACH, J. und A. SACHAROV (1982). *Die Methode der finiten Elemente in der Festkörpermechanik.* Carl Hanser Verlag, München.

ALTENBACH, J. und U. FISCHER (1991). *Finite-Elemente-Praxis.* Fachbuchverlag, Leipzig.

ALTENBACH, H., ALTENBACH, J. und E. NAST (1992). Vergleichende Untersuchungen zur Modellierung und numerischen Berechnung mehrschichtiger Rotationsschalen. *Techn. Mechanik* **13**, 39-48.

ARGYRIS, J. H. (1957). Die Matrizentheorie der Statik. *Ing. Arch.* **25**, 174-192.

ARGYRIS (1970). The impact of the digital computer on engineering sciences. *The Aeron. J. of the Roy. Aeron. Soc.* **74**, 13-41, 111-127.

BATHE, K. J. and E. L. WILSON (1976). *Numerical methods in finite element analysis.* Prentice-Hall, Englewood Cliffs, N. J.

BATHE, K. J. (2002). *Finite-Elemente-Methoden* (2. Aufl.). Springer-Verlag, Berlin/Heidelberg.

BETTEN, J. (1968). *Spannungsfelder bei ebenem plastischen Fließen als Lösungen von Randwertaufgaben.* Diss. RWTH Aachen.

BETTEN, J. (1987). *Tensorrechnung für Ingenieure.* B. G. Teubner, Stuttgart.

BETTEN, J. (2001). *Kontinuumsmechanik* (2. Aufl.). Springer-Verlag, Berlin / Heidelberg.

BETTEN, J. (2002). *Creep Mechanics.* Springer-Verlag, Berlin/Heidelberg/New York.

BRAESS, D. (1997). *Finite Elemente: Theorie, schnelle Löser und Anwendungen in der Elastizitätstheorie* (2. Aufl.). Springer-Verlag, Berlin/Heidelberg.

BRENNER, S. C. (1994). *The Mathematical Theory of Finite Elements.* Springer-Verlag, Berlin/Heidelberg.

BUCK, K. E., SCHARPF, D. W. STEIN, E. und W. WUNDERLICH (Herausg.) (1973). *Finite Elemente in der Statik, Einführung in die Methode* (Kolloquium in Stuttgart). Wilhelm Ernst & Sohn, Berlin.

CASTIGLIANO, A. (1879). *Theorie de l'equilibre de systemes elastiques et ses applications.* Turin. Engl. Übers. (1966). *The Theory of Equilibrium of Elastic Systems and its Applications.* Dover, New York.

CHUNG, T.J. (1983). *Finite Elemente in der Strömungsmechanik.* Carl Hanser Verlag, München.

CLOUGH, R. W. (1960). The finite element method in plane stress analysis. *Proceedings of 2nd ASCE Confeence on Electronic Computation,* Pittsburgh, Pa, 345-378.

COOK, R. D., MALKUS, D. S. and PLESHA (1989). *Concepts and Applications of Finite Element Analysis.* John Wiley & Sons, New York.

COURANT, R. (1943). Variational methods for the solution of problems of equilibrium and vibration, *Bull. Am. Math. Soc.* **49**, 1-23.

DAVIES, A. J. (1986). *The Finite Element Method.* Clarendon Press, Oxford.

DESAI, C. S. and J. F. ABEL (1972). *Introduction to the Finite Element Method.* Van Nostrand Reinhold Company, New York.

EDMINISTER, J. A. (1991). *Elektrische Netzwerke* (2.Aufl.). McGraw-Hill, London.

FÖPPL, L. (1931). Konforme Abbildung ebener Spannungszustände. *Z. angew. Math. Mech. (ZAMM)* **11**, 81-92.

FÖPPL L. (1960). Zur konformen Abbildung ebener elastischer Spannungszustände. *Forschung auf dem Gebiete des Ing.-wesens* **26**, 173-178.

GALLAGHER, R. H. (1976). *Finite-Element-Analysis.* Springer-Verlag, Berlin/Heidelberg.

GOERING, H., ROOS, H. G. und L. TOBISKA (1993). *Finite-Element-Methode* (3.Aufl.). Akademie Verlag, Berlin.

HAHN, H. G. (1982). *Methode der finiten Elemente in der Festigkeitslehre* (2.Aufl.). Akademische Verlagsgesellschaft, Wiesbaden.

HERENIKOFF, A. (1941). Solution of problems in elasticity by the framework method. *J. Appl. Mech.* **8**, A 169-175.

HUEBNER, K. H. , THORNTON E.A. and BYROM, T.G.(1995). *The Finite Element Method for Engineers (3nd ed.).* John Wiley & Sons, New York.

KNOTHE, K. und H. WESSELS (1992). *Finite Elemente* (2.Aufl.). Sringer-Verlag, Berlin/Heidelberg.

MC HENRY, D. (1943). A lattice analogy for the solution of plane stress problems. *J. Inst. Civ. Eng.* **21**, 59-82.

MEISSNER, U. und A. MENZEL (1989). *Die Methode der finiten Elemente.* Springer-Verlag, Berlin/Heidelberg.

MÖLLER, H. (1997). Finite Elemente in der Automobilentwicklung. *Spektrum der Wissenschaft,* März-Heft, 104-105.

MUSKHELISHVILI, N. I. (1953). *Some Basic Problems of the Mathematical Theory of Elasticity.* P. Noordhoff Ltd., Groningen (deutsche Übersetzung, Hanser-Verlag, München 1971).

ODEN, J. T. (1972). *Finite elements of non-linear continua.* McGraw-Hill, New York.

ODEN, J. T. and J. N. REDDY (1976). *An introduction to the mathematical theory of finite elements.* John Wiley and Sons, New York.

PESTEL, E. C. and F. A. LECKIE (1963). *Matrix Methods in Elastomechanics.* McGraw-Hill, London.

PRZEMIENIECKI, J. S. (1968). *Theory of Matrix Structural* Analysis. Dover Publications, New York.

RAMM, E., BURMEISTER, A., BISCHOFF, M. und K. MAUTE (1997). Schalentrag-werke. *Spektrum der Wissenschaft*, März-Heft, 98-102.

RANNACHER, R. und E. STEIN (1997). Finite Elemente: die Ideen. *Spektrum der Wissenschaft*, März-Heft, 90-98.

REDDY, J. N. (1984). *An Introduction to the Finite Element Method*. McGraw-Hill Book Company, New York.

RICHARDSON, L. F. (1910). The Approximate Arithmetical Solution by Finite Differences of Physical Problems Involving Differential Equations with an Ap-plication to the Stress in Masonry Dam. *Trans. Roy. Soc. Lond., Ser. A*, **210**, 307-357.

SCHIELEN, W. (1986). *Technische Dynamik*. B. G. Teubner, Stuttgart.

SCHWARZ, H. R. (1991). *Methode der finiten Elemente* (3.Aufl.). B. G. Teubner, Stuttgart.

SCHWARZ, H. R. (1986). *Numerische Mathematik*. B. G. Teubner, Stuttgart.

SCHWEIZERHOF, K. (1997). Von der Kirchenkuppel bis zum Dampfbügeleisen: Anwendungsvielfalt kommerzieller FEM-Programme. *Spektrum der Wissen-schaft*, März-Heft, 103-106.

SEGERLIND, L. J. (1984). *Applied Finite Element Analysis*. John Wiley & Sons, New York.

SZABÓ, I. (1977). *Höhere Technische Mechanik* (5.Aufl.). Springer-Verlag, Ber-lin/Heidelberg.

SZABÓ, I. (1984). *Einführung in die Technische Mechanik* (8.Aufl.). Springer-Verlag, Berlin/Heidelberg.

TIMOSHENKO, S. P. and J. N. GOODIER (1951). *Theory of Elasticity* (2nd ed.). McGraw-Hill, New York.

TREFFTZ, E. (1928). Ein Gegenstück zum RITZschen Verfahren. *Math. Ann.* **100**, 503-521.

TURNER, M. J., CLOUGH, R. W., MARTIN, H. C. und L. J. TOPP (1956). Stiffness and deflection analysis of complex structures. *J. Aeron. Sciences* **23**, 805-823.

WALLER, H. und W. KRINGS (1975). *Matrizenmethoden in der Maschinen -und Bauwerksdynamik*. Bibliographisches Institut, Mannheim.

YANG, T. Y. (1986). *Finite Element Structural Analysis*. Prentice-Hall, Inc. Englewood Cliffs, New Jersey.

ZIENKIEWICZ, O. C. (1970). The finite element method-from intuition to generality. *Appl. Mech. Rev.* **23**, 249-256.

ZIENKIEWICZ, O. C. and Y. K. CHEUNG (1967). *The Finite Element Method in Structural and Continuum Mechanics*, McGraw-Hill,London.

ZIENKIEWICZ, O. C. (1971). *The finite element method in engineering science*. McGraw-Hill, London. Deutsche Übersetzung (1975), Carl Hanser Verlag, München.

ZIENKIEWICZ, O. C. (1984). *Methode der finiten Elemente* (Studienausgabe), 2.Aufl. Carl Hanser Verlag, München.

ZIENKIEWICZ, O. C. und R. T. TAYLOR (1989/1991). *The Finite Element Method* (Band 1 und 2). McGraw-Hill, London.

Sachwortverzeichnis

Systemvoraussetzungen:

MAPLE Work Sheets und MAPLE Textdateien
lauffähig ab Release 3, empfohlen Release 8.

Printing (Computer to Plate): Saladruck Berlin
Binding: Stürtz AG, Würzburg